U0682309

普通高等教育机械类国家级特色专业系列规划教材

工程流体力学

（上册）

王保国　蒋洪德
马晖扬　司　鹄　编著

科学出版社
北　京

内 容 简 介

本书是面向理工类专业本科生的一部内容齐全、涵盖面广、深入浅出、构思巧妙的《工程流体力学》教材，由北京理工大学、清华大学、中国科学技术大学和重庆大学的四位教授共同编著。全书分为上、下两册，共五篇18章。上册包括前三篇，主要讲述流体力学的基本方程与重要定理、流体的不可压缩流动、可压缩无黏流体的流动；下册包括第四篇和第五篇，主要讲述流体力学的工程应用、计算流体力学基础。每一篇相对独立完整，授课教师可根据自身专业特点及学时选讲部分篇章或全部内容。*号章节为本科生拓展内容。

本书可作为普通高等院校理工类专业本科生的教材，也可作为学生考研复习的辅导书，还可供相关工程技术人员参考。

图书在版编目(CIP)数据

工程流体力学.上册/王保国等编著.—北京：科学出版社，2011
普通高等教育机械类国家级特色专业系列规划教材
ISBN 978-7-03-032036-0

Ⅰ.①工… Ⅱ.①王… Ⅲ.①工程力学：流体力学-高等学校-教材
Ⅳ.①TB126

中国版本图书馆CIP数据核字(2011)第163004号

责任编辑：毛 莹 杨 然 / 责任校对：张凤琴
责任印制：徐晓晨 / 封面设计：迷底书装

科学出版社出版
北京东黄城根北街16号
邮政编码：100717
http://www.sciencep.com
北京厚诚则铭印刷科技有限公司 印刷
科学出版社发行 各地新华书店经销
*
2011年7月第 一 版 开本：787×1092 1/16
2017年5月第三次印刷 印张：19 1/4
字数：492 000

定价：58.00 元

(如有印装质量问题，我社负责调换)

前　言

本书是由北京理工大学、清华大学、中国科学技术大学和重庆大学四位长期处于教学与科研第一线的教授共同编著的面向机械类、动力能源工程类和航空航天类本科生的《工程流体力学》教材。本书的第一作者王保国教授是北京市教学名师，他在中国科学院工作过16年，两次荣获中国科学院重大成果科技进步奖，曾先后在清华大学力学系和北京理工大学宇航学院任教授、博士生导师，长期从事流体力学、空气动力学和高超声速气动热力学方面的教学与科学研究工作，多次荣获清华大学教学优秀奖，并著有《流体力学》、《空气动力学基础》、《气体动力学》、《高超声速气动热力学》、《叶轮机械跨声速及亚声速流场的计算方法》以及《稀薄气体动力学计算》等教材与专著；第二作者蒋洪德教授是中国工程院院士，工程热物理学家，清华大学热能工程系教授、博士生导师，他在叶轮机械流动的机理研究和数值分析方面具有非常深厚的理论功底，为我国汽轮机的气动热力设计以及汽轮机的更新改造作出了重大贡献；第三作者马晖扬教授是中国科学技术大学流体力学教授，他编著的《流体力学》教材和《涡动力学引论》专著深得学子们的喜爱；第四作者司鹄是重庆大学的教授，她在流固耦合以及安全工程方面颇有建树。四位作者密切合作、深入浅出地写出这部面向理工类本科生的《工程流体力学》基础性教材，从某种意义上可认为是Prandtl的*Essentials of Fluid Dynamics*一书的继续与发展，建议学子们不妨一读。

本书分五篇18章。第一篇(第1～6章)为流体力学的基本方程与重要定理，其中包括了静力学、运动学、动力学的主要基本方程及一些重要定理，另外还将量纲分析与相似原理作为一章进行了详细讨论；第二篇(第7～10章)为流体的不可压缩流动，其中包括无黏流、层流以及湍流流动；第三篇(第11、12章)为可压缩无黏流体的流动，其中主要包括一维与二维流动；第四篇(第13～17章)为流体力学的工程应用，其中包括内流、外流、气体射流与扩散、翼型与叶栅绕流、多相流以及非牛顿流体力学等；第五篇(第18章)为计算流体力学基础，该篇虽仅有一章，却概括了计算流体力学的最基本内容。每一篇都相对独立完整，便于各院校以及各专业教师根据自身专业特点及学时选择其部分篇章或全部内容进行讲解。本书主要具有如下三点特色：①内容齐全，涵盖面广，注重基础内容和基本概念的讲述，强调物理直观；②将当前最新科研成果深入浅出地编写入书，并抽取了其中最基本的部分编写成习题，更进一步辅助学生们掌握相关概念，深化理解；③十分注重介绍华人科学家(如王竹溪、李政道、周培源、钱学森、钱伟长、郭永怀、冯元桢、吴仲华、谈镐生、王承书、陆士嘉、卞荫贵、刘高联、童秉纲、罗时钧、柏实义、陈懋章、陶文铨等)的学术贡献，激励学子们奋发向上。

本书反映了集体的智慧和心血，凝聚着众多教师们多年来教学与科研的经验与成果，同时也广泛继承与吸收了国内外同领域中的精华与营养，因此具有一定的代表性和通用性。

四位作者衷心地向流体力学界的老前辈、尤其是书中所提到的18位著名物理学家和流体力学家致以诚挚的感谢！向书中参考文献里所列出的作者以及历届讲授过这门课的老师与同仁表示感谢。

虽然书中的主要内容在多所高校的教学中多次讲授过而且反响较好，但由于作者水平有限，书中仍可能存在疏漏与不妥之处，敬请广大读者及专家批评指教。E-mail：wjmsef@yahoo.cn。

作　者

2011年7月

目 录

前言

第一篇 流体力学的基本方程与重要定理

第 1 章 流体力学的基本概念以及流体的基本物理性质 …… 1

1.1 流体力学研究的基本任务及其发展概述 …… 1

1.2 流动区域的划分以及流动的几种基本流态 …… 2

1.3 流体的主要物理性质以及运输系数 …… 5

1.4 作用在流体微团上的体积力与表面力 …… 9

1.5 牛顿流体、非牛顿流体以及本构方程 …… 10

1.6 平衡态热力学基本关系以及非平衡态热力学基础 …… 12

习题 …… 18

第 2 章 流场的张量表达以及流体静力学基础 …… 20

*2.1 基矢量与张量的并矢表示法 …… 20

*2.2 流场中张量的梯度、散度与旋度运算 …… 22

*2.3 一些重要的积分关系式 …… 25

2.4 流体的静力平衡方程以及静止流场的基本特征 …… 27

2.5 重力作用下静止流体的压强分布 …… 31

2.6 静止流体作用在物面上的总压力 …… 32

2.7 非惯性坐标系中流体的静力平衡 …… 37

习题 …… 38

第 3 章 流体运动学 …… 40

3.1 描述流体运动的两种方法 …… 40

3.2 流体微团的运动分析 …… 44

3.3 有旋流场及一般性质 …… 48

3.4 无旋流场及其一般性质 …… 51

*3.5 给定流场的散度与涡量求速度场 …… 53

习题 …… 56

第 4 章 流体动力学的基本方程 …… 58

4.1 一般控制体以及 Reynolds 输运定理 …… 58

4.2 连续方程的积分与微分形式 …… 59

4.3 动量方程的积分与微分形式 …… 61

4.4 能量方程的积分与微分形式 …… 63

4.5 动量矩方程的积分与微分形式 …… 66

4.6 Newton 流体力学的基本方程及初边值条件 …… 67
4.7 直角与圆柱坐标系下流体力学的基本方程组 …… 74
习题 …… 77
第 5 章 流体力学中的几个重要定理与方程 …… 80
5.1 Kelvin 定理、Lagrange 定理以及 Helmholtz 定理 …… 80
5.2 Bernoulli 方程 …… 85
5.3 非惯性系中的 Bernoulli 方程 …… 86
5.4 涡动力学的基本方程组以及胀量与涡量间的耦合 …… 89
习题 …… 96
第 6 章 量纲分析与相似原理 …… 99
6.1 量纲分析中的重要概念以及 π 定理 …… 99
6.2 流体力学中常使用的主要无量纲数 …… 107
6.3 流场的力学相似以及相似条件 …… 109
6.4 动力相似准则以及相似准则数 …… 111
6.5 模型实验以及动力相似准则的使用 …… 115
习题 …… 118
参考文献 …… 121

第二篇 流体的不可压缩流动

第 7 章 无黏不可压缩流体的运动 …… 122
7.1 无黏不可压缩流的基本方程 …… 122
7.2 不可压缩无黏无旋流动以及速度势函数的一般性质 …… 124
7.3 不可压缩无黏平面或空间轴对称流动 …… 128
7.4 不可缩平面定常无旋运动的复势方法及几个重要定理 …… 131
7.5 无黏不可压缩流体的有旋流动及其主要性质 …… 140
习题 …… 147
第 8 章 黏性不可压缩流体的流动 …… 149
8.1 黏性流体运动的性质以及几种基本的旋涡运动 …… 149
8.2 黏性流体运动的相似律以及模型律的选择与实现 …… 158
8.3 黏性不可压缩流的某些精确解以及 Stokes 第一、第二问题 …… 162
8.4 小 Reynolds 数流动的两种近似解法 …… 166
8.5 Reynolds 数不很小时的流动以及大 Reynolds 数下物体绕流的特性 …… 173
8.6 滑动轴承内润滑油的流动 …… 174
习题 …… 176
第 9 章 层流边界层 …… 178
9.1 边界层各种厚度的定义及其数量级 …… 178
9.2 边界层微分方程 …… 179
9.3 层流边界层方程的相似解 …… 183

9.4　边界层方程的动量积分关系式解法 ………………………………………… 185
9.5　层流温度边界层的非耦合求解 ……………………………………………… 188
习题……………………………………………………………………………………… 193
第 10 章　湍流边界层 ……………………………………………………………… 195
10.1　湍流的平均方法以及湍流运动的基本方程………………………………… 195
10.2　湍流涡黏模式以及二阶矩模式………………………………………………… 199
10.3　湍流速度与温度边界层方程组及其封闭模式……………………………… 206
10.4　基于实验结果的平面湍流速度边界层一般特征…………………………… 208
10.5　绕平板湍流流动时速度与温度边界层的求解……………………………… 213
习题……………………………………………………………………………………… 216
参考文献……………………………………………………………………………… 218

第三篇　可压缩无黏流体的流动

第 11 章　可压缩无黏流体的一维流动 ………………………………………… 219
11.1　可压缩、无黏、非定常流动基本方程组的数学结构以及一维流动……… 219
11.2　声速与 Mach 数 ………………………………………………………………… 223
11.3　一维无黏流中常用的方程……………………………………………………… 227
11.4　几种典型的定常一维流动……………………………………………………… 234
11.5　非定常一维均熵流动与分析…………………………………………………… 243
11.6　运动正激波与驻激波…………………………………………………………… 247
习题……………………………………………………………………………………… 250
第 12 章　可压缩无黏流体的二维流动 ………………………………………… 251
12.1　二维定常与非定常速度势方程………………………………………………… 251
12.2　小扰动线化理论………………………………………………………………… 253
12.3　定常、有旋、非等熵流动的流函数方法……………………………………… 257
12.4　跨声速 Tricomi 方程 ………………………………………………………… 262
*12.5　跨声速流函数方法及人工可压缩性………………………………………… 264
12.6　二维跨声速势函数方程的数值解……………………………………………… 266
12.7　亚声速定常、无旋、均熵流动的速度图法…………………………………… 268
12.8　绕流问题边界条件的概述……………………………………………………… 274
12.9　膨胀波、压缩波的形成以及 Prandtl-Meyer 流动 ………………………… 276
12.10　定常、无黏、无旋、等熵超声速流的特征线法…………………………… 282
12.11　定常、无黏、等熵、有旋超声速流的特征线法…………………………… 286
12.12　斜激波 ……………………………………………………………………… 288
习题……………………………………………………………………………………… 292
参考文献……………………………………………………………………………… 294

部分习题参考答案…………………………………………………………………… 296

第一篇　流体力学的基本方程与重要定理

流体力学作为力学的一个分支学科，既应注意物理上的描述，也应注意数学上的表达。因此，通常《流体力学》教程既要着重物理概念的阐述，也不应放弃数学表达上的严谨要求[1~4]，本书当然也应遵循这一特点。第一篇包括第 1～6 章，主要研究流体力学中常用的一些基本物理模型、基本概念、流场张量的表达、流体运动所遵循的基本方程组，以及流体力学中经常使用的一些重要定理等。显然，本篇是全书的最基础部分。

第 1 章　流体力学的基本概念以及流体的基本物理性质

由物理学知道，随着能量状态的不断增加，物质形态分别处于固态、液态、气态和等离子状态。后三种状态的物质都是流体。流体力学是经典力学中的一个分支，在经典力学中流体被看做连续介质，因此弄清楚流体的连续介质模型、掌握流体的基本物理属性是十分重要的。

1.1　流体力学研究的基本任务及其发展概述

流体力学是一门基础性很强、应用性很广的力学分支学科，它是以流体为对象，研究流体宏观运动规律的科学。通常，按照流体的可压缩性可分为不可压缩流体力学与可压缩流体力学；按照流体的黏性特点可分为无黏流体力学与黏性流体力学；按照流体的本构关系可分为牛顿流体力学与非牛顿流体力学；按照流体流动中化学反应特点以及流体介质的特征又可以分为化学流体力学、电磁流体力学、生物流体力学、水力学、空气动力学、气体动力学、多相流体力学、渗流力学、环境流体力学等。由此可见流体力学是深深植根于航空航天、能源和动力工程、力学、物理和化学、建筑、采暖、水利、海洋、大气、环境、安全工程、冶金、化工、生物等领域的一门基础科学与应用科学，所以学好流体力学这门专业基础课程是十分重要的[5~7]。

流体力学的历史非常悠久，其初步形成可追溯到 18 世纪。随着牛顿运动定律与微积分方法的建立，流体力学进入了理性发展的阶段。Euler、Bernoulli、d'Alembert、Lagrange 和 Laplace 等一批科学家建立了关于无黏流体的理论流体力学。到了 19 世纪，法国的 Navier 和英国的 Stokes 分别用不同的方法建立了黏性流体力学运动的方程，在此期间，Hagen、Poiseuille 和 Chezy 等一批著名实验家建立了关于真实流体的实验流体力学；另外，Froude 建立了模型试验法则，Rayleigh 建议采用量纲分析法，Reynolds 发现了两种流动状态。应当指出，19 世纪末人们已认识到应该将无黏性的理论流体力学与真实流体的实验流体力学相互结合。进入 20 世纪以后，随着航空航天事业的发展，边界层理论、湍流理论、可压缩流体力学都获得了巨大的成就。1904 年德国流体力学家 Prandtl 提出了边界层理论，1902 年 Kutta 与 1906 年 Joukowski 分别独立提出了特殊的和一般情况下的 Kutta-Joukowski 假定，即著名的翼型绕流尾缘条件。1910 年 Blasius 和 Chaplygin 分别独立地提出了一般二维物体的受力公式，建立了完善的二维升力理论；1910 年，Joukowski 用保角变换法获得了一种理想的翼型，建立了 Joukowski 升力定理，Lanchester 提出了速度环量的概念，发展了有限翼展理论，Lanchester 和 Joukowski 在升力定理方面都作出了重大贡献。von Karman 与钱学森先生建立了可以预测翼型高亚声速条件下压强系数的 Karman-钱学森公式；Whitcomb 提出了超临界翼型，这种翼型能将临界 Mach 数提高到 0.9 以上；在高超声速飞行方面，Allen 在 1952 年提出了著名的钝体理论，为高超声速飞行器再入大气层时所遇到的严重气动热问题指出了热防护的方向。总之，正是以 Prandtl、von Karman 和 Taylor 为代表的一批流体力学专家在空气动力学、湍流和旋涡理论等方面的卓越成就才奠定了 20 世纪现代流体力学的基础。应该指出，以周培源、钱学森、郭永怀和吴仲华先生为代表的科学家在湍流理论、空气动力学和叶轮机械气动热力学等许多领域内也作出了基础性和开创性的重要贡献。尤其是周培源先生 1945 年提出湍流相关张量的动力学方程被国际上公认为近代湍流模式理论的奠基方程；钱学森先生 1946 年提出高超声速流动的概念，并提出了高超声速相似律，于是这个相似律与 Prandtl 的亚声速相似律、von Karman 的跨声速相似律以及 Ackeret 的超声速相似律合在一起形成了可压缩空气动力学的完整基础理论体系；另外，1953 年前后，郭永怀先生在进行激波与边界层相互作用的研究中，成功地将小参数求解方法用于远场解与近场解的对接问题，这个方法被学术界称为 PLK 方法(它是以三个人的姓氏所命名)，即奇异摄动法。应当指出，这一方法曾被推广应用到数学的许多分支中去，并逐步形成了著名的渐进展开匹配方法。在内流流体力学的数值求解研究中，吴仲华先生曾作出了重大贡献。早在 1952 年前后，吴仲华先生就率先提出了用两类流面交叉迭代去求解叶轮机械三元流动的通用理论，这就是国际学术及工程技术界常称的“吴氏三元流动通用理论”，其两类流面 S_1 与 S_2 上的控制方程被称为“吴氏方程”。1976 年前后，吴先生又提出了使用任意非正交曲线坐标与相应的非正交速度分量的叶轮机械三元流动基本方程组。在此基础上，吴仲华先生率领中国科学院的科研人员发展了一整套求解亚、跨、超声速流场的计算方法并编制了具有我国自主知识产权的计算机源程序，这就使得我国在这一领域的整体研究水平处于当时国际领先的位置。应当指出：吴仲华提出的三元流动理论至今还广泛地应用于工程技术界新型动力机械的气动设计。为此，国际吸气式发动机大会在每两年召开的大型国际会议上设立了永久性的“吴仲华讲座”，以此纪念吴先生的重大贡献[8]。

最后，简略说明一下“流体力学”与“工程流体力学”两门课程间的区别。从严格含义上讲，前者偏理论、重分析，后者偏应用、重工程。工程流体力学是机械、材料、热能与动力、船舶与海洋、航空、航天、建筑、采暖、通风、环境、水利、交通工程、安全工程、冶金、化工、生物工程等工程类专业的专业基础课程，其内容并不包括流体力学课程的全部专门知识，它主要讲授流体力学的基本原理与基本方法，并通过一些实例说明如何运用这些原理与方法去分析和解决与流动运动相关的实际工程问题。所以，在内容组织上重点不是放在一些公式的推导上而是侧重于基本原理、基本方法与基本公式的应用，力图做到“概念准确、通俗易懂、内容均衡、学以致用”，应当讲这 16 个字是编著本书时的努力方向。

1.2 流动区域的划分以及流动的几种基本流态

随着现代高新技术的发展，工程流体力学研究的范围不断地扩大。例如，以航空航天为背景，深入研究多个物理过程相互耦合(如湍流、激波、化学反应、高温高速非平衡等)时的复杂流动；再如以微机电系统(micro-electromechanical-systems，MEMS)和生物工程为背景，深入研究微尺度、多尺度以及从毫米到纳米的跨尺度下的流动问题等。尽管上述两个例子所涉及的基础知识都远远超出了流体力学的内容，它们需要多个学科之间的交叉与融合，但在动手解决这些问题时首先要弄清楚所研究的流体到底属于哪类流区，在所研究的范围内所研究的流动是否符合流体力学中连续介质模型的假定。显然，这些问题所涉及的就是流体力学中最基础的概念性问题。

1.2.1 Knudsen 数与流动特性的分区

令 λ 为分子平均自由程，L 为流体特征长度，则 λ 与 L 的比值定义为 Knudsen 数，记为 Kn，即

$$Kn = \frac{\lambda}{L} \tag{1.2.1}$$

它表征了气体的稀薄程度。在实际应用中，还常用 Reynolds 数 Re 与 Mach 数 M 来表达 Kn，即

$$Kn = \frac{M}{Re} \tag{1.2.2}$$

式中，Re 与 M 分别定义为

$$Re = \frac{\rho VL}{\mu} \tag{1.2.3}$$

$$M = \frac{V}{a} \tag{1.2.4}$$

式中，ρ、V、μ 与 a 分别为气体的密度、流速、黏性系数与声速。在许多工程问题中，如在研究飞行器表面与外界气流之间的摩擦与传热问题时，由边界层理论可知，这时合理的特征常数不再是物体的特征长度 L 而是边界层厚度 δ，这里 δ 可表达为

$$\delta = \frac{L}{\sqrt{Re_L}} \tag{1.2.5}$$

式中，Re_L 代表用特征长度 L 所定义的 Reynolds 数；类似地用 δ 所定义的 Reynolds 数 Re_δ 为

$$Re_\delta = \frac{\rho V\delta}{\mu} \tag{1.2.6}$$

因此当流动特征长度分别取 L 与 δ 时，则相应的 Knudsen 数变为 Kn_L 与 Kn_δ，其表达式为

$$Kn_L \equiv \frac{\lambda}{L} = \frac{M}{Re_L} \tag{1.2.7}$$

$$Kn_\delta \equiv \frac{\lambda}{\delta} = \frac{M}{\sqrt{Re_L}} \tag{1.2.8}$$

为了便于研究，根据气体的稀薄程度，钱学森先生建议将流动区域进行适当的划分。通常，可划分为：

(1) $Kn_\delta < 0.01$ 时为连续介质流动区域。在这个区域内，流动服从 Navier-Stokes 方程组，在物面上，满足速度无滑移和温度无跳跃的假设。

(2) $Kn_\delta = 0.01 \sim 0.1$ 时为滑移流动区域。在这个区域内，流动仍服从 Navier-Stokes 方程，而且 Fourier 热传导以及 Fick 质量扩散关系依然适用，但在物面上出现了速度滑移、温度跳跃和热滑移等现象。

(3) $Kn_L < 10$，$Kn_\delta > 0.1$ 时为过渡区域(transition)区域。在这个区域内，气体分子的平均自由程 λ 与物理特性长度 L 属于同一量级，因此这时气体分子之间的碰撞以及气体分子与物体表面之间的碰撞对气体流动的影响具有同等重要的意义。连续介质的假设已不再成立，流场的求解需要采用稀薄气体动力学的方法。

(4) $Kn_L>10$ 时为自由分子(free molecule)流动区域。在这个区域内,分子平均自由程远大于所研究的流动问题的特征长度。此时可以忽略气体分子之间的碰撞而仅考虑气体分子与界面之间的相互作用,这就使流动区域的处理大为简化。应该指出,在现代高超声速飞行器的再入飞行中,经常会遇到飞行器在上述四个流动区域中的运动。

1.2.2 连续介质模型

在连续介质中,常引进流体微团的概念。流体微团具有如下性质:

(1) 流体微团的体积 $\Delta\tau$ 相对于被考查的流体运动尺度 L 应该满足

$$\frac{\Delta\tau}{L^3}\ll 1$$

(2) 流体微团的体积 $\Delta\tau$ 相对于分子的平均自由程长度 l 应该满足

$$\frac{\Delta\tau}{l^3}\gg 1$$

概括地说流体微团在宏观上是充分小而在微观上是充分大的物质集合。流体微团又称流体质点或流体元,它既具有数学上点集的概念,又具有确定的物理状态。当流体运动时,流体的状态随之发生变化。流体质点包含很多分子,流体质点所具有的物理量是均匀的,它是其中众多粒子的统计平均值。连续介质就是由这些连续分布的流体质点所组成的。对于绝大多数实验室里的流体实验来讲,流体所占据区域尺寸至少为 1cm,而在 10^{-3}cm 量级的距离上流体的物理量变化是极其微小的(除了在激波等特殊的流体之外)。因此用一个感受体积为 10^{-9}cm^3 的仪器来量度流体特性,测得的仍是巨量分子运动的统计平均量,即宏观属性。对于地球大气层来讲,在常温常压下 10^{-9}cm^3 的体积,仍含有 2.7×10^{10}个空气分子,空气分子的自由程为10^{-8}mm;对于水分子则所含的分子数目就更多。在 10^{-9}cm^3 的体积内,气体分子每秒要发生 10^{20} 次碰撞,因此在这种情况下分子运动具有稳定的统计特性。应该指出,在同样体积下空气所含气体分子的数目是与温度和压强密切相关的。对于空气来讲不同高度处其温度与压强都在变化,因此同样体积下所含气体分子数也在变化。例如,在 30km 高空,1cm^3 的体积含 4×10^{17}个分子;在 128km 的高空,1cm^3 的体积则含有 10^{13}个分子。另外,分子的平均自由程随高度变化也很大,如海平面分子平均自由程为 0.07×10^{-6}m,70km 时约为 0.001m,85km 时约为 0.01m,128km 时约为 0.3m。显然,对于地球大气层而言,在海拔 120~150km 的高度上,空气分子的平均自由程与飞行器的特征尺寸处于同一个数量级,因此许多教科书中认为 $l/L\geqslant0.01$ 时,连续介质模型便不再适用了。

1.2.3 流体微团的运动形态

由于流体微团的运动形态不同,英国的物理学家 Reynolds 将流体的运动分为层流运动、湍流运动以及过渡(转捩)过程。层流流动时流体微团在各自的轨道上运动,彼此不发生干扰或碰撞,所以流动平稳有序。在通常情况下,流体运动速度较低时流动往往保持着层流流动形态,如图 1.1 中翼型下方的流动所示。

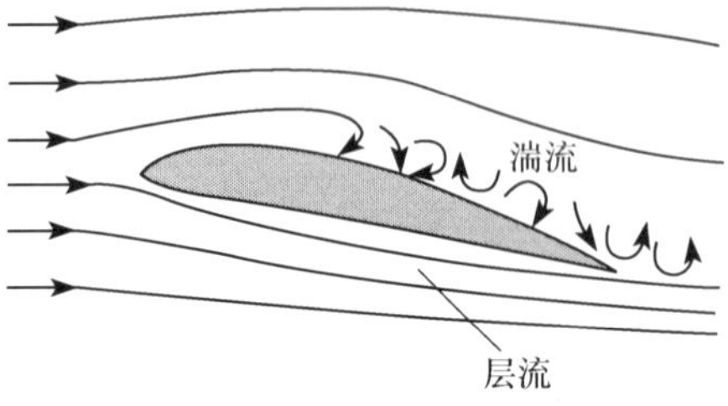

图 1.1 绕翼型流动的层流与湍流流动

湍流流动时,流体微团之间不断地碰撞与掺混,导致了扰动紊乱,流速与压强等参数随时间无序地脉动,如图 1.1 中翼型上方靠近尾部的流动。层流转变为湍流的过程称为转捩，这是一个从有序变为混沌无序的过程。大量的研究表明，自然界存在的流动不仅应该满足黏性流体运动的微分方程组，还必须是稳定的。大量实验观察表明，高 Reynolds 数时的层流状态是不可能存在的，低 Reynolds 数时的湍流状态也是不可能存在的，这表明流体运动存在着稳定性问题。从数学角度来说，流体的任何一种运动都应满足黏性流体运动的微分方程组在一定的定解条件下的方程解，在高 Reynolds 数时虽然也可以得到层流解，但它在物理上是不存在的。应该指出，转捩问题是一个十分复杂的物理现象，目前在数学上仍缺乏有效的数学工具与分析方法，同时也缺乏研究这一问题的完善理论。虽然目前流行小扰动法，但它仍属于线性稳定性理论，它不可能描述转捩的全过程，因为它不能用于非线性影响起重要作用的阶段。另外，在非线性稳定理论中常采用的以谐波分析为基础的摄动法，虽然对某些过程可以得到与实验观察到的基本特征吻合得很好的结果，但这一理论仍在完善与发展中。总之，非线性理论中由于谐波振幅不再是无限小量，而且考虑了它们之间的相互影响，所以它比线性稳定性理论有更多的通用性，但整体来说它的完善性还有不足，仍需作大量的努力。

1.3 流体的主要物理性质以及运输系数

对于流体的主要物理性质这里主要讨论它的压缩性与膨胀性；而流体的运输系数，本小节则主要研究黏性系数、热传导系数与扩散系数。

1.3.1 流体的可压缩性与热膨胀性

流体在外力作用下，其体积或密度可以改变的性质，称为流体的可压缩性；而流体在温度改变时其体积或密度可以改变的性质，则称为流体的热膨胀性。

由工程热力学中的一般热力学关系可知，对于一个简单可压缩系统总具有两个独立参数，这里选压强 p 与温度 T 为两个独立变量，于是密度 ρ 的改变为

$$\mathrm{d}\rho=\frac{\partial\rho}{\partial p}\mathrm{d}p+\frac{\partial\rho}{\partial T}\mathrm{d}T=\alpha_T\rho\,\mathrm{d}p-\beta\rho\,\mathrm{d}T \tag{1.3.1}$$

式中，α_T 与 β 分别定义为等温压缩系数和热膨胀系数，其表达式为

$$\alpha_T=\frac{1}{\rho}\left(\frac{\partial\rho}{\partial p}\right)_T=-\frac{1}{\nu}\left(\frac{\partial\nu}{\partial p}\right)_T \tag{1.3.2}$$

$$\beta=-\frac{1}{\rho}\left(\frac{\partial\rho}{\partial T}\right)_p=\frac{1}{\nu}\left(\frac{\partial\nu}{\partial T}\right)_p \tag{1.3.3}$$

在式(1.3.2)与式(1.3.3)中，符号 ν 代表比热容，它与密度 ρ 呈倒数关系，即

$$\rho\nu=1 \tag{1.3.4}$$

式(1.3.2)表明，对于同样的压强变化，α_T 值越大的流体，体积变化率也越大，也就是说这时越容易压缩；而 α_T 值越小的流体，则越不容易压缩。因此，α_T 值标志着流体的可压缩性的大小。

等温压缩系数 α_T 的倒数为体积弹性模量 E，其表达式为

$$E=\frac{1}{\alpha_T}=-\nu\left(\frac{\partial p}{\partial\nu}\right)_T \tag{1.3.5}$$

式中，ν 为比热容。

表 1.1 给出了一些常见流体的等温压缩系数 α_T 以及体积弹性模量 E 的值。

表 1.1 一些常见流体的 α_T 与 E 值

流 体	$\alpha_T/(10^{-11}\text{m}^2/\text{N})$	$E/(10^9\text{N/m}^2)$
二氧化碳	64	1.56
酒精	110	0.909
甘油	21	4.762
水银	3.7	27.03
水	49	2.04

由表 1.1 中可以看到，对液体来讲其压缩性很小，而体积弹性模量很大。例如，当压强从 10kPa 增加到 10MPa 时，水的体积改变量还不到 5%；工程上常用的其他工作液体，如液压油、机械油等，其 E 值也都很大。因此在工程计算中液体常可以看做不可压缩流体，也就是说这时将液体的密度视为常数(即密度视为不变)。

气体的可压缩性要比液体大得多，因此在一般情况下必须考虑气体压缩性的影响。应当指出，气体在低速(通常小于 50m/s)流动并且压强变化不大时，通常可以忽略可压缩性的影响，按不可压缩性流体来处理，其结果对工程问题来讲也是足够精确的。

表 1.2 给出了一些液体的热膨胀系数。可见，液体的膨胀系数是很小的，因此工程上一般不考虑它们的膨胀性。而对气体，由完全气体的状态方程 $\frac{p}{\rho}=RT$ 可得

$$\beta=-\frac{1}{\rho}\left(\frac{\partial\rho}{\partial T}\right)_p=\frac{1}{T} \tag{1.3.6}$$

对于气体来讲，当温度变化时，体积的增加率可由下式得到

$$\frac{\mathrm{d}V}{V}=\beta\mathrm{d}T=\frac{\mathrm{d}T}{T}$$

式中，V 代表体积；而在一个大气压下，当温度由 273K 增加到 373K 时水的体积仅增加 4.3%。显然，液体的热膨胀系数要比气体的小得多。

表 1.2 一些液体的热膨胀系数

液 体	温度/K	$\beta/10^3\text{K}^{-1}$
润滑油	300	0.7
乙二醇	300	0.65
甘油	300	0.48
氟利昂	300	2.75
水银	300	0.181
饱和水	300	0.276

1.3.2 黏性系数、热传导系数与质量扩散系数

流体的输运性质，主要是指它们的动量输运、能量输运和质量输运。从宏观上看，它们分别表现为黏滞现象、导热现象、扩散现象，并具有各自的宏观规律。以下主要讨论三个系数，即黏性系数、热传导系数与质量扩散系数。

1. 黏性系数

任何流体都有黏性，不过有的大、有的小。空气和水的黏性都不大，它们与机械油相比小得

多。为了进一步说明黏性力的作用情况和黏性系数的定义，这里讨论一个黏性实验。假设有一股直匀气流沿平板板面流动，如图 1.2 所示。

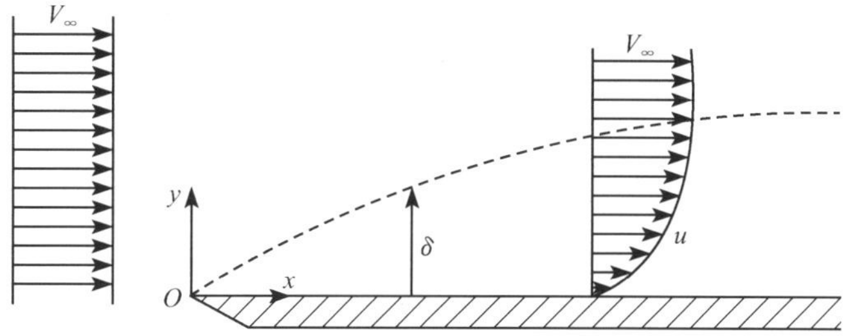

图 1.2　黏性流体流过物面时的速度分布

气流在没有流到平板以前，气流速度分布是均一的，其值为 V_∞；在流过平板时，紧靠平板表面的那层气流就黏附在板面上，这时那里的气流速度降为零，称为无滑移。沿 y 方向随着逐渐远离平板，气流速度逐渐增大，直到在 y 方向离平板表面一定距离后，气流的速度才基本恢复到原来的来流值，因此沿 y 方向其速度剖面可用函数 $u=f(y)$ 来描述(图 1.2)。引入摩擦应力 τ 的概念，它代表单位面积上的摩擦力。Newton 通过实验与分析后于 1687 年指出，流体内部的摩擦应力 τ 与速度梯度 $\mathrm{d}u/\mathrm{d}y$ 成正比，其比例系数 μ 称为黏性系数(又称为动力黏性系数)，这就是著名的一维黏性流动的 Newton 黏性定律[9,10]，其表达式为

$$\tau=\mu\frac{\mathrm{d}u}{\mathrm{d}y} \tag{1.3.7}$$

式中，μ 在国际单位制中的单位是 Pa・s 或 $1\mathrm{N}\cdot\mathrm{s/m^2}$，亦即 $1\mathrm{kg/(m\cdot s)}$；在 CGS 制中 μ 的单位为 g/(cm・s)，又称泊，并且有 1Pa・s=10 泊；在流体力学中，除了用 μ 外还常用到运动黏性系数 ν，其表达式为

$$\nu=\frac{\mu}{\rho} \tag{1.3.8}$$

这里 ν 的单位是 $\mathrm{m^2/s}$。表 1.3 给出了一些流体的动力黏性系数与运动黏性系数。

表 1.3　一些流体的黏性系数

流　体	温度/K	动力黏性系数 $\mu/(10^7\mathrm{N\cdot s/m^2})$	运动黏性系数 $\nu/(10^6\mathrm{m^2/s})$
空气	300	184.6	15.87
氨	300	101.5	14.7
二氧化碳	300	149	8.4
一氧化碳	300	175	15.6
氦	300	199	122
氢	300	89.6	111
氮	300	178.2	15.86
氧	300	207.2	16.14
水蒸气	400	134.4	24.25
润滑油	300	48.6×10^5	550
乙二醇	300	1.57×10^5	14.1
甘油	300	79.9×10^5	634
氟利昂	300	0.0254×10^5	0.195
水银	300	0.1523×10^5	0.1125

2. 热传导系数

对单组元气体而言，热量传递有三种基本方式，即热传导、热对流与热辐射。对于多组元混合气体，传热除了热传导、对流和辐射之外，还有扩散传热。导热是一种与原子、分子及自由电子等微观粒子的无序随机运动相联系的物理过程。所有的物质，无论固相、液相、气相均具有一定的传导热量的能力，它是物质的一种固有属性。1822 年，Fourier 用最简单的热传导实验得到了 Fourier 定律，这个定律表明当气体中沿某一个方向存在温度梯度时，热量就会从高温度的地方传向低温度的地方；而且单位时间内所传递的热量与传热面积成正比，与沿热流方向的温度梯度成正比，即

$$\boldsymbol{q} = -\lambda \nabla T = -\lambda \frac{\partial T}{\partial n}\boldsymbol{n} \tag{1.3.9}$$

式中，λ 为热传导系数，其单位为 kW/(m·K)，即千瓦/(米·开)；在通常温度范围内，空气的热传导系数 λ 为 2.47×10^{-5}kW/(m·K)；$\boldsymbol{q}$ 为热流矢量，它代表单位面积内通过垂直于∇T 方向上的单位面积所传递的热量；∇T 为温度梯度；式(1.3.9)中的负号表示 $\boldsymbol{q}$ 传递的方向与温度梯度的方向相反。$\boldsymbol{q}$ 的国际制单位为 W/m^2；$\boldsymbol{n}$ 为∇T 方向上的单位矢量，显然$\frac{\partial T}{\partial n}$还有[11]

$$\frac{\partial T}{\partial n} = \boldsymbol{n}\cdot\nabla T \tag{1.3.10}$$

表 1.4 列出了流体的热传导系数。

表 1.4　一些流体的热传导系数

流　体	温度/K	λ/[kW/(m·K)]
空气	300	26.3
二氧化碳	300	16.55
氧	300	26.8
水蒸气	400	26.1
润滑油	300	145
甘油	300	286
水银	300	8540

3. 扩散系数

为了简单起见，这里假定组元 i 为均质介质，仅考虑组元 i 在组元 j 中的扩散，并认为扩散为各向同性。1855 年 Fick 的实验结果表明有如下关系成立

$$\boldsymbol{J}_i \equiv \rho_i \boldsymbol{U}_i = -D_{ij}\nabla\rho_i = -\rho D_{ij}\nabla Y_i \tag{1.3.11}$$

式中，$\boldsymbol{J}_i$ 为扩散质量流矢量(如严谨一点写应为 $\boldsymbol{J}_{ij}$，通常可以省略下标 j)；ρ 为混合气的密度，ρ_i 为组元 i 的分密度；Y_i 为质量比数(又称质量浓度)即 $Y_i=\rho_i/\rho$；D_{ij} 为二组元扩散系数，它的单位是 m^2/s；$\boldsymbol{U}_i$ 为组元 i 的扩散速度，令 $\boldsymbol{V}_i$ 为组元 i 的运动速度，$\boldsymbol{V}$ 为混合气的运动速度，于是 $\boldsymbol{V}_i$、$\boldsymbol{V}$ 与 $\boldsymbol{U}_i$ 满足如下关系

$$\boldsymbol{V}_i = \boldsymbol{V} + \boldsymbol{U}_i \tag{1.3.12}$$

应该指出，式(1.3.11)所给出的质量输运表达式是仅考虑了组元质量浓度的梯度所带来的影响；如果还存在着压强梯度或温度梯度，则式(1.3.11)的等号右端还需要增加压强梯度或温度梯度所带来的影响项。

表 1.5 与表 1.6 分别给出了一些物质在空气中的扩散系数与在水中的扩散系数。

表 1.5　一些物质在空气中的扩散系数

溶　质	溶　剂	温度/K	$D_{ij}/(\mathrm{m^2/s})$
水	空气	298	0.26×10^{-4}
二氧化碳	空气	298	0.16×10^{-4}
氧	空气	298	0.21×10^{-4}
丙酮	空气	273	0.11×10^{-4}
苯	空气	298	0.88×10^{-5}
萘	空气	300	0.62×10^{-5}

表 1.6　一些物质在水中的扩散系数

溶　质	溶　剂	温度/K	$D_{ij}/(\mathrm{m^2/s})$
食盐	水	288	1.1×10^{-9}
葡萄糖	水	298	0.69×10^{-9}
酒精	水	298	0.12×10^{-8}
甘油	水	298	0.94×10^{-9}

从上面三个方面的讨论可以清楚地看出，流体的动量、热量与质量三种输运性质有相似之处，从微观上看都是通过了分子的热运动及分子的相互碰撞，输运了它们原先所在区域的宏观性质，从而使原先区域的状态不平衡渐渐趋向状态平衡。以一维为例，上述这三个方面在宏观上也具有类似的表达式，即

黏性(Newton 定律)
$$\tau=\mu\frac{\mathrm{d}u}{\mathrm{d}y} \tag{1.3.13a}$$

热传导(Fourier 定律)
$$q=-\lambda\frac{\mathrm{d}T}{\mathrm{d}y} \tag{1.3.13b}$$

扩散(Fick 定律)
$$J_{ij}=-D_{ij}\frac{\mathrm{d}\rho_i}{\mathrm{d}y} \tag{1.3.13c}$$

上述三种输运过程的一个重要的共同点是，三个输运过程均为不可逆过程。这些分子所显示的输运现象在层流流动中往往作用明显；而当流动为湍流流动时，由于湍流输运远远较分子输运强烈，所以对湍流流动来讲分子输运的作用常常可以被省略。

1.4　作用在流体微团上的体积力与表面力

1.4.1　作用在流体微团上的体积力

作用于流体上的外力通常可分为两类：一类是表面力，一类是体积力(又称为质量力或彻体力)。在地球引力场中，取体积为 $\mathrm{d}\Omega$ 的流体微团，令其所受引力为 $\mathrm{d}\boldsymbol{G}$，于是表达式为

$$\mathrm{d}\boldsymbol{G}=\rho\boldsymbol{g}\,\mathrm{d}\Omega \tag{1.4.1}$$

式中，$\boldsymbol{g}$ 是重力加速度。又如飞行器在外层大气里飞行，气体分子处于离子状态，设所带的电荷密度为 ρ_e，这种带电的气体在电磁场中运动当然会受到一个电磁力，这个力也是一种彻体力，其表达式为

$$\boldsymbol{f}_e=\rho_e[\boldsymbol{E}+\mu(\boldsymbol{V}\times\boldsymbol{H})]=\rho_e(\boldsymbol{E}+\boldsymbol{V}\times\boldsymbol{B}) \tag{1.4.2}$$

式中，$\boldsymbol{E}$ 与 $\boldsymbol{H}$ 分别为电场强度与磁场强度；$\boldsymbol{B}$ 为磁感强度；μ 为磁导率；$\boldsymbol{V}$ 为流体的速度。

又如在叶轮机械气体动力学中，常选取固连于动轮并以常角速度 ω 绕叶轮机械转动轴旋转

的坐标系，即相对坐标系，它是一个非惯性坐标系。令 $\boldsymbol{V}$ 与 $\boldsymbol{W}$ 分别表示气体的绝对速度与相对速度，$\boldsymbol{\omega}\times\boldsymbol{r}$ 为圆周速度，并且有

$$\boldsymbol{V}=\boldsymbol{W}+\boldsymbol{\omega}\times\boldsymbol{r} \tag{1.4.3}$$

$$\frac{\mathrm{d_a}\boldsymbol{V}}{\mathrm{d}t}=\frac{\mathrm{d_R}\boldsymbol{W}}{\mathrm{d}t}+\boldsymbol{\omega}\times(\boldsymbol{\omega}\times\boldsymbol{r})+2\boldsymbol{\omega}\times\boldsymbol{W} \tag{1.4.4}$$

式中，$\frac{\mathrm{d_a}\boldsymbol{V}}{\mathrm{d}t}$与$\frac{\mathrm{d_R}\boldsymbol{W}}{\mathrm{d}t}$分别定义为绝对加速度与相对加速度，其表达式为[12]

$$\frac{\mathrm{d_a}\boldsymbol{V}}{\mathrm{d}t}=\frac{\partial_\mathrm{a}\boldsymbol{V}}{\partial t}+\boldsymbol{V}\cdot\nabla_\mathrm{a}\boldsymbol{V} \tag{1.4.5}$$

$$\frac{\mathrm{d_R}\boldsymbol{W}}{\mathrm{d}t}=\frac{\partial_\mathrm{R}\boldsymbol{W}}{\partial t}+\boldsymbol{W}\cdot\nabla_\mathrm{R}\boldsymbol{W} \tag{1.4.6}$$

显然，式(1.4.4)等号右端的后两项为惯性力，一项为离心力，另一项为 Coriolis 力，它们也属于体积力的一类。

1.4.2 流场中任一点的应力 $\boldsymbol{P}_n$ 与应力张量 $\boldsymbol{\pi}$

今考察一面积元 ΔS，取表面 S 的外法向单位矢量为 $\boldsymbol{n}$，设某时刻作用于 ΔS 上的表面力为 $\Delta\boldsymbol{P}$，于是当面元 ΔS 缩小到一点 A 时其$\frac{\Delta\boldsymbol{P}}{\Delta S}$值，即

$$\boldsymbol{P}_n=\lim_{\Delta S\to 0}\frac{\Delta\boldsymbol{P}}{\Delta S} \tag{1.4.7}$$

便表示以 $\boldsymbol{n}$ 为法向的单位面积上的表面力(即应力)。如果令 $\boldsymbol{n}$ 的方向余弦为 n_x、n_y、n_z，于是有

$$\boldsymbol{n}=n_x\boldsymbol{i}+n_y\boldsymbol{j}+n_z\boldsymbol{k} \tag{1.4.8}$$

显然，$\boldsymbol{P}_n$ 是空间点、时间以及 $\boldsymbol{n}$ 的函数，即

$$\boldsymbol{P}_n=\boldsymbol{P}_n(x,y,z,t,\boldsymbol{n}) \tag{1.4.9}$$

特别指出的是，在通常情况下这里矢量 $\boldsymbol{P}_n$ 与 $\boldsymbol{n}$ 的方向并不一致，只有当与 $\boldsymbol{n}$ 相垂直的面元上的切应力为零时，这时应力 $\boldsymbol{P}_n$ 才与 $\boldsymbol{n}$ 方向相同。另外，由工程力学课程知道，在连续介质中任意一点的应力张量是一个二阶张量，于是流场中点 A 处的应力张量 $\boldsymbol{\pi}$ 可写为

$$\boldsymbol{\pi}=\boldsymbol{\pi}_{ij}\boldsymbol{e}^i\boldsymbol{e}^j=\boldsymbol{\pi}^{ij}\boldsymbol{e}_i\boldsymbol{e}_j \tag{1.4.10}$$

式中，$\boldsymbol{\pi}_{ij}$ 与 $\boldsymbol{\pi}^{ij}$ 为关于 $\boldsymbol{\pi}$ 的协变分量与逆变分量；而 $\boldsymbol{e}^i$ 与 $\boldsymbol{e}_i$ 分别表示逆变基矢量与协变基矢量。如果取 Cartesian 直角坐标系，则去掉并矢基底后张量 $\boldsymbol{\pi}$ 便可以用如下矩阵表示出

$$\boldsymbol{\pi}=\begin{bmatrix}\pi_{11} & \pi_{12} & \pi_{13}\\ \pi_{21} & \pi_{22} & \pi_{23}\\ \pi_{31} & \pi_{32} & \pi_{33}\end{bmatrix} \tag{1.4.11}$$

这里下标 1、2、3 分别代表 x、y、z。容易证明，对于点 A 处的应力张量 $\boldsymbol{\pi}$，与在点 A 处所选取的方向 $\boldsymbol{n}$ 以及与 $\boldsymbol{n}$ 相对应的应力 $\boldsymbol{P}_n$ 之间有如下关系

$$\boldsymbol{P}_n=\boldsymbol{n}\cdot\boldsymbol{\pi} \tag{1.4.12}$$

这里 $\boldsymbol{P}_n$ 为一阶矢量；应力张量 $\boldsymbol{\pi}$ 为二阶对称张量，因此它只有 6 个独立的分量。

1.5 牛顿流体、非牛顿流体以及本构方程

1.5.1 牛顿型流体及其本构方程

令 $\boldsymbol{\tau}$ 为黏性应力张量，$\boldsymbol{\pi}$ 为应力张量，$\boldsymbol{D}$ 为变形速率张量。如果流体的 $\boldsymbol{\tau}$ 与 $\boldsymbol{D}$ 间具有线性各

向同性函数关系，则该类型流体为牛顿流体。可以证明流场中任一点的应力张量 $\boldsymbol{\pi}$ 能够作如下分解

$$\boldsymbol{\pi} = \boldsymbol{\tau} - p\boldsymbol{I} \tag{1.5.1}$$

式中，$\boldsymbol{I}$ 为单位张量；p 为非平衡态流体的热力学压强。注意到黏性应力张量 $\boldsymbol{\tau}$ 与变形速率张量 $\boldsymbol{D}$ 是二阶对称张量，并认为流体是各向同性的牛顿流体，于是得到如下形式的本构方程

$$\boldsymbol{\pi} = -p\boldsymbol{I} + 2\mu\boldsymbol{D} + \left(\mu_b - \frac{2}{3}\mu\right)(\nabla \cdot \boldsymbol{V})\boldsymbol{I} \tag{1.5.2}$$

式中，$\boldsymbol{V}$ 为流体的速度；μ 为流体动力黏性系数；μ_b 为体积黏性系数。可以证明，任何流体的 μ 与 μ_b 一定是正的，即

$$\mu > 0, \quad \mu_b > 0 \tag{1.5.3}$$

应该指出，式(1.5.2)是牛顿流体本构方程的最一般形式，通常方程中含有的两个物性系数即 μ 与 μ_b 是待定的，它们通常可以用实验方法来确定。大量研究表明，除了高温流动以及高频声波等特殊情况之外，对于一般流体力学问题往往可以近似认为 $\mu_b \approx 0$。

1.5.2 非牛顿流体

凡是不满足牛顿流体本构关系的流体称为非牛顿流体。显然，这是一类很普遍的流体。非牛顿流体力学以研究流体的流变性质以及运动规律为主。它的理论建立在理性力学原理的基础之上，其中 Oldroyd 与 Noll 做了奠基性的工作。20 世纪初期，高聚物工业迅速发展，高聚物熔体和高聚物溶液就是典型的非牛顿流体；在化学工业中的各类泥浆、悬浮液、油漆、涂料、颜料、工业用油脂等，以及硅酸盐工业中的各类烧结块，都属于非牛顿流体。再如生物流体，如人体内和动物体内的血液、关节腔内的滑液、淋巴液、细胞液、支气管内分泌液等，也都具有非牛顿流体的性质。

由于非牛顿流体的本构关系比较复杂，下面仅介绍较简单的几种。

1. 幂律流体

令 $\dot{\gamma}$ 表示简单切变率，即

$$\dot{\gamma} \equiv \frac{\mathrm{d}u}{\mathrm{d}y} \tag{1.5.4}$$

在通常情况下，幂律流体的表观黏度 μ 是 $\dot{\gamma}$ 的幂函数，即

$$\mu = \mu(\dot{\gamma}) = k(\dot{\gamma})^{\frac{n-1}{2}} \tag{1.5.5}$$

式中，k 为稠度系数。幂律流体的本构方程为

$$\tau = \mu\dot{\gamma} \tag{1.5.6}$$

这里 τ 为剪应力。

2. Bingham 流体

令 $\dot{\gamma}$ 为剪切变形率，τ_0 为屈服应力。Bingham 流体是这样的一类流体，它在静止时如同弹性固体一样，并不流动，它可以抵抗一定大小的有限应力。为了使它流动，要克服一定的固有应力，这个应力便称为屈服应力。这类流体的本构方程为

$$\tau - \tau_0 = \eta_0\dot{\gamma}, \quad 当\ |\tau| > \tau_0\ 时 \tag{1.5.7a}$$

$$\dot{\gamma} = 0, \quad 当\ |\tau| < \tau_0\ 时 \tag{1.5.7b}$$

这种流体的力学行为与剪切应力 $\tau - \tau_0$ 作用下的牛顿流体一样。实验发现，血液、炼乳、高分子、

悬浮液、糊状黏土、油漆、印刷墨汁等均具有屈服应力。

如果令 $\boldsymbol{A}$ 为一阶 Rivlin-Ericksen 张量，$\boldsymbol{S}$ 为偏应力张量，II 为 $\boldsymbol{A}$ 的第二不变量，于是 Bingham 流体的一维本构方程可推广为如下三维的形式

$$\boldsymbol{S} = (\eta_0 + \tau_0 / \sqrt{II})\boldsymbol{A}, \quad 当\frac{1}{2}\mathrm{tr}(\boldsymbol{S}^2) > \tau_0^2 时 \tag{1.5.8a}$$

$$\boldsymbol{A} = 0, \quad 当\frac{1}{2}\mathrm{tr}(\boldsymbol{S}^2) < \tau_0^2 时 \tag{1.5.8b}$$

式中，tr(·)表示张量的迹。

3. Casson 流体

血液由红细胞和血浆组成。红细胞悬浮在血浆中。大量实验发现，血液在较宽的剪切率范围内，$\sqrt{\tau}$与$\sqrt{\dot{\gamma}}$呈线性关系，因此血液的本构方程可近似表达为

$$\sqrt{\tau} = \sqrt{\eta_b \dot{\gamma}} + \sqrt{\tau_0} \tag{1.5.9}$$

4. Oldroyd B 流体

令 $\boldsymbol{S}$ 为偏应力张量，$\boldsymbol{D}$ 为变形速率张量，$\boldsymbol{A}$ 为一阶 Rivlin-Ericksen 变形张量，则 Oldroyd B 流体的本构方程为

$$\boldsymbol{S} + \lambda_1 \overset{\triangledown}{\boldsymbol{S}} = \eta_0(\boldsymbol{A} + \lambda_2 \overset{\triangledown}{\boldsymbol{A}}) \tag{1.5.10}$$

式中，$\overset{\triangledown}{\boldsymbol{S}}$ 为偏应力张量的 Oldroyd 上随体导数，$\overset{\triangledown}{\boldsymbol{A}}$ 为一阶 Rivlin-Ericksen 变形张量的 Oldroyd 上随体导数。张量 $\boldsymbol{D}$ 与 $\boldsymbol{A}$ 的表达式分别是

$$\boldsymbol{D} = \frac{1}{2}[\nabla\boldsymbol{V} + (\nabla\boldsymbol{V})^{\mathrm{T}}] \tag{1.5.11}$$

$$\boldsymbol{A} = 2\boldsymbol{D} \tag{1.5.12}$$

式中，$\boldsymbol{V}$ 为流体的速度。作为典型算例，文献[13]曾对这类流体进行了数值模拟，并得到了较满意的数值结果。

1.6 平衡态热力学基本关系以及非平衡态热力学基础

可压缩流体的热力学与动力学是密切相关的。本节扼要回顾工程热力学课程中所涉及的流体运动的热力学基础，下面从 5 个方面讨论。

1.6.1 热力学特征函数与普遍微分关系

考虑单位质量的气体，引入四个热力学特征函数：内能 e，焓 h，Helmholtz 自由能 f 与 Gibbs 自由焓 g，并且令 ν、p、T 与 s 分别代表比容、压强、温度与熵，取 $e=e(\nu,s)$，$h=h(p,s)$，$f=f(T,\nu)$，$g=g(T,p)$，其中

$$h = e + p\nu \tag{1.6.1}$$

$$f = e - Ts \tag{1.6.2}$$

$$g = h - Ts \tag{1.6.3}$$

对于含有 k 个组分的均相系，令 μ_i 与 c_i 分别代表组分（又称组元）i 的化学势与质量比数，则对于

单位质量的系统，其热力学基本微分方程式为

$$\mathrm{d}e = T\mathrm{d}S - p\mathrm{d}\nu + \sum_{i=1}^{k}(\mu_i \mathrm{d}c_i) \tag{1.6.4}$$

$$\mathrm{d}h = T\mathrm{d}S + \nu\mathrm{d}p + \sum_{i=1}^{k}(\mu_i \mathrm{d}c_i) \tag{1.6.5}$$

$$\mathrm{d}f = - S\mathrm{d}T - p\mathrm{d}\nu + \sum_{i=1}^{k}(\mu_i \mathrm{d}c_i) \tag{1.6.6}$$

$$\mathrm{d}g = - S\mathrm{d}T + \nu\mathrm{d}p + \sum_{i=1}^{k}(\mu_i \mathrm{d}c_i) \tag{1.6.7}$$

为简单起见，在本节下面的讨论中不考虑化学势的影响，因此由热力学基本微分方程式的全微分条件便推出如下重要热力学关系式

$$T = \left(\frac{\partial e}{\partial S}\right)_\nu = \left(\frac{\partial h}{\partial S}\right)_p \tag{1.6.8}$$

$$p = -\left(\frac{\partial e}{\partial \nu}\right)_S = -\left(\frac{\partial f}{\partial \nu}\right)_T \tag{1.6.9}$$

$$\nu = \left(\frac{\partial e}{\partial p}\right)_S = \left(\frac{\partial g}{\partial p}\right)_T \tag{1.6.10}$$

$$S = -\left(\frac{\partial f}{\partial T}\right)_\nu = -\left(\frac{\partial g}{\partial T}\right)_p \tag{1.6.11}$$

再利用全微分中两项交叉导数相等的条件便得到 Maxwell 关系式

$$\left(\frac{\partial T}{\partial \nu}\right)_S = -\left(\frac{\partial p}{\partial S}\right)_\nu \tag{1.6.12}$$

$$\left(\frac{\partial T}{\partial p}\right)_S = \left(\frac{\partial \nu}{\partial S}\right)_p \tag{1.6.13}$$

$$\left(\frac{\partial p}{\partial T}\right)_\nu = \left(\frac{\partial S}{\partial \nu}\right)_T \tag{1.6.14}$$

$$\left(\frac{\partial \nu}{\partial T}\right)_p = -\left(\frac{\partial S}{\partial p}\right)_T \tag{1.6.15}$$

因此，在不考虑化学势的情况下，便可得到熵 S、内能 e、焓 h 以及比热容的普遍微分关系式

$$\begin{aligned}\mathrm{d}S &= \frac{C_V}{T}\mathrm{d}T + \left(\frac{\partial p}{\partial T}\right)_\nu \mathrm{d}\nu = \frac{C_p}{T}\left(\frac{\partial T}{\partial \nu}\right)_p \mathrm{d}\nu + \frac{C_V}{T}\left(\frac{\partial T}{\partial p}\right)_\nu \mathrm{d}p \\ &= \frac{C_p}{T}\mathrm{d}T - \left(\frac{\partial \nu}{\partial T}\right)_p \mathrm{d}p\end{aligned} \tag{1.6.16}$$

$$\begin{aligned}\mathrm{d}e &= C_V\mathrm{d}T + \left[T\left(\frac{\partial p}{\partial T}\right)_\nu - p\right]\mathrm{d}\nu = C_V\left(\frac{\partial T}{\partial p}\right)_\nu \mathrm{d}p + \left[C_p\left(\frac{\partial T}{\partial \nu}\right)_p - p\right]\mathrm{d}\nu \\ &= \left[C_p - p\left(\frac{\partial \nu}{\partial T}\right)_p\right]\mathrm{d}T - \left[p\left(\frac{\partial \nu}{\partial p}\right)_T + T\left(\frac{\partial \nu}{\partial T}\right)_p\right]\mathrm{d}p\end{aligned} \tag{1.6.17}$$

$$\begin{aligned}\mathrm{d}h &= \left[C_V + \nu\left(\frac{\partial p}{\partial T}\right)_\nu\right]\mathrm{d}T + \left[T\left(\frac{\partial p}{\partial T}\right)_\nu + \nu\left(\frac{\partial p}{\partial \nu}\right)_T\right]\mathrm{d}\nu \\ &= C_p\mathrm{d}T + \left[\nu - T\left(\frac{\partial \nu}{\partial T}\right)_p\right]\mathrm{d}p \\ &= \left[\nu + C_V\left(\frac{\partial T}{\partial p}\right)_\nu\right]\mathrm{d}p + C_p\left(\frac{\partial T}{\partial \nu}\right)_p \mathrm{d}\nu\end{aligned} \tag{1.6.18}$$

$$C_V = \left(\frac{\partial e}{\partial T}\right)_\nu = T\left(\frac{\partial S}{\partial T}\right)_\nu \tag{1.6.19}$$

$$C_p = \left(\frac{\partial h}{\partial T}\right)_p = T\left(\frac{\partial S}{\partial T}\right)_p \tag{1.6.20}$$

$$C_p - C_V = T\left(\frac{\partial p}{\partial T}\right)_\nu \left(\frac{\partial \nu}{\partial T}\right)_p = T\left(\frac{\partial S}{\partial \nu}\right)_T \left(\frac{\partial \nu}{\partial T}\right)_p \tag{1.6.21}$$

1.6.2 真实气体、热完全气体以及量热完全气体

气体大体上分两类:一类是真实气体(real gas),另一类是完全气体(perfect gas)。所谓真实气体是指必须考虑分子之间相互作用力的气体;所谓完全气体是指忽略分子之间作用力的气体。显然,完全气体是一种理想化的气体,它不考虑分子之间的内聚力以及分子本身的体积,仅仅考虑分子的热运动(包括分子间的碰撞)。按照气体热力学的属性,完全气体又可以分为三类:一类是量热(calorically)完全气体,一类是热(thermally)完全气体,还有一类是化学反应完全气体混合物(chemically reacting mixture of perfect gases)。这三类气体虽然都满足 clapeyren 状态方程,即

$$p = \rho RT \tag{1.6.22}$$

但其他热力学属性却有所不同,因篇幅有限,这里仅讨论前两类完全气体。热完全气体的定压比热 C_p、定容比热 C_V、内能 e 与焓 h 都仅是温度的函数,即

$$C_p = C_p(T) \tag{1.6.23}$$

$$C_V = C_V(T) \tag{1.6.24}$$

$$\mathrm{d}h = C_p(T)\mathrm{d}T \tag{1.6.25}$$

$$\mathrm{d}e = C_V(T)\mathrm{d}T \tag{1.6.26}$$

而量热完全气体是比热与比热比均为常数的热完全气体,因此这类气体的内能 e 与焓 h 的状态表达式是

$$e = C_V T \tag{1.6.27}$$

$$h = C_p T \tag{1.6.28}$$

需要说明的是,在本书以后章节的讨论中除特别说明之外,所讨论的完全气体均指量热完全气体,而这种气体在流体力学中又称为理想气体。此外,对于真实气体,为了衡量它偏离热完全气体状态方程的程度常使用压缩因子 z,其定义为

$$z = \frac{p\nu}{RT} \tag{1.6.29}$$

因此,利用通用压缩因子图表所提供的数据可以方便地进行真实气体的工程计算。

1.6.3 理想气体及热力学普遍关系

量热完全气体又称理想气体,其状态方程为

$$p\nu = RT \tag{1.6.30}$$

或者

$$\frac{\mathrm{d}p}{p} + \frac{\mathrm{d}\nu}{\nu} = \frac{\mathrm{d}T}{T} \tag{1.6.31}$$

这里 ν 为气体的比容。前面给出了关于比热 C_p 与 C_V、内能 e、焓 h 以及熵 S 的普遍关系表达式,当针对理想气体时,则它们将退化为

$$e = C_V T,\quad \mathrm{d}e = C_V \mathrm{d}T \tag{1.6.32}$$

$$h = C_p T,\quad \mathrm{d}h = C_p \mathrm{d}T \tag{1.6.33}$$

$$C_p - C_V = R \tag{1.6.34}$$

$$C_V = \frac{R}{\gamma - 1} \tag{1.6.35}$$

$$C_p = \frac{\gamma R}{\gamma - 1} \tag{1.6.36}$$

$$\mathrm{d}S = C_V \frac{\mathrm{d}T}{T} + R\frac{\mathrm{d}\nu}{\nu} = C_V \frac{\mathrm{d}T}{T} - R\frac{\mathrm{d}\rho}{\rho} = C_p \frac{\mathrm{d}T}{T} - R\frac{\mathrm{d}p}{p} = C_V \frac{\mathrm{d}p}{p} + C_p \frac{\mathrm{d}\nu}{\nu} \tag{1.6.37}$$

以及

$$\begin{aligned}\mathrm{d}\left(\frac{S}{R}\right) &= \frac{1}{\gamma-1}\frac{\mathrm{d}p}{p} - \frac{\gamma}{\gamma-1}\frac{\mathrm{d}\rho}{\rho} = \frac{1}{\gamma-1}\mathrm{d}\ln p - \frac{\gamma}{\gamma-1}\mathrm{d}\ln\rho \\ &= \frac{1}{\gamma-1}\mathrm{d}\ln T - \mathrm{d}\ln\rho = \frac{\gamma}{\gamma-1}\mathrm{d}\ln T - \mathrm{d}\ln p\end{aligned} \tag{1.6.38}$$

式中，γ 与 R 分别表示比热比与气体常数，对于不同的气体，R 有不同的值，其表达式为

$$R = \frac{R_0}{M} \tag{1.6.39}$$

式中，R_0 为普适气体常数，$R_0 = 8314\mathrm{J/(kmol \cdot K)}$；$M$ 为摩尔质量，对于空气其 $M = 28.95$ kg/kmol。而空气的 R 为 287J/(kg·K)。

1.6.4 流体运动的热力学第一定律

在流场中任取一个质量为 Δm 的微元封闭体系，由热力学第一定律有如下形式

$$\frac{\mathrm{d}E}{\mathrm{d}t} = \dot{Q} - \dot{L} \tag{1.6.40}$$

式中，$\dot{Q}$ 与 $\dot{L}$ 分别表示单位时间内外界对所考察体系的传热量与该流体对外界的做功率；而 $\frac{\mathrm{d}E}{\mathrm{d}t}$ 则是该体系的内能对时间的导数。下面从观察者处于不同状态时来说明式(1.6.40)中 $\frac{\mathrm{d}E}{\mathrm{d}t}$ 与 $\dot{L}$ 项的具体表达形式。

1. 观察者静止不动时

在不考虑体积力的情况下，这时观察者看到的单位质量气体对外的做功率 $\dot{L}/\Delta m$ 为 $\dot{L}_1$，即

$$\dot{L}_1 = -\frac{\nabla\cdot(\boldsymbol{\pi}\cdot\mathbf{V})}{\rho} = -\frac{1}{\rho}[\nabla\cdot(\boldsymbol{\tau}\cdot\mathbf{V}) - \nabla\cdot(p\mathbf{V})] \tag{1.6.41}$$

式中，$\boldsymbol{\pi}$ 与 $\boldsymbol{\tau}$ 分别表示应力张量与黏性应力张量。这时观察者所看到的单位质量气体内能的增加率为

$$\frac{1}{\Delta m}\frac{\mathrm{d}E}{\mathrm{d}t} = \frac{\mathrm{d}}{\mathrm{d}t}\left(e + \frac{1}{2}\mathbf{V}\cdot\mathbf{V}\right) \equiv \frac{\mathrm{d}e_t}{\mathrm{d}t} \tag{1.6.42}$$

式中，e 与 e_t 分别表示单位质量气体所具有的热力学狭义内能与广义内能。两者间的关系式为

$$e_t = e + \frac{1}{2}\mathbf{V}\cdot\mathbf{V} \tag{1.6.43}$$

如果令 $\dot{q}$ 为单位时间内外界对所考察的单位质量气体的传热量，于是

$$\dot{q}=\frac{\dot{Q}}{\Delta m} \tag{1.6.44}$$

于是借助于式(1.6.44)、式(1.6.42)以及式(1.6.41)，则式(1.6.40)变为

$$\frac{\mathrm{d}e_t}{\mathrm{d}t}=\dot{q}+\frac{1}{\rho}\nabla\cdot(\boldsymbol{\pi}\cdot\boldsymbol{V}) \tag{1.6.45}$$

2. 观察者随气体一起运动(即随体观察者)

在不考虑体积力的情况下，这时的观察者所观察到的单位质量气体对外做功率 $\dot{L}/\Delta m$ 为 $\dot{L}_2$，即

$$\dot{L}_2=p\frac{\mathrm{d}\left(\frac{1}{\rho}\right)}{\mathrm{d}t}-\frac{\Phi}{\rho} \tag{1.6.46}$$

式中，Φ 为单位体积流体所具有的耗散函数，其表达式为

$$\Phi=\boldsymbol{\tau}:\boldsymbol{D}=\boldsymbol{\tau}:\nabla\boldsymbol{V} \tag{1.6.47}$$

式中，$\boldsymbol{\tau}$ 与 $\boldsymbol{D}$ 分别表示黏性应力张量与变形率张量。另外，这时观察者所看到的单位质量气体内能的增加率为

$$\frac{1}{\Delta m}\frac{\mathrm{d}E}{\mathrm{d}t}=\frac{\mathrm{d}e}{\mathrm{d}t} \tag{1.6.48}$$

于是借助于式(1.6.48)、式(1.6.44)以及式(1.6.46)，则式(1.6.40)此时变为

$$\frac{\mathrm{d}e}{\mathrm{d}t}=\dot{q}+\frac{\Phi}{\rho}-p\frac{\mathrm{d}\left(\frac{1}{\rho}\right)}{\mathrm{d}t} \tag{1.6.49}$$

应当指出，热力学第一定律所给出的式(1.6.40)的形式，虽然仅含三项，但不同的观察者所看到的各项含义是大不相同的。在叶轮机械气动热力学的研究中，常选用相对坐标系(即坐标系固定在以等角速度 ω 旋转的转轴上)，而这时观察者的位置就更重要了，这里因篇幅所限，对此不作更多的讨论。

1.6.5 热力学第二定律以及非平衡态热力学基础

为了较准确地给出热力学第二定律的数学表达式，这里先引入平衡态、非平衡定态、非平衡态、非耗散过程、耗散过程等基本概念。当一个体系处于一个恒定的外部限制条件(如固定的边界条件或者浓度限制条件等)时，体系的内部发生宏观的变化，这时体系处于非平衡态(nonequilibrium state)。经过一定时间后，如果体系达到一种在宏观上不随时间变化的恒定状态时，这种状态称为非平衡定态(nonequilibrium stationary state)。注意，非平衡定态的宏观状态不随时间而变化，但体系内部仍然发生宏观过程，只是内部的变化与外部交换引起的变化所带来总的结果并没有使体系的宏观状态发生变化。显然，非平衡定态只是非平衡态中的一个特殊状态。如果体系是一个孤立体系，那么体系必然会发展到一种没有任何宏观过程的恒定状态，这种状态就称为平衡态(equilibrium state)。一旦达到平衡态，则体系内部就不再有任何宏观过程了，因此平衡态又可以看做非平衡定态中的一个特殊状态。在非平衡体系中必然有内部的宏观变化，如热流、物质流、相界面移动或化学反应等的发生与变化。这里用 $\mathrm{d_i}S_1$ 与 $\mathrm{d_i}S_2$ 分别表示体系中非自发过程的熵产生(entropy production)与自发过程的熵产生；用 $\mathrm{d_e}S$ 表示由于体系与环境进行物质以及能量的交换而引起的熵增部分，即熵流(entropy flow)，因此体系的熵增 $\mathrm{d}S$ 便分解为熵产生 $\mathrm{d_i}S$ 与熵流 $\mathrm{d_e}S$ 两个部分之和，即

$$\mathrm{d}S = \mathrm{d_i}S + \mathrm{d_e}S \tag{1.6.50}$$

式中，$\mathrm{d_i}S$ 可以表示为

$$\mathrm{d_i}S = \mathrm{d_i}S_1 + \mathrm{d_i}S_2 \tag{1.6.51}$$

并且有

$$\mathrm{d_i}S_1 < 0 \tag{1.6.52}$$

$$\mathrm{d_i}S_2 > 0 \tag{1.6.53}$$

$$\mathrm{d_i}S \geqslant 0 \tag{1.6.54}$$

在现代热力学(modern thermodynamics)中，热力学耦合(thermodynamics coupling)现象是当前多个不可逆过程所组成的热力学体系的重要特征。在现代热力学研究中，通常认为当

$$\begin{cases} \mathrm{d_i}S_1 < 0 \\ \mathrm{d_i}S_2 > 0 \\ \mathrm{d_i}S > 0 \end{cases} \tag{1.6.55}$$

时，体系属于非平衡耗散体系；而当

$$\begin{cases} \mathrm{d_i}S_1 < 0 \\ \mathrm{d_i}S_2 > 0 \\ \mathrm{d_i}S = 0 \end{cases} \tag{1.6.56}$$

时，体系属于非平衡非耗散体系。引入熵的平衡方程

$$\frac{\partial(\rho S)}{\partial t} + \nabla\cdot(\rho S\boldsymbol{V}) = \rho\frac{\mathrm{d}S}{\mathrm{d}t} = -\nabla\cdot\boldsymbol{J}_s + \sigma \tag{1.6.57}$$

式中，$\boldsymbol{J}_s$ 称为熵通量，而$\nabla\cdot\boldsymbol{J}_s$ 称为熵流速率；σ 称为熵源强度(又称为熵产生速率)。在通常情况下，$\boldsymbol{J}_s$ 与 σ 的表达式为

$$\boldsymbol{J}_s = \frac{\boldsymbol{J}_q}{\mathrm{T}} - \sum_i\left(\frac{\mu_i}{T}\boldsymbol{J}_i\right) \tag{1.6.58}$$

$$\sigma = \boldsymbol{J}_q\cdot\left(\nabla\frac{1}{T}\right) + \sum_i\left(\boldsymbol{J}_i\cdot\left(-\nabla\frac{\mu_i}{T} + \frac{\boldsymbol{f}_i}{T}\right)\right) - \frac{\boldsymbol{\tau}}{T} : \nabla\boldsymbol{V} + \sum_j\frac{A_j}{T}r_j \tag{1.6.59}$$

式中，$\boldsymbol{J}_i$ 为第 i 组分在单位时间通过单位面积的物质流通量；$\boldsymbol{\tau}$ 为黏性应力张量；μ_i 为组元 i 的化学势；$\boldsymbol{V}$ 为流体微元的质心速度；T 为温度；$\boldsymbol{f}_i$ 为作用于单位质量组元 i 的外场力；A_j 是第 j 个化学反应的化学亲和势(affinity)；r_i 为第 i 个化学反应的反应速率；$\boldsymbol{J}_q$ 为单位时间通过单位面积的热量，即热流通量，其表达式是

$$\boldsymbol{J}_q = -\lambda\nabla T = \boldsymbol{q} \tag{1.6.60}$$

式中，λ 为热传导系数。借助式(1.6.57)～式(1.6.60)显然有

$$\rho\frac{\mathrm{d}S}{\mathrm{d}t} + \nabla\cdot\left(\frac{\boldsymbol{q}}{T}\right) = \frac{\Phi}{T} + \lambda\frac{(\nabla T)^2}{T^2} \geqslant 0 \tag{1.6.61}$$

式中，Φ 为耗散函数。

最后，还应指出的是，在确定 $\rho\frac{\mathrm{d}S}{\mathrm{d}t}$表达式的过程中，引入了局部热力平衡近似，因此 Gibbs 关系式仍然有效，尤其是如下表达式

$$T\mathrm{d}S = \mathrm{d}e + p\mathrm{d}\left(\frac{1}{\rho}\right) - \sum_i(\mu_i\mathrm{d}c_i) \tag{1.6.62}$$

起了重要作用。

习　题

1.1 “工程流体力学”课程既包括可压缩流动与不可压缩流动，也包括黏性流动与无黏流，试阐述这门课程与“水力学”以及“湍流模式”课程之间的区别。

1.2 钱学森先生为什么建议用 Knudsen 数进行流区的划分呢？这与通常流体力学中常用的“在微观上充分大，在宏观上充分小”的连续模型判断方法之间有何联系呢？

1.3 在常温常压下，取一个感受体积为 10^{-9}cm^3 的仪器测量探头，问使用它能够给出局部特性的测量值吗？为什么？

1.4 分子模拟方法[包括 Monte Carlo 方法和分子动力学(简称 MD)方法]在物理、化学、材料学科等领域中是一种计算经典多体体系的平衡和输运性质的最常用方法之一。另外，在稀薄气体动力学的计算中[14,15]，常用线性化的 Boltzmann 方程、广义 Boltzmann 方程(GBE)、直接模拟 Monte Carlo 方法(DSMC)，以及格子 Boltzmann 方法等。请问能否将 MD 方法与 DSMC 方法用于通常的流体力学尤其是空气动力学中呢？为什么？

1.5 直径为 20.3cm 的铅球，以 6km/s 的速度在 85km 高度飞行(这时气体分子的平均自由程约为 1cm)，问能用流体连续介质模型研究这个铅球在高空中的飞行吗？为什么？

1.6 平板在油面上做水平运动，如图 1.3 所示。如果平板的运动速度 $v=1\text{m/s}$，板与固定边界的距离 $\delta=1\text{mm}$，油的动力黏度系数 $\mu=0.09807\text{Pa}\cdot\text{s}$，试求作用在平板单位面积上的黏性应力。

1.7 某圆锥体绕竖直中心轴做等角速度旋转，如图 1.4 所示。该锥体与固定的外圆锥体之间的间隙 $\delta=1\text{mm}$，其间充满动力黏度系数 $\mu=0.1\text{Pa}\cdot\text{s}$ 的润滑油，若锥体顶部直径 $d=0.6\text{m}$，锥体的高度 $H=0.5\text{m}$，当旋转角速度 $\omega=16\text{rad/s}$ 时，试求所需的转动力矩 M。

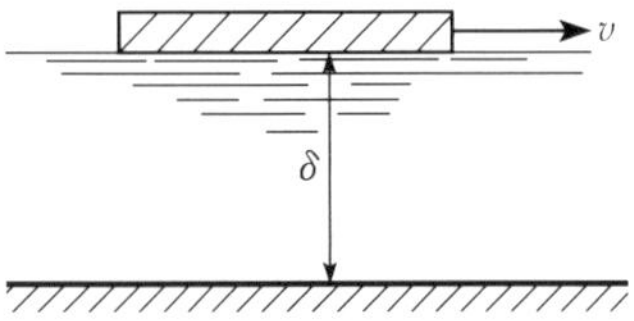

图 1.3　题 1.6 示意图

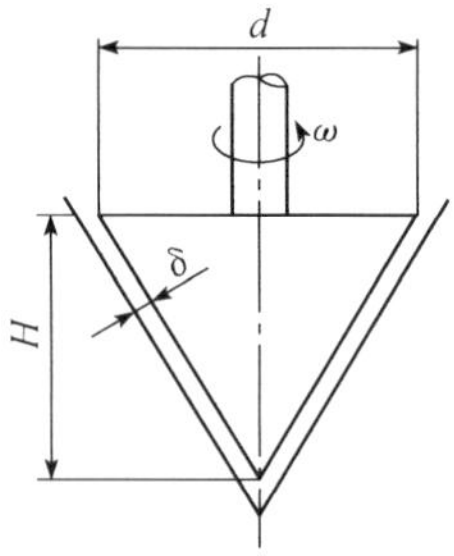

图 1.4　题 1.7 示意图

1.8 一个重 9N 的圆柱体在同心圆管中以 46mm/s 的速度匀速下落，柱体与圆管间存在油膜，图 1.5 给出了各部件的相关尺寸，试求出该油膜的动力黏性系数 μ。

1.9 如图 1.6 所示的 P 点应力张量由下式给出

$$\boldsymbol{P}=\begin{bmatrix}7 & 0 & -2\\ 0 & 5 & 0\\ -2 & 0 & 4\end{bmatrix}$$

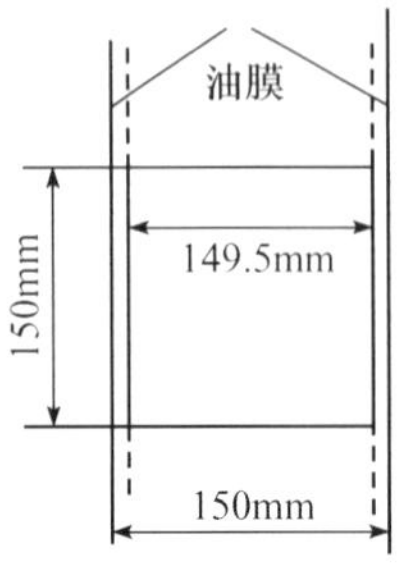

图 1.5　题 1.8 示意图

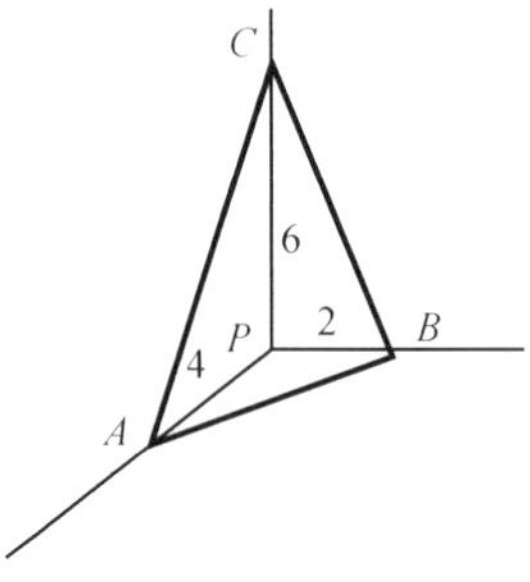

图 1.6　题 1.9 示意图

试求:(1) P 点与单位法向矢量 $\boldsymbol{n}=\left(\frac{2}{3},-\frac{2}{3},\frac{1}{3}\right)$ 相垂直的平面上的应力矢量 $\boldsymbol{P}_n$。

(2) $\boldsymbol{n}$ 与 $\boldsymbol{P}_n$ 间的夹角 θ。

1.10　由完全气体的热力学第一定律,即

$$\delta q = C_V \mathrm{d}T + p\mathrm{d}\left(\frac{1}{\rho}\right)$$

出发,试证明对完全气体下式成立

$$\Delta S = C_V \ln \frac{p_2}{p_1} + C_p \ln \frac{\rho_1}{\rho_2}$$

式中,ΔS 为两个状态间的熵差。

1.11　设图 1.7 中的物体 A 与 B 构成了一个热力系统,并且这个系统属于孤立系统,即热力系统与外界无任何作用。令物体 A 的温度 T_A 高于物体 B 的温度 T_B,物体 A 与物体 B 之间进行不等温传热。试计算该孤立系统进行不等温传热过程的熵增 ΔS。

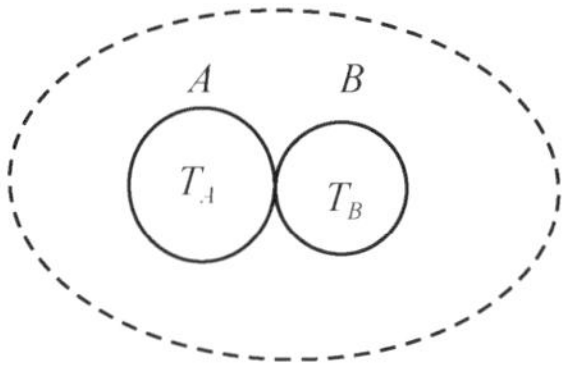

图 1.7　题 1.11 示意图

第 2 章　流场的张量表达以及流体静力学基础

*2.1　基矢量与张量的并矢表示法

2.1.1　基矢量与度量张量

令(y^1,y^2,y^3)代表 Cartesian 直角坐标系，$(\boldsymbol{i}_1,\boldsymbol{i}_2,\boldsymbol{i}_3)$为它的单位切矢量；令$(x^1,x^2,x^3)$代表任意曲线坐标系，$(\boldsymbol{e}_1,\boldsymbol{e}_2,\boldsymbol{e}_3)$是该坐标系的基矢量，如图 2.1 所示，于是有

$$\boldsymbol{e}_\alpha = \frac{\partial \boldsymbol{R}}{\partial x^\alpha} = \boldsymbol{i}_\beta \frac{\partial y^\beta}{\partial x^\alpha} = \sqrt{g_{\alpha\alpha}}\boldsymbol{u}_\alpha \quad \text{（这里不对 } \alpha \text{ 求和）} \tag{2.1.1}$$

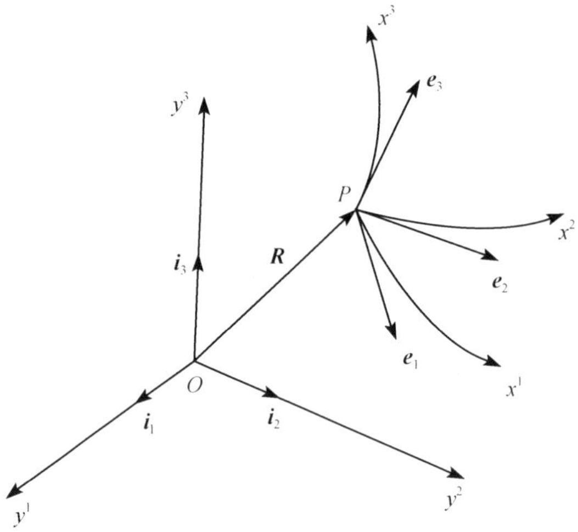

图 2.1　(y^1,y^2,y^3)Cartesians 坐标系与(x^1,x^2,x^3)任意曲线坐标系

这里采用 Einstein 求和规约。令曲线坐标系(x^1,x^2,x^3)与曲线坐标系(x_1,x_2,x_3)互易，并且$(\boldsymbol{e}_1,\boldsymbol{e}_2,\boldsymbol{e}_3)$与$(\boldsymbol{e}^1,\boldsymbol{e}^2,\boldsymbol{e}^3)$构成对偶基矢量，于是有

$$\boldsymbol{e}_i \times \boldsymbol{e}_j = \varepsilon_{ijk}\boldsymbol{e}^k, \quad \boldsymbol{e}^i \times \boldsymbol{e}^j = \varepsilon^{ijk}\boldsymbol{e}_k \tag{2.1.2}$$

式中，$\boldsymbol{e}^\alpha$ 为曲线坐标系(x_1,x_2,x_3)的基矢量，并且有

$$\boldsymbol{e}^\alpha = \frac{\partial \boldsymbol{R}}{\partial x_\alpha} = \boldsymbol{i}_\beta \frac{\partial y^\beta}{\partial x_\alpha} = \sqrt{g^{\alpha\alpha}}\boldsymbol{u}^\alpha \quad \text{（这里不对 } \alpha \text{ 求和）} \tag{2.1.3}$$

令 $g_{\alpha\beta}$与 $g^{\alpha\beta}$分别表示曲线坐标系(x^1,x^2,x^3)与(x_1,x_2,x_3)的度量张量，其表达式为

$$g_{\alpha\beta} = \boldsymbol{e}_\alpha \cdot \boldsymbol{e}_\beta = \frac{\partial y^k}{\partial x^\alpha}\frac{\partial y^k}{\partial x^\beta} = g_{\beta\alpha} \tag{2.1.4}$$

$$g^{\alpha\beta} = \boldsymbol{e}^\alpha \cdot \boldsymbol{e}^\beta = \frac{\partial x^\alpha}{\partial y^k}\frac{\partial x^\beta}{\partial y^k} = g^{\beta\alpha} \tag{2.1.5}$$

2.1.2　张量的并矢表示法

令 $\boldsymbol{G}$ 为度量张量，于是在同一个曲线坐标系(x^1,x^2,x^3)中，$\boldsymbol{G}$ 有如下多种类型(即逆变、协变

或混合)分量的表达,即

$$\boldsymbol{G} = g^{ij}\boldsymbol{e}_i\boldsymbol{e}_j = g_{ij}\boldsymbol{e}^i\boldsymbol{e}^j = \delta^i_j\boldsymbol{e}_i\boldsymbol{e}^j = \boldsymbol{e}_j\boldsymbol{e}^j = \delta^j_i\boldsymbol{e}^i\boldsymbol{e}_j = \boldsymbol{e}^j\boldsymbol{e}_j \tag{2.1.6}$$

式中,$\boldsymbol{e}_i\boldsymbol{e}_j$、$\boldsymbol{e}^i\boldsymbol{e}^j$、$\boldsymbol{e}_i\boldsymbol{e}^j$、$\boldsymbol{e}^i\boldsymbol{e}_j$ 为不同基底下的并矢基底标架,在下文中简称为并矢基底。令 $\boldsymbol{T}$ 与 $\boldsymbol{S}$ 为任意阶张量(这里以二阶张量为例,不妨令 $\boldsymbol{T}=T^{ij}\boldsymbol{e}_i\boldsymbol{e}_j$,而 $\boldsymbol{S}=S_{km}\boldsymbol{e}^k\boldsymbol{e}^m$),则 $\boldsymbol{TS}$ 表示两个张量并矢,便有

$$\boldsymbol{TS} = T^{ij}S_{km}\boldsymbol{e}_i\boldsymbol{e}_j\boldsymbol{e}^k\boldsymbol{e}^m \tag{2.1.7}$$

$$\boldsymbol{ST} = S_{km}T^{ij}\boldsymbol{e}^k\boldsymbol{e}^m\boldsymbol{e}_i\boldsymbol{e}_j \tag{2.1.8}$$

这时 $\boldsymbol{TS}$ 与 $\boldsymbol{ST}$ 都是四阶张量。显然,张量并矢时顺序是不能任意交换的,即

$$\boldsymbol{TS} \neq \boldsymbol{ST} \tag{2.1.9}$$

另外,对于两个张量的双点积有两种定义,一种为并联式 $\boldsymbol{T}:\boldsymbol{S}$,另一种为串联式 $\boldsymbol{T}\cdot\cdot\boldsymbol{S}$,其表达式分别为

$$\boldsymbol{T}:\boldsymbol{S} = (T^{ij}\boldsymbol{e}_i\boldsymbol{e}_j):(S_{km}\boldsymbol{e}^k\boldsymbol{e}^m) = T^{ij}S_{km}(\boldsymbol{e}_i\cdot\boldsymbol{e}^k)(\boldsymbol{e}_j\cdot\boldsymbol{e}^m) = T^{ij}S_{ij} \tag{2.1.10}$$

$$\boldsymbol{T}\cdot\cdot\boldsymbol{S} = (T^{ij}\boldsymbol{e}_i\boldsymbol{e}_j)\cdot\cdot(S_{km}\boldsymbol{e}^k\boldsymbol{e}^m) = T^{ij}S_{km}(\boldsymbol{e}_j\cdot\boldsymbol{e}^k)(\boldsymbol{e}_i\cdot\boldsymbol{e}^m) = T^{ij}S_{ji} \tag{2.1.11}$$

令 $\boldsymbol{V}$ 表示矢量,则 $\boldsymbol{T}$ 与 $\boldsymbol{V}$ 的点积便为

$$\boldsymbol{T}\cdot\boldsymbol{V} = (T^{ij}\boldsymbol{e}_i\boldsymbol{e}_j)\cdot(\nu_k\boldsymbol{e}^k) = T^{ij}\nu_j\boldsymbol{e}_i \tag{2.1.12}$$

而 $\boldsymbol{V}$ 与 $\boldsymbol{T}$ 的点积应为

$$\boldsymbol{V}\cdot\boldsymbol{T} = (\nu_k\boldsymbol{e}^k)\cdot(T^{ij}\boldsymbol{e}_i\boldsymbol{e}_j) = \nu_iT^{ij}\boldsymbol{e}_j = T^{ji}\nu_j\boldsymbol{e}_i \tag{2.1.13}$$

显然,在通常情况下如果 $\boldsymbol{T}$ 不是对称张量时,则有

$$\boldsymbol{T}\cdot\boldsymbol{V} \neq \boldsymbol{V}\cdot\boldsymbol{T} \tag{2.1.14}$$

2.1.3 基矢量的导数及 Christoffel 符号

在曲线坐标系$\{x^i\}$中,$\{\boldsymbol{e}_i\}$为协变基矢量,而$\{\boldsymbol{e}^i\}$与$\{\boldsymbol{e}_i\}$为互易基矢量。令 Γ^k_{ij} 与 $\Gamma_{ij,k}$ 分别为第二类与第一类 Christoffel 符号,于是$\dfrac{\partial\boldsymbol{e}_i}{\partial x^j}$与$\dfrac{\partial\boldsymbol{e}^i}{\partial x^j}$可用 Christoffel 符号与基矢量表示,其表达式分别为

$$\frac{\partial\boldsymbol{e}_i}{\partial x^j} = \Gamma^k_{ij}\boldsymbol{e}_k = \Gamma_{ij,k}\boldsymbol{e}^k \tag{2.1.15}$$

$$\frac{\partial\boldsymbol{e}^i}{\partial x^j} = -\Gamma^i_{jk}\boldsymbol{e}^k \tag{2.1.16}$$

$$\Gamma^k_{ij} \equiv \boldsymbol{e}^k\cdot\frac{\partial\boldsymbol{e}_i}{\partial x^j} = -\boldsymbol{e}_i\cdot\frac{\partial\boldsymbol{e}^k}{\partial x^j} = \boldsymbol{e}^k\cdot\frac{\partial\boldsymbol{e}_j}{\partial x^i} = \Gamma^k_{ji} \tag{2.1.17}$$

$$\Gamma_{ij,k} \equiv \boldsymbol{e}_k\cdot\frac{\partial\boldsymbol{e}_i}{\partial x^j} = \frac{1}{2}\left(\frac{\partial g_{ik}}{\partial x^j} + \frac{\partial g_{jk}}{\partial x^i} - \frac{\partial g_{ij}}{\partial x^k}\right) = \boldsymbol{e}_k\cdot\frac{\partial\boldsymbol{e}_j}{\partial x^i} = \Gamma_{ji,k} \tag{2.1.18}$$

$$\Gamma^k_{ij} = \frac{1}{2}g^{k\beta}\left(\frac{\partial g_{i\beta}}{\partial x^j} + \frac{\partial g_{j\beta}}{\partial x^i} - \frac{\partial g_{ij}}{\partial x^\beta}\right) = g^{k\beta}\Gamma_{ij,\beta} \tag{2.1.19}$$

特别是

$$\Gamma^i_{ij} = \frac{1}{2g}\frac{\partial g}{\partial x^j} = \frac{1}{\sqrt{g}}\frac{\partial\sqrt{g}}{\partial x^j} = \frac{\partial\ln\sqrt{g}}{\partial x^j} \tag{2.1.20}$$

$$\Gamma_{ij,k} = g_{k\beta}\Gamma^\beta_{ij} \tag{2.1.21}$$

$$\frac{\partial g_{ij}}{\partial x^k} = \frac{\partial(\boldsymbol{e}_i\cdot\boldsymbol{e}_j)}{\partial x^k} = \Gamma_{ik,j} + \Gamma_{jk,i} = \frac{\partial g_{ji}}{\partial x^k} \tag{2.1.22}$$

需要指出的是，在 Cartesian 直角坐标系下，Christoffel 符号恒为零。

2.1.4 张量分量对坐标的协变导数

今考虑 n 阶张量场函数 $\boldsymbol{T}=\boldsymbol{T}(\boldsymbol{R})$ 对矢径 $\boldsymbol{R}$ 的导数，由张量分析中的商规则可知，这个导数是 $n+1$ 阶张量，并且有

$$\mathrm{d}\boldsymbol{T} = (\mathrm{d}\boldsymbol{R}) \cdot \frac{\mathrm{d}\boldsymbol{T}}{\mathrm{d}\boldsymbol{R}} \equiv (\mathrm{d}\boldsymbol{R}) \cdot \left(\boldsymbol{e}^k \frac{\partial \boldsymbol{T}}{\partial x^k}\right) = \frac{\partial \boldsymbol{T}}{\partial x^k}\mathrm{d}x^k \tag{2.1.23}$$

注意，$\dfrac{\partial \boldsymbol{T}}{\partial x^k}$的表达式中不仅包含张量分量对坐标的偏导数，也包含有并矢量基底张量对坐标的偏导数。今以二阶张量为例，令 $\boldsymbol{T}=T_{ij}\boldsymbol{e}^i\boldsymbol{e}^j$，则

$$\frac{\partial \boldsymbol{T}}{\partial x^k} = \frac{\partial}{\partial x^k}(T_{ij}\boldsymbol{e}^i\boldsymbol{e}^j) = \frac{\partial T_{ij}}{\partial x^k}\boldsymbol{e}^i\boldsymbol{e}^j + T_{ij}\left(\frac{\partial \boldsymbol{e}^i}{\partial x^k}\right)\boldsymbol{e}^j + T_{ij}\boldsymbol{e}^i\left(\frac{\partial \boldsymbol{e}^j}{\partial x^k}\right) = (\nabla_k T_{ij})\boldsymbol{e}^i\boldsymbol{e}^j \tag{2.1.24}$$

式中，$\nabla_k T_{ij}$ 为协变分量 T_{ij} 对坐标 x^k 的协变导数，显然$\nabla_k T_{ij}$ 为一个三阶张量的协变分量，其具体表达式为

$$\nabla_k T_{ij} = \frac{\partial T_{ij}}{\partial x^k} - \Gamma_{kj}^m T_{im} - \Gamma_{ki}^m T_{mj} \tag{2.1.25}$$

类似地有

$$\nabla_k T^{ij} = \frac{\partial T^{ij}}{\partial x^k} + \Gamma_{km}^j T^{im} + \Gamma_{km}^i T^{mj} \tag{2.1.26}$$

$$\nabla_k T^{i}_{\cdot j} = \frac{\partial T^{i}_{\cdot j}}{\partial x^k} + \Gamma_{km}^i T^{m}_{\cdot j} - \Gamma_{kj}^m T^{i}_{\cdot m} \tag{2.1.27}$$

令 $\mathbf{V}$ 为一阶张量（即矢量），即 $\mathbf{V}=v_i\boldsymbol{e}^i=v^i\boldsymbol{e}_i$，于是有

$$\frac{\partial \mathbf{V}}{\partial x^k} = (\nabla_k v_i)\boldsymbol{e}^i = (\nabla_k v^i)\boldsymbol{e}_i \tag{2.1.28}$$

$$\nabla_k v_i = \frac{\partial v_i}{\partial x^k} - \Gamma_{ki}^m v_m \tag{2.1.29}$$

$$\nabla_k v^i = \frac{\partial v^i}{\partial x^k} + \Gamma_{km}^i v^m \tag{2.1.30}$$

在任意曲线坐标系中，度量张量 $\boldsymbol{G}$ 的任何分量（协变、逆变或者混合）的协变导数恒为零，即

$$\nabla_k g_{ij} = 0, \quad \nabla_k g^{ij} = 0, \quad \nabla_k g_j^i = 0 \tag{2.1.31}$$

并且在任意曲线坐标系中，Eddington 张量分量的协变导数也恒为零，即

$$\nabla_m \varepsilon^{ijk} = 0, \quad \nabla_m \varepsilon_{ijk} = 0 \tag{2.1.32}$$

*2.2 流场中张量的梯度、散度与旋度运算

2.2.1 张量的梯度运算

引入 Hamilton 算子，在任意曲线坐标系中，其定义为

$$\nabla \equiv \boldsymbol{e}^k \frac{\partial}{\partial x^k} \tag{2.2.1}$$

令张量 $\boldsymbol{T}$ 为任意 n 阶张量，则 $\boldsymbol{T}$ 的梯度变为 $n+1$ 阶张量，其定义为（以 $\boldsymbol{T}$ 为二阶张量为例，并且令 $\boldsymbol{T}=T_{ij}\boldsymbol{e}^i\boldsymbol{e}^j$）

$$\nabla \boldsymbol{T} = \boldsymbol{e}^k \frac{\partial (T_{ij}\boldsymbol{e}^i\boldsymbol{e}^j)}{\partial x^k} = \boldsymbol{e}^k\boldsymbol{e}^i\boldsymbol{e}^j \nabla_k T_{ij} \tag{2.2.2}$$

式中，∇_k为张量分量对坐标x^k的协变导数。这里应特别指出，通常张量梯度的定义有两种，一种是左梯度，一种是右梯度，显然本节采用了左梯度的概念。

如果对矢径$\boldsymbol{R}$求梯度，即

$$\nabla \boldsymbol{R} = \boldsymbol{e}^k \frac{\partial \boldsymbol{R}}{\partial x^k} = \boldsymbol{e}^k \boldsymbol{e}_k = g_{ij}\boldsymbol{e}^i\boldsymbol{e}^j = g^{ij}\boldsymbol{e}_i\boldsymbol{e}_j \tag{2.2.3}$$

也就是说，矢径$\boldsymbol{R}$的梯度是度量张量$\boldsymbol{G}$。在三维空间中，x^i=const 曲面(图 2.2)的单位法矢量为$\boldsymbol{u}^i$，其表达式为

$$\boldsymbol{u}^i = \frac{\nabla x^i}{\sqrt{g^{ii}}} = \frac{\boldsymbol{e}^i}{\sqrt{g^{ii}}} \quad (\text{这里不对 } i \text{ 求和}) \tag{2.2.4}$$

$$\boldsymbol{e}_i = g_{ij}\boldsymbol{e}^j, \quad \boldsymbol{e}^i = g^{ij}\boldsymbol{e}_j \tag{2.2.5}$$

$$\boldsymbol{e}_\beta = \boldsymbol{u}_\beta \sqrt{g_{\beta\beta}}, \quad \boldsymbol{e}^\beta = \boldsymbol{u}^\beta \sqrt{g^{\beta\beta}} \tag{2.2.6}$$

注意，这里$\boldsymbol{u}^\beta$与$\boldsymbol{u}_\beta$都是单位矢量，但在一般曲线坐标系中$\boldsymbol{u}^\beta$通常并不与$\boldsymbol{u}_\beta$平行，只有在正交曲线坐标系中$\boldsymbol{u}^\beta$才与$\boldsymbol{u}_\beta$平行并且模为 1。

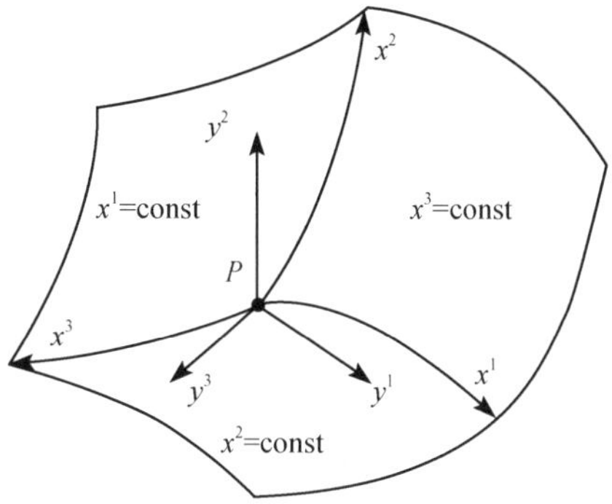

图 2.2　任意曲线坐标系(x^1，x^2，x^3)

2.2.2　张量的散度与旋度运算

为便于表述，仍以$\boldsymbol{T}$为二阶张量为例，则这时$\boldsymbol{T}$的散度将为一阶张量(即矢量)

$$\nabla\cdot \boldsymbol{T} = \boldsymbol{e}^k \frac{\partial (T_{ij}\boldsymbol{e}^i\boldsymbol{e}^j)}{\partial x^k} = \boldsymbol{e}^k \cdot \boldsymbol{e}^i\boldsymbol{e}^j \nabla_k T_{ij} = \boldsymbol{e}_j \nabla_i T^{ij} \tag{2.2.7}$$

一般来讲，n阶张量的散度为$n-1$阶张量。

类似地，$\boldsymbol{T}$的旋度(如果令它为二阶张量)为

$$\nabla\times \boldsymbol{T} = \boldsymbol{e}^k \times \frac{\partial (T_{ij}\boldsymbol{e}^i\boldsymbol{e}^j)}{\partial x^k} = \boldsymbol{e}^k \times \boldsymbol{e}^i\boldsymbol{e}^j \nabla_k T_{ij} = \varepsilon^{kim}\boldsymbol{e}_m\boldsymbol{e}^j \nabla_k T_{ij} = \boldsymbol{\varepsilon} : \nabla T \tag{2.2.8}$$

这里$\boldsymbol{\varepsilon}$为置换张量(即 Eddington 张量)。一般来讲，n阶张量的旋度仍为n阶张量。作为特例，下面讨论一阶张量的散度与旋度。令$\boldsymbol{V}$为一阶张量，则$\boldsymbol{V}$的散度与旋度分别为

$$\nabla\cdot \boldsymbol{V} = \nabla_i v^i = \nabla^i v_i = \frac{1}{\sqrt{g}} \frac{\partial(\sqrt{g} v^i)}{\partial x^i} \tag{2.2.9}$$

$$\nabla\times \boldsymbol{V} = \boldsymbol{e}^i \times \boldsymbol{e}^j \nabla_i v_j = \varepsilon^{ijk}\boldsymbol{e}_k \nabla_i v_j = \frac{1}{\sqrt{g}}\begin{vmatrix} \boldsymbol{e}_1 & \boldsymbol{e}_2 & \boldsymbol{e}_3 \\ \nabla_1 & \nabla_2 & \nabla_3 \\ v_1 & v_2 & v_3 \end{vmatrix} = \frac{1}{\sqrt{g}}\begin{vmatrix} \boldsymbol{e}_1 & \boldsymbol{e}_2 & \boldsymbol{e}_3 \\ \dfrac{\partial}{\partial x^1} & \dfrac{\partial}{\partial x^2} & \dfrac{\partial}{\partial x^3} \\ v_1 & v_2 & v_3 \end{vmatrix} \tag{2.2.10}$$

式中，$\nabla^i v_i$为

$$\nabla^i v_i \equiv g^{ij} \nabla_j v_i \tag{2.2.11}$$

2.2.3　对称张量以及二阶反对称张量

令$\boldsymbol{V}$为任意一阶张量，于是$(\nabla\boldsymbol{V})+(\nabla\boldsymbol{V})_c$便为一个二阶对称张量，显然

$$\nabla\boldsymbol{V} \equiv \boldsymbol{e}^i\boldsymbol{e}^j \nabla_i v_j = \boldsymbol{e}^i\boldsymbol{e}_j \nabla_i v^j = \boldsymbol{e}_i\boldsymbol{e}_j \nabla^i v^j = \boldsymbol{e}_i\boldsymbol{e}^j \nabla^i v_j \tag{2.2.12}$$

$$(\nabla \boldsymbol{V})_c \equiv \boldsymbol{e}^j \boldsymbol{e}^i \ \nabla_i v_j = \boldsymbol{e}^i \boldsymbol{e}^j \ \nabla_j v_i \tag{2.2.13}$$

式中，$(\nabla \boldsymbol{V})_c$ 称为$\nabla \boldsymbol{V}$ 的转置张量，又称共轭张量。很容易证明，矢量 $\boldsymbol{V}$ 对矢径 $\boldsymbol{R}$ 的导数等于 $\boldsymbol{V}$ 的梯度的转置，即

$$\frac{\mathrm{d}\boldsymbol{V}}{\mathrm{d}\boldsymbol{R}} = (\nabla \boldsymbol{V})_c \tag{2.2.14}$$

令 $\boldsymbol{\Omega}$ 为如下形式二阶张量

$$\boldsymbol{\Omega} = (\nabla \boldsymbol{V})_c - \nabla \boldsymbol{V} \tag{2.2.15}$$

显然，这里的 $\boldsymbol{\Omega}$ 为反对称二阶张量。如将其协变分量记为 Ω_{ij}，于是有

$$\Omega_{ij} = -\Omega_{ji} \tag{2.2.16}$$

对于任意阶张量，总可以用并矢基矢量标架以及相应张量的逆变或协变分量来表达。例如，对于二阶张量$\nabla \boldsymbol{V}$，其并矢表达式可写为$\nabla \boldsymbol{V} = \boldsymbol{e}^i \boldsymbol{e}^j \ \nabla_i v_j$；对于二阶张量，也可以采用目前许多教科书中所采用的那样，省略并矢标架 $\boldsymbol{e}^i \boldsymbol{e}^j$ 而采用如下形式的矩阵表述

$$\begin{bmatrix} \nabla_1 v_1 & \nabla_1 v_2 & \nabla_1 v_3 \\ \nabla_2 v_1 & \nabla_2 v_2 & \nabla_2 v_3 \\ \nabla_3 v_1 & \nabla_3 v_2 & \nabla_3 v_3 \end{bmatrix} \tag{2.2.17}$$

同样，如果将$\nabla \boldsymbol{V}$ 表示为$\nabla \boldsymbol{V} = \boldsymbol{e}_i \boldsymbol{e}_j \ \nabla^i v^j$，则$\nabla \boldsymbol{V}$ 省略并矢标架 $\boldsymbol{e}_i \boldsymbol{e}_j$ 后用矩阵表述便为

$$\begin{bmatrix} \nabla^1 v^1 & \nabla^1 v^2 & \nabla^1 v^3 \\ \nabla^2 v^1 & \nabla^2 v^2 & \nabla^2 v^3 \\ \nabla^3 v^1 & \nabla^3 v^2 & \nabla^3 v^3 \end{bmatrix} \tag{2.2.18}$$

式中，∇^i 为逆变导数。显然，在用上边两个矩阵表述$\nabla \boldsymbol{V}$ 时所省略的并矢标架并不相同，两个矩阵形式上也不相同，但这两个矩阵确表达同一个张量，关于这一点应格外注意。

2.2.4 Laplace 算子对张量的作用

令 $\boldsymbol{T}$ 为任意二阶张量，$\boldsymbol{T} = \boldsymbol{e}^k \boldsymbol{e}^m T_{km}$，于是 Laplace 算子（简称拉氏算子）作用于 $\boldsymbol{T}$，有

$$\begin{aligned} \nabla^2 T = \nabla \cdot \nabla T &= \boldsymbol{e}^i \cdot \frac{\partial}{\partial x^i}\left[\boldsymbol{e}^j \ \frac{\partial(\boldsymbol{e}^k \boldsymbol{e}^m T_{km})}{\partial x^j}\right] \\ &= g^{ij} \boldsymbol{e}^k \boldsymbol{e}^m \ \nabla_i \nabla_j T_{km} = \boldsymbol{e}^i \boldsymbol{e}^j \ \nabla^k \nabla_k T_{ij} \end{aligned} \tag{2.2.19}$$

式中，∇^k 为逆变导数，即

$$\nabla^k = \boldsymbol{g}^{\alpha k} \ \nabla_\alpha \tag{2.2.20}$$

拉氏算子作用于任意矢量 $\boldsymbol{V}$ 与任意标量 φ 时，有

$$\nabla^2 \boldsymbol{V} = g^{ij} \boldsymbol{e}^k \ \nabla_i \nabla_j v_k = \boldsymbol{e}^i \ \nabla^j \nabla_j v_i \tag{2.2.21}$$

$$\nabla^2 \varphi = \nabla \cdot (\nabla \varphi) = g^{ij} \ \nabla_i \nabla_j \varphi = \nabla^j \nabla_j \varphi = \frac{1}{\sqrt{g}} \frac{\partial}{\partial x^i}\left(g^{ij} \ \sqrt{g} \ \frac{\partial \varphi}{\partial x^j}\right) \tag{2.2.22}$$

2.2.5 曲率张量以及 Riemann 空间

令 $\boldsymbol{a}$ 为任意一个矢量，并且有 $\boldsymbol{a} = \boldsymbol{e}^i a_i$，这里计算$\nabla_k(\nabla_j a_i) - \nabla_j(\nabla_k a_i)$的值，即

$$\nabla_k(\nabla_j a_i) - \nabla_j(\nabla_k a_i) = a_\beta\left[\frac{\partial}{\partial x^j}\Gamma^\beta_{ki} - \frac{\partial}{\partial x^k}\Gamma^\beta_{ji} + \Gamma^\alpha_{ki}\Gamma^\beta_{j\alpha} - \Gamma^\alpha_{ji}\Gamma^\beta_{k\alpha}\right] = a_\beta R^\beta_{ijk} \tag{2.2.23}$$

式中，R^β_{ijk} 是四阶混合张量[称为 Riemann-Christoffel 张量，又称曲率张量（也称为第二类 Riemann 张量）]的分量。它完全由度量张量的一阶与二阶偏导数构成，其表达式为

$$R^{\beta}_{ijk}=\frac{\partial}{\partial x^j}\Gamma^{\beta}_{ki}-\frac{\partial}{\partial x^k}\Gamma^{\beta}_{ji}+\Gamma^{\alpha}_{ki}\Gamma^{\beta}_{j\alpha}-\Gamma^{\alpha}_{ji}\Gamma^{\beta}_{k\alpha}=\begin{vmatrix}\dfrac{\partial}{\partial x^j} & \dfrac{\partial}{\partial x^k}\\ \Gamma^{\beta}_{ij} & \Gamma^{\beta}_{ik}\end{vmatrix}+\begin{vmatrix}\Gamma^{\alpha}_{ik} & \Gamma^{\alpha}_{ij}\\ \Gamma^{\beta}_{\alpha k} & \Gamma^{\beta}_{\alpha j}\end{vmatrix}\tag{2.2.24}$$

引入第一类 Riemann 张量(又称协变曲率张量)的分量 $R_{\alpha ijk}$,其表达式为

$$R_{\alpha ijk}=g_{\alpha\beta}R^{\beta}_{ijk}\tag{2.2.25}$$

显然有

$$R_{i\alpha jk}=-R_{\alpha ijk}\tag{2.2.26}$$

$$R_{\alpha ijk}+R_{\alpha jki}+R_{\alpha kij}=0\tag{2.2.27}$$

$$R^{\beta}_{ijk}+R^{\beta}_{jki}+R^{\beta}_{kij}=0\tag{2.2.28}$$

这里式(2.2.27)就是著名的 Bianchi 第一恒等式。应指出的是,在 Euclidean 空间中由于 $\Gamma^{\alpha}_{ij}=0$,因此 R^{β}_{ijk} 也恒为零,这表明这时协变导数求导次序可以交换。平面或者任意二维可展曲面(如柱面、锥面等)都属于二维欧氏空间,在这个空间中 R^{β}_{ijk} 恒为零;而球面是二维 Riemann 空间,在这个空间中 R^{β}_{ijk} 不恒为零,因此这时协变导数的求导次序是不可交换的,也就是说在这个空间中 $\nabla_k(\nabla_j a_i)\neq\nabla_j(\nabla_k a_i)$,这是弯曲空间中十分重要的一种属性。

*2.3 一些重要的积分关系式

2.3.1 梯度、旋度、散度定义的统一形式以及广义奥-高公式

令 τ 为闭曲面 σ 所包围的体积,$\boldsymbol{n}$ 为曲面 σ 的单位外法矢量,φ 与 $\boldsymbol{a}$ 为定义在 σ 内的任意一个标量与任意一个矢量,于是便有一组关于矢量 $\boldsymbol{a}$ 与标量 φ 的广义奥-高(Ostogradsky-Gauss)公式

$$\begin{cases}\displaystyle\iiint_{\tau}(\nabla\varphi)\mathrm{d}\tau=\oiint_{\sigma}\boldsymbol{n}\varphi\mathrm{d}\sigma\\ \displaystyle\iiint_{\tau}(\nabla\cdot\boldsymbol{a})\mathrm{d}\tau=\oiint_{\sigma}\boldsymbol{n}\cdot\boldsymbol{a}\mathrm{d}\sigma\\ \displaystyle\iiint_{\tau}(\nabla\times\boldsymbol{a})\mathrm{d}\tau=\oiint_{\sigma}\boldsymbol{n}\times\boldsymbol{a}\mathrm{d}\sigma\end{cases}\tag{2.3.1}$$

由此便可得到梯度、散度和旋度定义的统一形式

$$\begin{cases}\displaystyle\nabla\varphi=\lim_{\tau\to 0}\frac{1}{\tau}\oiint_{\sigma}\boldsymbol{n}\varphi\mathrm{d}\sigma\\ \displaystyle\nabla\cdot\boldsymbol{a}=\lim_{\tau\to 0}\frac{1}{\tau}\oiint_{\sigma}\boldsymbol{n}\cdot\boldsymbol{a}\mathrm{d}\sigma\\ \displaystyle\nabla\times\boldsymbol{a}=\lim_{\tau\to 0}\frac{1}{\tau}\oiint_{\sigma}\boldsymbol{n}\times\boldsymbol{a}\mathrm{d}\sigma\end{cases}\tag{2.3.2}$$

下面给出张量 $\boldsymbol{T}$ 的散度、梯度和旋度的定义式

$$\begin{cases}\displaystyle\nabla\cdot\boldsymbol{T}=\lim_{\tau\to 0}\frac{1}{\tau}\oiint_{\sigma}\boldsymbol{n}\cdot\boldsymbol{T}\mathrm{d}\sigma\\ \displaystyle\nabla\boldsymbol{T}=\lim_{\tau\to 0}\frac{1}{\tau}\oiint_{\sigma}\boldsymbol{n}\boldsymbol{T}\mathrm{d}\sigma\\ \displaystyle\nabla\times\boldsymbol{T}=\lim_{\tau\to 0}\frac{1}{\tau}\oiint_{\sigma}\boldsymbol{n}\times\boldsymbol{T}\mathrm{d}\sigma\end{cases}\tag{2.3.3}$$

相应地，便有关于张量 $\boldsymbol{T}$ 的广义奥-高公式

$$\begin{cases}\displaystyle\iiint_\tau \nabla\cdot \boldsymbol{T}\mathrm{d}\tau = \oiint_\sigma \boldsymbol{n}\cdot \boldsymbol{T}\mathrm{d}\sigma \\ \displaystyle\iiint_\tau \nabla\boldsymbol{T}\mathrm{d}\tau = \oiint_\sigma \boldsymbol{n}\boldsymbol{T}\mathrm{d}\sigma \\ \displaystyle\iiint_\tau \nabla\times \boldsymbol{T}\mathrm{d}\tau = \oiint_\sigma \boldsymbol{n}\times \boldsymbol{T}\mathrm{d}\sigma\end{cases} \tag{2.3.4}$$

特别是当 $\boldsymbol{T}=\boldsymbol{ab}$ 时，则有

$$\iiint_\tau [(\boldsymbol{a}\cdot\nabla)\boldsymbol{b}+\boldsymbol{b}(\nabla\cdot\boldsymbol{a})]\mathrm{d}\tau = \iiint_\tau \nabla\cdot(\boldsymbol{ab})\mathrm{d}\tau = \oiint_\sigma \boldsymbol{n}\cdot(\boldsymbol{ab})\mathrm{d}\sigma \tag{2.3.5}$$

注意到

$$\frac{\partial}{\partial n} = \boldsymbol{n}\cdot\nabla \tag{2.3.6}$$

这里 $\boldsymbol{n}$ 为单位矢量。另外还可得 Green 第一、第二公式等

$$\begin{cases}\displaystyle\oiint_\sigma \varphi\frac{\partial\psi}{\partial n}\mathrm{d}\sigma = \oiint_\sigma \boldsymbol{n}\cdot(\varphi\nabla\psi)\mathrm{d}\sigma = \iiint_\tau[\varphi\nabla^2\psi+(\nabla\varphi)\cdot(\nabla\psi)]\mathrm{d}\tau \\ \displaystyle\oiint_\sigma\left(\varphi\frac{\partial\psi}{\partial n}-\psi\frac{\partial\varphi}{\partial n}\right)\mathrm{d}\sigma = \iiint_\tau(\varphi\nabla^2\psi-\psi\nabla^2\varphi)\mathrm{d}\tau \\ \displaystyle\oiint_\sigma \boldsymbol{n}\cdot[\boldsymbol{a}\times(\nabla\times\boldsymbol{b})]\mathrm{d}\sigma = \iiint_\tau[(\nabla\times\boldsymbol{a})\cdot(\nabla\times\boldsymbol{b})-\boldsymbol{a}\cdot(\nabla\times(\nabla\times\boldsymbol{b}))]\mathrm{d}\tau \\ \displaystyle\oiint_\sigma \boldsymbol{n}\cdot\boldsymbol{a}(\nabla\cdot\boldsymbol{b})\mathrm{d}\sigma = \iiint_\tau[(\nabla\cdot\boldsymbol{a})(\nabla\cdot\boldsymbol{b})+\boldsymbol{a}\cdot(\nabla(\nabla\cdot\boldsymbol{b}))]\mathrm{d}\tau \\ \displaystyle\oiint_\sigma \boldsymbol{n}\cdot\varphi(\nabla\times\boldsymbol{a})\mathrm{d}\sigma = \iiint_\tau(\nabla\varphi)\cdot(\nabla\times\boldsymbol{a})\mathrm{d}\tau\end{cases} \tag{2.3.7}$$

式中，φ 与 ψ 为任意标量，$\boldsymbol{a}$ 与 $\boldsymbol{b}$ 为任意矢量。

对于任意张量 $\boldsymbol{T}$，则上面的有关关系式又可被推广为

$$\begin{cases}\displaystyle\oiint_\sigma \boldsymbol{n}\cdot[\boldsymbol{a}\times(\nabla\times\boldsymbol{T})]\mathrm{d}\sigma = \iiint_\tau[(\nabla\times\boldsymbol{a})\cdot(\nabla\times\boldsymbol{T})-\boldsymbol{a}\cdot(\nabla\times(\nabla\times\boldsymbol{T}))]\mathrm{d}\tau \\ \displaystyle\oiint_\sigma (\boldsymbol{n}\cdot\boldsymbol{a})\boldsymbol{T}\mathrm{d}\sigma = \iiint_\tau[\boldsymbol{a}\cdot\nabla\boldsymbol{T}+(\nabla\cdot\boldsymbol{a})\boldsymbol{T}]\mathrm{d}\tau \\ \displaystyle\oiint_\sigma \boldsymbol{n}\cdot\varphi(\nabla\times\boldsymbol{T})\mathrm{d}\sigma = \iiint_\tau(\nabla\varphi)\cdot(\nabla\times\boldsymbol{T})\mathrm{d}\tau\end{cases} \tag{2.3.8}$$

2.3.2 广义 Stokes 公式

给定一任意的矢量场 $\boldsymbol{a}(\boldsymbol{R},t)$，在场内取任一曲面 σ（注意这里 σ 为非封闭面），其边界曲线为 L。由于这里 L 为一封闭曲线，所以矢量 $\boldsymbol{a}$ 沿封闭曲线 L 的积分可称为环量。这里 $\mathrm{d}\boldsymbol{R}$ 为沿边界 L 环路方向的线积分线元；$\boldsymbol{n}$ 为 σ 的单位法矢量，并且 $\mathrm{d}\boldsymbol{R}$ 与 $\boldsymbol{n}$ 构成右手螺旋系统。因此便有如下一组广义的 Stokes 公式

$$
\begin{cases}
\oint_L \boldsymbol{a} \cdot \mathrm{d}\boldsymbol{R} = \iint_\sigma (\nabla\times \boldsymbol{a}) \cdot \boldsymbol{n}\,\mathrm{d}\sigma \\
\oint_L \varphi\,\mathrm{d}\boldsymbol{R} = \iint_\sigma (\boldsymbol{n} \times \nabla\varphi)\,\mathrm{d}\sigma \\
\oint_L \boldsymbol{a} \times \mathrm{d}\boldsymbol{R} = -\iint_\sigma (\boldsymbol{n} \times \nabla) \times \boldsymbol{a}\,\mathrm{d}\sigma \\
\oint_L (\boldsymbol{a}\,\mathrm{d}\boldsymbol{R})_{\mathrm{c}} = \iint_\sigma \boldsymbol{n} \times (\nabla\boldsymbol{a})\,\mathrm{d}\sigma \\
\oint_L \varphi\boldsymbol{a} \cdot \mathrm{d}\boldsymbol{R} = \iint_\sigma [\varphi(\nabla\times \boldsymbol{a}) + (\nabla\varphi) \times \boldsymbol{a}] \cdot \boldsymbol{n}\,\mathrm{d}\sigma \\
\oint_L (\varphi\,\nabla\psi) \cdot \mathrm{d}\boldsymbol{R} = \iint_\sigma (\nabla\varphi) \times (\nabla\psi) \cdot \boldsymbol{n}\,\mathrm{d}\sigma = -\oint_L (\psi\,\nabla\varphi) \cdot \mathrm{d}\boldsymbol{R}
\end{cases}
\tag{2.3.9}
$$

式中,φ 与 ψ 为任意标量。对于任意二阶张量 $\boldsymbol{T}$,则上述部分公式又可被推广为

$$
\oint_L \boldsymbol{T}_{\mathrm{c}} \cdot \mathrm{d}\boldsymbol{R} = \iint_\sigma \boldsymbol{n} \cdot (\nabla\times \boldsymbol{T})\,\mathrm{d}\sigma \tag{2.3.10}
$$

式中,$\boldsymbol{T}_{\mathrm{c}}$ 为 $\boldsymbol{T}$ 的转置张量。

2.4 流体的静力平衡方程以及静止流场的基本特征

流体的平衡是指流体相对于某一选定的坐标系处于平衡或者静止状态,即静力平衡状态,此状态下的流体称为静止流体。如果选定的坐标系是惯性坐标系,则称为绝对静止;若选定的为非惯性系(例如等角速度旋转的相对坐标系),则称为相对静止或相对平衡。因此流体静力学是研究流体质点相对于选定的参考坐标系没有运动时的力学规律及实际应用的一门科学。无论流体处于静止状态或相对静止状态,其内部均没有相对运动,所以流体的黏滞性不起作用。因此,流体静力学得出的结论对理想流体和黏性流体都适用。

2.4.1 流体静压强及其特性

令 $\boldsymbol{p}_n$ 表示以 $\boldsymbol{n}$ 为法向的单位面积上的表面力(即应力),通常 $\boldsymbol{p}_n$ 可以分解为两项:一项为切向应力,一项为法向应力。当流体处于绝对静止或相对静止状态时,由于这时切向应力为零,所以只有法向应力,即

$$
\boldsymbol{p}_n = -p\boldsymbol{n} \tag{2.4.1}
$$

这里标量 p 表示静止流体中作用于单位面积上的压应力,即 p 为流体静压强,简称静压。在国际单位制中,压强的单位是帕(Pa),$1\mathrm{Pa}=1\mathrm{N/m^2}$。

流体静压强具有如下两个重要特征。

(1) 流体静压强垂直于作用面,方向指向该作用面的内法线方向。

(2) 静止流体中,同一点处各方向的流体静压强均相等。这一特征可证明如下:

设在静止流场中任取一点 M,并选取微四面体 $MABC$,其平行于直角坐标系 x、y、z 轴的棱边长为 $\mathrm{d}x$、$\mathrm{d}y$、$\mathrm{d}z$,如图 2.3 所示。设作用于$\triangle MBC$、$\triangle MAC$、$\triangle MAB$ 与$\triangle ABC$ 上的压强分别为 p_x、p_y、p_z 与 p_n,作用于上述 4 个表面上的压力分别为$\frac{1}{2}p_x\mathrm{d}y\mathrm{d}z$、$\frac{1}{2}p_y\mathrm{d}x\mathrm{d}z$、$\frac{1}{2}p_z\mathrm{d}x\mathrm{d}y$ 与 $p_n\mathrm{d}s$

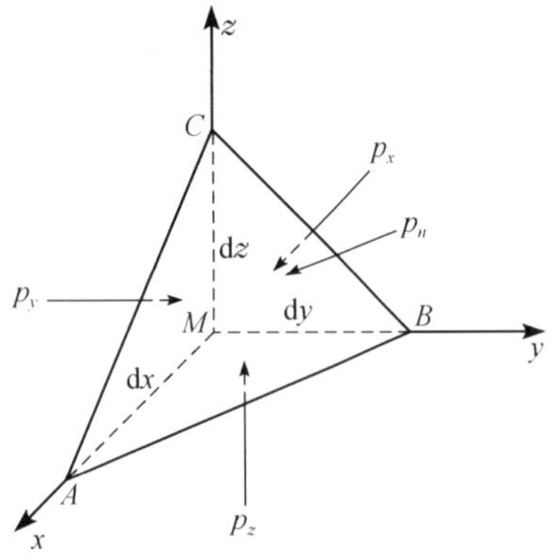

图 2.3　静止流体中微四面体的应力分析

（这里 $\mathrm{d}s$ 为△ABC 的面积）；设作用于单位质量流体的体积力（又称质量力）在 x、y、z 方向上的分量分别为 f_x、f_y 与 f_z，因此作用于该微元四面体的体积力沿 x、y、z 方向上的分量分别为

$$F_x = \frac{1}{6} f_x \rho\, \mathrm{d}x\mathrm{d}y\mathrm{d}z$$

$$F_y = \frac{1}{6} f_y \rho\, \mathrm{d}x\mathrm{d}y\mathrm{d}z$$

$$F_z = \frac{1}{6} f_z \rho\, \mathrm{d}x\mathrm{d}y\mathrm{d}z$$

由于流体是静止的，所以作用于微四面体上的表面压力和体积力在 x、y、z 方向上分别达到平衡，这里仅给出 x 方向的平衡方程，即

$$p_x \times \frac{1}{2}\mathrm{d}y\mathrm{d}z - p_n \times \mathrm{d}s\cos(\boldsymbol{p}_n, x) + F_x = 0$$

注意到 $\mathrm{d}s \times \cos(\boldsymbol{p}_n, x) = \frac{1}{2}\mathrm{d}y\mathrm{d}z$，于是上式可简化为

$$p_x - p_n + \frac{1}{3}\rho f_x \mathrm{d}x = 0$$

同样地，可得到 y 方向和 z 方向的表达式，即

$$p_y - p_n + \frac{1}{3}\rho f_y \mathrm{d}y = 0$$

$$p_z - p_n + \frac{1}{3}\rho f_z \mathrm{d}z = 0$$

当 $\mathrm{d}x \to 0, \mathrm{d}y \to 0, \mathrm{d}z \to 0$ 时，由上述三个表达式便得到 M 点处的压强关系式，即

$$p_x = p_y = p_z = p_n$$

可见，在静止流体的任意一点 M 处来自各个方向的静压强的值都相等，这就证明了静止流体压强的第二个特性。当然，不同点的压强可以不同，它是空间坐标的连续函数，即

$$p = p(x, y, z)$$

2.4.2　流体的静力平衡方程

在静止流体中取一边长分别为 $\mathrm{d}x$、$\mathrm{d}y$、$\mathrm{d}z$ 的平行六面体（图 2.4）。令该微元体中心点为 $A(x, y, z)$，该点的压强为 p。根据连续性假设，利用 Taylor 级数展开并略去二阶以上高阶小项，便得到左、右两边界面中心点 B 与点 C 处的压强

$$p_B = p - \frac{1}{2}\frac{\partial p}{\partial x}\mathrm{d}x$$

$$p_C = p + \frac{1}{2}\frac{\partial p}{\partial x}\mathrm{d}x$$

令 ρ 表示微元六面体的平均密度，f_x、f_y 与 f_z 分别表示作用在微元体上单位质量的体积力在 x、y、z 方向上的分量，于是当流体静平衡时沿各坐标轴方向上所有力的

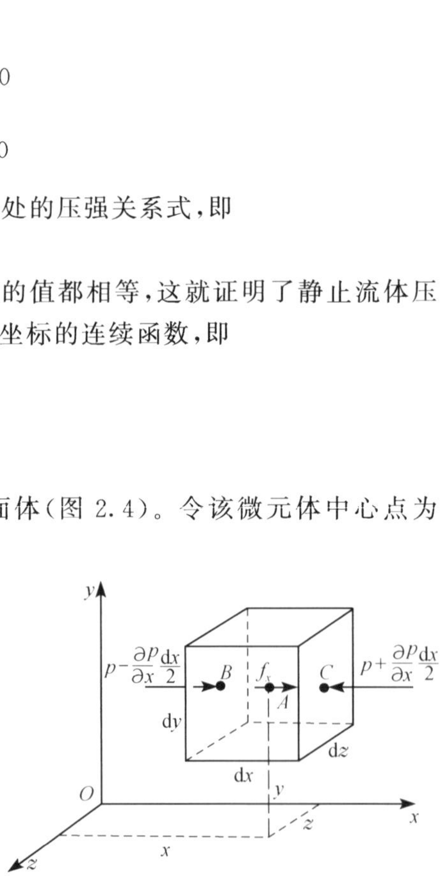

图 2.4　平行六面体微元及 x 方向受力

投影之和应为零。这里先给出 x 方向的平衡方程，即

$$\rho f_x \mathrm{d}x\mathrm{d}y\mathrm{d}z + p_B \mathrm{d}y\mathrm{d}z - p_C \mathrm{d}y\mathrm{d}z = 0$$

化简后得到

$$\rho f_x - \frac{\partial p}{\partial x} = 0$$

同理，对 y 方向与 z 方向分别能得到

$$\rho f_y - \frac{\partial p}{\partial y} = 0$$

$$\rho f_z - \frac{\partial p}{\partial z} = 0$$

将上面三式写为矢量形式，便为

$$\rho \boldsymbol{f} - \nabla p = 0 \tag{2.4.2}$$

式中，$\boldsymbol{f} = f_x \boldsymbol{i} + f_y \boldsymbol{j} + f_z \boldsymbol{k}$。式(2.4.2)即为流体平衡微分方程。它是 Euler 1775 年首先提出的，是流体静力学的最基本方程。这里还须指出的是，式(2.4.2)中∇p 称为流体静压强梯度，简称静压梯度，它反映了流体中某一点邻域内压强的变化情况。静压梯度具有以下三点性质：

(1) 它是个矢量，其方向与体积力 $\boldsymbol{f}$ 相同；

(2) 它代表了压强变化率最大的方向；

(3) 它与等压面垂直，等压面是由压强相等的点所组成的面，在等压面上$\nabla p \equiv 0$。

2.4.3 流场静止的体积力条件

由式(2.4.2)容易看出，欲使流场处于静止其体积力是有条件的，下面就推出这个条件。首先将式(2.4.2)变为如下形式

$$\boldsymbol{f} = \frac{\nabla p}{\rho} \tag{2.4.3}$$

将上式两边取旋度便有

$$\nabla \times \boldsymbol{f} = \frac{1}{\rho} \nabla \times (\nabla p) + \nabla\left(\frac{1}{\rho}\right) \times (\nabla p) = \nabla\left(\frac{1}{\rho}\right) \times (\nabla p) \tag{2.4.4}$$

将式(2.4.3)两边与式(2.4.4)两侧进行点积(即标量积)运算，便有

$$\boldsymbol{f} \cdot (\nabla \times \boldsymbol{f}) = \frac{\nabla p}{\rho} \cdot \left[\nabla\left(\frac{1}{\rho}\right) \times (\nabla p)\right] = 0$$

于是得到

$$\boldsymbol{f} \cdot (\nabla \times \boldsymbol{f}) = 0 \tag{2.4.5}$$

由此推出流体静止的必要条件是体积力 $\boldsymbol{f}$ 满足式(2.4.5)。下面讨论两种特例。

(1) 不可压缩流体静止的必要条件：因这时 $\rho = \mathrm{const}$，由式(2.4.4)显然有

$$\nabla \times \boldsymbol{f} = 0 \tag{2.4.6}$$

式(2.4.6)表明，如果不可压缩流体静止，则体积力 $\boldsymbol{f}$ 必无旋，即 $\boldsymbol{f}$ 这时必须有势。令 $\boldsymbol{f}$ 的势为 U，于是有

$$\boldsymbol{f} = -\nabla U \tag{2.4.7}$$

对于不可压缩流体，这时式(2.4.3)又可写成

$$\boldsymbol{f} = \nabla\left(\frac{p}{\rho}\right) \tag{2.4.8}$$

将式(2.4.7)代入式(2.4.8),而后积分便得到 U 的表达式,即

$$U=-\frac{p}{\rho}+\text{const} \tag{2.4.9}$$

(2) 具有正压性质流体静止的必要条件:所谓正压流体是指这样的一类流体,在这类流体的流场中密度仅仅是压强的函数,即

$$\rho=\rho(p) \tag{2.4.10}$$

显然,均温(又称等温)流场是一种正压流场,这是由于

$$\frac{p}{\rho}=\text{const} \tag{2.4.11}$$

又如均熵流场也是一种正压流场,因为这时全流场满足

$$\frac{p}{\rho^{\gamma}}=\text{const} \tag{2.4.12}$$

对于正压流场,由式(2.4.10)可以定义一个函数 $\mathscr{P}$,使之满足

$$\mathscr{P}=\int\frac{1}{\rho}\mathrm{d}p=\mathscr{P}(p) \tag{2.4.13}$$

这里 $\mathscr{P}$ 称为压力函数。由式(2.4.13)便可以获得如下梯度的形式

$$\nabla\mathscr{P}=\frac{\mathrm{d}\mathscr{P}}{\mathrm{d}p}\nabla p=\frac{1}{\rho}\nabla p \tag{2.4.14}$$

将式(2.4.14)代入式(2.4.3),可得

$$\boldsymbol{f}=\nabla\mathscr{P} \tag{2.4.15}$$

将式(2.4.15)两边取旋度,得

$$\nabla\times\boldsymbol{f}=\nabla\times(\nabla\mathscr{P})=0 \tag{2.4.16}$$

这就是正压流场中流体静止时对体积力 $\boldsymbol{f}$ 所需要提的附加限制条件,即

$$\nabla\times\boldsymbol{f}=0 \tag{2.4.17}$$

这意味着体积力 $\boldsymbol{f}$ 有势是正压流体处于静止状态的必要条件。

另外,当正压流体静止时,则应满足式(2.4.17),于是将其代入式(2.4.4)后便得到

$$\nabla\left(\frac{1}{\rho}\right)\times(\nabla p)=0 \quad 或 \quad (\nabla\rho)\times(\nabla p)=0 \tag{2.4.18}$$

这表明正压流体静止时,等密度面与等压强度处处重合。此外,将式(2.4.3)、式(2.4.7)与式(2.4.15)联立消去 $\boldsymbol{f}$ 后可得到

$$-\nabla U=\nabla\mathscr{P}=\frac{\nabla p}{\rho} \tag{2.4.19}$$

由式(2.4.19)可知,对于正压流体,其等势面(即 $U=\text{const}$ 面)与等压强面(即 $p=\text{const}$ 面)重合。综上所述,当正压流体处于静止状态时,等势面、等压面、等密度面三者重合。

2.4.4 当体积力有势时的流体静止条件

由于体积力 $\boldsymbol{f}$ 有势(这里令其势为 U),即 U 满足式(2.4.7),于是借助于平衡方程(2.4.3)便可得到

$$-\nabla U=\frac{1}{\rho}\nabla p \tag{2.4.20}$$

将式(2.4.20)两边取旋度,有

$$\nabla\times(-\nabla U)=\nabla\times\left(\frac{\nabla p}{\rho}\right)=-\frac{1}{\rho^2}(\nabla\rho)\times(\nabla p)=0 \tag{2.4.21}$$

由式(2.4.21)显然可以推出，当体积力 $\boldsymbol{f}$ 有势(即 U 存在)时，则等压强面与等密度面重合。而等压面与等密度面重合正是正压流体处于静止状态的特性，因此体积力 $\boldsymbol{f}$ 有势的流体处于静止条件时必然有下式成立

$$(\nabla\rho)\times(\nabla p)=0 \tag{2.4.22}$$

也就是说，在体积力有势的条件下，处于静止状态的流场必然是正压流场；换句话说在体积力有势的条件下，非正压流场不可能处于静止状态。还应指出的是，体积力有势的场又称为保守力场。因此处于保守力场中的平衡流体，其等压面、等密度面和等势能面三者重合。

2.4.5 体积力有势时两种互不混合流体处于静止状态下的分界面

由于体积力 $\boldsymbol{f}$ 有势，对于两种密度分别为 ρ_1 与 ρ_2 的互不混合流场，借助于式(2.4.19)便可得到

$$-\nabla U_1=\frac{1}{\rho_1}\nabla p_1 \quad 与 \quad -\nabla U_2=\frac{1}{\rho_2}\nabla p_2 \tag{2.4.23}$$

在两种密度分界面上任取一线段 $\mathrm{d}\boldsymbol{S}$，并令该线段上的压差分别为 $\mathrm{d}p_1$ 与 $\mathrm{d}p_2$，于是有

$$\mathrm{d}p_1=(\nabla p_1)\cdot\mathrm{d}\boldsymbol{S}=(-\rho_1\nabla U_1)\cdot\mathrm{d}\boldsymbol{S}=-\rho_1\mathrm{d}U_1 \tag{2.4.24}$$

$$\mathrm{d}p_2=(\nabla p_2)\cdot\mathrm{d}\boldsymbol{S}=(-\rho_2\nabla U_2)\cdot\mathrm{d}\boldsymbol{S}=-\rho_2\mathrm{d}U_2 \tag{2.4.25}$$

式中，$\mathrm{d}\boldsymbol{S}$ 的表达式为

$$\mathrm{d}\boldsymbol{S}=\boldsymbol{i}\mathrm{d}x+\boldsymbol{j}\mathrm{d}y+\boldsymbol{k}\mathrm{d}z \tag{2.4.26}$$

注意到这时 $\mathrm{d}p_1=\mathrm{d}p_2=\mathrm{d}p$，$\mathrm{d}U_1=\mathrm{d}U_2=\mathrm{d}U$，于是式(2.4.24)与式(2.4.25)相减并消去 $\mathrm{d}U_1$ 与 $\mathrm{d}U_2$，得

$$\left(\frac{1}{\rho_1}-\frac{1}{\rho_2}\right)\mathrm{d}p=0 \tag{2.4.27}$$

注意到这里 $\rho_1\neq\rho_2$，于是由式(2.4.27)便推出

$$\mathrm{d}p=0 \tag{2.4.28}$$

由此可看出，分界面是等压强面。另外将式(2.4.24)与式(2.4.25)相减并消去 $\mathrm{d}p_1$ 与 $\mathrm{d}p_2$，得

$$(\rho_2-\rho_1)\mathrm{d}U=0 \quad 或 \quad \mathrm{d}U=0 \tag{2.4.29}$$

同理可推出分界面是体积力的等势面。综上所述，在体积力有势的条件下，两种不同密度的静止流体分界面既是等压面又是等势面。

2.5 重力作用下静止流体的压强分布

2.5.1 重力场下静止液体中的压强公式

在研究流体平衡时，通常将地球选作惯性坐标系。在重力场中不可压缩均质流体处于静平衡状态，其主要方程为

$$\nabla p=-\rho\nabla U \tag{2.5.1}$$

$$\rho=\text{const} \tag{2.5.2}$$

$$U=gz \tag{2.5.3}$$

这里取 z 轴竖直向上。若取分界面为 $z=z_0$，积分上述静平衡方程便得到

$$p = p_0 + \rho g(z_0 - z) \tag{2.5.4}$$

2.5.2 重力场中的静止大气

大气平衡方程组为

$$\begin{cases} \dfrac{\partial p}{\partial x} = 0 \\ \dfrac{\partial p}{\partial y} = 0 \\ \dfrac{\partial p}{\partial z} = -\rho g \end{cases} \tag{2.5.5}$$

注意到大气的密度与压强都是高度 z 的函数，因此式(2.5.5)并不封闭，还须补充压强与密度的关系式。下面仅讨论三种特殊情况。

1）绝热大气的假定

引入大气是绝热、等熵的假设，这时有

$$\frac{p}{\rho^{\gamma}} = \frac{p_0}{\rho_0^{\gamma}} \tag{2.5.6}$$

下标“0”表示海平面 $z=0$ 处的大气参数。将式(2.5.6)代入式(2.5.5)，并对 z 进行积分后便可得到关于压强的如下表达式

$$\frac{\gamma}{\gamma-1}\frac{p_0}{\rho_0} = \frac{\gamma}{\gamma-1}\frac{p}{\rho} - gz \tag{2.5.7}$$

2）等温大气的假定

假定大气层是等温的，其状态方程为

$$\frac{p}{\rho} = \frac{p_0}{\rho_0} = RT_0 \tag{2.5.8}$$

将式(2.5.8)代入式(2.5.5)，并对 z 进行积分后，得

$$p = p_0 \exp\left[\frac{g(z-z_0)}{RT_0}\right] \tag{2.5.9}$$

3）对流层中的压强分布

在距地面 0～11km 的范围内，属于对流层，这时大气温度随高度的变化规律为

$$T = T_0 - \theta z \tag{2.5.10}$$

式中，$\theta=0.0065\mathrm{K/m}$；$z$ 的单位为 m。将式(2.5.10)代入式(2.5.5)并注意到完全气体的状态方程 $p=\rho RT$，可得到

$$\mathrm{d}p = \frac{-pg}{R(T_0 - \theta z)}\mathrm{d}z \tag{2.5.11}$$

积分式(2.5.11)，并注意使用边界条件(即 $z=0$ 处时，$p=p_0$)，得

$$\frac{p}{p_0} = \left(1 - \frac{\theta z}{T_0}\right)^{\frac{g}{\theta R}} \tag{2.5.12}$$

这就是对流层中标准大气的压强分布公式。

2.6 静止流体作用在物面上的总压力

流体静力学研究的主要内容概括地讲由两部分组成：一部分是前面讨论的压强分布的规律，

另一部分就是本节要讨论的静止流体作用于物面的总压力。对于物面先讨论平面问题，再讨论曲面问题，最后讨论 Archimedes 原理。

2.6.1 均质静止流体作用在平壁上的压强合力

设静止液体中有一个与水平面夹角为 α 的平壁，其面积为 A，液面通大气，平壁外侧受大气压作用，这里只考虑液体相对压强的作用。为便于分析，将平壁绕 Oy 轴旋转 90°，如图 2.5 所示。

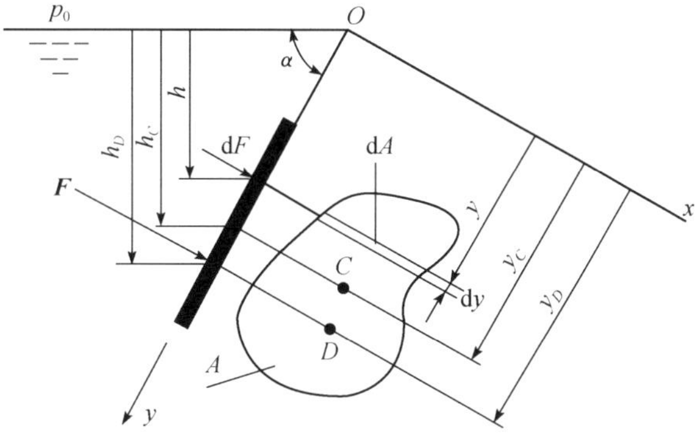

图 2.5 静止流体对平壁的作用力

在平壁上任取一微元面积 dA，其中心点距自由表面的距离为 h，中心点距 Ox 轴的距离为 y，于是作用在微元面积 dA 上的压力为

$$dF = p\,dA = \rho g h\,dA = \rho g y \sin\alpha\,dA \tag{2.6.1}$$

积分式(2.6.1)便得到流体作用于平壁上的总压力为

$$F = \int_A dF = \rho g \sin\alpha \int_A y\,dA \tag{2.6.2}$$

式中 $\int_A y\,dA$ 为平壁面积对 Ox 轴的静矩，其值等于平壁面积 A 与其形心点 C 至 Ox 轴的距离 y_C 的乘积，即

$$\int_A y\,dA = Ay_C \tag{2.6.3}$$

将式(2.6.3)代入式(2.6.2)，得

$$F = \rho g A y_C \sin\alpha = \rho g A h_C = A\rho g h_C = Ap_C \tag{2.6.4}$$

式中，h_C 为受压面形心 C 在液面下的淹没深度；p_C 为受压面形心 C 处的相对压强。式(2.6.4)表明，静止液体作用在任意形状平壁上的总压力等于该平壁的受压面积与其形心处相对压强的乘积，而它与平壁的形状以及倾角 α 无关。

设总压力的作用点为 D，其坐标为(x_D, y_D)，由理论力学课程中的合力矩定理，有

$$y_D F = \int_A y\,dF \tag{2.6.5}$$

将式(2.6.1)代入式(2.6.5)后并适当整理，得

$$y_D F = I_x \rho g \sin\alpha \tag{2.6.6}$$

式中，I_x 为受压面对 Ox 轴的惯性矩，其表达式为

$$I_x = \int_A y^2 \mathrm{d}A \tag{2.6.7}$$

根据惯性矩的平行移轴定理，有

$$I_x = I_{Cx} + y_C^2 A \tag{2.6.8}$$

式中，I_{Cx} 为受压面对 Cx 轴的惯性矩，这里 Cx 轴是过形心 C 且平行于 Ox 轴的坐标线。I_{Cx} 的表达式为

$$I_{Cx} = \int_A (y - y_C)^2 \mathrm{d}A \tag{2.6.9}$$

将式(2.6.8)代入式(2.6.6)并整理后得

$$y_D = y_C + \frac{I_{Cx}\rho g \sin\alpha}{F} \tag{2.6.10}$$

若仅计表压强，则式(2.6.10)又可变为

$$y_D = y_C + \frac{I_{Cx}}{y_C A} \tag{2.6.11}$$

并且有

$$\frac{I_{Cx}}{y_C A} > 0 \tag{2.6.12}$$

因此压力中心点 D 永远在形心点 C 的下方，即

$$y_D > y_C \tag{2.6.13}$$

同样地可求出压力中心点 D 的 x 坐标，即 x_D，其表达式为

$$x_D = x_C + \frac{I_{Cxy}}{y_C A} = \frac{I_{xy}}{y_C A} \tag{2.6.14}$$

式中，x_C 为该平壁面形心点 C 的 x 坐标；I_{xy} 为该平壁面对 Ox 与 Oy 轴的惯性积；I_{Cxy} 为该平壁面对 Cx 轴与 Cy 轴的惯性积。关于常用平壁面的惯性矩、惯性积等几何参数的计算已在工程力学基础课程或材料力学基础课程中作过讲解，因此本节不再赘述。这里仅给出 I_{xy} 表达式为

$$I_{xy} = \int_A xy \mathrm{d}A \tag{2.6.15}$$

2.6.2 均质静止流体作用在曲壁面上的压强合力

计算静止流体对曲面壁的作用力属于空间力系求合力的问题。由于曲壁面不同点上的作用力其方向不同，因此可以通过将空间力系转化为平行力系后再求其合力。在此曲壁面上任取一个小微元面积 $\mathrm{d}S$，令 $\boldsymbol{n}$ 为该微元面的外法线方向的单位矢量(简称为外法单位矢量)，于是此面元上所受到的流体压强合力为

$$\mathrm{d}\boldsymbol{F} = -p\boldsymbol{n}\mathrm{d}S \tag{2.6.16}$$

式中，$\boldsymbol{n}$、$\mathrm{d}\boldsymbol{F}$ 与 $\boldsymbol{n}\mathrm{d}S$ 可进一步表达为

$$\boldsymbol{n} = \boldsymbol{i}n_x + \boldsymbol{j}n_y + \boldsymbol{k}n_z \tag{2.6.17}$$

$$\mathrm{d}\boldsymbol{F} = \boldsymbol{i}\mathrm{d}F_x + \boldsymbol{j}\mathrm{d}F_y + \boldsymbol{k}\mathrm{d}F_z \tag{2.6.18}$$

$$\boldsymbol{n}\mathrm{d}S = \boldsymbol{i}\mathrm{d}S_x + \boldsymbol{j}\mathrm{d}S_y + \boldsymbol{k}\mathrm{d}S_z = \mathrm{d}\boldsymbol{S} \tag{2.6.19}$$

将式(2.6.16)对任意曲面进行积分便得到静止流体作用于该曲面的合力 $\boldsymbol{F}$，即

$$\boldsymbol{F} = -\iint p\boldsymbol{n}\mathrm{d}S \tag{2.6.20}$$

作用于这个曲面上的合力矩 $\boldsymbol{M}$ 为

$$\boldsymbol{M}=-\iint(\boldsymbol{r}\times\boldsymbol{n}p)\mathrm{d}S=\boldsymbol{i}M_x+\boldsymbol{j}M_y+\boldsymbol{k}M_z \tag{2.6.21}$$

式中,$\boldsymbol{r}$ 为参考点到曲面上各点的矢径。由理论力学基础课程中寻找合力中心的原理知道,在 $\boldsymbol{F}\perp\boldsymbol{M}$ 的条件下,总可以由下式找到合力中心 $\boldsymbol{r}_c$,这里 $\boldsymbol{r}_c$ 是参考点到合力作用点的矢径,它满足如下关系式

$$\boldsymbol{r}_c\times\boldsymbol{F}=\boldsymbol{M} \tag{2.6.22}$$

因此是否满足 $\boldsymbol{F}\perp\boldsymbol{M}$ 这个条件或者说是否满足

$$\boldsymbol{F}\cdot\boldsymbol{M}=0 \tag{2.6.23}$$

这个条件便成为能否求出合力中心的必要条件。

例题 2.1 如图 2.6 所示的宽度为 b、半径为 a 的圆柱形闸门,试求作用在闸门上的合力。

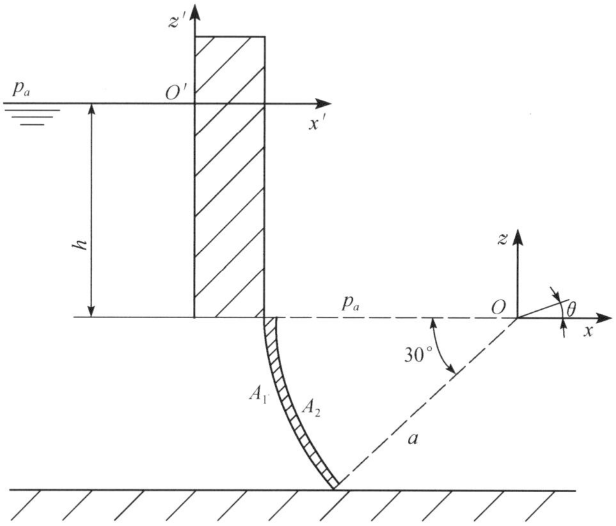

图 2.6 闸门受力示意图

解 如图 2.6 所示,选取两个坐标系 $O'x'y'z'$ 与 $Oxyz$,其中 $O'x'$ 轴位于水平面上,点 O 位于闸门圆弧的圆心处,而 Oy 轴沿闸门的宽度方向。令闸门内壁与液体的接触面积为 A_1,闸门外壁与大气的接触面积为 A_2,闸门的总面积为 $A=A_1+A_2$,因此作用在闸门上的合力为

$$\boldsymbol{F}=-\iint_{A_1}\boldsymbol{n}p\,\mathrm{d}A-\iint_{A_2}\boldsymbol{n}p_a\,\mathrm{d}A \tag{a}$$

式中,p、$\boldsymbol{n}$、$\boldsymbol{F}$ 的表达式为

$$\begin{cases}p=p_a-\rho gz'\\ \boldsymbol{n}=\boldsymbol{i}n_x+\boldsymbol{k}n_z\\ z'=z-h\\ \boldsymbol{F}=\boldsymbol{i}F_x+\boldsymbol{k}F_z\end{cases} \tag{b}$$

在 Oxz 平面上,闸门为圆弧形,因此为便于计算各点的 n_x 与 n_z 值,可以采用极坐标系,于是 n_x 与 n_z 分别为

$$n_x=\cos\theta,\quad n_z=\sin\theta \tag{c}$$

在圆柱表面上

$$z = a\sin\theta,\quad \mathrm{d}A = a\mathrm{d}\theta\mathrm{d}y \tag{d}$$

于是将式(b)～式(d)代入式(a)后便可得到 F_x 与 F_z 的表达式,即

$$\begin{aligned} F_x &= \rho g \iint_{A_1} n_x(z-h)\mathrm{d}A = \rho g \int_{-\frac{b}{2}}^{\frac{b}{2}}\int_{\pi}^{\pi+\frac{\pi}{6}} \cos\theta(a\sin\theta - h)a\mathrm{d}\theta\mathrm{d}y \\ &= \left(\frac{a}{8}+\frac{h}{2}\right)ab\rho g \end{aligned} \tag{e}$$

$$\begin{aligned} F_z &= \rho g \iint_{A_1} n_z(z-h)\mathrm{d}A = \rho g \int_{-\frac{b}{2}}^{\frac{b}{2}}\int_{\pi}^{\pi+\frac{\pi}{6}} \sin\theta(a\sin\theta - h)a\mathrm{d}\theta\mathrm{d}y \\ &= ab\rho g\left[\frac{a\pi}{12}-\frac{\sqrt{3}}{8}a + h\left(1-\frac{\sqrt{3}}{2}\right)\right] \end{aligned} \tag{f}$$

值得注意的是,由于作用在圆柱面上的压力都通过圆心,所以压力对圆心 O 点的力矩为零,于是有

$$\boldsymbol{r}_c \times \boldsymbol{F} = \boldsymbol{M} = 0 \tag{g}$$

即

$$\boldsymbol{r}_c \,/\!/\, \boldsymbol{F} \tag{h}$$

这里 $\boldsymbol{r}_c$ 为合力中心的矢径。由此可以得知,合力作用线通过圆心。

2.6.3 Archimedes 原理以及浮体的稳定性

古希腊科学家 Archimedes 总结了流体中物体所受浮力遵从的规律,即著名的 Archimedes 定律(又称 Archimedes 原理)。这一定律指出:在重力场中完全浸没在液体中或部分浸没在静止均质的液体中的物体受到竖直向上的浮力,浮力的大小等于它所排开的该流体的重量,下面扼要证明这一结论。

今考虑任意一个形状的物体,它被完全浸没在密度为 ρ 的液体中,令该物体的表面积为 A,体积为 τ,于是作用在物体上的合力应为

$$\boldsymbol{F} = -\oiint_A \boldsymbol{n}p\,\mathrm{d}A = -\oiint_A \boldsymbol{n}(p_a - \rho g z)\mathrm{d}A = \oiint_A \rho g z\boldsymbol{n}\,\mathrm{d}A = \rho g\iiint_\tau \nabla z\,\mathrm{d}\tau = \rho g\tau\boldsymbol{k} \tag{2.6.24}$$

式中,$\boldsymbol{k}$ 为 $Oxyz$ 坐标系中 z 方向的单位矢量,这里 z 轴的正方向取为竖直向上,另外在式(2.6.24)中还应用了如下两个关系式

$$\oiint_A \boldsymbol{n}\,\mathrm{d}A = 0 \tag{2.6.25}$$

$$\oiint_A \boldsymbol{n}z\,\mathrm{d}A = \iiint_\tau \nabla z\,\mathrm{d}\tau \tag{2.6.26}$$

对于部分浸没的物体来讲,令自由液面上的那部分物体的体积为 τ_2,表面积为 A_2;自由液面以下的那部分物体的体积为 τ_1,表面积为 A_1;物体在自由液面处的分界面面积为 A_0。如果忽略 A_2 表面上大气压强的变化,于是整个物体表面所受的合力为

$$\boldsymbol{F} = -\iint_{A_1}\boldsymbol{n}p\,\mathrm{d}A - \iint_{A_2}\boldsymbol{n}p_a\,\mathrm{d}A = -\iint_{A_1}\boldsymbol{n}(p_a - \rho g z)\mathrm{d}A - \iint_{A_2}\boldsymbol{n}p_a\,\mathrm{d}A = \rho g\iint_{A_1}\boldsymbol{n}z\,\mathrm{d}A \tag{2.6.27}$$

注意,如果在式(2.6.27)等号右端再增加一项对 A_0 截面的积分,即增加 $\rho g\iint_{A_0}\boldsymbol{n}z\,\mathrm{d}A$ 项,由于在这

个截面上 $z=0$，所以这项积分的结果为零，于是式(2.6.27)这时可变为

$$\boldsymbol{F}=\rho g\oiint_{A_1+A_0}\boldsymbol{n}z\,\mathrm{d}A=\rho g\iiint_{\tau_1}\nabla z\,\mathrm{d}\tau=\boldsymbol{k}\rho g\tau_1 \tag{2.6.28}$$

由此可以得出结论：部分浸没在液体中的物体受到向上的浮力，浮力的大小等于物体所排开的同体积液体的重量。

最后，简要讨论一下物体在液体中的潜浮以及浮体的稳定性问题。漂浮在液体上的物体称为浮体，完全浸没在液体中的物体称为潜体。当物体受到的重力 $\boldsymbol{G}$ 大于其所受到的浮力 $\boldsymbol{R}$ 时，物体所受的合力向下，这时物体将下潜；当物体受到的重力 $\boldsymbol{G}$ 等于其所受到的浮力 $\boldsymbol{R}$ 时，物体所受到的合力为零，物体将会稳定在一个水平位置上；当物体受到的重力 $\boldsymbol{G}$ 小于其所受到的浮力 $\boldsymbol{R}$ 时，物体所受到的合力向上，物体上浮。潜艇就是按照这一原理并通过调整艇内水箱中的水量实现上浮与下潜的。潜体处于稳定平衡时，其重力与浮力必须作用在同一条直线上(图 2.7，点 C_1 与点 C 分别为重心与浮心)，而且一定是浮心在重心之上。

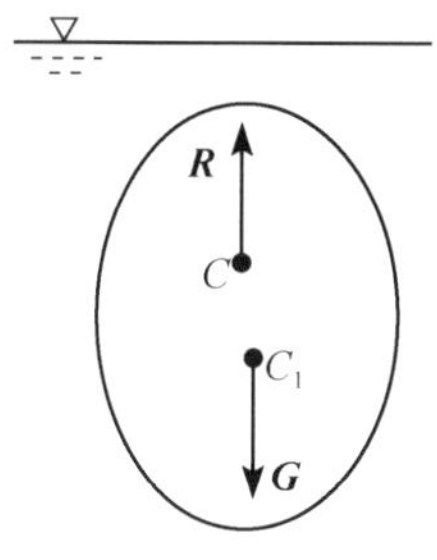

图 2.7 潜体平衡的示意图

与潜体的平衡不同，浮体的平衡又有两种情况，一种是重心在浮心之下的平衡，另一种是重心在浮心之上的平衡。由“工程力学”课程知道，物体平衡的充分必要条件是合力及合力矩等于零，即要求浮力 $\boldsymbol{R}$ 与重力 $\boldsymbol{G}$ 相等，而且要求浮力 $\boldsymbol{R}$ 的作用线与重力 $\boldsymbol{G}$ 的作用线重合。如图 2.8 所示，当浮心(即点 C)位于重心(即点 C_1)之上时浮体的平衡是稳定的，因为当物体受力稍微倾斜时，$\boldsymbol{R}$ 与 $\boldsymbol{G}$ 所构成的力偶使之往平衡状态恢复；而当浮心位于重心之下时，浮体的平衡是不稳定的，这时由于 $\boldsymbol{R}$ 与 $\boldsymbol{G}$ 所构成的力偶会使物体倾翻。

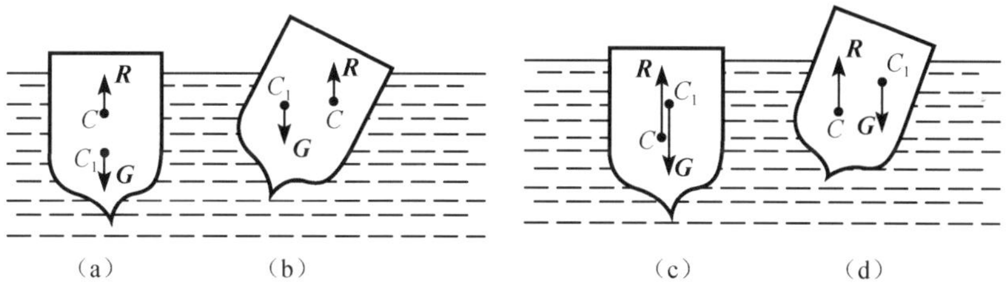

图 2.8 浮体的平衡

2.7 非惯性坐标系中流体的静力平衡

非惯性坐标系中流体的静力平衡又称相对平衡，在非惯性坐标系中应用牛顿力学定律时必须要引入惯性力。本节只讨论两种特殊运动即非惯性坐标系中流体的静力平衡：一种是匀加速直线运动，另一种是绕竖直轴匀角速度旋转的运动。

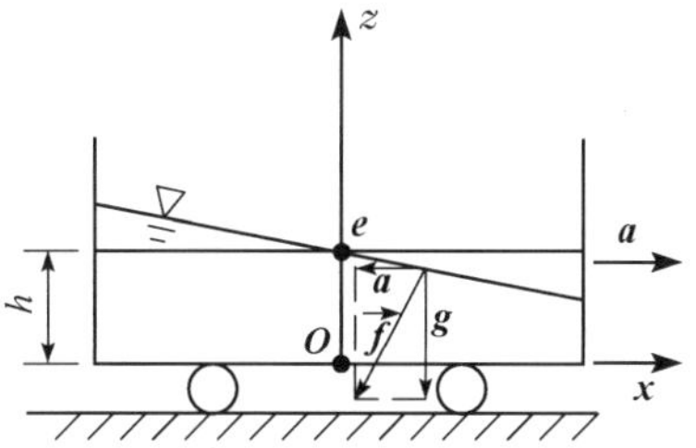

图 2.9 匀加速中的容器

2.7.1 均质流体整体地做匀加速直线运动

如图 2.9 所示，盛水容器静止时水深 h，该容器以加速度 $\boldsymbol{a}$ 做直线运动，液面形成倾斜面。将坐标系 $Oxyz$ 固连于运动着的容器上，Oz 轴向上，Ox 轴与直线运动的方向一致。令液体受到的体积力为 $\boldsymbol{f}$，在这种运动的非惯性坐标系 $Oxyz$ 下，

体积力 $\boldsymbol{f}$ 包括两部分：一个是重力，另一个是惯性力。于是这时 $\boldsymbol{f}$ 的表达式为

$$\boldsymbol{f} = -\boldsymbol{a} + \boldsymbol{g} \tag{2.7.1}$$

或者

$$f_x = -a,\quad f_y = 0,\quad f_z = -g \tag{2.7.2}$$

这时流体平衡方程为

$$\nabla p = \rho(\boldsymbol{g} - \boldsymbol{a}) \tag{2.7.3}$$

又因为压强 p 的全微分形式为

$$\mathrm{d}p = \mathrm{d}\boldsymbol{r} \cdot \nabla p = \rho \boldsymbol{f} \cdot \mathrm{d}\boldsymbol{r} = \rho(f_x \mathrm{d}x + f_y \mathrm{d}y + f_z \mathrm{d}z) \tag{2.7.4}$$

将式(2.7.2)代入式(2.7.4)后，得

$$\mathrm{d}p = \rho(-a\mathrm{d}x - g\mathrm{d}z) \tag{2.7.5}$$

积分式(2.7.5)得

$$p = \rho(-ax - gz) + c \tag{2.7.6}$$

式中，c 为积分常数，其值由边界条件确定。这里边界条件为：$x=0, z=h, p=p_0$，由此确定出积分常数 $c=p_0+\rho gh$，因此相对平衡流体中任意一点(x,y,z)处的压强为

$$p = p_0 + \rho g\left(h - \frac{a}{g}x - z\right) \tag{2.7.7}$$

下面确定等压强面。由式(2.7.4)，因等压面上 $\mathrm{d}p=0$，于是等压面方程的微分形式便为

$$f_x \mathrm{d}x + f_y \mathrm{d}y + f_z \mathrm{d}z = 0 \tag{2.7.8}$$

将式(2.7.2)代入式(2.7.8)后，积分并注意利用边界条件，可以得到等压面方程的代数表达形式，其表达式为

$$z = h - \frac{a}{g}x \tag{2.7.9}$$

2.7.2 等角速度旋转容器中均质流体的相对平衡

今有一非惯性系统以重力加速度方向为旋转轴，做等角加速度旋转运动。在该系统中如果流体处于相对平衡状态，则这时流体所受到的体积力有重力 $\rho\boldsymbol{g}$ 与惯性力 $\rho\omega^2\boldsymbol{r}$，于是静平衡方程为

$$\nabla p = \rho\boldsymbol{g} + \rho\omega^2\boldsymbol{r} \tag{2.7.10}$$

式中，ω 为角速度；$\boldsymbol{r}$ 为柱坐标的矢径。将式(2.7.10)积分得

$$p = -\rho gz + \frac{1}{2}\omega^2 r^2 + c \tag{2.7.11}$$

式中，积分常数 c 由边界条件确定。这里边界条件为：将柱坐标系的原点设立在自由面上，并且取 z 轴为旋转轴，方向垂直向上，即这时边界条件变为 $z=0, r=0, p=p_a$，这样便能定出 $c=p_a$，因此式(2.7.11)变为

$$p = p_a - \rho gz + \frac{1}{2}\rho\omega^2 r^2 \tag{2.7.12}$$

另外，在自由面上 $p=p_a$，于是这时由式(2.7.12)便可得到自由液面的方程为

$$gz - \frac{1}{2}\omega^2 r^2 = 0 \tag{2.7.13}$$

显然，这时的自由面为旋转抛物面。

习　　题

2.1　令 $\boldsymbol{r}$ 为矢径，试证明在三维空间中有$\nabla \cdot \boldsymbol{r}=3$。

2.2　令 $\boldsymbol{a}$ 与 $\boldsymbol{b}$ 分别为三维 Euclidean 空间中的一维矢量，试在三维 Descartes 直角坐标系中写出并矢张量 $\boldsymbol{ab}$ 的具体表达形式。

2.3　令 y^1, y^2, y^3 为笛卡儿直角坐标系，x^1, x^2, x^3 为任意曲线坐标系。如果有

$$\begin{cases} x^1 = y^1 + y^2 \\ x^2 = y^1 - y^2 \\ x^3 = 2y^3 \end{cases}$$

试求这时曲线坐标系 x^1, x^2, x^3 的基矢量 $\boldsymbol{e}_1$、$\boldsymbol{e}_2$、$\boldsymbol{e}_3$ 的值。

2.4　试证明单位张量场 δ_i^j 的协变导数 $\nabla_k \delta_i^j \equiv 0$。

2.5　令 $\boldsymbol{r}$ 为矢径，计算 $\nabla \cdot \nabla \boldsymbol{r}$ 的值。

2.6　人在海平面地区每分钟平均呼吸 15 次。若要得到同样的供氧，在珠穆朗玛峰顶(海拔高度 8844m)时需要呼吸多少次？

2.7　给出如下体积力场：

(1) $\boldsymbol{f} = (y^2 + yz + z^2)\boldsymbol{i} + (z^2 + zx + x^2)\boldsymbol{j} + (x^2 + xy + y^2)\boldsymbol{k}$；

(2) $\boldsymbol{f} = -\dfrac{b}{r^3}\boldsymbol{r}$，这里 $\boldsymbol{r}$ 为矢径，b 为常数。

在流体是正压流体时，请问这时流场能否静止呢？

2.8　如图 2.10 所示的挡水弧形闸门，已知 $R=2\text{m}$，$\theta=30°$，$h=5\text{m}$，试求单位宽度所受的静力总压力的大小。

2.9　如图 2.11 所示，已知 $a=2\text{cm}$，$b=1\text{cm}$，$c=3\text{cm}$，$h=0.3\text{m}$，大气压 $p_0=1.013\times10^5\,\text{Pa}$，求图中圆锥形阀门所受水和大气合力的大小、方向与作用线。

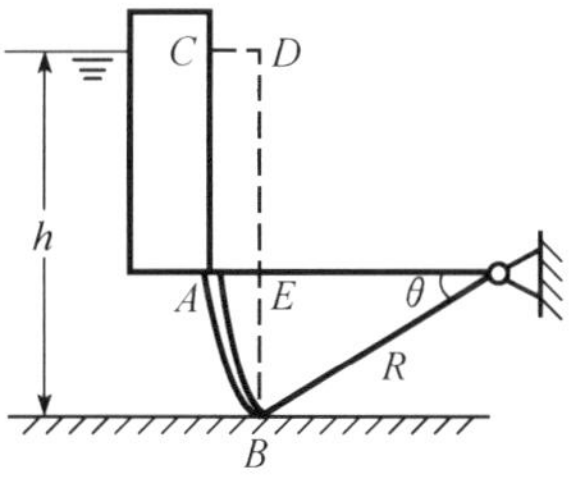

图 2.10　题 2.8 示意图

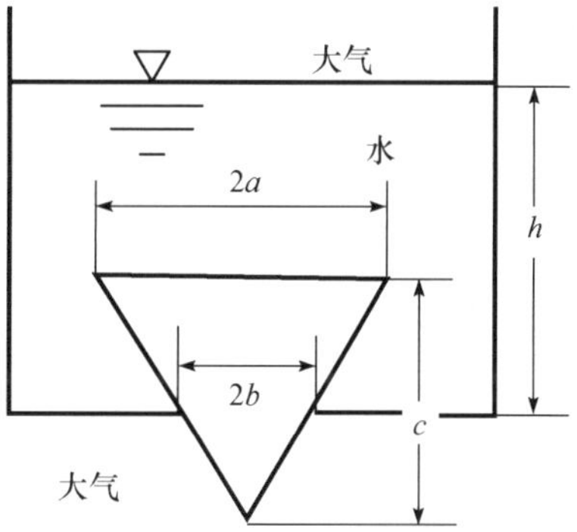

图 2.11　题 2.9 示意图

2.10　如图 2.12 所示，在做水平等加速运动的车上，在沿加速度方向安装的管距 $l=30\text{cm}$ 的 U 形管上测得前后管的液面差 $h=5\text{cm}$，试求该车加速度 $\boldsymbol{a}$ 的值。

2.11　U 形管角速度测量仪如图 2.13 所示，两竖管距离旋转轴分别为 $R_1=0.08\text{m}$ 与 $R_2=0.2\text{m}$，如果两管液面高相差为 $\Delta h=0.06\text{m}$，试求角加速度 ω 的值。

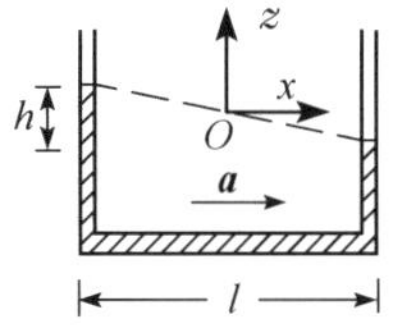

图 2.12　题 2.10 示意图

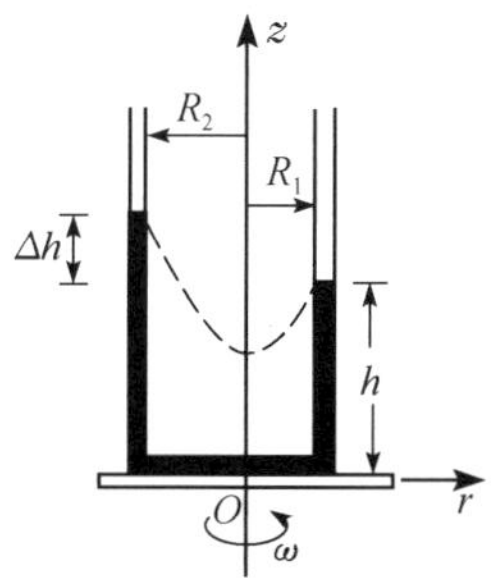

图 2.13　题 2.11 示意图

第 3 章　流体运动学

流体运动学是从流体的连续介质模型出发来研究流体的运动规律，而不去探求运动的产生与变化的原因。因此本章所研究的问题及其结论对理想流体以及黏性流体都适用。本章的主要内容包括描述流体运动的两种方法、流体运动的基本概念、微团分析以及由给定的流场运动学特性（如给定流场的涡量、给定流场的体积应变率、给定流场的散度或者旋度分布）确定速度场等问题。

3.1　描述流体运动的两种方法

3.1.1　Lagrange 描述法

Lagrange 描述又称随体描述，它是跟踪所选定的流体质点（如选定流体标号为 a,b,c 的流体质点），研究该质点随时间变化的运动规律。这里流体质点的标号(a,b,c)称为 Lagrange 变数或称 Lagrange 自变量，也称为 Lagrange 坐标或者随体坐标。今考察 Lagrange 坐标为(a,b,c)的流体质点，设在时刻 t 该质点所在位置的矢径为 $\boldsymbol{r}$，这时该流体质点的空间坐标为(x,y,z)，于是有

$$\boldsymbol{r}=\boldsymbol{r}(a,b,c,t)=\boldsymbol{i}x+\boldsymbol{j}y+\boldsymbol{k}z \tag{3.1.1}$$

$$\begin{cases}x=x(a,b,c,t)\\ y=y(a,b,c,t)\\ z=z(a,b,c,t)\end{cases} \tag{3.1.2}$$

由理论力学基础知识可知，该流体质点(a,b,c)的速度 $\mathbf{V}$ 为

$$\mathbf{V}=\mathbf{V}(a,b,c,t)=\boldsymbol{i}u+\boldsymbol{j}v+\boldsymbol{k}w=\frac{\partial \boldsymbol{r}(a,b,c,t)}{\partial t} \tag{3.1.3}$$

$$\begin{cases}u=u(a,b,c,t)=\dfrac{\partial x(a,b,c,t)}{\partial t}\\ v=v(a,b,c,t)=\dfrac{\partial y(a,b,c,t)}{\partial t}\\ w=w(a,b,c,t)=\dfrac{\partial z(a,b,c,t)}{\partial t}\end{cases} \tag{3.1.4}$$

相应地，该流体质点(a,b,c)的加速度 $\boldsymbol{a}$ 为

$$\boldsymbol{a}=\boldsymbol{a}(a,b,c,t)=\frac{\partial \mathbf{V}(a,b,c,t)}{\partial t}=\frac{\partial^2 \boldsymbol{r}(a,b,c,t)}{\partial t^2}=\boldsymbol{i}a_x+\boldsymbol{j}a_y+\boldsymbol{k}a_z \tag{3.1.5}$$

$$\begin{cases}a_x=a_x(a,b,c,t)=\dfrac{\partial u(a,b,c,t)}{\partial t}=\dfrac{\partial^2 x(a,b,c,t)}{\partial t^2}\\ a_y=a_y(a,b,c,t)=\dfrac{\partial v(a,b,c,t)}{\partial t}=\dfrac{\partial^2 y(a,b,c,t)}{\partial t^2}\\ a_z=a_z(a,b,c,t)=\dfrac{\partial w(a,b,c,t)}{\partial t}=\dfrac{\partial^2 z(a,b,c,t)}{\partial t^2}\end{cases} \tag{3.1.6}$$

例题 3.1 今考察 Lagrange 坐标为(a,b)的流体质点，它的速度场为

$$\begin{cases} u = (a+1)e^t - 1 \\ v = (b+1)e^t - 1 \end{cases}$$

式中，a、b 是 $t=0$ 时刻流体质点的直角坐标值。试求出：①$t=6$ 时刻流场中质点的分布规律；②当 $a=1$、$b=3$ 时考察这个流体质点的运动规律。

解 将本题给出的 u、v 分别代入式(3.1.4)后再分别对 t 积分，得

$$\begin{cases} x = \int [(a+1)e^t - 1]dt = (a+1)e^t - t + c_1 \\ y = \int [(b+1)e^t - 1]dt = (b+1)e^t - t + c_2 \end{cases} \tag{a}$$

代入条件：在 $t=0$ 时刻 $x=a$，$y=b$，确定出上面两式的积分常数 c_1 与 c_2 值，即

$$c_1 = -1, \quad c_2 = -1 \tag{b}$$

将式(b)代入式(a)便得到各流体质点的一般分布规律，即得到

$$\begin{cases} x = (a+1)e^t - t - 1 \\ y = (b+1)e^t - t - 1 \end{cases} \tag{c}$$

① 在 $t=6$ 时刻流体中质点的运动规律可由式(c)得到，即

$$x = (a+1)e^6 - 7$$

$$y = (b+1)e^6 - 7$$

② 对于 $a=1$、$b=3$ 时的那个流体质点，其运动规律也由式(c)得到，即

$$x = 2e^t - t - 1$$

$$y = 4e^t - t - 1$$

3.1.2 Euler 描述法

Euler 描述也称空间描述，它是在选定的空间点(x,y,z)上观察不同时刻在这个空间点位置上的流体质点物理量的变化。这里用以识别空间点坐标值 x，y，z 以及时间 t 的变量称作 Euler 变数或 Euler 变量。显然，Euler 方法的着眼点不在于个别的流体质点，而在于整个流场各空间点处的状态。由高等数学知道，当某一时刻一个物理量在空间中每一个点的位置上的值都确定时，那么这个物理量在此空间便形成了一个场，因此 Euler 描述实际上描述了一个物理量的场。正因如此，采用 Euler 方法描述流动也就特别适用于运用场论、矢量和张量分析等数学工具。

若以 f 表示流体的一个物理量，其 Euler 描述的数学表达式为

$$f = f(x,y,z,t) = f(\boldsymbol{r},t) \tag{3.1.7}$$

式中，$\boldsymbol{r}$ 为矢径，其表达式为

$$\boldsymbol{r} = \boldsymbol{i}x + \boldsymbol{j}y + \boldsymbol{k}z \tag{3.1.8}$$

3.1.3 两种描述的相互转换

下面分两个方面讨论两者间的互相转换。

1. 由 Lagrange 变量转换为 Euler 变量

设 $\rho(a,b,c,t)$表示流体质点(a,b,c)在 t 时刻的密度。如果流体质点(a,b,c)恰在 t 时刻运动到空间点(x,y,z)上，则应有

$$\begin{cases} x = x(a,b,c,t) \\ y = y(a,b,c,t) \\ z = z(a,b,c,t) \end{cases} \tag{3.1.9}$$

由式(3.1.9)解出 a、b、c，得

$$\begin{cases} a = g_1(x,y,z,t) \\ b = g_2(x,y,z,t) \\ c = g_3(x,y,z,t) \end{cases} \tag{3.1.10}$$

由高等数学可知，方程(3.1.9)与方程(3.1.10)的相互可解性要求 Jacobi 函数行列式

$$D = \frac{\partial(x,y,z)}{\partial(a,b,c)} \tag{3.1.11}$$

以及

$$\widetilde{D} = \frac{\partial(a,b,c)}{\partial(x,y,z)} = \frac{1}{D} \tag{3.1.12}$$

中无论 D 与 $\widetilde{D}$ 哪一个都不能恒等于零或无穷大。这里函数行列式 D 与 $\widetilde{D}$ 的具体形式是

$$\frac{\partial(x,y,z)}{\partial(a,b,c)} = \begin{vmatrix} \frac{\partial x}{\partial a} & \frac{\partial x}{\partial b} & \frac{\partial x}{\partial c} \\ \frac{\partial y}{\partial a} & \frac{\partial y}{\partial b} & \frac{\partial y}{\partial c} \\ \frac{\partial z}{\partial a} & \frac{\partial z}{\partial b} & \frac{\partial z}{\partial c} \end{vmatrix} \tag{3.1.13}$$

$$\frac{\partial(a,b,c)}{\partial(x,y,z)} = \begin{vmatrix} \frac{\partial a}{\partial x} & \frac{\partial a}{\partial y} & \frac{\partial a}{\partial z} \\ \frac{\partial b}{\partial x} & \frac{\partial b}{\partial y} & \frac{\partial b}{\partial z} \\ \frac{\partial c}{\partial x} & \frac{\partial c}{\partial y} & \frac{\partial c}{\partial z} \end{vmatrix} \tag{3.1.14}$$

将式(3.1.10)代入 $\rho=\rho(a,b,c,t)$ 便得到

$$\rho = \rho(a,b,c,t) = \rho[g_1(x,y,z,t), g_2(x,y,z,t), g_3(x,y,z,t), t] \tag{3.1.15}$$

这样式(3.1.15)就变成了用 Euler 变量所表达的密度分布形式。

例题 3.2 已知速度的 Lagrange 变量表示为

$$u = 3 + b, \quad v = 8ct, \quad w = a - b$$

试求 $t=1$ 时流体质点(a,b,c)的空间坐标(x,y,z)的分布规律。

解 由题意

$$\frac{\mathrm{d}x}{\mathrm{d}t} = u = 3 + b$$

$$\frac{\mathrm{d}y}{\mathrm{d}t} = v = 8ct$$

$$\frac{\mathrm{d}z}{\mathrm{d}t} = a - b$$

积分上面三个式子，便得到

$$\begin{cases} x = (3+b)t + c_1 \\ y = 4ct^2 + c_2 \\ z = (a-b)t + c_3 \end{cases} \tag{a}$$

代入初始条件[即在 $t=0$ 时满足 $(x,y,z)=(a,b,c)$ 的关系式]去确定上面的积分常数,得

$$c_1=a,\quad c_2=b,\quad c_3=c \tag{b}$$

将式(b)代入式(a)便得到 $t=0$ 时刻由 Lagrange 变量 (a,b,c) 所标定的流体质点的空间坐标,即

$$\begin{cases}x=(3+b)t+a\\y=4ct^2+b\\z=(a-b)t+c\end{cases} \tag{c}$$

因此 $t=1$ 时流体质点 (a,b,c) 的空间坐标为

$$\begin{cases}x=3+b+a\\y=4c+b\\z=a-b+c\end{cases} \tag{d}$$

2. 由 Euler 变量转换为 Lagrange 变量

设用 Euler 变量描述的速度 $u(x,y,z,t)$、$v(x,y,z,t)$ 与 $w(x,y,z,t)$ 已知,于是便有

$$\begin{cases}\dfrac{\mathrm{d}x}{\mathrm{d}t}=u(x,y,z,t)\\\dfrac{\mathrm{d}y}{\mathrm{d}t}=v(x,y,z,t)\\\dfrac{\mathrm{d}z}{\mathrm{d}t}=w(x,y,z,t)\end{cases} \tag{3.1.16}$$

积分上面这组一阶微分方程便得到如下形式

$$\begin{cases}x=\varphi_1(t,c_1,c_2,c_3)\\y=\varphi_2(t,c_1,c_2,c_3)\\z=\varphi_3(t,c_1,c_2,c_3)\end{cases} \tag{3.1.17}$$

式中,c_1、c_2 与 c_3 为积分常数,为了确定这三个积分常数,可以选取 $t=t_0$ 时刻流体质点的坐标定位 (a,b,c),即

$$\begin{cases}a=\varphi_1(t_0,c_1,c_2,c_3)\\b=\varphi_2(t_0,c_1,c_2,c_3)\\c=\varphi_3(t_0,c_1,c_2,c_3)\end{cases} \tag{3.1.18}$$

借助于式(3.1.18)便可以求出 c_1、c_2、c_3,即

$$\begin{cases}c_1=q_1(a,b,c)\\c_2=q_2(a,b,c)\\c_3=q_3(a,b,c)\end{cases} \tag{3.1.19}$$

将式(3.1.19)代入式(3.1.17)可得到用 Lagrange 变量表达的空间坐标,即

$$\begin{cases}x=\varphi_1[t,q_1(a,b,c),q_2(a,b,c),q_3(a,b,c)]\\y=\varphi_2[t,q_1(a,b,c),q_2(a,b,c),q_3(a,b,c)]\\z=\varphi_3[t,q_1(a,b,c),q_2(a,b,c),q_3(a,b,c)]\end{cases} \tag{3.1.20}$$

显然,式(3.1.20)便完成了由 Euler 变量到 Lagrange 变量之间的转换。

例题 3.3 设已知 Euler 法描述的速度 u、v,其表达式为 $u=x+t$,$v=-y$ 和初始条件 $t=0$ 时 $x=a$,$y=b$,试求速度的 Lagrange 描述。

解　依题意，有

$$\frac{\mathrm{d}x}{\mathrm{d}t}=u=x+t,\quad \frac{\mathrm{d}y}{\mathrm{d}t}=v=-y \tag{a}$$

积分上述两式，得

$$x=c_1\mathrm{e}^t-t-1,\quad y=c_2\mathrm{e}^{-t} \tag{b}$$

利用初始条件 $t=0$ 时 $x=a$，$y=b$，去确定式(b)中的 c_1 与 c_2，得

$$c_1=a+1,\quad c_2=b \tag{c}$$

将式(c)代入式(b)后，得

$$x=(a+1)\mathrm{e}^t-t-1,\quad y=b\mathrm{e}^{-t} \tag{d}$$

将式(d)中的 x、y 代入式(a)，便得

$$\begin{cases}u=(a+1)\mathrm{e}^t-1\\ v=-b\mathrm{e}^{-t}\end{cases} \tag{e}$$

3.2　流体微团的运动分析

3.2.1　随体导数

随体导数又称质点导数或称物质导数，它反映了流体质点物理量随时间的变化率。今考虑 Euler 描述方法中的速度场 $\boldsymbol{V}(\boldsymbol{r},t)$ 对时间的变化率，首先给出同一个流体质点在 t 时刻与在 $t+\Delta t$ 时刻速度变化了 $\Delta\boldsymbol{V}$，即

$$\Delta\boldsymbol{V}=\boldsymbol{V}[\boldsymbol{r}+(\boldsymbol{i}u+\boldsymbol{j}v+\boldsymbol{k}w)\Delta t,t+\Delta t]-\boldsymbol{V}(\boldsymbol{r},t) \tag{3.2.1}$$

用 Taylor 级数展开式(3.2.1)的右端，得

$$\Delta\boldsymbol{V}=\left(\frac{\partial\boldsymbol{V}}{\partial t}+\boldsymbol{V}\cdot\nabla\boldsymbol{V}\right)\Delta t+o(\Delta t^2)$$

于是由加速度的定义，则有

$$\boldsymbol{a}=\lim_{\Delta t\to 0}\frac{\Delta\boldsymbol{V}}{\Delta t}=\frac{\partial\boldsymbol{V}}{\partial t}+\boldsymbol{V}\cdot\nabla\boldsymbol{V}=\left(\frac{\partial}{\partial t}+\boldsymbol{V}\cdot\nabla\right)\boldsymbol{V} \tag{3.2.2}$$

式中，$\boldsymbol{a}$ 为流体质点的加速度，也称作速度的随体导数。通常用$\frac{\mathrm{D}}{\mathrm{D}t}$或者$\frac{\mathrm{d}}{\mathrm{d}t}$表示随体导数，因此式(3.2.2)可写为

$$\boldsymbol{a}=\frac{\mathrm{d}\boldsymbol{V}}{\mathrm{d}t}=\left(\frac{\partial}{\partial t}+\boldsymbol{V}\cdot\nabla\right)\boldsymbol{V}=\frac{\partial\boldsymbol{V}}{\partial t}+\boldsymbol{V}\cdot\nabla\boldsymbol{V} \tag{3.2.3}$$

并且称

$$\frac{\mathrm{d}}{\mathrm{d}t}=\frac{\partial}{\partial t}+\boldsymbol{V}\cdot\nabla \tag{3.2.4}$$

为随体导数算子。显然，在 Descartes 直角坐标系中有

$$\frac{\mathrm{d}}{\mathrm{d}t}=\frac{\partial}{\partial t}+u\frac{\partial}{\partial x}+v\frac{\partial}{\partial y}+w\frac{\partial}{\partial z} \tag{3.2.5}$$

式中，u、v、w 为速度分量，并且有

$$\boldsymbol{V}=\boldsymbol{i}u+\boldsymbol{j}v+\boldsymbol{k}w \tag{3.2.6}$$

对于式(3.2.3)，它包括两部分，其中$\frac{\partial V}{\partial t}$称为局部导数，又称当地加速度或局部加速度，这部分反

映了流场的非定常性；$(\boldsymbol{V}\cdot\nabla)\boldsymbol{V}$ 称为对流加速度或迁移加速度（也称作对流导数或迁移导数），这部分是因为流场的不均匀性所引起的。这里应该指出的是，$\boldsymbol{V}\cdot\nabla$反映了速度的模与沿速度方向导数的乘积，即

$$\boldsymbol{V}\cdot\nabla=V_S\frac{\partial}{\partial S} \tag{3.2.7}$$

式中，S 是沿速度方向；$\boldsymbol{i}_S$ 为沿速度方向的单位矢量；V_S 是速度矢量的模，于是 $\boldsymbol{V}=\boldsymbol{i}_S V_S$，而$\dfrac{\partial}{\partial S}$是沿速度方向的导数。

3.2.2 迹线、流线、脉线以及流体线

1. 迹线、流线与脉线

流体质点的迹线就是流体质点运动的轨迹，是同一流体质点在不同时刻运动位置的连线。在 Euler 描述方法中，由速度场便可以建立迹线方程，将方程(3.1.16)改写为如下形式

$$\frac{\mathrm{d}x}{u(x,y,z,t)}=\frac{\mathrm{d}y}{v(x,y,z,t)}=\frac{\mathrm{d}z}{w(x,y,z,t)}=\mathrm{d}t \tag{3.2.8}$$

积分式(3.2.8)，并在积分后的表达式中消去时间 t，便得到迹线方程，这里积分常数由某时刻质点的位置确定。

流线是这样的曲线，此曲线上任一点的切线方向与流体在该点的速度方向相一致。也就是说，流线是同一时刻的不同流体质点连接起来的速度场的矢量线。

应当指出，流线是针对同一时刻不同流体质点而言的，而迹线是针对同一个流体质点在不同时刻而言。换句话说，迹线是描述指定质点的运动过程，而流线是描述给定瞬间的速度场状态。

在流线上，任取一段弧元素 $\mathrm{d}\boldsymbol{r}$，$\boldsymbol{V}$ 为该微元处的速度矢量，由流线定义，则 t_0 时刻应该有

$$\boldsymbol{V}\times\mathrm{d}\boldsymbol{r}=0 \tag{3.2.9}$$

也可以写为

$$\frac{\mathrm{d}x}{u(x,y,z,t_0)}=\frac{\mathrm{d}y}{v(x,y,z,t_0)}=\frac{\mathrm{d}z}{w(x,y,z,t_0)} \tag{3.2.10}$$

式中，$\boldsymbol{V}=\boldsymbol{i}u+\boldsymbol{j}v+\boldsymbol{k}w$，而在式(3.2.10)的积分中 t_0 是给定的常数。

脉线是在一段时间内相继经过流场中同一个空间点的那些流体质点在某瞬时连接起来得到的一条曲线。如果在空间的那个固定点连续不断地注入有色液体，于是在流场中形成了纤细的色线，因此脉线也称为染色线。脉线方程可由 Lagrange 描述方法获得，设流体质点(a,b,c)在时刻 t_1 时经过固定点(x_1,y_1,z_1)，在时刻 t 到达空间点(x,y,z)，于是采用 Lagrange 描述法则有

$$\begin{cases}x_1=x(a,b,c,t_1)\\ y_1=y(a,b,c,t_1)\\ z_1=z(a,b,c,t_1)\end{cases} \tag{3.2.11}$$

以及

$$\begin{cases}x=x(a,b,c,t)\\ y=y(a,b,c,t)\\ z=z(a,b,c,t)\end{cases} \tag{3.2.12}$$

由式(3.2.11)解出 a、b、c，得

$$\begin{cases}a = g_1(x_1, y_1, z_1, t_1)\\ b = g_2(x_1, y_1, z_1, t_1)\\ c = g_3(x_1, y_1, z_1, t_1)\end{cases} \tag{3.2.13}$$

将式(3.2.13)代入式(3.2.12)便得到在不同的 t_1 时刻经过同一个固定空间点 (x_1, y_1, z_1) 的各流体质点在 t 时刻的位置，即

$$\begin{cases}x = x[g_1(x_1, y_1, z_1, t_1), g_2(x_1, y_1, z_1, t_1), g_3(x_1, y_1, z_1, t_1), t]\\ y = y[g_1(x_1, y_1, z_1, t_1), g_2(x_1, y_1, z_1, t_1), g_3(x_1, y_1, z_1, t_1), t]\\ z = z[g_1(x_1, y_1, z_1, t_1), g_2(x_1, y_1, z_1, t_1), g_3(x_1, y_1, z_1, t_1), t]\end{cases} \tag{3.2.14}$$

式(3.2.14)就是脉线方程。显然脉线上的 x、y、z 均是 x_1、y_1、z_1、t_1 以及 t 的函数。

例题 3.4 设在笛卡儿直角坐标系中速度场的分布为

$$\begin{cases}u = \dfrac{x}{t}\\ v = y\\ w = 0\end{cases} \tag{a}$$

求经过空间固定点 (x_1, y_1, z_1) 在 t 时刻的脉线方程。

解 首先求出迹线方程。由

$$\frac{\mathrm{d}x}{\mathrm{d}t} = \frac{x}{t}, \quad \frac{\mathrm{d}y}{\mathrm{d}t} = y, \quad \frac{\mathrm{d}z}{\mathrm{d}t} = 0$$

积分得

$$x_1 = c_1 t, \quad y = c_2 \mathrm{e}^t, \quad z = c_3 \tag{a}$$

令 a、b、c 为 t_0 时刻的 x、y、z，于是由式(a)定出积分常数 c_1、c_2、c_3 分别为

$$c_1 = \frac{a}{t_0}, \quad c_2 = b\mathrm{e}^{-t_0}, \quad c_3 = c \tag{b}$$

将式(b)代入式(a)，得

$$x = \frac{t}{t_0}a, \quad y = b\mathrm{e}^{t-t_0}, \quad z = c \tag{c}$$

这里式(c)就是迹线方程。由式(c)解出 a、b、c，得

$$a = \frac{t_0}{t}x, \quad b = y\mathrm{e}^{t_0-t}, \quad c = z \tag{d}$$

设 t_1 时刻流体质点 (a, b, c) 到达固定点 (x_1, y_1, z_1)，有

$$a = \frac{t_0}{t_1}x_1, \quad b = y_1\mathrm{e}^{t_0-t_1}, \quad c = z_1 \tag{e}$$

将式(e)代入式(c)便得到

$$x = \frac{t}{t_1}x_1, \quad y = y_1\mathrm{e}^{t-t_1}, \quad z = z_1 \tag{f}$$

这里式(f)就是经过空间固定点 (x_1, y_1, z_1) 的各个流体质点在时刻 t 的位置，因此式(f)即为脉线方程。

为了绘制脉线图，这里取 $x_1 = 0.1$，$y_1 = 0.1$，z 为任意值(这里取 $z = 1.0$)，并且取 t_1 在[0.2, 1]范围变化，$t = 1$。下面分别取 $t_1 = 0.2$、0.4、0.6 和 0.8 这四个值时经过空间固定点(0.1, 0.1, 1.0)的那四个流体质点在时刻 $t = 1$ 的位置，如图 3.1 所示。

当 $t_1 = 0.2$ 时位于空间固定点(0.1, 0.1, 1.0)的流体质点由点 a 沿迹线 abc，并且在 $t = 1$ 时

刻到达点 c;当 $t_1=0.4$ 时位于空间固定点(0.1,0.1,1.0)的流体质点由点 a 沿迹线 ade,并且在 $t=1$ 时刻到达点 e;当 $t=0.6$ 时位于空间固定点(0.1,0.1,1.0)的流体质点由点 a 沿迹线 afg,并且在 $t=1$ 时刻到达点 g。很显然,借助于式(f)便可以算得 c 点的 $x=0.5$,$y=0.222$;e 点的 $x=0.25$,$y=0.182$;g 点的 $x=0.167$,$y=0.149$。图 3.1 中 $ahgec$ 线绘出了经过空间固定点(0.1,0.1,1.0)在 0.2~1.0 这个时间段的脉线。

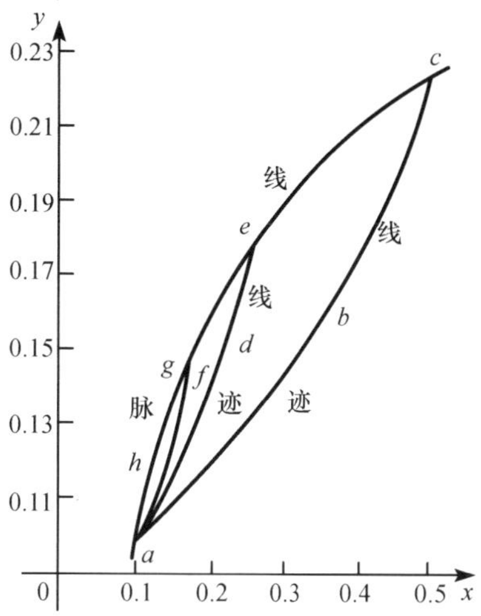

图 3.1 经过同一个空间固定点的迹线与脉线示意图

2. 流体线、流体面以及它们的保持性

流体线(又称时间线)是指某时刻 t_0 在流场中任意取一条线,在该线上的每个流体质点在 t 时刻运动到新的位置上的连线。如果流体线处处可微,则该流体线称为连续流体线。连续流体线的保持性是指连续可微的流体线在运动的过程中可以变形,但不能断裂,并且线上的流体质点的排列顺序不随时间变化,整个流体线在运动中始终保持为连续、可微。

类似地可定义流体面、光滑流体面。在同一时刻由确定的一组连续排列的流体质点所组成的面称为流体面;如果流体面处处光滑,则称为光滑流体面。光滑流体面的保持性是指光滑流体面在运动过程中始终保持为光滑流体面,并且该面上流体质点的排列顺序不随时间变化。下面证明光滑流体面必须满足的微分方程。

设光滑流体面的方程为

$$F(x,y,z,t)=0 \tag{3.2.15}$$

在该面上任一流体质点在 δt 时间内运动到新的位置 $x+\delta x, y+\delta y, z+\delta z$,这时流体面的方程为

$$F(x+\delta x,y+\delta y,z+\delta z,t+\delta t)=0 \tag{3.2.16}$$

由于式(3.2.16)所定义的流体面仍然是光滑流体面,所以可以引入 Taylor 级数展开

$$F(x+\delta x,y+\delta y,z+\delta z,t+\delta t)=F(x,y,z,t)+\frac{\partial F}{\partial t}\delta t+\frac{\partial F}{\partial x}\delta x+\frac{\partial F}{\partial y}\delta y+\frac{\partial F}{\partial z}\delta z+0(\delta t^2,\cdots) \tag{3.2.17}$$

略去上式中的高阶小量,并注意到式(3.2.15)与式(3.2.10),得

$$\frac{\partial F}{\partial t}\delta t+\frac{\partial F}{\partial x}\delta x+\frac{\partial F}{\partial y}\delta y+\frac{\partial F}{\partial z}\delta z=0 \tag{3.2.18}$$

将式(3.2.18)两边除以 δt 后并令 $\delta t\to 0, \delta x\to 0, \delta y\to 0, \delta z\to 0$,于是得到

$$\frac{\partial F}{\partial t}+u\frac{\partial F}{\partial x}+v\frac{\partial F}{\partial y}+w\frac{\partial F}{\partial z}=0 \tag{3.2.19}$$

或者写为

$$\frac{\mathrm{d}F}{\mathrm{d}t}=\frac{\partial F}{\partial t}+\boldsymbol{V}\cdot\nabla F=0 \tag{3.2.20}$$

上面的两个式子就是光滑流体面所必须满足的微分方程式。

3.2.3 流场一点邻域中流体运动的分析

在时刻 t 的流场中取一点 $M_0(\boldsymbol{r})$,考虑它无穷小领域中的任一点 $M(\boldsymbol{r}+\delta\boldsymbol{r})$,如图 3.2 所示。

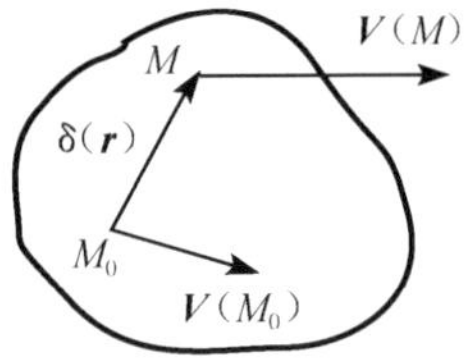

图 3.2　一点邻域内的速度

设 M_0 点的速度为 $\boldsymbol{V}(\boldsymbol{r})$，$M$ 点的速度为 $M(\boldsymbol{r}+\delta\boldsymbol{r})$。将 M 点的速度在 M_0 点作 Taylor 展开并略去了高阶小量的影响后，得

$$\boldsymbol{V}(\boldsymbol{r}+\delta\boldsymbol{r}) = \boldsymbol{V}(\boldsymbol{r}) + \delta\boldsymbol{r}\cdot\nabla\boldsymbol{V} \tag{3.2.21}$$

式中，$\nabla\boldsymbol{V}$ 为速度梯度张量，它是二阶张量，不妨将其分解为对称张量 $\boldsymbol{D}$ 与反对称张量 $\boldsymbol{\Omega}$，即

$$\nabla\boldsymbol{V} = \boldsymbol{D} + \boldsymbol{\Omega} \tag{3.2.22}$$

式中，$\boldsymbol{D}$ 与 $\boldsymbol{\Omega}$ 分别为

$$\boldsymbol{D} = \frac{1}{2}(\nabla\boldsymbol{V} + (\nabla\boldsymbol{V})^{\mathrm{T}}) \tag{3.2.23}$$

$$\boldsymbol{\Omega} = \frac{1}{2}(\nabla\boldsymbol{V} - (\nabla\boldsymbol{V})^{\mathrm{T}}) \tag{3.2.24}$$

将式(3.2.23)与式(3.2.24)代入式(3.2.21)，得

$$\boldsymbol{V}(\boldsymbol{r}+\delta\boldsymbol{r}) = \boldsymbol{V}(\boldsymbol{r}) + \boldsymbol{D}\cdot\delta\boldsymbol{r} + \boldsymbol{\Omega}\cdot\delta\boldsymbol{r} = \boldsymbol{V}(\boldsymbol{r}) + \boldsymbol{D}\cdot\delta\boldsymbol{r} + \boldsymbol{\omega}'\times\delta\boldsymbol{r} \tag{3.2.25}$$

式中，$\boldsymbol{D}$ 为应变率张量；$\boldsymbol{\Omega}$ 为旋转张量；这里 $\boldsymbol{\omega}'$ 定义为 $\boldsymbol{\omega}'=\frac{1}{2}\nabla\times\boldsymbol{V}$。因此式(3.2.25)表示点 M_0 邻域的任一点 M 可以分解成三个部分，即式(3.2.25)等号右端的三项它们的含义为：①与 M_0 点相同的平移速度 $\boldsymbol{V}(\boldsymbol{r})$；②变形在 M 点引起的速度 $\boldsymbol{D}\cdot\delta\boldsymbol{r}$；③绕 M_0 点转动在 M 点引起的速度 $\boldsymbol{\omega}'\times\delta\boldsymbol{r}$。因此式(3.2.25)就是 Cauchy-Helmholtz 流体微团速度分解定理的数学表达式。

应当指出的是，在式(3.2.25)的推导中使用了反对称二阶张量 $\boldsymbol{\Omega}$ 与 $\boldsymbol{\Omega}$ 的对耦向量 $\boldsymbol{\omega}'$ 间的关系。在 Cartesian 直角坐标系中，这种关系式是很容易验证的。

3.3　有旋流场及一般性质

有旋流动又称旋涡运动，它是流体运动的一种重要类型。在流体力学中，流体速度 $\boldsymbol{V}$ 的旋度 $\nabla\times\boldsymbol{V}$ 定义为流场的涡量，并记为 $\boldsymbol{\omega}$，则

$$\boldsymbol{\omega} = \nabla\times\boldsymbol{V} = \boldsymbol{\varepsilon}:\nabla\boldsymbol{V} \tag{3.3.1}$$

式中，$\boldsymbol{\varepsilon}$ 为 Eddington 张量，它是三阶的置换张量。

3.3.1　涡线、涡面与涡管

涡线是这样的一条曲线，曲线上任意一点的切线方向与在该点的流体涡量方向一致。涡线方程为

$$\boldsymbol{\omega}\times\mathrm{d}\boldsymbol{l} = 0 \tag{3.3.2}$$

式中，$\mathrm{d}\boldsymbol{l}$ 是涡线切线方向的微弧线切矢量元素，在直角坐标系中它可以写为

$$\mathrm{d}\boldsymbol{l} = \boldsymbol{i}\mathrm{d}x + \boldsymbol{j}\mathrm{d}y + \boldsymbol{k}\mathrm{d}z \tag{3.3.3}$$

于是式(3.3.2)变为

$$\frac{\mathrm{d}x}{\omega_x} = \frac{\mathrm{d}y}{\omega_y} = \frac{\mathrm{d}z}{\omega_z} \tag{3.3.4}$$

式中，ω_x、ω_y、ω_z 为 $\boldsymbol{\omega}$ 在直角坐标系(x,y,z)中的分量。显然，过流场中一点，只能作一条涡线。

涡面是指在涡量场中任取一条非涡线的曲线，在同一时刻过该曲线的每一点作涡线所构成的曲面。在上述定义中，如果所任取的非涡线的曲线为封闭曲线，则这时涡面就变成涡管。显然，涡面与涡管上任一点的曲面单位法矢量 $\boldsymbol{n}$ 与该点的涡量 $\boldsymbol{\omega}$ 是垂直的，即

$$\boldsymbol{n}\cdot\boldsymbol{\omega}=0 \quad 或 \quad \boldsymbol{n}\perp\boldsymbol{\omega} \tag{3.3.5}$$

引入涡通量与速度环量的概念，便很容易得出两个重要关系：涡管强度守恒定理以及封闭流体线速度环量的变化与加速度环量间的关系。下面将对这两个关系给出扼要证明。

3.3.2 涡管强度守恒定理

首先定义涡通量，所谓涡通量是指在流场中通过某一开口曲面 A 的涡量总和，即

$$J=\iint_A \boldsymbol{n}\cdot\boldsymbol{\omega}\,\mathrm{d}A \tag{3.3.6}$$

式中，$\boldsymbol{n}$ 为微元面积 $\mathrm{d}A$ 的外法线单位矢量；J 代表通过曲面 A 的涡通量；然后再定义涡管强度，它表示在涡管截面上涡通量的绝对值 $|J|$。

在某一时刻，任取一段涡管如图 3.3 所示，其两端面为 A_1 与 A_2，涡管的侧面记为 A_3，这三个面的外法向量矢量分别为 $\boldsymbol{n}_1$、$\boldsymbol{n}_2$ 与 $\boldsymbol{n}_3$；因此通过这段涡管的封闭表面(即 $A=A_1+A_2+A_3$)的涡通量为

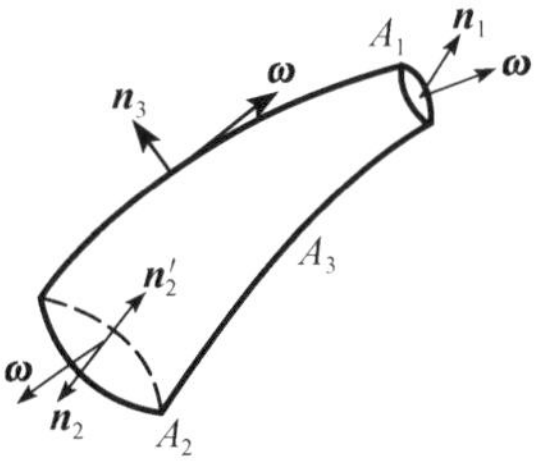

图 3.3 涡管段

$$J=\oint_A \boldsymbol{\omega}\cdot\boldsymbol{n}\,\mathrm{d}A=\iint_{A_1}\boldsymbol{\omega}\cdot\boldsymbol{n}_1\,\mathrm{d}A+\iint_{A_3}\boldsymbol{\omega}\cdot\boldsymbol{n}_3\,\mathrm{d}A-\iint_{A_2}\boldsymbol{\omega}\cdot\boldsymbol{n}_2'\,\mathrm{d}A \tag{3.3.7}$$

注意到沿面 A_3 时 $\boldsymbol{n}_3\cdot\boldsymbol{\omega}=0$，于是式(3.3.7)变为

$$\oint_A \boldsymbol{\omega}\cdot\boldsymbol{n}\,\mathrm{d}A=\iint_{A_1}\boldsymbol{\omega}\cdot\boldsymbol{n}_1\,\mathrm{d}A-\iint_{A_2}\boldsymbol{\omega}\cdot\boldsymbol{n}_2'\,\mathrm{d}A \tag{3.3.8}$$

注意到

$$\oint_A \boldsymbol{\omega}\cdot\boldsymbol{n}\,\mathrm{d}A=\iiint_\tau \nabla\cdot\boldsymbol{\omega}\,\mathrm{d}\tau \tag{3.3.9}$$

以及

$$\nabla\cdot(\nabla\times\boldsymbol{V})=\nabla\cdot\boldsymbol{\omega}=0 \tag{3.3.10}$$

于是式(3.3.8)变为

$$\iint_{A_1}\boldsymbol{\omega}\cdot\boldsymbol{n}_1\,\mathrm{d}A=\iint_{A_2}\boldsymbol{\omega}\cdot\boldsymbol{n}_2'\,\mathrm{d}A \tag{3.3.11}$$

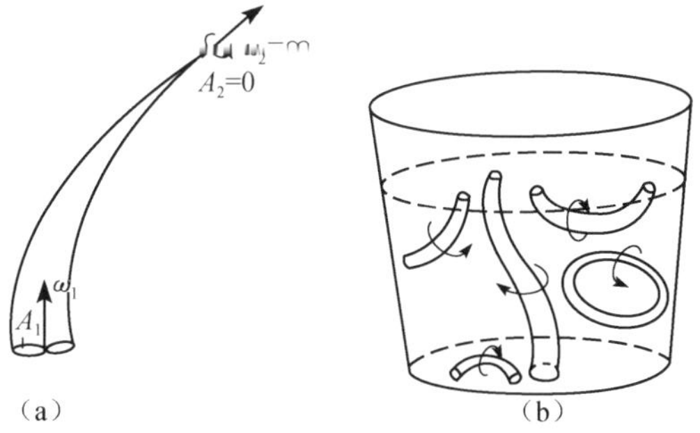

图 3.4 涡管存在的几种可能形式

式(3.3.11)就是涡管强度守恒定理，它表明在同一时刻同一涡管的各个截面上的涡通量相同。根据涡管强度守恒定理，可以得出如下两点结论：

(1) 对于同一个微元涡管，截面积越小的地方涡量越大，流体旋转的角速度越大。

(2) 涡管的截面不可能收缩到零。因此，涡管不能在流体中产生或终止；涡管只能在流体中形成环形涡环，或始于边界、或终于边界或伸展到无穷远处，如图 3.4 所示。

3.3.3 速度环量的变化与加速度环量间的关系

在 t 时刻，在流场中取微元流体线 $\mathrm{d}\boldsymbol{r}$；在 $t+\delta t$ 时刻，这段微元流体线变成 $\mathrm{d}\boldsymbol{r}+\dfrac{\mathrm{D}\mathrm{d}\boldsymbol{r}}{\mathrm{D}t}\delta t$(这里

$\frac{\mathrm{D}}{\mathrm{D}t}$表示随体导数)，于是有

$$\mathrm{d}\boldsymbol{r} + (\boldsymbol{V} + \nabla\boldsymbol{V} \cdot \mathrm{d}\boldsymbol{r})\delta t - \boldsymbol{V}\delta t = \mathrm{d}\boldsymbol{r} + \frac{\mathrm{D}\mathrm{d}\boldsymbol{r}}{\mathrm{D}t}\delta t \tag{3.3.12}$$

整理后为

$$\nabla\boldsymbol{V} \cdot \mathrm{d}\boldsymbol{r} = \frac{\mathrm{D}\mathrm{d}\boldsymbol{r}}{\mathrm{D}t} \tag{3.3.13}$$

即

$$\mathrm{d}\boldsymbol{V} = \frac{\mathrm{D}\mathrm{d}\boldsymbol{r}}{\mathrm{D}t} \tag{3.3.14}$$

计算微元流体线 $\mathrm{d}\boldsymbol{r}$ 上 $\boldsymbol{V} \cdot \mathrm{d}\boldsymbol{r}$ 值并求对时间的变化率(即求随体导数)，注意使用式(3.3.14)后，得

$$\frac{\mathrm{D}}{\mathrm{D}t}(\boldsymbol{V} \cdot \mathrm{d}\boldsymbol{r}) = \frac{\mathrm{D}\boldsymbol{V}}{\mathrm{D}t} \cdot \mathrm{d}\boldsymbol{r} + \boldsymbol{V} \cdot \mathrm{d}\boldsymbol{V} = \frac{\mathrm{D}\boldsymbol{V}}{\mathrm{D}t} \cdot \mathrm{d}\boldsymbol{r} + \mathrm{d}\,\frac{V^2}{2} \tag{3.3.15}$$

将式(3.3.15)对封闭流线 L 进行积分，得

$$\oint_L \frac{\mathrm{D}}{\mathrm{D}t}(\boldsymbol{V} \cdot \mathrm{d}\boldsymbol{r}) = \oint_L \frac{\mathrm{D}}{\mathrm{D}t} \cdot \mathrm{d}\boldsymbol{r} + \oint_L \mathrm{d}\,\frac{V^2}{2} = \oint_L \frac{\mathrm{D}\boldsymbol{V}}{\mathrm{D}t} \cdot \mathrm{d}\boldsymbol{r} \tag{3.3.16}$$

交换式(3.3.16)左端项中求导与积分的顺序后，式(3.3.16)变为

$$\frac{\mathrm{D}}{\mathrm{D}t}\left(\oint_L \boldsymbol{V} \cdot \mathrm{d}\boldsymbol{r}\right) = \frac{\mathrm{D}\Gamma}{\mathrm{D}t} = \oint_L \frac{\mathrm{D}\boldsymbol{V}}{\mathrm{D}t} \cdot \mathrm{d}\boldsymbol{r} \tag{3.3.17}$$

式中，Γ 表示沿封闭流体线 L 的速度环量。式(3.3.17)表明：沿封闭流体线的速度环量对于时间的变化率等于沿此封闭流体线的加速度的环量。

3.3.4 涡通量与速度环量间的关系

如图 3.5 所示，设 L 为一条封闭流体线，并令以该曲线为周界的任意曲面为 A，由 Stokes 公式便可以建立起速度环量 Γ 与曲面 A 上的涡量 $\boldsymbol{\omega}$ 间的关系，即有

$$\Gamma = \oint_L \boldsymbol{V} \cdot \mathrm{d}\boldsymbol{r} = \iint_A (\nabla \times \boldsymbol{V}) \cdot \boldsymbol{n}\,\mathrm{d}A = \iint_A \boldsymbol{\omega} \cdot \boldsymbol{n}\,\mathrm{d}A = J \tag{3.3.18}$$

式(3.3.18)说明沿封闭流体线 L 的速度环量等于穿过以该曲线为周界的任意曲面的涡通量。

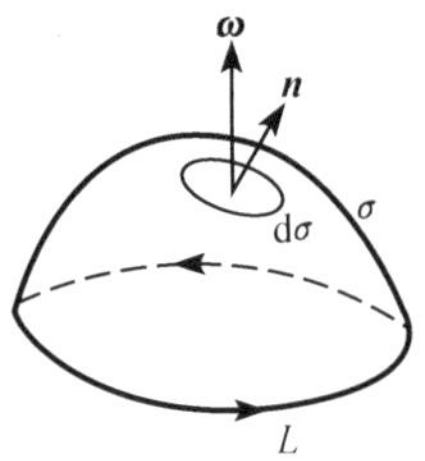

图 3.5 涡通量与速度环量

式(3.3.18)的微分形式为

$$\omega_n \equiv \boldsymbol{\omega} \cdot \boldsymbol{n} = \frac{\mathrm{d}\Gamma}{\mathrm{d}A} \tag{3.3.19}$$

显然，式(3.3.18)与式(3.3.19)建立了涡通量与速度环量之间的联系，它们深刻地刻画了流体在运动过程中的涡旋特性。

3.3.5 流场的总涡量及其计算

设在任意给定的时刻 t，流场中的涡量分布为 $\omega(\boldsymbol{r})$；在 $\boldsymbol{r}$ 处取微体积元 $\mathrm{d}\Omega$ 并假设它与描述该体积元流体整体旋转状态矢量 $\boldsymbol{\omega}$ 的乘积为可加量，于是积分 $\iiint_\Omega \omega\,\mathrm{d}\Omega$ 称为流体在几何域 Ω 中的总涡量。注意到旋度恒无散，于是容易推出如下关系

$$\nabla \cdot \boldsymbol{\omega} = \nabla \cdot (\nabla \times \boldsymbol{V}) = 0 \tag{3.3.20}$$

$$\nabla\cdot(\boldsymbol{\omega}\boldsymbol{r}) = (\nabla\cdot\boldsymbol{\omega})\boldsymbol{r} + \boldsymbol{\omega}\cdot\nabla\boldsymbol{r} = \boldsymbol{\omega}\cdot\boldsymbol{I} = \boldsymbol{\omega} \tag{3.3.21}$$

式中，$\boldsymbol{\omega r}$ 为并矢张量；$\boldsymbol{I}$ 为单位张量；$\boldsymbol{r}$ 为流场中任意一点相对于坐标系原点的矢径。借助于式(3.3.21)，则总涡量为

$$\iiint_{\Omega}\boldsymbol{\omega}\,\mathrm{d}\Omega = \iiint_{\Omega}\nabla\cdot(\boldsymbol{\omega r})\,\mathrm{d}\Omega = \oiint_{A}\boldsymbol{n}\cdot\boldsymbol{\omega r}\,\mathrm{d}A \tag{3.3.22}$$

另外，通常流场还满足无穷远处可积性条件，即

$$\oiint_{A(r\to\infty)}\boldsymbol{n}\cdot\boldsymbol{\omega r}\,\mathrm{d}A = 0 \tag{3.3.23}$$

最后，还有一点要指出的是，在一个流场中尽管涡量的分布是十分复杂的，但从整个流场考虑，总涡量却完全取决于流场的边界涡。关于这一点的证明在任何一本涡动力学书中都可以找到，这里就不多赘述。

3.4 无旋流场及其一般性质

任意时刻流场中速度旋度处处为零的流场称为无旋流场，也就是说全流场满足

$$\nabla\times\boldsymbol{V} = 0 \tag{3.4.1}$$

无旋流动的重要特性是存在一个势函数 φ 使得

$$\nabla\varphi = \boldsymbol{V} \tag{3.4.2}$$

无旋场又称为有势流场或位势场，无旋必然有势，有势必须无旋，无旋条件是速度有势的充要条件。速度势 φ 的性质与所讨论区域是单连通域还是多连通域有很大关系，因此下面先引入连通域、单连通域以及多连通域的概念。所谓连通域是指在某个空间区域中，任意两点能以连续线连接起来而在任何地方都不越过这个区域的边界，这样的空间区域称作连通域。如果在连通域中，任意封闭曲线能连续地收缩成一点而不越过连通域的边界，则这种连通域称为单连通域。凡是不具有单连通域性质的连通域称为多连通域。以连通域边界上的封闭线为边，并完全处于域中又不影响连通的面称作隔面。显然，在单连通域中不可能作任一隔面而不破坏空间区域的单连通性质。但在多连通域里，可以加以适当数目的隔面便能使其变成单连通域。

下面扼要给出速度势在单连通域与多连通域中的性质。

3.4.1 单连通域中的速度势

在单连通域中，速度势 φ 是单值函数，积分 $\int\boldsymbol{V}\cdot\mathrm{d}\boldsymbol{r}$ 与积分路径无关，沿任意封闭曲线的环量为零。在单连通域中，从流场某给定点 M_0 到点 M 的积分 $\int_{M_0}^{M}\boldsymbol{V}\cdot\mathrm{d}\boldsymbol{r}$ 为

$$\varphi_M - \varphi_{M_0} = \int_{M_0}^{M}\boldsymbol{V}\cdot\mathrm{d}\boldsymbol{r} \tag{3.4.3}$$

3.4.2 双连通域中的速度势

如图 3.6 所示，在两个无限长的柱面之间的双连通域中，任取一条包围内边界 L_0 的封闭曲线 L_1，沿 L_1 计算速度环量为

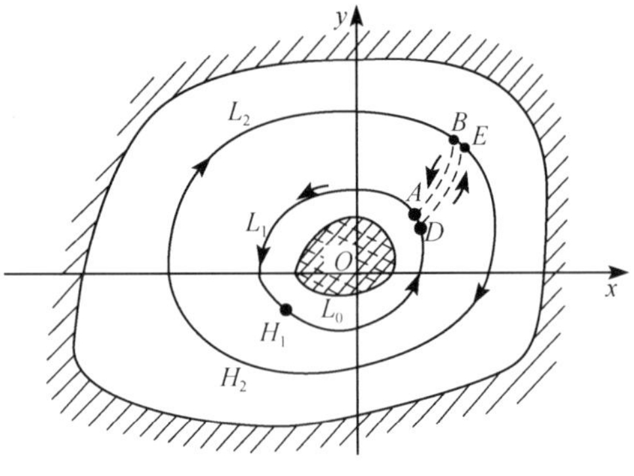

图 3.6　双连通域中的速度势示意图

$$\Gamma_1 = \oint_{L_1} \boldsymbol{V} \cdot \mathrm{d}\boldsymbol{r} \tag{3.4.4}$$

注意,由高等数学基础知识可知,这里 L_1 不是可缩曲线,因此式(3.4.4)不能直接应用 Stokes 定理。为了能够有效地应用 Stokes 定理,在流场中,再作一条封闭曲线 L_2 并在曲线 L_2 与 L_1 之间引入两条无限接近的线段 AB 与 DE,这便形成了一个隔面。于是构成了新的封闭曲线 $L=AH_1DEH_2BA$,这里 L 是一条可缩曲线。因此对这条可缩闭曲线积分并应用 Stokes 定理,有

$$\oint_L \boldsymbol{V} \cdot \mathrm{d}\boldsymbol{r} = \iint_A (\nabla \times \boldsymbol{V}) \cdot \boldsymbol{n}\,\mathrm{d}A \tag{3.4.5}$$

式中,A 代表曲线 L 所包围的面积。注意在 L 域中流场是无旋的,所以有

$$\iint_A (\nabla \times \boldsymbol{V}) \cdot \boldsymbol{n}\,\mathrm{d}A = 0 \tag{3.4.6}$$

另外,注意到

$$\oint_L \boldsymbol{V} \cdot \mathrm{d}\boldsymbol{r} = \oint_{L_1} \boldsymbol{V} \cdot \mathrm{d}\boldsymbol{r} + \int_D^E \boldsymbol{V} \cdot \mathrm{d}\boldsymbol{r} + \oint_{L_2} \boldsymbol{V} \cdot \mathrm{d}\boldsymbol{r} + \int_B^A \boldsymbol{V} \cdot \mathrm{d}\boldsymbol{r} = \oint_{L_1} \boldsymbol{V} \cdot \mathrm{d}\boldsymbol{r} + \oint_{L_2} \boldsymbol{V} \cdot \mathrm{d}\boldsymbol{r} \tag{3.4.7}$$

即

$$\oint_L \boldsymbol{V} \cdot \mathrm{d}\boldsymbol{r} = \oint_{L_1} \boldsymbol{V} \cdot \mathrm{d}\boldsymbol{r} + \oint_{L_2} \boldsymbol{V} \cdot \mathrm{d}\boldsymbol{r} \tag{3.4.8}$$

注意到式(3.4.5)与式(3.4.6),则式(3.4.8)变为

$$\oint_{L_1} \boldsymbol{V} \cdot \mathrm{d}\boldsymbol{r} = -\oint_{L_2} \boldsymbol{V} \cdot \mathrm{d}\boldsymbol{r} = \oint_{L_2'} \boldsymbol{V} \cdot \mathrm{d}\boldsymbol{r} \tag{3.4.9}$$

式中,L_1 为沿逆时针积分线路;L_2 为沿顺时针积分线路;L_2' 为沿逆时针积分线路。由于闭曲线 L_1 与 L_2 是任意选取的,所以便能得到结论:在双连通域的无旋流场中,包围内边界的任何封闭曲线上的环量为常数,它等于沿内边界周线上的速度环量 Γ_0,其表达式为

$$\Gamma_0 = \oint_{L_0} \boldsymbol{V} \cdot \mathrm{d}\boldsymbol{r} \tag{3.4.10}$$

由上述推导容易推知,在双连通域中,每绕包围内边界的任意闭曲线一次,则环量将增加 Γ_0;如果绕 n 次则环量将增加 n 倍的 Γ_0,因此在双连通域中,虽然流场是无旋的,但同一点的速度势可能是多值的。图 3.7 给出了点 M_0 与点 M,这时两点的速度势之差就发生了上述情况。

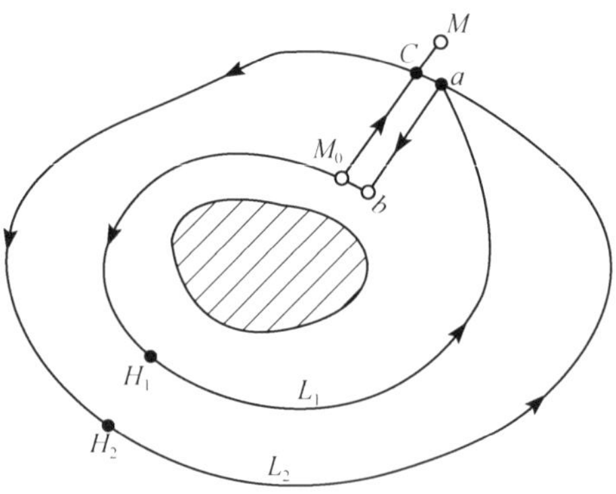

图 3.7　速度势多值示意图

如果沿曲线 $L=M_0H_1abM_0cH_2acM$ 进行积分,则有

$$\varphi_M - \varphi_{M_0} = \oint_L \boldsymbol{V} \cdot \mathrm{d}\boldsymbol{r} = \oint_{M_0H_1abM_0} \boldsymbol{V} \cdot \mathrm{d}\boldsymbol{r} + \int_{M_0c} \boldsymbol{V} \cdot \mathrm{d}\boldsymbol{r} + \oint_{cH_2ac} \boldsymbol{V} \cdot \mathrm{d}\boldsymbol{r} + \int_{cM} \boldsymbol{V} \cdot \mathrm{d}\boldsymbol{r}$$

$$= \Gamma_0 + \int_{M_0 c} \boldsymbol{V} \cdot \mathrm{d}\boldsymbol{r} + \Gamma_0 + \int_{cM} \boldsymbol{V} \cdot \mathrm{d}\boldsymbol{r}$$

$$= 2\Gamma_0 + \int_{M_0 cM} \boldsymbol{V} \cdot \mathrm{d}\boldsymbol{r} \tag{3.4.11}$$

式中，Γ_0 为沿双连通域内边界的速度环量。由于式(3.4.11)中 M_0cM 的路径可以任取，所以式(3.4.11)可以写为如下形式

$$\varphi_M - \varphi_{M_0} = 2\Gamma_0 + \int_{M_0}^{M} \boldsymbol{V} \cdot \mathrm{d}\boldsymbol{r} \tag{3.4.12}$$

显然，单连通域中的式(3.4.3)与双连通域中的式(3.4.12)相比，两个表达式明显不同。

*3.5 给定流场的散度与涡量求速度场

在流体力学中如何用散度与涡量表述速度场是一个相当有趣的问题，几乎在理论流体力学创建的同时，人们就已开始注意对这一问题的研究。本节不准备详细讨论求解该问题的细节，只扼要地介绍这方面研究的几种方程组的提法以及部分方程组的解法。

3.5.1 速度场的总体分解以及标量势、矢量势

由高等数学中的矢量分析基础可知，任何一个三维空间中的矢量场 $\boldsymbol{V}(\boldsymbol{r},t)$ 都可以分解为三部分之和

$$\boldsymbol{V} = \boldsymbol{V}_e + \boldsymbol{V}_v + \boldsymbol{V}_a \tag{3.5.1}$$

式中，$\boldsymbol{V}_e$、$\boldsymbol{V}_v$ 与 $\boldsymbol{V}_a$ 分别满足下列条件

$$\nabla \times \boldsymbol{V}_e = 0, \quad \nabla \cdot \boldsymbol{V}_e = \nabla \cdot \boldsymbol{V} = \theta \tag{3.5.2a}$$

$$\nabla \times \boldsymbol{V}_v = \nabla \times \boldsymbol{V} = \boldsymbol{\omega}, \quad \nabla \cdot \boldsymbol{V}_v = 0 \tag{3.5.2b}$$

$$\nabla \times \boldsymbol{V}_a = 0, \quad \nabla \cdot \boldsymbol{V}_a = 0 \tag{3.5.2c}$$

换句话说，$\boldsymbol{V}_e$ 可以看做无旋有散度速度场的一个特解，即它满足

$$\nabla \cdot \boldsymbol{V}_e = \theta, \quad \nabla \times \boldsymbol{V}_e = 0 \tag{3.5.3}$$

$\boldsymbol{V}_v$ 可以看做有旋无散度速度场的一个特解，即它满足

$$\nabla \cdot \boldsymbol{V}_v = 0, \quad \nabla \times \boldsymbol{V}_v = \boldsymbol{\omega} \tag{3.5.4}$$

$\boldsymbol{V}_a$ 可以看做无旋无散度流场并满足物面不可穿透边界条件的解，即

$$\nabla \cdot \boldsymbol{V}_a = 0, \quad \nabla \times \boldsymbol{V}_a = 0 \tag{3.5.5}$$

$$(\boldsymbol{V}_a \cdot \boldsymbol{n})\Big|_{\partial\Omega} = V_{bn} - (\boldsymbol{V}_e \cdot \boldsymbol{n})\Big|_{\partial\Omega} - (\boldsymbol{V}_v \cdot \boldsymbol{n})\Big|_{\partial\Omega} \tag{3.5.6}$$

式中，V_{bn} 为

$$V_{bn} = \boldsymbol{n}_b \cdot \boldsymbol{V}_b \tag{3.5.7}$$

这里 $\boldsymbol{V}_b$ 为物面上流体的运动速度。对于式(3.5.2a)，由条件 $\nabla \times \boldsymbol{V}_e = 0$，引入对应于 $\boldsymbol{V}_e$ 的标量函数 $\varphi_e(\boldsymbol{r},t)$，使得

$$\boldsymbol{V}_e = \nabla \varphi_e \tag{3.5.8}$$

将式(3.5.8)代入式(3.5.3)中的第一式，得到关于 φ_e 的 Poisson 方程，即

$$\nabla^2 \varphi_e = \theta \tag{3.5.9}$$

对于无界域，讨论在无穷远处速度趋于零的情形，即这时

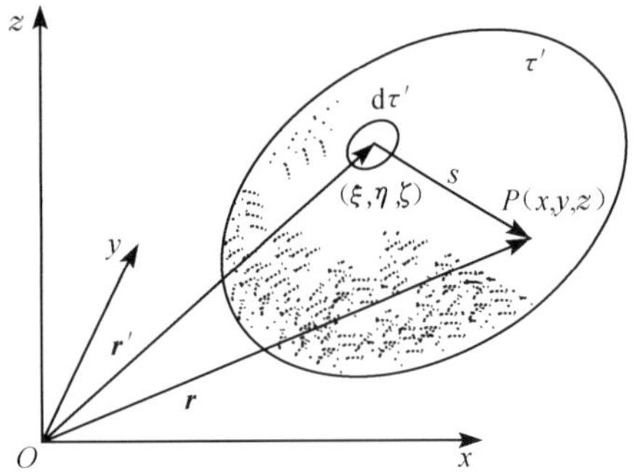

图 3.8　关于 $\boldsymbol{r}$、$\boldsymbol{r}'$ 与 s 的示意图

$$\lim_{|\boldsymbol{r}|\to\infty} |\nabla\varphi_e| = 0 \tag{3.5.10}$$

因此无界域中 Poisson 方程满足远场齐次边界条件(3.5.10)的解为

$$\varphi_e(\boldsymbol{r},t) = -\frac{1}{4\pi}\iiint_{\tau'}\frac{\theta(\boldsymbol{r}',t)}{S(\boldsymbol{r},\boldsymbol{r}')}\mathrm{d}\tau' \tag{3.5.11}$$

式中，$\boldsymbol{r}$ 与 $\boldsymbol{r}'$ 为矢径，如图 3.8 所示

$$s(\boldsymbol{r},\boldsymbol{r}') = [(\boldsymbol{r}-\boldsymbol{r}')\cdot(\boldsymbol{r}-\boldsymbol{r}')]^{\frac{1}{2}} \tag{3.5.12}$$

将式(3.5.11)代入式(3.5.8)，便得

$$\boldsymbol{V}_e(\boldsymbol{r},t) = \nabla\varphi_e = \frac{1}{4\pi}\iiint_{\tau'}\frac{\theta(\boldsymbol{r}',t)}{S^3}(\boldsymbol{r}-\boldsymbol{r}')\mathrm{d}\tau' \tag{3.5.13}$$

对于式(3.5.2b)，由条件 $\nabla\cdot\boldsymbol{V}_v=0$，引入对应于 $\boldsymbol{V}_v$ 的矢量势函数 $\boldsymbol{A}(\boldsymbol{r},t)$，使得

$$\boldsymbol{V}_v = \nabla\times\boldsymbol{A} \tag{3.5.14}$$

将式(3.5.14)两边取旋度，并注意到式(3.5.4)中的第二式得

$$\nabla\times\boldsymbol{V}_v = \nabla\times(\nabla\times\boldsymbol{A}) = \nabla(\nabla\cdot\boldsymbol{A}) - \nabla^2\boldsymbol{A} = \boldsymbol{\omega} \tag{3.5.15}$$

即

$$\nabla(\nabla\cdot\boldsymbol{A}) - \nabla^2\boldsymbol{A} = \boldsymbol{\omega} \tag{3.5.16}$$

如果选取这样的特解，在无界域使得 $\nabla\cdot\boldsymbol{A}=0$，于是 $\boldsymbol{V}_v$ 的特解方程为

$$\nabla^2\boldsymbol{A} = -\boldsymbol{\omega},\quad \boldsymbol{V}_v = \nabla\times\boldsymbol{A} \tag{3.5.17}$$

并且要求在无穷远处满足边界条件

$$\nabla\times\boldsymbol{A} = 0 \quad (\text{当} \ |\boldsymbol{r}|\to\infty \ \text{时}) \tag{3.5.18}$$

式(3.5.17)中的第一个方程称为关于 $\boldsymbol{A}$ 的矢量型的 Poisson 方程，类似于式(3.5.9)它有如下形式的特解

$$\boldsymbol{A}(\boldsymbol{r},t) = \frac{1}{4\pi}\iiint_{\tau'}\frac{\boldsymbol{\omega}(\boldsymbol{r}',t)}{S(\boldsymbol{r},\boldsymbol{r}')}\mathrm{d}\tau' \tag{3.5.19}$$

式中，$S(\boldsymbol{r},\boldsymbol{r}')$ 的定义同式(3.5.12)。这里应指出的是，需要检验由式(3.5.19)所构造的特解是否满足条件 $\nabla\cdot\boldsymbol{A}=0$，为此计算 $\nabla\cdot\boldsymbol{A}$ 项如下

$$\nabla\cdot\boldsymbol{A} = \frac{1}{4\pi}\iiint_{\tau'}\left[\nabla_r\left(\frac{1}{S}\right)\right]\cdot\boldsymbol{\omega}(\boldsymbol{r}',t)\mathrm{d}\tau' \tag{3.5.20}$$

由于

$$\nabla_r\left(\frac{1}{S}\right) = -\frac{1}{S^2}\nabla_r S \tag{3.5.21a}$$

$$\nabla_{r'}\left(\frac{1}{S}\right) = -\frac{1}{S^2}\nabla_{r'} S \tag{3.5.21b}$$

式中，∇_r 表示对 x、y、z 取偏导数时的算子；$\nabla_{r'}$ 表示对 ξ、η、ζ 取偏导数时的算子(可参见图 3.8)。另外，注意到旋度的散度恒等于零，也就是说下式成立时

$$\nabla_{r'}\cdot\boldsymbol{\omega}(\boldsymbol{r}',t) = 0 \tag{3.5.22}$$

于是借助于式(3.5.21a)、式(3.5.21b)、式(3.5.22)以及 Green 公式，则式(3.5.20)变为

$$\nabla\cdot\boldsymbol{A} = -\frac{1}{4\pi}\iiint_{\tau'}\nabla_{r'}\cdot\left(\frac{\boldsymbol{\omega}}{S}\right)\mathrm{d}\tau' = -\frac{1}{4\pi}\oiint_{A'}\frac{\boldsymbol{n}\cdot\boldsymbol{\omega}}{S}\mathrm{d}A' \tag{3.5.23}$$

注意式中 $\boldsymbol{\omega}=\boldsymbol{\omega}(\boldsymbol{r}',t)$，$\boldsymbol{n}$ 为边界面的外法向单位矢量。由式(3.5.23)可以看出，要使 $\nabla\cdot\boldsymbol{A}=0$

其充分条件是在边界面 A' 上满足 $\boldsymbol{\omega}=0$ 或者 $\boldsymbol{\omega}\perp\boldsymbol{n}$。在检验了式(3.5.19)是特解后便可由式(3.5.14)求出 $\boldsymbol{V}_v$ 值。在计算 $\boldsymbol{V}_v$ 时要注意到

$$\begin{aligned}\nabla_r\times\frac{\boldsymbol{\omega}}{S}&=-\frac{\nabla_r S}{S^2}\times\boldsymbol{\omega}(\boldsymbol{r}',t)=-\frac{\boldsymbol{r}-\boldsymbol{r}'}{S^3}\times\boldsymbol{\omega}(\boldsymbol{r}',t)\\&=\boldsymbol{\omega}(\boldsymbol{r}',t)\times\frac{\boldsymbol{r}-\boldsymbol{r}'}{S^3}\end{aligned}\tag{3.5.24}$$

于是最后可得到 $\boldsymbol{V}_v$ 的表达式为

$$\boldsymbol{V}_v=\frac{1}{4\pi}\iiint_{\tau'}\frac{\boldsymbol{\omega}(\boldsymbol{r}',t)\times(\boldsymbol{r}-\boldsymbol{r}')}{S^3}\mathrm{d}\tau'\tag{3.5.25}$$

式(3.5.25)便是熟知的 Biot-Savart 公式。

对于式(3.5.2c)，由条件 $\nabla\times\boldsymbol{V}_a=0$，于是引入对应于 $\boldsymbol{V}_a$ 的标量函数 $\varphi_a(\boldsymbol{r},t)$，即

$$\boldsymbol{V}_a=\nabla\varphi_a\tag{3.5.26}$$

将式(3.5.26)代入式(3.5.2c)中的第二式后，得

$$\nabla^2\varphi_a=\nabla\cdot\nabla\varphi_a=0\tag{3.5.27}$$

这就是关于 φ_a 的 Laplace 方程。求解该方程所需的边界条件由式(3.5.6)给出，显然它属于广义 Robin 类型的边界条件，这是由于

$$\boldsymbol{V}_a\cdot\boldsymbol{n}=\frac{\partial\varphi_a}{\partial n}=V_{bn}-(\boldsymbol{V}_e+\boldsymbol{V}_v)\cdot\boldsymbol{n}\tag{3.5.28}$$

式中，V_{bn} 的定义同式(3.5.7)。如果求解域为无界域，则还需要增加无穷远处的边界条件，即

$$\lim_{|\boldsymbol{r}|\to\infty}|\nabla\varphi_a|=0\tag{3.5.29}$$

综上所述，借助于式(3.5.8)、式(3.5.14)和式(3.5.26)，则式(3.5.1)最后可以表示为如下形式

$$\begin{aligned}\boldsymbol{V}&=\nabla\varphi_e+\nabla\times\boldsymbol{A}+\nabla\varphi_a\\&=\nabla(\varphi_e+\varphi_a)+\nabla\times\boldsymbol{A}\end{aligned}\tag{3.5.30}$$

式(3.5.30)表明，对于速度场 $\boldsymbol{V}(\boldsymbol{r},t)$，总可以分解为一个标量势与一个矢量势。这里式(3.5.20)所示的分解，常称为矢量的 Helmholtz 分解。

3.5.2 用标量势与矢量势耦合求解速度场

上面给出的 φ_e 与 $\boldsymbol{A}$ 表达式(3.5.11)与式(3.5.19)主要方便于无界域的问题，而且 φ_e、φ_a 与 $\boldsymbol{A}$ 之间的耦合仅仅反映在边界条件(3.5.28)上。然而大多数流体力学问题的求解域是有限的，而且标量势与矢量势之间总是耦合在一起的，并且边界条件法向与切向都要满足。散度与涡量是流体力学中定义的一对力学量，在一个流场中它们是真实的物理存在量。因此，对于任何一对给定的散度与涡量分布，流场中必然最少存在一个产生它们的真实速度场。令 $\boldsymbol{V}_b$ 为边界面上流体的速度，于是它的切向与法向分速度可分别表示为

$\boldsymbol{n}$ 向(法向)
$$\boldsymbol{n}\cdot\boldsymbol{V}=\boldsymbol{n}\cdot\boldsymbol{V}_b\tag{3.5.31}$$

$\boldsymbol{t}$ 向(切向)
$$\boldsymbol{n}\times\boldsymbol{V}=\boldsymbol{n}\times\boldsymbol{V}_b\tag{3.5.32}$$

令 Φ 代表矢量 Helmholtz 分解过程中的标量势，$\boldsymbol{A}$ 代表矢量势，则速度 $\boldsymbol{V}$ 分解为

$$\boldsymbol{V}=\nabla\Phi+\nabla\times\boldsymbol{A}\tag{3.5.33}$$

如果采用 Φ 与 $\boldsymbol{A}$ 作为求解变量，于是在求解域内给定 θ 与 $\boldsymbol{\omega}$ 的分布并且在边界面上给定 $\boldsymbol{V}_b$ 值时，表述速度场的方程组便可以写为如下形式

$$\begin{cases}\nabla^2\Phi=\theta\\\nabla\times(\nabla\times\boldsymbol{A})=\boldsymbol{\omega}\end{cases}\tag{3.5.34}$$

其边界条件为

$$\nabla \Phi + \nabla \times \boldsymbol{A} = \boldsymbol{V}_b \tag{3.5.35}$$

显然，一旦由主方程(3.5.34)与边界条件(3.5.35)组成的方程组中解出 Φ 与 $\boldsymbol{A}$ 值，则由式(3.5.33)便可以得到相应的速度场。

习　　题

3.1　流体的运动用 $\begin{cases} x=a \\ y=\dfrac{b+c}{2}e^{t}+\dfrac{b-c}{2}e^{-t} \\ z=\dfrac{b+c}{2}e^{t}-\dfrac{b-c}{2}e^{-t} \end{cases}$ 表示，这里 (a,b,c) 为一组 Lagrange 变量，求速度的 Euler 描述。

3.2　某速度场用 $\begin{cases} V_x=\dfrac{x}{1+t} \\ V_y=\dfrac{2y}{1+t} \\ V_z=\dfrac{3z}{1+t} \end{cases}$ 描述，计算：

(1) 加速度的 Euler 描述；

(2) 用 Lagrange 方法求矢径 $\boldsymbol{r}=\boldsymbol{r}(a,b,c,t)$ 的表达式以及加速度场 $\boldsymbol{a}$；

(3) 流线的表达式；

(4) 迹线的表达式。

3.3　已知速度场 $\begin{cases} u=\dfrac{cx}{x^2+y^2} \\ v=\dfrac{cy}{x^2+y^2} \\ w=0 \end{cases}$，式中 c 为常数，求：

(1) 在圆柱坐标系下的速度场；

(2) 迹线方程与流线方程。

3.4　已知二维平面速度场 $u=x+t, v=-y+t$，并令 $t=0$ 时 $x=a, y=b$，求：

(1) $t=0$ 时过 $(-1,-1)$ 点的流线方程；

(2) $t=0$ 时过 $(-1,-1)$ 点的迹线方程；

(3) 用 Lagrange 变量表示速度分布。

3.5　设二维平面流场的速度分布为 $V_x=\dfrac{1}{3}x^2y+y^2, V_y=-\dfrac{1}{3}xy^2+x^3$，试求点 $(3,-3)$ 处的流体微团旋转角速度。

3.6　三维有旋流场的速度分布为 $V_x=2y+3z, V_y=2z+3x, V_z=2x+3y$，试求：(1) 旋转角速度；(2) 角变形速度；(3) 涡线方程。

3.7　已知下列三维流场：$V_x=x^2yz, V_y=xy^2z, V_z=xyz^2$，求该流场的：(1) 涡线族；(2) 涡量场。

3.8　已知三维流场为 $V_x=y+2z, V_y=z+2x, V_z=x+2y$，试求：

(1) 涡量以及涡线方程；

(2) 在 $z=0$ 平面上通过横截面积 $dA=0.0001\text{m}^2$ 的涡通量。

3.9　已知半径为 a、强度为 Γ 的圆周形线涡，试求过此圆心的对称轴线 z 轴上的速度分布。

3.10　在柱坐标系中，二维平面流动的速度场为

$$\begin{cases} V_r = V_\infty \left(1 - \dfrac{a^2}{r^2}\right)\cos\theta \\ V_\theta = -V_\infty \left(1 + \dfrac{a^2}{r^2}\right)\sin\theta + \dfrac{k}{r} \end{cases}$$

式中，a、k、V_∞ 均为常数，试求包含 $r=a$ 的任一封闭曲线的速度环量。

3.11　已知不可压缩流体作二维平面流动，其速度分布为

$$\begin{cases} V_x = -x - y \\ V_y = y \end{cases}$$

试计算：(1) 流场的旋转角速度 ω；(2) 沿图 3.9 曲线 $ABCD$ 的速度环量 Γ。

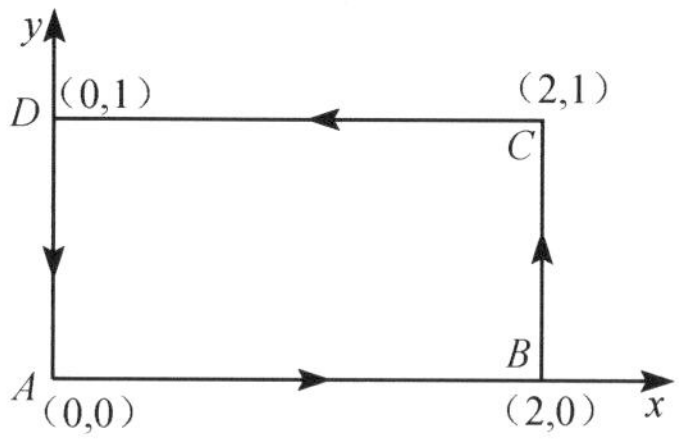

图 3.9　题 3.11 示意图

第 4 章　流体动力学的基本方程

流体运动所遵循的基本物理定律是建立流体运动基本方程组的基本依据。这些基本物理定律主要包括质量守恒、动量守恒、动量矩守恒、能量守恒(热力学第一定律)、热力学第二定律;另外,再加上流体状态方程、本构方程。因此,上述这些方程构成了流体力学方程组的主要方程,又称基本方程。

流体力学的基本方程组有积分形式,也有微分形式。流体力学的基本方程连同求解问题的边界条件与初始条件构成了一套完整的数学方程组。

4.1　一般控制体以及 Reynolds 输运定理

在工程热力学以及流体力学的研究中,控制体定义为流体流过的、相对于某坐标系所取得任一个确定的空间体积。占据控制体的流体本身是随着时间改变的。控制体的边界面称为控制面,它总是封闭表面(图 4.1)。控制体可以是单连通域,也可以是多连通域。

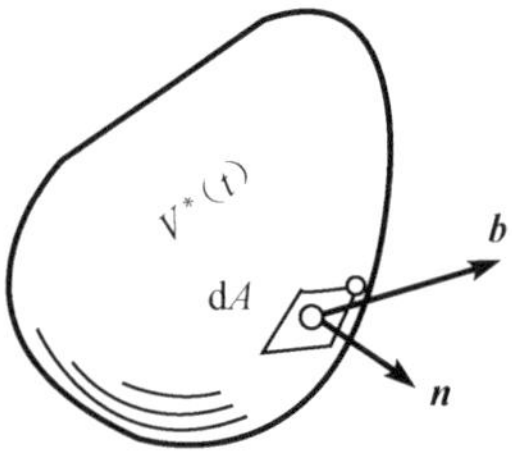

图 4.1　一般控制体

与环境系统无质量交换的系统称为封闭系统(又称封闭体系),它的特点是:

(1) 系统的边界随着流体一起流动,系统的体积、边界形式可随时间变化;

(2) 系统的边界与外界没有质量交换;

(3) 在系统的边界上受到外部(即环境)作用在系统上的表面力;

(4) 在系统的边界上,系统与外界可以有功和热的交换。

与环境之间有质量交换的系统称为开口系统。因此该系统的边界就是上面所定义的控制面,该控制面所包围的容积就是上面所定义的控制体。显然,开口系统对应于当地观点(即 Euler 描述法),而封闭系统在流体动力学中对应于随体观点(即 Lagrange 描述法)。开口系统的基本特点是:

(1) 控制体与控制面相对于某坐标系可以是固定不动的,也可以随时间按一定规律改变其位置和形状;

(2) 在控制面上可以有质量交换,即流体通过控制面有流进流出;

(3) 在控制面上受到控制体以外物体施加在控制体之内流体上的力;

(4) 在控制面上有功、热与能量的交换。

令 $\tau^*(t)$是某个移动着的体积(即控制体),它具有边界面(即控制面)$\sigma^*(t)$以及控制面上单位外法线矢量 $\boldsymbol{n}$;令控制面局部边界速度为 $\boldsymbol{b}$,它是 $\boldsymbol{r}$ 与 t 的函数[这里 $\boldsymbol{r}=\boldsymbol{i}x+\boldsymbol{j}y+\boldsymbol{k}z$,并且这里 $(x,y,z)\in\sigma^*(t)$],如图 4.1 所示,因此这样一个任意移动着的空间体积就是通常定义的一般控制体。对于一般控制体,Reynolds 输运定理可给出如下表达式

$$\frac{\mathrm{d}}{\mathrm{d}t}\iiint\limits_{\tau^*(t)}\varphi\mathrm{d}\tau=\iiint\limits_{\tau^*(t)}\frac{\partial\varphi}{\partial t}\mathrm{d}\tau+\oint\limits_{\sigma^*(t)}\varphi(\boldsymbol{b}\cdot\boldsymbol{n})\mathrm{d}\sigma \tag{4.1.1}$$

$$\frac{\mathrm{d}}{\mathrm{d}t}\iiint\limits_{\tau^*(t)} \boldsymbol{a}\mathrm{d}\tau = \iiint\limits_{\tau^*(t)} \frac{\partial \boldsymbol{a}}{\partial t}\mathrm{d}\tau + \oiint\limits_{\sigma^*(t)} \boldsymbol{a}(\boldsymbol{b}\cdot\boldsymbol{n})\mathrm{d}\sigma \tag{4.1.2}$$

$$\frac{\mathrm{d}}{\mathrm{d}t}\iiint\limits_{\tau^*(t)} \boldsymbol{A}\mathrm{d}\tau = \iiint\limits_{\tau^*(t)} \left[\frac{\partial \boldsymbol{A}}{\partial t} + \nabla\cdot(\boldsymbol{bA})\right]\mathrm{d}\tau \tag{4.1.3}$$

式中，φ 与 $\boldsymbol{a}$ 分别代表任意标量与任意矢量；$\boldsymbol{A}$ 为任意阶张量；另外，$\boldsymbol{b}$ 值的不同取法可定义出多种形式的控制面。若 $\boldsymbol{b}=\boldsymbol{0}$，该控制面可定义为第一类控制面，此控制面没有运动，即该面固定在空间中；若 $\boldsymbol{b}=\boldsymbol{V}$（这里 $\boldsymbol{V}$ 为当地流体的速度），即这时的控制面跟随所研究的流体微团一起运动，该面可定义为第二类控制面，它所包围的体积可定义为物质体积；若选取 $\boldsymbol{b}\neq\boldsymbol{0}$ 且 $\boldsymbol{b}\neq\boldsymbol{V}$，这类控制面可定义为第三类控制面。显然，将 Reynolds 输运定理应用到物质体积上，则上面的三个式子变为

$$\frac{\mathrm{d}}{\mathrm{d}t}\iiint\limits_{\tau(t)} \phi\mathrm{d}\tau = \iiint\limits_{\tau(t)} \frac{\partial \phi}{\partial t}\mathrm{d}\tau + \oiint\limits_{\sigma(t)} \phi(\boldsymbol{V}\cdot\boldsymbol{n})\mathrm{d}\sigma \tag{4.1.4}$$

$$\frac{\mathrm{d}}{\mathrm{d}t}\iiint\limits_{\tau(t)} \boldsymbol{a}\,\mathrm{d}\tau = \iiint\limits_{\tau(t)} \frac{\partial \boldsymbol{a}}{\partial t}\mathrm{d}\tau + \oiint\limits_{\sigma(t)} \boldsymbol{a}(\boldsymbol{V}\cdot\boldsymbol{n})\mathrm{d}\sigma \tag{4.1.5}$$

$$\frac{\mathrm{d}}{\mathrm{d}t}\iiint\limits_{\tau(t)} \boldsymbol{A}\mathrm{d}\tau = \iiint\limits_{\tau(t)} \left[\frac{\partial \boldsymbol{A}}{\partial t} + \nabla\cdot(\boldsymbol{VA})\right]\mathrm{d}\tau \tag{4.1.6}$$

4.2 连续方程的积分与微分形式

4.2.1 连续方程的积分形式

借助于 Reynolds 输运定理的表达式(4.1.1)，取 $\varphi=\rho$ 时，则式(4.1.1)变为

$$\frac{\mathrm{d}}{\mathrm{d}t}\iiint\limits_{\tau^*(t)} \rho\,\mathrm{d}\tau = \iiint\limits_{\tau^*(t)} \frac{\partial \rho}{\partial t}\mathrm{d}\tau + \oiint\limits_{\sigma^*(t)} \rho(\boldsymbol{b}\cdot\boldsymbol{n})\mathrm{d}\sigma \tag{4.2.1}$$

如果控制体取为物质体积，即取 $\boldsymbol{b}=\boldsymbol{V}$ 时，则式(4.2.1)变为

$$\frac{\mathrm{d}}{\mathrm{d}t}\iiint\limits_{\tau(t)} \rho\,\mathrm{d}\tau = \iiint\limits_{\tau(t)} \frac{\partial \rho}{\partial t}\mathrm{d}\tau + \oiint\limits_{\sigma(t)} \rho(\boldsymbol{V}\cdot\boldsymbol{n})\mathrm{d}\sigma \tag{4.2.2}$$

由质量守恒定律可知，这时式(4.2.2)的左侧应为零，即

$$\frac{\mathrm{d}}{\mathrm{d}t}\iiint\limits_{\tau(t)} \rho\,\mathrm{d}\tau = 0 \tag{4.2.3}$$

或者

$$\iiint\limits_{\tau(t)} \frac{\partial \rho}{\partial t}\mathrm{d}\tau + \oiint\limits_{\sigma(t)} \rho(\boldsymbol{V}\cdot\boldsymbol{n})\mathrm{d}\sigma = 0 \tag{4.2.4}$$

当然可以瞬时地把物质体积选择得与所要求的控制体积相重合，于是这时由式(4.2.1)与式(4.2.4)便得到

$$\frac{\mathrm{d}}{\mathrm{d}t}\iiint\limits_{\tau^*(t)} \rho\,\mathrm{d}\tau + \oiint\limits_{\sigma^*(t)} \rho(\boldsymbol{V}-\boldsymbol{b})\cdot\boldsymbol{n}\,\mathrm{d}\sigma = 0 \tag{4.2.5}$$

式(4.2.5)就是针对一般控制体写出的连续性方程，简称为连续方程。显然，它是一种积分型的形式。

4.2.2 连续方程的微分形式

应用 Reynolds 输运定理可以将积分型的连续方程(4.2.5)进一步变形为

$$\frac{\mathrm{d}}{\mathrm{d}t}\iiint\limits_{\tau^*(t)} \rho \mathrm{d}\tau + \oiint\limits_{\sigma^*(t)} \rho(\boldsymbol{V} - \boldsymbol{b}) \cdot \boldsymbol{n} \mathrm{d}\sigma = \iiint\limits_{\tau^*(t)} \frac{\partial \rho}{\partial t} \mathrm{d}\tau + \oiint\limits_{\sigma^*(t)} \boldsymbol{n} \cdot \rho \boldsymbol{V} \mathrm{d}\sigma = 0 \tag{4.2.6}$$

或者

$$\iiint\limits_{\tau^*(t)} \frac{\partial \rho}{\partial t} \mathrm{d}\tau + \oiint\limits_{\sigma^*(t)} \rho(\boldsymbol{n} \cdot \boldsymbol{V}) \mathrm{d}\sigma = 0 \tag{4.2.7}$$

注意到 Green 公式，则式(4.2.7)变为

$$\iiint\limits_{\tau^*(t)} \left[\frac{\partial \rho}{\partial t} + \nabla \cdot (\rho \boldsymbol{V}) \right] \mathrm{d}\tau = 0 \tag{4.2.8}$$

注意到被积函数的连续性以及积分域的任意性，于是上述积分方程(4.2.8)的微分方程形式为

$$\frac{\partial \rho}{\partial t} + \nabla \cdot (\rho \boldsymbol{V}) = 0 \tag{4.2.9}$$

或者

$$\frac{\mathrm{d}\rho}{\mathrm{d}t} + \rho \nabla \cdot \boldsymbol{V} = 0 \tag{4.2.10}$$

式中，算子$\frac{\mathrm{d}}{\mathrm{d}t}$为

$$\frac{\mathrm{d}}{\mathrm{d}t} = \frac{\partial}{\partial t} + \boldsymbol{V} \cdot \nabla \tag{4.2.11}$$

对于定常流动，则式(4.2.9)简化为

$$\nabla \cdot (\rho \boldsymbol{V}) = 0 \tag{4.2.12}$$

4.2.3 自然坐标系以及定常轴对称流动

对定常轴对称流动或者定常二维流动，常采用自然坐标系，如图 4.2 所示。令 s 表示沿子午面流线的弧长，n 表示子午面内垂直于流线的法线弧长，β 为子午面与 x 轴的夹角。它所对应的

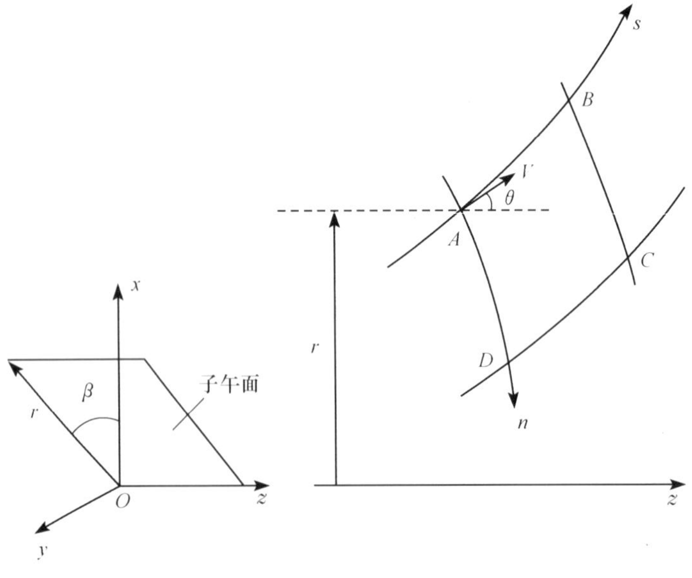

图 4.2 自然坐标系(s,n)

正交曲线坐标系为(x_1, x_2, x_3)，有如下关系

$$\begin{cases} \mathrm{d}s = h_1 \mathrm{d}x_1 \\ \mathrm{d}n = h_2 \mathrm{d}x_2 \\ r\mathrm{d}\beta = h_3 \mathrm{d}x_3 \end{cases} \tag{4.2.13}$$

式中，h_1、h_2、h_3 为正交坐标系(x_1, x_2, x_3)中的 Lame 系数，并且取

$$\begin{cases} h_3 = r \\ \beta = x_3 \end{cases} \tag{4.2.14}$$

另外，式(4.2.13)中 r 为流线的点到对称轴(即 z 轴)的距离。令 θ 为子午流线与 z 轴之间的夹角，如图 4.2 所示，于是借助于子午面内沿坐标轴弧长之间的微分关系，便有如下四个关系式

$$\frac{1}{h_2}\frac{\partial h_1}{\partial x_2} = -\frac{\partial \theta}{\partial x_1} \tag{4.2.15a}$$

$$\frac{1}{h_1}\frac{\partial h_2}{\partial x_1} = \frac{\partial \theta}{\partial x_2} \tag{4.2.15b}$$

$$\sin\theta = \frac{1}{h_1}\frac{\partial r}{\partial x_1} \tag{4.2.15c}$$

$$\cos\theta = \frac{1}{h_2}\frac{\partial r}{\partial x_2} \tag{4.2.15d}$$

成立。假设 φ 为任意标量函数，$\boldsymbol{V}$ 为速度矢量，并注意到在轴对称自然坐标系中有

$$\boldsymbol{V} = \boldsymbol{i}_s V_s + \boldsymbol{i}_\beta V_\beta \tag{4.2.16a}$$

$$\frac{\partial}{\partial \beta} = 0 \tag{4.2.16b}$$

式中，$\boldsymbol{i}_s$ 与 $\boldsymbol{i}_\beta$ 为沿 s(即流线)与 β 向的单位切矢量；V_s 与 V_β 分别为物理分速度。因此，在轴对称自然坐标系中$\nabla\varphi$ 的表达式为

$$\nabla\varphi = \boldsymbol{i}_s \frac{\partial \varphi}{\partial s} + \boldsymbol{i}_n \frac{\partial \varphi}{\partial n} \tag{4.2.17}$$

特别是，对于定常平面流的自然坐标系，因这时的速度 $\boldsymbol{V}$ 为二维矢量，因此有

$$\boldsymbol{V} = \boldsymbol{i}_s V \tag{4.2.18}$$

相应地，$\nabla \cdot \boldsymbol{V}$ 可以表达为

$$\nabla \cdot \boldsymbol{V} = \frac{\partial V}{\partial s} + V\frac{\partial \theta}{\partial n} \tag{4.2.19}$$

显然，对于定常二维平面流动问题采用(s, n)坐标系是十分方便的。作为课后练习，请读者自己完成在自然坐标系下定常平面流动时连续方程微分形式的表达式。

4.3 动量方程的积分与微分形式

4.3.1 动量方程的积分形式

对于物质体积而言，由动量定理，物质体积的动量对时间的变化率等于外界作用在该体积上的所有外力的合力(其中包括作用在其上的净体积力与净表面力)，即

$$\frac{\mathrm{d}}{\mathrm{d}t}\iiint\limits_{\tau(t)} \rho \boldsymbol{V} \mathrm{d}\tau = \iiint\limits_{\tau(t)} \rho \boldsymbol{f} \mathrm{d}\tau + \oiint\limits_{\sigma(t)} (\boldsymbol{n} \cdot \boldsymbol{\pi}) \mathrm{d}\sigma \tag{4.3.1}$$

式中，$\boldsymbol{\pi}$ 为应力张量，对于 Newton 流体来讲，其本构方程为

$$\boldsymbol{\pi} = 2\mu\boldsymbol{D} + \left[-p + \left(\mu_b - \frac{2}{3}\mu\right)\nabla\cdot\boldsymbol{V}\right]\boldsymbol{I} = 2\mu\boldsymbol{D} + (-p + \lambda\,\nabla\cdot\boldsymbol{V})\boldsymbol{I} \tag{4.3.2}$$

这里 μ_b 的定义同式(1.5.2),即它为体膨胀系数(bulk viscosity)。第二黏性系数 λ 与 μ_b 间的关系为

$$\lambda = \mu_b - \frac{2}{3}\mu \tag{4.3.3}$$

变形速率张量 $\boldsymbol{D}$ 的定义为

$$\boldsymbol{D} = \frac{1}{2}[\nabla\boldsymbol{V} + (\nabla\boldsymbol{V})_c] \tag{4.3.4}$$

应力张量 $\boldsymbol{\pi}$ 与黏性应力张量 $\boldsymbol{\Pi}$ 间的关系为

$$\boldsymbol{\pi} = \boldsymbol{\Pi} - p\boldsymbol{I} \tag{4.3.5}$$

另外,对于物质体积而言,对式(4.3.1)等号左端项应用 Reynolds 输运定理,则式(4.3.1)变为

$$\iiint\limits_{\tau(t)} \frac{\partial(\rho\boldsymbol{V})}{\partial t}\mathrm{d}\tau + \oint\limits_{\sigma(t)}\rho\boldsymbol{V}\boldsymbol{V}\cdot\boldsymbol{n}\,\mathrm{d}\sigma = \iiint\limits_{\tau(t)}\rho\boldsymbol{f}\,\mathrm{d}\tau + \oint\limits_{\sigma(t)}\boldsymbol{n}\cdot\boldsymbol{\pi}\mathrm{d}\sigma \tag{4.3.6}$$

对于一般控制体 $\tau^*(t)$来讲,如果取 $\boldsymbol{a}=\rho\boldsymbol{V}$ 时,则应用 Reynolds 输运定理式(4.1.2),有

$$\iiint\limits_{\tau^*(t)} \frac{\partial(\rho\boldsymbol{V})}{\partial t}\mathrm{d}\tau + \oint\limits_{\sigma^*(t)}\rho\boldsymbol{V}\boldsymbol{b}\cdot\boldsymbol{n}\,\mathrm{d}\sigma = \frac{\mathrm{d}}{\mathrm{d}t}\iiint\limits_{\tau^*(t)}\rho\boldsymbol{V}\mathrm{d}\tau \tag{4.3.7}$$

仿照式(4.2.5)的推导思路,可以瞬时地把物质体积选择得与所要研究的一般控制体积相重合,于是便可得到

$$\frac{\mathrm{d}}{\mathrm{d}t}\iiint\limits_{\tau^*(t)}\rho\boldsymbol{V}\mathrm{d}\tau + \oint\limits_{\sigma^*(t)}\rho\boldsymbol{V}(\boldsymbol{V}-\boldsymbol{b})\cdot\boldsymbol{n}\,\mathrm{d}\sigma = \iiint\limits_{\tau^*(t)}\rho\boldsymbol{f}\,\mathrm{d}\tau + \oint\limits_{\sigma^*(t)}\boldsymbol{n}\cdot\boldsymbol{\pi}\mathrm{d}\sigma \tag{4.3.8}$$

式(4.3.8)就是针对一般控制体所写出的动量方程的积分形式。

在式(4.3.8)中体积力 $\boldsymbol{f}$ 代表作用在单位质量流体上的体积力,它可以包括重力 $\boldsymbol{f}_{\mathrm{g}}$、电磁力 $\boldsymbol{f}_{\mathrm{em}}$和其他力等,即

$$\boldsymbol{f} = \boldsymbol{f}_{\mathrm{g}} + \boldsymbol{f}_{\mathrm{em}} + \cdots \tag{4.3.9}$$

$$\boldsymbol{f}_{\mathrm{g}} = -\boldsymbol{g} \tag{4.3.10}$$

$$\boldsymbol{f}_{\mathrm{em}} = \rho_e\boldsymbol{E} + \boldsymbol{J}\times\boldsymbol{B} \tag{4.3.11}$$

式中,ρ_e 为电荷密度;$\boldsymbol{E}$ 为电场强度;$\boldsymbol{J}$ 为电流强度;$\boldsymbol{B}$ 为磁感应强度。

4.3.2 动量方程的微分形式

将式(4.3.8)应用 Reynolds 输运定理以及 Green 公式后,得

$$\iiint\limits_{\tau^*(t)} \frac{\partial(\rho\boldsymbol{V})}{\partial t}\mathrm{d}\tau + \iiint\limits_{\tau^*(t)}\nabla\cdot(\rho\boldsymbol{V}\boldsymbol{V})\mathrm{d}\tau = \iiint\limits_{\tau^*(t)}(\rho\boldsymbol{f} + \nabla\cdot\boldsymbol{\pi})\mathrm{d}\tau \tag{4.3.12}$$

或者

$$\iiint\limits_{\tau^*(t)} \frac{\partial(\rho\boldsymbol{V})}{\partial t}\mathrm{d}\tau + \iint\limits_{\tau^*(t)}\boldsymbol{n}\cdot(\rho\boldsymbol{V}\boldsymbol{V})\mathrm{d}\sigma = \iiint\limits_{\tau^*(t)}\rho\boldsymbol{f}\,\mathrm{d}\tau + \iint\limits_{\sigma^*(t)}\boldsymbol{n}\cdot\boldsymbol{\pi}\mathrm{d}\sigma \tag{4.3.13}$$

注意到被积函数的连续性以及积分域的任意性,于是由式(4.3.12)可得到如下微分形式

$$\frac{\partial(\rho\boldsymbol{V})}{\partial t} + \nabla\cdot(\rho\boldsymbol{V}\boldsymbol{V}) = \rho\boldsymbol{f} + \nabla\cdot\boldsymbol{\pi} = \rho\boldsymbol{f} + \nabla\cdot\boldsymbol{\Pi} - \nabla p \tag{4.3.14}$$

借助于张量分析基础以及连续性方程,便很容易推出如下恒等关系

$$\rho\frac{\mathrm{d}\boldsymbol{V}}{\mathrm{d}t}=\frac{\partial(\rho\boldsymbol{V})}{\partial t}+\nabla\cdot(\rho\boldsymbol{V}\boldsymbol{V}) \tag{4.3.15}$$

以及

$$\begin{aligned}\frac{\mathrm{d}\boldsymbol{V}}{\mathrm{d}t}&=\frac{\partial\boldsymbol{V}}{\partial t}+(\boldsymbol{V}\cdot\nabla)\boldsymbol{V}\\&=\frac{\partial\boldsymbol{V}}{\partial t}+(\nabla\boldsymbol{V})\cdot\boldsymbol{V}\\&=\frac{\partial\boldsymbol{V}}{\partial t}+\nabla\cdot(\boldsymbol{V}\boldsymbol{V})-\boldsymbol{V}(\nabla\cdot\boldsymbol{V})\\&=\frac{\partial\boldsymbol{V}}{\partial t}+\nabla\left(\frac{1}{2}\boldsymbol{V}\cdot\boldsymbol{V}\right)+(\nabla\times\boldsymbol{V})\times\boldsymbol{V}\end{aligned} \tag{4.3.16}$$

因此,动量方程(4.3.14)又常可写为如下微分形式

$$\rho\frac{\mathrm{d}\boldsymbol{V}}{\mathrm{d}t}=\rho\boldsymbol{f}+\nabla\cdot\boldsymbol{\pi}=\rho\boldsymbol{f}+\nabla\cdot\boldsymbol{\Pi}-\nabla p \tag{4.3.17}$$

4.4 能量方程的积分与微分形式

4.4.1 热力学第一定律的一般描述

由热力学第一定律可知,对于一个确定的系统来讲,能量守恒定律(图 4.3)可表述如下:系统的广义内能(又称系统的总能量)对时间的变化率(即物质导数)等于单位时间内由外界传入系统的热量以及外力对系统所做功之和。它的数学表达式为

$$\frac{\mathrm{d}E}{\mathrm{d}t}=\frac{\delta Q}{\delta t}+\frac{\delta W}{\delta t}=\dot{Q}+\dot{W} \tag{4.4.1}$$

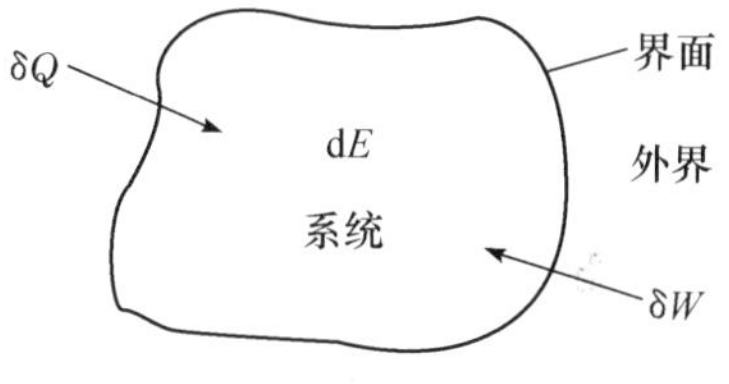

图 4.3 热力学第一定律的说明

注意式中的热与功不是体系的特性,它们都不是热力学中的态函数,所以 δQ 与 δW 不是全微分。这里用符号 δ 表示与过程有关的增量,用 $\dot{Q}$ 与 $\dot{W}$ 分别代表$\frac{\delta Q}{\delta t}$与$\frac{\delta W}{\delta t}$,即

$$\frac{\delta Q}{\delta t}\equiv\dot{Q},\quad\frac{\delta W}{\delta t}\equiv\dot{W} \tag{4.4.2}$$

在式(4.4.1)中,系统的广义内能 E 由表征物质宏观运动特征的动能 K 以及表示物质微观运动特征的内能 E_{i} 所组成,即

$$E=E_{\mathrm{i}}+K\equiv\iiint_{\tau}\rho e\,\mathrm{d}\tau+\frac{1}{2}\iiint_{\tau}\rho\boldsymbol{V}\cdot\boldsymbol{V}\mathrm{d}\tau \tag{4.4.3}$$

式(4.4.3)中 ρ 与 e 分别表示流体的密度与单位质量流体所具有的内能,显然它们都是 $\boldsymbol{r}$ 与 t 的函数。另外,E_{i} 与 K 的表达式为

$$E_{\mathrm{i}}\equiv\iiint_{\tau}\rho e\,\mathrm{d}\tau \tag{4.4.4}$$

$$K\equiv\frac{1}{2}\iiint_{\tau}\rho\boldsymbol{V}\cdot\boldsymbol{V}\mathrm{d}\tau \tag{4.4.5}$$

在式(4.4.3)中 e 的表达式,对于气体分子来讲,通常有轨道电子能、振动能、转动能、平动和核态

等能量，即

$$e = e_e + e_v + e_r + e_{tr} + e_s \tag{4.4.6}$$

对于航天再入飞行，尤其是高超声速空气动力学和气动热力学来讲，式(4.4.6)是一个非常重要的表达式。对于一般低速的流体力学问题，式(4.4.4)中的 e 通常也是很重要的，这时的 e 通常是指狭义的热力学内能，如 e 可表达为

$$e = h - \frac{p}{\rho} \tag{4.4.7}$$

式中，h、p 与 ρ 分别为静焓、压强与密度。对于完全气体，则有

$$e = C_V T \tag{4.4.8}$$

引入符号 e_t，它表示单位质量流体所具有的广义内能，其表达式为

$$e_t = e + \frac{1}{2}\boldsymbol{V} \cdot \boldsymbol{V} \tag{4.4.9}$$

在式(4.4.1)中，$\dot{W}$ 代表外力(通常它包括体积力与表面力)对系统的做功率；$\dot{Q}$ 代表单位时间内外界对考察体系所传入的热量，其中包括由于热传导、对流、扩散、辐射、化学反应、燃烧、凝固、蒸发、欧姆热等过程所产生的热量。令 $\dot{q}$ 为外界对每单位质量气体的传入热量，于是有

$$\dot{q} = -\frac{\nabla \cdot \boldsymbol{q}}{\rho} \tag{4.4.10}$$

式中，$\boldsymbol{q}$ 可以包括如下几项

$$\boldsymbol{q} = \boldsymbol{q}_c + \boldsymbol{q}_w + \boldsymbol{q}_D + \boldsymbol{q}_R + \cdots \tag{4.4.11}$$

式中，$\boldsymbol{q}_c$ 为由于热传导所导致的热流矢量；$\boldsymbol{q}_w$ 为由于对流传热所导致的热流矢量；$\boldsymbol{q}_D$ 为由于扩散传热所导致的热流矢量；$\boldsymbol{q}_R$ 为热辐射传热所导致的热流矢量；这里仅给出 $\boldsymbol{q}_c$ 的表达式，即

$$\boldsymbol{q}_c = -\lambda \nabla T \tag{4.4.12}$$

式中，λ 为热传导系数。显然，式(4.4.12)就是著名的 Fourier 导热定律。应该指出，热传导、对流、扩散传热均是以分子为载体并通过介质实现的能量转移，而热辐射则是以电磁波或光子为载体，由于光子的运动或电磁波的传播并不依赖于介质的存在与否，所以热辐射不仅可以在介质中进行，也可以在真空中进行。由于辐射热流矢量 $\boldsymbol{q}_R$ 与绝对温度的四次方成正比，所以在一般低速工程流体力学问题中经常是不考虑热辐射的影响。但对高超声速气动热力学而言，热辐射就变得十分重要了，而且有时还要求解微分-积分型的辐射传递方程[16]。

4.4.2 一般控制体下的能量方程

对于一般控制体 $\tau^*(t)$ 来讲，如果 $\varphi = \rho e_t$ 时，则应用 Reynolds 运输定理于式(4.1.1)有

$$\iiint_{\tau^*(t)} \frac{\partial(\rho e_t)}{\partial t}\mathrm{d}\tau + \oiint_{\sigma^*(t)} \rho e_t(\boldsymbol{b} \cdot \boldsymbol{n})\mathrm{d}\sigma = \frac{\mathrm{d}}{\mathrm{d}t}\iiint_{\tau^*(t)} \rho e_t \mathrm{d}\tau \tag{4.4.13}$$

仿照式(4.2.5)的推导思路，可以瞬时地把物质体积选择得与所要考察的一般控制体积相结合，于是便可得到

$$\frac{\mathrm{d}}{\mathrm{d}t}\iiint_{\tau^*(t)} \rho e_t \mathrm{d}\tau + \oiint_{\sigma^*(t)} \rho e_t(\boldsymbol{V} - \boldsymbol{b}) \cdot \boldsymbol{n}\mathrm{d}\sigma = \iiint_{\tau^*(t)} \rho \boldsymbol{f} \cdot \boldsymbol{V}\mathrm{d}\tau + \oiint_{\sigma^*(t)} \boldsymbol{n} \cdot (\boldsymbol{\pi} \cdot \boldsymbol{V})\mathrm{d}\sigma - \oiint_{\sigma^*(t)} \boldsymbol{n} \cdot \boldsymbol{q}\mathrm{d}\sigma \tag{4.4.14}$$

式(4.4.14)就是一般控制体下所写出的能量方程的积分形式。

4.4.3 能量方程的微分形式

将式(4.4.14)应用 Reynolds 运输定理以及 Green 公式后,得

$$\iiint_{\tau^*(t)} \frac{\partial(\rho e_t)}{\partial t}\mathrm{d}\tau + \iiint_{\tau^*(t)} \nabla\cdot(\rho \boldsymbol{V} e_t)\mathrm{d}\tau = \iiint_{\tau^*(t)} [\rho \boldsymbol{f}\cdot\boldsymbol{V} + \nabla\cdot(\boldsymbol{\pi}\cdot\boldsymbol{V}) - \nabla\cdot\boldsymbol{q}]\mathrm{d}\tau \quad (4.4.15)$$

或者

$$\iiint_{\tau^*(t)} \frac{\partial(\rho e_t)}{\partial t}\mathrm{d}\tau + \oiint_{\sigma^*(t)} \rho e_t \boldsymbol{V}\cdot\boldsymbol{n}\,\mathrm{d}\sigma = \iiint_{\tau^*(t)} \rho\boldsymbol{f}\cdot\boldsymbol{V}\mathrm{d}\tau + \oiint_{\sigma^*(t)} \boldsymbol{n}\cdot(\boldsymbol{\pi}\cdot\boldsymbol{V} - \boldsymbol{q})\mathrm{d}\sigma \quad (4.4.16)$$

注意到被积函数的连续性以及积分域的任意性,于是式(4.4.15)便可以得到如下微分形式

$$\frac{\partial(\rho e_t)}{\partial t} + \nabla\cdot(\rho e_t \boldsymbol{V}) = \rho\boldsymbol{f}\cdot\boldsymbol{V} + \nabla\cdot(\boldsymbol{\pi}\cdot\boldsymbol{V}) - \nabla\cdot\boldsymbol{q} \quad (4.4.17)$$

或者

$$\frac{\partial(\rho e_t)}{\partial t} + \nabla\cdot[(\rho e_t + p)\boldsymbol{V}] = \rho\boldsymbol{f}\cdot\boldsymbol{V} + \nabla\cdot(\boldsymbol{\Pi}\cdot\boldsymbol{V}) - \nabla\cdot\boldsymbol{q} \quad (4.4.18)$$

注意式(4.4.17)与式(4.4.18)中 $\boldsymbol{\pi}$ 与 $\boldsymbol{\Pi}$ 分别代表应力张量与黏性应力张量,两者间的关系为

$$\boldsymbol{\pi} = \boldsymbol{\Pi} - p\boldsymbol{I} = 2\mu\boldsymbol{D} + \left[-p + \left(\mu_b - \frac{2}{3}\mu\right)\nabla\cdot\boldsymbol{V}\right]\boldsymbol{I} \quad (4.4.19)$$

式中,$\boldsymbol{I}$ 为单位张量;$\boldsymbol{D}$ 为变形速率张量;μ_b 与 μ 分别为流体的体积黏性系数与流体的动力黏性系数;p 为压强。式(4.4.17)与式(4.4.18)就是工程流体力学中能量方程的两种常用微分形式。注意到

$$\nabla\cdot(\boldsymbol{\pi}\cdot\boldsymbol{V}) = \boldsymbol{V}\cdot(\nabla\cdot\boldsymbol{\pi}) + \boldsymbol{\pi}:\boldsymbol{D} \quad (4.4.20)$$

引入耗散函数 Φ,则 $\boldsymbol{\pi}:\boldsymbol{D}$ 项还可以进一步整理为如下形式

$$\boldsymbol{\pi}:\boldsymbol{D} = \Phi - p\,\nabla\cdot\boldsymbol{V} + \mu_b(\nabla\cdot\boldsymbol{V})^2 \quad (4.4.21)$$

借助于式(4.4.20)与式(4.4.21),则式(4.4.17)又可以整理为如下形式

$$\frac{\partial(\rho e_t)}{\partial t} + \nabla\cdot(\rho e_t\boldsymbol{V}) = \rho\boldsymbol{f}\cdot\boldsymbol{V} - \nabla\cdot\boldsymbol{q} + \boldsymbol{V}\cdot(\nabla\cdot\boldsymbol{\pi}) + \Phi + \mu_b(\nabla\cdot\boldsymbol{V})^2 - p\,\nabla\cdot\boldsymbol{V} \quad (4.4.22)$$

注意到应用连续方程与动量方程,于是有下面两个等式成立

$$\rho\frac{\mathrm{d}e_t}{\mathrm{d}t} = \frac{\partial(\rho e_t)}{\partial t} + \nabla\cdot(\rho e_t\boldsymbol{V}) \quad (4.4.23)$$

$$\rho\frac{\mathrm{d}}{\mathrm{d}t}\left(\frac{\boldsymbol{V}\cdot\boldsymbol{V}}{2}\right) = \rho\boldsymbol{f}\cdot\boldsymbol{V} + \boldsymbol{V}\cdot(\nabla\cdot\boldsymbol{\pi}) \quad (4.4.24)$$

借助于式(4.4.23)和式(4.4.24)以及式(4.4.21),则式(4.4.22)变为如下形式

$$\rho\frac{\mathrm{d}e}{\mathrm{d}t} = \boldsymbol{\pi}:\boldsymbol{D} - \nabla\cdot\boldsymbol{q} \quad (4.4.25)$$

式中,e 为单位质量流体所具有的热力学狭义内能。对于磁流体力学而言,这时的能量方程需要在式(4.4.25)等号的右端再增加一项$\dfrac{J^2}{\sigma}$项,即这时的能量方程应写为

$$\rho\frac{\mathrm{d}e}{\mathrm{d}t} = \boldsymbol{\pi}:\boldsymbol{D} - \nabla\cdot\boldsymbol{q} + \frac{\boldsymbol{J}\cdot\boldsymbol{J}}{\sigma} \quad (4.4.26)$$

式中,σ 为电导率;$\boldsymbol{J}$ 为磁流体力学中的电流强度,其表达式为式(4.4.27)或者式(4.4.28)。对于

静止介质，有

$$\boldsymbol{J}=\sigma(\boldsymbol{E}+\boldsymbol{V}\times\boldsymbol{B}) \tag{4.4.27}$$

式(4.4.27)即是在静止介质中的 Ohm 定律。对于运动介质的 Ohm 定律应该为

$$\boldsymbol{J}=\rho_e\boldsymbol{V}+\sigma(\boldsymbol{E}+\boldsymbol{V}\times\boldsymbol{B}) \tag{4.4.28}$$

式中，$\boldsymbol{J}$ 为电流强度；ρ_e 为电荷密度。

4.5 动量矩方程的积分与微分形式

4.5.1 动量矩方程的积分型与微分型表达式

在工程流体力学中，往往需要计算对某点的作用力矩，因此使用动量矩方程是方便的。利用 Reynolds 运输公式，对动量矩方程则有

$$\iiint_\tau \frac{\partial}{\partial t}(\boldsymbol{r}\times\rho\boldsymbol{V})\mathrm{d}\tau+\oint\!\!\oint_\sigma \rho(\boldsymbol{r}\times\boldsymbol{V})(\boldsymbol{V}\cdot\boldsymbol{n})\mathrm{d}\sigma=\iiint_\tau \rho(\boldsymbol{r}\times\boldsymbol{f})\mathrm{d}\tau+\oint\!\!\oint_\sigma \boldsymbol{r}\times(\boldsymbol{n}\cdot\boldsymbol{\pi})\mathrm{d}\sigma \tag{4.5.1}$$

应用高斯公式，则式(4.5.1)变为

$$\iiint_\tau \boldsymbol{r}\times\frac{\partial(\rho\boldsymbol{V})}{\partial t}\mathrm{d}\tau+\iiint_\tau \frac{\partial}{\partial t}\boldsymbol{r}\times\nabla\cdot(\rho\boldsymbol{V}\boldsymbol{V})\mathrm{d}\tau=\iiint_\tau \boldsymbol{r}\times\rho\boldsymbol{f}\,\mathrm{d}\tau+\iiint_\tau \boldsymbol{r}\times(\nabla\cdot\boldsymbol{\pi})\mathrm{d}\tau \tag{4.5.2}$$

或者

$$\iiint_\tau \boldsymbol{r}\times\rho\frac{\mathrm{d}\boldsymbol{V}}{\mathrm{d}t}\mathrm{d}\tau=\iiint_\tau \rho(\boldsymbol{r}\times\boldsymbol{f})\mathrm{d}\tau-\oint\!\!\oint_\sigma \boldsymbol{r}\times\boldsymbol{n}p\,\mathrm{d}\sigma-\oint\!\!\oint_\sigma \boldsymbol{r}\times\boldsymbol{t}\tilde{\tau}\,\mathrm{d}\sigma \tag{4.5.3}$$

式中，$\tilde{\tau}$ 为剪切应力，并且有

$$\boldsymbol{n}\cdot\boldsymbol{\pi}=-\boldsymbol{n}p-\boldsymbol{t}\tilde{\tau} \tag{4.5.4}$$

式中，$\boldsymbol{n}$ 与 $\boldsymbol{t}$ 分别代表沿曲面的法向与切向的单位矢量；p 为流体压强。式(4.5.3)又可以改写为

$$\iiint_\tau \boldsymbol{r}\times\frac{\partial(\rho\boldsymbol{V})}{\partial t}\mathrm{d}\tau-\oint\!\!\oint_\sigma (\boldsymbol{V}\times\boldsymbol{r})\rho\boldsymbol{V}\cdot\boldsymbol{n}\,\mathrm{d}\sigma=\iiint_\tau \rho(\boldsymbol{r}\times\boldsymbol{f})\mathrm{d}\tau-\oint\!\!\oint_\sigma (\boldsymbol{r}\times\boldsymbol{n})p\mathrm{d}\sigma-\oint\!\!\oint_\sigma (\boldsymbol{r}\times\boldsymbol{t})\tilde{\tau}\mathrm{d}\sigma \tag{4.5.5}$$

注意到应力张量 $\boldsymbol{\pi}$ 的对称性，因此还有下面两式成立

$$\boldsymbol{r}\times(\nabla\cdot\boldsymbol{\pi})=-\nabla\cdot(\boldsymbol{\pi}\times\boldsymbol{r}) \tag{4.5.6}$$

$$\iiint_\tau \boldsymbol{r}\times(\nabla\cdot\boldsymbol{\pi})\mathrm{d}\tau=-\oint\!\!\oint_\sigma \boldsymbol{n}\cdot\boldsymbol{\pi}\times\boldsymbol{r}\mathrm{d}\sigma \tag{4.5.7}$$

借助于式(4.5.6)，则由式(4.5.2)便很容易得到如下动量矩方程的微分方程

$$\frac{\partial}{\partial t}(\boldsymbol{r}\times\rho\boldsymbol{V})+\nabla\cdot(\boldsymbol{r}\times\rho\boldsymbol{V}\boldsymbol{V})=\boldsymbol{r}\times\rho\boldsymbol{f}+\nabla\cdot(\boldsymbol{r}\times\boldsymbol{\pi}) \tag{4.5.8}$$

显然，式(4.5.8)与式(4.5.5)便是动量矩方程的微分型与积分型的两种常用的主要形式。

4.5.2 惯性矩张量与动量矩

考虑刚体绕固定点 O 的转动，令 $\boldsymbol{\omega}$ 为转动角速度，$\boldsymbol{r}$ 为矢径，$\boldsymbol{L}$ 为动量矩，$\boldsymbol{J}$ 为惯性矩张量。由理论力学知道，$\boldsymbol{\omega}$、$\boldsymbol{J}$ 与 $\boldsymbol{L}$ 的关系为

$$\boldsymbol{L}=\boldsymbol{J}\cdot\boldsymbol{\omega} \tag{4.5.9}$$

式中，$\boldsymbol{L}$ 与 $\boldsymbol{J}$ 的表达式分别为

$$\boldsymbol{L} = \iiint_{\tau} \rho \boldsymbol{r} \times (\boldsymbol{\omega} \times \boldsymbol{r}) \mathrm{d}\tau = \iiint_{\tau} \rho [\boldsymbol{r}^2 \boldsymbol{\omega} - \boldsymbol{r}(\boldsymbol{r} \cdot \boldsymbol{\omega})] \mathrm{d}\tau \tag{4.5.10}$$

$$\boldsymbol{J} = \iiint_{\tau} [(\boldsymbol{r} \cdot \boldsymbol{r})\boldsymbol{G} - \boldsymbol{r}\boldsymbol{r}] \rho \mathrm{d}\tau \tag{4.5.11}$$

式中，$\boldsymbol{G}$ 为单位度量张量。很显然，惯性矩张量 $\boldsymbol{J}$ 是一个二阶的对称张量。容易证明，张量 $\boldsymbol{J}$ 的对角分量对应于理论力学中所定义的惯性矩，如 J_{xx}、J_{yy}、J_{zz}；而张量 $\boldsymbol{J}$ 的非对角分量对应于惯性积，如 J_{xy}、J_{xz}、J_{yz} 的负值。另外，由动量矩守恒定律可知，对于一个给定的系统来讲，考察其动量对某一参考点的动量矩，显然该动量矩对时间变化率等于作用该系统上的所有力对同一点的力矩矢量和。这里 $\boldsymbol{L}$ 对时间的变化率可以写为

$$\frac{\mathrm{d}\boldsymbol{L}}{\mathrm{d}t} = \frac{\mathrm{d}(\boldsymbol{J} \cdot \boldsymbol{\omega})}{\mathrm{d}t} = \frac{\mathrm{d}\boldsymbol{J}}{\mathrm{d}t} \cdot \boldsymbol{\omega} + \boldsymbol{J} \cdot \frac{\mathrm{d}\boldsymbol{\omega}}{\mathrm{d}t} \tag{4.5.12}$$

4.6 Newton 流体力学的基本方程及初边值条件

4.6.1 基本方程组

在应力张量 $\boldsymbol{\pi}$ 与变形速率张量 $\boldsymbol{D}$ 之间满足式(4.3.2)的条件下，这时的流体称为 Newton 流体。显然，由连续方程(4.2.9)、动量方程(4.3.14)和能量方程(4.4.18)组成了如下形式的微分型守恒基本方程组

$$\frac{\partial \rho}{\partial t} + \nabla \cdot (\rho \boldsymbol{V}) = 0 \tag{4.6.1}$$

$$\frac{\partial (\rho \boldsymbol{V})}{\partial t} + \nabla \cdot (\rho \boldsymbol{V}\boldsymbol{V}) = \rho \boldsymbol{f} + \nabla \cdot \boldsymbol{\pi} = \rho \boldsymbol{f} + \nabla \cdot \boldsymbol{\Pi} - \nabla p \tag{4.6.2}$$

$$\frac{\partial (\rho e_{\mathrm{t}})}{\partial t} + \nabla \cdot [(\rho e_{\mathrm{t}} + p)\boldsymbol{V}] = \rho \boldsymbol{f} \cdot \boldsymbol{V} + \nabla \cdot (\boldsymbol{\Pi} \cdot \boldsymbol{V}) - \nabla \cdot \boldsymbol{q} \tag{4.6.3}$$

或整理为如下守恒形式

$$\frac{\partial \boldsymbol{U}}{\partial t} + \frac{\partial (\boldsymbol{E} - \boldsymbol{E}_{\nu})}{\partial x} + \frac{\partial (\boldsymbol{F} - \boldsymbol{F}_{\nu})}{\partial y} + \frac{\partial (\boldsymbol{G} - \boldsymbol{G}_{\nu})}{\partial z} = 0 \tag{4.6.4}$$

式中

$$\boldsymbol{U} = [\rho, \rho V_1, \rho V_2, \rho V_3, \varepsilon]^{\mathrm{T}} \tag{4.6.5}$$

$$[\boldsymbol{E}, \boldsymbol{F}, \boldsymbol{G}] = \begin{bmatrix} \rho V_1 & \rho V_2 & \rho V_3 \\ \rho V_1 V_1 + p & \rho V_2 V_1 & \rho V_3 V_1 \\ \rho V_1 V_2 & \rho V_2 V_2 + p & \rho V_3 V_2 \\ \rho V_1 V_3 & \rho V_2 V_3 & \rho V_3 V_3 + p \\ (\varepsilon + p) V_1 & (\varepsilon + p) V_2 & (\varepsilon + p) V_3 \end{bmatrix} \tag{4.6.6}$$

$$[\boldsymbol{E}_{\nu}, \boldsymbol{F}_{\nu}, \boldsymbol{G}_{\nu}] = \begin{bmatrix} 0 & 0 & 0 \\ \tau_{xx} & \tau_{xy} & \tau_{xz} \\ \tau_{yx} & \tau_{yy} & \tau_{yz} \\ \tau_{zx} & \tau_{zy} & \tau_{zz} \\ a_1 & a_2 & a_3 \end{bmatrix} \tag{4.6.7}$$

$$
\begin{bmatrix} a_1 \\ a_2 \\ a_3 \end{bmatrix} = \begin{bmatrix} \tau_{xx} & \tau_{xy} & \tau_{xz} & k\dfrac{\partial T}{\partial x} \\ \tau_{yx} & \tau_{yy} & \tau_{yz} & k\dfrac{\partial T}{\partial y} \\ \tau_{zx} & \tau_{zy} & \tau_{zz} & k\dfrac{\partial T}{\partial z} \end{bmatrix} \begin{bmatrix} V_1 \\ V_2 \\ V_3 \\ 1 \end{bmatrix} \tag{4.6.8}
$$

$$
\varepsilon = \rho e_t = \rho\left[e + \frac{1}{2}(\mathbf{V}\cdot\mathbf{V})\right] = \rho C_V T + \frac{1}{2}\rho V^2 \tag{4.6.9}
$$

$$
V^2 = \mathbf{V}\cdot\mathbf{V} = V_1^2 + V_2^2 + V_3^2 \tag{4.6.10}
$$

式中，ε 与 e_t 分别为单位体积流体的广义内能与单位质量流体的广义内能。应当注意式(4.6.4)是在直角笛卡儿坐标系(x,y,z)下给出的守恒型 N-S 方程组，矢量 $\boldsymbol{E}$、$\boldsymbol{F}$ 与 $\boldsymbol{G}$ 分别代表 x、y 与 z 方向的无黏矢通量；矢量 $\boldsymbol{E}_v$、$\boldsymbol{F}_v$ 与 $\boldsymbol{G}_v$ 分别代表 x、y 与 z 方向上由于黏性及热传导所引起的矢量项；τ_{xx}、τ_{xy}、…、τ_{zz} 为黏性应力张量的分量，V_1、V_2 与 V_3 为速度矢量 $\mathbf{V}$ 沿 x、y 与 z 方向的分速度；ρ、p、T 与 k 分别代表流体的密度、压强、温度与热传导系数；C_V 为定容比热。显然，这里(x,y,z)为惯性直角坐标系。

4.6.2 曲线坐标系中基本方程组的两种表达形式

令任意曲线坐标系(x^1,x^2,x^3)的基矢量为 $\boldsymbol{e}_1$、$\boldsymbol{e}_2$、$\boldsymbol{e}_3$；并且令直角笛卡儿坐标系(y^1,y^2,y^3)的单位矢量为 $\boldsymbol{i}_1$、$\boldsymbol{i}_2$、$\boldsymbol{i}_3$；符号 v^1、v^2、v^3 为速度 $\mathbf{V}$ 在(x^1,x^2,x^3)曲线坐标系下的逆变分速度；符号 $\hat{v}^1$、$\hat{v}^2$、$\hat{v}^3$ 分别代表速度 $\mathbf{V}$ 沿 $\boldsymbol{i}_1$、$\boldsymbol{i}_2$、$\boldsymbol{i}_3$ 方向上的分速度并且还常用符号 u、v、w 表示 $\hat{v}^1$、$\hat{v}^2$、$\hat{v}^3$。文献[17]与文献[18]分别推导出如下两种形式的 N-S 方程组

$$
\frac{\partial}{\partial t}\begin{bmatrix} \sqrt{g}\rho \\ \sqrt{g}\rho v^1 \\ \sqrt{g}\rho v^2 \\ \sqrt{g}\rho v^3 \\ \sqrt{g}\varepsilon \end{bmatrix} + \frac{\partial}{\partial x^j}\begin{bmatrix} \sqrt{g}\rho v^j \\ \sqrt{g}(\rho v^j v^1 + g^{1j}p) \\ \sqrt{g}(\rho v^j v^2 + g^{2j}p) \\ \sqrt{g}(\rho v^j v^3 + g^{3j}p) \\ \sqrt{g}(\varepsilon + p)v^j \end{bmatrix} - \frac{\partial}{\partial x^j}\begin{bmatrix} 0 \\ \mu\sqrt{g}\left(\nabla^j v^1 + \dfrac{1}{3}g^{1j}\ \nabla\cdot\mathbf{V}\right) \\ \mu\sqrt{g}\left(\nabla^j v^2 + \dfrac{1}{3}g^{2j}\ \nabla\cdot\mathbf{V}\right) \\ \mu\sqrt{g}\left(\nabla^j v^3 + \dfrac{1}{3}g^{3j}\ \nabla\cdot\mathbf{V}\right) \\ \sqrt{g}\left(\mu\widetilde{M}^j + \lambda g^{ij}\ \dfrac{\partial T}{\partial x^i}\right) \end{bmatrix} = \begin{bmatrix} 0 \\ \widetilde{N}^1 \\ \widetilde{N}^2 \\ \widetilde{N}^3 \\ 0 \end{bmatrix} \tag{4.6.11}
$$

$$
\frac{\partial}{\partial t}\begin{bmatrix} \sqrt{g}\rho \\ \sqrt{g}\rho u \\ \sqrt{g}\rho v \\ \sqrt{g}\rho w \\ \sqrt{g}\varepsilon \end{bmatrix} + \frac{\partial}{\partial x^j}\begin{bmatrix} \sqrt{g}\rho v^j \\ \sqrt{g}\left(\rho v^j u + g^{ij}p\ \dfrac{\partial y^1}{\partial x^i}\right) \\ \sqrt{g}\left(\rho v^j v + g^{ij}p\ \dfrac{\partial y^2}{\partial x^i}\right) \\ \sqrt{g}\left(\rho v^j w + g^{ij}p\ \dfrac{\partial y^3}{\partial x^i}\right) \\ \sqrt{g}(\varepsilon + p)v^j \end{bmatrix} - \frac{\partial}{\partial x^j}\begin{bmatrix} 0 \\ \mu\sqrt{g}N^{1j} \\ \mu\sqrt{g}N^{2j} \\ \mu\sqrt{g}N^{3j} \\ \sqrt{g}\left(\mu M^j + \lambda g^{ij}\ \dfrac{\partial T}{\partial x^i}\right) \end{bmatrix} = 0 \tag{4.6.12}
$$

在上述两式中，μ 与 λ 分别为动力黏性系数与热传导系数；T 为温度；ε 为广义内能，其定义同式(4.6.9)；符号 ρ 与 p 分别为密度与压强；算子∇^j为逆变导数，而符号 N^{ij}、M^j、$\widetilde{N}^j$、$\widetilde{M}^j$ 以及 g 的定义分别为

$$N^{ij} = \frac{\partial x^k}{\partial y^i}\frac{\partial x^j}{\partial y^\beta}\frac{\partial \hat{v}^\beta}{\partial y^k} + g^{jk}\frac{\partial \hat{v}^i}{\partial x^k} - \frac{2}{3}(\nabla\cdot \boldsymbol{V})g^{jk}\frac{\partial y^i}{\partial x^k},\quad i=1,2,3 \tag{4.6.13}$$

$$\widetilde{N}^i = \left(p - \frac{1}{3}\mu\,\nabla\cdot\boldsymbol{V}\right)\frac{\partial}{\partial x^j}(\sqrt{g}g^{ij}) + \mu\sqrt{g}\Gamma^i_{jk}\nabla^j v^k - \sqrt{g}\rho v^j v^k \Gamma^i_{jk} \tag{4.6.14}$$

$$M^j = \left[\hat{v}^k\frac{\partial \hat{v}^i}{\partial y^k} + \hat{v}^k\frac{\partial \hat{v}^k}{\partial y^i} - \frac{2}{3}(\nabla\cdot\boldsymbol{V})\hat{v}^i\right]\frac{\partial x^j}{\partial y^i} \tag{4.6.15}$$

$$\widetilde{M}^j = g^{jk}\frac{\partial}{\partial x^k}\left(\frac{\boldsymbol{V}\cdot\boldsymbol{V}}{2}\right) + v^k\nabla_k v^j - \frac{2}{3}(\nabla\cdot\boldsymbol{V})v^j \tag{4.6.16}$$

$$\sqrt{g} = \boldsymbol{e}_i\cdot(\boldsymbol{e}_j\times\boldsymbol{e}_k) = \frac{\partial(y^1,y^2,y^3)}{\partial(x^1,x^2,x^3)} \equiv J \tag{4.6.17}$$

这里曲线坐标系(x^1,x^2,x^3)中的基矢量$(\boldsymbol{e}_1,\boldsymbol{e}_2,\boldsymbol{e}_3)$与直角笛卡儿坐标系$(y^1,y^2,y^3)$中的基矢量$(\boldsymbol{i}_1,\boldsymbol{i}_2,\boldsymbol{i}_3)$间的关系式为

$$\begin{bmatrix}\boldsymbol{e}_1\\ \boldsymbol{e}_2\\ \boldsymbol{e}_3\end{bmatrix} = \begin{bmatrix}\frac{\partial y^1}{\partial x^1} & \frac{\partial y^2}{\partial x^1} & \frac{\partial y^3}{\partial x^1}\\ \frac{\partial y^1}{\partial x^2} & \frac{\partial y^2}{\partial x^2} & \frac{\partial y^3}{\partial x^2}\\ \frac{\partial y^1}{\partial x^3} & \frac{\partial y^2}{\partial x^3} & \frac{\partial y^3}{\partial x^3}\end{bmatrix}\begin{bmatrix}\boldsymbol{i}_1\\ \boldsymbol{i}_2\\ \boldsymbol{i}_3\end{bmatrix} \tag{4.6.18}$$

显然,式(4.6.11)与式(4.6.12)之间有两个重大差别:一是前者所给的方程组为弱守恒型,后者所给的方程组为强守恒型;二是前者的动量方程分别是沿 $\boldsymbol{e}_1$、$\boldsymbol{e}_2$、$\boldsymbol{e}_3$ 方向给出的,而后者的动量方程是沿 $\boldsymbol{i}_1$、$\boldsymbol{i}_2$、$\boldsymbol{i}_3$ 方向给出的。

4.6.3 N-S 方程组的通用积分形式

在省略了方程(4.6.2)与方程(4.6.3)中的体积力并仅考虑式(4.6.3)的热传导项之后,N-S 方程组变为

$$\begin{cases}\dfrac{\partial\rho}{\partial t} + \nabla\cdot(\rho\boldsymbol{V}) = 0\\ \dfrac{\partial(\rho\boldsymbol{V})}{\partial t} + \nabla\cdot(\rho\boldsymbol{V}\boldsymbol{V} + \boldsymbol{I}p - \boldsymbol{\Pi}) = 0\\ \dfrac{\partial\varepsilon}{\partial t} + \nabla\cdot[(\varepsilon+p)\boldsymbol{V} - \boldsymbol{\Pi}\cdot\boldsymbol{V} - (\lambda\,\nabla T)] = 0\end{cases} \tag{4.6.19}$$

相应地积分形式为

$$\frac{\partial}{\partial t}\iiint_\tau \boldsymbol{W}\,\mathrm{d}\tau + \oiint_\sigma \boldsymbol{E}\cdot\boldsymbol{n}\,\mathrm{d}\sigma = 0 \tag{4.6.20}$$

式中,符号 $\boldsymbol{W}$、$\boldsymbol{E}$ 的定义分别为

$$\boldsymbol{W} = \begin{bmatrix}\rho\\ \rho\boldsymbol{V}\\ \varepsilon\end{bmatrix} \tag{4.6.21}$$

$$\boldsymbol{E} = \begin{bmatrix}\rho\boldsymbol{V}\\ \rho\boldsymbol{V}\boldsymbol{V} - \boldsymbol{\pi}\\ (\varepsilon+p)\boldsymbol{V} - \boldsymbol{V}\cdot\boldsymbol{\Pi} - \lambda\,\nabla T\end{bmatrix} = \boldsymbol{E}_1 + \boldsymbol{E}_2 \tag{4.6.22}$$

式中，$\boldsymbol{\pi}$ 与 $\boldsymbol{\Pi}$ 分别表示应力张量与黏性应力张量；$\boldsymbol{V}$、p、T、ε、λ 分别表示速度、压强、温度、单位体积流体所具有的广义内能（又称总内能）和热传导系数。对于 $\boldsymbol{\Pi}$，它为二阶对称张量，而 $\boldsymbol{\pi}$ 的表达式可写为

$$\boldsymbol{\pi} = \mu[\nabla\boldsymbol{V} + (\nabla\boldsymbol{V})_c] + \left[-p + \left(\mu_b - \frac{2}{3}\mu\right)\nabla\cdot\boldsymbol{V}\right]\boldsymbol{I} \tag{4.6.23}$$

式中，$\boldsymbol{I}$ 为单位张量，并且还有

$$\boldsymbol{V} = u\boldsymbol{i}_1 + v\boldsymbol{i}_2 + w\boldsymbol{i}_3 = \boldsymbol{e}^i v_i = \boldsymbol{e}_i v^i \tag{4.6.24}$$

$$\nabla\boldsymbol{V} = \boldsymbol{e}^i\boldsymbol{e}^j\ \nabla_i v_j = \boldsymbol{e}_i\boldsymbol{e}_j\ \nabla^i v^j \tag{4.6.25}$$

$$(\nabla\boldsymbol{V})_c = \boldsymbol{e}^i\boldsymbol{e}^j\ \nabla_j v_i = \boldsymbol{e}_i\boldsymbol{e}_j\ \nabla^j v^i \tag{4.6.26}$$

在上述式(4.6.25)与式(4.6.26)中，∇^i 与 ∇^j 分别表示对坐标 x^i 与对坐标 x^j 的逆变导数；而 ∇_i 与 ∇_j 分别表示对坐标 x^i 与坐标 x^j 的协变导数。在式(4.6.24)中，$\boldsymbol{i}_1$、$\boldsymbol{i}_2$、$\boldsymbol{i}_3$ 表示在直角笛卡儿坐标系(y^1，y^2，y^3)中的单位矢量，速度 $\boldsymbol{V}$ 沿 $\boldsymbol{i}_1$、$\boldsymbol{i}_2$、$\boldsymbol{i}_3$ 方向上的分速度分别为 u、v、w；对于(y^1，y^2，y^3)坐标系来讲，$\nabla\boldsymbol{V}$ 与 $(\nabla\boldsymbol{V})_c$ 还可以表示为如下形式

$$\nabla\boldsymbol{V} = (\nabla u)\boldsymbol{i}_1 + (\nabla v)\boldsymbol{i}_2 + (\nabla w)\boldsymbol{i}_3 \tag{4.6.27}$$

$$(\nabla\boldsymbol{V})_c = \boldsymbol{i}_1(\nabla u) + \boldsymbol{i}_2(\nabla v) + \boldsymbol{i}_3(\nabla w) \tag{4.6.28}$$

在式(4.6.22)中，$\boldsymbol{E}_1$ 与 $\boldsymbol{E}_2$ 分别表示为无黏部分的通量与黏性部分的通量。在直角笛卡儿坐标系(y^1，y^2，y^3)中，$\boldsymbol{E}_1$ 还经常被整理为如下形式

$$\boldsymbol{E}_1 = \begin{bmatrix} \rho\boldsymbol{V} \\ \rho u\boldsymbol{V} + p\boldsymbol{i}_1 \\ \rho v\boldsymbol{V} + p\boldsymbol{i}_2 \\ \rho w\boldsymbol{V} + p\boldsymbol{i}_3 \\ (\varepsilon + p)\boldsymbol{V} \end{bmatrix} \tag{4.6.29}$$

式(4.6.20)还可以整理为如下积分形式[19]

$$\frac{\partial}{\partial t}\iiint_\tau \boldsymbol{W}\mathrm{d}\tau + \oiint_\sigma \boldsymbol{n}\cdot\boldsymbol{F}_{\mathrm{inv}}\mathrm{d}\sigma = \oiint_\sigma \boldsymbol{n}\cdot\boldsymbol{F}_{\mathrm{vis}}\mathrm{d}\sigma \tag{4.6.30}$$

式中，$\boldsymbol{W}$ 的定义同式(4.6.21)，而广义通量 $\boldsymbol{F}_{\mathrm{inv}}$ 与 $\boldsymbol{F}_{\mathrm{vis}}$ 的定义分别为

$$\boldsymbol{F}_{\mathrm{inv}} = \begin{bmatrix} \rho\boldsymbol{V} \\ \rho\boldsymbol{V}\boldsymbol{V} + p\boldsymbol{I} \\ (\varepsilon + p)\boldsymbol{V} \end{bmatrix} \tag{4.6.31}$$

$$\boldsymbol{F}_{\mathrm{vis}} = \begin{bmatrix} 0 \\ \boldsymbol{\Pi} \\ \boldsymbol{\Pi}\cdot\boldsymbol{V} + \lambda\nabla T \end{bmatrix} \tag{4.6.32}$$

显然，$\boldsymbol{F}_{\mathrm{inv}}$、$\boldsymbol{F}_{\mathrm{vis}}$ 与 $\boldsymbol{E}$ 间的关系为

$$\boldsymbol{E} = \boldsymbol{F}_{\mathrm{inv}} - \boldsymbol{F}_{\mathrm{vis}} \tag{4.6.33}$$

4.6.4 黏性流体力学基本方程组的数学性质及定解条件

今考虑具有一般形式的黏性流体动力学基本方程组。由连续方程(4.6.1)，为方便下面讨论，在笛卡儿坐标系（这里用 x_1、x_2、x_3 代表 x、y、z，并用 u_1、u_2、u_3 代表分速度 u、v、w）将连续方程改写为如下形式

$$\frac{\partial\rho}{\partial t} + u_i\frac{\partial\rho}{\partial x_i} = f_0 \tag{4.6.34}$$

注意式中采用了 Einstein 求和规约，而符号 f_0 为

$$f_0 \equiv -\rho \nabla\cdot \boldsymbol{V} \tag{4.6.35}$$

将动量方程(4.6.2)省略体积力后可以改写为

$$\rho \frac{\mathrm{d}\boldsymbol{V}}{\mathrm{d}t} + \nabla p - \nabla(\theta\tilde{\mu}) - 2\nabla\cdot(\mu \boldsymbol{D}) = 0 \tag{4.6.36}$$

式中，θ 为胀量，θ 与 $\tilde{\mu}$ 的表达式分别为

$$\theta = \nabla\cdot \boldsymbol{V} \tag{4.6.37}$$

$$\tilde{\mu} = \mu_b - \frac{2}{3}\mu \tag{4.6.38}$$

为便于下面的分析，将式(4.6.36)整理为

$$\rho \frac{\partial u_i}{\partial t} - \mu \nabla^2 u_i - \mu^* \frac{\partial \theta}{\partial x_i} = \tilde{f}_i, \quad i = 1,2,3 \tag{4.6.39}$$

式中，∇^2 为拉氏算子；θ 的定义同式(4.6.37)，符号 μ^* 与 $\tilde{f}_i$ 的定义为

$$\mu^* = \mu_b + \frac{1}{3}\mu \tag{4.6.40}$$

$$\tilde{f}_i = -a^2 \frac{\partial \rho}{\partial x_i} - \frac{\partial p}{\partial T}\frac{\partial T}{\partial x_i} - \rho u_k \frac{\partial u_i}{\partial x_k} + \frac{\mathrm{d}\mu}{\mathrm{d}T}\frac{\partial T}{\partial x_k}\left(\frac{\partial u_i}{\partial x_k} + \frac{\partial u_k}{\partial x_i}\right) + \frac{\mathrm{d}\tilde{\mu}}{\mathrm{d}T}\frac{\partial T}{\partial x_i}\theta, \quad i = 1,2,3 \tag{4.6.41}$$

应指出在式(4.6.41)中已用上了状态方程，如 $p=p(\rho,T)$。当状态方程采用 $p=\rho RT$ 并且认为 $\mu=\mathrm{const}$、$\mu_b=\mathrm{const}$ 时，则式(4.6.39)简化为如下形式

$$\frac{\partial u_1}{\partial t} - \frac{1}{\rho}\left[\left(\mu_b + \frac{4}{3}\mu\right)\frac{\partial^2 u_1}{\partial x_1^2} + \mu \frac{\partial^2 u_1}{\partial x_2^2} + \mu \frac{\partial^2 u_1}{\partial x_3^2}\right] - \frac{1}{\rho}\mu^* \frac{\partial^2 u_2}{\partial x_1 \partial x_2} - \frac{1}{\rho}\mu^* \frac{\partial^2 u_3}{\partial x_1 \partial x_3} = f_1 \tag{4.6.42}$$

$$\frac{\partial u_2}{\partial t} - \frac{1}{\rho}\mu^* \frac{\partial^2 u_1}{\partial x_1 \partial x_2} - \frac{1}{\rho}\left[\mu \frac{\partial^2 u_2}{\partial x_1^2} + \left(\mu_b + \frac{4}{3}\mu\right)\frac{\partial^2 u_2}{\partial x_2^2} + \mu \frac{\partial^2 u_2}{\partial x_3^2}\right] - \frac{1}{\rho}\mu^* \frac{\partial^2 u_3}{\partial x_2 \partial x_3} = f_2 \tag{4.6.43}$$

$$\frac{\partial u_3}{\partial t} - \frac{1}{\rho}\mu^* \frac{\partial^2 u_1}{\partial x_1 \partial x_3} - \frac{1}{\rho}\mu^* \frac{\partial^2 u_2}{\partial x_2 \partial x_3} - \frac{1}{\rho}\left[\mu \frac{\partial^2 u_3}{\partial x_1^2} + \mu \frac{\partial^2 u_3}{\partial x_2^2} + \left(\mu_b + \frac{4}{3}\mu\right)\frac{\partial^2 u_3}{\partial x_3^2}\right] = f_3 \tag{4.6.44}$$

式中，$f_i = \tilde{f}_i/\rho$。对于能量方程(4.6.3)在省略体积力后可写为

$$\rho \frac{\mathrm{d}e}{\mathrm{d}t} + p\nabla\cdot \boldsymbol{V} - \mu\left(\frac{\partial u_i}{\partial x_k} + \frac{\partial u_k}{\partial x_i}\right)\frac{\partial u_k}{\partial x_i} - \tilde{\mu}\theta^2 = \nabla\cdot(\lambda \nabla T) \tag{4.6.45}$$

由状态方程 $e=e(\rho,T)$，并利用连续方程的表达式便有

$$\frac{\mathrm{d}e}{\mathrm{d}t} = \frac{\partial e}{\partial \rho}\frac{\mathrm{d}\rho}{\mathrm{d}t} + \frac{\partial e}{\partial T}\frac{\mathrm{d}T}{\mathrm{d}t} = -\frac{\partial e}{\partial \rho}\rho \nabla\cdot \boldsymbol{V} + \frac{\partial e}{\partial T}\frac{\mathrm{d}T}{\mathrm{d}t} \tag{4.6.46}$$

将式(4.6.46)代入式(4.6.45)后便可整理为

$$\frac{\partial T}{\partial t} - \lambda\left(\rho \frac{\partial e}{\partial T}\right)^{-1} \nabla^2 T = f_4 \tag{4.6.47}$$

式中，符号 f_4 的定义为

$$f_4 = \tilde{f}_5 - u_j \frac{\partial T}{\partial x_j} + \left(\rho \frac{\partial e}{\partial T}\right)^{-1} (\nabla\lambda)\cdot(\nabla T) \tag{4.6.48}$$

$$\tilde{f}_5 = \left[\left(\rho \frac{\partial e}{\partial \rho} - \frac{p}{\rho}\right)\theta + \frac{\mu}{\rho}\left(\frac{\partial u_i}{\partial x_j} + \frac{\partial u_j}{\partial x_i}\right)\frac{\partial u_j}{\partial x_i} + \frac{1}{\rho}\tilde{\mu}\theta^2\right] \Big/ \frac{\partial e}{\partial T} \tag{4.6.49}$$

至此,便得到了易于讨论的连续方程(4.6.34)、动量方程(4.6.42)～方程(4.6.44)以及能量方程(4.6.47)所组成的方程组。令 $\boldsymbol{U}=[u_1,u_2,u_3,T]^{\mathrm{T}}$,如果将动量方程(4.6.42)～方程(4.6.44)与能量方程(4.6.47)的左端整理为只包含 $\boldsymbol{U}$ 对 t 的一阶偏导数以及对 x_i 的二阶偏导数,其余项全部移到方程的右端,于是这时的动量方程与能量方程便可以整理为如下矩阵形式

$$\frac{\partial U}{\partial t}-\sum_{i=1}^{3}\sum_{j=1}^{3}\left(\boldsymbol{A}_{ij}\cdot\frac{\partial^2\boldsymbol{U}}{\partial x_i\partial x_j}\right)=\boldsymbol{C} \tag{4.6.50}$$

式中,$\boldsymbol{A}_{11}$、$\boldsymbol{A}_{22}$、$\boldsymbol{A}_{33}$、$\boldsymbol{A}_{12}$、$\boldsymbol{A}_{23}$、$\boldsymbol{A}_{13}$ 均为矩阵,它们的表达式分别为

$$\boldsymbol{A}_{11}=\mathrm{diag}\left[\frac{\mu_b+\frac{4}{3}\mu}{\rho},\frac{\mu}{\rho},\frac{\mu}{\rho},\lambda\left(\rho\frac{\partial e}{\partial T}\right)^{-1}\right] \tag{4.6.51}$$

$$\boldsymbol{A}_{22}=\mathrm{diag}\left[\frac{\mu}{\rho},\frac{\mu_b+\frac{4}{3}\mu}{\rho},\frac{\mu}{\rho},\lambda\left(\rho\frac{\partial e}{\partial T}\right)^{-1}\right] \tag{4.6.52}$$

$$\boldsymbol{A}_{33}=\mathrm{diag}\left[\frac{\mu}{\rho},\frac{\mu}{\rho},\frac{\mu_b+\frac{4}{3}\mu}{\rho},\lambda\left(\rho\frac{\partial e}{\partial T}\right)^{-1}\right] \tag{4.6.53}$$

$$\boldsymbol{A}_{12}=\boldsymbol{A}_{21}=\frac{1}{2}\begin{bmatrix}0&b&0&0\\b&0&0&0\\0&0&0&0\\0&0&0&0\end{bmatrix} \tag{4.6.54}$$

$$\boldsymbol{A}_{23}=\boldsymbol{A}_{32}=\frac{1}{2}\begin{bmatrix}0&0&0&0\\0&0&b&0\\0&b&0&0\\0&0&0&0\end{bmatrix} \tag{4.6.55}$$

$$\boldsymbol{A}_{13}=\boldsymbol{A}_{31}=\frac{1}{2}\begin{bmatrix}0&0&b&0\\0&0&0&0\\b&0&0&0\\0&0&0&0\end{bmatrix} \tag{4.6.56}$$

$$b\equiv\frac{\mu_b+\frac{1}{3}\mu}{\rho} \tag{4.6.57}$$

式中,μ_b 与 μ 分别为体膨胀黏性系数与动力黏性系数。显然,$\boldsymbol{A}_{11}$、$\boldsymbol{A}_{22}$、$\boldsymbol{A}_{33}$、$\boldsymbol{A}_{12}$、$\boldsymbol{A}_{23}$、$\boldsymbol{A}_{13}$ 均为 4×4 阶的对称矩阵。此外,对任何给定的归一化矢量 $\boldsymbol{\eta}=(\eta_1,\eta_2,\eta_3)$ 以及 $|\boldsymbol{\eta}|=1$,则 $\sum_{i=1}^{3}\sum_{j=1}^{3}\boldsymbol{A}_{ij}\eta_i\eta_j$ 为对称正定阵。事实上

$$\sum_{i=1}^{3}\sum_{j=1}^{3}\boldsymbol{A}_{ij}\eta_i\eta_j=\begin{bmatrix}a\eta_1^2+a_1&a\eta_1\eta_2&a\eta_1\eta_3&0\\a\eta_1\eta_2&a\eta_2^2+a_1&a\eta_2\eta_3&0\\a\eta_1\eta_3&a\eta_2\eta_3&a\eta_3^2+a_1&0\\0&0&0&a_2\end{bmatrix} \tag{4.6.58}$$

$$a=\frac{\mu_b+\frac{1}{3}\mu}{\rho},\quad a_1=\frac{\mu}{\rho},\quad a_2=\lambda\left(\rho\frac{\partial e}{\partial T}\right)^{-1} \tag{4.6.59}$$

由于 $\mu>0,\mu_b\geqslant 0$,在 $\rho>0$ 时,则 a 与 a_1 均为正数。因而矩阵(4.6.58)的主子式

$$a\eta_1^2+a_1>0 \tag{4.6.60}$$

$$\begin{vmatrix} a\eta_1^2+a_1 & a\eta_1\eta_2 \\ a\eta_1\eta_2 & a\eta_2^2+a_1 \end{vmatrix} = aa_1(\eta_1^2+\eta_2^2)+a_1^2>0 \tag{4.6.61}$$

$$\begin{vmatrix} a\eta_1^2+a_1 & a\eta_1\eta_2 & a\eta_1\eta_3 \\ a\eta_1\eta_2 & a\eta_2^2+a_1 & a\eta_2\eta_3 \\ a\eta_1\eta_3 & a\eta_2\eta_3 & a\eta_3^2+a_1 \end{vmatrix} = aa_1^2>0 \tag{4.6.62}$$

因此矩阵 $\sum\limits_{i=1}^{3}\sum\limits_{j=1}^{3}\boldsymbol{A}_{ij}\eta_i\eta_j$ 为正定矩阵。由偏微分方程组定型理论,对于一个由 n 个偏微分方程所组成的方程组

$$\frac{\partial \boldsymbol{U}}{\partial t}-\sum_{i=1}^{m}\sum_{j=1}^{m}\left(\boldsymbol{A}_{ij}\cdot\frac{\partial^2\boldsymbol{U}}{\partial x_i\partial x_j}\right)=\boldsymbol{C} \tag{4.6.63}$$

式中,$\boldsymbol{U}\equiv[u_1,\cdots,u_n]^{\mathrm{T}}$;矩阵 $\boldsymbol{A}_{ij}$ 为 $n\times n$ 阶阵。若满足:①矩阵 $\boldsymbol{A}_{ij}$ 为对称矩阵;②对于任意给定的归一化矢量 $\boldsymbol{\eta}=(\eta_1,\eta_2,\cdots,\eta_m)$ 并且 $|\boldsymbol{\eta}|=1$,矩阵 $\sum\limits_{i=1}^{m}\sum\limits_{j=1}^{m}(\boldsymbol{A}_{ij}\eta_i\eta_j)$ 为对称正定矩阵。则称该方程组属于 Petrovsky 意义下的对称抛物型方程。可以看出前面讨论的式(4.6.50)属于 $n=4$、$m=3$ 时的特殊情形。

另外,对于连续性方程(4.6.34)是关于密度 ρ 的一阶对称双曲型偏微分方程,而式(4.6.50)属于二阶对称抛物型方程组,因此由连续方程、动量方程和能量方程所组成的 N-S 基本方程组是一阶对称双曲方程与二阶对称抛物型方程组相互耦合的结果,它们构成了一个拟线性对称双曲-抛物耦合方程组,这就是黏性流体力学基本方程组的数学结构。通常对这类问题可以提 Cauchy 问题,即给定初始状态。除了要给定初始条件外,有时还应该给定边界条件,其中包括入流边界条件、出流边界条件、物面条件以及远场边界条件等。因篇幅所限,这里仅对物面条件的给法略作简单讨论。对物面条件,常给定物面的速度条件,如给定物面条件为

$$\boldsymbol{V}\mid_{\Gamma}=0 \tag{4.6.64}$$

这里 Γ 为绕流的物体表面。对温度的边界条件,则可以给定如下常用的三类边界条件之一。这三类边界条件为:

(1) 在边界 Γ 上给定温度 T 的分布,这属于第一类边界条件,即 Dirichet 问题;

(2) 在边界 Γ 上给定$\dfrac{\partial T}{\partial n}$的分布,这属于第二类边界条件,即 Neumann 问题,这里$\dfrac{\partial T}{\partial n}$又可表示为

$$\frac{\partial T}{\partial n}=\boldsymbol{n}\cdot\nabla T=f(\boldsymbol{r},t) \tag{4.6.65}$$

(3) 在边界 Γ 上给定如下形式的分布

$$\alpha T+\lambda\frac{\partial T}{\partial n}=f(\boldsymbol{r},t) \tag{4.6.66}$$

这属于第三类边界条件,即 Robin 问题。

最后还应该指出的是,对于 Navier-Stokes 基本方程组来讲,对它的初边值问题给出一个较完整的分析绝对不是一件容易的事,适当的边界条件(其中包括物理边界条件与数值边界条件)

的提法以及探讨一种有效的、高效率的、可靠的、适用于各种运动速度(包括不可压缩流、亚声速流、跨声速流、超声速流以及高超声速流动)的数学处理手段仍然是流体力学数值计算中一个亟待解决的难题,因此这里不作进一步的讨论。

4.7 直角与圆柱坐标系下流体力学的基本方程组

4.7.1 直角笛卡儿坐标系下流体力学基本方程组的表达

在直角笛卡儿坐标系(x,y,z)中,令 $\boldsymbol{i}$、$\boldsymbol{j}$、$\boldsymbol{k}$ 为单位矢量,$\boldsymbol{E}$、$\boldsymbol{F}$、$\boldsymbol{G}$ 为无黏通量,$\boldsymbol{E}_\nu$、$\boldsymbol{F}_\nu$、$\boldsymbol{G}_\nu$ 为黏性通量,于是在忽略了体积力的情况下守恒型 N-S 基本方程组已由前面式(4.6.4)给出,即

$$\frac{\partial \boldsymbol{U}}{\partial t}+\frac{\partial(\boldsymbol{E}-\boldsymbol{E}_\nu)}{\partial x}+\frac{\partial(\boldsymbol{F}-\boldsymbol{F}_\nu)}{\partial y}+\frac{\partial(\boldsymbol{G}-\boldsymbol{G}_\nu)}{\partial z}=0 \tag{4.7.1}$$

显然,式(4.7.1)是文献[17]给出的任意曲线坐标系下 N-S 方程组通用形式的特例,式(4.7.1)又可以改写为

$$\frac{\partial \boldsymbol{U}}{\partial t}+\nabla\cdot \boldsymbol{H}=0 \tag{4.7.2}$$

式中符号 $\boldsymbol{H}$ 定义为

$$\boldsymbol{H}=\boldsymbol{i}(\boldsymbol{E}-\boldsymbol{E}_\nu)+\boldsymbol{j}(\boldsymbol{F}-\boldsymbol{F}_\nu)+\boldsymbol{k}(\boldsymbol{G}-\boldsymbol{G}_\nu) \tag{4.7.3}$$

将式(4.7.2)在任意固定的控制体上积分,并注意使用 Gauss 公式后便得到如下守恒型的积分形式

$$\frac{\partial}{\partial t}\iiint_{\tau}\boldsymbol{U}\mathrm{d}\tau+\oint\!\!\!\oint_{\sigma}\boldsymbol{n}\cdot\boldsymbol{H}\mathrm{d}\sigma=0 \tag{4.7.4}$$

显然,式(4.7.4)与式(4.6.30)虽然在外观上形式不同,但它们在本质的表达上是等价的。这里 $\boldsymbol{U}$ 的表达式同式(4.6.5),即

$$\boldsymbol{U}=[\rho,\rho V_1,\rho V_2,\rho V_3,\varepsilon]^{\mathrm{T}} \tag{4.7.5}$$

4.7.2 圆柱坐标系下流体力学基本方程组的表达

在柱坐标系(r,θ,z)下,令(r,θ,z)构成右手系,其矢量为 $\boldsymbol{e}_r$、$\boldsymbol{e}_\theta$、$\boldsymbol{e}_z$,并且用 $\boldsymbol{i}_r$、$\boldsymbol{i}_\theta$、$\boldsymbol{i}_z$ 表示单位基矢量,用 V_r、V_θ、V_z 表示物理分速度(注意它们不代表速度的协变分量),于是有

$$\boldsymbol{e}_\theta=r\boldsymbol{i}_\theta,\quad \boldsymbol{e}_r=\boldsymbol{i}_r,\quad \boldsymbol{e}_z=\boldsymbol{i}_z \tag{4.7.6}$$

$$\frac{\partial \boldsymbol{i}_r}{\partial\theta}=\boldsymbol{i}_\theta,\quad \frac{\partial \boldsymbol{i}_\theta}{\partial\theta}=-\boldsymbol{i}_r \tag{4.7.7}$$

$$\frac{\partial \boldsymbol{e}_r}{\partial\theta}=\frac{\boldsymbol{e}_\theta}{r},\quad \frac{\partial \boldsymbol{e}_\theta}{\partial\theta}=-r\boldsymbol{e}_r \tag{4.7.8}$$

$$\boldsymbol{V}=V_r\boldsymbol{i}_r+V_\theta\boldsymbol{i}_\theta+V_z\boldsymbol{i}_z \tag{4.7.9}$$

于是 N-S 基本方程在(r,θ,z)坐标系下退化为如下弱守恒形式[20]

$$\frac{\partial \boldsymbol{U}}{\partial t}+\frac{\partial(\boldsymbol{E}-\boldsymbol{E}_\nu)}{\partial r}+\frac{\partial(\boldsymbol{F}-\boldsymbol{F}_\nu)}{r\partial\theta}+\frac{\partial(\boldsymbol{G}-\boldsymbol{G}_\nu)}{\partial z}=N \tag{4.7.10}$$

$$\boldsymbol{U}=r[\rho,\rho u,r\rho v,\rho w,\varepsilon] \tag{4.7.11a}$$

$$
[\boldsymbol{E},\boldsymbol{F},\boldsymbol{G}] = r\begin{bmatrix} \rho u & \rho v & \rho w \\ \rho u^2 + p & \rho vu & \rho wu \\ r\rho uv & r(\rho v^2 + p) & r\rho wv \\ \rho uw & \rho vw & \rho w^2 + p \\ (\varepsilon + p)u & (\varepsilon + p)v & (\varepsilon + p)w \end{bmatrix} \tag{4.7.11b}
$$

$$
[\boldsymbol{E}_\nu,\boldsymbol{F}_\nu,\boldsymbol{G}_\nu] = r\begin{bmatrix} 0 & 0 & 0 \\ \tau_{rr} & \tau_{r\theta} & \tau_{rz} \\ r\tau_{\theta r} & r\tau_{\theta\theta} & r\tau_{\theta z} \\ \tau_{zr} & \tau_{z\theta} & \tau_{zz} \\ a_1 & a_2 & a_3 \end{bmatrix} \tag{4.7.11c}
$$

$$
\begin{bmatrix} a_1 \\ a_2 \\ a_3 \end{bmatrix} = \begin{bmatrix} \tau_{rr} & \tau_{r\theta} & \tau_{rz} & \lambda\dfrac{\partial T}{\partial r} \\ \tau_{\theta r} & \tau_{\theta\theta} & \tau_{\theta z} & \lambda\dfrac{\partial T}{r\partial\theta} \\ \tau_{zr} & \tau_{z\theta} & \tau_{zz} & \lambda\dfrac{\partial T}{\partial z} \end{bmatrix}\begin{bmatrix} u \\ v \\ w \\ 1 \end{bmatrix} \tag{4.7.11d}
$$

$$
\begin{bmatrix} \tau_{r\theta} \\ \tau_{\theta z} \\ \tau_{zr} \end{bmatrix} = \begin{bmatrix} \tau_{\theta r} \\ \tau_{z\theta} \\ \tau_{rz} \end{bmatrix} = \mu\begin{bmatrix} \dfrac{\partial v}{\partial r} + \dfrac{\partial u}{r\partial\theta} - \dfrac{v}{r} \\ \dfrac{\partial v}{\partial z} + \dfrac{\partial w}{r\partial\theta} \\ \dfrac{\partial w}{\partial r} + \dfrac{\partial u}{\partial z} \end{bmatrix} \tag{4.7.11e}
$$

$$
\begin{bmatrix} \tau_{rr} \\ \tau_{\theta\theta} \\ \tau_{zz} \end{bmatrix} = \left(\mu_b - \frac{2}{3}\mu\right)(\nabla\cdot\boldsymbol{V})\begin{bmatrix} 1 \\ 1 \\ 1 \end{bmatrix} + 2\mu\begin{bmatrix} \dfrac{\partial u}{\partial r} \\ \dfrac{\partial v}{r\partial\theta} + \dfrac{u}{r} \\ \dfrac{\partial w}{\partial z} \end{bmatrix} \tag{4.7.11f}
$$

$$
\boldsymbol{V} = u\boldsymbol{i}_r + v\boldsymbol{i}_\theta + w\boldsymbol{i}_z \tag{4.7.11g}
$$

$$
\boldsymbol{N} = [0, \rho v^2 + p - \tau_{\theta\theta}, 0, 0, 0]^{\mathrm{T}} \tag{4.7.11h}
$$

应特别指出的是，上面式(4.6.11a)～式(4.6.11h)中的 u、v、w 分别表示 V_r、V_θ、V_z；比较式(4.7.1)与式(4.7.10)可以发现，尽管形式上两者所用符号相似，但在不同的表达式中同一个符号如 $\boldsymbol{U}$ 所代表的具体物理含义有所不同。另外，由于动量方程在式(4.7.1)与式(4.7.10)中是沿不同方向(前者是沿 $\boldsymbol{i}_x$、$\boldsymbol{i}_y$、$\boldsymbol{i}_z$ 方向，而后者是沿 $\boldsymbol{i}_r$、$\boldsymbol{i}_\theta$、$\boldsymbol{i}_z$ 方向)列出来的，因此导致式(4.7.1)为强守恒型而式(4.7.10)为弱守恒型。

4.7.3 流体力学基本方程组的坐标系变换

对于流体力学问题，N-S 基本方程到底属于强守恒形式还是属于弱守恒形式应该取决于基本方程组中动量方程是否沿着直角笛卡儿坐标系的单位矢量 $\boldsymbol{i}$、$\boldsymbol{j}$、$\boldsymbol{k}$ 方向列出，而与是否选取任意曲线坐标系无关。对此，这里仅以强守恒型的式(4.7.1)为例，来说明将其由直角笛卡儿坐标系(y^1，y^2，y^3)变换到任意曲线坐标系(x^1，x^2，x^3)后方程组仍能够保持强守恒性的特性，关于这点非常重要。

今考虑一般曲线坐标系(τ,ξ,η,ζ)，它与原直角笛卡儿坐标系(t,x,y,z)间假定存在着如下变换关系

$$\begin{cases} t = \tau \\ x = x(\tau,\xi,\eta,\zeta) \\ y = y(\tau,\xi,\eta,\zeta) \\ z = z(\tau,\xi,\eta,\zeta) \end{cases} \tag{4.7.12}$$

相应地还有

$$\begin{cases} \tau = t \\ \xi = \xi(t,x,y,z) \\ \eta = \eta(t,x,y,z) \\ \zeta = \zeta(t,x,y,z) \end{cases} \tag{4.7.13}$$

注意到

$$\begin{bmatrix} \frac{\partial}{\partial x} \\ \frac{\partial}{\partial y} \\ \frac{\partial}{\partial z} \\ \frac{\partial}{\partial t} \end{bmatrix} = \begin{bmatrix} \xi_x & \eta_x & \zeta_x & 0 \\ \xi_y & \eta_y & \zeta_y & 0 \\ \xi_z & \eta_z & \zeta_z & 0 \\ \xi_t & \eta_t & \zeta_t & 1 \end{bmatrix} \begin{bmatrix} \frac{\partial}{\partial \xi} \\ \frac{\partial}{\partial \eta} \\ \frac{\partial}{\partial \zeta} \\ \frac{\partial}{\partial \tau} \end{bmatrix} \tag{4.7.14a}$$

$$\frac{\partial\xi}{\partial x} = \frac{1}{J}\frac{\partial(y,z)}{\partial(\eta,\zeta)}, \quad \frac{\partial\xi}{\partial y} = \frac{1}{J}\frac{\partial(z,x)}{\partial(\eta,\zeta)}, \quad \frac{\partial\xi}{\partial z} = \frac{1}{J}\frac{\partial(x,y)}{\partial(\eta,\zeta)} \tag{4.7.14b}$$

$$\frac{\partial\eta}{\partial x} = \frac{1}{J}\frac{\partial(y,z)}{\partial(\zeta,\xi)}, \quad \frac{\partial\eta}{\partial y} = \frac{1}{J}\frac{\partial(z,x)}{\partial(\zeta,\xi)}, \quad \frac{\partial\eta}{\partial z} = \frac{1}{J}\frac{\partial(x,y)}{\partial(\zeta,\xi)} \tag{4.7.14c}$$

$$\frac{\partial\zeta}{\partial x} = \frac{1}{J}\frac{\partial(y,z)}{\partial(\xi,\eta)}, \quad \frac{\partial\zeta}{\partial y} = \frac{1}{J}\frac{\partial(z,x)}{\partial(\xi,\eta)}, \quad \frac{\partial\zeta}{\partial z} = \frac{1}{J}\frac{\partial(x,y)}{\partial(\xi,\eta)} \tag{4.7.14d}$$

$$\begin{bmatrix} \xi_t \\ \eta_t \\ \zeta_t \end{bmatrix} = -\begin{bmatrix} \xi_x & \xi_y & \xi_z \\ \eta_x & \eta_y & \eta_z \\ \zeta_x & \zeta_y & \zeta_z \end{bmatrix} \begin{bmatrix} x_\tau \\ y_\tau \\ z_\tau \end{bmatrix} \tag{4.7.14e}$$

$$J \equiv \frac{\partial(x,y,z)}{\partial(\xi,\eta,\zeta)} \tag{4.7.14f}$$

$$\frac{\partial}{\partial\xi}(J\xi_t) + \frac{\partial}{\partial\eta}(J\eta_t) + \frac{\partial}{\partial\zeta}(J\zeta_t) = 0 \tag{4.7.14g}$$

$$\sum_{i=1}^{3}\frac{\partial}{\partial x^i}\left(J\frac{\partial x^i}{\partial y^j}\right) = 0 \tag{4.7.14h}$$

因此便可以得到如下公式

$$\frac{\partial\phi}{\partial y^j} = \sum_{i=1}^{3}\frac{1}{J}\frac{\partial}{\partial x^i}\left(J\frac{\partial x^i}{\partial y^j}\phi\right) \tag{4.7.15}$$

这里$\frac{\partial(y,z)}{\partial(\eta,\zeta)}$、…、$\frac{\partial(x,y)}{\partial(\xi,\eta)}$均代表 Jacobi 函数行列式。另外，在式(4.7.14h)中 x^1、x^2、x^3 分别代表 ξ、η、ζ；y^1、y^2、y^3 分别代表 x、y、z；在式(4.7.15)中，符号 ϕ 代表任意一个物理量。于是借助于式(4.7.15)，则式(4.7.1)变为

$$\frac{\partial \widetilde{\boldsymbol{Q}}}{\partial t}+\frac{\partial(\widetilde{\boldsymbol{E}}-\widetilde{\boldsymbol{E}}_{\nu})}{\partial \xi}+\frac{\partial(\widetilde{\boldsymbol{F}}-\widetilde{\boldsymbol{F}}_{\nu})}{\partial \eta}+\frac{\partial(\widetilde{\boldsymbol{G}}-\widetilde{\boldsymbol{G}}_{\nu})}{\partial \zeta}=0 \tag{4.7.16}$$

式中

$$\widetilde{\boldsymbol{E}}-\widetilde{\boldsymbol{E}}_{\nu}=J\begin{bmatrix} \rho\widetilde{U} \\ (\rho u\widetilde{U}+\xi_x p)-(\xi_x\tau_{xx}+\xi_y\tau_{xy}+\xi_z\tau_{xz}) \\ (\rho v\widetilde{U}+\xi_y p)-(\xi_x\tau_{yx}+\xi_y\tau_{yy}+\xi_z\tau_{yz}) \\ (\rho w\widetilde{U}+\xi_z p)-(\xi_x\tau_{zx}+\xi_y\tau_{zy}+\xi_z\tau_{zz}) \\ [(\varepsilon+p)\widetilde{U}-\xi_t p]-(a_1\xi_x+a_2\xi_y+a_3\xi_z) \end{bmatrix} \tag{4.7.17}$$

$$\widetilde{\boldsymbol{F}}-\widetilde{\boldsymbol{F}}_{\nu}=J\begin{bmatrix} \rho\widetilde{V} \\ (\rho u\widetilde{V}+\eta_x p)-(\eta_x\tau_{xx}+\eta_y\tau_{xy}+\eta_z\tau_{xz}) \\ (\rho v\widetilde{V}+\eta_y p)-(\eta_x\tau_{yx}+\eta_y\tau_{yy}+\eta_z\tau_{yz}) \\ (\rho w\widetilde{V}+\eta_z p)-(\eta_x\tau_{zx}+\eta_y\tau_{zy}+\eta_z\tau_{zz}) \\ [(\varepsilon+p)\widetilde{V}-\eta_t p]-(a_1\eta_x+a_2\eta_y+a_3\eta_z) \end{bmatrix} \tag{4.7.18}$$

$$\widetilde{\boldsymbol{G}}-\widetilde{\boldsymbol{G}}_{\nu}=J\begin{bmatrix} \rho\widetilde{W} \\ (\rho u\widetilde{W}+\zeta_x p)-(\zeta_x\tau_{xx}+\zeta_y\tau_{xy}+\zeta_z\tau_{xz}) \\ (\rho v\widetilde{W}+\zeta_y p)-(\zeta_x\tau_{yx}+\zeta_y\tau_{yy}+\zeta_z\tau_{yz}) \\ (\rho w\widetilde{W}+\zeta_z p)-(\zeta_x\tau_{zx}+\zeta_y\tau_{zy}+\zeta_z\tau_{zz}) \\ [(\varepsilon+p)\widetilde{W}-\zeta_t p]-(a_1\zeta_x+a_2\zeta_y+a_3\zeta_z) \end{bmatrix} \tag{4.7.19}$$

$$\widetilde{\boldsymbol{Q}}=J[\rho,\rho u,\rho v,\rho w,\varepsilon]^{\mathrm{T}} \tag{4.7.20}$$

式中，$\widetilde{U}$、$\widetilde{V}$、$\widetilde{W}$ 称为广义逆变分速度，其表达式为

$$[\widetilde{U},\widetilde{V},\widetilde{W}]^{\mathrm{T}}=\begin{bmatrix} \xi_t & \xi_x & \xi_y & \xi_z \\ \eta_t & \eta_x & \eta_y & \eta_z \\ \zeta_t & \zeta_x & \zeta_y & \zeta_z \end{bmatrix}\begin{bmatrix} 1 \\ u \\ v \\ w \end{bmatrix} \tag{4.7.21}$$

显然，式(4.7.16)是一个强守恒形式的方程组。如果将(x,y,z)换成(y^1,y^2,y^3)，将(ξ,η,ζ)换成(x^1,y^2,x^3)，并将 J 换成$\sqrt{g}$之后，则式(4.7.16)便与式(4.6.12)相一致。

习　题

4.1　写出下列两种情况下的数学表达式：

(1) 单位时间内以 $\boldsymbol{n}$ 为法向的面元 $\mathrm{d}A$ 上的流体体积流量；

(2) Δt 时间内流经固定不动空间 τ 的(设该空间的表面为 A)净流入的质量。

4.2　试求出如下两种坐标系下的连续方程(推导时可用微六面体)：

(1) 选取圆柱坐标系(图 4.4)；

(2) 选取球坐标系(图 4.5)。

4.3　讨论下面五种运动，写出它们各自的连续方程并指明哪个方向上的分速度为零：

(1) 流体质点在平行平面上做径向运动；

(2) 流体质点在空间做径向运动；

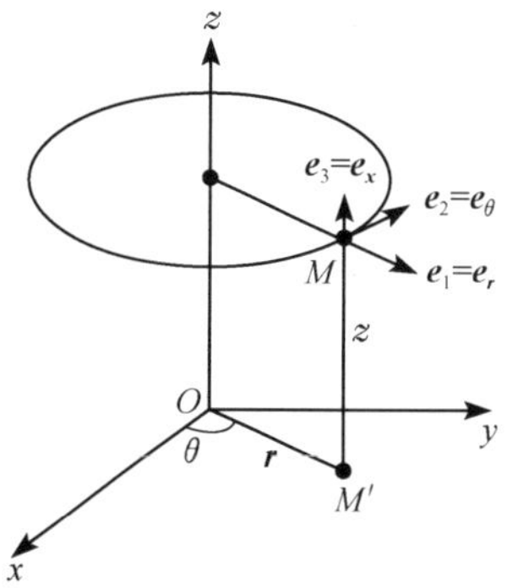

图 4.4　题 4.2(1)示意图

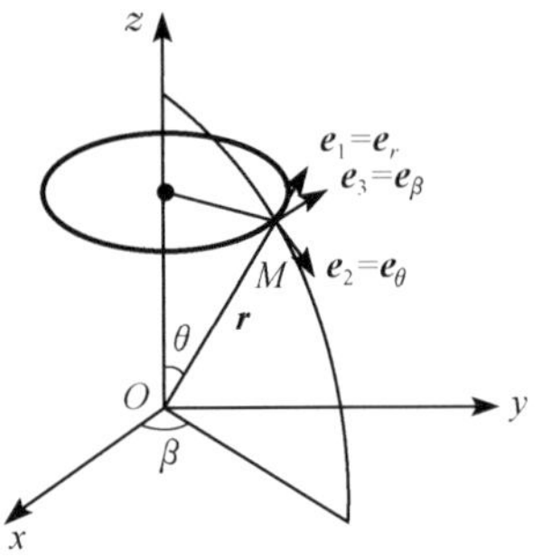

图 4.5　题 4.2(2)示意图

(3) 流体质点在同心的球面上运动；

(4) 流体质点在同轴的圆柱面上运动；

(5) 流体质点在同轴且有共同顶点的锥面上运动。

4.4　对于不可压缩流体存在一个流函数 ψ，它恒满足连续方程。对于二维不可压缩流动，其分速度 u 与 v 满足

$$u=\frac{\partial\psi}{\partial y},\quad v=-\frac{\partial\psi}{\partial x}$$

若 $u=x^2y+y^2$，$v=x^2-y^2x$，试求这时流函数 ψ 的表达式。

4.5　在流体力学中，液气界面的运动学边界条件是一个值得关注的问题。设自由界面方程为 $F(\boldsymbol{r},t)=0$，考虑界面上一点 A(图 4.6)，在 t 时刻 A 点的位置矢量为 $\boldsymbol{r}$，该点所在处界面的法向单位矢量为 $\boldsymbol{n}$；经过 δt 时间后，点 A 运动到新位置 A' 点，这时的位置矢量为 $\boldsymbol{r}+\delta\boldsymbol{r}$；令点 A 处界面的速度为 $\boldsymbol{U}$，于是很容易得到 A 点的自由界面法向速度为 $\boldsymbol{U}\cdot\boldsymbol{n}$，其表达式为

$$\boldsymbol{U}\cdot\boldsymbol{n}=-\frac{1}{|\nabla F|}\frac{\partial F}{\partial t}\tag{*1}$$

式中，$\boldsymbol{n}$ 可以由下式得到

$$\boldsymbol{n}=\frac{\nabla F}{|\nabla F|}\tag{*2}$$

令自由界面上气体质点的速度为 $\mathbf{V}$，于是自由界面上气体质点的法向速度应该等于自由界面本身在该点的法向速度，即

$$\mathbf{V}\cdot\boldsymbol{n}=\boldsymbol{U}\cdot\boldsymbol{n}\tag{*3}$$

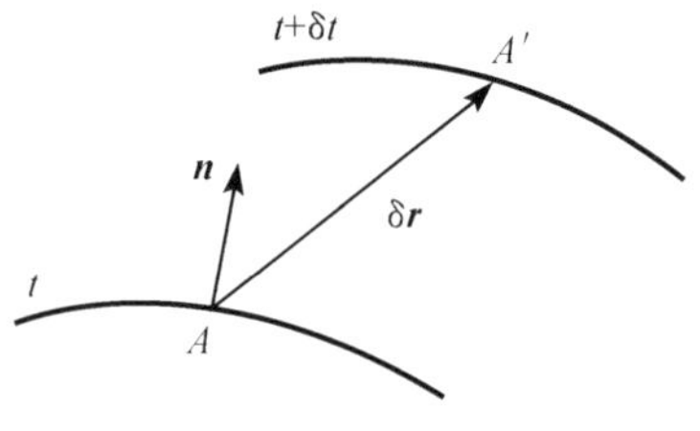

图 4.6　题 4.5 示意图
(界面的运动学边界条件)

或者

$$\mathbf{V}\cdot\frac{\nabla F}{|\nabla F|}=-\frac{1}{|\nabla F|}\frac{\partial F}{\partial t}\tag{*4}$$

于是得到自由面的运动学条件为

$$\frac{\partial F}{\partial t}+\mathbf{V}\cdot\nabla F=0\tag{*5}$$

显然，这里给出的式(*5)与本书第 3.2 节给出的式(3.2.20)是一致的。利用上述关系式，请给出如图 4.7 所示的自由表面波动的运动学边界条件，这里如图 4.7 所示的自由面方程为 $y=\eta(x,z,t)$。

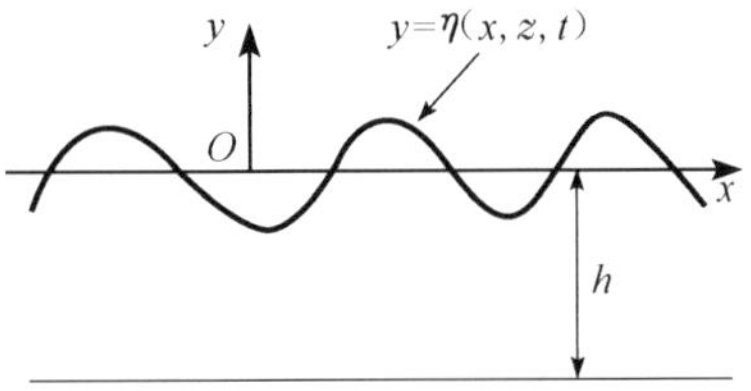

图 4.7　题 4.5 示意图
(自由面波动的边界条件)

4.6　垂直放置的火箭模型向下喷水产生推力，如图 4.8 所示。水面上方为压缩空气，这里忽略其重力。假定水面下降的速度为 $V_c=V_0-bt$，令喷水口截面积 $A_e=\frac{1}{2}A_c$，这里 A_c 为火箭腔室截面积。令水的密度 $\rho=\text{const}$，水的初始质量为 M_0，并且令火箭固体壳体的质量为 M_s，试求使火箭模型保持不动的约束反力 R。

4.7　在试验台上有一火箭模型，如图 4.9 所示，尾喷管向大气喷出质量流量为 m 的气体。令喷出速度为 V_e，喷管出口压强为 p_e，外界大气压强为 p_a，认为气体的流动为定常，试求模型支架反力 R。(认为反力 R 沿水平方向)。

4.8　一个出口截面积为 A_1，速度为 V_1 的固定水射流，冲击一个转角为 θ 的光滑叶片使其沿水平方向以常速 U 运动，如图 4.10 所示。如果忽略流体的体积力与摩擦力，认为流动相对于叶片为定常时，试求使叶片做常速度 U 运动时所需要作用于叶片上的力。

4.9　设一个半径为 r 的圆球，并假定该球球心沿 x 轴方向的运动速度为 U，如果以球面作为运动中的固体边界，请给出该边界的无穿透条件(impermeable condition)表达式。

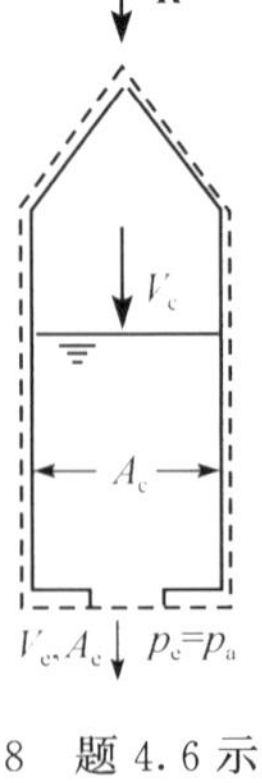

图 4.8　题 4.6 示意图

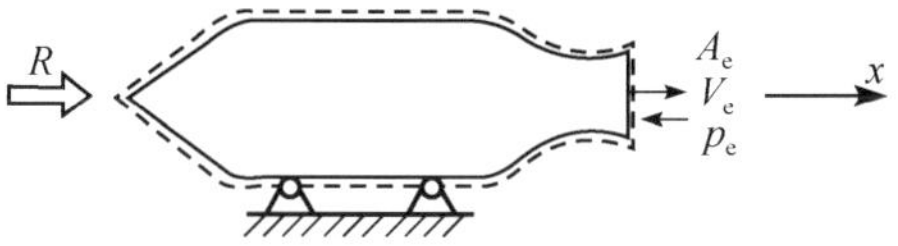

图 4.9　题 4.7 示意图

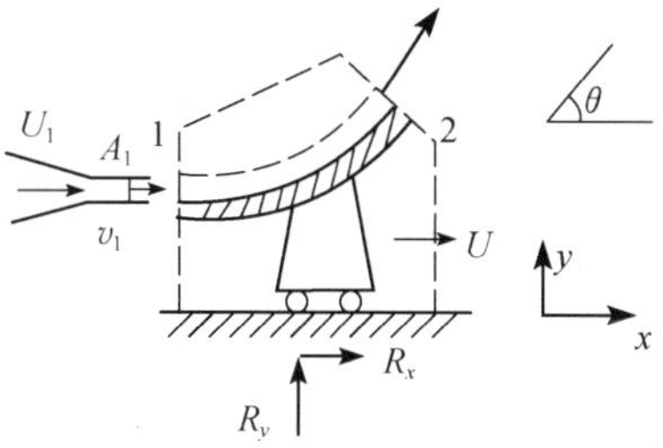

图 4.10　题 4.8 示意图

4.10　两股流速不同，但密度相同（均为 ρ）并且压强也相同（均为 P）的不可压缩流体流入到一段水平圆管，混合后速度、压强均匀分布，如图 4.11 所示。如果假定一股流速为 V，面积为 $\dfrac{A}{2}$；另一股流速为 $2V$，面积为 $\dfrac{A}{2}$；如果不计摩擦，并假定流动定常且绝热，试求单位时间内机械能损失了多少。

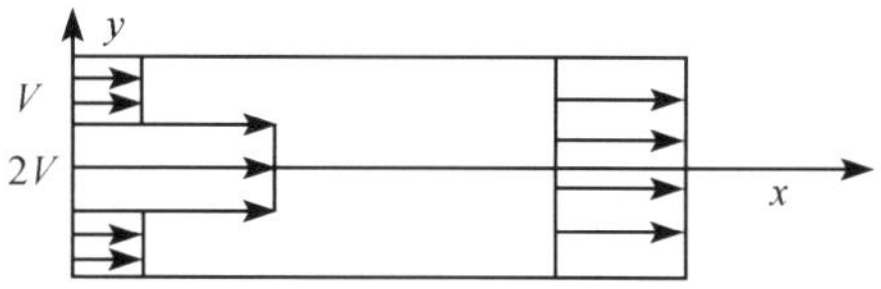

图 4.11　题 4.10 示意图

4.11　在直角笛卡儿坐标系中，动量方程常可写为

$$\frac{\partial(\rho \boldsymbol{V})}{\partial t}+\frac{\partial(\rho u \boldsymbol{V})}{\partial x}+\frac{\partial(\rho v \boldsymbol{V})}{\partial y}+\frac{\partial(\rho w \boldsymbol{V})}{\partial z}=\rho \boldsymbol{f}+\frac{\partial \boldsymbol{P}_x}{\partial x}+\frac{\partial \boldsymbol{P}_y}{\partial y}+\frac{\partial \boldsymbol{P}_z}{\partial z} \tag{1}$$

式中，$\boldsymbol{P}_x$、$\boldsymbol{P}_y$、$\boldsymbol{P}_z$ 分别为

$$\begin{bmatrix}\boldsymbol{P}_x\\ \boldsymbol{P}_y\\ \boldsymbol{P}_z\end{bmatrix}=\begin{bmatrix}\pi_{xx} & \pi_{xy} & \pi_{xz}\\ \pi_{yx} & \pi_{yy} & \pi_{yz}\\ \pi_{zx} & \pi_{zy} & \pi_{zz}\end{bmatrix}\begin{bmatrix}\boldsymbol{i}\\ \boldsymbol{j}\\ \boldsymbol{k}\end{bmatrix} \tag{2}$$

这里 π_{xx}、π_{xy}、…、π_{zz} 为应力张量 $\boldsymbol{\pi}$ 在直角笛卡儿坐标系下的分量；而 $\boldsymbol{\pi}$ 又可以表示为 $\boldsymbol{\pi}=\boldsymbol{i}\boldsymbol{P}_x+\boldsymbol{j}\boldsymbol{P}_y+\boldsymbol{k}\boldsymbol{P}_z$，请给出用 $\boldsymbol{P}_x$、$\boldsymbol{P}_y$、$\boldsymbol{P}_z$ 去计算 $\nabla\cdot\boldsymbol{\pi}$ 时的表达式。

4.12　由题 4.11 中的式(1)出发，令 $\boldsymbol{r}$ 表示矢径，试推导积分形式的动量矩方程（请用 ρ、$\boldsymbol{V}$、$\boldsymbol{f}$、$\boldsymbol{r}$，以及 $\boldsymbol{P}_x$、$\boldsymbol{P}_y$、$\boldsymbol{P}_z$、n_x、n_y、n_z 作为变量在直角笛卡儿坐标系中将该方程表达。这里 n_x、n_y、n_z 为矢量 $\boldsymbol{n}$ 在直角笛卡儿坐标系中的分量，而 $\boldsymbol{n}$ 为积分形式方程中面积分面元的单位法矢量）。

4.13　从洒水器的下方注入一股高压水流，水上行至旋转管处分两股，各沿旋转臂流动，至末端后经喷嘴喷出。两个喷嘴与水平面都成 θ 角，而且两个出口截面积均为 A_2，旋转臂的半径为 $\dfrac{l}{2}$，如图 4.12 所示。令周围为大气，而且由于体积力平行于旋转轴故不产生转矩，假定忽略摩擦损失，并认为运动为定常流动。试求当注入水的体积流量为 Q_0 时，旋转臂从水与大气获得的转矩 M。

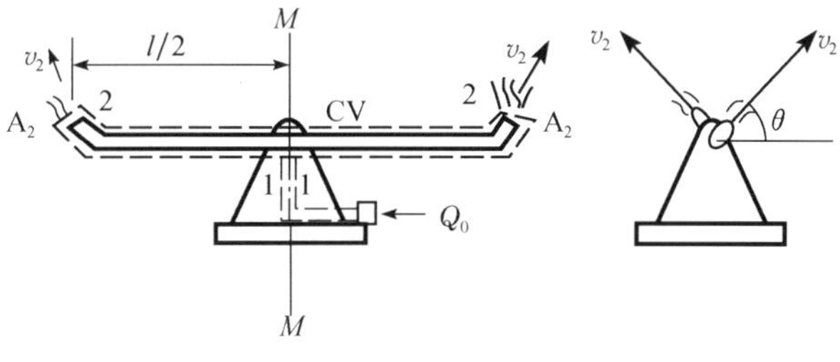

图 4.12　题 4.13 示意图

第 5 章 流体力学中的几个重要定理与方程

本章主要讨论流体力学中的几个重要定理与方程，其中包括 Kelvin 定理、惯性系与非惯性系下的 Bernoulli 方程以及涡量动力学方程等。为了加深对这些重要定理或方程的认识与理解，文中还从不同角度进行了较详细的论述。

5.1 Kelvin 定理、Lagrange 定理以及 Helmholtz 定理

5.1.1 Kelvin 定理及其所适用的三个条件

关于速度环量的概念，本书第 3.3 节中已作过讨论并得到了式(3.3.17)，即

$$\frac{\mathrm{d}}{\mathrm{d}t}\left(\oint_{L(t)} \boldsymbol{V} \cdot \mathrm{d}\boldsymbol{r}\right) = \oint_{L(t)} \frac{\mathrm{d}\boldsymbol{V}}{\mathrm{d}t} \cdot \mathrm{d}\boldsymbol{r} \tag{5.1.1}$$

或者

$$\frac{\mathrm{d}\Gamma}{\mathrm{d}t} = \oint_{L(t)} \frac{\mathrm{d}\boldsymbol{V}}{\mathrm{d}t} \cdot \mathrm{d}\boldsymbol{r} \tag{5.1.2}$$

式中，Γ 的定义同式(3.3.18)；另外积分曲线 $L(t)$ 为在流场中任意选取的一条封闭流体线。值得注意的是，这里 $L(t)$ 是 t 时刻的封闭流体线。式(5.1.1)表明沿任意封闭流体线速度环量的随体导数等于该周线上的加速度环量，这一结论是纯运动学的，因此对任何流体(其中包括无黏流体与黏性流体)都成立。如果将式(4.3.17)代入式(5.1.2)后，则得

$$\frac{\mathrm{d}\Gamma}{\mathrm{d}t} = \oint_{L(t)} \left(\boldsymbol{f} + \frac{\nabla \cdot \boldsymbol{\Pi}}{\rho} - \frac{\nabla p}{\rho}\right) \cdot \mathrm{d}\boldsymbol{r} \tag{5.1.3}$$

如果体积力有势，并令其势函数为 G，于是有

$$\boldsymbol{f} = -\nabla G \tag{5.1.4}$$

令 B 为任意标量，于是还有

$$\mathrm{d}\boldsymbol{r} \cdot \nabla B = \mathrm{d}B \tag{5.1.5}$$

对于正压流体(即密度只是压强的函数，$\rho=\rho(p)$)来讲，有

$$\mathrm{d}\int \frac{\mathrm{d}p}{\rho} = \frac{\mathrm{d}p}{\rho} \tag{5.1.6}$$

因此对于体积力有势，并且流体为正压时，借助于式(5.1.4)～式(5.1.6)，则式(5.1.3)变为

$$\frac{\mathrm{d}\Gamma}{\mathrm{d}t} = \oint_{L(t)} \frac{\nabla \cdot \boldsymbol{\Pi}}{\rho} \cdot \mathrm{d}\boldsymbol{r} \tag{5.1.7}$$

式中，$\boldsymbol{\Pi}$ 为流体的黏性应力张量。如果流体是无黏的，则式(5.1.7)变为

$$\frac{\mathrm{d}\Gamma}{\mathrm{d}t} = 0 \tag{5.1.8}$$

另外，由广义 Stokes 定理，有

$$\oint_L \boldsymbol{a} \cdot \mathrm{d}\boldsymbol{r} = \iint_\sigma \boldsymbol{n} \cdot (\nabla \times \boldsymbol{a})\mathrm{d}\sigma \tag{5.1.9}$$

$$\oint_L \boldsymbol{ab}\cdot \mathrm{d}\boldsymbol{r}=\iint_\sigma \boldsymbol{n}\cdot(\nabla\times \boldsymbol{ab})\mathrm{d}\sigma \tag{5.1.10}$$

式中,$\boldsymbol{a}$ 与 $\boldsymbol{b}$ 为任意矢量;$\boldsymbol{ab}$ 为并矢张量;$\boldsymbol{n}$ 为曲面 σ 的单位法矢量;这里 L 是一条封闭曲线,σ 是以该曲线 L 为周界的任意曲面,如图 5.1 所示。如果 L 取封闭流体线 $L(t)$ 时,则借助于式(5.1.9),于是沿 $L(t)$ 的速度环量 Γ 应等于穿过以该曲线为周界的任意曲面的涡通量,即

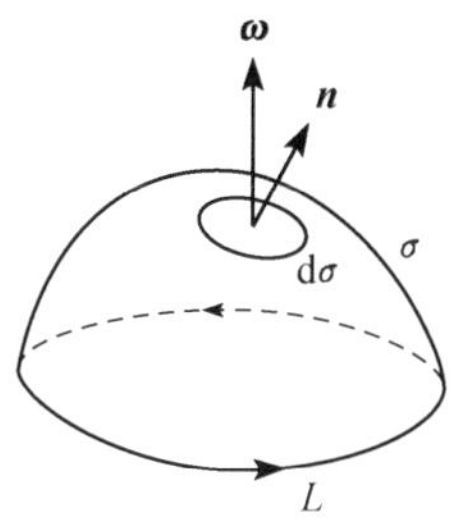

图 5.1　涡量及速度环量

$$\Gamma=\oint_{L(t)}\boldsymbol{V}\cdot \mathrm{d}\boldsymbol{r}=\iint_{\sigma(t)}\boldsymbol{n}\cdot(\nabla\times \boldsymbol{V})\mathrm{d}\sigma=\iint_{\sigma(t)}\boldsymbol{n}\cdot\boldsymbol{\omega}\,\mathrm{d}\sigma=J \tag{5.1.11}$$

式中,Γ 为沿封闭曲线 $L(t)$ 的速度环量;J 为穿过曲面 $\sigma(t)$ 的涡通量;另外,还有 $\boldsymbol{\omega}=\nabla\times\boldsymbol{V}$。因此对于无黏、正压、体积力有势的流体流动问题,由式(5.1.8)与式(5.1.11),则得到

$$\frac{\mathrm{d}}{\mathrm{d}t}\left[\iint_{\sigma(t)}\boldsymbol{n}\cdot\boldsymbol{\omega}\,\mathrm{d}\sigma\right]=0 \tag{5.1.12}$$

另外,注意到

$$\frac{\mathrm{d}}{\mathrm{d}t}\left[\iint_{\sigma(t)}\boldsymbol{n}\cdot\boldsymbol{\omega}\,\mathrm{d}\sigma\right]=\iint_{\sigma(t)}\left[\frac{\mathrm{d}\boldsymbol{\omega}}{\mathrm{d}t}-(\boldsymbol{\omega}\cdot\nabla)\boldsymbol{V}+\boldsymbol{\omega}(\nabla\cdot\boldsymbol{V})\right]\cdot\boldsymbol{n}\,\mathrm{d}\sigma \tag{5.1.13}$$

于是对于无黏、正压、体积力有势的流体流动问题,借助于式(5.1.13),则式(5.1.12)又可以写为

$$\iint_{\sigma(t)}\left[\frac{\mathrm{d}\boldsymbol{\omega}}{\mathrm{d}t}-(\boldsymbol{\omega}\cdot\nabla)\boldsymbol{V}+\boldsymbol{\omega}(\nabla\cdot\boldsymbol{V})\right]\cdot\boldsymbol{n}\,\mathrm{d}\sigma=0 \tag{5.1.14}$$

式(5.1.8)与式(5.1.12)(或者式(5.1.14))表明:对于正压、体积力有势的无黏流体流动来讲,沿任意封闭流体线上的速度环量以及穿过以该封闭线为周界的任意曲面的涡通量在运动过程中守恒,这就是沿封闭流体线的速度环量不变定理,即 Kelvin 速度环量守恒定理,简称 Kelvin 定理。注意,在上述推导中所假设的三个条件即正压、无黏以及体积力有势,放弃其中任一条件,则 Kelvin 定理便不能成立。对于一般黏性流体来讲,借助于式(5.1.9)与式(5.1.10),则式(5.1.3)变为

$$\begin{aligned}\frac{\mathrm{d}\Gamma}{\mathrm{d}t}&=\iint_{\sigma(t)}\boldsymbol{n}\cdot\left[\nabla\times\boldsymbol{f}+\nabla\times\left(\frac{\nabla\cdot\boldsymbol{\Pi}}{\rho}\right)-\nabla\times\left(\frac{\nabla p}{\rho}\right)\right]\mathrm{d}\sigma\\&=\iint_{\sigma(t)}(\nabla\times\boldsymbol{f})\cdot\boldsymbol{n}\,\mathrm{d}\sigma+\iint_{\sigma(t)}\left[\nabla\times\left(\frac{\nabla\cdot\boldsymbol{\Pi}}{\rho}\right)\right]\cdot\boldsymbol{n}\,\mathrm{d}\sigma-\iint_{\sigma(t)}\left[\nabla\times\left(\frac{\nabla p}{\rho}\right)\right]\cdot\boldsymbol{n}\,\mathrm{d}\sigma\end{aligned} \tag{5.1.15}$$

式(5.1.3)与式(5.1.15)表明:非保守力、非正压流体以及流体黏性是引起速度环量 Γ 与涡通量 J 随时间发生变化的三大因素。

5.1.2　Helmholtz 涡量守恒定理

下面直接给出由 Kelvin 定理所派生的一系列推论:

(1) 正压、无黏流体在势力场中运动时,如果某时刻构成涡管(或涡面、涡线)的流体质点在运动的全部时间过程中(以前与以后的任一时刻)仍将构成涡管(或涡面、涡线)。换句话说,涡管(或涡面、涡线)由确定的流体质点组成并随流体一起运动,这就是 Helmholtz 关于涡量守恒的第一定理,简称 Helmholtz 第一定理,该定理又称为涡管(或涡面、涡线)保持定理。显然,该定理成立的前提条件是理想流体(即无黏)、正压且外力有势。事实上只要分析一下无黏流体以及黏性流涡量输运方程的表达式便可以体会到上述定理成立的前提条件。由无黏流的运动方程

$$\frac{\mathrm{d}\boldsymbol{V}}{\mathrm{d}t}=\frac{\partial \boldsymbol{V}}{\partial t}+(\boldsymbol{V}\cdot\nabla)\boldsymbol{V}=-\frac{1}{\rho}\nabla p \tag{5.1.16}$$

以及由热力学第一、第二定律得到的焓、熵关系

$$T\mathrm{d}S=\mathrm{d}h-\frac{1}{\rho}\mathrm{d}p \tag{5.1.17}$$

并注意到

$$(\boldsymbol{V}\cdot\nabla)\boldsymbol{V}=\nabla\left(\frac{V^2}{2}\right)-\boldsymbol{V}\times(\nabla\times\boldsymbol{V}) \tag{5.1.18}$$

于是得到 Crocco 形式的方程

$$\frac{\partial \boldsymbol{V}}{\partial t}-\boldsymbol{V}\times(\nabla\times\boldsymbol{V})=T\nabla S-\nabla h_0 \tag{5.1.19}$$

或者 Lamb 方程

$$\frac{\partial \boldsymbol{V}}{\partial t}-\boldsymbol{V}\times(\nabla\times\boldsymbol{V})+\nabla\left(\frac{V^2}{2}\right)=-\frac{1}{\rho}\nabla p \tag{5.1.20}$$

上面几个式中 S、h、T、p 与 h_0 分别代表熵、静焓、温度、压强与总焓。其中 h_0 可表示为

$$h_0=h+\frac{1}{2}V^2 \tag{5.1.21}$$

对于黏性流体，当动力黏性系数 $\mu=\text{const}$ 时，相应的 Lamb 型的运动方程为

$$\frac{\mathrm{d}\boldsymbol{V}}{\mathrm{d}t}=\frac{\partial \boldsymbol{V}}{\partial t}+\nabla\frac{V^2}{2}+\boldsymbol{\omega}\times\boldsymbol{V}=\boldsymbol{f}-\frac{1}{\rho}\nabla p+\frac{\mu}{\rho}\nabla\cdot\nabla\boldsymbol{V}+\frac{1}{3}\frac{\mu}{\rho}\nabla(\nabla\cdot\boldsymbol{V}) \tag{5.1.22}$$

式中，$\boldsymbol{f}$ 为作用在单位质量流体上的体积力。将式(5.1.22)两边取旋度，则可以得到涡量 $\boldsymbol{\omega}$ 所满足的输运方程为

$$\frac{\mathrm{d}\boldsymbol{\omega}}{\mathrm{d}t}-(\boldsymbol{\omega}\cdot\nabla)\boldsymbol{V}+\boldsymbol{\omega}(\nabla\cdot\boldsymbol{V})=\nabla\times\boldsymbol{f}-\nabla\times\left(\frac{\nabla p}{\rho}\right)+\nabla\times\left(\frac{\mu}{\rho}\Delta\boldsymbol{V}\right)+\frac{1}{3}\nabla\times\left[\frac{\mu}{\rho}\nabla(\nabla\cdot\boldsymbol{V})\right] \tag{5.1.23}$$

式中，Δ 定义为

$$\Delta\equiv\nabla\cdot\nabla \tag{5.1.24}$$

如果认为运动黏性系数 $\frac{\mu}{\rho}$ 均布，并注意到

$$\nabla\times\left(\frac{1}{\rho}\nabla p\right)=-(\nabla T)\times(\nabla S) \tag{5.1.25}$$

则式(5.1.23)又可简化为

$$\frac{\mathrm{d}\boldsymbol{\omega}}{\mathrm{d}t}-(\boldsymbol{\omega}\cdot\nabla)\boldsymbol{V}+\boldsymbol{\omega}(\nabla\cdot\boldsymbol{V})=\nabla\times\boldsymbol{f}-\nabla\times\left(\frac{\nabla p}{\rho}\right)+\frac{\mu}{\rho}\nabla^2\boldsymbol{\omega}=\nabla\times\boldsymbol{f}+\frac{1}{\rho^2}(\nabla\rho)\times(\nabla p)+\frac{\mu}{\rho}\nabla^2\boldsymbol{\omega} \tag{5.1.26}$$

或者

$$\frac{\mathrm{d}\boldsymbol{\omega}}{\mathrm{d}t}-(\boldsymbol{\omega}\cdot\nabla)\boldsymbol{V}+\boldsymbol{\omega}(\nabla\cdot\boldsymbol{V})=\nabla\times\boldsymbol{f}+(\nabla T)\times(\nabla S)+\frac{\mu}{\rho}\nabla^2\boldsymbol{\omega} \tag{5.1.27}$$

式(5.1.26)和式(5.1.27)中的 ∇^2 定义为

$$\nabla^2=\Delta=\nabla\cdot\nabla \tag{5.1.28}$$

式(5.1.26)与式(5.1.27)便是黏性流体涡量输运方程的两种常用形式。式(5.1.26)又常被称为 Friedman 涡量输运方程。显然，这个方程对可压缩与不可压缩黏性流体均适用。在引入正压、

体积力有势以及无黏流动的假设下，方程(5.1.26)便可简化为

$$\frac{\mathrm{d}\boldsymbol{\omega}}{\mathrm{d}t}=(\boldsymbol{\omega}\cdot\nabla)\boldsymbol{V}-\boldsymbol{\omega}(\nabla\cdot\boldsymbol{V}) \tag{5.1.29}$$

对于不可压缩黏性流体在体积力有势时，方程(5.1.26)简化为

$$\frac{\mathrm{d}\boldsymbol{\omega}}{\mathrm{d}t}-(\boldsymbol{\omega}\cdot\nabla)\boldsymbol{V}=\frac{\mu}{\rho}\nabla^2\boldsymbol{\omega} \tag{5.1.30}$$

在得到了上述几种情况下的涡量输运方程后便可很方便地证明涡线保持定理。设初始时刻 $t=t_0$，流体中有一条由流体质点所组成的涡线 l，满足

$$(\delta\boldsymbol{r})\times\frac{\boldsymbol{\omega}}{\rho}=0$$

今假设以前与以后的任一时刻，这些流体质点组成曲线 l' 如图 5.2 所示，现欲证 $(\delta\boldsymbol{r}')\times\dfrac{\boldsymbol{\omega}'}{\rho}=0$，即证明 l' 也是涡线。

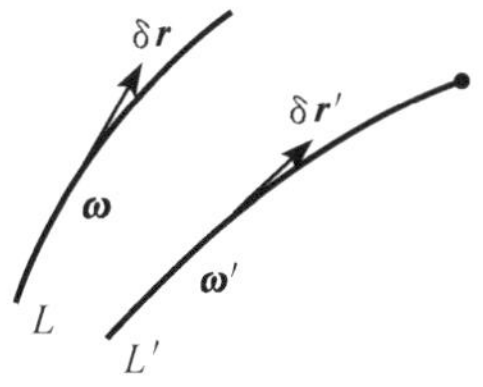

图 5.2 涡线保持性

在无黏、正压流体且体积力有势时，涡量 $\boldsymbol{\omega}$ 满足式(5.1.29)。考虑到连续方程

$$\nabla\cdot\boldsymbol{V}=-\frac{1}{\rho}\frac{\mathrm{d}\rho}{\mathrm{d}t} \tag{5.1.31}$$

后，则式(5.1.29)可变为

$$\frac{\mathrm{d}}{\mathrm{d}t}\left(\frac{\boldsymbol{\omega}}{\rho}\right)-\left(\frac{\boldsymbol{\omega}}{\rho}\cdot\nabla\right)\boldsymbol{V}=0 \tag{5.1.32}$$

计算 $\dfrac{\mathrm{d}}{\mathrm{d}t}\left[(\delta\boldsymbol{r})\times\dfrac{\boldsymbol{\omega}}{\rho}\right]$ 并展开后得

$$\frac{\mathrm{d}}{\mathrm{d}t}\left[(\delta\boldsymbol{r})\times\frac{\boldsymbol{\omega}}{\rho}\right]=(\delta\boldsymbol{r})\times\frac{\mathrm{d}}{\mathrm{d}t}\left(\frac{\boldsymbol{\omega}}{\rho}\right)+\frac{\boldsymbol{\omega}}{\rho}\times\frac{\mathrm{d}(\delta\boldsymbol{r})}{\mathrm{d}t} \tag{5.1.33}$$

注意到

$$\frac{\mathrm{d}(\delta\boldsymbol{r})}{\mathrm{d}t}=\delta\boldsymbol{V}=(\delta\boldsymbol{r}\cdot\nabla)\boldsymbol{V} \tag{5.1.34}$$

以及式(5.1.32)，则式(5.1.33)可写为

$$\begin{aligned}\frac{\mathrm{d}}{\mathrm{d}t}\left[(\delta\boldsymbol{r})\times\frac{\boldsymbol{\omega}}{\rho}\right]&=(\delta\boldsymbol{r})\times\left[\left(\frac{\boldsymbol{\omega}}{\rho}\cdot\nabla\right)\boldsymbol{V}\right]+\left[\frac{\boldsymbol{\omega}}{\rho}\times(\delta\boldsymbol{r}\cdot\nabla)\boldsymbol{V}\right]\\&=(\delta\boldsymbol{r})\times\left[\frac{\boldsymbol{\omega}}{\rho}\cdot(\nabla\boldsymbol{V})\right]+\frac{\boldsymbol{\omega}}{\rho}\times[(\delta\boldsymbol{r})\cdot\nabla\boldsymbol{V}]=0\end{aligned}$$

即

$$\frac{\mathrm{d}}{\mathrm{d}t}\left[(\delta\boldsymbol{r})\times\frac{\boldsymbol{\omega}}{\rho}\right]=0 \tag{5.1.35}$$

式(5.1.35)表明：对于无黏、正压且体积力有势的流体，涡线具有保持性，即在某时刻组成涡线的流体质点在前一时刻或后一时刻也永远组成这条涡线。另外，不难证明涡面、涡管也分别具有保持性，这里因篇幅所限对此不再作详细说明。

(2) 无黏、正压流体在势力场中运动时，组成涡管的流体质点始终组成涡管，并且它的强度不随时间改变，这就是 Helmholtz 第二定理。应该指出，涡管与涡管强度保持性说明，无黏、正压流体在势力场中运动时，涡管、涡线在运动过程中可以变形，但是组成涡管、涡线的流体质点不变；对涡管来讲，它的强度也不变。另外，对于涡管而言，在同一时刻同一涡管的各个截面上，涡

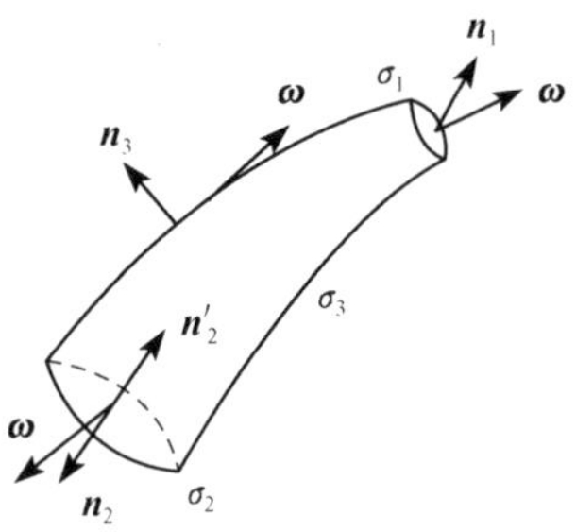

图 5.3　涡管段

通量都是相同的。这里考虑如图 5.3 所示的涡管段，令 σ_1 与 σ_2 表示涡管的两个端面，令 σ_3 为侧面，并且用 $\boldsymbol{n}_1$、$\boldsymbol{n}_2$、$\boldsymbol{n}_3$ 分别表示这三个面的外法向单位矢量。由于 $\nabla \cdot \boldsymbol{\omega} = \nabla \cdot (\nabla \times \boldsymbol{V}) = 0$，即涡量场是无源场，所以过这个涡管段表面的涡通量 J 为

$$J = \oint\!\!\!\oint_{\sigma_1+\sigma_2+\sigma_3} \boldsymbol{\omega} \cdot \mathrm{d}\boldsymbol{\sigma} = \oint\!\!\!\oint_{\sigma_1+\sigma_2+\sigma_3} \boldsymbol{\omega} \cdot \boldsymbol{n}\,\mathrm{d}\sigma = \iiint_{\tau} \nabla \cdot \boldsymbol{\omega}\,\mathrm{d}\tau = 0 \tag{5.1.36}$$

注意在外侧面 σ_3 上，有 $\boldsymbol{\omega} \cdot \boldsymbol{n}_3 = 0$，因此式(5.1.36)可以写为

$$J = \iint_{\sigma_1} \boldsymbol{\omega} \cdot \boldsymbol{n}_1\,\mathrm{d}\sigma + \iint_{\sigma_2} \boldsymbol{\omega} \cdot \boldsymbol{n}_2\,\mathrm{d}\sigma = \iint_{\sigma_1} \boldsymbol{\omega} \cdot \boldsymbol{n}_1\,\mathrm{d}\sigma - \iint_{\sigma_2} \boldsymbol{\omega} \cdot \boldsymbol{n}_2'\,\mathrm{d}\sigma = 0$$

这里 $\boldsymbol{n}_2' = -\boldsymbol{n}_2$，于是有

$$\iint_{\sigma_1} \boldsymbol{\omega} \cdot \boldsymbol{n}_1\,\mathrm{d}\sigma = \iint_{\sigma_2} \boldsymbol{\omega} \cdot \boldsymbol{n}_2'\,\mathrm{d}\sigma \tag{5.1.37}$$

由于 σ_1 与 σ_2 是沿涡管任意选取的，所以在同一时刻、同一涡管各个截面上的涡通量都相同，因此便得到以下两点结论：①对于同一个涡管，截面积越小则涡量越大，流体旋转的角速度越大；②涡管截面不可能收缩到零，因为收缩到零时会使涡量 $\boldsymbol{\omega}$ 变为无穷大。因此，涡管不能在流体之中产生或终止，它只能在流体中形成环形涡环，或者始于边界、终于边界，或涡管伸展至无穷远处，可见图 5.4。

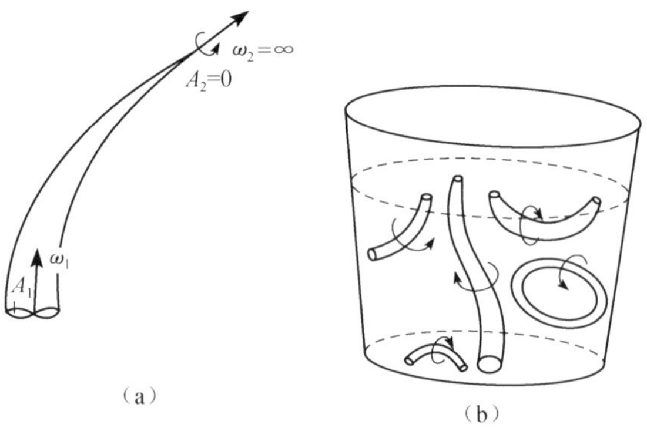

图 5.4　涡管不能在流体内部产生或终止

5.1.3　Lagrange 定理

考虑流体为无黏、正压并且体积力有势时，如果初始时刻在某部分流体内无旋，则在以前或之后的任一时刻这部分流体皆无旋；反之，如果在初始时刻该部分流体有旋，则在这之前或之后的任一时刻，这部分流体皆有旋。这就是 Lagrange 涡量不生不灭定理的主要内容，这个定理又称 Lagrange 涡量保持性定理，简称 Lagrange 定理，它是判断流场是否有旋的重要定理。这里还要指出的是，Lagrange 关于涡量的保持性是相对于流体质点而言的，如果流体中部分流体质点无旋，则在这之后的时间这部分流体质点将永远保持无旋。对此文献[9]指出：这时涡量就好像“冻结”在流体质点上。借助于 Lagrange 定理，因此流场中涡产生的原因是：①流体的黏性，使得物面有一层很薄的旋涡层，也就是说流体内部的涡量是从流固交界面上产生并扩散到流体内部去的；②非正压流场，又称斜压流(baroclinic flow)，这时 $\nabla T \times \nabla S$ 一般不为零，从而造成环量变

化的一个重要来源；③非有势力场的存在，如地球上的气流由于受 Coriolis 力的作用而生成的旋涡；④流场的间断，如高速飞行器头部脱体激波后的流场也可以产生有旋流动。

5.2 Bernoulli 方程

5.2.1 沿流线(或者涡线)的 Bernoulli 积分

无黏流体 Lamb-Громеko 型的运动方程已由式(5.1.20)给出，令 $\boldsymbol{f}$ 代表作用在单位质量流体上的体积力，于是考虑体积力后无黏流体的 Lamb-Громеko 型运动方程为

$$\frac{\partial V}{\partial t}-\boldsymbol{V}\times(\nabla\times\boldsymbol{V})+\nabla\left(\frac{V^2}{2}\right)=\boldsymbol{f}-\frac{\nabla p}{\rho} \tag{5.2.1}$$

假设体积力有势(这里将势函数记作 G)，则有

$$\boldsymbol{f}=-\nabla G \tag{5.2.2}$$

如果再假设流体为正压流(barotropic flow)，则一定存在一个正压函数 $\mathscr{P}$ 使得下式成立

$$\mathscr{P}=\int\frac{\mathrm{d}p}{\rho(p)} \tag{5.2.3}$$

也就是说有

$$\mathrm{d}\mathscr{P}=\frac{\mathrm{d}p}{\rho} \tag{5.2.4}$$

或者

$$\nabla\mathscr{P}=\frac{1}{\rho}\nabla p \tag{5.2.5}$$

借助于式(5.2.2)与式(5.2.5)，则式(5.2.1)变为

$$\frac{\partial\boldsymbol{V}}{\partial t}-\boldsymbol{V}\times(\nabla\times\boldsymbol{V})+\nabla\left(\frac{\boldsymbol{V}\cdot\boldsymbol{V}}{2}\right)=-\nabla G-\nabla\mathscr{P} \tag{5.2.6}$$

或者

$$\frac{\partial\boldsymbol{V}}{\partial t}+\nabla\left(\frac{\boldsymbol{V}\cdot\boldsymbol{V}}{2}+G+\mathscr{P}\right)+(\nabla\times\boldsymbol{V})\times\boldsymbol{V}=0 \tag{5.2.7}$$

$$\frac{\partial\boldsymbol{V}}{\partial t}+\nabla\left(\frac{\boldsymbol{V}\cdot\boldsymbol{V}}{2}+G+\int\frac{\mathrm{d}p}{\rho}\right)+(\nabla\times\boldsymbol{V})\times\boldsymbol{V}=0 \tag{5.2.7*}$$

式(5.2.7)和式(5.2.7)*便是无黏、正压、体积力有势条件下非定常流体的运动方程。对于定常流体，在无黏、正压、体积力有势的条件下，式(5.2.7)则简化为

$$\nabla\left(\frac{\boldsymbol{V}\cdot\boldsymbol{V}}{2}+G+\mathscr{P}\right)=\boldsymbol{V}\times(\nabla\times\boldsymbol{V}) \tag{5.2.8}$$

沿流线取一线元 $\mathrm{d}\boldsymbol{r}$ 点乘式(5.2.8)两边，得

$$(\mathrm{d}\boldsymbol{r})\cdot\nabla\left(\frac{\boldsymbol{V}\cdot\boldsymbol{V}}{2}+G+\mathscr{P}\right)=(\mathrm{d}\boldsymbol{r})\cdot[\boldsymbol{V}\times(\nabla\times\boldsymbol{V})] \tag{5.2.9}$$

注意到 $\boldsymbol{V}\times(\nabla\times\boldsymbol{V})$ 垂直于 $\boldsymbol{V}$ 以及 $\mathrm{d}\boldsymbol{r}$ 平行于 $\boldsymbol{V}$，于是式(5.2.9)的右侧为零。另外，注意到空间全微分算符“d”与∇算子之间的关系，即

$$(\mathrm{d}\boldsymbol{r})\cdot\nabla=d \tag{5.2.10}$$

$$\mathrm{d}\left(\frac{\boldsymbol{V}\cdot\boldsymbol{V}}{2}+G+\mathscr{P}\right)=0 \tag{5.2.11}$$

沿流线积分式(5.2.11)，得

$$\int \frac{\mathrm{d}p}{\rho} + \frac{\mathbf{V} \cdot \mathbf{V}}{2} + G = C(\psi) \tag{5.2.12}$$

或者

$$\mathscr{P} + \frac{\mathbf{V} \cdot \mathbf{V}}{2} + G = C(\psi) \tag{5.2.13}$$

式(5.2.12)便称为 Bernoulli 方程或 Bernoulli 积分，式中 $C(\Psi)$称为 Bernoulli 常数。这里 $C(\Psi)$是随流线 Ψ 的不同而取不同的常数，但沿着同一条流线则 $C(\Psi)$为同一个常数值。应指出，式(5.2.12)仅适用于无黏、体积力有势流体的定常流动，而且该方程沿同一条流线成立。其实，式(5.2.12)并不需要流体具有正压这个条件；而式(5.2.13)不同，由于式中有正压函数 $\mathscr{P}$的存在，所以这时正压条件是必不可少的。

类似于式(5.2.12)的推导过程，对于无黏、体积力有势流体的定常流动，沿涡线有如下形式的 Bernoulli 积分成立，即

$$\int \frac{\mathrm{d}p}{\rho} + \frac{\mathbf{V} \cdot \mathbf{V}}{2} + G = C(m) \tag{5.2.14}$$

式中，$C(m)$是随涡线 m 的不同而取不同的常数，但在同一条涡线 m 上，则 $C(m)$是同一个常数值。对正压流体，沿涡线式(5.2.14)可写为

$$\mathscr{P} + \frac{\mathbf{V} \cdot \mathbf{V}}{2} + G = C(m) \tag{5.2.15}$$

5.2.2 Cauchy-Lagrange 积分

如果流动无旋，$\boldsymbol{\omega}=0$，存在速度势函数 ϕ，使得

$$\nabla \phi = \mathbf{V} \tag{5.2.16}$$

将式(5.2.16)代入式(5.2.7)*得

$$\nabla\left[\frac{\partial \phi}{\partial t} + \int \frac{\mathrm{d}p}{\rho} + \frac{(\nabla\phi) \cdot (\nabla\phi)}{2} + G\right] = 0 \tag{5.2.17}$$

以任一微元长度矢量 d$\boldsymbol{S}$ 与式(5.2.17)作点积，然后积分之，可得

$$\frac{\partial \phi}{\partial t} + \int \frac{\mathrm{d}p}{\rho} + \frac{(\nabla\phi) \cdot (\nabla\phi)}{2} + G = C(t) \tag{5.2.18}$$

由于所取的 d$\boldsymbol{S}$ 完全是任意的，所以式(5.2.18)中 $C(t)$在全流场保持同一个函数。容易证明这里 $C(t)$仅是时间的任意函数，也就是说，对于同一瞬时，在全流场 $C(t)$是同一常数，换句话说，同一时刻在所有流线上的积分常数都相同，即积分常数 $C(t)$仅与时间有关而与空间坐标无关系。式(5.2.18)常称为 Cauchy-Lagrange 积分。

5.3 非惯性系中的 Bernoulli 方程

本节讨论两类坐标系：一类是绝对坐标系(x^1, x^2, x^3)，另一类是相对坐标系[这里仅讨论一种非惯性坐标系(ξ^1, ξ^2, ξ^3)]。在绝对坐标系中任一质点的矢径、速度和加速度分别用 $\boldsymbol{r}_a$、$\boldsymbol{V}$ 和 $\boldsymbol{a}$ 表示；在相对坐标系(即非惯性坐标系)中，令质点的相对矢径与相对速度分别为 $\boldsymbol{r}_R$ 与 $\boldsymbol{W}$，于是有(图 5.5)

$$\boldsymbol{r}_a = \boldsymbol{r}_0 + \boldsymbol{r}_R \tag{5.3.1}$$

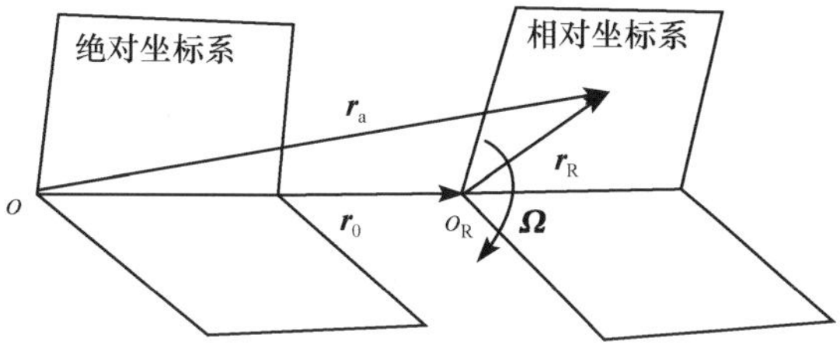

图 5.5　相对坐标系与绝对坐标系

注意到

$$\frac{d_a q}{dt}=\frac{d_R q}{dt} \tag{5.3.2}$$

$$\frac{d_a \boldsymbol{B}}{dt}=\frac{d_R \boldsymbol{B}}{dt}+\boldsymbol{\Omega}\times\boldsymbol{B} \tag{5.3.3}$$

式中，$\frac{d_a}{dt}$表示对绝对观察者而言所观察到的全导数（又称随体导数）；用$\frac{d_R}{dt}$表示对相对观察者而言所观察到的全导数（又称随体导数）；q 与 $\boldsymbol{B}$ 分别表示任意标量与任意矢量；$\boldsymbol{\Omega}$ 为相对坐标系绕一固定轴旋转的角速度（图 5.5）。绝对速度 $\boldsymbol{V}$、绝对加速度 $\boldsymbol{a}$、相对速度 $\boldsymbol{W}$ 间的关系为

$$\boldsymbol{V}=\frac{d_a\boldsymbol{r}_a}{dt}=\frac{d_a\boldsymbol{r}_0}{dt}+\frac{d_R\boldsymbol{r}_R}{dt}+\boldsymbol{\Omega}\times\boldsymbol{r}_R=\boldsymbol{W}+\left(\frac{d_a\boldsymbol{r}_0}{dt}+\boldsymbol{\Omega}\times\boldsymbol{r}_R\right)=\boldsymbol{W}+\boldsymbol{V}_e \tag{5.3.4}$$

$$\boldsymbol{a}=\frac{d_a\boldsymbol{V}}{dt}=\frac{d_R\boldsymbol{W}}{dt}+\frac{d_a\boldsymbol{V}_0}{dt}+2\boldsymbol{\Omega}\times\boldsymbol{W}+\boldsymbol{\Omega}\times(\boldsymbol{\Omega}\times\boldsymbol{r}_R)+\left(\frac{d_a\boldsymbol{\Omega}}{dt}\right)\times\boldsymbol{r}_R=\boldsymbol{a}_r+\boldsymbol{a}_e+\boldsymbol{a}_c \tag{5.3.5}$$

式中

$$\begin{cases}\boldsymbol{a}_r=\dfrac{d_R\boldsymbol{W}}{dt}=\dfrac{\partial_R\boldsymbol{W}}{\partial t}+\boldsymbol{W}\cdot\nabla_R\boldsymbol{W}\\ \boldsymbol{a}=\dfrac{d_a\boldsymbol{V}}{dt}=\dfrac{\partial_a\boldsymbol{V}}{\partial t}+\boldsymbol{V}\cdot\nabla_a\boldsymbol{V}\\ \boldsymbol{a}_e=\dfrac{d_a\boldsymbol{V}_0}{dt}+\left(\dfrac{d_a\boldsymbol{\Omega}}{dt}\right)\times\boldsymbol{r}_R+\boldsymbol{\Omega}\times(\boldsymbol{\Omega}\times\boldsymbol{r}_R)\\ \boldsymbol{a}_c=2\boldsymbol{\Omega}\times\boldsymbol{W}\\ \boldsymbol{V}_0=\dfrac{d_a\boldsymbol{r}_0}{dt}\\ \boldsymbol{V}_e=\boldsymbol{V}_0+\boldsymbol{\Omega}\times\boldsymbol{r}_R\\ \boldsymbol{W}=\dfrac{d_R\boldsymbol{r}_R}{dt}\end{cases} \tag{5.3.6}$$

式中，$\boldsymbol{a}$、$\boldsymbol{a}_r$、$\boldsymbol{a}_e$ 与 $\boldsymbol{a}_c$ 分别表示绝对加速度、相对加速度、牵连加速度与 Coriolis 加速度；$\boldsymbol{V}_0$ 与 $\boldsymbol{\Omega}\times\boldsymbol{r}_R$ 分别为相对坐标系平移牵连速度与旋转牵连速度；而 $\boldsymbol{\Omega}\times(\boldsymbol{\Omega}\times\boldsymbol{r}_R)$为向心加速度，$\boldsymbol{W}$ 为流体质点的相对速度。另外，$\frac{\partial_a}{\partial t}$表示对绝对观察者而言所观察到的关于时间的偏导数；$\frac{\partial_R}{\partial t}$表示对相对观察者而言所观察到的关于时间的偏导数；算子∇_R与∇_a分别表示在相对坐标系（ξ^1,ξ^2,ξ^3）中与在绝对坐标系（x^1,x^2,x^3）中进行 Hamilton 算子的计算。

在两类坐标系的相互转换中，下面两个关系是也非常重要的，它们是

$$\frac{\partial_a q}{\partial t}=\frac{\partial_R q}{\partial t}-(\boldsymbol{\Omega}\times\boldsymbol{r}_R)\cdot\nabla_R q \tag{5.3.7}$$

$$\frac{\partial_a \boldsymbol{B}}{\partial t}=\frac{\partial_R \boldsymbol{B}}{\partial t}+\boldsymbol{\Omega}\times\boldsymbol{B}-(\boldsymbol{\Omega}\times\boldsymbol{r}_R)\cdot\nabla_R \boldsymbol{B} \tag{5.3.8}$$

式中，q 与 $\boldsymbol{B}$ 的定义同式(5.3.2)与式(5.3.3)。在叶轮机械气动热力学中，常采用 $\boldsymbol{r}_0=0$ 的特殊相对坐标系，在这种特殊相对坐标系下式(5.3.4)与式(5.3.5)简化为

$$\boldsymbol{V}=\boldsymbol{W}+\boldsymbol{\Omega}\times\boldsymbol{r}_R \tag{5.3.9}$$

$$\boldsymbol{a}=\frac{d_a\boldsymbol{V}}{dt}=\frac{d_R\boldsymbol{W}}{dt}+2\boldsymbol{\Omega}\times\boldsymbol{W}+\boldsymbol{\Omega}\times(\boldsymbol{\Omega}\times\boldsymbol{r}_R)+\left(\frac{d_a\boldsymbol{\Omega}}{dt}\right)\times\boldsymbol{r}_R=\frac{\partial_a\boldsymbol{V}}{\partial t}+\boldsymbol{V}\cdot\nabla_a\boldsymbol{V} \tag{5.3.10}$$

注意到

$$\boldsymbol{\Omega}\times(\boldsymbol{\Omega}\times\boldsymbol{r}_R)=-\boldsymbol{\Omega}^2\,\nabla_R\left(\frac{r^2}{2}\right) \tag{5.3.11}$$

式中，r 为流体质点离旋转轴的距离即柱坐标系中的 r 坐标。当 $\Omega=\text{const}$ 时，则式(5.3.10)被简化为

$$\frac{d_a\boldsymbol{V}}{dt}=\frac{d_R\boldsymbol{W}}{dt}+2\boldsymbol{\Omega}\times\boldsymbol{W}-\nabla_R\left(\frac{\Omega^2r^2}{2}\right)=\frac{\partial_R\boldsymbol{W}}{\partial t}+\nabla_R\left(\frac{W^2}{2}\right)-\boldsymbol{W}\times(\nabla_a\times\boldsymbol{V})-\nabla_R\left(\frac{\Omega^2r^2}{2}\right) \tag{5.3.12}$$

另外，下列几个关系式也是常用的

$$\begin{cases}\nabla_a q=\nabla_R q\\ \nabla_a\cdot\boldsymbol{B}=\nabla_R\cdot\boldsymbol{B}\\ \nabla_a\boldsymbol{B}=\nabla_R\boldsymbol{B}\\ \nabla_a\times\boldsymbol{B}=\nabla_R\times\boldsymbol{B}\\ \nabla_a\cdot\boldsymbol{V}=\nabla_R\cdot\boldsymbol{W}\\ \nabla_a\times\boldsymbol{V}=\nabla_R\times\boldsymbol{W}+2\boldsymbol{\Omega}\end{cases} \tag{5.3.13}$$

式中，q 为任意标量；$\boldsymbol{B}$ 为任意矢量。在叶轮机械气体动力学中，常引入滞止转子焓(total rothalpy 或者 stagnation rothalpy)I 的概念，它首次由吴仲华教授引入并定义为

$$I=h+\frac{\boldsymbol{W}\cdot\boldsymbol{W}}{2}-\frac{(\Omega r)^2}{2} \tag{5.3.14}$$

式中，h 为静焓；r 为柱坐标系下的 r 值。于是 $\Omega=\text{const}$ 时的非惯性坐标系(即相对坐标系)下，叶轮机械三维流动的基本方程组为

$$\frac{\partial_R\rho}{\partial t}+\nabla\cdot(\rho\boldsymbol{W})=0 \tag{5.3.15}$$

$$\frac{d_R\boldsymbol{W}}{dt}+2\boldsymbol{\Omega}\times\boldsymbol{W}+\boldsymbol{\Omega}\times(\boldsymbol{\Omega}\times\boldsymbol{r})=-\frac{1}{\rho}\nabla p+\frac{1}{\rho}\nabla\cdot\boldsymbol{\Pi} \tag{5.3.16}$$

$$\frac{d_R I}{dt}=\frac{1}{\rho}\frac{\partial_R p}{\partial t}+\dot{q}+\frac{1}{\rho}\nabla\cdot(\boldsymbol{\Pi}\cdot\boldsymbol{W}) \tag{5.3.17}$$

式中，$\boldsymbol{\Pi}$、p、ρ 分别为黏性应力张量、压强、密度；$\dot{q}$ 为外界对每单位质量气体的传热率，它与熵 S、温度 T、耗散函数 Φ 之间的关系为

$$T\frac{dS}{dt}=\dot{q}+\frac{\Phi}{\rho} \tag{5.3.18}$$

借助于式(5.3.18)，则 Crocco 形式的绝对运动方程与相对运动方程分别为

$$\frac{\partial_a \boldsymbol{V}}{\partial t} + (\nabla \times \boldsymbol{V}) \times \boldsymbol{V} = T\,\nabla S - \nabla H + \frac{1}{\rho}\,\nabla \cdot \boldsymbol{\Pi} \tag{5.3.19}$$

$$\frac{\partial_R \boldsymbol{W}}{\partial t} + (\nabla \times \boldsymbol{V}) \times \boldsymbol{W} = T\,\nabla S - \nabla I + \frac{1}{\rho}\,\nabla \cdot \boldsymbol{\Pi} \tag{5.3.20}$$

式中，H 为总焓，即

$$H = h + \frac{1}{2}(\boldsymbol{V} \cdot \boldsymbol{V}) \tag{5.3.21}$$

相应地能量方程可以写为

$$\frac{\mathrm{d}_a H}{\mathrm{d}t} = \frac{1}{\rho}\,\frac{\partial_a p}{\partial t} + \dot{q} + \frac{1}{\rho}\,\nabla \cdot (\boldsymbol{\Pi} \cdot \boldsymbol{V}) \tag{5.3.22}$$

借助于式(5.3.12)，则在流体为正压条件下式(5.3.16)又可表达为

$$\frac{\partial_R \boldsymbol{W}}{\partial t} + \nabla_R\left[\frac{W^2}{2} - \frac{(\Omega r)^2}{2} + \int \frac{\mathrm{d}p}{\rho}\right] = \frac{1}{\rho}\,\nabla_R \cdot \boldsymbol{\Pi} + \boldsymbol{W} \times (\nabla_R \times \boldsymbol{W}) - 2\boldsymbol{\Omega} \times \boldsymbol{W} \tag{5.3.23}$$

对于定常、无黏、正压流体，则式(5.3.23)可变为

$$\nabla_R\left[\frac{W^2}{2} - \frac{(\Omega r)^2}{2} + \int \frac{\mathrm{d}p}{\rho}\right] = \boldsymbol{W} \times (\nabla \times \boldsymbol{V}) \tag{5.3.24}$$

如果用任一微元长度矢量 d$\boldsymbol{s}$ 与式(5.3.24)作数性积，便有

$$\mathrm{d}\left[\frac{W^2}{2} - \frac{(\Omega r)^2}{2} + \int \frac{\mathrm{d}p}{\rho}\right] = [\boldsymbol{W} \times (\nabla \times \boldsymbol{V})] \cdot \mathrm{d}\boldsymbol{S} \tag{5.3.25}$$

显然，欲使式(5.3.25)可积，则必须使上式右端的三个矢量 $\boldsymbol{W}$、$\nabla \times \boldsymbol{V}$ 与 d$\boldsymbol{S}$ 共面，或其中某一个矢量为零，或其中任两个矢量平行。这里仅讨论如下三种情况：

(1) 当 $\boldsymbol{W}$ 与 $\nabla \times \boldsymbol{V}$ 平行，即相对运动的流线与绝对运动的涡线相重合时，则借助于式(5.3.25)在全流场有

$$\frac{W^2}{2} - \frac{(\Omega r)^2}{2} + \int \frac{\mathrm{d}p}{\rho} = \text{const} \quad (\text{沿全流场}) \tag{5.3.26}$$

此积分称为 Lamb 积分。显然，这个积分沿全流场成立。

(2) 当 d$\boldsymbol{S}$ 与 $\boldsymbol{W}$ 平行，即这时积分路线是沿流线进行，借助于式(5.3.25)于是沿着每一条流线有

$$\frac{W^2}{2} - \frac{(\Omega r)^2}{2} + \int \frac{\mathrm{d}p}{\rho} = \text{const} \quad (\text{沿流线}) \tag{5.3.27}$$

而沿着不同的流线，其积分常数可以不同。这里式(5.3.27)便称为非惯性相对坐标系中的 Bernoulli 积分。显然，这个积分只在每一条流线上成立，

(3) 当 d$\boldsymbol{S}$ 与 $\nabla \times \boldsymbol{V}$ 平行时，借助于式(5.3.25)于是沿着每一条涡线有下式成立

$$\frac{W^2}{2} - \frac{(\Omega r)^2}{2} + \int \frac{\mathrm{d}p}{\rho} = \text{const} \quad (\text{沿涡线}) \tag{5.3.28}$$

显然，沿不同的涡线，其积分常数可以不同。

5.4 涡动力学的基本方程组以及胀量与涡量间的耦合

5.4.1 涡动力学中的几个基本概念以及有关符号的定义

如果涡量与胀量分别用符号 $\boldsymbol{\omega}$ 与 θ 表示，即

$$\boldsymbol{\omega} \equiv \nabla \times \mathbf{V} \tag{5.4.1}$$

$$\theta \equiv \nabla \cdot \mathbf{V} \tag{5.4.2}$$

并令应力张量、黏性应力张量、变形率张量以及面应变率张量分别用符号 $\boldsymbol{\pi}$、$\boldsymbol{\Pi}$、$\boldsymbol{D}$ 以及 $\boldsymbol{B}$，即

$$\boldsymbol{\pi} = (-p + \lambda\theta)\boldsymbol{I} + 2\mu\boldsymbol{D} = \left[-p + \left(\mu_{\mathrm{b}} - \frac{2}{3}\mu\right)\theta\right]\boldsymbol{I} + 2\mu\boldsymbol{D} \tag{5.4.3}$$

$$\boldsymbol{\pi} = -p\boldsymbol{I} + \boldsymbol{\Pi} = (-p + \mu'\theta)\boldsymbol{I} + 2\mu\boldsymbol{\Omega} + 2\mu\boldsymbol{B}^{\mathrm{T}}) \tag{5.4.4}$$

$$\boldsymbol{\Pi} = 2\mu\boldsymbol{D} + \lambda\theta\boldsymbol{I} \tag{5.4.5}$$

$$\boldsymbol{\Pi} = \mu[\nabla\mathbf{V} + (\nabla\mathbf{V})^{\mathrm{T}}] + \left(\mu_{\mathrm{b}} - \frac{2}{3}\mu\right)\theta\boldsymbol{I} \tag{5.4.6}$$

$$\boldsymbol{D} = \frac{1}{2}[\nabla\mathbf{V} + (\nabla\mathbf{V})^{\mathrm{T}}] \tag{5.4.7}$$

$$\boldsymbol{B} = \nabla\mathbf{V} - \theta\boldsymbol{I} \tag{5.4.8}$$

式中，$\boldsymbol{B}^{\mathrm{T}}$ 表示 $\boldsymbol{B}$ 的转置；μ_{b} 为体积膨胀系数，而 μ、λ 与 μ_{b} 间的关系为

$$\lambda = \mu_{\mathrm{b}} - \frac{2}{3}\mu \tag{5.4.9}$$

在式(5.4.4)中，μ' 与 $\boldsymbol{\Omega}$ 的定义分别为

$$\mu' = \lambda + 2\mu \tag{5.4.10}$$

$$\boldsymbol{\Omega} = \frac{1}{2}[\nabla\mathbf{V} - (\nabla\mathbf{V})^{\mathrm{T}}] \tag{5.4.11}$$

式中，μ' 称为胀压黏性系数。显然

$$\nabla\mathbf{V} = \boldsymbol{D} + \boldsymbol{\Omega} \tag{5.4.12}$$

如果令 $\boldsymbol{\pi}^*$ 的表达式为

$$\boldsymbol{\pi}^* = (-p + \mu'\theta)\boldsymbol{I} + 2\mu\boldsymbol{\Omega} \tag{5.4.13}$$

于是应力张量 $\boldsymbol{\pi}$ 便可以表示为

$$\boldsymbol{\pi} = \boldsymbol{\pi}^* + 2\mu\boldsymbol{B}^{\mathrm{T}} \tag{5.4.14}$$

今考虑任一空间曲面，令 $\boldsymbol{n}$ 为该曲面的单位法矢量，引入面应力 $\boldsymbol{t}$ 与面变形应力 $\boldsymbol{t}_{\mathrm{s}}$ 的概念，于是 $\boldsymbol{t}$ 与 $\boldsymbol{t}_{\mathrm{s}}$ 的表达式分别为

$$\boldsymbol{t} = \boldsymbol{n} \cdot \boldsymbol{\pi} = \boldsymbol{t}_{\mathrm{s}} + \boldsymbol{t}^* \tag{5.4.15}$$

$$\boldsymbol{t}_{\mathrm{s}} = 2\mu\boldsymbol{B} \cdot \boldsymbol{n} = 2\mu\boldsymbol{n} \cdot \boldsymbol{B}^{\mathrm{T}} \tag{5.4.16}$$

而式(5.4.15)中 $\boldsymbol{t}^*$ 的定义为

$$\boldsymbol{t}^* \equiv \boldsymbol{n} \cdot \boldsymbol{\pi}^* = \mu\boldsymbol{\omega} \times \boldsymbol{n} + \tilde{b}\boldsymbol{n} \tag{5.4.17}$$

式中，标量 $\tilde{b}$ 的定义是

$$\tilde{b} \equiv -p + \mu'\theta = -p + (\lambda + 2\mu)\theta \tag{5.4.18}$$

在涡动力学中，涡是流体运动的肌腱，涡是流体运动中必然要遇到的最基本概念，而在涡的分析中，螺旋量(即 $\boldsymbol{\omega} \cdot \mathbf{V}$)与 Lamb 矢量(即 $\boldsymbol{\omega} \times \mathbf{V}$)又是经常会遇到的两个基本概念，显然涡线沿流线的正交分解为

$$\boldsymbol{\omega} = \frac{\boldsymbol{\omega} \cdot \mathbf{V}}{|\mathbf{V} \cdot \mathbf{V}|}\mathbf{V} + \mathbf{V} \times \frac{\boldsymbol{\omega} \times \mathbf{V}}{|\mathbf{V} \cdot \mathbf{V}|} \tag{5.4.19}$$

将式(5.4.19)两边点积 $\boldsymbol{\omega}$ 后便得如下恒等式

$$\boldsymbol{\omega} \cdot \boldsymbol{\omega} = \frac{|\boldsymbol{\omega} \cdot \mathbf{V}|^2}{|\mathbf{V} \cdot \mathbf{V}|} + \frac{|\boldsymbol{\omega} \times \mathbf{V}|^2}{|\mathbf{V} \cdot \mathbf{V}|} \tag{5.4.20}$$

另外，在进行涡量场与流场的分析中，常引入沿流线正交的自然坐标系：令沿流线方向上的弧线

为 s，单位切矢量为 $\boldsymbol{\tau}$，指向流线曲率中心的单位法矢(即主法矢)为 $\boldsymbol{n}$，而单位副法矢为 $\boldsymbol{b}$，于是 $(\boldsymbol{\tau},\boldsymbol{n},\boldsymbol{b})$ 构成一组右手单位正交曲线标架。在这组标架中，速度 $\mathbf{V}$ 与涡量 $\boldsymbol{\omega}$ 可分别表示为

$$\mathbf{V}=V\boldsymbol{\tau}=\{V,0,0\} \tag{5.4.21}$$

$$\begin{aligned}\boldsymbol{\omega}&=\boldsymbol{\tau}\omega_{\mathrm{s}}+\boldsymbol{n}\omega_{\mathrm{n}}+\boldsymbol{b}\omega_{\mathrm{b}}\\&=\nabla\times(V\boldsymbol{\tau})=(\nabla V)\times\boldsymbol{\tau}+V(\nabla\times\boldsymbol{\tau})\\&=\left(\boldsymbol{n}\frac{\partial V}{\partial b}-\boldsymbol{b}\frac{\partial V}{\partial n}\right)+(K_3V\boldsymbol{\tau}+K_1V\boldsymbol{b})\\&=K_3V\boldsymbol{\tau}+\boldsymbol{n}\frac{\partial V}{\partial b}+\left(K_1V-\frac{\partial V}{\partial n}\right)\boldsymbol{b}=\{\omega_{\mathrm{s}},\omega_{\mathrm{n}},\omega_{\mathrm{b}}\}\end{aligned} \tag{5.4.22}$$

这里 $(\boldsymbol{\tau},\boldsymbol{n},\boldsymbol{b})$ 间的关系为

$$\boldsymbol{b}=\boldsymbol{\tau}\times\boldsymbol{n} \tag{5.4.23}$$

在式(5.4.22)中 K_1 为空间流线的曲率，K_3 定义为

$$K_3\equiv\boldsymbol{\tau}\cdot(\nabla\times\boldsymbol{\tau})=\boldsymbol{b}\cdot\frac{\partial\boldsymbol{\tau}}{\partial n}-\boldsymbol{n}\cdot\frac{\partial\boldsymbol{\tau}}{\partial b} \tag{5.4.24}$$

如果令 K_2 为流线的挠率，则 K_1、K_2 满足 Frenet-Serrent 公式，即

$$\begin{cases}\dfrac{\partial\boldsymbol{\tau}}{\partial s}=K_1\boldsymbol{n}\\[2mm]\dfrac{\partial\boldsymbol{n}}{\partial s}=-K_1\boldsymbol{\tau}+K_2\boldsymbol{b}\\[2mm]\dfrac{\partial\boldsymbol{b}}{\partial s}=-K_2\boldsymbol{n}\end{cases} \tag{5.4.25}$$

5.4.2 涡动力学中的几个基本方程

1. 涡量输运方程

如果引入涡量 $\boldsymbol{\omega}$ 与胀量 θ 的概念，并假定运动黏性系数 $\dfrac{\mu}{\rho}$ 均布时，则方程(5.1.26)或者方程(5.1.27)可变为如下形式

$$\frac{\mathrm{d}\boldsymbol{\omega}}{\mathrm{d}t}-(\boldsymbol{\omega}\cdot\nabla)\mathbf{V}+\boldsymbol{\omega}\theta=\nabla\times\boldsymbol{f}+\frac{1}{\rho^2}(\nabla\rho)\times(\nabla p)+\frac{\mu}{\rho}\nabla^2\boldsymbol{\omega} \tag{5.4.26}$$

$$\frac{\mathrm{d}\boldsymbol{\omega}}{\mathrm{d}t}-(\boldsymbol{\omega}\cdot\nabla)\mathbf{V}+\boldsymbol{\omega}\theta=\nabla\times\boldsymbol{f}+(\nabla T)\times(\nabla S)+\frac{\mu}{\rho}\nabla^2\boldsymbol{\omega} \tag{5.4.27}$$

式(5.4.26)和式(5.4.27)便是涡量输运方程(又称涡量动力学方程)的两种常用形式。为了展示涡动力学中的更多结果，这里直接从如下形式的动力学方程

$$\rho\frac{\mathrm{d}\mathbf{V}}{\mathrm{d}t}=\rho\boldsymbol{f}+\nabla(-p+\lambda\theta)+\nabla\cdot(2\mu\boldsymbol{D}) \tag{5.4.28}$$

出发去推导涡量输运方程。在 μ 与 λ 均布的假设下，并注意到

$$\nabla\cdot(2\boldsymbol{D})=\nabla^2\mathbf{V}+\nabla\theta \tag{5.4.29}$$

$$\nabla^2\mathbf{V}=\nabla\theta-\nabla\times\boldsymbol{\omega} \tag{5.4.30}$$

于是式(5.4.28)又可简化为如下形式

$$\rho\frac{\mathrm{d}\mathbf{V}}{\mathrm{d}t}=\rho\boldsymbol{f}-\nabla p+\mu'\nabla\theta-\mu\nabla\times\boldsymbol{\omega}=\rho\boldsymbol{f}+\nabla(\mu'\theta-p)-\nabla\times(\mu\boldsymbol{\omega}) \tag{5.4.31}$$

注意到式(5.4.18)，则式(5.4.31)又可写为

$$\rho \frac{\mathrm{d}\boldsymbol{V}}{\mathrm{d}t} = \rho \boldsymbol{f} + \nabla \tilde{b} - \nabla \times (\mu \boldsymbol{\omega}) = \rho \boldsymbol{a} \tag{5.4.32}$$

或者

$$\frac{\mathrm{d}\boldsymbol{V}}{\mathrm{d}t} = \boldsymbol{a} = \boldsymbol{f} + \frac{\nabla \tilde{b}}{\rho} - \frac{\nabla \times (\mu \boldsymbol{\omega})}{\rho} \tag{5.4.33}$$

注意到 μ 与 ρ 均布的假设以及式(5.1.17),则式(5.4.33)又可变为

$$\frac{\mathrm{d}\boldsymbol{V}}{\mathrm{d}t} = \boldsymbol{a} = \boldsymbol{f} + (T\,\nabla S - \nabla h) + \nabla\left(\frac{\mu'}{\rho}\theta\right) - \nabla \times \left(\frac{\mu}{\rho}\boldsymbol{\omega}\right) \tag{5.4.34}$$

将式(5.4.34)左边取旋度并注意到

$$\nabla \cdot (\boldsymbol{V}\boldsymbol{\omega}) = \theta \boldsymbol{\omega} + (\boldsymbol{V} \cdot \nabla)\boldsymbol{\omega} \tag{5.4.35}$$

$$\nabla \cdot (\boldsymbol{\omega}\boldsymbol{V}) = \boldsymbol{\omega} \cdot \nabla \boldsymbol{V} = \boldsymbol{\omega} \cdot \boldsymbol{D} = \boldsymbol{D} \cdot \boldsymbol{\omega} \tag{5.4.36}$$

于是便可以得到如下表达式

$$\frac{\partial \boldsymbol{\omega}}{\partial t} + \nabla \cdot (\boldsymbol{V}\boldsymbol{\omega} - \boldsymbol{\omega}\boldsymbol{V}) = \nabla \times \boldsymbol{a} \tag{5.4.37}$$

或者

$$\frac{\partial \boldsymbol{\omega}}{\partial t} + \theta \boldsymbol{\omega} - \nabla \cdot (\boldsymbol{\omega}\boldsymbol{V}) = \nabla \times \boldsymbol{a} \tag{5.4.38}$$

将式(5.4.34)的右边取旋度可得到

$$\nabla \times \boldsymbol{a} = \nabla \times \boldsymbol{f} + (\nabla T) \times (\nabla S) + \frac{\mu}{\rho} \nabla^2 \boldsymbol{\omega} \tag{5.4.39}$$

显然,将式(5.4.38)与式(5.4.39)相结合便可立刻推出式(5.4.27)成立。

2. 胀量输运方程

引入总焓 H 的概念,其数学表达式为

$$H = h + \frac{\boldsymbol{V} \cdot \boldsymbol{V}}{2} \tag{5.4.40}$$

并在方程(5.4.34)的基础上将其改造为 Crocco 类型,于是可得到

$$\frac{\partial \boldsymbol{V}}{\partial t} + \boldsymbol{\omega} \times \boldsymbol{V} = T\,\nabla S - \nabla H + \frac{1}{\rho} \nabla \cdot \boldsymbol{\Pi} + \boldsymbol{f} \tag{5.4.41}$$

或者

$$\frac{\partial \boldsymbol{V}}{\partial t} + \boldsymbol{\omega} \times \boldsymbol{V} - T\,\nabla S - \boldsymbol{f} = \nabla\left(\frac{\lambda + 2\mu}{\rho}\theta - H\right) - \frac{\mu}{\rho} \nabla \times \boldsymbol{\omega} = \nabla\left(\frac{\mu'}{\rho}\theta - H\right) - \frac{\mu}{\rho} \nabla \times \boldsymbol{\omega} \tag{5.4.42}$$

对式(5.4.42)求散度,便得到胀量动力学方程,即

$$\frac{\partial \theta}{\partial t} + \nabla \cdot (\boldsymbol{\omega} \times \boldsymbol{V} - T\,\nabla S) = \nabla \cdot \boldsymbol{f} + \nabla^2\left(\frac{\mu'}{\rho}\theta - H\right) \tag{5.4.43}$$

另外,由于

$$\begin{aligned} \nabla \cdot \boldsymbol{a} &= \nabla \cdot \left(\frac{\partial \boldsymbol{V}}{\partial t} + \boldsymbol{V} \cdot \nabla \boldsymbol{V}\right) = \frac{\partial \theta}{\partial t} + \boldsymbol{V} \cdot \nabla \theta + (\nabla \boldsymbol{V})^{\mathrm{T}} : (\nabla \boldsymbol{V}) = \frac{\mathrm{d}\theta}{\mathrm{d}t} + \boldsymbol{D} : \boldsymbol{D} - \boldsymbol{\Omega} : \boldsymbol{\Omega} \\ &= \frac{\mathrm{d}\theta}{\mathrm{d}t} + \boldsymbol{D} : \boldsymbol{D} + \frac{1}{2}(\boldsymbol{\omega} \cdot \boldsymbol{\omega}) \end{aligned} \tag{5.4.44}$$

于是又可得到另一种形式的胀量输运方程

$$\frac{\mathrm{d}\theta}{\mathrm{d}t}+\boldsymbol{D}:\boldsymbol{D}+\frac{1}{2}(\boldsymbol{\omega}\cdot\boldsymbol{\omega})=\nabla\cdot(\boldsymbol{f}+T\,\nabla S)+\nabla^2\left(\frac{\mu'}{\rho}\theta-h\right) \tag{5.4.45}$$

应该指出是，由式(5.4.27)与式(5.4.45)可以清楚地看出：在胀量输运方程中含有涡量，而在涡量输运方程中又含有胀量，两者相互耦合着。

3. 流体在边界上的变形与涡量分析

今考虑固壁面 ∂B 静止时的情况，由黏附条件，因此流体在 ∂B 上一点 $\boldsymbol{x}$ 处的速度 $\boldsymbol{V}(\boldsymbol{x},t)\equiv 0$；为了得到边界上流体元的应变率，在边界 ∂B 上取任意面积 A，则有

$$(\boldsymbol{n}\times\nabla)\circ\boldsymbol{V}=0\quad(\text{在 }\partial B\text{ 上}) \tag{5.4.46}$$

式中，乘积符号"$\circ$"可以任取，若取"$\circ$"为点积时，有

$$(\boldsymbol{n}\times\nabla)\cdot\boldsymbol{V}=\boldsymbol{n}\cdot\boldsymbol{\omega}=0\quad(\text{在 }\partial B\text{ 上}) \tag{5.4.47}$$

式(5.4.47)表明，边界涡量必沿着固壁切向，若"$\circ$"为叉积时，有

$$(\boldsymbol{n}\times\nabla)\times\boldsymbol{V}=\boldsymbol{n}\cdot\nabla\boldsymbol{V}+\boldsymbol{n}\times\boldsymbol{\omega}-\boldsymbol{n}\theta=0\quad(\text{在 }\partial B\text{ 上}) \tag{5.4.48}$$

注意到

$$\boldsymbol{n}\cdot\nabla\boldsymbol{V}+\boldsymbol{n}\times\boldsymbol{\omega}-\boldsymbol{n}\theta=\boldsymbol{n}\cdot(\boldsymbol{D}+\boldsymbol{\Omega})+\boldsymbol{n}\times\boldsymbol{\omega}-\boldsymbol{n}\theta=\boldsymbol{n}\cdot\boldsymbol{D}+\frac{1}{2}(\boldsymbol{n}\times\boldsymbol{\omega})-\theta\boldsymbol{n} \tag{5.4.49}$$

于是在边界 ∂B 上有

$$2\boldsymbol{n}\cdot\boldsymbol{D}=2\theta\boldsymbol{n}+\boldsymbol{\omega}\times\boldsymbol{n}\quad(\text{在 }\partial B\text{ 上}) \tag{5.4.50}$$

成立。若"$\circ$"取为张量积时，有

$$\boldsymbol{n}\times\nabla\boldsymbol{V}=0\quad(\text{在 }\partial B\text{ 上}) \tag{5.4.51}$$

注意恒等式

$$2\boldsymbol{n}\times\nabla\boldsymbol{V}=2\boldsymbol{n}\times\boldsymbol{D}+(\boldsymbol{n}\cdot\boldsymbol{\omega})\boldsymbol{I}-\boldsymbol{\omega}\boldsymbol{n} \tag{5.4.52}$$

以及式(5.4.47)，于是在边界 ∂B 上，式(5.4.51)可进一步被简化为

$$2\boldsymbol{n}\times\boldsymbol{D}=\boldsymbol{\omega}\boldsymbol{n}\quad(\text{在 }\partial B\text{ 上}) \tag{5.4.53}$$

今考虑任意一个张量 $\boldsymbol{T}$ 和一个矢量 $\boldsymbol{t}$，于是 $\boldsymbol{T}$ 对 $\boldsymbol{t}$ 的一个正交分解为

$$\boldsymbol{T}=\boldsymbol{t}(\boldsymbol{t}\cdot\boldsymbol{T})-\boldsymbol{t}\times(\boldsymbol{t}\times\boldsymbol{T}) \tag{5.4.54}$$

所以这里变形率张量 $\boldsymbol{D}$ 对矢量 $\boldsymbol{n}$ 的正交分解为

$$\boldsymbol{D}=\boldsymbol{n}(\boldsymbol{n}\cdot\boldsymbol{D})-\boldsymbol{n}\times(\boldsymbol{n}\times\boldsymbol{D}) \tag{5.4.55}$$

注意到

$$\boldsymbol{n}\times(\boldsymbol{\omega}\boldsymbol{n})=-(\boldsymbol{\omega}\times\boldsymbol{n})\boldsymbol{n} \tag{5.4.56}$$

以及式(5.4.50)与式(5.4.53)，于是在边界 ∂B 上式(5.4.55)可进一步被简化为

$$2\boldsymbol{D}=2\theta\boldsymbol{n}\boldsymbol{n}+\boldsymbol{n}(\boldsymbol{\omega}\times\boldsymbol{n})+(\boldsymbol{\omega}\times\boldsymbol{n})\boldsymbol{n}\quad(\text{在 }\partial B\text{ 上}) \tag{5.4.57}$$

4. 总螺旋量方程与总涡量演化方程

涡量方程可以有许多种等价形式，如

$$\frac{\mathrm{d}\boldsymbol{\omega}}{\mathrm{d}t}=\boldsymbol{\omega}\cdot\nabla\boldsymbol{V}-\theta\boldsymbol{\omega}+\nabla\times\boldsymbol{a} \tag{5.4.58a}$$

$$\frac{\partial\boldsymbol{\omega}}{\partial t}+\nabla\cdot(\boldsymbol{V}\boldsymbol{\omega}-\boldsymbol{\omega}\boldsymbol{V})=\nabla\times\boldsymbol{a} \tag{5.4.58b}$$

$$\frac{\partial \boldsymbol{\omega}}{\partial t} + \nabla \times (\boldsymbol{\omega} \times \boldsymbol{V}) = \nabla \times \boldsymbol{a} \tag{5.4.58c}$$

如果利用连续性方程,则由式(5.4.58a)还容易推出

$$\frac{\mathrm{d}}{\mathrm{d}t}\left(\frac{\boldsymbol{\omega}}{\rho}\right) = \frac{\boldsymbol{\omega}}{\rho} \cdot \nabla \boldsymbol{V} + \frac{1}{\rho} \nabla \times \boldsymbol{a} \tag{5.4.58d}$$

引入螺旋量 $\boldsymbol{\omega} \cdot \boldsymbol{V}$ 的概念,显然容易推出如下形式的总螺旋量方程

$$\frac{\mathrm{d}}{\mathrm{d}t}\iiint_{\tau(t)} \boldsymbol{\omega} \cdot \boldsymbol{V} \mathrm{d}\tau = 2\iiint_{\tau(t)} (\nabla \times \boldsymbol{a}) \cdot \boldsymbol{V} \mathrm{d}\tau + \oiint_{\sigma(t)} \left(\frac{\boldsymbol{V} \cdot \boldsymbol{V}}{2} \boldsymbol{\omega} + \boldsymbol{V} \times \boldsymbol{a}\right) \cdot \boldsymbol{n} \mathrm{d}\sigma \tag{5.4.59}$$

式中,$\tau(t)$ 与 $\mu(t)$ 分别为随着流体一起运动的控制体(即 $\tau(t)$)与控制面(即 $\sigma(t)$),而且这里 $\sigma(t)$ 为控制体 $\tau(t)$ 的边界面。如果选取固定的控制体 V 以及它的边界面 ∂V 对式(5.4.58b)积分,并注意到如下恒等式

$$\boldsymbol{n} \cdot (\boldsymbol{V}\boldsymbol{\omega} - \boldsymbol{\omega}\boldsymbol{V}) = (\boldsymbol{\omega}\boldsymbol{V} - \boldsymbol{V}\boldsymbol{\omega}) \cdot \boldsymbol{n} \tag{5.4.60}$$

于是可得到

$$\frac{\mathrm{d}}{\mathrm{d}t}\iiint_{V} \boldsymbol{\omega} \, \mathrm{d}\tau + \oiint_{\partial V} (\boldsymbol{\omega}\boldsymbol{V} - \boldsymbol{V}\boldsymbol{\omega}) \cdot \boldsymbol{n} \mathrm{d}\sigma = \iiint_{\partial V} \nabla \times \boldsymbol{a} \, \mathrm{d}\tau \tag{5.4.61}$$

显然,如果选取随着流体一起运动的 $\tau(t)$ 与 $\sigma(t)$ 时,借助于 Reynolds 输运定理,由式(5.4.61)出发便很容易得到如下表达形式

$$\frac{\mathrm{d}}{\mathrm{d}t}\iiint_{\tau(t)} \boldsymbol{\omega} \cdot \mathrm{d}\tau = \oiint_{\sigma(t)} (\boldsymbol{V}\boldsymbol{\omega}) \cdot \boldsymbol{n} \mathrm{d}\sigma + \iiint_{\tau(t)} \nabla \times \boldsymbol{a} \, \mathrm{d}\tau \tag{5.4.62}$$

以上几个表达式中 $\boldsymbol{a}$ 表示流体的加速度,即

$$\boldsymbol{a} = \frac{\mathrm{d}\boldsymbol{V}}{\mathrm{d}t} \tag{5.4.63}$$

5. 边界涡量生成率以及相关分析

1963 年 Lighthill 在文献[21]中给出了如下表达式

$$\boldsymbol{\sigma} \equiv \frac{\mu}{\rho} \frac{\partial \boldsymbol{\omega}}{\partial n} \tag{5.4.64}$$

将其定义为涡量源强度(vorticity source strength),后来又称为物面涡量流(wall vorticity flux),有些文献还称之为边界涡量生成率(boundary vorticity flux,BVF),它是边界上单位时间内通过单位面积进入流体旋涡多少的度量,显然它是边界涡量动力学中的最核心概念之一。首先将运动方程(5.4.33)写为如下形式

$$\rho \frac{\mathrm{d}\boldsymbol{V}}{\mathrm{d}t} = \rho \boldsymbol{f} + \nabla \tilde{b} - \nabla \times (\mu \boldsymbol{\omega}) \tag{5.4.65}$$

在假定 μ 均布时,式(5.4.65)又可改写为

$$\frac{\mathrm{d}\boldsymbol{V}}{\mathrm{d}t} = \boldsymbol{f} + \frac{\nabla \tilde{b}}{\rho} - \frac{\mu}{\rho} \nabla \times \boldsymbol{\omega} \tag{5.4.66}$$

为了便于分析流体在壁面 ∂B 上的切向分量,因此用法向矢量 $\boldsymbol{n}$ 去叉乘式(5.4.66),得

$$\boldsymbol{n} \times \left(\frac{\mathrm{d}\boldsymbol{V}}{\mathrm{d}t} - \boldsymbol{f} - \frac{\nabla \tilde{b}}{\rho}\right) = -\frac{\mu}{\rho} \boldsymbol{n} \times (\nabla \times \boldsymbol{\omega}) \tag{5.4.67}$$

注意到如下恒等式

$$\boldsymbol{n} \times (\nabla \times \boldsymbol{\omega}) = (\boldsymbol{n} \times \nabla) \times \boldsymbol{\omega} - \frac{\partial \boldsymbol{\omega}}{\partial n} \tag{5.4.68}$$

式中，$\dfrac{\partial \boldsymbol{\omega}}{\partial n}$又可表示为

$$\frac{\partial \boldsymbol{\omega}}{\partial n}=(\boldsymbol{n}\cdot\nabla)\boldsymbol{\omega} \tag{5.4.69}$$

借助于式(5.4.68)，则式(5.4.67)可改写为

$$\boldsymbol{n}\times\left(\frac{\mathrm{d}\boldsymbol{V}}{\mathrm{d}t}-\boldsymbol{f}-\frac{\nabla\tilde{b}}{\rho}\right)=\frac{\mu}{\rho}\frac{\partial\boldsymbol{\omega}}{\partial n}-\frac{\mu}{\rho}(\boldsymbol{n}\times\nabla)\times\boldsymbol{\omega} \tag{5.4.70}$$

或者

$$\boldsymbol{\sigma}=\boldsymbol{\sigma}_a+\boldsymbol{\sigma}_f+\boldsymbol{\sigma}_{\tilde{b}}+\boldsymbol{\sigma}_\tau \tag{5.4.71}$$

式中，$\boldsymbol{\sigma}$ 由式(5.4.64)定义，而 $\boldsymbol{\sigma}_a$、$\boldsymbol{\sigma}_f$、$\boldsymbol{\sigma}_{\tilde{b}}$以及$\boldsymbol{\sigma}_\tau$ 分别是定义在边界 ∂B 上并且分别是由于加速度 $\boldsymbol{a}$ 引起的切向分量、体积力 $\boldsymbol{f}$ 的切向分量、法向应力 $\boldsymbol{b}$ 的切向梯度以及表面摩擦力所引起的 BVF，其具体表达式为

$$\boldsymbol{\sigma}_a\equiv\boldsymbol{n}\times\frac{\mathrm{d}\boldsymbol{V}}{\mathrm{d}t}=\boldsymbol{n}\times\boldsymbol{a} \tag{5.4.72}$$

$$\boldsymbol{\sigma}_f\equiv-\boldsymbol{n}\times\boldsymbol{f} \tag{5.4.73}$$

$$\boldsymbol{\sigma}_{\tilde{b}}\equiv-\frac{1}{\rho}\boldsymbol{n}\times(\nabla\tilde{b}) \tag{5.4.74}$$

$$\boldsymbol{\sigma}_\tau\equiv\frac{\mu}{\rho}(\boldsymbol{n}\times\nabla)\times\boldsymbol{\omega} \tag{5.4.75}$$

因篇幅所限，这里不再给出其他方面有关边界涡量流理论以及通过导数矩变换去构建物体表面边界涡量流方面的一些内容，感兴趣者可参阅相关的文献，下面仅扼要给出有关导数矩变换的数学基础。

6. 导数矩变换中的几个基础数学公式

近年来，涡量矩理论和边界涡量流理论已有了一些进展，涡动力学的设计思想已体现在现代飞行器气动布局的设计(例如，本书第 15.3 节边条机翼设计)之中，一种适用于任意域的导数矩理论也正在完善。导数矩变换所用的基础数学工具主要是高等数学中的分部积分[22]。在最简单的一维情况下，它的表达式为

$$\int_a^b x f'(x)\,\mathrm{d}x=[xf(x)]_a^b-\int_a^b f(x)\,\mathrm{d}x \tag{5.4.76}$$

式中，$f'(x)$为

$$f'(x)=\frac{\mathrm{d}f}{\mathrm{d}x} \tag{5.4.77}$$

另外，对于任意的标量 ϕ 和任意的矢量 $\boldsymbol{g}$，容易得到在三维空间曲面积分的分部积分式

$$2\iint_\sigma\phi\boldsymbol{n}\,\mathrm{d}\sigma=\oint_{\partial\sigma}\phi\boldsymbol{x}\times\boldsymbol{\tau}\,\mathrm{d}s-\iint_\sigma\boldsymbol{x}\times(\boldsymbol{n}\times\nabla\phi)\,\mathrm{d}\sigma \tag{5.4.78}$$

$$\iint_\sigma\boldsymbol{n}\times\boldsymbol{g}\,\mathrm{d}\sigma=\oint_{\partial\sigma}\boldsymbol{x}\times(\boldsymbol{\tau}\,\mathrm{d}s\times\boldsymbol{g})-\iint_\sigma\boldsymbol{x}\times[\boldsymbol{n}\times\nabla)\times\boldsymbol{g}]\,\mathrm{d}\sigma=-\oint_{\partial\sigma}(\boldsymbol{\tau}\,\mathrm{d}s\cdot\boldsymbol{g})\boldsymbol{x}+\iint_\sigma\boldsymbol{x}(\boldsymbol{n}\times\nabla)\cdot\boldsymbol{g}\,\mathrm{d}\sigma \tag{5.4.79}$$

式中，σ 为具有边界曲线 $\partial\sigma$ 的曲面；$\boldsymbol{\tau}\,\mathrm{d}s=\mathrm{d}\boldsymbol{x}$ 代表沿曲线边界的矢量微元，这里 $\boldsymbol{\tau}$ 是单位切向矢量，$\mathrm{d}s$ 为曲线微元弧。

习　题

5.1　已知流场速度分布是

$$u=\frac{-cy}{x^2+y^2},\quad v=\frac{cx}{x^2+y^2},\quad w=0$$

式中，c 为常数。试完成：(1)用速度环量说明流动是否有旋；(2)作一围绕 z 轴的任意封闭曲线，求沿该曲线的速度环量，并说明此环量值与所取封闭曲线的形状无关。

5.2　试以流线的法向与切向作为坐标来表示平面运动中的涡量，并说明表达式中各量的含义。

5.3　设速度场为 $\boldsymbol{V}$，涡量场为 $\boldsymbol{\omega}$，试证明：在流体面 A 上涡量的随体导数为

$$\frac{\mathrm{d}}{\mathrm{d}t}\iint_A\boldsymbol{\omega}\cdot\mathrm{d}\boldsymbol{A}=\iint_A\left[\frac{\mathrm{d}\boldsymbol{\omega}}{\mathrm{d}t}+\boldsymbol{\omega}\,\nabla\cdot\boldsymbol{V}-(\boldsymbol{\omega}\cdot\nabla)\boldsymbol{V}\right]\cdot\mathrm{d}\boldsymbol{A}\qquad(*1)$$

5.4　令 $\boldsymbol{D}$ 为变形率张量，$\boldsymbol{V}$ 为流体的速度，试证明

$$\nabla\cdot\left(\frac{\mathrm{d}\boldsymbol{V}}{\mathrm{d}t}\right)=\frac{\mathrm{d}}{\mathrm{d}t}(\nabla\cdot\boldsymbol{V})+\boldsymbol{D}:\boldsymbol{D}-\frac{1}{2}(\nabla\times\boldsymbol{V})\cdot(\nabla\times\boldsymbol{V})\qquad(*2)$$

5.5　在无旋运动中，是否沿任一封闭曲线的速度环量都等于零？如果沿任一封闭曲线的速度环量都等于零，流动是否一定是无旋的？

5.6　如果 $\boldsymbol{\omega}$ 是对应于速度场 $\boldsymbol{V}$ 的涡量场，即 $\boldsymbol{\omega}=\nabla\times\boldsymbol{V}$，试证明

$$\frac{\mathrm{d}}{\mathrm{d}t}\iiint_\tau\boldsymbol{\omega}\cdot\boldsymbol{\omega}\,\mathrm{d}\tau=2\iiint_\tau[\boldsymbol{\omega}\boldsymbol{\omega}:\nabla\boldsymbol{V}]\mathrm{d}\tau-2\frac{\mu}{\rho}\iiint_\tau(\nabla\boldsymbol{\omega}):(\nabla\boldsymbol{\omega})\mathrm{d}\tau+\frac{\mu}{\rho}\oint_\sigma\frac{\partial(\boldsymbol{\omega}\cdot\boldsymbol{\omega})}{\partial n}\mathrm{d}\sigma\qquad(*3)$$

5.7　在以常角速度 $\boldsymbol{\Omega}$ 旋转，同时以常速度 $\boldsymbol{U}$ 平移的运动坐标系（又称相对坐标系）中，证明无黏、不可压缩、均质流体在质量有势时涡量 $\boldsymbol{\omega}$ 满足方程

$$\frac{\partial'\boldsymbol{\omega}}{\partial t}+\boldsymbol{\Omega}\times\boldsymbol{\omega}+\left(\frac{\mathrm{d}'\boldsymbol{r}'}{\mathrm{d}t}\cdot\nabla\right)\boldsymbol{\omega}=(\boldsymbol{\omega}\cdot\nabla)\boldsymbol{V}\qquad(*4)$$

式中，$\boldsymbol{V}$ 是流体运动的绝对速度，而 $\frac{\mathrm{d}'\boldsymbol{r}'}{\mathrm{d}t}$ 定义为

$$\frac{\mathrm{d}'\boldsymbol{r}'}{\mathrm{d}t}=\boldsymbol{V}-\boldsymbol{U}-\boldsymbol{\Omega}\times\boldsymbol{r}'\qquad(*5)$$

在上述式（＊4）与式（＊5）中，上标“′”表示在相对坐标系下的量或者算子。

5.8　假定速度分布为

$$u=-ky,\quad v=kx,\quad w=\sqrt{c^2-2k^2(x^2+y^2)}$$

式中，u、v、w 分别为 (x,y,z) 坐标系中的分速度，另外式中 k 与 c 为常数。试证明这时的流线与涡线平行，并求出该流动情况时涡量 $\boldsymbol{\omega}$ 与速度 $\boldsymbol{V}$ 之间的数量关系。

5.9　如图 5.6 所给的控制体，τ 为控制体的体积，A 为控制面的面积，$\boldsymbol{n}$ 为控制面的外法向单位矢量。令 O 为某参考点，$\boldsymbol{R}$ 为由 O 点到控制面 $\mathrm{d}A$ 或控制体 $\mathrm{d}\tau$ 的矢径。从动力学方程

$$\rho\frac{\mathrm{d}\boldsymbol{V}}{\mathrm{d}t}=\rho\boldsymbol{f}+\nabla\cdot\boldsymbol{\pi}\qquad(*6)$$

出发，试证明动量矩守恒定律，即

$$\iiint_\tau\left[\boldsymbol{R}\times\frac{\partial(\rho\boldsymbol{V})}{\partial t}\right]\mathrm{d}\tau+\oint_A(\boldsymbol{V}\cdot\boldsymbol{n})(\boldsymbol{R}\times\rho\boldsymbol{V})\mathrm{d}A=\iiint_\tau\boldsymbol{R}\times\rho\boldsymbol{f}\,\mathrm{d}\tau+\oint_A\boldsymbol{R}\times(\boldsymbol{n}\cdot\boldsymbol{\pi})\mathrm{d}A\qquad(*7)$$

成立。

5.10　气体引射器的示意图如图 5.7 所示。1-1 截面中心的高速气流 A 引射出低速气流 B，经过平直段混合后到达 2-2 截面时气体参数均匀。如果忽略壁面摩擦阻并且已知工质均是空气，$\gamma=1.4$，$R=287\mathrm{N\cdot m/(kg\cdot K)}$，$p_1=9\times10^4\mathrm{N/m^2}$，$T_{1A}=250\mathrm{K}$，$T_{1B}=280\mathrm{K}$，$V_{1A}=200\mathrm{m/s}$，$V_{2B}=10\mathrm{m/s}$，令出口 2-2 截面的面积为 $\sigma_2=1\mathrm{m^2}$，而 1-1 截面对应于高速气流 A 的截面面积为 $\sigma_{1A}=0.15\mathrm{m^2}$，对应于低速气流 B 的截面面积为 $\sigma_{1B}=0.85\mathrm{m^2}$，试求

2-2 截面上的空气的参数 V_2、ρ_2、p_2、T_2。如果不忽略壁面的摩阻时，请问这道题应该如何用涡动力学的知识求解呢？

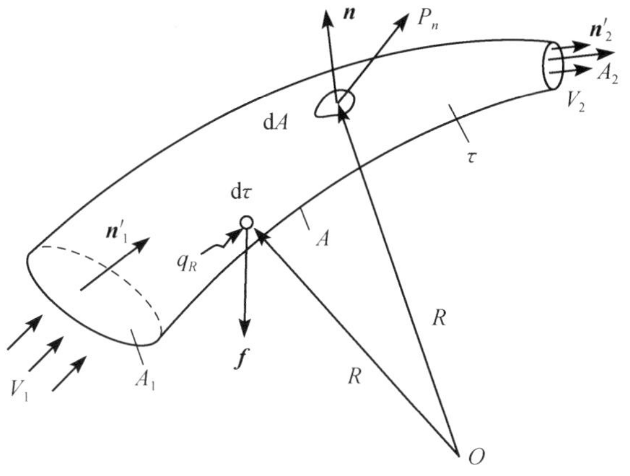

图 5.6　题 5.9 示意图

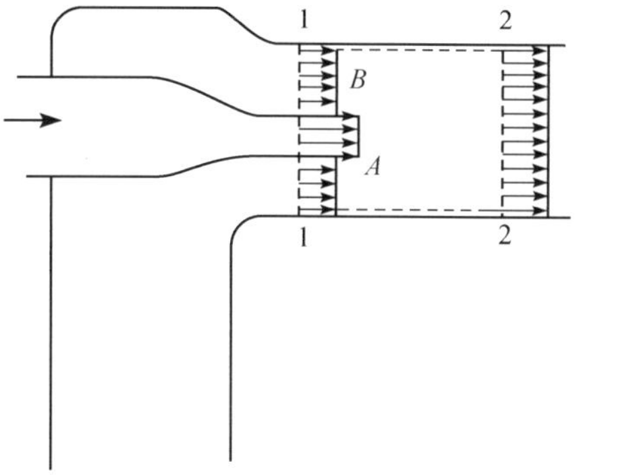

图 5.7　题 5.10 示意图

5.11　在原静止的无界理想不可压缩液体中有一个半径为 a 的气泡在匀速地膨胀着。假设初始时刻该气泡内部的压强为 p_0，并且这时气泡表面的速度为零。如果不考虑质量力以及表面张力的作用，并假设在无穷远处压强为零，液体密度 ρ 为常数，试证明在等温条件下气泡运动的方程为

$$\frac{\mathrm{d}}{\mathrm{d}t}\left[R^3\left(\frac{\mathrm{d}R}{\mathrm{d}t}\right)^2\right]=\frac{2a^3 p_0}{\rho R}\frac{\mathrm{d}R}{\mathrm{d}t} \tag{*8}$$

式中，气泡半径 R 仅是时间 t 的函数。（提示：证明时注意使用 Lagrange 定理、势流的 Cauchy-Lagrange 积分并注意非定常流的 Bernoulli 常数。）

5.12　在理想不可压缩均质的无界水中有一球形气泡，初始时刻半径为 R_0，并且此时表面法向速度为零，气泡内气体的压强为 p_0；与气泡内的压强相比，距离气泡无穷远处的压强可以忽略不计。假定忽略气泡表面张力和质量力的作用，试证明气泡的运动规律服从如下的方程

$$\sqrt{2}\left(1+\frac{2}{3}f+\frac{1}{5}f^2\right)\sqrt{f}=\frac{a}{R_0}t \tag{*9}$$

式中，a 与 f 分别定义为

$$a^2\equiv\sqrt{\frac{p_0}{\rho}},\quad f\equiv\frac{R}{R_0}-1 \tag{*10}$$

式中，R 为气泡半径；t 为时间。另外，在上述推导中还引进了气泡内气体是完全气体，膨胀过程是绝热的，而且绝热指数 $\gamma=\frac{4}{3}$ 的假定。

5.13　设非惯性坐标系 R 相对于惯性坐标系 A 同时做平动与旋转运动，并且令这时平动速度为 $\boldsymbol{V}_0$，转动角速度为 $\boldsymbol{\omega}$（图 5.8）。如果令 $\boldsymbol{V}$ 为绝对速度，$\boldsymbol{W}$ 为相对速度，显然此时有

$$\boldsymbol{V}=\boldsymbol{W}+\boldsymbol{\omega}\times\boldsymbol{r}+\boldsymbol{V}_0 \tag{*11}$$

很容易证明有下式成立

$$\frac{\mathrm{d_a}\boldsymbol{V}}{\mathrm{d}t}=\frac{\mathrm{d_a}\boldsymbol{V}_0}{\mathrm{d}t}+\frac{\mathrm{d_r}\boldsymbol{W}}{\mathrm{d}t}+2\boldsymbol{\omega}\times\boldsymbol{W}+\boldsymbol{\omega}\times(\boldsymbol{\omega}\times\boldsymbol{r})+\frac{\mathrm{d_a}\boldsymbol{\omega}}{\mathrm{d}t}\times\boldsymbol{r} \tag{*12}$$

考虑到绝对坐标系中的动量方程后，式(＊12)又可变为

$$\rho\frac{\mathrm{d_r}\boldsymbol{W}}{\mathrm{d}t}=\rho\boldsymbol{f}+\nabla\cdot\boldsymbol{\pi}-\left[\rho\frac{\mathrm{d_a}\boldsymbol{V}_0}{\mathrm{d}t}+2\rho\boldsymbol{\omega}\times\boldsymbol{W}+\rho\boldsymbol{\omega}\times(\boldsymbol{\omega}\times\boldsymbol{r})+\rho\frac{\mathrm{d_a}\boldsymbol{\omega}}{\mathrm{d}t}\times\boldsymbol{r}\right] \tag{*13}$$

这就是非惯性坐标系中的动量方程。在式(＊12)与式(＊13)中 $\frac{\mathrm{d_a}}{\mathrm{d}t}$ 表示在绝对坐标系中进行求导运算，$\frac{\mathrm{d_r}}{\mathrm{d}t}$ 表示在运动坐标系（又称相对坐标系）中进行求导运算。另外，在式(＊13)中 $\boldsymbol{f}$ 与 $\boldsymbol{\pi}$ 分别代表体积力与应力张量。从

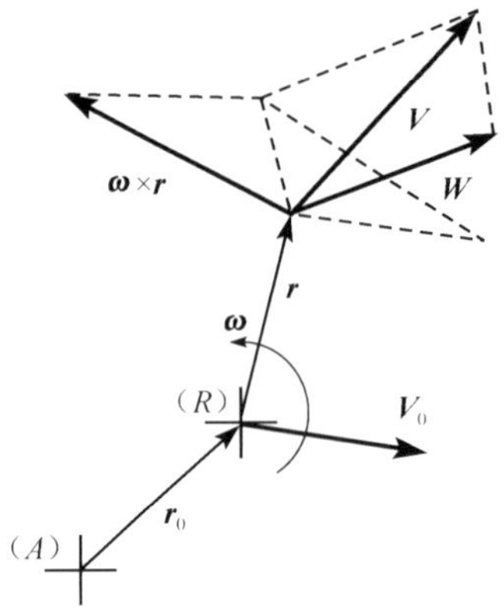

图 5.8　惯性系与非惯性系

方程(＊13)出发,在 $\boldsymbol{\omega}$ 为常矢量、$\boldsymbol{V}_0$ 为常矢量的假定下,试证明:

(1) 对于理想流体则式(＊13)可以退化为如下形式

$$\frac{\partial_r \boldsymbol{W}}{\partial t}+\nabla\left(\frac{\boldsymbol{W}\cdot\boldsymbol{W}}{2}\right)-\boldsymbol{W}\times(\nabla\times\boldsymbol{W})=\boldsymbol{f}-\frac{\nabla p}{\rho}-2\boldsymbol{\omega}\times\boldsymbol{W}+\nabla\left[\frac{(\boldsymbol{\omega}\times\boldsymbol{r})^2}{2}\right] \tag{＊14}$$

(2) 如果引入正压流体、体积力(又称质量力)有势的假定时,则式(＊13)又可变为如下形式

$$\frac{\partial_r \boldsymbol{W}}{\partial t}+\nabla\left[\frac{\boldsymbol{W}\cdot\boldsymbol{W}}{2}-\frac{(\boldsymbol{\omega}\times\boldsymbol{r})^2}{2}+G+\int\frac{\mathrm{d}p}{\rho}\right]=\boldsymbol{W}\times(\nabla\times\boldsymbol{W})-2\boldsymbol{\omega}\times\boldsymbol{W} \tag{＊15}$$

式中,G 为 $\boldsymbol{f}$ 的势函数。

(3) 对于正压流体、体积力有势的流场,如果在相对坐标系中沿流线取线元 $\mathrm{d}\boldsymbol{r}$ 去点乘式(＊15)的两侧各项,试证明沿流线积分时有

$$\int\frac{\partial_r W}{\partial t}\mathrm{d}l+\frac{\boldsymbol{W}\cdot\boldsymbol{W}}{2}+G+\int\frac{\mathrm{d}p}{\rho}-\frac{(\boldsymbol{\omega}\times\boldsymbol{r})^2}{2}=C_0 \tag{＊16}$$

式中,C_0 为积分常数。注意在式(＊16)等号左侧第一项中 W 为矢量 $\boldsymbol{W}$ 的模,而且 $\mathrm{d}l=|\mathrm{d}\boldsymbol{r}|$。

5.14　令 $\mathbf{V}$ 为流速,$\boldsymbol{\omega}$ 为涡量(即 $\boldsymbol{\omega}=\nabla\times\mathbf{V}$),试给出涡量 $\boldsymbol{\omega}$ 沿流线进行正交分解时的数学表达式。

5.15　在涡动力学边界问题的分析计算中,下面三个恒等式是非常有用的,试在直角笛卡儿坐标系下证明

$$2\boldsymbol{n}\times\nabla\mathbf{V}=2\boldsymbol{n}\times\boldsymbol{D}+(\boldsymbol{n}\cdot\boldsymbol{\omega})\boldsymbol{I}-\boldsymbol{\omega}\boldsymbol{n} \tag{＊17}$$

$$(\boldsymbol{n}\times\nabla)\times\mathbf{V}=\boldsymbol{n}\cdot\boldsymbol{D}-\frac{1}{2}\boldsymbol{\omega}\times\boldsymbol{n}-\boldsymbol{n}\theta \tag{＊18}$$

$$\boldsymbol{n}\cdot(\mathbf{V}\boldsymbol{\omega}-\boldsymbol{\omega}\mathbf{V})=(\boldsymbol{\omega}\mathbf{V}-\mathbf{V}\boldsymbol{\omega})\cdot\boldsymbol{n} \tag{＊19}$$

成立。式中 $\boldsymbol{\omega}=\nabla\times\mathbf{V}$,$\theta=\nabla\cdot\mathbf{V}$,$\boldsymbol{D}=\frac{1}{2}[\nabla\mathbf{V}+(\nabla\mathbf{V})^{\mathrm{T}}]$,$\boldsymbol{I}$ 为单位向量。

第6章　量纲分析与相似原理

一个自然现象或某项工程问题都可以用一系列的物理量来描述，而这个现象中存在的规律也可以通过一些物理量之间的联系来表示。在研究新现象或新问题时，首先应该对所研究的现象或问题中所蕴涵的物理环节、关系和过程进行分析，运用物理学中的基本规律，明确对所研究的现象或该问题起控制作用的参数有哪些，分析那些参数所起的作用并注意到只有同类的物理量才能比较大小，然后在上述研究工作的前提下，从数学上给出尽量明确的函数关系。虽然有些现象或问题的研究可以借助或采用已有的物理数学模型与方程，然而更多的复杂现象或问题却无法利用现成的数学方程来表述，这时便需要采用量纲分析的方法去分析所研究的问题，去设计合理的实验模型，去暴露与揭示问题的物理本质，从而明确物理量之间的因果关系。因此量纲分析与相似性原理是进行科学研究与进行模型试验的重要分析方法与分析手段，并被广泛地应用到新现象、新领域的研究中。

本章以量纲分析以及相似原理为主要讨论内容，并对量纲分析中所遇到的基本概念（其中包括基本量纲、导出量纲、主定量、被定量、物理方程的量纲齐次性等）、相似原理的有关概念（其中包括单值条件、单值条件相似、物理现象相似和流场相似等）、常用的相似准则数以及模型实验与相似原理等基本内容作扼要介绍。

6.1　量纲分析中的重要概念以及 π 定理

6.1.1　物理方程的量纲齐次性

任何物理量都包括大小和类别两个方面，其中物理量的大小可以通过有关的单位制去度量，而物理量的类别称为量纲（它表示物理量的物理属性，可以用 dim 表示）。在流体力学中，如长度、质量、体积、速度、密度、力和力矩等物理量都有它们各自的单位，称作有量纲量；而气体的比热比等是无量纲量。在物理学中，如果选取长度、质量和时间的单位为米、千克和秒，并以此作为基本单位（它们在量纲上是相互独立的，又称为独立的基本量纲）时，则力、体积、速度、加速度、功等的物理量的单位均可由基本单位导出，因此这些量便称为导出量。令 f 代表任意一个导出量，则 f 的单位与基本单位间的关系称为该量 f 的量纲，记作$[f]$。如果将长度、质量和时间取作基本量，它们的量纲分别记为L、M和T时，则速度 v、力 F、能量 e、压强 p、动力黏性系数 μ、运动黏性系数 ν 以及加速度 a 的量纲便可写为：

$[v]=\mathrm{LT}^{-1}$，其单位为米/秒；

$[F]=\mathrm{MLT}^{-2}$，其导出单位为千克・米/秒^2＝牛顿(Newton)；

$[e]=\mathrm{ML}^2\mathrm{T}^{-2}$，其导出单位为牛顿・米＝焦耳(Joule)；

$[p]=\mathrm{ML}^{-1}\mathrm{T}^{-2}$，其导出单位为牛顿/米^2＝帕(Pascal)；

$[\mu]=\mathrm{ML}^{-1}\mathrm{T}^{-1}$，其导出单位为牛顿・秒/米^2＝帕・秒；

$[\nu]=\mathrm{L}^2\mathrm{T}^{-1}$，其单位为米^2/秒；

$[a]=\mathrm{LT}^{-2}$，其单位为米/秒^2。

显然，上面选择长度、质量和时间作为一组基本单位的做法带有一定的任意性，也就是说单位制的取法可以是各种各样的，如米·千克·秒制(即 MKS 制，又称实用单位制)、厘米·克·秒制(即 CGS 制，又称物理单位制)以及米·千克力·秒制(MKGFS 制，又称工程单位制)等。显然，MKS 制和 CGS 制同属于一个测量单位系族，它们的基本物理量选定的都是长度、质量和时间；而 MKGFS 制选取了长度、力和时间这三个量作为基本的单位。如果采用国际标准度量制(systeme international，SI)，则这时可以取七个基本量，即质量、长度、时间、温度、电流强度、物质的量和发光强度，如表 6.1 所示。另外，在国际单位制(SI)下，还需要引入两个辅助单位，即平面角单位(弧度，rad)和立体角单位(球面度，sr)

表 6.1 SI 制下的基本量

基本物理量		常用的基本测量单位	
名称	量纲符号	单位名称	单位符号
长度	L	米	m
质量	M	千克	kg
时间	T	秒	s
热力学温度	θ	开尔文	K
电流强度	I	安培	A
物质的量	m	摩尔	mol
发光强度	F	坎德拉	cd

从原则上讲，自然界的一切物理过程都可以用物理方程来表达。任何一个物理方程中各项的量纲必定相同，因此用量纲表达的物理方程也必定是齐次性的，这就是物理方程的量纲一致性原则。正是由于物理方程中各项的量纲相同，因此必可以将其化成无量纲的形式。显然，这种无量纲形式的方程更具一般性。

6.1.2 主定量、被定量以及有量纲量的无量纲化

在描述某一个力学过程的一组物理量中，凡是对描述该过程起主要与决定性作用的物理量则称作主定量，而由主定量所决定的那些物理量则称为被定量。令任何一个物理现象中的被定量 y_i 与主定量 x_j 之间的关系表示为

$$y_i = f_i(x_1, x_2, \cdots, x_m, x_{m+1}, \cdots) \tag{6.1.1}$$

式中，y_i 表示某一个被定量，这里 $i=1,2,\cdots$；而 $x_1, x_2, \cdots, x_m, x_{m+1}, \cdots$ 表示此现象所包含的主定量。式(6.1.1)又可写为

$$y_1, y_2, \cdots, y_n, y_{n+1}, \cdots \parallel x_1, x_2, \cdots, x_m, x_{m+1}, \cdots \tag{6.1.2}$$

式中，符号 $\parallel$ 表示函数关系，其左侧为被定量，其右侧为主定量。这里 $y_1, y_2, \cdots, y_n$ 表示有量纲的被定量，而 $y_{n+1}, \cdots$ 表示无量纲的被定量；$x_1, x_2, \cdots, x_m$ 表示有量纲的主定量，$x_{m+1}, \cdots$ 表示无量纲的主定量。

在基本量纲(或基本单位)已确定的条件下，式(6.1.2)中各种物理量便都具有自己确定的量纲。在有量纲的主定量中，总可以选取 k 个物理量，它们的量纲不能相互导出，换言之它们为量纲独立量(即为一组基本量)，而其余的有量纲物理量被称为量纲不独立量(即导出量)。为了便于下文讨论，不妨将式(6.1.2)整理为如下形式

$$y_1, y_2, \cdots, y_n, y_{n+1}, \cdots, y_{n+s} \parallel x_1, \cdots, x_k, x_{k+1}, \cdots, x_m, x_{m+1}, \cdots, x_{m+p} \tag{6.1.3}$$

式中，$y_1, y_2, \cdots, y_n$ 为有量纲的被定量，$y_{n+1}, \cdots, y_{n+s}$ 为无量纲的被定量；$x_1, x_2, \cdots, x_k$ 为有量纲的独立量(即一组基本量)，$x_{k+1}, \cdots, x_m$ 为有量纲的不独立量(即导出量)，$x_{m+1}, \cdots, x_{m+p}$ 为无量

纲的量。显然，量纲的不独立量 $x_{k+1},\cdots,x_m,y_1,y_2,\cdots,y_n$ 均可以由量纲的独立量 $x_1,x_2,\cdots,x_k$ 表示，其表达式为

$$[x_j]=[x_1]^{\alpha_{j1}}[x_2]^{\alpha_{j2}}\cdots[x_k]^{\alpha_{jk}} \tag{6.1.4}$$

$$[y_i]=[x_1]^{\beta_{i1}}[x_2]^{\beta_{i2}}\cdots[x_k]^{\beta_{ik}} \tag{6.1.5}$$

式中，x_j 以及 y_i 分别表示 $x_{k+1},\cdots,x_m$ 以及 $y_1,y_2,\cdots,y_n$ 中的任何一个物理量。令

$$a_{j,k}=x_1^{\alpha_{j1}}x_2^{\alpha_{j2}}\cdots x_k^{\alpha_{jk}} \tag{6.1.6}$$

$$b_{i,k}=x_1^{\beta_{i1}}x_2^{\beta_{i2}}\cdots x_k^{\beta_{ik}} \tag{6.1.7}$$

$$\begin{cases}\tilde{a}_{1,k}\equiv x_1^1x_2^0\cdots x_k^0\\ \tilde{a}_{2,k}\equiv x_1^0x_2^1\cdots x_k^0\\ \vdots\\ \tilde{a}_{k,k}\equiv x_1^0x_2^0\cdots x_k^1\end{cases} \tag{6.1.8}$$

式中，$j=k+1,\cdots,m,i=1,\cdots,n$；另外，$\alpha_{j1},\cdots,\alpha_{jk}$ 以及 $\beta_{i1},\cdots,\beta_{ik}$ 均为量纲指数。令

$$\pi_x(j)\equiv\frac{x_j}{a_{j,k}},\quad j=k+1,\cdots,m \tag{6.1.9}$$

$$\pi_y(i)\equiv\frac{y_i}{b_{i,k}} \tag{6.1.10}$$

$$\begin{cases}\pi_1\equiv\dfrac{x_1}{\tilde{a}_{1,k}}=1\\ \vdots\\ \pi_k\equiv\dfrac{x_k}{\tilde{a}_{k,k}}=1\end{cases} \tag{6.1.11}$$

显然，这里 $\pi_x(j)$ 与 $\pi_y(i)$ 均为无量纲数，它们表示了相应物理量与量纲相同的基本量组合之比。应当指出，由于上述一组基本量选取的随意性，所以物理量的无量纲形式并不唯一，它随着所选取的一组基本量而不同。

6.1.3 π 定理

π 定理是 Buckingham 提出的，它奠定了量纲分析的理论基础。π 定理描述了任意一个物理过程或物理方程中，所有相关的有量纲物理量与相应的无量纲参数之间在数量上与量纲上的关系。设一个物理过程可以由式(6.1.3)表示，并且 y_i 与 x_j 均符合式(6.1.3)的假定，于是 n 个有量纲的被定量可借助于式(6.1.10)进行无量纲化；另外，导出量 $x_{k+1},\cdots,x_m$ 可借助于式(6.1.9)无量纲化；显然，这时 $\pi_y(1),\pi_y(2),\cdots,\pi_y(n)$ 仅与 $\pi_x(k+1),\pi_x(k+2),\cdots,\pi_x(m)$ 以及无量纲量 $x_{m+1},x_{m+2},\cdots,x_{m+p}$ 这 $(m+p-k)$ 个无量纲的主定量有关，即

$$\pi_y(1),\pi_y(2),\cdots,\pi_y(n)\parallel\pi_x(k+1),\pi_x(k+2),\cdots,\pi_x(m),\pi_x(m+1),\cdots,\pi_x(m+p) \tag{6.1.12}$$

式中有

$$\begin{cases}\pi_x(m+1)\equiv x_{m+1}\\ \pi_x(m+2)\equiv x_{m+2}\\ \vdots\\ \pi_x(m+p)\equiv x_{m+p}\end{cases} \tag{6.1.13}$$

注意式(6.1.12)和式(6.1.13)中 m 为有量纲的主定量个数；p 为无量纲的主定量个数；k 为所选

取的那组量纲独立量的个数。π 定理说明，如果一个物理量过程有$(m+p)$个主定物理量、有 k 个量纲独立量、有 n 个被定量时，则 π_x 的个数只有$(m+p-k)$个，而 π_y 有 n 个。

6.1.4 π 定理的应用

假设所考察的一个物理现象所涉及的主定量与被定量能够用式(6.1.3)表达，为了更有效地应用量纲分析法和 π 定理，下面三点应当格外注意：

(1) 首先要选取一组基本量(这里不妨以 x_1、x_2、x_3 为例，用它表示这组基本量)，而且要使所选取的基本量必须是相互独立的，换句话说对于这组基本量的量纲来讲，是不可能组合成无量纲形式的，用数学来表达，即下列方程(6.1.14)中的未知数 α、β、γ 无非零解。这里式(6.1.14)为

$$[x_1]^\alpha[x_2]^\beta[x_3]^\gamma = \mathrm{L}^0\mathrm{M}^0\mathrm{T}^0 \tag{6.1.14}$$

式中，L、M、T 为长度、质量、时间所对应的基本量纲。

(2) 所讨论的问题中涉及的任意导出量(如 A)的量纲可以由这组基本量(如上面所述的由 x_1、x_2、x_3 所组成的一组基本量)组成，用符号$[A]$表示为

$$[A] = [x_1]^a[x_2]^b[x_3]^c \tag{6.1.15}$$

因此，这个导出量 A 与量纲相同的基本量组合之比便为无量纲量或无量纲数，并记为 π_A。

(3) 由于所选取的那组基本量具有随意性，所以物理量的无量纲形式并不是唯一的。下面我们讨论 π 定理应用的几个典型例题：

例题 6.1 Reyleigh 法是借助于定性物理量 $x_1, x_2, \cdots, x_n$ 的幂次之积的函数去表达被决定的物理量 y 的一种方法。这里 y 的表达式为

$$y = kx_1^{a_1}x_2^{a_2}\cdots x_n^{a_n} \tag{a}$$

式中，$a_1, a_2, \cdots, a_n$ 为待定指数；k 为零量纲系数，它可由实验确定。试用上述方法导出不可压缩黏性流体在粗糙管内定常流动时，沿管道的压强降 Δp 的表达式。已知 Δp 与管道长度 L、内径 d、绝对粗糙度 ε、流体的平均流速 v、密度 ρ 以及动力黏度系数 μ 这 6 个参数有关系。

解 由 Reyleigh 法可以写出压强降 Δp 为

$$\Delta p = kL^{a_1}d^{a_2}\varepsilon^{a_3}v^{a_4}\rho^{a_5}\mu^{a_6} \tag{b}$$

采用 L、M、T 这三个基本量纲去表示式(b)中的各物理量，并注意到物理方程量纲一致性原则。于是有

$$\text{对 L}, \quad -1 = a_1 + a_2 + a_3 + a_4 - 3a_5 - a_6 \tag{c}$$

$$\text{对 M}, \quad -2 = -a_4 - a_6 \tag{d}$$

$$\text{对 T}, \quad 1 = a_5 + a_6 \tag{c}$$

显然，上述有 6 个未知指数，但只有 3 个代数方程，所以仅会有 3 个指数是独立的。这里不妨取 a_1、a_3 与 a_6 为待定指数，于是便可由式(c)、式(d)与式(e)求出 a_2、a_4 与 a_5，得

$$\begin{cases} a_2 = -a_1 - a_3 - a_6 \\ a_4 = 2 - a_6 \\ a_5 = 1 - a_6 \end{cases} \tag{f}$$

将式(f)代入式(b)，可得

$$\Delta p = k\left(\frac{L}{d}\right)^{a_1}\left(\frac{\varepsilon}{d}\right)^{a_3}\left(\frac{\mu}{\rho v d}\right)^{a_6}\rho v^2 \tag{g}$$

注意到沿管道的压强降与管长呈线性增加，于是 $a_1=1$；另外，式(g)等号右边第三项的量纲为相对粗糙度，第四项为相似准则 $1/Re$，于是式(g)便可写为

$$\Delta p = f\left(Re,\frac{\varepsilon}{d}\right)\frac{L}{d}\frac{\rho v^2}{2} \tag{h}$$

令 $\lambda=f\left(Re,\frac{\varepsilon}{d}\right)$为沿程损失系数,并由实验确定。这里 Re 为 Reynolds 数,它为无量纲数。借助于沿程损失系数 λ,于是式(h)可以改写为

$$\Delta p = \lambda\frac{L}{d}\frac{\rho v^2}{2} \tag{i}$$

令 $h_f=\Delta p/\rho g$ 表示单位质量流体的沿程能量损失为

$$h_f = \lambda\frac{L}{d}\frac{v^2}{2g} \tag{j}$$

式(j)便是著名的 Darcy-Weisbach 公式。

应该指出,对于变量较多的复杂流动,如式(a)所含的 n 个变量,因为基本量纲只能列出三个代数方程,因此待定指数便有 $n-3$ 个,这样便会出现待定指数的选取问题,这是 Rayleigh 法的一个缺点。现在应用 π 定理导出上述压强降问题的表达式。根据题意可写出如下形式的物理方程式:

$$F(\Delta p,L,d,\varepsilon,v,\rho,\mu) = 0 \tag{k}$$

式中共含 7 个物理量。今选 d、v、ρ 为一组基本量,于是其余四个量的零量纲量便为

$$\begin{cases}\pi_p = \dfrac{\Delta p}{d^{a_1}v^{b_1}\rho^{c_1}}\\[2ex] \pi_\mu = \dfrac{\mu}{d^{a_2}v^{b_2}\rho^{c_2}}\\[2ex] \pi_L = \dfrac{L}{d^{a_3}v^{b_3}\rho^{c_3}}\\[2ex] \pi_\varepsilon = \dfrac{\varepsilon}{d^{a_4}v^{b_4}\rho^{c_4}}\end{cases} \tag{l}$$

注意使用基本量纲 M、L、T 分别表示 π_p、π_μ、π_L 与 π_ε 中的各物理量,得

$$\begin{cases}\mathrm{ML^{-1}T^{-2}} = \mathrm{L}^{a_1}(\mathrm{LT^{-1}})^{b_1}(\mathrm{ML^{-3}})^{c_1}\\ \mathrm{ML^{-1}T^{-1}} = \mathrm{L}^{a_2}(\mathrm{LT^{-1}})^{b_2}(\mathrm{ML^{-3}})^{c_2}\\ \mathrm{L} = \mathrm{L}^{a_3}(\mathrm{LT^{-1}})^{b_3}(\mathrm{ML^{-3}})^{c_3}\\ \mathrm{L} = \mathrm{L}^{a_4}(\mathrm{LT^{-1}})^{b_4}(\mathrm{ML^{-4}})^{c_4}\end{cases} \tag{m}$$

根据量纲一致性原则,并注意分别对 L、M、T 去比较式(m)等号左右两侧的指数,得

$$\begin{cases}a_1 = 0,b_1 = 2,c_1 = 1\\ a_2 = 1,b_2 = 1,c_2 = 1\\ a_3 = 1,b_3 = 0,c_3 = 0\\ a_4 = 1,b_4 = 0,c_4 = 0\end{cases} \tag{n}$$

代入式(l),得

$$\begin{cases}\pi_p = \dfrac{\Delta p}{\rho v^2} = Eu\\[2ex] \pi_\mu = \dfrac{\mu}{\rho v d} = \dfrac{1}{Re}\\[2ex] \pi_L = \dfrac{L}{d}\\[2ex] \pi_\varepsilon = \dfrac{\varepsilon}{d}\end{cases} \tag{o}$$

式中,Eu 与 Re 分别为 Euler 数与 Reynolds 数。如果将式(k)改写为如下形式

$$\Delta p = f(\rho, v, d, \mu, \varepsilon, L) \tag{p}$$

或者

$$\pi_p = f(\pi_\mu, \pi_\varepsilon, \pi_L) \tag{q}$$

将式(o)代入式(q),可得

$$\Delta p = \rho v^2 f\left(Re, \frac{\varepsilon}{d}, \frac{L}{d}\right) \tag{r}$$

注意到在这种流动中沿管道的压强降与管长呈线性变化,于是式(r)又可变为

$$\Delta p = f\left(Re, \frac{\varepsilon}{d}\right)\frac{L}{d}\rho v^2 \tag{s}$$

因此这样得到的式(s)从本质上讲是与 Rayleigh 方法推导的结果相一致的。

例题 6.2 强爆炸问题是第二次世界大战末期 Седов 以及 Taylor 分别独立解决的气体动力学中的重要问题之一,而且所得结果为后来 1945 年时在美国新墨西哥州实验的第一颗原子弹的高速摄影记录所证实。强爆炸是指爆炸能量 E 特别高,爆炸后生成的气体体积与爆炸波传播的空间相比可以忽略的情况。在大气中进行原子弹的爆炸试验是强爆炸的典型例子。通常,可以将爆炸中心简化为空间一点,当原子引爆后在极短的时间(即认为瞬间)内由爆炸中心释放出能量 E,并使爆炸中心附近的气体产生高温与高压。这种高压将以爆炸波传播的形式压缩周围空间的介质。设爆炸前无限空间的空气介质静止,其状态参数分别为 p_1、ρ_1,绝热指数为 K,因为对称性,爆炸波波面是一球面。考虑到在爆炸的最初时间内,波后压强常可升高到数千个大气压,因此作为强爆炸的简化,通常假定爆炸波波前方压强 $p_1 \approx 0$。试确定爆炸波的传播律 $r = r(t)$ 和波速 $N = N(t)$,这里 r 是爆炸波波阵面到爆炸中心的距离;而波速 $N = \dfrac{\mathrm{d}r}{\mathrm{d}t}$,这里 t 为时间。

解 依题意,这里仅有一个被定量 r,而主定量有四个,即 t、E、ρ、K,所以有

$$r \parallel t, E, \rho_1, K \tag{a}$$

这里三个有量纲的主定量量纲全部独立,K 为无量纲的主定量。注意到 r、t、ρ_1、E 的量纲表达式为

$$\begin{cases} [r] = \mathrm{L} \\ [t] = \mathrm{T} \\ [\rho_1] = \mathrm{ML^{-3}} \\ [\mathrm{E}] = \mathrm{ML^2T^{-2}} \end{cases} \tag{b}$$

以及有

$$[r] = [t]^\alpha [\rho_1]^\beta [E]^\gamma \tag{c}$$

或者将式(c)写为

$$\mathrm{L} = \mathrm{T}^\alpha (\mathrm{M}^\beta \mathrm{L}^{-3\beta})(\mathrm{M}^\gamma \mathrm{L}^{2\gamma} \mathrm{T}^{-2\gamma}) \tag{d}$$

比较式(d)等号左右相应的指数,得

$$\begin{cases} \alpha - 3\gamma = 0 \\ \beta + \gamma = 0 \\ 2\gamma - 3\beta = 1 \end{cases} \tag{e}$$

解式(e)得到 α、β、γ 为

$$\alpha = \frac{2}{5}, \quad \beta = -\frac{1}{5}, \quad \gamma = \frac{1}{5} \tag{f}$$

将式(f)代入式(c)得到 π_r 为

$$\pi_r = \frac{r}{\left(\frac{E}{\rho_1}\right)^{\frac{1}{5}} t^{\frac{2}{5}}} \tag{g}$$

因此

$$\frac{r}{\left(\frac{E}{\rho_1}\right)^{\frac{1}{5}} t^{\frac{2}{5}}} \Big\| K \tag{h}$$

或者

$$r = \left[\left(\frac{E}{\rho_1}\right)^{\frac{1}{5}} t^{\frac{2}{5}}\right] f(K) \tag{i}$$

爆炸波传播速度 N 为

$$N = \frac{\mathrm{d}r}{\mathrm{d}t} = \frac{2}{5} f(K) \left(\frac{E}{\rho_1}\right)^{\frac{1}{5}} t^{-\frac{3}{5}} \tag{j}$$

例题 6.3 设有一沿 x 轴方向放置的无限长、无限宽的平板，其上部半无限空间中充满不可压缩的黏性静止气体。如果平板在某一瞬时(不妨取 $t=0$)以等速度 U_0 沿本身平面向右突然启动，之后便保持 U_0 沿 x 轴方向做等速运动。由于黏性作用，平板上侧流体将随之产生运动，若不考虑重力作用时，这个问题完整的数学模型已在 19 世纪圆满完成。为简便起见，这里仅考虑二维流动，取平板为 x 轴，因平板无限长所以流体中的所有参数都只是空间坐标 y 与时间 t 的函数，即 $u=u(y,t)$；同时，根据不可压缩黏性流体的运动方程以及初始条件与边界条件可知，平板上方流动的速度平行于 x 轴，即 $v(y,t)=0$ 而且 $\frac{\partial p}{\partial y}=0$，$\frac{\partial p}{\partial x}=0$；因此描述此流体的动力学方程以及初边值条件为

$$\frac{\partial u}{\partial t} = \tilde{v} \frac{\partial^2 u}{\partial y^2} \tag{a}$$

$$\begin{cases} u(y,0) = 0 \\ u(0,t) = U \\ u(\infty,t) = 0 \end{cases} \tag{b}$$

式中，$\tilde{v}$ 为流体的运动黏性系数。试用量纲分析法求解该流动问题。

解 依题意，该问题的主定量与被定量为

$$u \,\|\, y, t, U, \tilde{v} \tag{c}$$

在这四个有量纲的主定量中，两个是量纲独立的，即 y 与 t；为便于分析，被定量 u 的无量纲形式可以写为 $\bar{u}=u/U$，而四个有量纲的主定量可以组成两个无量纲的 π，即

$$\begin{cases} \pi_1 = \frac{y}{\sqrt{\tilde{v}t}} \\ \pi_2 = \frac{tU}{y} \end{cases} \tag{d}$$

所以式(c)可改写为

$$\bar{u} \Big\| \frac{y}{\sqrt{\tilde{v}t}}, \quad \frac{tU}{y} \tag{e}$$

或者

$$\bar{u}=\bar{u}\left(\frac{y}{\sqrt{\tilde{v}t}},\frac{tU}{y}\right) \tag{f}$$

考虑到 u 在方程与初边值条件中都是以齐次形式出现的，所以先把方程(a)以及初边值条件(b)两边同时除以 U，得

$$\frac{\partial\bar{u}}{\partial t}=\tilde{v}\frac{\partial^2\bar{u}}{\partial y^2} \tag{g}$$

$$\begin{cases}\bar{u}(y,0)=0\\ \bar{u}(0,t)=1\\ \bar{u}(\infty,t)=0\end{cases} \tag{h}$$

显然，这时对于 $\bar{u}$ 来讲，则有

$$\bar{u}\parallel y,t,\tilde{v} \tag{i}$$

由于在 y、t、$\tilde{v}$ 中有两个量纲独立，可组成 3－2＝1 个无量纲的主定量 π，即

$$\pi=\frac{y}{\sqrt{\tilde{v}t}} \tag{j}$$

所以式(i)可变为

$$\bar{u}\left\|\frac{y}{\sqrt{\tilde{v}t}}\right. \tag{k}$$

或者

$$\bar{u}=\bar{u}\left(\frac{y}{\sqrt{\tilde{v}t}}\right) \tag{l}$$

由于对于 $\bar{u}$ 来讲，它只是一个组合自变量 $y=\sqrt{\tilde{v}t}$的函数，所以本来是以 u 为因变量的偏微分方程问题，通过量纲分析便可以化成常微分方程，显然这使得问题的求解大为简化。令

$$\eta=\frac{y}{\sqrt{\tilde{v}t}} \tag{m}$$

于是方程(g)以及初边值条件(h)可改写为

$$\begin{cases}\dfrac{\mathrm{d}^2\bar{u}}{\mathrm{d}\eta^2}+\dfrac{\eta}{2}\dfrac{\mathrm{d}\bar{u}}{\mathrm{d}\eta}=0\\ \bar{u}(\infty)=0\\ \bar{u}(0)=1\end{cases} \tag{n}$$

积分式(n)，得

$$\bar{u}(\eta)=1-\mathrm{erf}\left(\frac{\eta}{2}\right) \tag{o}$$

这里 $\mathrm{erf}(\eta)$称为关于 η 的高斯误差函数。如引入关于 η 的补偿误差函数 $\mathrm{erfc}(\eta)$的概念，其定义为

$$\mathrm{erfc}(\eta)\equiv 1-\mathrm{erf}(\eta) \tag{p}$$

于是式(o)又可以写为

$$\bar{u}(\eta)=\mathrm{erfc}\left(\frac{\eta}{2}\right) \tag{q}$$

显然，上述讨论的运动具有自模拟性。自模拟性的意义在于这类运动过程本身就具有相似性，如

在上述流动中，对于不同的时刻 t 与位置 y，只要取 $\frac{y}{\sqrt{\tilde{v}t}}$ 的值相同，则相应的 $\bar{u}$ 值就必定相等，因此参数 $\frac{y}{\sqrt{\tilde{v}t}}$ 在自模拟运动过程中起着相似参数的作用。

6.2 流体力学中常使用的主要无量纲数

这里简要介绍流体力学与传热学中常用的主要无量纲数：

(1) Reynolds 数 Re，它表示流体中惯性力与黏性力之比，即

$$Re = \frac{\rho v l}{\mu} \tag{6.2.1}$$

式中，l 为特征长度；v 为特征速度；ρ 与 μ 分别为流体密度与动力黏性系数。

(2) Mach 数 M，它是惯性力与弹性力之比(或者说是流速与声速之比)，即

$$M = \frac{v}{a} \tag{6.2.2}$$

式中，v 为流速；a 为当地声速。

(3) Froude 数 Fr，它反映了惯性力与重力之比，即

$$Fr = \frac{v}{\sqrt{gl}} \tag{6.2.3}$$

式中，l 为特征长度；v 为特征速度；g 为重力加速度。

(4) Weber 数 We，它表示惯性力与表面张力之比，即

$$We = \frac{\rho v^2 l}{\sigma} \tag{6.2.4}$$

式中，v 为特征速度；ρ 为流体密度；σ 为流体的表面张力系数；l 为与表面张力有关的特征长度。

(5) Euler 数 Eu，它表示流体压强与惯性力之比，即

$$Eu = \frac{p}{\rho V^2} \tag{6.2.5}$$

式中，p 为压强；V 为特征速度；ρ 为流体密度。

(6) Ekman 数 E，它表示黏性力与 Coriolis 力之比，即

$$E = \frac{\nu}{2\omega l^2} \tag{6.2.6}$$

式中，ν 为运动黏性系数；ω 为角速度；l 为特征长度。

(7) Rossby 数 Ro，它表示惯性力与 Coriolis 力之比，即

$$Ro = \frac{u}{2\omega l} \tag{6.2.7}$$

式中，u 为速度；ω 与 l 的含义同式(6.2.6)。

(8) Strouhal 数 Str，它表示局部惯性力与迁移惯性力之比，即

$$Str = \frac{l}{V_0 t_0} \tag{6.2.8}$$

式中，l 为特征长度；V_0 为特征速度；t_0 为特征时间。

(9) Richardson 数 Ri，它表示浮力与惯性力之比，即

$$Ri = \frac{N^2}{(\partial \mathbf{V}_h / \partial z)^2} \tag{6.2.9}$$

式中,N 为 Brunt-Vaisala 频率(又称浮力频率);$\mathbf{V}_h = u\boldsymbol{i} + v\boldsymbol{j}$,这里 $\mathbf{V}_h$ 为大气的水平分速,$\boldsymbol{i}$ 与 $\boldsymbol{j}$ 为沿 x 轴与 y 轴的单位矢量。

(10) Grashof 数 Gr,它表示浮力与黏性力之比,即

$$Gr = \frac{l^3 g \tilde{\beta} \Delta T}{\nu^2} \tag{6.2.10}$$

式中,$\tilde{\beta}$ 为体积膨胀系数;ν 为运动黏性系数;g 为重力加速度;l 为长度;ΔT 为温度差。

(11) Prandtl 数 Pr,它表示运动黏性系数与热扩散系数之比,即

$$Pr = \frac{\nu}{\beta} = \frac{C_p \mu}{\lambda} \tag{6.2.11}$$

式中,ν 为运动黏性系数;β 为热扩散系数;λ 为热导率;μ 为动力黏性系数;C_p 为介质的定压比热。

(12) Nusselt 数 Nu,它表示壁面法向无量纲过余温度梯度的大小,它反映了对流换热的强弱,这里过余温度定义为壁温与流体温度之差。因此,Nusselt 数可以看做是流体和固壁之间的对流换热、特征长度与流体内的导热系数之比,其表达式为

$$Nu = \frac{\alpha l}{\lambda} \tag{6.2.12}$$

式中,α 为换热系数;λ 为热导率;l 为特征长度。

(13) Newton 数 Ne,它表示外力与流体惯性力之比,即

$$Ne = \frac{F}{\rho V^2 l^2} \tag{6.2.13}$$

式中,F 为外力;l 为特征长度;V 为特征速度;ρ 为流体密度。当 F 为升力 F_L 时,则 Ne 称为升力系数,记为 C_L,其表达式为

$$C_L = \frac{F_L}{\frac{1}{2}\rho v^2 l^2} \tag{6.2.14}$$

当 F 为阻力 F_D 时,则 Ne 称为阻力系数,记为 C_D,其表达式为

$$C_D = \frac{F_D}{\frac{1}{2}\rho V^2 l^2} \tag{6.2.15}$$

当用 M 代表力矩时,Ne 变为力矩系数 C_M,其表达式为

$$C_M = \frac{M}{\frac{1}{2}\rho V^2 l^3} \tag{6.2.16}$$

当用 $\dot{W}$ 代表动力机械功率时,Ne 变为动力系数 $C_{\dot{W}}$,其表达式为

$$C_{\dot{W}} = \frac{\dot{W}}{\rho V^3 l^2} = \frac{\dot{W}}{\rho D^5 n^3} \tag{6.2.17}$$

式中,D 为动力机械旋转部件的直径;n 为转速。

(14) Eckert 数 Ec,它多用于考虑黏性耗散项的高速流动换热,表示流体动能与边界层焓差的之比,即

$$Ec = \frac{u^2}{C_p \Delta T} \tag{6.2.18}$$

式中，C_p 与 ΔT 分别表示定压比热与温度差。

(15) Schmidt 数 Sc，它表示对流传质的动量迁移与质量迁移之间的联系，可以用 ν 与 D 之比来表示，即

$$Sc = \frac{\nu}{D} \tag{6.2.19}$$

式中，ν 与 D 分别表示运动的黏性系数与质量扩散系数。

(16) Peclet 数 Pe，它表示流体的对流传热能力与流体的导热能力之比，即

$$Pe = Re \cdot Pr = \frac{ul}{\beta} \tag{6.2.20}$$

式中，Re 与 Pr 分别代表 Reynolds 数与 Prandtl 数；u、l 与 β 分别代表流速、特征长度与热扩散系数

(17) Stanton 数 St，它表示流体和壁面之间实际换热能力与流体的对流换热能力之比，即

$$St = \frac{Nu}{Re \cdot Pr} = \frac{Nu}{Pe} \tag{6.2.21}$$

式中，Nu、Re、Pr 与 Pe 分别表示 Nusselt 数、Reynolds 数、Prandtl 数与 Peclet 数。

(18) Lewis 数 Le，它代表质量扩散率与热扩散率之比[11]，即

$$Le = \frac{D}{\beta} = \frac{Pr}{Sc} \tag{6.2.22}$$

式中，D 与 β 分别代表质量扩散系数与热扩散系数；Pr 与 Sc 分别代表 Prandtl 数与 Schmidt 数。这里应指出的是，也有的教科书上采用了将 Le 定义为 $\frac{\beta}{D}$ 的规定。

(19) Knudsen 数 Kn，用它可以描述气体的稀薄程度，即

$$Kn = \frac{l_m}{l_0} \tag{6.2.23}$$

式中，l_m 与 l_0 分别代表气体分子的平均自由程与所分析问题的特征几何尺寸。

(20) Stokes 数 Sto，它表示局部惯性力与黏性力的比，其表达式为

$$Sto = \left| \frac{\rho \dfrac{\partial \mathbf{V}}{\partial t}}{\mu \nabla^2 \mathbf{V}} \right| = Str \cdot Re \tag{6.2.24}$$

式中，Str 与 Re 分别为 Strouhal 数与 Reynolds 数。它是表征流动非定常性的重要参数。

应当指出：上述简介的 Reynolds 数、Mach 数、Froude 数、Weber 数、Euler 数、Ekman 数、Rossby 数、Strouhal 数、Richardson 数、Grashof 数、Prandtl 数、Nusselt 数、Newton 数、Eckert 数、Schmidt 数、Peclet 数、Stanton 数、Lewis 数、Knudsen 数和 Stokes 数统称为相似准则数，它们都是流体力学与传热学中常用的主要无量纲数。

6.3 流场的力学相似以及相似条件

流场的力学相似主要包括流场的几何相似、运动相似与动力相似，而流场的相似条件是指保证流动相似的必要与充分条件。下面分别对这些问题进行讨论如下。

6.3.1 几何相似

几何相似是指模型与原型的对应线性长度比例都相等。这里线性长度可以是飞行器的机翼（或者叶轮机械中的叶片）截面的弦长 b，或圆柱的直径 d、管道的长度 l 以及管壁绝对粗糙度 ε

等，并称它们为特征长度。这里令模型与原型的特征长度之比为 K_l，即

$$K_l = \frac{l'}{l} \tag{6.3.1}$$

式中，上标"$'$"表示模型的物理量；l 表示原型的特征长度；而面积比 K_A 与体积比 K_V 分别为

$$K_A = \frac{A'}{A} = \frac{(l')^2}{l^2} = K_l^2 \tag{6.3.2}$$

$$K_V = \frac{V'}{V} = \frac{(l')^3}{l^3} = K_l^3 \tag{6.3.3}$$

6.3.2 运动相似

运动相似是指模型与原型流场在对应时间、对应点处流速方向相同，大小的比例相等，也就是说它们的速度场相似，其速度比例尺为

$$K_u = \frac{u'}{u} \tag{6.3.4}$$

注意到流场的几何相似性是运动相似的前提条件，所以模型与原型流场中流体微团流过所对应路程的时间也必定成比例，即

$$K_t = \frac{t'}{t} = \frac{l'/u'}{l/u} = \frac{K_l}{K_u} \tag{6.3.5}$$

类似地，有

加速度之比 $$K_a = \frac{a'}{a} = \frac{u'/t'}{u/t} = \frac{K_u}{K_t} = \frac{K_u^2}{K_l} \tag{6.3.6}$$

运动黏度之比 $$K_\nu = \frac{\nu'}{\nu} = \frac{(l')^2/t'}{l^2/t} = \frac{K_l^2}{K_t} = K_l K_u \tag{6.3.7}$$

角速度之比 $$K_\omega = \frac{\omega'}{\omega} = \frac{u'/l'}{u/l} = \frac{K_u}{K_l} \tag{6.3.8}$$

6.3.3 动力相似

动力相似是指模型与原型流场对应点处作用在流体微团上的各类力中同类力的方向相同、大小的比例相等，即它们的动力场相似。力的比例尺为

$$K_F = \frac{F'_P}{F_P} = \frac{F'_\tau}{F_\tau} = \frac{F'_G}{F_G} = \frac{F'_I}{F_I} \tag{6.3.9}$$

式中，F_P、F_τ、F_G、F_I 分别为总压力、切向力、重力和惯性力。另外，容易证明模型与原型流场的密度之间也必定成比例，其密度比例尺为

$$K_\rho = \frac{\rho'}{\rho} = \frac{F'/(a'V')}{F/(aV)} = \frac{K_F}{K_a K_V} = \frac{K_F}{K_l^2 K_u^2} \tag{6.3.10}$$

应该注意的是，两个流场的密度比例尺常常是已知的或者是已经选定的，因此在进行流体力学的模型设计时，常选用长度 l、速度 u 与密度作为一组独立的基本量，即选用 K_l、K_u 与 K_ρ 作为基本比例尺，因此便可以用 K_l、K_u 与 K_ρ 去表达有关动力学量的比例尺，如力的比例尺 K_F、力矩的比例尺 K_M、压强的比例尺 K_p、功率的比例尺 K_N 以及动力黏度的比例尺 K_μ，其表达式分别为

$$K_F = K_l^2 K_u^2 K_p \tag{6.3.11}$$

$$K_M = \frac{M'}{M} = \frac{F'l'}{Fl} = K_F K_l = K_l^3 K_u^2 K_\rho \tag{6.3.12}$$

$$K_p = \frac{p'}{p} = \frac{F'/A'}{F/A} = \frac{K_F}{K_A} = K_u^2 K_\rho \tag{6.3.13}$$

$$K_N = \frac{N'}{N} = \frac{F'u'}{Fu} = K_F K_u = K_l^2 K_u^3 K_\rho \tag{6.3.14}$$

$$K_\mu = \frac{\mu'}{\mu} = \frac{\rho'\nu'}{\rho\nu} = K_\rho K_\nu = K_l K_u K_\rho \tag{6.3.15}$$

显然，只要确定了模型与原型密度的比例尺 K_ρ、长度的比例尺 K_l 以及速度比例尺 K_u 之后，便可以由它们去确定动力学量的有关比例尺了。

6.3.4 流动相似条件

流动相似条件是指保证流动相似的必要与充分条件，这些条件是进行模型试验时必须要遵守的。流场相似条件可以用以下三点予以概述：

(1) 相似的流动应服从相同的多维流动基本方程组，即它们都应由相同的微分方程组所描述并且属于同一类的流动，这是流动相似的第一个条件。

(2) 相似流动的单值条件应该相似，这是流动的第二个条件。所谓单值条件包括几何条件(即流动所处空间的形状、大小等)、物理条件(即流体具有的密度、黏度以及热力学特性等)、边界条件(即进口、出口、壁面的速度分布以及温度分布等)；对非定常流动，还应该有初始条件，其中包括初始瞬时的速度分布、温度分布等。显然，如果两个流动服从相同的微分方程并具有相同的单值条件，则得到的该微分方程组的解应该是同一个，即它们是相同的流动；如果两个流动服从相同的微分方程组并且单值条件相似，则得到的该微分方程组的解是相似的，即它们是相似的流动。

(3) 借助于单值条件中的物理量组成相似准则数应该是相等的，这是流动相似的第三个条件。显然，对于同一类流动，当单值条件相似而且由单值条件中的物理量所组成的相似准则数相等时，这些流动也必定是相似的，这些是保证流动相似的必要与充分条件。

6.4 动力相似准则以及相似准则数

令 F 代表力，ρ 与 V 分别代表密度与体积，u 与 $\frac{\mathrm{d}u}{\mathrm{d}t}$ 分别代表速度与加速度，于是对模型与原型流场中的流体微团应用牛顿第二定律，并注意到动力相似时各类力大小的比例相等，得

$$\frac{F'}{F} = \frac{\rho' V' \mathrm{d}u'/\mathrm{d}t'}{\rho V \mathrm{d}u/\mathrm{d}t} \tag{6.4.1}$$

借助于式(6.3.6)与式(6.3.3)，将式(6.4.1)中的各物理量之比换成相应的比例尺，得

$$K_F = K_\rho K_l^2 K_u^2 \tag{6.4.2}$$

或者

$$\frac{F'}{\rho'(l'u')^2} = \frac{F}{\rho(lu)^2} \tag{6.4.3}$$

类似于式(6.2.13)，引入 Newton 数的概念，即这里 Newton 数的表达式为

$$Ne = \frac{F}{\rho l^2 u^2} \tag{6.4.4}$$

式中，l 与 u 分别为长度与速度。显然，Ne 代表了作用力与惯性力之比。由式(6.4.3)可知，欲

使模型与原型流场的动力相似，则它们的 Newton 数必定相等，即

$$Ne' = Ne \tag{6.4.5}$$

这里上标"$'$"代表模型的物理量，不带"$'$"的代表原型的物理量；反之，如果模型与原型流场的 Ne 数相等，则模型与原型流场必定动力相似。上面所述的就是牛顿相似准则。应当指出，作用在流场上的力有多种，它们可以具有各种性质，如重力、黏性力、总压力、弹性力以及表面张力等。无论是何种性质的力，欲使两流场的动力相似，则它们应该服从 Newton 相似准则即应符合式(6.4.2)与式(6.4.3)的关系。下面扼要讨论 F 为重力、黏性力、压力、弹性力、表面力以及由当地加速度引起的惯性力时的相似准则。

在重力作用下的相似流动，其重力场必定要相似，因此作用在模型与原型流场流体微团的重力之比为

$$K_F = \frac{\rho' V' g'}{\rho V g} = K_\rho K_l^3 K_g \tag{6.4.6}$$

式中，K_g 为重力加速度的比例尺。将式(6.4.6)代入式(6.4.2)后便可整理为

$$K_u = \sqrt{K_l K_g} \tag{6.4.7}$$

或者

$$\frac{u'}{(g'l')^{1/2}} = \frac{u}{(gl)^{1/2}} \tag{6.4.8}$$

类似于式(6.2.3)，引入 Fr 数的概念，即这里 Fr 数的表达式为

$$Fr = \frac{u}{(gl)^{1/2}} \tag{6.4.9}$$

这里 u、l 与 g 分别为流速、长度与重力加速度。显然，Froude 数代表了惯性力与重力之比。由式(6.4.8)可知，欲使模型与原型流场的重力作用相似，则它们的 Froude 数必定相等，即

$$Fr' = Fr \tag{6.4.10}$$

反之，如果模型与原型流场的 Froude 数相等，则模型与原型流场的重力作用必定相似，这就是重力相似准则，又称 Froude 准则。应该指出，由式(6.4.7)可知，重力作用相似的流场，这时有关物理量的比例尺要受到式(6.4.7)的约束，因此在进行模型实验时，比例尺的选择不能全部任意。

在黏性力作用下的相似流动，其黏性力场必定相似，因此作用在模型与原型流场流体微团上的黏性力之比为

$$K_F = \frac{\mu' A' (\mathrm{d}u'_x / \mathrm{d}y')}{\mu A (\mathrm{d}ux / \mathrm{d}y)} = K_\mu K_l K_u \tag{6.4.11}$$

式中，u_x 为速度沿 x 方向的分速度；μ 为动力黏性系数；A 为面积。将式(6.4.11)代入式(6.4.2)后便可整理为

$$K_\mu = K_\rho K_l K_u \tag{6.4.12}$$

或者

$$\frac{\rho' u' l'}{\mu'} = \frac{\rho u l}{\mu} \tag{6.4.13}$$

类似于式(6.2.1)，引入 Reynolds 数的概念，即这里 Reynolds 数的表达式为

$$Re = \frac{\rho u l}{\mu} \tag{6.4.14}$$

显然，Reynolds 数代表了惯性力与黏性力之比。由式(6.4.13)可知，欲使模型与原型流场的黏性作用相似，则它们的 Reynolds 数必定相等，即

$$Re' = Re \tag{6.4.15}$$

反之,如果模型与原型流场的 Reynolds 数相等,则模型与原流场的黏性作用必定相似,这就是黏性力相似准则,又称 Reynolds 准则。由式(6.4.12)可知,对于黏性力作用的相似流场,有关物理量的比例尺要受到式(6.4.12)的制约。

在压力作用下的相似流动,其压力场必定要相似,因此作用在模型与原型流场流体微团上的总压力之比为

$$K_F = \frac{P'A'}{PA} = K_p K_l^2 \tag{6.4.16}$$

将式(6.4.16)代入式(6.4.2)后便可以整理为

$$K_p = K_\rho K_u^2 \tag{6.4.17}$$

或者

$$\frac{p'}{\rho'(u')^2} = \frac{p}{\rho u^2} \tag{6.4.18}$$

类似于式(6.2.5),引入 Euler 数的概念,即这里 Euler 数的表达式为

$$Eu = \frac{p}{\rho u^2} \tag{6.4.19}$$

显然,Euler 数代表了总压力与惯性力之比。由式(6.4.18)可知,欲使模型与原型流场的压力作用相似,则它们的 Euler 数必定相等,即

$$Eu' = Eu \tag{6.4.20}$$

反之,如果模型与原型流场的 Euler 数相等,则模型与原型流场的压力作用必定相似,这就是压力相似准则,又称 Euler 准则。另外,Euler 数中的压强 p 也可以用压差 Δp 来代替,这时便有

$$Eu = \frac{\Delta p}{\rho u^2} \tag{6.4.21}$$

对于可压缩流的模型实验来讲,欲使流动相似,则由压缩引起的弹性力场必定相似。因此作用在模型与原型流场流体微团上的弹性力之比为

$$K_F = \frac{\widetilde{K}'A'\left(\dfrac{\mathrm{d}V'}{V'}\right)}{\widetilde{K}A\left(\dfrac{\mathrm{d}V}{V}\right)} = K_K K_l^2 \tag{6.4.22}$$

式中,$\widetilde{K}$ 为体积模量;而 $K_{\widetilde{K}}$ 为体积模量的比例尺。将式(6.4.22)代入式(6.4.2)后便可整理为

$$K_{\widetilde{K}} = K_\rho K_u^2 \tag{6.4.23}$$

或者

$$\frac{\rho'(u')^2}{\widetilde{K}'} = \frac{\rho u^2}{\widetilde{K}} \tag{6.4.24}$$

令

$$Ca = \frac{\rho u^2}{\widetilde{K}} \tag{6.4.25}$$

式中,Ca 称为 Cauchy 数,它表示惯性力与弹性力之比。如果模型与原型流场的弹性力作用相似,则它们的 Cauchy 数必定相等,即

$$Ca' = Ca \tag{6.4.26}$$

反之,如果模型与原流场的 Cauchy 数相等,则模型与原流场的弹性力作用必定相似,这就是弹

性力相似准则，又称 Cauchy 准则。对于气体而言，由于$\dfrac{\widetilde{K}}{\rho}=c^2$，这里 c 为当地声速，于是这时弹性力的比例尺又可写为

$$K_F = K_c^2 K_\rho K_l^2 \tag{6.4.27}$$

将式(6.4.27)代入式(6.4.2)后便可整理为

$$K_u^2 = K_c^2 \tag{6.4.28}$$

或者

$$\frac{u'}{c'} = \frac{u}{c} \tag{6.4.29}$$

式中，c 为声速。类似于式(6.2.2)，引进 Mach 数的概念，即这里 Mach 数的表达式为

$$M = \frac{u}{c} \tag{6.4.30}$$

显然，Mach 数表示惯性力与弹性力之比。由式(6.4.29)可知，欲使模型与原型流场的弹性力作用相似，则它们的 Mach 数必定相等，即

$$M' = M \tag{6.4.31}$$

反之，如果模型与原型流场的 Mach 数相等，则模型与流场的弹性力作用相似，这就是弹性力相似准则，又称 Mach 准则。

对于在表面张力作用下的相似流动，其表面张力场必须相似，因此作用在模型与原型流场流体微团上的表面张力之比为

$$K_F = \frac{\sigma' l'}{\sigma l} = K_\sigma K_l \tag{6.4.32}$$

式中，σ 为表面张力；K_σ 代表表面张力的比例尺；l 为长度；K_l 代表长度的比例尺。将式(6.4.32)代入式(6.4.2)后又可以整理为

$$K_\sigma = K_\rho K_l K_u^2 \tag{6.4.33}$$

或者

$$\frac{\rho'(u')^2 l'}{\sigma'} = \frac{\rho u^2 l}{\sigma} \tag{6.4.34}$$

类似于式(6.2.4)，引入 Weber 数的概念，即这里 Weber 数的表达式为

$$We = \frac{\rho u^2 l}{\sigma} \tag{6.4.35}$$

式中，u 为流速；ρ 为密度；其他符号同式(6.4.32)中的定义。显然，Weber 数是惯性力与张力之比。由式(6.4.34)可知，欲使模型与原型流场的表面张力作用相似，则它们的 Weber 数必定相似，即

$$We' = We \tag{6.4.36}$$

反之亦然。上面所述的便是表面张力相似准则，又称 Weber 准则。

对于非定常流动的模型实验来讲，欲使流动相似，就必须保证模型与原型流场的流动随时间的变化相似，这时由当地加速度引起的惯性力之比为

$$K_F = \frac{\rho' V'\left(\dfrac{\partial u'}{\partial t'}\right)}{\rho V\left(\dfrac{\partial u}{\partial t}\right)} = K_\rho K_l^3 K_u / K_t \tag{6.4.37}$$

将式(6.4.37)代入式(6.4.2)后可得

$$K_l = K_t K_u \tag{6.4.38}$$

或者

$$\frac{l'}{u't'} = \frac{l}{ut} \tag{6.4.39}$$

类似于式(6.2.8)，引入 Strouhal 数的概念，即这里 Strouhal 数的表达式为

$$Str = \frac{l}{ut} \tag{6.4.40}$$

式中，l、u 与 t 分别为长度、速度与时间。显然，Strouhal 数表达了当地惯性力与迁移惯性力之比。由式(6.4.39)可知，欲使模型与原型流场的非定常流动相似，则它们的 Strouhal 数必定要相等，即

$$Str' = Str \tag{6.4.41}$$

反之，如果模型与原流场的 Strouhal 数相等，则模型与原型流场的非定常流动相似，这就是非定常流动的相似准则，又称为 Strouhal 准则。如果上述非定常流是流体的波动或振荡，令其频率为 ω，则 Strouhal 数 Str 又可以写为

$$Str = \frac{\omega l}{u} \tag{6.4.42}$$

相应的 Strouhal 准则又可写为

$$\frac{\omega' l'}{u'} = \frac{\omega l}{u} \tag{6.4.43}$$

综上所述，Ne、Fr、Re、Eu、Ca、M、We 以及 Str 为流体力学中常用的无量纲数，它们统称为相似准则数。

6.5 模型实验以及动力相似准则的使用

模型实验通常是指用简化可控制的方法去再现实际发生的物理现象，实际发生的现象被称为原型现象。显然，模型实验与原型现象的流场完全相似应该是设计模型实验所努力的方向。所谓完全相似包括几何相似、运动相似与动力相似这三个方面。几何相似是现象相似的前提条件，同类现象的相似是以服从共同的微分方程组为前提条件的。为了能够把某一个个别现象从一类物理现象中区分出来，还必须要有单值条件，而单值条件又包括物理条件(如工质的具体性质等)、空间几何条件、时间条件(其中包括初始条件以及所论述过程的定常性或非定常性)以及边界条件(其中包括进口边界、出口边界以及固壁边界条件等)。相似现象间必须要保持现象的单值性条件相似。另外，相似现象间还必须要保证那些单值条件量所组成的相似准则数相等，因此对于同类现象，只有在单值条件相似，并且单值条件量所组成的相似准则数相等时，这些现象才相似，也就是说只有当模型与原型流场服从共同的微分方程组，具有单值性条件相似，而且相似准则数相等时，这两个流动现象才完全相似。应该讲，这是流动相似的充要条件。在流体力学与气体动力学的实验中，要保证全部的相似准则都满足那是十分困难的，实际上多根据具体情况仅满足必要的相似准则以实现对实际流动或者空间飞行的模拟。下面扼要给出流体力学与气体动力学中常使用的五个方面动力相似准则：

(1) 对于无黏不可压缩流体而言，这时只需满足几何相似条件，即要求绕流物体的几何要相似，并且迎角(或攻角)、侧滑角要相等。

(2)对于不可压缩黏性流动而言，除了满足上述所述的条件之外，还需满足 Reynolds 数 Re

相等这一条件。

(3) 对于无黏可压缩流动来讲,除要求满足几何相似、迎角(或攻角)、侧滑角相等的条件外,还要求进口来流的 Mach 数以及绝热指数相等的条件。

(4) 对于可压缩黏性流体而言,除了要满足绕流物体的几何相似,并且迎角(或攻角)、侧滑角相等之外,还要求进口来流 Mach 数、绝热指数以及 Reynolds 数相等这些条件。

(5) 如果所考虑的运动具有周期性(如飞机的螺旋桨)或者非定常流动时,则还应增加 Strouhal 数相等的条件;如果考虑热传导问题时,则还应增加 Prandtl 数相等的条件;如果还要考虑重力所起的作用(如水面波或者密度分层流体的流动)时,则还应该增加 Froude 数相等的要求。

例题 6.4 在设计大型地下空气通道时,必须了解空气在其中的流动损失,为此就需要进行模型试验。首先要建立几何相似的通道模型,已知模型与实际通道的线性尺度比为 $d_m/d_p=1/25$,并且取水为模型中的流动介质,已知 $\mu_m/\mu_p=50$,$\rho_m/\rho_p=800$。在模型试验中,测得通道两端的压差 $\Delta p_m=1.962\times10^5\,\text{Pa}$,流动速度 $V_m=3\text{m/s}$,试由此去确定实际空气通道两端的压差以及相应空气的流速。这里题中下标"m"表示模型通道,"p"表示真实通道。

解 对于模型与原型两个流场,在几何相似的条件下,上述两个现象都存在下列关系:

$$\Delta p \parallel \rho, V, d, \mu \tag{a}$$

式中,μ 为动力黏性系数;d 为通道直径;V 为平均速度;ρ 为密度。对式(a)应用 π 定理,可得

$$\frac{\Delta p}{\rho V^2} \left\| \frac{\rho V d}{\mu} \right. \tag{b}$$

引入 Reynolds 数 Re,即

$$Re = \frac{\rho V d}{\mu} \tag{c}$$

于是式(b)可写为

$$\frac{\Delta p}{\rho V^2} \parallel Re \tag{d}$$

所以两个现象的相似条件可以写为

$$Re_m = Re_p \tag{e}$$

式中,下标 p 与 m 分别代表真实通道与模型通道。显然,只要上述条件得到满足,则两个现象中的同类无量纲被定量就一定相等,于是由式(d)与式(e),得

$$\left(\frac{\Delta p}{\rho V^2}\right)_m = \left(\frac{\Delta p}{\rho V^2}\right)_p \tag{f}$$

由式(e)又可以得到

$$\frac{V_p}{V_m} = \frac{\rho_m d_m \mu_p}{\rho_p d_p \mu_m} \tag{g}$$

另外,借助于式(g)又可以将式(f)整理为

$$\begin{aligned}(\Delta p)_p &= (\Delta p)_m \left(\frac{\rho_p}{\rho_m}\right)\left(\frac{V_p}{V_m}\right)^2 \\ &= (\Delta p)_m \left(\frac{\rho_p}{\rho_m}\right)\left(\frac{\mu_p}{\mu_m}\right)^2\left(\frac{\rho_m}{\rho_p}\right)^2\left(\frac{d_m}{d_p}\right)^2 \\ &= (\Delta p)_m \left(\frac{\rho_m}{\rho_p}\right)\left(\frac{\mu_p}{\mu_m}\right)^2\left(\frac{d_m}{d_p}\right)^2\end{aligned} \tag{h}$$

将已知数据代入式(h)，得

$$(\Delta p)_p = 1.962 \times 10^5 \times 800 \times \left(\frac{1}{50}\right)^2 \times \left(\frac{1}{25}\right)^2 = 1.0045 \times 10^2 (\mathrm{Pa})$$

由式(g)可得

$$V_p = V_m \left(\frac{\rho_m}{\rho_p}\right)\left(\frac{d_m}{d_p}\right)\left(\frac{\mu_p}{\mu_m}\right)$$
$$= 3 \times 800 \times \left(\frac{1}{25}\right) \times \left(\frac{1}{50}\right) = 1.92(\mathrm{m/s})$$

例题 6.5 设船体与其模型的线性尺度之比为 8：1，船模在水中实验，已知水的运动黏性系数 $\nu_{水} = 10^{-6}\mathrm{m}^2/\mathrm{s}$，为了分别模拟船在 3.5m/s 速度航行时的摩擦阻力和波阻力，试求模型速度应分别为多少。如果同时去模拟上述两种阻力，试问这时应选用液体的运动黏度为多少？模型速度有多大？

解 (1) 由实际经验知，船体航行的摩擦阻力 $\widetilde{F}$ 与航行速度 V、流体的运动黏性系数 ν 以及船体的特征长度 l 有关，即

$$\frac{\widetilde{F}}{\rho} \Big\| V, l, \nu \tag{a}$$

利用 π 定理，可得

$$\frac{\widetilde{F}}{\rho l^2 V^2} \Big\| Re \tag{b}$$

所以相似条件为

$$Re_p = Re_m \tag{c}$$

即

$$\frac{\nu_m}{l_m V_m} = \frac{\nu_p}{l_p V_p} \tag{d}$$

依题意得 $\frac{l_p}{l_m} = 8$，并且取 $\nu_m = \nu_p = \nu_{水}$，于是这时由式(d)可得

$$V_m = V_p \frac{l_p}{l_m} \frac{\nu_m}{\nu_p} = 3.5 \times 8 \times 1 = 28(\mathrm{m/s})$$

这就是说模型以此速度航行时所得到的无量纲摩阻与船的无量纲摩阻相等。

(2) 由实际经验知船体航行的兴波阻力 $\hat{F}$ 与船行速度 V，重力加速度 g 以及船体的特征长度 l 有关，即

$$\frac{\hat{F}}{\rho} \Big\| V, l, g \tag{e}$$

利用 π 定理，得

$$\frac{\hat{F}}{\rho V^2 l^2} \Big\| \left(\frac{1}{Fr}\right)^2 \tag{f}$$

式中，Fr 的定义同式(6.2.3)，故这时的相似条件为

$$\left(\frac{1}{Fr}\right)_m^2 = \left(\frac{1}{Fr}\right)_p^2 \tag{g}$$

即

$$\frac{g_m l_m}{V_m^2} = \frac{g_p l_p}{V_p^2} \tag{h}$$

由于 $g_m = g_p = g_{水}$，$\frac{l_p}{l_m} = 8$，于是由式(h)可得

$$V_m = V_p\left(\frac{l_m}{l_p}\right)^{1/2} = 3.5 \times \left(\frac{1}{8}\right)^{1/2} = 1.237(\mathrm{m/s})$$

这就是模型以此速度航行时，所测到的无量纲波阻与船的无量纲波阻相等。

(3) 由实际经验知，船航行的总阻力(其中包括摩阻与波阻)F 与航行速度 V、运动黏性系数 ν、重力加速度 g 以及船体特征长度 l 有关，即

$$\frac{F}{\rho} \Big\| l, V, g, \nu \tag{i}$$

利用 π 定理之后可以得到

$$\frac{F}{\rho V^2 l^2} \Big\| Re, Fr \tag{j}$$

式中，Re 与 Fr 分别为 Reynolds 数与 Froude 数。于是如果要同时满足相似条件，即

$$Re_m = Re_p \tag{k}$$

$$Fr_m = Fr_p \tag{l}$$

或者将式(k)与式(l)写为

$$\frac{l_m V_m}{\nu_m} = \frac{l_p V_p}{\nu_p} \tag{m}$$

$$\frac{g_m l_m}{V_m^2} = \frac{g_p l_p}{V_p^2} \tag{n}$$

于是将式(m)与式(n)联立求解，可得 V_m 与 ν_m 为

$$V_m = V_p\left(\frac{l_m g_m}{l_p g_p}\right)^{1/2} = 3.5 \times \left(\frac{1}{8}\right)^{1/2} = 1.2(\mathrm{m/s})$$

$$\nu_m = \nu_p\left(\frac{l_m g_m}{l_p g_p}\right)^{1/2}\left(\frac{l_m}{l_p}\right) = 10^{-6} \times \left(\frac{1}{8}\right)^{1/2} \times \frac{1}{8} = 4.42 \times 10^{-8}(\mathrm{m^2/s})$$

这就是说，当模拟试验所选用流体的运动黏性系数必须满足 $\nu_m = 4.42 \times 10^{-8}\mathrm{m^2/s}$ 而且模型航行速度必须满足 $V_m = 1.2\mathrm{m/s}$ 时才能使模型与实际船体的无量纲阻力相同。

习　题

6.1　已知流体通过水平毛细管的流量 Q_v 与管径 D、动力黏性系数 μ、压力梯度 $\frac{\Delta p}{L}$ 有关，试推导流量的表达式。

6.2　今有一股直径为 D、速度为 V 的液体束从喷雾器的小孔中喷出后在空气中破碎成许多小液滴。假设液滴的直径为 d，除了与 D 以及 V 有关外，还与流体的密度 ρ、黏度 μ 以及表面张力系数 σ 有关。试以 ρ、V、D 为基本量，推出液滴直径 d 与其他物理量之间的关系式。

6.3　已知小球在不可压缩黏性流体中运动时其阻力 F_D 与小球的直径 D、等速运动的速度 V、流体的密度 ρ、动力黏性系数 μ 有关，试推出阻力的表达式。

6.4　当黏性流体以一定速度对二维圆柱做定常绕流时，在圆柱的顶部与底部会交替释放出旋涡，在圆柱后部形成卡门涡街。设涡旋释放频率为 $\tilde{f}$，并知道它与圆柱直径 D、流速 V、流体密度 ρ 以及动力黏性系数 μ 有关。试以 ρ、V、D 为基本量，用量纲分析推导出 $\tilde{f}$ 与其他物理量间的关系式。

6.5　在船舶流体力学问题中，流体为不可压缩的黏性流，流体作用力 F(其中包括船舶螺旋桨推力等)通常

与流体密度 ρ、流速 V、特征长度 l、动力黏度系数 μ、重力加速度 g、压强差 Δp、角速度 ω 这七个物理量有关。如果取 ρ、V、l 为基本量，试用量纲分析推导出相应 π 的方程式。

6.6 在气体动力学和气动热力学中，热传递成为一个非常重要的过程，令 Q_c 代表单位体积流体所携带的热量在 x 方向上的迁移变化率，其表达式为

$$Q_c = \rho C_p u \frac{\partial T}{\partial x} \tag{*1}$$

式中，T、ρ、u 与 C_p 分别为温度、密度、x 方向上的分速度与定压比热。令 Q_λ 代表热传导量，其表达式

$$Q_\lambda = \lambda \frac{\partial^2 T}{\partial x^2} \tag{*2}$$

式中，λ 为热传导系数。试用物理法则去确定 Q_c 与 Q_λ 量级之比的相似准则数即 Peclet 数 Pe。

6.7 新设计的汽车高 1.5m，最大行驶速度为 108km/h，拟在风洞中进行模型试验。已知风洞试验段的最大风速为 45m/s，试求出汽车模型的高度。

6.8 某飞机的机翼弦长 $b=1500\text{mm}$，在气压 $p_a=10^5\,\text{Pa}$，气温 $T=10℃$ 的大气中以 $V=180\text{km/h}$ 的速度飞行，拟在风洞中用模型实验去测定翼型阻力，采用的长度比例尺 $K_l=\dfrac{1}{3}$；如果用开口风洞进行试验，已知实验段的气压 $p_a'=101325\text{Pa}$，气温 $T'=25℃$，试求实验段的风速应等于多少。

6.9 已知水轮机的功率 $\tilde{P}$ 与叶轮直径 D、叶片宽度 b、转速 n、有效水头 H、水的密度 ρ、动力黏度系数 μ、重力加速度 g 这七个参数有关，试导出水轮机功率的表达式。

6.10 飞机以 400m/s 速度做高空飞行，该处的温度 T 为 228K，压强 p 为 30.2kN/m^2。今用缩小 20 倍的模型在风洞中做模化实验。已知风洞中空气温度 T 为 288K，动力黏度系数 $\mu\approx\dfrac{T^{1.5}}{T+117}$，试求该风洞中的风速以及压强各为多少。

6.11 在一定范围内圆柱绕流的后部会发生卡门涡街现象，从圆柱上下交替释放旋涡的频率 $\tilde{f}$ 与流速 V、圆柱直径 D、流体密度 ρ 与动力黏性系数 μ 有关。今考察分别绕过两个不同直径的圆柱所得到的两个流场，为保证这两个流场的动力相似性，试求这时的流速比 V_1/V_2 等于多少(假定这两个圆柱的直径比 D_1/D_2 等于 3)。

6.12 在“安全人机工程学”课程[23]里，遵照钱学森先生提出的人-机-环境系统工程的观点，通常要分析人、机、环境三者所构成的系统中所发生的各种事故(如火灾事故、生产事故、各类爆炸事故等)，分析它们发生的物理过程，找出避免事故发生的规律。在进行事故发生前物理过程的分析时，相似方法也是一个有效方法之一，请举一个例子去说明相似方法在这方面的应用。

6.13 在航空航天飞行中，高超声速飞行器再入大气层时的热防护问题十分重要。当飞行器从高空再入地球表面的过程中，往往要经过稀薄流区、过渡流区和连续流区，所使用的求解流场的计算方法也有所不同(如稀薄流区用 DSMC 方法[24~28]，连续流区用广义 Navier-Stokes 方程组[29,30])，但沿壁面热流系数 C_h 的分布始终是人们关注的重要参数，这里 C_h 的定义式为

$$C_h = \frac{q}{\frac{1}{2}\rho_\infty V_\infty^3} \tag{*3}$$

式中，q 为热流密度；ρ_∞ 与 V_∞ 分别为自由来流的密度与速度。试分析 C_h 的量纲特点，它与 Stanton 数有何区别。

6.14 在叶轮机械内流场的计算中，基于小波奇异分析的流场计算方法是一种新型的高效率、高精度的数值方法之一，使用它可以将流场划分为光滑区与奇异点区域。对于不同区域采用不同的高效率、高精度差分格式(如对于光滑区域可采用高精度中心差分格式，对于奇异点区域便采用高精度 WENO 格式等)，文献[31]首次使用这种方法完成了大量内流算例。在小波奇异分析技术中，Hölder 指数和张量积小波是两个十分重要的基本概念，不妨以一维问题为例，这里仅讨论一下普通一维小波的概念：对于函数 $\psi(t)\in L^2(\mathbf{R})$，如果

$$\int_{-\infty}^{\infty}\psi(t)\,\mathrm{d}t = 0 \tag{*4}$$

则称 $\psi(t)$是一个小波。将 a 与 b 分别定义为尺度参数(又称伸缩参数)与位移参数，并将 $\psi_{a,b}(t)$定义为

$$\psi_{a,b}(t) \equiv |a|^{-\frac{1}{2}} \psi\left(\frac{t-b}{a}\right), \quad a, b \in \mathbf{R}, a \neq 0 \tag{*5}$$

于是函数族$\{\psi_{a,b}(t)\}$便可由$\psi(t)$生成,因此小波函数$\psi(t)$又可以称为母小波。试完成:(1) 绘出标准小波函数的图像;(2) 绘出当$0<|a|<1, b>0$时小波$\psi_{a,b}(t)$的图像;(3) 绘出当$|a|>1$时,$b>0$小波$\psi_{a,b}(t)$的图像;(4) 超声速和高超声速进气道是非常重要的外流与内流兼有的流体力学问题[32],请问当进气道的来流 Mach 数$M_\infty=3.0$时,可否用小波奇异分析方法来计算该流场?为什么?另外,当引入边界层的假设,你如何利用量纲分析的办法将亚声速进气道流场的流动问题简化为边界层方程?(5) 文献[25,29,33]中计算了多种飞行器的绕流问题,如果飞行器在距离地球上空 10km 处飞行,请问该飞行器绕流问题的计算应该采用哪种物理模型呢?在这一飞行高度下,当飞行 Mach 数为 1.8 时,试问这时流场计算可否使用小波奇异分析方法?为什么?

参考文献

[1] Landau L D, Lifshitz E M. Fluid Mechanics. Oxford: Butterworth-Heinemann, 1987.

[2] Prandtl L, Tietjens O G. Fundamentals of Hydro-and Aeromechanics. New York: Dover, 1957.

[3] Liepmann H W, Roshko A. Elements of Gasdynamics. New York: Wiley, 1957.

[4] Batchelor G K. An Introduction to Fluid Dynamics. 2nd ed. Cambridge: Cambridge University Press, 2000.

[5] 陈懋章. 黏性流体动力学基础. 北京：高等教育出版社，2002.

[6] 王保国，刘淑艳，王新泉等. 流体力学. 北京：机械工业出版社，2011.

[7] 王保国，刘淑艳，刘艳明等. 空气动力学基础. 北京：国防工业出版社，2009.

[8] 《吴仲华论文选集》编辑委员会. 吴仲华论文选集. 北京：机械工业出版社，2002.

[9] 庄礼贤，尹协远，马晖扬. 流体力学. 2 版. 合肥：中国科学技术大学出版社，2009.

[10] 周光坰，严宗毅，许世雄等. 流体力学(上、下册). 2 版. 北京：高等教育出版社，2000.

[11] 王保国，刘淑艳，王新泉等. 传热学. 北京：机械工业出版社，2009.

[12] 王保国，刘淑艳，黄伟光. 气体动力学. 北京：国防科工委 5 校(北京理工大学、北京航空航天大学、西北工业大学、哈尔滨工程大学、哈尔滨工业大学)出版社，2005.

[13] Wang B G, Wang D, Liu Q S. Efficient hybrid method for Oldroyd-B fluid flow computations. Tsinghua Science and Technology, 1998, 3(2): 986-990.

[14] 沈青. 稀薄气体动力学. 北京：国防工业出版社，2003.

[15] 王保国，刘淑艳. 稀薄气体动力学计算. 北京：北京航空航天大学出版社，2011.

[16] 王保国，黄伟光. 高超声速气动热力学. 北京：科学出版社，2011.

[17] 王保国. N-S 方程组的通用形式及近似因式分解. 应用数学和力学. 1988, 9(2): 165-172.

[18] 王保国，黄虹宾. 叶轮机械跨声速及亚声速流场的计算方法. 北京：国防工业出版社，2000.

[19] 王保国，卞荫贵. 关于三维 Navier-Stokes 方程的黏性项计算. 空气动力学学报，1994, 12(4): 375-382.

[20] 王保国. 叶栅流基本方程组特征分析及矢通量分裂. 中国科学院研究生院学报，1987, 4(2): 54-65.

[21] Lighthill M J. Introduction to Boundary Layer Theory. // Laminar Boundary Layers. Ed. by Rosenhead L. Oxford: Oxford University Press, 1963: 46-113.

[22] 华罗庚. 高等数学引论. 北京：科学出版社，1963.

[23] 王保国，王新泉，刘淑艳等. 安全人机工程学. 北京：机械工业出版社，2007.

[24] 王保国，李学东，刘淑艳. 高温高速稀薄流的 DSMC 算法与流场传热分析. 航空动力学报，2010, 25(6): 1203-1220.

[25] 王保国，李耀华，钱耕. 四种飞行器绕流的三维 DSMC 计算与传热分析. 航空动力学报，2011, 26(1): 1-20.

[26] 孙成海，王保国，沈孟育. Lattice-Boltzman models for heat transfer. Communications in Nonlinear Science & Numerical Simulation, 1997, 2(4): 212-216.

[27] 孙成海，王保国，沈孟育. 完全气体格子 Boltzmann 热模型. 清华大学学报，2000, 40(4): 51-54.

[28] 孙成海，王保国，沈孟育. 格子 Boltzmann 方法的质量扩散模型. 计算物理，1997, 14(4): 671-673.

[29] 王保国，李翔，黄伟光. 激波后高温高速流场中的传热特性研究. 航空动力学报，2010, 25(5): 963-980.

[30] 王保国，李翔. 多工况下高超声速飞行器再入时流场的计算. 西安交通大学学报，2010, 44(1): 71-76.

[31] 王保国，吴俊宏，朱俊强. 基于小波奇异分析的流场计算方法及应用. 航空动力学报，2010, 25(12): 2728-2747.

[32] 王保国，卞荫贵. 超声速和高超声速进气道的数值模拟. 力学进展，1992, 22(3): 318-323.

[33] 王保国，黄伟光，钱耕等. 再入飞行中 DSMC 与 Navier-Stokes 两种模型的计算与分析. 航空动力学报，2011, 26(5): 961-976.

第二篇　流体的不可压缩流动

本篇包含4章，即无黏流、黏性流、层流边界层与湍流边界层，它涵盖了不可压缩流体力学中最重要的基础内容，是进行大气物理、流变学、水力学、化工流体力学、黏性流体力学、湍流模式研究、多相流体力学、非牛顿流体力学等众多课程学习的必要基础，也是"工程流体力学"课程的重要组成部分。在本篇中还特别谈到了周培源先生在湍流研究方面所作出的杰出贡献，以及他提出的湍流17方程著名理论。

第7章　无黏不可压缩流体的运动

在流体力学的发展史上，不可压缩流动理论占有重要地位，尤其是不可压缩无黏平面势流，在引入了速度势与流函数的概念之后，运用复变函数工具建立了较为完善的平面势流理论。另外，对于不可压缩无黏平面位势流，在保证几何相似的条件下不需要动力学条件便可自动达到运动相似，因此用简单的叠加方法就可以直接求出速度场。此外，对于不可压缩流来讲有旋流动更是广泛存在，对于这些问题也在本章中作了简要的讨论与介绍。

7.1　无黏不可压缩流的基本方程

在流体力学中，常引进质量流矢量 $\rho\boldsymbol{V}$、动量流张量 $\rho\boldsymbol{VV}$ 以及能量流矢量 $\rho e_t\boldsymbol{V}$ 的概念。所谓质量流矢量 $\rho\boldsymbol{V}$，又称为动量密度矢量，它表示单位体积流体所具有的动量。而动量流张量 $\rho\boldsymbol{VV}$ 中 $\boldsymbol{VV}$ 为并矢张量，即 $\boldsymbol{VV}$ 是速度矢量的张量积，在直角笛卡儿坐标系中省略坐标架写为矩阵形式时便为

$$\boldsymbol{VV}=\begin{bmatrix} V_1^2 & V_1V_2 & V_1V_3 \\ V_2V_1 & V_2^2 & V_2V_3 \\ V_3V_1 & V_3V_2 & V_3^2 \end{bmatrix} \tag{7.1.1}$$

式中，$\boldsymbol{V}=\boldsymbol{i}V_1+\boldsymbol{j}V_2+\boldsymbol{k}V_3$。对于考虑黏性的流动问题，常令 $\boldsymbol{\pi}$ 为应力张量，其定义与式(4.3.17)中的 $\boldsymbol{\pi}$ 相同。引入动量通量密度张量 $\boldsymbol{\sigma}$，则

$$\boldsymbol{\sigma}\equiv\rho\boldsymbol{VV}-\boldsymbol{\pi} \tag{7.1.2}$$

借助于式(7.1.2)，则动量方程(4.3.17)又可以写为

$$\frac{\partial(\rho\boldsymbol{V})}{\partial t}+\nabla\cdot\boldsymbol{\sigma}=\rho\boldsymbol{f} \tag{7.1.3}$$

式中，$\boldsymbol{\sigma}$ 由式(7.1.2)定义。另外，在能量流矢量 $\rho e_t\boldsymbol{V}$ 中，ρe_t 为能量密度，它代表单位体积中流体具有的广义内能，而 e_t 为单位质量流体所具有的广义内能，e_t 的表达式为

$$e_t=e+\frac{1}{2}\boldsymbol{V}\cdot\boldsymbol{V} \tag{7.1.4}$$

式中，e 为狭义热力学内能[1,2]。此外，热通量密度矢量 $\boldsymbol{q}_c$ 定义为

$$\boldsymbol{q}_c=-\lambda\nabla T \tag{7.1.5}$$

式中，λ 为热传导系数。于是能量方程(4.4.23)又可写为

$$\rho \frac{\mathrm{d}e}{\mathrm{d}t} = \boldsymbol{\pi} : \boldsymbol{D} + \nabla \cdot (\lambda \nabla T) \tag{7.1.6}$$

式中，$\boldsymbol{D}$ 为变形率张量。

在第4章里，已由质量守恒定律、动量定理、能量守恒定律导出了连续方程(4.2.9)、运动方程(4.3.14)或者式(7.1.3)以及能量方程(4.4.16)或者式(7.1.6)。对于无黏(又称理想)流体，连续方程的守恒形式仍为式(4.2.9)，即

$$\frac{\partial \rho}{\partial t} + \nabla \cdot (\rho \boldsymbol{V}) = 0 \tag{7.1.7}$$

而动量守恒律方程(7.1.3)中的 $\boldsymbol{\sigma}$ 此时退化为

$$\boldsymbol{\sigma} = \rho \boldsymbol{V}\boldsymbol{V} + p\boldsymbol{I} \tag{7.1.8}$$

于是这时的运动方程可写为

$$\frac{\partial}{\partial t}(\rho \boldsymbol{V}) + \nabla \cdot (\rho \boldsymbol{V}\boldsymbol{V} + p\boldsymbol{I}) = \rho \boldsymbol{f} \tag{7.1.9}$$

或者

$$\rho \frac{\mathrm{d}\boldsymbol{V}}{\mathrm{d}t} + \nabla p = \rho \boldsymbol{f} \tag{7.1.10}$$

对于能量方程(4.4.16)，这时可变为

$$\frac{\partial(\rho e_{\mathrm{t}})}{\partial t} + \nabla \cdot [(\rho e_{\mathrm{t}} + p)\boldsymbol{V}] = \rho \boldsymbol{f} \cdot \boldsymbol{V} - \nabla \cdot \boldsymbol{q} \tag{7.1.11}$$

利用连续方程(7.1.7)，则式(7.1.11)可变为

$$\rho \frac{\mathrm{d}}{\mathrm{d}t}\left(e + \frac{\boldsymbol{V} \cdot \boldsymbol{V}}{2}\right) + \nabla \cdot (p\boldsymbol{V}) = \rho \boldsymbol{f} \cdot \boldsymbol{V} - \nabla \cdot \boldsymbol{q} \tag{7.1.12}$$

注意到

$$\nabla \cdot (p\boldsymbol{V}) = p \nabla \cdot \boldsymbol{V} + \boldsymbol{V} \cdot \nabla p \tag{7.1.13}$$

$$\frac{\mathrm{d}}{\mathrm{d}t}\left(\frac{\boldsymbol{V} \cdot \boldsymbol{V}}{2}\right) = \boldsymbol{V} \cdot \frac{\mathrm{d}\boldsymbol{V}}{\mathrm{d}t} \tag{7.1.14}$$

以及式(7.1.10)后，则式(7.1.12)变为

$$\rho \frac{\mathrm{d}e}{\mathrm{d}t} + p \nabla \cdot \boldsymbol{V} = -\nabla \cdot \boldsymbol{q} \tag{7.1.15}$$

另外，由连续方程可得

$$\nabla \cdot \boldsymbol{V} = -\frac{1}{\rho} \frac{\mathrm{d}\rho}{\mathrm{d}t} \tag{7.1.16}$$

将式(7.1.16)代入式(7.1.15)后，便得

$$\rho \frac{\mathrm{d}e}{\mathrm{d}t} - \frac{p}{\rho} \frac{\mathrm{d}\rho}{\mathrm{d}t} = -\nabla \cdot \boldsymbol{q} \tag{7.1.17}$$

注意到熵的关系式，即

$$T\mathrm{d}S = \mathrm{d}e + p\mathrm{d}\frac{1}{\rho} \tag{7.1.18}$$

式中，T 与 S 分别代表温度与单位质量流体的熵。借助于式(7.1.18)，则式(7.1.17)可变为

$$T \frac{\mathrm{d}S}{\mathrm{d}t} = -\frac{1}{\rho} \nabla \cdot \boldsymbol{q} \tag{7.1.19}$$

令 $\dot{Q}$ 为单位时间内传给单位质量气体的热量,由传热学基础知识知道[1],有

$$\rho\dot{Q} = -\nabla\cdot \boldsymbol{q} \tag{7.1.20}$$

将式(7.1.20)代入式(7.1.19)后,便有

$$T\frac{\mathrm{d}S}{\mathrm{d}t} = \dot{Q} \tag{7.1.21}$$

这就是理想流体关于熵 S 与传热量 $\dot{Q}$ 之间的重要关系式。至此,理想可压缩流动的连续方程[式(7.1.7)]、动量方程[式(7.1.9)或式(7.1.10)]以及能量方程[式(7.1.11)或者式(7.1.21)]已全部给出,其基本方程组[这里仅以式(7.1.7)、式(7.1.9)和式(7.1.11)为例]有如下形式

$$\begin{cases}\dfrac{\partial\rho}{\partial t} + \nabla\cdot(\rho\boldsymbol{V}) = 0\\ \dfrac{\partial(\rho\boldsymbol{V})}{\partial t} + \nabla\cdot(\rho\boldsymbol{V}\boldsymbol{V} + p\boldsymbol{I}) = \rho\boldsymbol{f}\\ \dfrac{\mathrm{d}(\rho e_{\mathrm{t}})}{\mathrm{d}t} + \nabla\cdot[(\rho e_{\mathrm{t}} + p)\boldsymbol{V}] = \rho\boldsymbol{f}\cdot\boldsymbol{V} - \nabla\cdot\boldsymbol{q}\end{cases} \tag{7.1.22}$$

对于均质不可压缩理想流体,即 $\rho=\text{const}$,上述方程组中的前两个方程可退化为

$$\nabla\cdot\boldsymbol{V} = 0 \tag{7.1.23a}$$

$$\frac{\partial\boldsymbol{V}}{\partial t} + \boldsymbol{V}\cdot\nabla\boldsymbol{V} = -\frac{1}{\rho}\nabla p + \boldsymbol{f} \tag{7.1.23b}$$

由于不可压缩流体微团的体积膨胀率等于零,所以微团上的体积膨胀功也为零,因此微团的内能增长率等于外界输入的热量,即

$$\frac{\mathrm{d}e}{\mathrm{d}t} = -\frac{1}{\rho}\nabla\cdot\boldsymbol{q} = \dot{Q} \tag{7.1.24}$$

借助于式(7.1.24),对于不可压缩流动则式(7.1.22)中的第三个方程可退化为

$$\frac{\partial}{\partial t}\left(\frac{\boldsymbol{V}\cdot\boldsymbol{V}}{2}\right) + \boldsymbol{V}\cdot\nabla\left(\frac{\boldsymbol{V}\cdot\boldsymbol{V}}{2}\right) = -\frac{1}{\rho}\nabla\cdot(p\boldsymbol{V}) + \boldsymbol{f}\cdot\boldsymbol{V} \tag{7.1.25}$$

显然,式(7.1.25)也可将式(7.1.23b)两边点乘速度矢量 $\boldsymbol{V}$ 后导出,这就意味着对于不可压缩理想流体来讲,这时能量方程不再是独立的方程了,换句话说,方程(7.1.23a)与方程(7.1.23b)便构成了不可压缩理想流体所遵循的基本方程组。该方程的边界条件为:对于静止的固体壁面条件,则在该壁面上应有速度的法向分速度 V_n 恒为零,即

$$V_n = 0 \tag{7.1.26}$$

至于切向分速度应根据流体是否考虑黏性来定,对于理想流体,则认为流体质点沿着壁面滑动,即速度的切向分量不恒为零;对于黏性流体,则认为壁面上流体质点的切向分量为零。

7.2 不可压缩无黏无旋流动以及速度势函数的一般性质

不可压缩无黏流体的无旋运动是流体力学中常被采用的理想化简单模型之一,它可以给出许多有用的结果,并且为研究更复杂的流动现象奠定了基础。

7.2.1 不可压缩无黏无旋流动的基本方程及初边值条件

不可压缩无黏流动应该满足的基本方程组以及初始条件与边界条件为

$$\nabla\cdot\boldsymbol{V} = 0 \tag{7.2.1}$$

$$\frac{\mathrm{d}\boldsymbol{V}}{\mathrm{d}t}=\boldsymbol{f}_{\mathrm{b}}-\frac{1}{\rho}\nabla p \tag{7.2.2}$$

初始条件：在初始时刻 $t=t_0$ 时有

$$p(\boldsymbol{r},t_0)=f_1(\boldsymbol{r}),\quad \boldsymbol{V}(\boldsymbol{r},t_0)=f_2(\boldsymbol{r}) \tag{7.2.3}$$

边界条件：在固壁上，有

$$(\boldsymbol{V}\cdot\boldsymbol{n})\,|_{\mathrm{w}}=\boldsymbol{V}_{\mathrm{w}}\cdot\boldsymbol{n} \tag{7.2.4}$$

式中，$\boldsymbol{f}_{\mathrm{b}}$ 为作用在单位质量流体上的质量力。此外，如果存在自由面，还应加上自由面条件；对于无界区域，还应加上无穷远处的边界条件；对于管流或内流问题，还需加上进口与出口条件。式(7.2.1)与式(7.2.2)构成了该问题应满足的基本方程组，但由于这个方程组的非线性，而且速度与压强又耦合在一起，所以它的求解一般是困难的。但对于不可压缩无黏、无旋流，问题就变得简单多了，由于无旋即

$$\nabla\times\boldsymbol{V}=0 \tag{7.2.5}$$

于是必定存在一个势函数 $\varphi(\boldsymbol{r},t)$，使得

$$\boldsymbol{V}=\nabla\varphi \tag{7.2.6}$$

通常势函数 φ 为速度势。显然，将式(7.2.6)代入式(7.2.1)后得

$$\nabla^2\varphi=\nabla\cdot\nabla\varphi=0 \tag{7.2.7}$$

式(7.2.7)为 Laplace 方程，在数学上已有一些成熟的解法。另外，原来在由式(7.2.1)与式(7.2.2)所构成的基本方程中，速度与压强之间要耦合求解，而对于无旋流问题，由于转化为速度势方程的求解而使问题变成了一个纯粹的运动学问题。显然，这时只要先求得速度势与流体速度，代入运动方程便直接获得流场中压强 p 的分布。此外，对正压流体以及体积力 $\boldsymbol{f}_{\mathrm{b}}$ 有势的流动，则存在着 Cauchy-Lagrange 积分，这时式(5.2.18)对于不可压缩流动便可为

$$\frac{\partial\varphi}{\partial t}+\frac{\boldsymbol{V}\cdot\boldsymbol{V}}{2}+\frac{p}{\rho}+G=C(t) \tag{7.2.8}$$

式中，G 为体力势。因此，对于正压流体且体积力有势的不可压缩无黏无旋运动来讲，它应满足的基本方程组与初边值条件为

$$\nabla^2\varphi=0 \tag{7.2.9a}$$

$$\frac{\partial\varphi}{\partial t}+\frac{\boldsymbol{V}\cdot\boldsymbol{V}}{2}+\frac{p}{\rho}+G=C(t) \tag{7.2.9b}$$

在 $t=t_0$ 时

$$\nabla\varphi=\boldsymbol{V}_0,\quad p=p_0 \tag{7.2.10a}$$

在固壁上

$$\frac{\partial\varphi}{\partial n}\,|_{\mathrm{w}}=\boldsymbol{V}_{\mathrm{w}}\cdot\boldsymbol{n} \tag{7.2.10b}$$

另外，如有必要还要补充其他边界条件，如自由面条件、无穷远处条件或者内流问题的进口与出口条件等。下面扼要讨论一下运动壁面上的边界条件。设运动壁面的方程为

$$F(x,y,z,t)=0 \tag{7.2.11}$$

于是这时壁面上任意一点的单位法矢量 $\boldsymbol{n}$ 为

$$\boldsymbol{n}=\frac{\nabla F}{|\nabla F|}=\frac{\boldsymbol{i}\dfrac{\partial F}{\partial x}+\boldsymbol{j}\dfrac{\partial F}{\partial y}+\boldsymbol{k}\dfrac{\partial F}{\partial z}}{\sqrt{\left(\dfrac{\partial F}{\partial x}\right)^2+\left(\dfrac{\partial F}{\partial y}\right)^2+\left(\dfrac{\partial F}{\partial z}\right)^2}} \tag{7.2.12}$$

对壁面方程(7.2.11)求全导数,得

$$\frac{\mathrm{d}F}{\mathrm{d}t}=\frac{\partial F}{\partial t}+\frac{\partial F}{\partial x}\frac{\mathrm{d}x}{\mathrm{d}t}+\frac{\partial F}{\partial y}\frac{\mathrm{d}y}{\mathrm{d}t}+\frac{\partial F}{\partial z}\frac{\mathrm{d}z}{\mathrm{d}t}=0 \tag{7.2.13}$$

式中,$\frac{\mathrm{d}x}{\mathrm{d}t}$、$\frac{\mathrm{d}y}{\mathrm{d}t}$、$\frac{\mathrm{d}z}{\mathrm{d}t}$是壁面上任意点$(x,y,z)$的速度分量。借助于式(7.2.12)与式(7.2.13),则壁面上任意一点的法向分速度便为

$$\boldsymbol{V}_{\mathrm{w}}\cdot\boldsymbol{n}=\frac{\frac{\partial F}{\partial x}\frac{\mathrm{d}x}{\mathrm{d}t}+\frac{\partial F}{\partial y}\frac{\mathrm{d}y}{\mathrm{d}t}+\frac{\partial F}{\partial z}\frac{\mathrm{d}z}{\mathrm{d}t}}{\sqrt{\left(\frac{\partial F}{\partial x}\right)^2+\left(\frac{\partial F}{\partial y}\right)^2+\left(\frac{\partial F}{\partial z}\right)^2}}=\frac{-\frac{\partial F}{\partial t}}{\sqrt{\left(\frac{\partial F}{\partial x}\right)^2+\left(\frac{\partial F}{\partial y}\right)^2+\left(\frac{\partial F}{\partial z}\right)^2}} \tag{7.2.14}$$

而位于壁面上的流体质点速度的法向分速度为

$$(\boldsymbol{V}\cdot\boldsymbol{n})\big|_{\mathrm{w}}=\frac{u\frac{\partial F}{\partial x}+v\frac{\partial F}{\partial y}+w\frac{\partial F}{\partial z}}{\sqrt{\left(\frac{\partial F}{\partial x}\right)^2+\left(\frac{\partial F}{\partial y}\right)^2+\left(\frac{\partial F}{\partial z}\right)^2}} \tag{7.2.15}$$

式中,u、v、w是壁面上流体质点沿x、y、z方向的分速度。注意到在固壁上流体的法向分速度应等于固体的法向分速度,也就是说有式(7.2.4)成立,即$(\boldsymbol{V}\cdot\boldsymbol{n})|_{\mathrm{w}}=\boldsymbol{V}_{\mathrm{w}}\cdot\boldsymbol{n}$,于是借助于式(7.2.13)便有

$$\frac{\partial F}{\partial t}+u\frac{\partial F}{\partial x}+v\frac{\partial F}{\partial y}+w\frac{\partial F}{\partial z}=0 \tag{7.2.16}$$

成立。

例题 7.1 不可压缩、无黏的均匀来流绕过一个无限长的直圆柱。已知均匀来流的速度为V_∞,圆柱半径为a,令流体密度为ρ,不计重力,没有环量,求流场速度及圆柱表面所受到的压强分布。

解 由已知条件可知,这里的流动能够用一个无旋的二维流动来描述,引入极坐标系(r,θ)以及速度势函数$\varphi(r,\theta)$,这时速度势φ所满足的Laplace方程与边界条件(属于Neumann边值问题)为

$$\frac{\partial^2\varphi}{\partial r^2}+\frac{1}{r}\frac{\partial\varphi}{\partial r}+\frac{1}{r^2}\frac{\partial^2\varphi}{\partial\theta^2}=0 \tag{a}$$

在$r=a$处

$$\frac{\partial\varphi}{\partial r}=0 \tag{b}$$

在无穷远处

$$\frac{\partial\varphi}{\partial r}=V_\infty\cos\theta \tag{c}$$

解这个问题的最简单办法是分离变量法,考虑到边界条件后可以假设$\varphi(r,\theta)=R(r)\cos\theta$,于是方程(a)以及边界条件(b)与(c)可简化为

$$R''(r)+\frac{1}{r}R'(r)-\frac{1}{r^2}R(r)=0 \tag{d}$$

在$r=a$处

$$R'(r)=0 \tag{e}$$

在无穷远处

$$R'(r)=V_\infty \tag{f}$$

显然，式(d)是二阶线性常微分方程，它的通解为

$$R(r) = C_1 r + \frac{C_2}{r} \tag{g}$$

由边界条件可定出式(g)的积分常数 C_1 与 C_2 为

$$C_1 = V_\infty, \quad C_2 = V_\infty a^2 \tag{h}$$

将式(h)代入式(g)后，有

$$R(r) = V_\infty\left(r + \frac{a^2}{r}\right) \tag{i}$$

因此便可以得到速度势 φ 与两个方向上的分速度为

$$\varphi = V_\infty\left(r + \frac{a^2}{r}\right)\cos\theta \tag{j}$$

$$V_r = \frac{\partial\varphi}{\partial r} = V_\infty\left(1 - \frac{a^2}{r^2}\right)\cos\theta \tag{k}$$

$$V_\theta = \frac{1}{r}\frac{\partial\varphi}{\partial\theta} = -V_\infty\left(1 + \frac{a^2}{r^2}\right)\sin\theta \tag{l}$$

在圆柱壁上流体的速度为

$$\begin{cases} V_r \mid_a = 0 \\ V_\theta \mid_a = -2V_\infty\sin\theta \end{cases} \tag{m}$$

另外，圆柱壁上的压强可以由 Bernoulli 方程求得，即

$$\frac{V_\infty^2}{2} + \frac{p_\infty}{\rho} = \frac{V^2 \mid_a}{2} + \frac{p \mid_a}{\rho} \tag{n}$$

于是

$$p \mid_a = p_\infty + \frac{1}{2}\rho V_\infty^2(1 - 4\sin^2\theta) \tag{o}$$

最后还应指出的是，在推导速度势函数 φ 所满足的式(7.2.9a)时，仅用到了两个条件：一个是流体的不可压缩性，另一个是流动的无旋性。因此对于黏性的不可压缩无旋运动，也一定存在速度势函数并且也满足 Laplace 方程。但这里要注意的是黏性流体与无黏性流体的边界条件是不一样的。此外，对于黏性流动这时的压强是不满足式(7.2.9b)的，也就是说这时的压强不能由式(7.2.9b)求出。

另外，在式(7.2.9a)的推导过程中，与流动是否为定常流动无关，即使对于非定常流动，这时的速度势仍满足 Laplace 方程，时间 t 在方程中是以参数形式出现的，并且在边界条件中也会反映出来。

7.2.2 不可压缩无旋流动的一般性质

由高等数学可知，满足 Laplace 方程的速度势 φ 是一个调和函数，它具有许多有趣的性质，下面仅仅给出与速度势函数以及无旋运动相关的某些性质：

(1) 在单连通区域内速度势是单值函数，而在多连通区域内，速度势是多值函数。以双连通域为例，令双连通域中的内边界为 L_0(图 7.1)。令 Γ_0 为内边界值 L_0 上的环量，即

$$\Gamma_0 = \oint_{L_0} \boldsymbol{V} \cdot \mathrm{d}\boldsymbol{r} \tag{7.2.17}$$

在双连通域中，取任意两点 M 与 M_0，并作一条封闭曲线 L(图 7.2)，如果它绕内边界(即 L_0)n 次，则点 M 与点 M_0 上的速度势之差应该为

$$\varphi_M - \varphi_{M_0} = n\Gamma_0 + \int_{M_0}^{M} \mathbf{V} \cdot \mathrm{d}\boldsymbol{r} \tag{7.2.18}$$

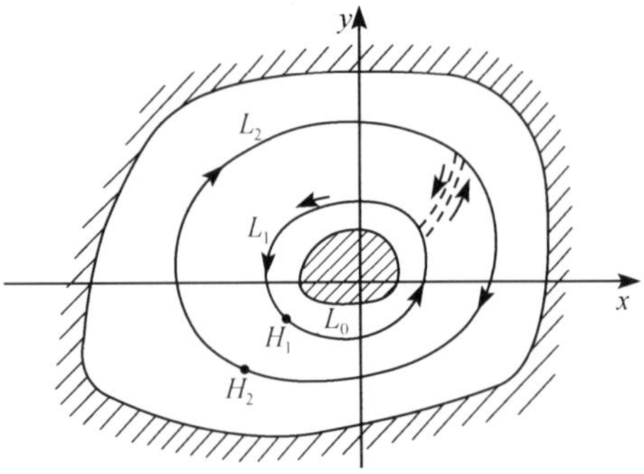

图 7.1　双连通域中的速度势

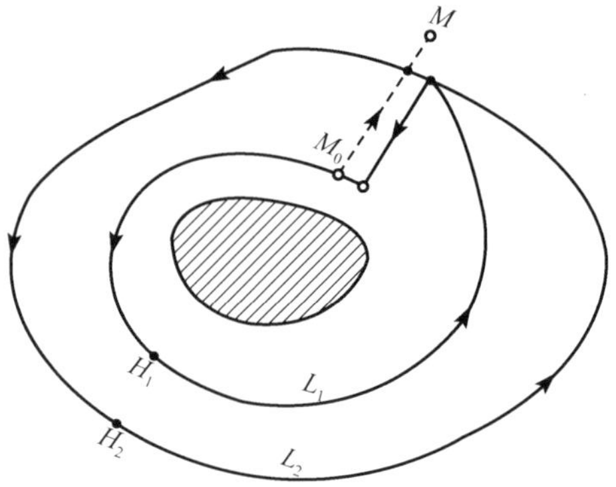

图 7.2　多连通域中的速度势

式中，Γ_0 同式(7.2.17)。

(2) 在流场内部速度势不能达到极大值或极小值，即速度势函数不能在域内有极大与极小值。

(3) 速度的极大值只能在流动区域的边界上达到，换句话说不可压缩无旋流场中的速度模不能在流场内部达到极大值。

(4) 在流场的内部压强不能达到极小值，即不可压缩无旋流动中压强的极小值只能在物面上。

7.3　不可压缩无黏平面或空间轴对称流动

7.3.1　不可压缩平面或轴对称流动的流函数方法

不可压缩平面或轴对称流动(其中包括有旋与无旋流)的连续方程分别为

$$\frac{\partial u}{\partial x} + \frac{\partial v}{\partial y} = 0 \qquad (\text{对平面流}) \tag{7.3.1}$$

或者

$$\frac{\partial (rV_z)}{\partial z} + \frac{\partial (rV_r)}{\partial r} = 0 \qquad (\text{对轴对称流}) \tag{7.3.2}$$

对于不可压缩平面流动，引进流函数 $\psi(x,y)$，使其满足

$$\frac{\partial \psi}{\partial y} = u, \quad \frac{\partial \psi}{\partial x} = -v \tag{7.3.3}$$

对于不可压缩轴对称流动，引入流函数 $\psi(z,r)$，使其满足

$$\frac{\partial \psi}{\partial r} = rV_z, \quad \frac{\partial \psi}{\partial z} = -rV_r \tag{7.3.4}$$

这里应该指出的是，在直角坐标系中 x、y、z 构成右手系，而在 x-y 平面内流动意味着

$$\frac{\partial}{\partial z} = 0, \quad w = 0 \tag{7.3.5}$$

式中，w 为沿 z 方向上的分速度。在柱坐标中 r、θ、z 构成右手系，而在 z-r 轴对称平面内的流动意味着

$$\frac{\partial}{\partial \theta} = 0, \quad V_\theta = 0 \tag{7.3.6}$$

式中，V_θ 为沿 θ 方向上的分速度。

在第5章中,已给出不可压缩黏性流体在体积力有势时的Friedman涡量输运方程(即式(5.1.30)),其表达式

$$\frac{\mathrm{d}\boldsymbol{\omega}}{\mathrm{d}t}-(\boldsymbol{\omega}\cdot\nabla)\boldsymbol{V}=\frac{\mu}{\rho}\nabla^2\boldsymbol{\omega} \tag{7.3.7}$$

对于不可压缩无黏流体来讲,在体积力有势的情况下式(7.3.7)可以进一步简化为如下形式

$$\frac{\mathrm{d}\boldsymbol{\omega}}{\mathrm{d}t}-(\boldsymbol{\omega}\cdot\nabla)\boldsymbol{V}=0 \tag{7.3.8}$$

注意到对于二维流动其速度 $\boldsymbol{V}$ 以及涡量 $\boldsymbol{\omega}$ 与流函数 ψ 之间有如下关系

$$\boldsymbol{V}=u\boldsymbol{i}+v\boldsymbol{j}=\frac{\partial\psi}{\partial y}\boldsymbol{i}-\frac{\partial\psi}{\partial x}\boldsymbol{j}=(\nabla\psi)\times\boldsymbol{k}=\nabla\times(\psi\boldsymbol{k}) \tag{7.3.9}$$

$$\boldsymbol{\omega}=\nabla\times\boldsymbol{V}=\nabla\times[(\nabla\psi)\times\boldsymbol{k}]=(\boldsymbol{k}\cdot\nabla)\nabla\psi-[\nabla\cdot(\nabla\psi)]\boldsymbol{k}=\frac{\partial(\nabla\psi)}{\partial z}-(\nabla^2\psi)\boldsymbol{k} \tag{7.3.10}$$

注意到这里二维流动时流函数 ψ 仅是 x,y 的函数,故式(7.3.10)可进一步简化为

$$\boldsymbol{\omega}=-(\nabla^2\psi)\boldsymbol{k} \tag{7.3.11}$$

或者

$$\omega=-\nabla^2\psi \tag{7.3.12}$$

对于不可压缩流体的平面运动,式(7.3.12)是一个非常重要的关系式,常称作 ψ-ω 关系式。它表明:不可压缩流体做平面运动时,涡量 $\boldsymbol{\omega}$ 的模等于流函数调和量的负值。如果将式(7.3.11)与式(7.3.9)代入式(7.3.8)便得到不可压缩无黏流体做平面运动,在体积力有势的情况下流函数 ψ 所满足的方程为

$$\left[-\frac{\partial}{\partial t}(\nabla^2\psi)\right]\boldsymbol{k}-[\nabla(\nabla^2\psi)\times(\nabla\psi)\cdot\boldsymbol{k}]\boldsymbol{k}=-\left[\frac{\partial}{\partial t}(\nabla^2\psi)+\nabla(\nabla^2\psi)\times(\nabla\psi)\cdot\boldsymbol{k}\right]\boldsymbol{k}=0 \tag{7.3.13}$$

由式(7.3.13)还可以得到

$$\frac{\partial}{\partial t}(\nabla^2\psi)+\nabla(\nabla^2\psi)\times(\nabla\psi)\cdot\boldsymbol{k}=0 \tag{7.3.14}$$

式(7.3.14)又可以整理为

$$\left[\boldsymbol{k}\frac{\partial}{\partial t}(\nabla^2\psi)+\nabla(\nabla^2\psi)\times(\nabla\psi)\right]\cdot\boldsymbol{k}=0 \tag{7.3.15}$$

式(7.3.15)左边方括号内的矢量不可能与矢量 $\boldsymbol{k}$ 垂直,因此便有

$$\boldsymbol{k}\frac{\partial}{\partial t}(\nabla^2\psi)+\nabla(\nabla^2\psi)\times(\nabla\psi)=0 \tag{7.3.16}$$

式(7.3.16)就是无黏性不可压缩流体平面运动时流函数所满足的方程。对于定常运动,则式(7.3.16)可简化为

$$\nabla(\nabla^2\psi)\times(\nabla\psi)=0 \tag{7.3.17}$$

这说明流线与等 $\nabla^2\psi$ 线具有相同的曲线特征,因此沿流线 $\nabla^2\psi$ 是常数,即

$$\nabla^2\psi=-f(\psi) \tag{7.3.18}$$

将式(7.3.18)与式(7.3.12)相比较便得

$$f(\psi)=\omega \tag{7.3.19}$$

这个值可由边界条件来确定。

下面讨论无黏性流体的流函数应满足的边界条件。无黏流体在刚壁边界上应满足无渗透与无分离条件，即

$$(\boldsymbol{V}\cdot\boldsymbol{n})\big|_{\mathrm{w}}=\boldsymbol{V}_{\mathrm{w}}\cdot\boldsymbol{n}_{\mathrm{w}} \tag{7.3.20}$$

式(7.3.20)左边项可以用流函数表示，其表达式为

$$(\boldsymbol{V}\cdot\boldsymbol{n})\big|_{\mathrm{w}}=\left(u\frac{\mathrm{d}y}{\mathrm{d}s}-v\frac{\mathrm{d}x}{\mathrm{d}s}\right)\bigg|_{\mathrm{w}}=\left(\frac{\partial\psi}{\partial y}\frac{\mathrm{d}y}{\mathrm{d}s}+\frac{\partial\psi}{\partial x}\frac{\mathrm{d}x}{\mathrm{d}s}\right)\bigg|_{\mathrm{w}}=\frac{\mathrm{d}\psi}{\mathrm{d}s}\bigg|_{\mathrm{w}} \tag{7.3.21}$$

而式(7.3.20)等号的右端项与刚壁的运动有关，这里不妨假设刚壁以 $\boldsymbol{V}_0=u_0\boldsymbol{i}+v_0\boldsymbol{j}$ 平动，同时以角速度 $\boldsymbol{\Omega}$ 转动(即 $\boldsymbol{\Omega}=\boldsymbol{k}\Omega$)，于是有

$$\boldsymbol{V}_{\mathrm{w}}=\boldsymbol{V}_0+\boldsymbol{\Omega}\times\boldsymbol{r}_{\mathrm{w}} \tag{7.3.22}$$

将式(7.3.21)与式(7.3.22)代入式(7.3.20)后便得这时边界条件的一种表达形式，略作整理后便有

$$\frac{\mathrm{d}\psi}{\mathrm{d}s}\bigg|_{\mathrm{w}}=(u_0-\Omega y_{\mathrm{w}})\frac{\mathrm{d}y}{\mathrm{d}s}\bigg|_{\mathrm{w}}-(v_0+\Omega x_{\mathrm{w}})\frac{\mathrm{d}x}{\mathrm{d}s}\bigg|_{\mathrm{w}} \tag{7.3.23}$$

将式(7.3.23)沿刚壁周界积分后，得

$$\psi\big|_{\mathrm{w}}=u_0y_{\mathrm{w}}-v_0x_{\mathrm{w}}-\frac{1}{2}\Omega(x_{\mathrm{w}}^2+y_{\mathrm{w}}^2)+C \tag{7.3.24}$$

式中，C 为积分常数。如果刚壁静止时，则式(7.2.24)又可以简化为

$$\psi\big|_{\mathrm{w}}=C \tag{7.3.25}$$

这说明对于静止的刚性边界壁面，其周线是一条流线。另外，在实际应用中常常令上述积分常数 C 为零，于是对于静止刚壁，便有

$$\psi\big|_{\mathrm{w}}=0 \tag{7.3.26}$$

7.3.2 不可压缩流体做空间轴对称流动的流函数方法

不可压缩流作空间轴对称运动时，其连续方程已由式(7.3.2)给出。引入 Stokes 流函数 ψ，使其满足式(7.3.4)，显然，这时连续方程(7.3.2)已自动满足了。斯托克斯流函数具有下面两点重要性质：

(1) 在轴对称平面上，等流函数的线就是流线；

(2) 在轴对称平面上任意两点流函数值的差乘以 2π 等于通过这两点任意曲线绕对称轴旋转所形成旋转面的流量。

另外，对于无黏性、不可压缩流体的平面无旋运动，有式(7.3.12)容易得到下式成立

$$\nabla^2\psi=0 \tag{7.3.27a}$$

其边界条件可由式(7.3.24)得到，注意 $C=0$，于是有

$$\psi\big|_{\mathrm{w}}=u_0y_{\mathrm{w}}-v_0x_{\mathrm{w}}-\frac{1}{2}\Omega(x_{\mathrm{w}}^2+y_{\mathrm{w}}^2) \tag{7.3.27b}$$

容易证明：对于无黏、不可压缩流体做空间轴对称无旋运动时，此时定义的 Stokes 流函数在柱坐标中满足如下方程

$$\frac{\partial^2\psi}{\partial r^2}+\frac{\partial^2\psi}{\partial z^2}-\frac{1}{r}\frac{\partial\psi}{\partial r}=0 \tag{7.3.28}$$

注意这里式(7.3.28)用上了平面无旋运动的条件。显然，这样得到的流函数方程连同它的边界条件，通常可以使用数值计算的方法进行求解[2,3]，只有在某些边界条件较简单的情况下，这类方程才可能获得解析解。

7.4 不可缩平面定常无旋运动的复势方法及几个重要定理

7.4.1 不可缩流体平面无旋流动的复势与复速度

无黏、不可压缩流体的平面无旋运动可以引进速度势 φ 或者引进流函数 ψ，在直角坐标系中有

$$u = \frac{\partial \varphi}{\partial x} = \frac{\partial \psi}{\partial y} \tag{7.4.1}$$

$$v = \frac{\partial \varphi}{\partial y} = -\frac{\partial \psi}{\partial x} \tag{7.4.2}$$

显然，φ 与 ψ 均满足 Laplace 方程，它们都属于调和函数，满足数学分析中常称的 Cauchy-Riemann 条件，即

$$\begin{cases} \dfrac{\partial \varphi}{\partial x} = \dfrac{\partial \psi}{\partial y} \\ \dfrac{\partial \varphi}{\partial y} = -\dfrac{\partial \psi}{\partial x} \end{cases} \tag{7.4.3}$$

由于 φ 与 ψ 具有上述性质，所以它们可以组成一个解析复变函数，令

$$W = \varphi + \mathrm{i}\psi = W(z) \tag{7.4.4}$$

式中，$W(z)$为平面无旋运动的复势，而 z 定义为

$$z = x + \mathrm{i}y, \quad \mathrm{i} = \sqrt{-1} \tag{7.4.5}$$

于是有

$$\varphi = \mathrm{Re}W(z), \quad \psi = \mathrm{Im}W(z) \tag{7.4.6}$$

对于流函数 ψ=常数的曲线有

$$\mathrm{d}\psi = -v\mathrm{d}x + u\mathrm{d}y = 0$$

即

$$\left(\frac{\mathrm{d}y}{\mathrm{d}x}\right)_{\psi} = \frac{v}{u} \tag{7.4.7}$$

这说明 ψ=常数的曲线是条流线。对于势函数 φ=常数的曲线有

$$\mathrm{d}\varphi = u\mathrm{d}x + v\mathrm{d}y = 0$$

即

$$\left(\frac{\mathrm{d}y}{\mathrm{d}x}\right)_{\varphi} = -\frac{u}{v} \tag{7.4.8}$$

这说明等势线是条处处与流线正交的曲线，即

$$\left(\frac{\mathrm{d}y}{\mathrm{d}x}\right)_{\varphi} = -\frac{1}{\left(\dfrac{\mathrm{d}y}{\mathrm{d}x}\right)_{\psi}} \tag{7.4.9}$$

也就是说，在平面无旋流动中，等势线与流线构成两组彼此正交的曲线网络。对复势 $W(z)$求导数，有

$$\frac{\mathrm{d}W}{\mathrm{d}z} = \frac{\partial \varphi}{\partial x} + \mathrm{i}\frac{\partial \psi}{\partial x} = \frac{\partial \varphi}{\partial y} - \mathrm{i}\frac{\partial \psi}{\partial y} = u - \mathrm{i}v \tag{7.4.10}$$

这里$\dfrac{\mathrm{d}W}{\mathrm{d}z}$称为复速度。而复势导数的共轭函数为

$$\overline{\frac{\mathrm{d}W}{\mathrm{d}z}} = u + \mathrm{i}v \tag{7.4.11}$$

显然,复速度的模是速度的绝对值,即

$$\left|\frac{\mathrm{d}W}{\mathrm{d}z}\right| = \sqrt{u^2 + v^2} = V \tag{7.4.12}$$

因此复速度又可以写为

$$\frac{\mathrm{d}W}{\mathrm{d}z} = V\mathrm{e}^{-\mathrm{i}\alpha} \tag{7.4.13}$$

式中

$$\alpha = \arctan\frac{v}{u} \tag{7.4.14}$$

这里 α 代表速度的方向角。而共轭复速度可以表示为

$$\overline{\frac{\mathrm{d}W}{\mathrm{d}z}} = V\mathrm{e}^{\mathrm{i}\alpha} \tag{7.4.15}$$

因此,无黏不可压缩流体平面无旋运动的求解可以归结为在相应边界条件下求解流场的复势 $W(z)$。值得注意的是,这里复势具有可叠加性,这就有可能实现采取简单复势的线性组合去满足具体问题边界条件的求解办法,即奇点叠加法。这里所讲的奇点是由于简单复势往往带有奇点的缘故。利用奇点法解决正问题,原则上虽然没有困难,但实际上做起来并不容易。相反,用它解反问题时做起来比较简单。用复变函数办法求解平面无旋运动的另一类方法是保角映射方法(又称保角变换法),这是一类很重要的方法,对此在本书第 15 章中将作扼要的介绍。显然,一旦求得了 $W(z)$,则流场速度 u 与 v 便可由如下两式决定

$$u = \mathrm{Re}\left[\frac{\mathrm{d}W(z)}{\mathrm{d}z}\right] \tag{7.4.16}$$

$$v = -\mathrm{Im}\left[\frac{\mathrm{d}W(z)}{\mathrm{d}z}\right] \tag{7.4.17}$$

另外,对于不可压缩、无旋定常流动,则式(5.2.18)可变为

$$\frac{(\nabla\varphi)\cdot(\nabla\varphi)}{2} + \frac{p}{\rho} + G = \widetilde{C} \tag{7.4.18}$$

式中,G 为体力势,$\widetilde{C}$ 为积分常数。显然在流速得到后,借助于式(7.4.18)便可求得压强分布,其表达式为

$$\frac{p}{\rho} = \widetilde{C} - G - \frac{1}{2}\frac{\mathrm{d}W}{\mathrm{d}z}\overline{\frac{\mathrm{d}W}{\mathrm{d}z}} \tag{7.4.19}$$

式中,符号 G 与 $\widetilde{C}$ 的定义同式(7.4.18),这里 $\widetilde{C}$ 在全流场中为一常数。应当指出,式(7.4.19)常被称为定常不可压缩平面势流的 Bernoulli 方程。

7.4.2 不可压平面势流中的几个重要定理

设 $\mathrm{d}W/\mathrm{d}z$ 是域 Ω 中的一个单值解析函数,C 是 Ω 内一条封闭周线,并且假定 $\mathrm{d}W/\mathrm{d}z$ 在 C 上无奇点,在 C 内有有限个奇点。由复变函数中的留数定理可知

$$\oint_C \frac{\mathrm{d}W}{\mathrm{d}z}\mathrm{d}z = 2\pi\mathrm{i}\sum_K a_K \tag{7.4.20}$$

式中,a_K 为$\frac{\mathrm{d}W}{\mathrm{d}z}$在奇点处的留数。另外,还有

$$\oint_C \frac{dW}{dz}dz = \oint_C (u - iv)(dx + idy)$$

$$= \oint_C \boldsymbol{V} \cdot d\boldsymbol{r} + i\int_C \boldsymbol{V} \cdot \boldsymbol{n} dl = K\Gamma + iQ \tag{7.4.21}$$

式中，$d\boldsymbol{r}$ 为封闭曲线 C 的切向微元矢量；$\boldsymbol{n}$ 为曲线 C 的法向单位矢量。沿封闭周线 C 的积分 $\oint_C \frac{dW}{dz}dz$，其实部与虚部分别代表着沿周线 C 的环量与穿过曲线 C 的流量。在式(7.4.21)中 K 为绕周线的 C 的次数。

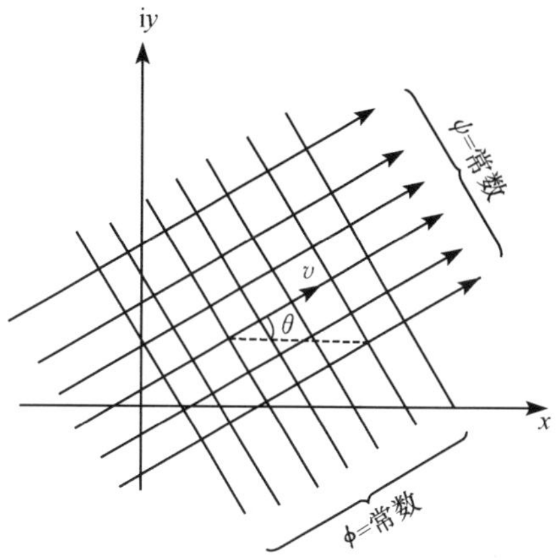

图 7.3 均匀流的流线与等势线

例如，对于均匀流(图 7.3)，这时复势是线性解析函数，有

$$W(z) = \varphi + i\psi = (u_\infty - iv_\infty)z = |V_\infty| z e^{-i\theta} \tag{7.4.22}$$

于是

$$\varphi = u_\infty x + v_\infty y, \quad \psi = u_\infty y - v_\infty x \tag{7.4.23}$$

并且

$$\frac{dW}{dz} = |V_\infty| e^{-i\theta} \tag{7.4.24}$$

式中，θ 为流线与实轴间的倾角。

例如，对于点源与点汇，如图 7.4(a)与图 7.4(b)所示。位于坐标原点的点源与点汇的复势 $W(z)$ 可以概括为

$$W(z) = a\ln z = a\ln(re^{i\theta}) = a\ln r + ia\theta \tag{7.4.25}$$

式中，a、r 与 z 分别为

$$a = \frac{Q}{2\pi}, \quad r = \sqrt{x^2 + y^2}, \quad z = x + iy = re^{i\theta} \tag{7.4.26}$$

式中，r 是复数 z 的模；θ 是 z 的辐角；Q 为正时是代表点源流出的体积流量，而 Q 为负时是代表点汇的相应体积流量(即流体流入原点的体积流量)。另外，Q 通常称为点源(或者点汇)强度。此外，由式(7.4.25)可知这时的 φ 与 ψ 分别为

$$\varphi = a\ln r, \quad \psi = a\theta \tag{7.4.27}$$

这说明流线是一族从原点出发的射线，等势线是以原点为圆心的圆周线。

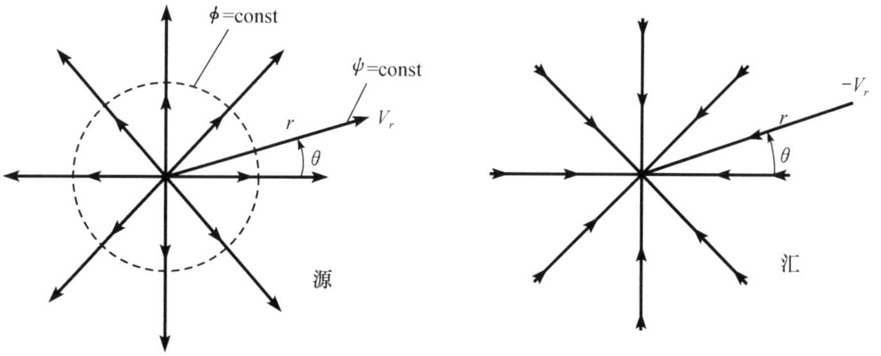

图 7.4 点源与点汇

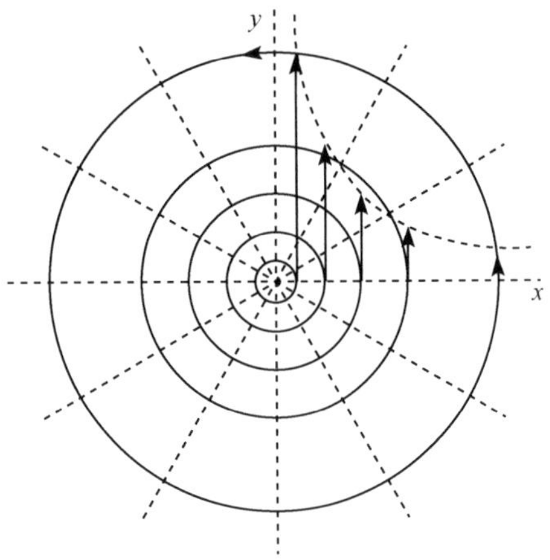

图 7.5 点涡以及 V_θ 的分布

例如,对于点涡,如图 7.5 所示,其流动复势 $W(z)$ 为

$$W(z) = \frac{\Gamma_0}{2\pi i}\ln z = \frac{\Gamma_0}{2\pi}\theta - i\frac{\Gamma_0}{2\pi}\ln r \quad (7.4.28)$$

式中,Γ_0 为点涡强度(逆时针方向时,Γ_0 取正值;顺时针方向时,Γ_0 取负值)。显然,φ 与 ψ 分别为

$$\begin{cases}\varphi = \dfrac{\Gamma_0}{2\pi}\theta = \dfrac{\Gamma_0}{2\pi}\arctan\dfrac{y}{x} \\ \psi = -\dfrac{\Gamma_0}{2\pi}\ln r = -\dfrac{\Gamma_0}{2\pi}\ln\sqrt{x^2+y^2}\end{cases} \quad (7.4.29)$$

而流速 V_θ 为

$$V_\theta = \frac{\partial\varphi}{r\partial\theta} = \frac{\Gamma_0}{2\pi r} \quad (7.4.30)$$

显然,V_θ 与 r 成反比,其方向是沿逆时针方向为正,顺时针方向为负值,如图 7.5 所示。

再如涡源(即在原点处放置一点源强度为 Q_0 的源与一个点涡强度为 Γ_0 的涡相叠加)所得流场的复势 $W(z)$,其表达式为

$$W(z) = \left(\frac{Q_0}{2\pi} + \frac{\Gamma_0}{2\pi i}\right)\ln z \quad (7.4.31)$$

很容易证明,这时所对应的流线与等势线都是对数螺线。

再如偶极子,它是由等强度的一个点源与一个点汇的叠加(即在 $x=h$ 处放置一个强度为 Q_0 的点源,而在 $x=-h$ 处放置一个点汇,其强度为 $-Q_0$);如果 $h\to 0$ 且 $Q_0\to\infty$,则有

$$\lim_{\substack{h\to 0\\ Q_0\to\infty}} (Q_0 \cdot 2h) = m_0 \quad (7.4.32)$$

这里 m_0 称为偶极子的矩,又称为偶极子的强度,在式(7.4.32)中 m_0 为有限值的条件下,偶极子的流动复势 $W(z)$ 为

$$W(z) = \lim_{\substack{h\to 0\\ Q_0\to\infty}}\left[\frac{Q_0}{2\pi}\ln(z-h) - \frac{Q_0}{2\pi}\ln(z+h)\right] = -\frac{m_0}{2\pi z} \quad (7.4.33)$$

值得注意的是,偶极子流场还与取极限前点源与点汇布置的方位有关,换句话说偶极子是有方向的,这里规定连接点汇与点源的线为偶极子的轴,并且规定由点汇指向点源的方向为偶极子的正方向。显然,在式(7.4.33)的情况下那里的偶极子是指向 x 轴的正方向。

1. 复速度的留数定理

设某一流动由如下的直匀流、点源、点涡以及偶极子所组成,其中:①直匀流的流动方向与 x 轴的夹角为 α,来流速度的模为 V_∞;②有若干个位于 $a_1,a_2,\cdots,a_n$ 处的点源(或点汇),其强度分别为 $Q_1,Q_2,\cdots,Q_n$;③有若干个位于 $b_1,b_2,\cdots,b_m$ 处的点涡,其强度(或称作环量)分别为 $\Gamma_1,\Gamma_2,\cdots,\Gamma_m$;④有若干个位于 $c_1,c_2,\cdots,c_k$ 处的偶极子,其强度分别为 $m_1,m_2,\cdots,m_k$,而这些偶极子的轴与 x 轴的夹角分别为 $\beta_1,\beta_2,\cdots,\beta_k$;由上述复合流场所对应的复势函数 $W(z)$ 为

$$W(z) = zV_\infty e^{-i\alpha} + \sum_{j=1}^{n}\frac{Q_j}{2\pi}\ln(z-a_j) - i\sum_{j=1}^{m}\frac{\Gamma_j}{2\pi}\ln(z-b_j) - \sum_{j=1}^{k}\frac{m_j}{2\pi(z-c_j)}e^{i\beta_j} \quad (7.4.34)$$

相应的复速度为

$$\frac{\mathrm{d}W}{\mathrm{d}z}=V_{\infty}e^{-\mathrm{i}\alpha}+\sum_{j=1}^{n}\frac{Q_j}{2\pi(z-a_j)}-\mathrm{i}\sum_{j=1}^{m}\frac{\Gamma_j}{2\pi(z-b_j)}+\sum_{j=1}^{k}\frac{m_j}{2\pi(z-c_j)^2}\mathrm{e}^{\mathrm{i}\beta_j} \tag{7.4.35}$$

在此流场中，任取一条包围上面所述的所有点源（汇）、点涡和偶极子在内的封闭曲线 C，并且将复速度沿闭曲线 C 积分，借助于复变函数中的留数定理，有

$$\oint_C \frac{\mathrm{d}W}{\mathrm{d}z}\mathrm{d}z=2\pi\mathrm{i}\sum\left[\mathrm{res}\left(\frac{\mathrm{d}W}{\mathrm{d}z}\right)\right]=2\pi\mathrm{i}\left[\sum_{j=1}^{n}\frac{Q_j}{2\pi}-\mathrm{i}\sum_{j=1}^{m}\frac{\Gamma_j}{2\pi}\right]=\sum_{j=1}^{m}\Gamma_j+\mathrm{i}\sum_{j=1}^{n}Q_j \tag{7.4.36}$$

式中 $\mathrm{res}\left(\frac{\mathrm{d}W}{\mathrm{d}z}\right)$ 为函数 $\frac{\mathrm{d}W(z)}{\mathrm{d}z}$ 在点 a_j 的留数。又因为

$$\oint_C \frac{\mathrm{d}W}{\mathrm{d}z}\mathrm{d}z=\oint_C \mathrm{d}W=\oint_C(\mathrm{d}\varphi+\mathrm{i}\mathrm{d}\psi)=\Gamma+\mathrm{i}Q \tag{7.4.37}$$

式中，Γ 为沿闭曲线 C 的环量；Q 为流出闭曲线 C 的体积流量。比较式(7.4.36)与式(7.4.37)后，得

$$\mathrm{Re}\left(\oint_C \frac{\mathrm{d}W}{\mathrm{d}z}\mathrm{d}z\right)=\Gamma=\sum_{j=1}^{m}\Gamma_j \tag{7.4.38}$$

$$\mathrm{Im}\left(\oint_C \frac{\mathrm{d}W}{\mathrm{d}z}\mathrm{d}z\right)=Q=\sum_{j=1}^{n}Q_j \tag{7.4.39}$$

由上所述便可以得到复速度的留数定理：沿任一封闭曲线的速度环量等于该曲线所包围的所有点涡环量的代数和。流出任一封闭曲线的体积流量等于该曲线所包围的所有点源（汇）强度的代数和。

2. 压力的合力以及合力矩定理

假设柱状物体的周线为 C，并且认为理想流体作用在周线 C 上的力仅有分布的压力。令作用在单位高度柱状物体上的压力的合力为 $\boldsymbol{F}$，其表达式为

$$\boldsymbol{F}=-\oint_C p\boldsymbol{n}\,\mathrm{d}c \tag{7.4.40}$$

注意到这里 $\boldsymbol{n}$ 为周线 C 的单位外法向矢量（图 7.6），其表达式为

$$\boldsymbol{n}=(\cos\alpha,\sin\alpha) \tag{7.4.41}$$

另外，还有

$$\mathrm{d}y=\mathrm{d}c\cos\alpha,\quad \mathrm{d}x=-\mathrm{d}c\sin\alpha \tag{7.4.42}$$

将式(7.4.40)和式(7.4.41)代入式(7.4.40)后可变为

$$\boldsymbol{F}=-\boldsymbol{i}\oint_C p\,\mathrm{d}y+\boldsymbol{j}\oint_C p\,\mathrm{d}x=\boldsymbol{i}F_x+\boldsymbol{j}F_y \tag{7.4.43}$$

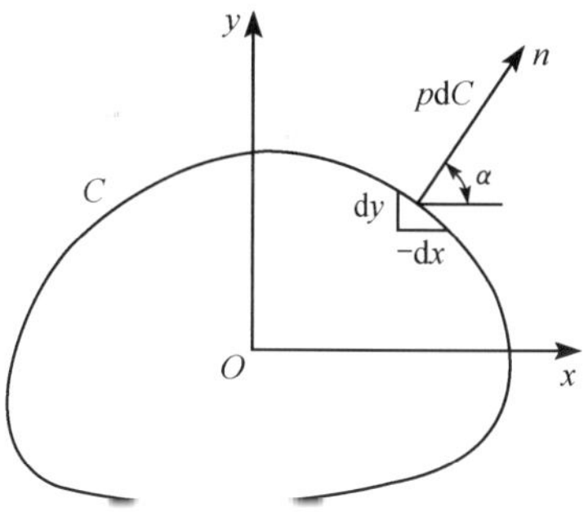

图 7.6　作用在柱状物体上的力

这里 F_x 与 F_y 的定义为

$$F_x=-\oint_C p\,\mathrm{d}y,\quad F_y=\oint_C p\,\mathrm{d}x \tag{7.4.44}$$

引入复合力 $F=F_x+\mathrm{i}F_y$，于是共轭复合力 $\bar{F}$ 为

$$\bar{F}=F_x-\mathrm{i}F_y=-\oint_C p(\mathrm{d}y+\mathrm{i}\mathrm{d}x)=-\mathrm{i}\oint_C p\,\mathrm{d}\bar{z} \tag{7.4.45}$$

由定常不可压缩平面势流的 Bernoulli 方程，压力可由式(7.4.19)给出，在省略了 G 项后式(7.4.19)变为

$$p=\rho\tilde{C}-\frac{\rho}{2}\frac{\mathrm{d}W}{\mathrm{d}z}\overline{\frac{\mathrm{d}W}{\mathrm{d}z}} \tag{7.4.46}$$

将式(7.4.46)代入式(7.4.45)，并注意到

$$\oint_C \mathrm{d}\bar{z} = 0$$

得

$$\bar{F} = \frac{\mathrm{i}\rho}{2}\oint_C \frac{\mathrm{d}W}{\mathrm{d}z}\overline{\frac{\mathrm{d}W}{\mathrm{d}z}}\mathrm{d}\bar{z} \tag{7.4.47}$$

注意在周线 C 上流体质点的速度方向与剖面切线方向重合，即 $\left(\overline{\frac{\mathrm{d}W}{\mathrm{d}z}}\right)_C$ 的辐角与 $(\mathrm{d}z)_C$ 的辐角相同，于是有

$$\overline{\frac{\mathrm{d}W}{\mathrm{d}z}}\mathrm{d}\bar{z} = \frac{\mathrm{d}W}{\mathrm{d}z}\mathrm{d}z \tag{7.4.48}$$

成立，将式(7.4.48)代入式(7.4.47)得

$$\bar{F} = -\frac{\mathrm{i}\rho}{2}\oint_C \left(\frac{\mathrm{d}W}{\mathrm{d}z}\right)^2 \mathrm{d}z \tag{7.4.49}$$

这就是 Чаплыгин-Blasius 关于物体所受压力的合力定理。合力矩 $\boldsymbol{M}_0$ 为

$$\boldsymbol{M}_0 = M_0\boldsymbol{k} = -\oint_C \boldsymbol{r}\times\boldsymbol{n}p\,\mathrm{d}c = -\oint_C p(x\boldsymbol{i}+y\boldsymbol{j})\times(\boldsymbol{i}\mathrm{d}y-\boldsymbol{j}\mathrm{d}x) = \oint_C p(x\mathrm{d}x+y\mathrm{d}y) \tag{7.4.50}$$

或者

$$M_0 = \mathrm{Re}\left(\oint_C pz\,\mathrm{d}\bar{z}\right) \tag{7.4.51}$$

将式(7.4.46)代入式(7.4.51)后，得

$$M_0 = -\frac{\rho}{2}\mathrm{Re}\left(\oint_C \frac{\mathrm{d}W}{\mathrm{d}z}\overline{\frac{\mathrm{d}W}{\mathrm{d}z}}z\,\mathrm{d}\bar{z}\right) = -\frac{\rho}{2}\mathrm{Re}\left(\oint_C\left(\frac{\mathrm{d}W}{\mathrm{d}z}\right)^2 z\mathrm{d}z\right) \tag{7.4.52}$$

这就是 Чаплыгин-Blasius 关于物体所受压力的合力矩定理。显然，知道了复位势 $W(z)$ 后，则只需求函数 $\left(\frac{\mathrm{d}W}{\mathrm{d}z}\right)^2$ 以及 $z\left(\frac{\mathrm{d}W}{\mathrm{d}z}\right)^2$ 沿封闭周线 C 的积分便能求得合力与合力矩。另外，式(7.4.49)与式(7.4.52)的闭路积分可以利用解析函数的留数定理来计算。设函数 $\tilde{f}(z)$ 在封闭曲线 C 内区域中除有限个奇点 $z_1, z_2, \cdots, z_n$ 外解析，则

$$\oint_C \tilde{f}(z)\mathrm{d}z = 2\pi\mathrm{i}(R_1+R_2+\cdots+R_n) \tag{7.4.53}$$

式中，R_j 是 $\tilde{f}(z)$ 在奇点 z_j 处的留数，这里 $j=1,2,\cdots,n$。

3. Kutta-Жуковский 升力定理

令 $W(z)$ 为复势，现以原点对复速度$\frac{\mathrm{d}W}{\mathrm{d}z}$作 Laurent 级数展开，即

$$\frac{\mathrm{d}W}{\mathrm{d}z} = \cdots + \frac{a_{-n}}{z^n} + \cdots + \frac{a_{-1}}{z} + a_0 + a_1 z + \cdots + a_n z^n + \cdots \tag{7.4.54}$$

式中，系数 a_j 为

$$a_j = \frac{1}{2\pi\mathrm{i}}\oint_C \frac{\mathrm{d}W/\mathrm{d}z}{z^{j+1}}\mathrm{d}z \tag{7.4.55}$$

这里 $j=0,\pm1,\pm2,\cdots,\pm n,\cdots$，特别是当取 $j=-1$ 时，有

$$a_{-1} = \frac{1}{2\pi i}\oint_C \frac{dW}{dz}dz = \frac{1}{2\pi i}\oint_C (d\varphi + id\psi) = \frac{1}{2\pi i}(\Gamma + iQ) = \frac{Q}{2\pi} - i\frac{\Gamma}{2\pi} \tag{7.4.56}$$

注意到无穷远处来流条件，即

$$\left(\frac{dW}{dz}\right)\bigg|_{z=\infty} = V_\infty e^{-i\alpha} \tag{7.4.57}$$

将式(7.4.57)代入式(7.4.54)，可得

$$\begin{cases} a_0 = V_\infty e^{-i\alpha} \\ a_1 = 0, a_2 = 0, \cdots, a_n = 0, \cdots \end{cases} \tag{7.4.58}$$

借助于式(7.4.58)，于是式(7.4.54)可变为

$$\frac{dW}{dz} = a_0 + \frac{a_{-1}}{z} + \frac{a_{-2}}{z^2} + \cdots + \frac{a_{-n}}{z^n} + \cdots \tag{7.4.59}$$

或者

$$\frac{dW}{dz} = V_\infty e^{-i\alpha} + \frac{Q - i\Gamma}{2\pi}\frac{1}{z} + \frac{b_2}{z^2} + \cdots + \frac{b_n}{z^n} + \cdots \tag{7.4.60}$$

式中，系数 $b_k(k=2,3,\cdots,n,\cdots)$ 为

$$b_k = \frac{1}{2\pi i}\oint_C \frac{dW}{dz}z^{k-1}dz \tag{7.4.61}$$

将式(7.4.60)代入式(7.4.49)，并注意在周线 C 上 Q 等于零，得

$$\bar{F} = F_x - iF_y = -\frac{\rho V_\infty \Gamma}{i}e^{-i\alpha} = \rho V_\infty \Gamma\sin\alpha + i\rho V_\infty \Gamma\cos\alpha \tag{7.4.62}$$

于是有

$$\begin{cases} F_x = \rho V_\infty \Gamma\sin\alpha \\ F_y = -\rho V_\infty \Gamma\cos\alpha \end{cases} \tag{7.4.63}$$

将合力写为矢量形式便为

$$\begin{aligned} \boldsymbol{F} = \boldsymbol{i}Fx + \boldsymbol{j}Fy &= \rho V_\infty \Gamma(\boldsymbol{j}\times\boldsymbol{k}\sin\alpha - \boldsymbol{k}\times\boldsymbol{i}\cos\alpha) \\ &= \rho V_\infty \Gamma(\boldsymbol{j}\sin\alpha + \boldsymbol{i}\cos\alpha)\times\boldsymbol{k} \\ &= \rho\boldsymbol{V}_\infty \times (\Gamma\boldsymbol{k}) \end{aligned} \tag{7.4.64}$$

式中，$\boldsymbol{i}$、$\boldsymbol{j}$、$\boldsymbol{k}$ 为直角坐标系坐标轴方向上的单位矢量。显然，式(7.4.64)就是著名的 Kutta-Жуковский 升力公式。该式表明：升力是与来流方向垂直的合力。另外，将式(7.4.60)代入式(7.4.51)，得

$$\begin{aligned} M_0 &= -\frac{1}{2}\rho\mathrm{Re}\left\{2\pi i\left[\left(-\frac{\Gamma^2}{4\pi^2}\right) + 2V_\infty b_2 e^{-i\alpha}\right]\right\} \\ &= 2\pi\rho V_\infty \mathrm{Re}\left[b_2 e^{-i\left(\alpha - \frac{\pi}{2}\right)}\right] \end{aligned} \tag{7.4.65}$$

这就是合力矩公式，它表明：物体所受的合力矩不仅与来流速度 V_∞、密度 ρ、角度 α 有关，而且还与 b_2 有关。在一般情况下 b_2 为复数，它由式(7.4.61)定义，它取决于物体周线的形状与位置。

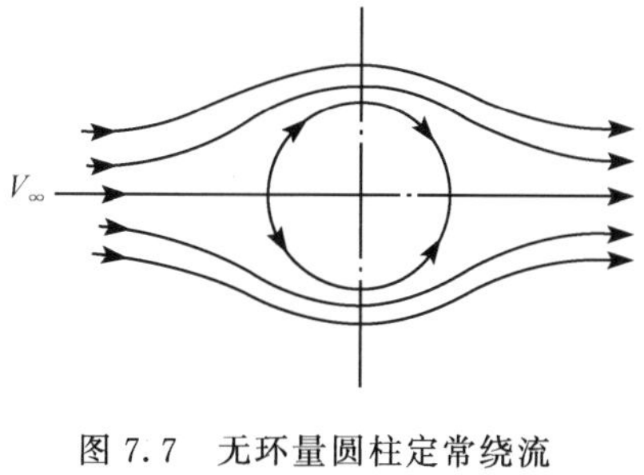

图 7.7　无环量圆柱定常绕流

4. 无环量与有环量圆柱定常不可压缩绕流的比较

无环量圆柱定常绕流的流动如图 7.7 所示，显然它可以看成无穷远处均匀直线来流(即平行于 x 轴而速度为

V_∞的均匀直线流)与放置在原点的偶极子的叠加。

平行于 x 轴而速度为 V_∞ 的直匀流其复势 $W_1(z)$为

$$W_1(z) = zV_\infty \tag{7.4.66}$$

放置在原点偶极矩为 M 的偶极子,其复势 $W_2(z)$为

$$W_2(z) = \frac{1}{z} \cdot \frac{M}{2\pi} = \frac{M}{2\pi z} \quad (M > 0 \text{ 时}) \tag{7.4.67}$$

于是它们的组合流场的复势 $W(z)$为

$$W(z) = W_1(z) + W_2(z) = zV_\infty + \frac{M}{2\pi z} = \varphi + \mathrm{i}\psi \tag{7.4.68}$$

式中

$$\psi = yV_\infty - \frac{M}{2\pi} \frac{y}{x^2 + y^2} \tag{7.4.69}$$

$$\varphi = xV_\infty + \frac{M}{2\pi z} \frac{x}{x^2 + y^2} \tag{7.4.70}$$

流场的流线方程为

$$yV_\infty - \frac{M}{2\pi} \frac{y}{x^2 + y^2} = C(\text{常数}) \tag{7.4.71}$$

复速度是

$$\frac{\mathrm{d}W}{\mathrm{d}z} = V_\infty - \frac{M}{2\pi z^2} \tag{7.4.72}$$

由此可求得驻点位置 z_s,它满足方程

$$V_\infty - \frac{M}{2\pi z_s^2} = 0$$

由上式得到

$$z_s = \pm \sqrt{\frac{M}{2\pi V_\infty}} = \pm a \tag{7.4.73}$$

式中,a 定义为

$$a = \sqrt{\frac{M}{2\pi V_\infty}} \tag{7.4.74}$$

因此组合流场的驻点为$(-a,0)$与$(a,0)$。把驻点坐标式(7.4.73)代入式(7.4.71)后便得到过驻点的流线,容易得到这时式(7.4.71)的右端常量 C(对于驻点的流线来讲,这时 C 所对应的值为 C_s)为

$$C_s = \left(yV_\infty - \frac{M}{2\pi} \frac{y}{x^2 + y^2} \right) \bigg|_{z=z_s} = 0$$

于是过驻点的流线方程为

$$yV_\infty - \frac{M}{2\pi} \frac{y}{x^2 + y^2} = 0 \tag{7.4.75}$$

另外,对于式(7.4.68)所对应的叠加流场,可分为圆内部分与圆外部分,如图 7.8 所示。

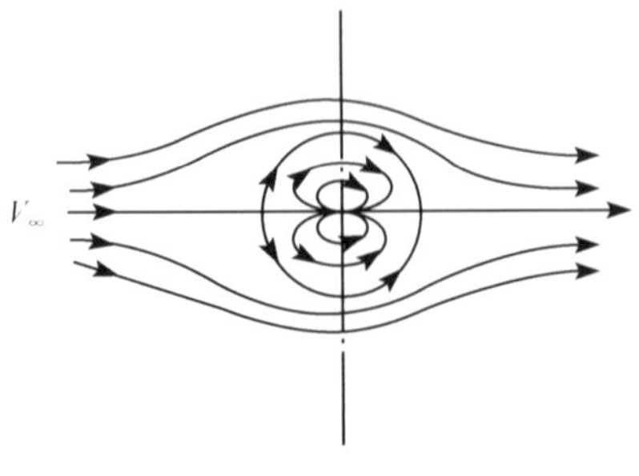

图 7.8　均匀来流与偶极子叠加的流场

对于圆内部分的流动可以看做在圆周 $|z| = a$ 内的原点上放置一个偶极矩为 M 的偶极子造成的,其复势为

$$W(z)=\frac{M}{2\pi a^{2}}\left(z+\frac{a^{2}}{z}\right),\quad |z|\leqslant a \tag{7.4.76}$$

圆外部分的流动可以看成无穷远处速度为 V_∞ 的均匀直线流绕半径为 a 的圆柱所造成，其复势为

$$W(z)=V_\infty\left(z+\frac{a^{2}}{z}\right),\quad |z|\geqslant a \tag{7.4.77}$$

对于有环量圆柱定常不可压缩绕流的复势，只要在无环量圆柱定常绕流的复势上再叠加一个放置在原点、环量为 Γ 的点涡的复势即可。相应的这时的复势表达式为

$$W(z)=V_\infty\left(z+\frac{a^{2}}{z}\right)+\frac{\Gamma}{2\pi \mathrm{i}}\ln z \tag{7.4.78}$$

复速度为

$$\frac{\mathrm{d}W}{\mathrm{d}z}=V_\infty\left(1-\frac{a^{2}}{z^{2}}\right)+\frac{\Gamma}{2\pi \mathrm{i}}\frac{1}{z} \tag{7.4.79}$$

相应地，驻点 z_s 由下面方程确定

$$V_\infty\left(1-\frac{a^{2}}{z_s^{2}}\right)+\frac{\Gamma}{2\pi \mathrm{i}}\frac{1}{z_s}=0 \tag{7.4.80}$$

由式(7.4.80)可解出 z_s 为

$$z_s=\frac{\mathrm{i}\Gamma}{4\pi V_\infty}\pm\sqrt{a^{2}-\left(\frac{\Gamma}{4\pi V_\infty}\right)^{2}} \tag{7.4.81}$$

对于驻点 z_s 的位置可分三种情况：

(1) 当 $|\Gamma|>4\pi a V_\infty$ 时，由式(7.4.81)可知，z_s 的两个值都是虚值，即 z_{s1} 与 z_{s2}，其中

$$z_{s1}=\left[\frac{\Gamma}{4\pi V_\infty}+\sqrt{\left(\frac{\Gamma}{4\pi V_\infty}\right)^{2}-a^{2}}\right]\mathrm{i} \tag{7.4.82}$$

$$z_{s2}=\left[\frac{\Gamma}{4\pi V_\infty}-\sqrt{\left(\frac{\Gamma}{4\pi V_\infty}\right)^{2}-a^{2}}\right]\mathrm{i} \tag{7.4.83}$$

对于 $\Gamma>0$ 的情况，则有

$$|z_{s1}|>a,\quad |z_{s2}|<a \tag{7.4.84}$$

这说明 z_{s2} 是在圆 $|z|=a$ 之内。另外，这时的流动图案如图 7.9(a)所示。

(2) 当 $|\Gamma|=4\pi a V_\infty$ 时，由式(7.4.81)可知

$$z_s=\frac{\mathrm{i}\Gamma}{4\pi V_\infty}=\mathrm{i}a \tag{7.4.85}$$

这说明两个驻点重合，并在圆 $|z|=a$ 与虚轴的交点上。另外，这时的流动图案如图 7.9(b)所示。

(3) 当 $|\Gamma|<4\pi a V_\infty$ 时，由式(7.4.81)可知

$$|z_s|=\sqrt{\left(\frac{\Gamma}{4\pi V_\infty}\right)^{2}+a^{2}-\left(\frac{\Gamma}{4\pi V_\infty}\right)^{2}}=a \tag{7.4.86}$$

这说明两个驻点不仅关于虚轴是对称的并且它们都落在了圆周上。

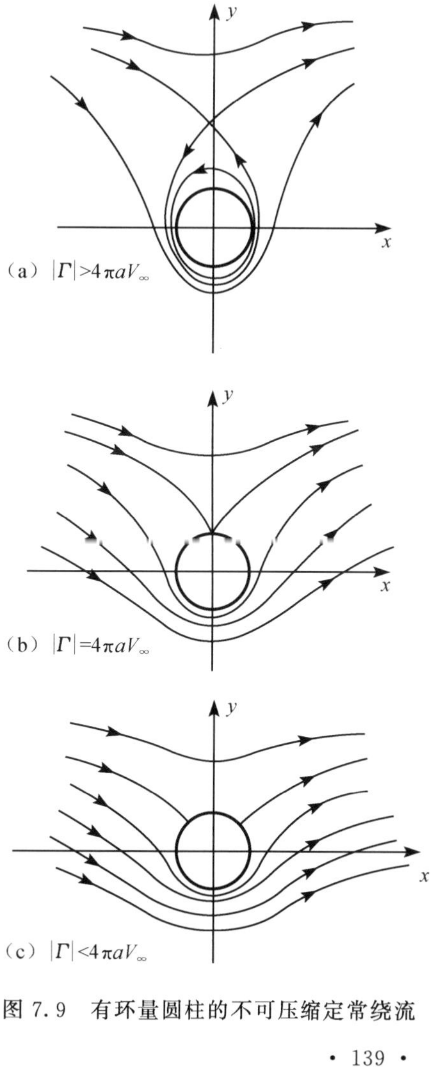

图 7.9 有环量圆柱的不可压缩定常绕流

7.5 无黏不可压缩流体的有旋流动及其主要性质

有旋流动，尤其是涡动力学的基本方程组已经在本书第 5 章作过介绍，本节主要以理想不可压缩流体的二维有旋流动以及轴对称有旋流动为主，扼要讨论一下这时流动的一些主要性质。另外，在本节的最后还讨论典型的几种旋涡运动。应着重指出的是，尽管有旋运动是以涡量 $\boldsymbol{\omega}=\nabla\times\boldsymbol{V}$ 不为零来定义，但有旋运动与旋涡确是两个不同的概念，不是所有的有旋运动都表现为旋涡（如有的简单平面剪切运动，虽然这时流场内处处有涡量存在，但宏观上并不表现为流体围绕某一公共中心的旋转运动）。但是，在大气与海洋中的环流流动中，在飞行器、流体机械、各种水利设施、叶轮机械内部流动以及发动机燃烧室、锅炉燃烧室的流动中都可以看到大量的旋涡运动，存在着复杂的涡系结构。著名的流体力学家 Kücheman 曾说过："旋涡是流体运动的肌腱。"因此研究与掌握典型的旋涡运动规律是十分重要的。

7.5.1 势力场中理想不可压缩流体的平面有旋流动

对于不可压缩流体，引入流函数 ψ，使其满足

$$\frac{\partial\psi}{\partial y}=u,\quad \frac{\partial\psi}{\partial x}=-v \tag{7.5.1}$$

引入涡量 $\boldsymbol{\omega}$ 的定义，于是 $\boldsymbol{\omega}$ 在 z 方向的分量 ω_z 为

$$\omega_z=\frac{\partial v}{\partial x}-\frac{\partial u}{\partial y} \tag{7.5.2}$$

将式(7.5.1)代入式(7.5.2)后便得到不可压缩平面有旋流动的流函数方程，其表达式为

$$\frac{\partial^2\psi}{\partial x^2}+\frac{\partial^2\psi}{\partial y^2}=-\omega_z(x,y,t) \tag{7.5.3}$$

另外，势力场中理想不可压缩流体的涡量方程可由式(5.1.30)退化得到，退化后的表达式为

$$\frac{\mathrm{d}\boldsymbol{\omega}}{\mathrm{d}t}-(\boldsymbol{\omega}\cdot\nabla)\boldsymbol{V}=0 \tag{7.5.4}$$

在平面流动中，有 $\boldsymbol{\omega}=\omega_z\boldsymbol{k}$ 并且有

$$(\boldsymbol{\omega}\cdot\nabla)\boldsymbol{V}=0 \tag{7.5.5}$$

将式(7.5.5)代入式(7.5.4)后，得

$$\frac{\mathrm{d}\omega_z}{\mathrm{d}t}=0 \tag{7.5.6}$$

这就是说，对于势力场作用下不可压缩理想流体的平面有旋运动来讲，涡量沿流动轨迹不变。

下面扼要给出不可压缩理想流体平面有旋流动的几个积分不变量：

(1) 涡通量守恒，即理想流体中流体线上的环量守恒，换句话说在流动平面上下列积分

$$\Gamma=\iint_\sigma\omega_z(x,y)\mathrm{d}x\mathrm{d}y \tag{7.5.7}$$

是不变量。

(2) 涡心坐标不随时间变化，即涡心不变。用数学表达式表达便为

$$\frac{\mathrm{d}x_c}{\mathrm{d}t}=0,\quad \frac{\mathrm{d}y_c}{\mathrm{d}t}=0 \tag{7.5.8}$$

式中，$\mathrm{d}/\mathrm{d}t$ 为质点导数；(x_c,y_c) 为涡心坐标，其表达式为

$$
\begin{cases}
x_c = \dfrac{\iint\limits_{\sigma} x\omega_z(x,y)\mathrm{d}x\mathrm{d}y}{\iint\limits_{\sigma} \omega_z(x,y)\mathrm{d}x\mathrm{d}y} \\
y_c = \dfrac{\iint\limits_{\sigma} y\omega_z(x,y)\mathrm{d}x\mathrm{d}y}{\iint\limits_{\sigma} \omega_z(x,y)\mathrm{d}x\mathrm{d}y}
\end{cases}
\tag{7.5.9}
$$

(3) 涡矩不变,即

$$
\frac{\mathrm{d}I\omega}{\mathrm{d}t} = 0 \tag{7.5.10}
$$

式中,$\mathrm{d}/\mathrm{d}t$ 为质点导数;符号 $I\omega$ 定义为

$$
I\omega = \frac{\iint\limits_{\sigma}(x^2+y^2)\omega_z\mathrm{d}x\mathrm{d}y}{\iint\limits_{\sigma}\omega_z\mathrm{d}x\mathrm{d}y} \tag{7.5.11}
$$

上述三个无黏不可压缩平面有旋流动的涡量不变量确定了不可压缩平面有旋运动的基本性质。第一个不变量确定了涡量沿质点轨迹不变;第二个不变量确定了涡系的涡心坐标不随旋涡运动而改变;第三个不变量确定了平面涡核不可能无限伸长,因为它的涡矩是不变的。

7.5.2 势力场中不可压缩无黏流体的轴对称有旋流动

对于不可压缩轴对称流动,流函数 $\psi(z,r)$ 已由式(7.3.4)给出。引入涡量 $\boldsymbol{\omega}$ 的定义,在轴对称流动中涡量 $\boldsymbol{\omega}$ 与 $\nabla\times\boldsymbol{V}$ 分别为

$$
\boldsymbol{\omega} = \omega_\theta \boldsymbol{i}_\theta = \left(\frac{\partial V_r}{\partial z} - \frac{\partial V_z}{\partial r}\right)\boldsymbol{i}_\theta \tag{7.5.12}
$$

$$
\nabla\times\boldsymbol{V} = \frac{1}{r}\begin{vmatrix} \boldsymbol{i}_r & r\boldsymbol{i}_\theta & \boldsymbol{i}_z \\ \dfrac{\partial}{\partial r} & \dfrac{\partial}{\partial \theta} & \dfrac{\partial}{\partial z} \\ V_r & rV_\theta & V_z \end{vmatrix} \tag{7.5.13}
$$

而这时 $(\boldsymbol{\omega}\cdot\nabla)\boldsymbol{V}$ 为

$$
(\boldsymbol{\omega}\cdot\nabla)\boldsymbol{V} = \frac{\omega_\theta V_r}{r}\boldsymbol{i}_\theta \tag{7.5.14}
$$

将上面两式代入涡量方程(7.5.4)并整理后,可得

$$
\frac{\mathrm{d}}{\mathrm{d}t}\left(\frac{\omega_\theta}{r}\right) = 0 \tag{7.5.15}
$$

式(7.5.15)表明,在势力场不可压缩无黏流体的轴对称有旋流动中,$\dfrac{\omega_\theta}{r}$ 沿质点轨迹不变。另外,引入流函数 ψ,将式(7.3.4)代入式(7.5.12)后,得

$$
\frac{\partial}{\partial r}\left(\frac{1}{r}\frac{\partial \psi}{\partial r}\right) + \frac{\partial}{\partial z}\left(\frac{1}{r}\frac{\partial \psi}{\partial z}\right) = -\omega_\theta \tag{7.5.16}
$$

于是式(7.5.16)与式(7.5.15)联立便构成了不可压缩无黏流体轴对称有旋流的基本方程组。显然,这个方程组可以使用数值方法进行求解。

7.5.3 几种典型的旋涡运动

为了便于分析几种典型的旋涡运动，这里首先简单回顾一下本书3.5节所讨论的给定流场的散度与涡量后求速度场的关键步骤。设在有限体积域Ω内给定涡量场$\boldsymbol{\omega}(x,y,z)$与散度场$b(x,y,z)$，而在$\Omega$外的区域则无旋无源，即满足

在Ω域内 $$\nabla\cdot\boldsymbol{V}=b,\nabla\times\boldsymbol{V}=\boldsymbol{\omega} \tag{7.5.17}$$

在Ω域外 $$\nabla\cdot\boldsymbol{V}=0,\nabla\times\boldsymbol{V}=0 \tag{7.5.18}$$

为便于求解，将速度$\boldsymbol{V}$拆成两个即$\boldsymbol{V}_1$与$\boldsymbol{V}_2$，这里$\boldsymbol{V}_1$满足无旋有源场的诱导速度，$\boldsymbol{V}_2$满足有旋无源场的诱导速度，即

$$\boldsymbol{V}=\boldsymbol{V}_1+\boldsymbol{V}_2 \tag{7.5.19}$$

$$\boldsymbol{V}_1=\nabla\varphi,\quad \text{并且}\quad \nabla\cdot\boldsymbol{V}_1=b \tag{7.5.20}$$

$$\boldsymbol{V}_2=\nabla\times\boldsymbol{A},\quad \text{并且}\quad \nabla^2\boldsymbol{A}=-\boldsymbol{\omega} \tag{7.5.21}$$

由式(7.5.20)容易得到

$$\phi(x,y,z)=-\frac{1}{4\pi}\left[\iiint_{\Omega}\frac{b(\xi,\eta,\zeta)}{S(x,y,z;\xi,\eta,\zeta)}\mathrm{d}\xi\mathrm{d}\eta\mathrm{d}\zeta\right] \tag{7.5.22}$$

$$\boldsymbol{V}_1(x,y,z)=-\frac{1}{4\pi}\nabla\left[\iiint_{\Omega}\frac{b(\xi,\eta,\zeta)}{S(x,y,z;\xi,\eta,\zeta)}\mathrm{d}\xi\mathrm{d}\eta\mathrm{d}\zeta\right] \tag{7.5.23}$$

$$S(x,y,z;\xi,\eta,\zeta)=[(x-\xi)^2+(y-\eta)^2+(z-\zeta)^2]^{\frac{1}{2}} \tag{7.5.24}$$

式中，$\nabla=\boldsymbol{i}\dfrac{\partial}{\partial x}+\boldsymbol{j}\dfrac{\partial}{\partial y}+\boldsymbol{k}\dfrac{\partial}{\partial z}$，它是针对变量$(x,y,z)$的算子，因此在式(7.5.23)中$\nabla$算子可以移到积分号内，并注意到

$$\nabla\left(\frac{1}{S}\right)=-\left(\frac{\boldsymbol{S}}{S^3}\right) \tag{7.5.25}$$

于是式(7.5.23)可以变为

$$\boldsymbol{V}_1=\frac{1}{4\pi}\iiint_{\Omega}\frac{b(\xi,\eta,\zeta)}{S^3}\boldsymbol{S}\mathrm{d}\xi\mathrm{d}\eta\mathrm{d}\zeta \tag{7.5.26}$$

由式(7.5.21)容易得到

$$\boldsymbol{V}_2=\nabla\times\left[\frac{1}{4\pi}\iiint_{\Omega}\frac{\boldsymbol{\omega}(\xi,\eta,\zeta)}{S(x,y,z;\xi,\eta,\zeta)}\mathrm{d}\xi\mathrm{d}\eta\mathrm{d}\zeta\right] \tag{7.5.27}$$

注意式(7.5.27)算子∇是针对x、y、z求导数的，于是有

$$\nabla\times\frac{\boldsymbol{\omega}(\xi,\eta,\zeta)}{S(x,y,z;\xi,\eta,\zeta)}=-\boldsymbol{\omega}\times\nabla\left(\frac{1}{S}\right)=\frac{\boldsymbol{\omega}\times\boldsymbol{S}}{S^3} \tag{7.5.28}$$

因此式(7.5.27)变为

$$\boldsymbol{V}_2=\frac{1}{4\pi}\left[\iiint_{\Omega}\frac{\boldsymbol{\omega}(\xi,\eta,\zeta)\times\boldsymbol{S}}{S^3}\mathrm{d}\xi\mathrm{d}\eta\mathrm{d}\zeta\right] \tag{7.5.29}$$

式(7.5.29)就是著名的Biot-Savart公式。显然，将式(7.5.26)与式(7.5.29)相加，便得到满足式(7.5.17)与式(7.5.18)的速度场，其表达式为

$$\boldsymbol{V}=\frac{1}{4\pi}\iiint_{\Omega}\frac{b\boldsymbol{S}+(\boldsymbol{\omega}\times\boldsymbol{S})}{S^3}\mathrm{d}\xi\mathrm{d}\eta\mathrm{d}\zeta \tag{7.5.30}$$

下面以式(7.5.30)为基础讨论与分析涡丝、涡环、涡层、涡街等几种典型的旋涡运动。

1. 直线涡丝、圆形涡丝以及空间曲线涡丝

涡线是指在任一确定时刻流场中的一族曲线，该曲线上每一点涡量 $\boldsymbol{\omega}$ 的方向都与曲线在该点的切线方向重合，故涡线是常微分方程组

$$\frac{\mathrm{d}x}{\omega_x}=\frac{\mathrm{d}y}{\omega_y}=\frac{\mathrm{d}z}{\omega_z} \tag{7.5.31}$$

的积分曲线族。式中，ω_x、ω_y、ω_z 是 $\boldsymbol{\omega}$ 沿 x、y、z 方向上的三个分量。在涡线上取线元（令其长为 $\mathrm{d}l$，横截面为 A，体积为 $\mathrm{d}\Omega=A\mathrm{d}l$），并且有

$$\boldsymbol{\omega}\mathrm{d}\Omega=\boldsymbol{\omega}A\,\mathrm{d}l=\omega A\,\mathrm{d}\boldsymbol{l} \tag{7.5.32}$$

式中，$\boldsymbol{\omega}$ 为单位体积内涡量强度；ω 为涡量矢量的模；$\mathrm{d}\boldsymbol{l}$ 为线元矢量，其长度为 $\mathrm{d}l$ 而方向为涡量矢量的方向。令

$$\lim_{\substack{A\to 0\\ \omega\to\infty}}(A\omega)=\Gamma \tag{7.5.33}$$

这里 Γ 称为涡丝强度，其为有限值。对于一根涡丝来讲，Γ 为常量，于是

$$\boldsymbol{\omega}\mathrm{d}\Omega=\Gamma\mathrm{d}\boldsymbol{l} \tag{7.5.34}$$

式中，$\mathrm{d}\boldsymbol{l}$ 是涡丝弧元素矢量，借助于式(7.5.27)与式(7.5.34)，可得涡丝 $\mathrm{d}\boldsymbol{l}$ 的诱导速度为

$$\mathrm{d}\boldsymbol{V}=\frac{\Gamma}{4\pi}\frac{\mathrm{d}\boldsymbol{l}\times\boldsymbol{S}}{S^3} \tag{7.5.35}$$

其模为

$$|\,\mathrm{d}\boldsymbol{V}\,|=\frac{\Gamma}{4\pi}\frac{\sin\alpha}{S^2}\mathrm{d}l \tag{7.5.36}$$

式中，角 α 是 $\boldsymbol{S}$ 与 $\mathrm{d}\boldsymbol{l}$ 间的夹角，如图 7.7 所示。积分式(7.5.35)，得

$$\boldsymbol{V}=-\frac{\Gamma}{4\pi}\int_L\frac{\boldsymbol{S}\times\mathrm{d}\boldsymbol{l}}{S^3} \tag{7.5.37}$$

显然，线元 $\mathrm{d}l$ 的诱导速度 $\mathrm{d}\boldsymbol{V}$ 垂直于 $\boldsymbol{S}$ 与 $\mathrm{d}\boldsymbol{l}$ 所在的平面，并且沿 $\mathrm{d}\boldsymbol{l}\times\boldsymbol{S}$ 的方向。值得注意的是，在完成式(7.5.37)积分的过程中，点 $M(r,\theta,z)$ 是所考查的涡丝外那一点的坐标，而 S 是由涡丝上的任意点(ξ,η,ζ)到点 M 的距离，显然这里点 $M(r,\theta,z)$ 是不变点，而涡丝上的点(ξ,η,ζ)是变动点，并且 $\mathrm{d}\boldsymbol{l}$ 是 ξ,η,ζ 的函数。

考虑一条无限长的直涡丝在半径为 a 处（图 7.10）所诱导的速度场为

$$\boldsymbol{V}=\left[\frac{\Gamma}{4\pi}\int_{-\infty}^{+\infty}\frac{\sin\alpha}{S^2}\mathrm{d}z_1\right]\boldsymbol{i}_\theta \tag{7.5.38}$$

式中，$\mathrm{d}z$ 为（图 7.10）

$$z_1=-a\cot\alpha \tag{7.5.39}$$

注意到 $z_1=-\infty$ 与 $+\infty$ 时，相应的 α 分别为 0 与 π，于是完成式(7.5.38)的积分后，得

$$\boldsymbol{V}=\frac{\Gamma}{2\pi a}\boldsymbol{i}_\theta \tag{7.5.40}$$

这就是说，无限长直涡丝所诱导的速度场为平面流场。也就是说，可以把无限长的直涡丝看成是平面上某点强度为 Γ 的点涡，而无限长直涡丝所诱导的流体运动可以归结为点涡的平面流动。

下面讨论半径为 a 的圆形涡丝所诱导的流场。如图 7.11 所示，取直角坐标系 xyz 与圆柱坐标系(r,θ,z)，并令涡丝位于 xOy 平面上，显然两个坐标系间的关系为

$$x=r\cos\theta,\quad y=r\sin\theta \tag{7.5.41}$$

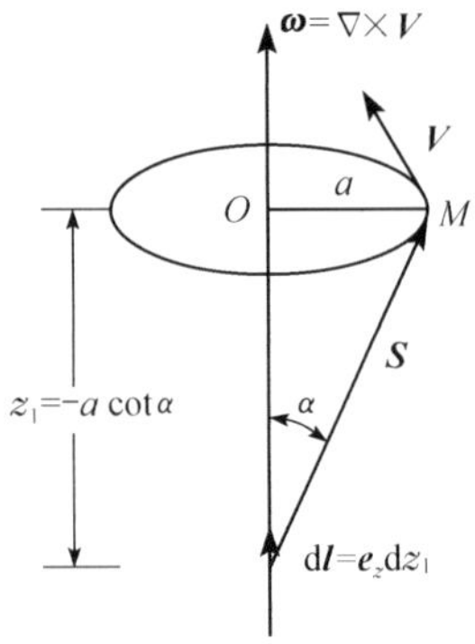

图 7.10　直线涡丝

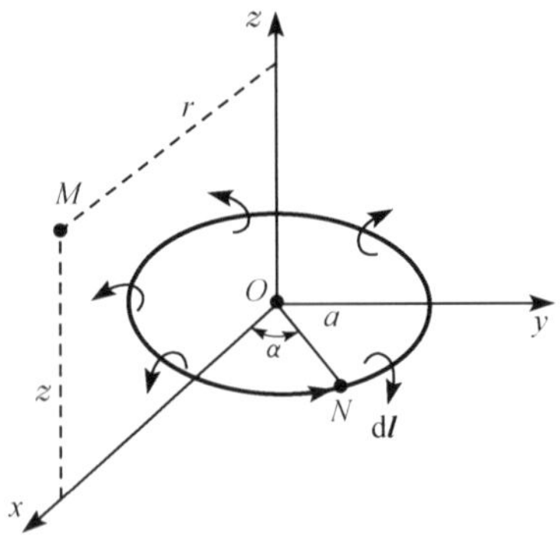

图 7.11　圆形涡丝

注意到轴对称性,所以通过 Oz 轴所有平面上的运动都是一样的。在 $\theta=0$ 的平面上取任一点 $M(r,0,z)$,如图 7.11 所示,在圆形涡丝上取动点 $N(\xi,\eta,\zeta)$,并且 ON 线与 Ox 轴的夹角为 α,于是 S 、$\boldsymbol{S}$ 与 $\mathrm{d}\boldsymbol{l}$ 分别为

$$S=[(r-a\cos\alpha)^2+(-a\sin\alpha)^2+z^2]^{\frac{1}{2}} \tag{7.5.42}$$

$$\boldsymbol{S}=(r\cos\alpha-a)\boldsymbol{i}_r-(r\sin\alpha)\boldsymbol{i}_\theta+z\boldsymbol{i}_z \tag{7.5.43}$$

$$\mathrm{d}\boldsymbol{l}=[(-a\sin\alpha)\mathrm{d}\alpha,(a\cos\alpha)\mathrm{d}\alpha,0] \tag{7.5.44}$$

借助于式(7.5.37),得

$$\mathbf{V}=\frac{a\Gamma}{4\pi}\int_0^{2\pi}\boldsymbol{i}_z\ \frac{(a-r\cos\alpha)}{S^3}\mathrm{d}\alpha+\frac{a\Gamma}{4\pi}\int_0^{2\pi}\boldsymbol{i}_r\ \frac{z}{S^3}\mathrm{d}\alpha \tag{7.5.45}$$

式中,$\boldsymbol{i}_z$ 与 $\boldsymbol{i}_r$ 为柱坐标中沿 z 轴与 r 轴方向上的单位矢量。显然,适当变换式(7.5.45)的积分可以化为第一类与第二类完全椭圆积分。特别是 $z=0$ 的圆心处速度为

$$\mathbf{V}=\frac{\Gamma}{2a}\boldsymbol{i}_z \tag{7.5.46}$$

圆形涡丝又称涡环。原子弹爆炸形成的蘑菇云与抽烟吐出的烟圈也都是涡环。上面讨论的是平面周线涡环所诱导的速度场,下面讨论空间曲线涡附近所诱导的速度。

考虑空间曲线涡丝,O 是涡丝上的一点,过点 O 作自然坐标系 $Ox_1x_2x_3$,其中点 O 为坐标系原点,$\boldsymbol{t}$、$\boldsymbol{n}$ 与 $\boldsymbol{b}$ 分别为切线、单位主法向矢量与单位副法向矢量,并且有

$$\boldsymbol{b}=\boldsymbol{t}\times\boldsymbol{n} \tag{7.5.47}$$

在 O 点垂直于曲线的法平面上任取一点 M,令该点的位置矢量为 $\boldsymbol{R}_M$,其表达式为

$$\boldsymbol{R}_M=x_2\boldsymbol{n}+x_3\boldsymbol{b}=\boldsymbol{n}c_2\cos\phi+\boldsymbol{b}c_2\sin\phi \tag{7.5.48}$$

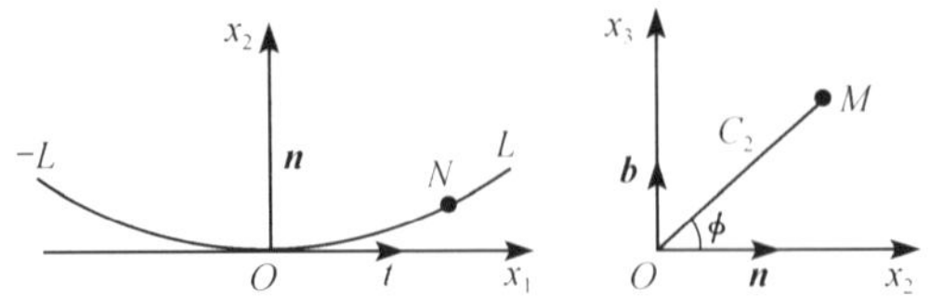

(a)　　　　　　(b)

图 7.12　空间曲线涡丝

式中符号见图 7.12(b)。令点 O 取在曲线涡上,并令曲线涡的变化域为$(-L,L)$,今在曲线涡的变化范围内任取一点 N[图 7.12(a)],该点的位置矢量 $\boldsymbol{R}_N$ 为

$$\boldsymbol{R}_N=\boldsymbol{t}l+\frac{1}{2}\boldsymbol{n}c_4l^2 \tag{7.5.49}$$

式中,c_4 为点 O 处曲线涡的曲率;l 为切线方向 $\boldsymbol{t}$ 的坐标量,由此得到

$$\mathrm{d}\boldsymbol{l}\approx(\boldsymbol{t}+\boldsymbol{n}c_4l)\mathrm{d}l \tag{7.5.50}$$

$$\boldsymbol{S}=\boldsymbol{R}_M-\boldsymbol{R}_N=-\boldsymbol{t}l+\left(x_2-\frac{1}{2}c_4l^2\right)\boldsymbol{n}+x_3\boldsymbol{b} \tag{7.5.51}$$

将式(7.5.50)和式(7.5.51)代入式(7.5.37)后,便得到空间涡丝在点 M 处所诱导的速度 $\boldsymbol{V}$,这里因篇幅所限,$\boldsymbol{V}$ 的具体表达式不再给出。

2. 涡层

如果涡量局限在很薄的一层曲面中,而在曲面外很小的领域内,其涡量值迅速下降到零,则称该曲面为涡层。一个涡层可以看成是由一系列涡丝组成的,如图 7.13 所示。

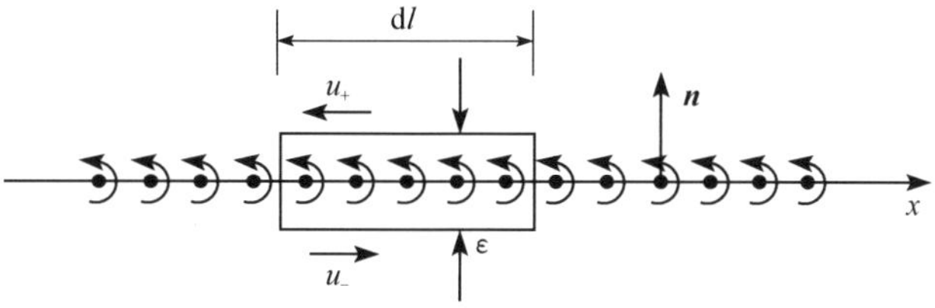

图 7.13 涡层

它实际上是切向速度的间断面,在此层内点点有旋。下面便计算涡层面上速度间断值的大小:今考虑平面涡层,在涡层面上取一微元面 $\mathrm{d}A$,该处涡层厚度为 ε,于是在微元体 $\mathrm{d}\tau=\varepsilon\mathrm{d}A$ 内涡量 $\boldsymbol{\omega}$ 可近似为常量,于是有

$$\boldsymbol{\omega}\mathrm{d}\tau=\boldsymbol{\omega}\varepsilon\mathrm{d}A \tag{7.5.52}$$

令 $\varepsilon\to0$,$\boldsymbol{\omega}\to\infty$,则 $\varepsilon\boldsymbol{\omega}$ 趋于一个有限值 $\boldsymbol{E}$,即

$$\boldsymbol{E}=\lim_{\substack{\varepsilon\to0\\ \boldsymbol{\omega}\to\infty}}(\varepsilon\boldsymbol{\omega}) \tag{7.5.53}$$

式中,$\boldsymbol{E}$ 为涡层强度。如图 7.14 所示,点 N 位于平面涡层面上,点 P 为涡层外的任一点,借助于式(7.5.29)便可以计算出点 P 处流体的诱导速度 $\boldsymbol{V}$,即

$$\boldsymbol{V}_P=\frac{1}{4\pi}\iiint_\tau\frac{\boldsymbol{\omega}\times\boldsymbol{r}}{r^3}\mathrm{d}\tau=\frac{1}{4\pi}\iint_A\frac{\boldsymbol{E}\times\boldsymbol{r}}{r^3}\mathrm{d}A=\frac{\boldsymbol{E}}{4\pi}\times\iint_A\frac{\boldsymbol{r}}{r^3}\mathrm{d}A \tag{7.5.54}$$

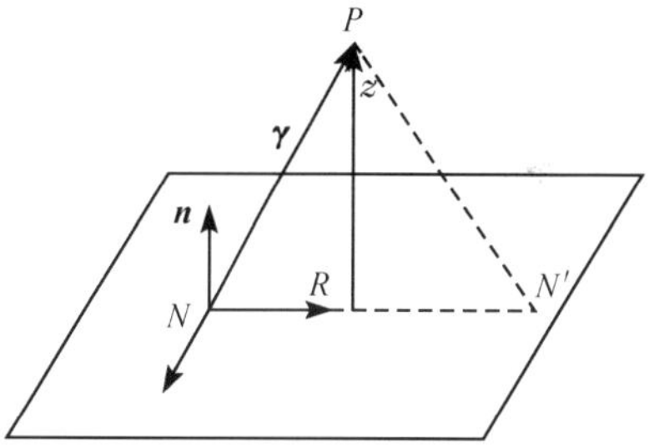

图 7.14 平面涡层的诱导速度

式中,$\boldsymbol{r}$(图 7.14)为

$$\boldsymbol{r}\cdot\boldsymbol{r}=R^2+z^2 \tag{7.5.55}$$

式(7.5.55)将 $\boldsymbol{r}$ 分解为法向与切向部分,注意到切向部分总是正负成对出现[4](图 7.14 中点 N 与点 N' 为对称点),因此完成式(7.5.54)的积分时便只剩下法向分量,于是式(7.5.54)可写为

$$\boldsymbol{V}_P=\frac{1}{2}\boldsymbol{E}\times\boldsymbol{n}\left[\frac{1}{2\pi}\iint_A\frac{\boldsymbol{n}\cdot\boldsymbol{r}}{r^3}\mathrm{d}A\right] \tag{7.5.56}$$

注意到

$$\frac{1}{2\pi}\iint_A\frac{\boldsymbol{n}\cdot\boldsymbol{r}}{r^3}\mathrm{d}A=\frac{1}{2\pi}\int_0^\infty R\mathrm{d}R\int_0^{2\pi}\frac{z}{(R^2+z^2)^{3/2}}\mathrm{d}\theta=1 \tag{7.5.57}$$

于是式(7.5.56)变为

$$\boldsymbol{V}_P=\frac{1}{2}\boldsymbol{E}\times\boldsymbol{n} \tag{7.5.58}$$

或者写为

$$\boldsymbol{V}_{+}=\frac{1}{2}\boldsymbol{E}\times\boldsymbol{n} \tag{7.5.59}$$

在式(7.5.59)中,下标"+"表示涡层上表面法线单位矢量 $\boldsymbol{n}$ 所对应的诱导速度;同理在涡层的另一侧有

$$\boldsymbol{V}_{-}=-\frac{1}{2}\boldsymbol{E}\times\boldsymbol{n} \tag{7.5.60}$$

因此涡层处的速度间断$[\boldsymbol{V}]$为

$$[\boldsymbol{V}]\equiv\boldsymbol{V}_{+}-\boldsymbol{V}_{-}=\boldsymbol{E}\times\boldsymbol{n} \tag{7.5.61}$$

或者

$$|[\boldsymbol{V}]|=|\boldsymbol{E}\times\boldsymbol{n}| \tag{7.5.62}$$

式(7.5.62)表明:涡层两侧的切向速度间断值正比于涡层强度。这里必须指出:切向速度间断面实质上是具有很强剪切速度变化的薄层,流体在层内是处处有旋的,因而是一个涡层。但是,实验观察与理论分析都已经表明涡层是不稳定的,很小的扰动就能使涡层发生变形,最终卷曲成单个的旋涡,这种现象称为 Kelvin-Helmholtz 不稳定。对于涡层的不稳定性机理,Batchelor 曾用涡动力学的观点给予了解释,认为扰动增大到一定程度之后则非线性效应开始起作用,最终导致涡层卷起成周期排列的涡列。

3. 涡列与 Karman 涡街

流体绕钝体做大 Reynolds 数运动时,在物体的背风面流动将发生分离[5]。在分离点附近,流体从物体表面脱开,射入到附近流体中形成剪切层。不稳定的剪切层很快卷成旋涡向下游运动。1908 年 Benard 在进行绕圆柱的流动实验中首次发现柱体后面左右两侧分离出两列涡旋,这两列涡旋旋转方向相反,涡旋间距离不变,而两排涡列间距只与物体的线尺度有关,这就是著名的 Karman 涡街。1911 年 Karman 从理论上对上述实验中观察到的尾涡现象进行分析,图 7.15 给出了 Karman 涡街分析时的两列点涡排列分布图。

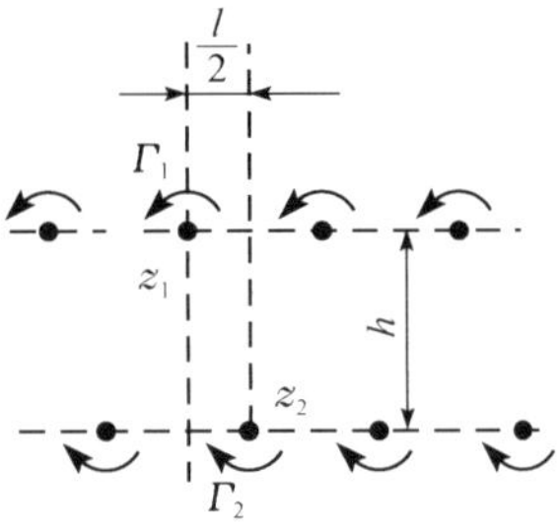

图 7.15 用于 Karman 涡街分析用的点涡排列分布图

假设 Karman 涡街由两条平行直线涡列构成,相距为 h,而每条涡列中点涡相距为 l,点涡强度 Γ_1 与 Γ_2 间有 $-\Gamma_1=\Gamma_2=\Gamma$ 的关系,于是 z_1 点涡与 z_2 点涡的速度分别为

$$\begin{cases} u_1=u_2=\dfrac{\Gamma}{2l}\operatorname{sh}\left(\dfrac{2\pi h}{l}\right)\Big/\left[\operatorname{ch}\left(\dfrac{2\pi h}{l}\right)-\cos\left(\dfrac{2\pi b}{l}\right)\right] \\ v_1=v_2=-\dfrac{\Gamma}{2l}\sin\left(\dfrac{2\pi b}{l}\right)\Big/\left[\operatorname{ch}\left(\dfrac{2\pi h}{l}\right)-\cos\left(\dfrac{2\pi b}{l}\right)\right] \end{cases} \tag{7.5.63}$$

式中,b 是点 z_1 与点 z_2 间的水平间距。如果假设涡街沿着 x 轴方向运动,于是推出这时 $v_1=0$,$v_2=0$,从而推出这时有 $b=0$ 或 $b=\dfrac{l}{2}$。可以证明:当 $b=0$ 时 Karman 涡街不稳定;而当 $b=\dfrac{l}{2}$时则恰是 Benard 在实验时发现的 Karman 涡街。实际上这时 Karman 涡街也不是绝对稳定的,已证明只有当$\dfrac{h}{l}=0.281$ 时才是稳定的。另外对 Karman 涡街进行深入观察与研究后认为,当 Reynolds 数 $Re=\dfrac{Ud}{\nu}$为 $60\sim5\times10^3$ 时才可以观察到涡街现象;当 Reynolds 数高于 5×10^3 时是完全的湍流尾流(这里 U 为来流速度,d 为圆柱直径)。引入无量纲涡街频率 f^*,其定义为

$$f^* = \frac{fd}{U} \tag{7.5.64}$$

式中，f 为涡从圆柱后脱落进入 Karman 涡街的频率；d 是圆柱直径；U 是来流速度。图 7.16 给出了 f^* 随 Reynolds 数的变化曲线，由这条曲线可以给出 Reynolds 数 Re 与 Karman 涡街频率 f 间的对应关系。

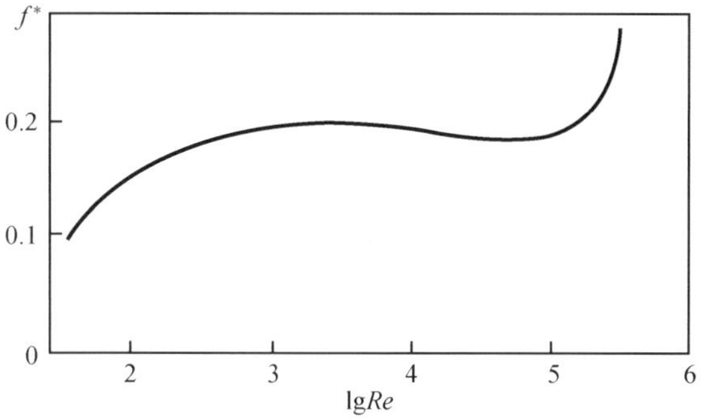

图 7.16 圆柱 Karman 涡街的 f^* 与 Reynolds 数间的关系曲线

习 题

7.1 不可压缩流体做平面定常运动，若速度场仅是矢径 r 的函数，试证明这时流函数 ψ 的形式必为

$$\psi = f(r) + k\theta$$

式中，k 为常数。若运动无旋，给出速度势函数 φ 的表达式。

7.2 已知不可压缩流体的速度势 φ，求出相应的流函数 ψ 的表达式：

(1) $\varphi = x^3 - 3xy^2$；

(2) $\varphi = \dfrac{x}{x^2+y^2}$。

7.3 考虑两平板之间的简单剪切流，如果两板相距为 H，上板以 U_0 在自身平板做匀速直线运动，试确定这时的流函数方程并求出两平板间体积流量 Q_V 的表达式。

7.4 在无界不可压缩的流场中，令原流场为静止状态，如果椭圆柱以 $U_0(t)$ 平移并以角速度 $\Omega(t)$ 绕椭圆中心旋转，并令坐标系取在物体上，如图 7.17 所示。如果已知流场中绝对流动无旋，并且已知道环量为 Γ，试用流函数建立该问题的主方程以及边界条件。

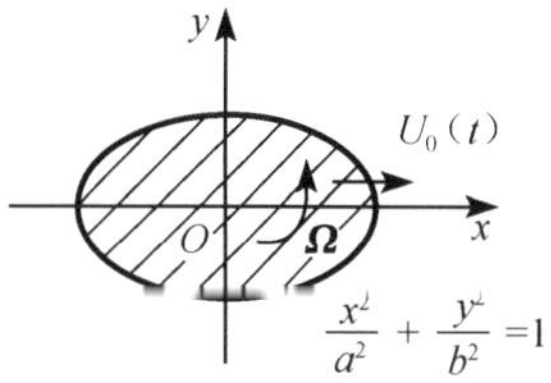

图 7.17 题 7.4 示意图

7.5 已知不可压缩平面无旋流的势函数或流函数，试求相应的复势：

(1) $\psi = \ln(x^2+y^2)$；

(2) $\varphi = -U_0\left(r - \dfrac{a^2}{r}\right)\cos(\theta+\beta)$。

7.6 已知不可压缩流动的复势为 $z = k\cos W(z)$，这里 $k>0$，求：

(1) 流线族方程；

(2) 等势线族方程。

7.7 已知不可压缩流动的复势为 $z = k\,\mathrm{ch}W(z)$，这里 $k>0$，求：

(1) 流线族方程；

(2) 等势线族方程。

7.8　如图 7.18 所示，在速度为 V_∞ 的不可压缩均匀流场中，若在原点处放置一个强度为 Q_s 的源，试求沿 x 轴的压强分布。

7.9　在点 $(a,0)$ 与点 $(-a,0)$ 处分别放置一个汇与一个源，其强度均为 Q_s，并且有一不可压缩均匀二维来流，其速度为 V_∞，且平行于 x 轴，试求驻点的位置以及过驻点的流线。

7.10　在速度为 V_∞ 的不可压缩均匀来流的流场中，放置一个半径为 a 的圆柱，并且在点 z_0 与点 $\bar{z}_0$ 处各放置一个强度相同（均为 Γ）但方向相反的点涡（图 7.19），试求该流场的复势。

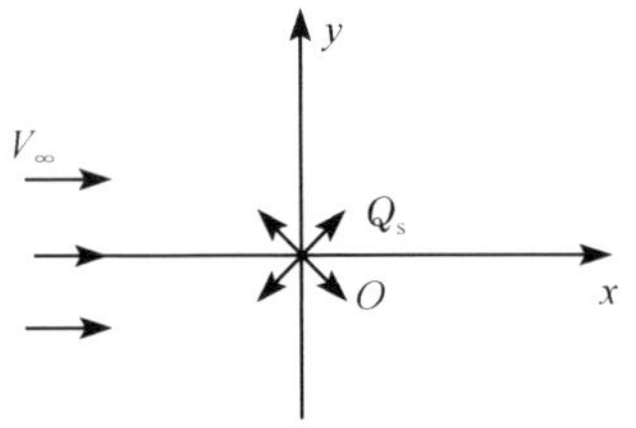

图 7.18　题 7.8 示意图

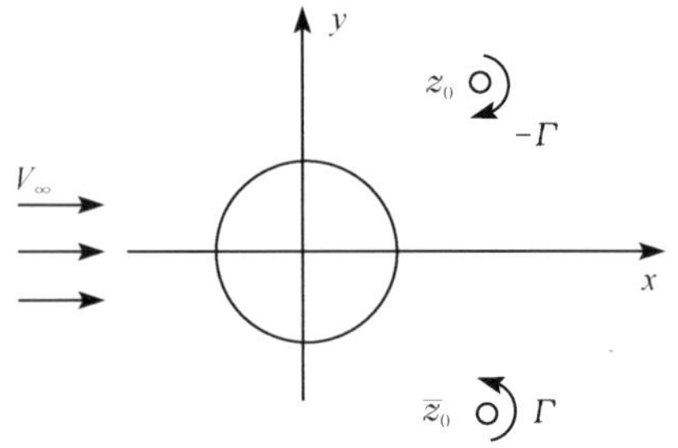

图 7.19　题 7.10 示意图

7.11　如图 7.20 所示，放置有点源与点汇，试求这时不可压缩流场的复势，并证明 $|z|=a$ 是流线，并在流线上标出流动的方向。

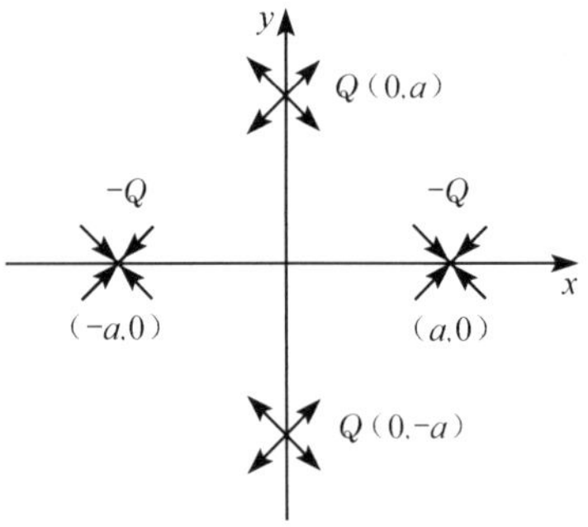

图 7.20　题 7.11 示意图

7.12　来流速度为 V_∞、攻角为 α 的不可压缩流，绕截面方程为 $\dfrac{x^2}{a^2}+\dfrac{y^2}{b^2}=1$ 的椭圆柱做定常无环量绕流，流体密度为 ρ，试求椭圆柱所受的力与力矩。

7.13　假设不可压缩平面定常流动的流线方程为 $\theta=\theta(r)$，速度场只依赖于 r 而与 θ 无关，试证明此时涡量 ω 可以表示为

$$\omega=\frac{k}{r}\frac{\mathrm{d}}{\mathrm{d}r}\left(r\frac{\mathrm{d}\theta}{\mathrm{d}r}\right)$$

式中，k 为任意常数；r 与 θ 是平面极坐标。

第 8 章　黏性不可压缩流体的流动

8.1　黏性流体运动的性质以及几种基本的旋涡运动

8.1.1　黏性流动的一般性质

与无黏流体相比，黏性流体的运动有一些显著的特点，其中包括运动的有旋性、机械能的耗散性以及旋涡的扩散性，下面分别加以说明。

1. 黏性流体运动的有旋性

为方便起见，下面只讨论动力黏性系数 μ 为常数的不可压缩黏性流动。由场论可知

$$\nabla^2 \boldsymbol{V} = \nabla(\nabla\cdot\boldsymbol{V}) - \nabla\times(\nabla\times\boldsymbol{V}) = \nabla(\nabla\cdot\boldsymbol{V}) - \nabla\times\boldsymbol{\omega} \tag{8.1.1}$$

于是借助于式(8.1.1)则动量方程可变为

$$\rho\left(\frac{\partial\boldsymbol{V}}{\partial t} + \boldsymbol{V}\cdot\nabla\boldsymbol{V}\right) = \rho\boldsymbol{f} - \nabla p - \mu\,\nabla\times\boldsymbol{\omega} \tag{8.1.2}$$

注意到

$$\boldsymbol{V}\cdot\nabla\boldsymbol{V} = \nabla\left(\frac{1}{2}\boldsymbol{V}\cdot\boldsymbol{V}\right) - \boldsymbol{V}\times\boldsymbol{\omega} \tag{8.1.3}$$

于是式(8.1.3)可写为

$$\rho\left[\frac{\partial\boldsymbol{V}}{\partial t} + \nabla\left(\frac{1}{2}\boldsymbol{V}\cdot\boldsymbol{V}\right) - \boldsymbol{V}\times\boldsymbol{\omega}\right] = \rho\boldsymbol{f} - \nabla p - \mu\,\nabla\times\boldsymbol{\omega} \tag{8.1.4}$$

式中，$\boldsymbol{\omega}$ 为

$$\boldsymbol{\omega} = \nabla\times\boldsymbol{V} \tag{8.1.5}$$

在不考虑体积力 $\boldsymbol{f}$ 的情况下，式(8.1.4)可变为

$$\rho\left[\frac{\partial\boldsymbol{V}}{\partial t} + \nabla\left(\frac{1}{2}\boldsymbol{V}\cdot\boldsymbol{V}\right) - \boldsymbol{V}\times\boldsymbol{\omega}\right] = -\nabla p - \mu\,\nabla\times\boldsymbol{\omega} \tag{8.1.6}$$

如果取 x 轴沿流线方向，取 y 轴沿法线方向，并且 (x,y,z) 构成右手系。在壁面，由无滑移边界条件并注意到连续性方程，于是有

$$u = 0,\quad v = 0,\quad w = 0 \tag{8.1.7}$$

$$\frac{\partial u}{\partial x} = 0,\quad \frac{\partial v}{\partial x} = 0,\quad \frac{\partial w}{\partial z} = 0,\quad \frac{\partial v}{\partial y} = 0 \tag{8.1.8}$$

此时壁面上的剪切应力为

$$\tau_{\mathrm{w}} = \mu\frac{\partial u}{\partial y} \tag{8.1.9}$$

按照涡量的定义，在壁面上的涡量应为

$$\begin{cases}\omega_x = 0, \omega_y = 0\\ \omega_z = -\dfrac{\partial u}{\partial y}\end{cases} \tag{8.1.10}$$

于是在一般情况下，对于不可压缩流动便有

$$\tau_w = -\mu \boldsymbol{n} \times \boldsymbol{\omega} \tag{8.1.11}$$

由此可见,壁面上的涡量是直接与壁面上的剪切应力相联系的,而壁面剪切应力的大小是由黏性流体无滑移边界条件所制约的。

物面是借助于黏性流体的无滑移面边界条件而产生涡量,而且壁面的涡量又是在流体的黏性作用下进入流体内部。引入涡量通量(又称涡量流率或涡量源强度)$\boldsymbol{B}$,其定义为

$$\boldsymbol{B} = -\mu \frac{\partial \boldsymbol{\omega}}{\partial n} = -\mu(\boldsymbol{n} \cdot \nabla)\boldsymbol{\omega} \tag{8.1.12}$$

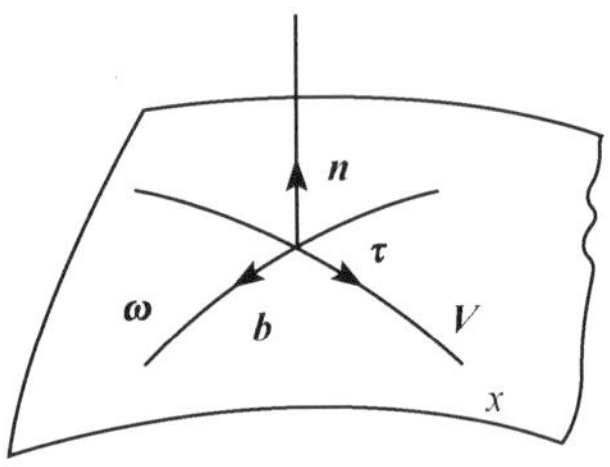

图 8.1 静止壁面上的流线与涡线

式中,$\boldsymbol{n}$ 是沿物面的单位法矢量,如图 8.1 所示,并且$(\boldsymbol{\tau},\boldsymbol{n},\boldsymbol{b})$构成右手系,这里 $\boldsymbol{\tau}$ 为沿流线方向的单位切矢量,$\boldsymbol{n}$ 为单位主法矢量,$\boldsymbol{b}$ 为单位副法矢量。在壁面上,注意到 $\mathbf{V}=0$,于是这时式(8.1.6)可变为

$$\nabla p = -\mu \nabla \times \boldsymbol{\omega} \tag{8.1.13}$$

对于静止壁面来讲,可以证明壁面上的应变速率张量 $\boldsymbol{D}$ 与壁面上的涡量 $\boldsymbol{\omega}$、胀量 θ 之间满足如下条件

$$2\boldsymbol{D} = 2\boldsymbol{nn}\theta + \boldsymbol{n}(\boldsymbol{\omega} \times \boldsymbol{n}) + (\boldsymbol{\omega} \times \boldsymbol{n})\boldsymbol{n} \tag{8.1.14}$$

在推导式(8.1.14)时,使用了黏性流体的壁面无滑移条件,即在壁面上有

$$\begin{cases} \boldsymbol{n} \cdot \mathbf{V} = 0 \\ \boldsymbol{n} \times \mathbf{V} = 0 \end{cases} \tag{8.1.15}$$

另外,借助于反证法可以证明不可压缩无黏流动当壁面满足黏附条件时它的解一般不存在,这意味着在黏性不可压缩流体的情况下,无旋运动的解一般是不存在的,即黏性流动必然有旋[6,7]。

2. 黏性流体对涡量的扩散

由黏性流体涡量 $\boldsymbol{\omega}$ 的输运方程(5.1.23)出发,对于不可压缩流体在假设 $\mu=$常数,并假设体积力 $\boldsymbol{f}$ 有势的情况下,式(5.1.23)可简化为

$$\frac{\mathrm{d}\boldsymbol{\omega}}{\mathrm{d}t} = (\boldsymbol{\omega} \cdot \nabla)\mathbf{V} + \frac{\mu}{\rho} \nabla^2 \boldsymbol{\omega} \tag{8.1.16}$$

或者

$$\frac{\partial \boldsymbol{\omega}}{\partial t} + (\mathbf{V} \cdot \nabla)\boldsymbol{\omega} - (\boldsymbol{\omega} \cdot \nabla)\mathbf{V} = \frac{\mu}{\rho} \nabla^2 \boldsymbol{\omega} \tag{8.1.17}$$

为了便于分析,这里不妨先略去式(8.1.17)左端的后两项,于是式(8.1.17)便可变为

$$\frac{\partial \boldsymbol{\omega}}{\partial t} = \frac{\mu}{\rho} \nabla^2 \boldsymbol{\omega} \tag{8.1.18}$$

事实上,对于仅有周向速度 V_θ 并且是轴对称的不可压缩黏性流动,式(8.1.17)可以简化为式(8.1.19),即

$$\frac{\partial \boldsymbol{\omega}}{\partial t} = \frac{\mu}{\rho} \nabla^2 \boldsymbol{\omega} \tag{8.1.19}$$

在柱坐标系(r,θ,z)中考虑方程(8.1.19)在(r,θ)平面内的流动,令这里初始条件为

$$t = 0, \quad r > 0, \quad V_\theta = \frac{\Gamma_0}{2\pi r} \quad (\text{这时 } \boldsymbol{\omega} = 0) \tag{8.1.20}$$

而边界条件为

$$t \geqslant 0, \quad r \to \infty, \quad \boldsymbol{\omega} = 0 \tag{8.1.21}$$

显然，式(8.1.19)的解为

$$\omega = \frac{A}{t}\exp\left(-\frac{r^2}{4\nu t}\right) \tag{8.1.22}$$

式中，A 与 ν 分别定义为

$$A = \frac{\Gamma_0}{4\nu\pi}, \quad \nu = \frac{\mu}{\rho} \tag{8.1.23}$$

注意到在极坐标系(r,θ)中，有

$$\omega(r,t) = \omega_z = \frac{1}{r}\frac{\partial(rV_\theta)}{\partial r} - \frac{1}{r}\frac{\partial V_r}{\partial\theta} \tag{8.1.24}$$

对于上面所讨论的轴对称流动，有

$$\omega(r,t) = \frac{1}{r}\frac{\partial(rV_\theta)}{\partial r} \tag{8.1.25}$$

积分此式并利用式(8.1.22)，得

$$V_\theta = \frac{1}{r}\int_0^r \omega r\,\mathrm{d}r = \frac{\Gamma_0}{2\pi r}\left[1 - \exp\left(-\frac{r^2}{4\nu t}\right)\right] \tag{8.1.26}$$

而且 $\omega(r,t)$ 为

$$\omega(r,t) = \frac{\Gamma_0}{4\pi\nu t}\exp\left(-\frac{r^2}{4\nu t}\right) \tag{8.1.27}$$

图 8.2 与图 8.3 分别给出了涡量 ω 以及圆周分速 V_θ 在不同时间沿空间的分布，这两张图是借助于式(8.1.27)与式(8.1.26)画出的，图 8.2 反映了涡量由内向外扩散的性质。另外，由图 8.3 可以看出，在同一时刻，当半径 r 较小$(r \ll (4\nu t)^{\frac{1}{2}})$时，流体近似按刚体旋转方式运动(即这时 V_θ 与 r 呈线性关系)，这部分流体常称为涡核；当半径 r 较大$(r \gg (4\nu t)^{\frac{1}{2}})$时，流体是无旋的，并趋近于其初始的运动状态，这时 V_θ 与 $\frac{1}{r}$ 呈线性关系。

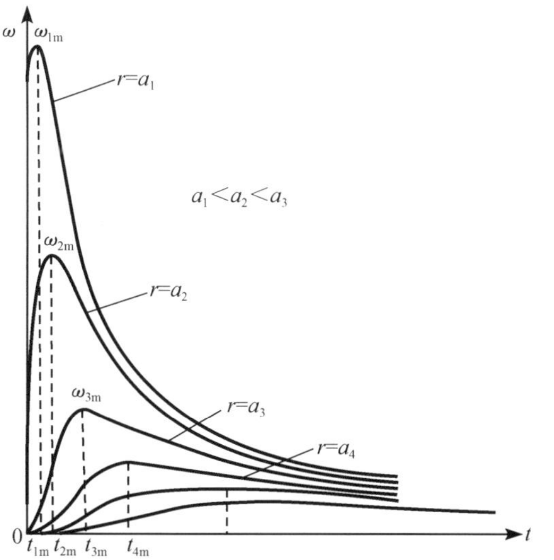

图 8.2　涡量 ω 在不同时间沿空间的分布

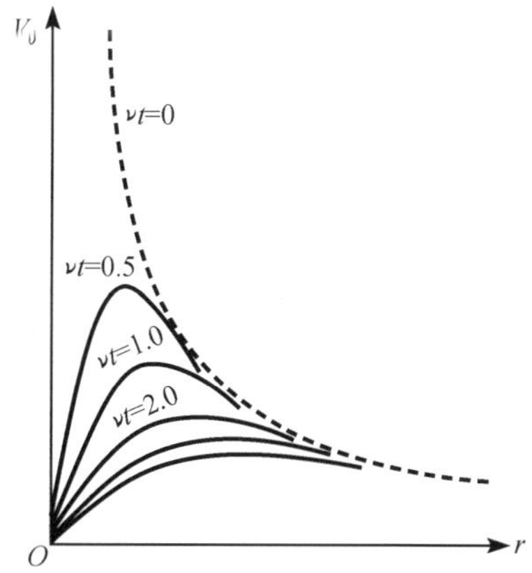

图 8.3　V_θ 在不同时间沿空间的分布

3. 黏性流体的能量耗散性

令 e_t 表示单位质量流体所具有的广义内能，由本书 4.4 节知，能量方程的一般形式为

$$\frac{\partial(\rho e_t)}{\partial t}+\nabla\cdot[(\rho e_t+p)\boldsymbol{V}]=\rho\boldsymbol{f}\cdot\boldsymbol{V}+\nabla\cdot(\boldsymbol{\Pi}\cdot\boldsymbol{V})-\nabla\cdot\boldsymbol{q} \tag{8.1.28}$$

式中，$\boldsymbol{f}$ 与 $\boldsymbol{\Pi}$ 分别代表体积力与黏性应力张量。另外，注意到

$$\nabla\cdot(\boldsymbol{\Pi}\cdot\boldsymbol{V})=\boldsymbol{V}\cdot(\nabla\cdot\boldsymbol{\Pi})+\boldsymbol{\Pi}:\nabla\boldsymbol{V}=\boldsymbol{V}\cdot(\nabla\cdot\boldsymbol{\Pi})+\Phi \tag{8.1.29}$$

$$\rho\frac{\mathrm{d}\left(\dfrac{\boldsymbol{V}\cdot\boldsymbol{V}}{2}\right)}{\mathrm{d}t}=\rho\boldsymbol{f}\cdot\boldsymbol{V}+\boldsymbol{V}\cdot(\nabla\cdot\boldsymbol{\Pi})-\boldsymbol{V}\cdot\nabla p \tag{8.1.30}$$

这里 Φ 为耗散函数，于是式(8.1.28)又可变为

$$\frac{\mathrm{d}e}{\mathrm{d}t}=-p\frac{\mathrm{d}\left(\dfrac{1}{\rho}\right)}{\mathrm{d}t}+\frac{\Phi}{\rho}-\frac{\nabla\cdot\boldsymbol{q}}{\rho}=\frac{-\nabla\cdot\boldsymbol{q}}{\rho}-\left[p\frac{\mathrm{d}\left(\dfrac{1}{\rho}\right)}{\mathrm{d}t}-\frac{\Phi}{\rho}\right] \tag{8.1.31}$$

显然，式(8.1.31)是通常热力学教科书中所给的随体坐标系中流体运动的热力学第一定律，式中等号右端的中括号项代表着单位质量气体对外所做功的功率。引进变形速率张量 $\boldsymbol{D}$，于是耗散函数 Φ 可表示为

$$\Phi=\boldsymbol{\Pi}:\nabla\boldsymbol{V}=\boldsymbol{\Pi}:\boldsymbol{D} \tag{8.1.32}$$

式中，$\boldsymbol{D}$ 的表达式为

$$\boldsymbol{D}=\frac{[\nabla\boldsymbol{V}+(\nabla\boldsymbol{V})_c]}{2} \tag{8.1.33}$$

对于黏性不可压缩流体，由于黏性应力的存在，体积力与表面力所做的功只有一部分变成动能，而另一部分则被黏性应力耗损掉变成了热能。单位体积内耗散掉的动能用耗散函数表达，即

$$\Phi=2\mu D:D=\mu\left[2\left(\frac{\partial u}{\partial x}\right)^2+2\left(\frac{\partial v}{\partial y}\right)^2+2\left(\frac{\partial w}{\partial z}\right)^2+\left(\frac{\partial v}{\partial x}+\frac{\partial u}{\partial y}\right)^2+\left(\frac{\partial w}{\partial y}+\frac{\partial v}{\partial z}\right)^2+\left(\frac{\partial u}{\partial z}+\frac{\partial w}{\partial x}\right)^2\right] \tag{8.1.34}$$

对于不可压流，注意到

$$\begin{cases}2\mu(\nabla\cdot\boldsymbol{V})^2=0\\ |\boldsymbol{\omega}|=|\nabla\times\boldsymbol{V}|=\omega\end{cases} \tag{8.1.35}$$

于是式(8.1.34)这时变为

$$\Phi=\mu\boldsymbol{\omega}^2-4\mu\left[\frac{\partial(v,w)}{\partial(y,z)}+\frac{\partial(w,u)}{\partial(z,x)}+\frac{\partial(u,v)}{\partial(x,y)}\right] \tag{8.1.36}$$

式中，$\dfrac{\partial(v,w)}{\partial(y,z)}$、$\dfrac{\partial(w,u)}{\partial(z,x)}$与$\dfrac{\partial(u,v)}{\partial(x,y)}$均为 Jacobi 函数行列式。作为一个例子，现在来计算一个静止封闭容器中均质不可压缩黏性流体的能量耗散率 $\iiint_\tau\Phi\mathrm{d}\tau$，对不动的壁面，可以证明有

$$\iiint_\tau\Phi\mathrm{d}\tau=\mu\iiint_\tau\boldsymbol{\omega}\cdot\boldsymbol{\omega}\mathrm{d}\tau \tag{8.1.37}$$

式中，$\boldsymbol{\omega}$ 为涡量，其定义为

$$\boldsymbol{\omega}=\nabla\times\boldsymbol{V} \tag{8.1.38}$$

式(8.1.37)表明：不动封闭容器中均质不可压缩黏性流体的总耗散率仅与该容器中流体内的涡

量有关。由于不动封闭容器中不可压缩黏性流体的运动总是有旋的，所以 $\iiint_{\tau}\Phi d\tau$ 总是大于零，即总是存在着机械能的耗散。

8.1.2 几种基本的旋涡运动

为便于讨论，这里假设流动为不可压缩流，而且假设这些涡旋的涡量分布均具有轴对称性，于是在圆柱坐标系(r,θ,z)中不可压缩黏性流的 Navier-Stokes 方程在轴对称的假定下简化为

$$\frac{\partial V_r}{\partial t}+V_r\frac{\partial V_r}{\partial r}+V_z\frac{\partial V_r}{\partial z}-\frac{V_\theta^2}{r}=-\frac{1}{\rho}\frac{\partial p}{\partial r}+\frac{\mu}{\rho}\left(\nabla^2 V_r-\frac{V_r}{r^2}\right) \tag{8.1.39a}$$

$$\frac{\partial V_\theta}{\partial t}+V_r\frac{\partial V_\theta}{\partial r}+V_z\frac{\partial V_\theta}{\partial z}+\frac{V_rV_\theta}{r}=\frac{\mu}{\rho}\left(\nabla^2 V_\theta-\frac{V_\theta}{r^2}\right) \tag{8.1.39b}$$

$$\frac{\partial V_z}{\partial t}+V_r\frac{\partial V_z}{\partial r}+V_z\frac{\partial V_z}{\partial z}=-\frac{1}{\rho}\frac{\partial p}{\partial z}+\frac{\mu}{\rho}\nabla^2 V_z \tag{8.1.39c}$$

$$\frac{\partial(rV_r)}{\partial r}+\frac{\partial(rV_z)}{\partial z}=0 \tag{8.1.39d}$$

式中，V_r、V_θ 和 V_z 分别为速度 $\mathbf{V}$ 在(r,θ,z)方向上的分速度，而这里的∇^2定义为

$$\nabla^2=\frac{\partial^2}{\partial r^2}+\frac{1}{r}\frac{\partial}{\partial r}+\frac{\partial^2}{\partial z^2} \tag{8.1.40}$$

1. 点涡

假定涡旋流是二维定常流动，于是有

$$\begin{cases}\dfrac{\partial}{\partial t}=0, \quad \dfrac{\partial}{\partial z}=0, \quad V_r=0, \quad V_z=0\\ V_\theta=V_\theta(r), \quad p=p(r)\end{cases} \tag{8.1.41}$$

因此式(8.1.39a)与式(8.1.39b)可进一步简化为

$$\begin{cases}\dfrac{V_\theta^2}{r}=\dfrac{1}{\rho}\dfrac{dp}{dr}\\ \dfrac{d^2V_\theta}{dr^2}+\dfrac{1}{r}\dfrac{dV_\theta}{dr}-\dfrac{V_\theta}{r^2}=0\end{cases} \tag{8.1.42}$$

显然，这时连续方程(8.1.39d)可自动满足。引进沿半径为 r 的圆周线上的速度环量Γ，其表达式为

$$\Gamma=2\pi rV_\theta \tag{8.1.43}$$

于是式(8.1.42)中的第二个方程可改写为

$$\frac{d^2\Gamma}{dr^2}-\frac{1}{r}\frac{d\Gamma}{dr}=0 \tag{8.1.44}$$

其通解为

$$\Gamma=\frac{r^2}{2}c_1+c_2 \tag{8.1.45}$$

这里的 c_1 和 c_2 为积分常数。由总涡量守恒，于是当 $r\to\infty$ 时 Γ 应保持有限值，于是得到 $c_1=0$，而且 $\Gamma=c_2$ 为一常数。另外，由式(8.1.43)可得到这时流场的速度分布为

$$V_\theta=\frac{\Gamma}{2\pi r} \tag{8.1.46}$$

这就是熟知的点涡解。而点涡流场的压强分布可通过式(8.1.42)中的第一个方程并借助于式(8.1.46)得到，其表达式为

$$p = p_{\infty} - \frac{\rho\Gamma^2}{8\pi^2}\frac{1}{r^2} = p_{\infty} - \frac{1}{2}\rho V_\theta^2 \tag{8.1.47}$$

由式(8.1.46)又可求得点涡的涡量场为

$$\omega_z = \frac{1}{r}\frac{\partial}{\partial r}(rV_\theta) = \frac{1}{r}\frac{\partial}{\partial r}\left(\frac{\Gamma}{2\pi}\right) \tag{8.1.48}$$

显然，对于点涡而言，其涡量场除 $r=0$ 点之外处处为零，这也就是说点涡在 $r=0$ 处具有奇异性，除 $r=0$ 处之外点涡的流场是势流，所以点涡又称为势涡。这里还应指出，点涡作为 Laplace 方程的基本解，在流体力学以及空气动力学中有着重要的作用，因此点涡的概念是不可忽视的。

2. Rankine 涡

为了避免点涡在 $r=0$ 处 V_θ 为无穷大的奇异性，1882 年 Rankine 提出了复合涡模型，即认为速度 V_θ 的分布为

$$\begin{cases} V_\theta = \dfrac{\Gamma}{2\pi r_0^2}r, & r \leqslant r_0 \\ V_\theta = \dfrac{\Gamma}{2\pi r_0^2}, & r \geqslant r_0 \end{cases} \tag{8.1.49}$$

相应的涡量分布为

$$\begin{cases} \omega_z = \dfrac{\Gamma}{\pi r_0^2}, & r < r_0 \\ \omega_z = 0, & r > r_0 \end{cases} \tag{8.1.50}$$

涡量全部集聚在 $r<r_0$ 的区域，这个区域便称为涡核。在涡核内的流体做刚体式的旋转，其角速度 Ω 为

$$\Omega = \frac{\Gamma}{2\pi r_0^2} \tag{8.1.51}$$

而 Rankine 涡的压强分布可以由式(8.1.42)中第一个方程的积分得到，即

$$\begin{cases} p = p_{\infty} - \dfrac{\rho\Gamma^2}{4\pi^2 r_0^2}\left(1 - \dfrac{r^2}{2r_0^2}\right), & r \leqslant r_0 \\ p = p_{\infty} - \dfrac{\rho\Gamma^2}{8\pi^2}\dfrac{1}{r_0^2}, & r \geqslant r_0 \end{cases} \tag{8.1.52}$$

显然，上述表达式中使用了在涡核边缘处内外压强连续的条件。这里应该指出，Rankine 涡作为二维定常轴对称涡，它本质上仍属于一个无黏涡旋模型，黏性系数并未在方程式以及它的解中出现。涡核的存在对消除点涡的速度奇性起着十分关键的作用，它是比点涡在物理上更现实和更具有普遍性的模型。另外，还应说明的是，这里涡核半径的大小通常是通过实验或者由经验数据来确定的。

3. Oseen 涡与 Taylor 涡

Rankine 涡从本质上讲是一个无黏涡模型，若要考虑涡量扩散与能量耗散的黏性效应时，如果不向涡旋中持续地补充能量，则这时的涡旋流就不可能维持定常态流动，因此在下面的讨论中放弃了定常流动的假定。今考察初始强度为 Γ_0 的一个点涡的黏性扩散过程。在柱坐标系(r,θ,z)下，对于不可压缩黏性流动，从基本控制方程组(8.1.39a)～(8.1.39d)出发，并且假定有

$$\begin{cases}\dfrac{\partial}{\partial z}=0, \quad V_r=0, \quad V_z=0 \\ V_\theta=V_\theta(r,t), \quad p=p(r,t)\end{cases} \tag{8.1.53}$$

于是基本控制方程组可简化为

$$\begin{cases}\dfrac{V_\theta^2}{r}=\dfrac{1}{\rho}\dfrac{\partial p}{\partial r} \\ \dfrac{\partial V_\theta}{\partial t}=\dfrac{\mu}{\rho}\left(\dfrac{\partial^2 V_\theta}{\partial r^2}+\dfrac{1}{r}\dfrac{\partial V_\theta}{\partial r}-\dfrac{V_\theta}{r^2}\right)\end{cases} \tag{8.1.54}$$

而连续方程(8.1.39d)自动满足。借助于式(8.1.43),引入 Γ(它表示以点涡为中心的任一圆周上的速度环量),于是式(8.1.54)中的第二个方程可以改写为

$$\frac{\partial \Gamma}{\partial t}=\frac{\mu}{\rho}\left(\frac{\partial^2 \Gamma}{\partial r^2}-\frac{1}{r}\frac{\partial \Gamma}{\partial r}\right) \tag{8.1.55}$$

而相应的初始条件与边界条件分别为

$$\begin{aligned}&t=0\ \text{时} && \Gamma(r,0)=\Gamma_0 \\ &t>0\ \text{时} && \begin{cases}\Gamma(0,t)=0 \\ \Gamma(\infty,t)=\Gamma_0\end{cases}\end{aligned} \tag{8.1.56}$$

上面涉及 Γ、Γ_0、$\nu\left(\text{即}\dfrac{\mu}{\rho}\right)$、$r$ 和 t 这 5 个参变量,可组成如下两个独立的无量纲数,即

$$\frac{\Gamma}{\Gamma_0}\ \text{与}\ \eta=\frac{r}{\sqrt{\nu t}}$$

令 $\dfrac{\Gamma}{\Gamma_0}=f(\eta)$,代入式(8.1.55)便可得到关于 f 函数的常微分方程

$$f''+\left(\frac{\eta}{2}-\frac{1}{\eta}\right)f'=0 \tag{8.1.57}$$

式中,f'' 与 f' 分别表示 f 对 η 的二阶与一阶导数。对式(8.1.57)积分并利用定解条件式(8.1.56),得

$$\Gamma=\Gamma_0\left[1-\exp\left(-\frac{r^2}{4\nu t}\right)\right] \tag{8.1.58}$$

借助于式(8.1.43)便可求出速度 V_θ 分布与涡量 ω_z 的分布,即

$$V_\theta=\frac{\Gamma_0}{2\pi r}\left[1-\exp\left(-\frac{r^2}{4\nu t}\right)\right] \tag{8.1.59}$$

$$\omega_z=\frac{\Gamma_0}{4\pi\nu t}\exp\left(-\frac{r^2}{4\nu t}\right) \tag{8.1.60}$$

显然,式(8.1.59)就是 Oseen 涡的速度分布。Oseen 涡模型是 1912 年提出的,Oseen 涡又称 Lamb 涡。图 8.4 给出了流场中任一固定点 $r=b$ 处涡量随时间 t 的变化曲线。在 $t=0$ 时刻,点涡的涡量还没有开始向外扩散,该处的涡量为零。随着时间的增长,该处的涡量会逐渐增大。由该图可以看到,在达到一个极大值之后,又会随时间而逐渐减小。值得注意的是,每一瞬时 Oseen 的总涡量是不变的,即

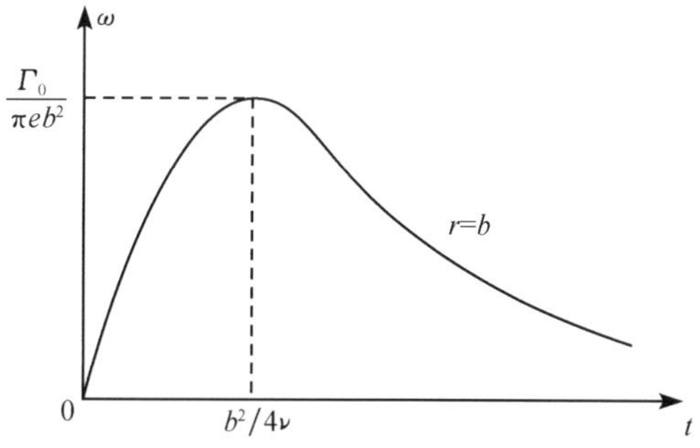

图 8.4　空间任一点 $r=b$ 处涡量随时间的变化

$$\int_0^{\infty} 2\pi r\omega \mathrm{d}r = \Gamma_0 \tag{8.1.61}$$

另外,1984 年 Kambe 从偏微分方程的数学理论出发,证明了对于任意初始涡量分布 $\omega_0(\boldsymbol{r},0)$ 的二维旋涡,只要

$$Re = \frac{1}{\nu}\iint_{\partial V} |\omega_0(r,0)| \mathrm{d}\sigma \tag{8.1.62}$$

足够小,那么当 $t\to\infty$ 时,涡量的分布便都趋向于 Oseen 涡。实际上,Oseen 涡是一族满足 Navier-Stokes 方程的二维旋涡解中最简单的一个。而 Taylor 在 1918 年找到另一个旋涡解,其速度分布 V_θ 与涡量分布 ω_z 分别为

$$V_\theta = \frac{B}{4\pi}\frac{r}{\nu t^2}\exp\left(-\frac{r^2}{4\nu t}\right) \tag{8.1.63}$$

$$\omega_z = \frac{B}{2\pi\nu t^2}\left(1-\frac{r^2}{4\nu t}\right)\exp\left(-\frac{r^2}{4\nu t}\right) \tag{8.1.64}$$

式中,B 为一常数,它与角动量 M 间的关系为

$$M = \int_0^{\infty} 2\pi r V_\theta \rho r \mathrm{d}r = \rho B \tag{8.1.65}$$

比较 Oseen 涡与 Taylor 涡,可以发现当 $t=0$ 时,Taylor 涡的总能量、总角动量和能量耗散率都是有限的,而 Oseen 涡的总能量、总角动量和能量耗散率都是无穷大。从这个意义上讲,Taylor 涡要比 Oseen 涡更接近物理真实。

4. Burgers 涡与 Sullivan 涡

设 u、v、w 分别表示 r、θ、z 方向上的分速度,并且假定流动是轴对称的。在上述这些约定下,如果假设轴向流速具有如下形式

$$w = 2az, \quad a > 0 \tag{8.1.66}$$

借助于连续性方程,则可得到

$$u = -ar \tag{8.1.67}$$

如果选取如下的涡量方程

$$\frac{\partial \boldsymbol{\omega}}{\partial t} + (\boldsymbol{V}\cdot\nabla)\boldsymbol{\omega} = (\boldsymbol{\omega}\cdot\nabla)\boldsymbol{V} + \frac{\mu}{\rho}\nabla^2\boldsymbol{\omega} \tag{8.1.68}$$

借助于式(8.1.66)与式(8.1.67)并且仅讨论定常流动情形,由式(8.1.68)可以得到涡量 ω_r、ω_θ 与 ω_z 的表达式为

$$\begin{cases} \omega_r = 0, \quad \omega_\theta = 0 \\ \omega_z = \dfrac{a\Gamma_0}{2\pi\nu}\exp\left(-\dfrac{ar^2}{2\nu}\right) \end{cases} \tag{8.1.69}$$

式中,ν 为运动黏性系数;Γ_0 为 $r\to\infty$ 处的速度环量;相应的周向速度 v 为

$$v = \frac{\Gamma_0}{2\pi r}\left[1-\exp\left(\frac{-ar^2}{2\nu}\right)\right] \tag{8.1.70}$$

而 r 处的速度环量 Γ 为

$$\Gamma = \Gamma_0\left[1-\exp\left(\frac{-ar^2}{2\nu}\right)\right] \tag{8.1.71}$$

至此,式(8.1.66)、式(8.1.67)、式(8.1.69)~式(8.1.71)便给出了具有轴向流动的定常轴对称

涡旋流的一组精确解，这就是著名的 Burgers 涡。如果假设轴向流的分速度 w 与 r、z 均有关系，并且具有如下形式

$$w = 2az\left[1 - b\exp\left(\frac{-ar^2}{2\nu}\right)\right], \quad a > 0 \tag{8.1.72}$$

或简记为

$$w = w(r, z) \tag{8.1.73}$$

借助于连续方程，可得到这时的分速度 u 应具有如下形式

$$u = -ar + \frac{2b\nu}{r}\left[1 - \exp\left(\frac{-ar^2}{2\nu}\right)\right] \tag{8.1.74}$$

或简记为

$$u = u(r) \tag{8.1.75}$$

如果假定 $v = v(r)$ 并且认为流动为定常流，于是这时周向动量方程变为

$$u\frac{\mathrm{d}v}{\mathrm{d}r} + \frac{uv}{r} = \frac{\mu}{\rho}\left(\frac{\mathrm{d}^2 v}{\mathrm{d}r^2} + \frac{1}{r}\frac{\mathrm{d}v}{dr} - \frac{v}{r^2}\right) = \frac{\mu}{\rho}\left(\nabla^2 v - \frac{v}{r^2}\right) \tag{8.1.76}$$

引入速度环量 Γ（其定义为 $\Gamma = 2\pi rv$）后，则式(8.1.76)可以变成

$$\frac{\mathrm{d}^2\Gamma}{\mathrm{d}r^2} = \left(\frac{1}{r} + \frac{u}{\nu}\right)\frac{\mathrm{d}\Gamma}{\mathrm{d}r} \tag{8.1.77}$$

式中，ν 为运动黏性系数。显然借助于式(8.1.77)可得到分速度 v 的表达形式，于是式(8.1.72)、式(8.1.74)以及由式(8.1.77)所得到的分速度 v 的表达式便构成了有轴向流动的定常轴对称涡旋的又一组精确解，即流体力学中常称的 Sullivan 涡，它是 1959 年由 Sullivan 给出的。应当指出，Sullivan 涡可以是双胞的，而这种双胞涡结构在龙卷风的观察中已得到证实，正因如此 Sullivan 涡便引起了人们较大的兴趣并在气象学中得到了应用。

5. Hill 球涡

现在讨论 $V_\theta = 0$ 的轴对称定常涡旋流动，由于这时速度只有 V_r 与 V_z 两个分量，于是可引入 Stokes 流函数 ψ，即

$$V_r = -\frac{1}{r}\frac{\partial\psi}{\partial z}, \quad V_z = \frac{1}{r}\frac{\partial\psi}{\partial r} \tag{8.1.78}$$

而这时涡量的三个分量 ω_r、ω_θ、ω_z 分别为

$$\begin{cases} \omega_r = 0, \quad \omega_z = 0 \\ \omega_\theta = \dfrac{\partial V_r}{\partial z} - \dfrac{\partial V_z}{\partial r} \end{cases} \tag{8.1.79}$$

将式(8.1.78)代入式(8.1.79)后，得

$$\frac{\partial^2\psi}{\partial r^2} - \frac{1}{r}\frac{\partial\psi}{\partial r} + \frac{\partial^2\psi}{\partial z^2} = -r\omega_\theta \tag{8.1.80}$$

对于轴对称不可压缩旋涡运动，令

$$\omega_\theta = -kr \tag{8.1.81}$$

式中，k 为常数。将式(8.1.81)代入式(8.1.80)后，得

$$\frac{\partial^2\psi}{\partial r^2} - \frac{1}{r}\frac{\partial\psi}{\partial r} + \frac{\partial^2\psi}{\partial z^2} = kr^2 \tag{8.1.82}$$

显然，r^4 与 z^2r^2 都是方程(8.1.82)的特解。1894 年 Hill 给出了上述方程有下列形式的解

$$\Psi = \frac{k}{10}r^2(r^2 + z^2 - a^2) \tag{8.1.83}$$

式中 a 为一常数。这个解描述了在半径为 a 的球内部，涡量分布与半径 r 成正比的旋涡运动的规律，这就是流体力学中常说的 Hill 球涡。显然，由式(8.1.83)与式(8.1.78)可以求出 Hill 球涡分速度 V_r 与 V_z 的表达式，将分速度代入式(8.1.39a)与式(8.1.39c)后，可得

$$\frac{\partial p}{\partial r} = -\frac{k^2}{25}\rho(a^2 r - 2r^3) \tag{8.1.84}$$

$$\frac{\partial p}{\partial z} = \frac{2k^2}{25}\rho(a^2 z - z^3) + 2\rho k\nu \tag{8.1.85}$$

对 r 积分式(8.1.84)后，得

$$p = \frac{k^2}{50}\rho r^2(r^2 - a^2) + f(z) \tag{8.1.86}$$

这里 $f(z)$为积分常数。将式(8.1.86)代入式(8.1.85)后再对 z 积分，可得

$$f(z) = \frac{k^2}{25}\rho\left(a^2 z^2 - \frac{1}{2}z^4\right) + 2\rho k\nu z + c \tag{8.1.87}$$

这里 c 为积分常数。综合上面两式即可得到 Hill 球涡的压强分布为

$$p = \frac{k^2}{50}\rho[r^2(r^2 - a^2) + 2a^2 z^2 - z^4] + 2\rho k\nu z + p_0 \tag{8.1.88}$$

式中，p_0 是 $r=0$、$z=0$ 处的压强。

8.2 黏性流体运动的相似律以及模型律的选择与实现

流场的力学相似通常应包括 5 个方面：①几何相似；②运动相似；③动力相似；④热力相似；⑤初始条件以及边界条件相似。对于前 3 个方面，本书 6.3 节与 6.4 节中已作了讨论，这里仅结合不可压缩黏性流动问题，对后 2 个方面略作介绍。首先扼要回顾一下相关的概念。

8.2.1 几个主要的概念

1. 几何相似

所谓几何相似是指两个物体的几何形状具有对应长度成比例、对应角度相等的特征。如果以 l_1 与 l_2 表示这两个物体(如模型与实物)上所对应的某一特征线段的长度，θ_1 与 θ_2 分别表示在两个物体上所对应的某两条特征线段之间的夹角，则有

$$\lambda_l = \frac{l_1}{l_2} \tag{8.2.1}$$

$$\theta_1 = \theta_2 \tag{8.2.2}$$

这里 λ_l 称为长度比。显然，可得到相应的面积比 λ_A 与体积比 λ_V，即

$$\lambda_A = \frac{A_1}{A_2} = \frac{(l_1)^2}{(l_2)^2} = \lambda_l^2 \tag{8.2.3}$$

$$\lambda_V = \frac{V_1}{V_2} = \lambda_l^3 \tag{8.2.4}$$

如果物体的下标 1 与 2 分别表示模型与实物时，并分别取模型与实物的特征长度与特征时间构成无量纲量，那么这两个流场中无量纲坐标与无量纲时间相同的点则定义为时空对应点。

2. 运动相似

对于两个几何相似的物体，气流绕过这两个物体形成两个流场，如果它们运动相似，则流场中时空对立点处的速度方向相同，而且速度模成比例[8]，即

$$\lambda_u = \frac{u_1}{u_2} \tag{8.2.5}$$

式中，λ_u 为速度比。容易推出，速度相似就意味着各个对应点的加速度也相似，即

$$\lambda_a = \frac{a_1}{a_2} \tag{8.2.6}$$

式中，λ_a 为加速度比。

3. 动力相似

如果两个流场运动相似，则时空对应点上对应面元(或微元体)所受到的作用力方向相同，而大小均维持一定的比例关系。作用力通常有剪应力、重力、压力、弹性力、表面张力以及惯性力，若分别用 τ、G、P、E、σ 以及 I 代表上述 6 种力的模，则有

$$\frac{\tau_1}{\tau_2} = \frac{G_1}{G_2} = \frac{P_1}{P_2} = \frac{E_1}{E_2} = \frac{\sigma_1}{\sigma_2} = \frac{I_1}{I_2} \tag{8.2.7}$$

4. 热力相似

所谓热力相似是指两个动力相似的流场中时空对应点的温度成比例，通过对应点上对应面元的热流方向相同，大小成比例。

5. 初始条件以及边界条件的相似

正如初始条件和边界条件是微分方程的定解条件一样，初始条件和边界条件的相似是保证两个流动相似的充分条件。这里应指出的是，对于非定常流动问题，初始条件是必需的；对于定常流动问题，则这时这个条件并不需要。另外，通常讲边界条件相似是指两个流动的相应边界性质应该相同，如固壁边界上的法向流速都应为零；再如自由液面上压强都应等于外界大气压强等。

总之，通常所讲的两个流动现象彼此之间相似是有层次的，至少有以下四个不同的层次：①几何相似；②运动相似；③动力相似；④热力相似。对于不同的实际问题，人们可以提出不同层次的相似要求，但应强调的是，仅有模型与实物的几何相似是不能保证两个流场之间动力相似的。

8.2.2 单项力相似的动力相似准则

首先引入牛顿数的概念。作用在流体微团上的力可分为两类：一类是维持原来运动状态的力，如惯性力 I；另一类是改变其运动状态的力，如重力 G、剪切力 τ、压力 P 等。流动的变化是这两类力相互作用的结果。令惯性力 $I = ma = \rho l^3 a = \rho l^2 u^2$，令下脚标 p 与 m 分别表示原型与模型，于是惯性力之比 λ_I 为

$$\lambda_I = \frac{I_{\mathrm{p}}}{I_{\mathrm{m}}} = \lambda_\rho \lambda_l^2 \lambda_u^2 \tag{8.2.8}$$

式中，λ_ρ、λ_l 与 λ_u 分别代表密度比、特征长度比与速度比。令某一改变运动状态的力为 F，于是当两个流动相似时，力 F 之比为

$$\lambda_F = \frac{F_p}{F_m} \tag{8.2.9}$$

注意到动力相似,因此有 $\lambda_I = \lambda_F$,即 (8.2.10)

$$\frac{\rho_p l_p^2 u_p^2}{\rho_m l_m^2 u_m^2} = \frac{F_p}{F_m} \tag{8.2.11}$$

或者

$$\frac{F_p}{\rho_p l_p^2 u_p^2} = \frac{F_m}{\rho_m l_m^2 u_m^2} \tag{8.2.12}$$

式中,$\frac{F}{\rho l^2 u^2}$为一无量纲量,常称作 Newton 数,并以 Ne 表示,于是式(8.2.12)可写为

$$Ne_p = Ne_m \tag{8.2.13}$$

式(8.2.13)表明:当两个流动相似时,Newton 数应该相等。这是流动相似的重要准则之一,常称为 Newton 相似准则。根据 Newton 相似准则,如果要使两个流动的 Newton 数相等,应要求在两个流场的流动中作用在相应点上各种改变其流动状态的力与惯性力之间维持同样的比,显然这在模型试验中很难做到。在大量的工程问题中,对某一具体流动起主导作用的力往往只有一种,因此在进行模型试验时只要让这种力满足相似即可。这种相似虽然是近似的,但许多工程实践表明,这种做法可以得到令人满意的结果。因此下面便扼要介绍单项力相似的动力相似准则。

1. Reynolds 准则

当黏性剪切力作用为主时,由前面 6.4 节可知,当两个流动相似,则相应的 Reynolds 数应该相等,即

$$Re_p = Re_m \tag{8.2.14}$$

式中,Reynolds 数 Re 定义为

$$Re = \frac{\rho u l}{\mu} \tag{8.2.15}$$

2. Froude 准则

当以重力作用为主时,由前面 6.2 节与 6.4 节可知,当两个流动相似时,则相应的 Froude 数 Fr 应相等,这里 Fr 的定义同式(6.2.3)。Froude 准则又称为重力相似准则。

3. Euler 准则

当改变原有运动状态的力为流体的动压力时,则由前面 6.2 节与 6.4 节可知,欲使这时两个流动相似,则相应的 Euler 数 Eu 应相等,这里 Eu 的定义同式(6.2.5)。Euler 准则又称为压力相似准则。

4. Weber 准则

当作用力以表面张力为主时,由前面 6.2 节与 6.4 节可知,欲使两个流动相似,则相应的 Weber 数 We 应相等,这里 We 的定义同式(6.2.4)。

5. Mach 准则

对于可压缩流,当作用力主要考虑弹性力时,由前面 6.2 节与 6.4 节可知,欲使两个可压缩

流动相似，则相应的 Mach 数 M 应相等，这里 M 的定义同式(6.2.2)。

8.2.3 模型律的选择与模型设计

对于不可压缩流动来讲，如果两个流动的动力相似，则只要求模型与原型的 Reynolds 数、Froude 数以及 Euler 数应该分别相等即可。但由于 Euler 准则是导出准则，因此只要两个流动的 Reynolds 数与 Froude 数分别相等，就可以做到两个流动的动力相似。而实际上欲使 Reynolds 准则与 Froude 准则同时成立也很难做到，这是因为要满足 Reynolds 准则，即应有

$$Re_{\mathrm{p}} = Re_{\mathrm{m}}$$

于是有

$$\frac{u_{\mathrm{p}}}{u_{\mathrm{m}}} = \frac{\nu_{\mathrm{p}}}{\nu_{\mathrm{m}}} \frac{l_{\mathrm{m}}}{l_{\mathrm{p}}}$$

或者

$$\lambda_u = \frac{\lambda_\nu}{\lambda_l} \tag{8.2.16}$$

这里下标 u、ν 与 l 分别代表速度、运动黏性系数与长度。而要满足 Froude 准则，即应有

$$Fr_{\mathrm{p}} = Fr_{\mathrm{m}}$$

注意 $g_{\mathrm{p}}=g_{\mathrm{m}}$，于是有

$$\frac{u_{\mathrm{p}}}{u_{\mathrm{m}}} = \sqrt{\frac{l_{\mathrm{p}}}{l_{\mathrm{m}}}}$$

或者

$$\lambda_u = \sqrt{\lambda_l} \tag{8.2.17}$$

因此要同时满足 Reynolds 准则和 Froude 准则便意味着要求式(8.2.16)与式(8.2.17)同时成立，于是便

$$\frac{\lambda_\nu}{\lambda_l} = \sqrt{\lambda_l} \tag{8.2.18}$$

如果原型与模型选用同种流体，温度也一样，这时 $\nu_{\mathrm{m}}=\nu_{\mathrm{p}}$，即 $\lambda_\nu=1$，代入式(8.2.18)便推出这时 $\lambda_l=1$，即 $l_{\mathrm{p}}=l_{\mathrm{m}}$，也就是说只有当模型与原型的尺寸一样时才能同时满足 Reynolds 准则与 Froude 准则，显然这样做便失去了模型的价值。

当原型与模型选用不同流体(即 $\lambda_\nu\neq 1$)时，由式(8.2.18)可得

$$\nu_{\mathrm{m}} = \frac{\nu_{\mathrm{p}}}{\lambda_l^{\frac{3}{2}}} \tag{8.2.19}$$

例如，长度比 $\lambda_l=18$，则代入式(8.2.19)得 $\nu_{\mathrm{m}}=\dfrac{\nu_{\mathrm{p}}}{76.37}$。若原型的流体是水，模型需选用运动黏度正好是水的 $\dfrac{1}{76.37}$ 的流体作为实验流体，实际上这样的流体并不一定容易找到。因此模型实验一般只能做到近似相似，换句话说，只能保证对流动起主要作用的力相似。所谓模型律的选择就是选择一个合适的相似准则来进行模型设计，模型律选择的原则是仅保证对流动起主要作用的力相似，而忽略其次要力的相似。例如，对水力学上的明槽流动模型一般都按 Froude 准则设计；对流体力学中管道流动问题可分两种情况讨论：

(1) 对 Reynolds 数较小，管道流处于层流区、过渡区、湍流光滑区和湍流过渡区时，这时影响流速分布和流动阻力的因素主要是黏滞力，而重力不起主要作用，因此可采用 Reynolds 准则

进行模型设计。

(2) 对 Reynolds 数较大，当流动进入了湍流粗糙区以后，这时流动阻力与 Reynolds 数无关，只与相对粗糙度有关，所以这时只要保证两个流动的几何相似，流动就达到了动力相似。

在模型设计中，一般要先根据原型要求的试验范围、现有的实验场地大小、模型制作以及现有的量测条件，选择长度比 λ_l；然后再根据对流动受力情况的分析，满足对流动起主要作用力的相似，选择模型律，并按所选用的相似准则计算出模型所需要的流量；要检查现有实验室的条件能否满足模型试验的流量要求，若不能满足，则需要重新调整长度比，重新确定模型的相应几何尺寸。

例题 8.1 今以 1∶16 的模型在风洞中测定气球的阻力，原型风速为 36km/h，试计算风洞中的速度应为多少。如果在风洞中测得阻力为 687N，请问原型中阻力为多少？

解 考虑到模型在风洞中用空气进行试验，并且黏滞阻力为主要作用力，因此可按 Reynolds 准则进行模型设计，即

$$Re_{\mathrm{p}} = Re_{\mathrm{m}}$$

或者

$$\frac{\lambda_u \lambda_l}{\lambda_\nu} = 1$$

(1) 因原型与模型中的流体都是空气，而且还假定空气的温度也一样，故有 $\nu_{\mathrm{p}} = \nu_{\mathrm{m}}$，即 $\lambda_\nu = 1$，于是

$$\lambda_u = \frac{1}{\lambda_l} = \frac{1}{16}$$

即模型中的速度是原型风速的 16 倍。

已知原型风速 $u_{\mathrm{p}} = 36\mathrm{km/h} = 10\mathrm{m/s}$，于是风洞中的速度 u_{m} 为

$$u_{\mathrm{m}} = \frac{u_{\mathrm{p}}}{\lambda_u} = 16 \times 10 = 160(\mathrm{m/s})$$

(2) 确定作用力比

$$\lambda_F = \frac{F_{\mathrm{p}}}{F_{\mathrm{m}}} = \lambda_\rho \lambda_l^2 \lambda_u^2$$

注意到 $\lambda_u \lambda_l = 1$，且 $\lambda_\rho = 1$，因此有

$$\lambda_F = 1$$

即

$$F_{\mathrm{p}} = F_{\mathrm{m}}$$

也就是说当模型阻力 $F_{\mathrm{m}} = 687\mathrm{N}$ 时，原型中气球阻力也为 687N。

8.3 黏性不可压缩流的某些精确解以及 Stokes 第一、第二问题

8.3.1 定常、黏性不可压缩流的某些精确解

尽管黏性不可压缩流体运动基本方程的精确求解十分困难，但对某些流动(如流动方向相互平行、速度梯度与速度垂直等)，那里 Navier-Stokes 方程中的非线性对流惯性项消失了，方程变为线性的时候便有望获取精确解，下面简要介绍两个例子。

1. 平面 Couette 流动

Couette 流通常是指由几何形状相似的两个表面相对运动而产生的流体剪切流动。今考虑平行板间的定常、黏性、不可压缩流动，在不考虑体积力时，其基本方程为

$$\begin{cases}\dfrac{\partial u}{\partial x}=0\\ -\dfrac{\partial p}{\partial x}+\mu\dfrac{\partial^2 u}{\partial y^2}=0\\ -\dfrac{\partial p}{\partial y}=0\end{cases}\tag{8.3.1}$$

如图 8.5 所示，其边界条件为

$$\begin{cases}当\ y=0\ 时, u=0\\ 当\ y=h\ 时, u=U\end{cases}\tag{8.3.2}$$

式中，U 为常数。分析式(8.3.1)后可得

$$\frac{\mathrm{d}^2 u}{\mathrm{d}y^2}=\frac{1}{\mu}\frac{\mathrm{d}p}{\mathrm{d}x}\tag{8.3.3}$$

两次积分式(8.3.3)后，得

$$u=\frac{1}{2\mu}\frac{\mathrm{d}p}{\mathrm{d}x}y^2+c_1y+c_2\tag{8.3.4}$$

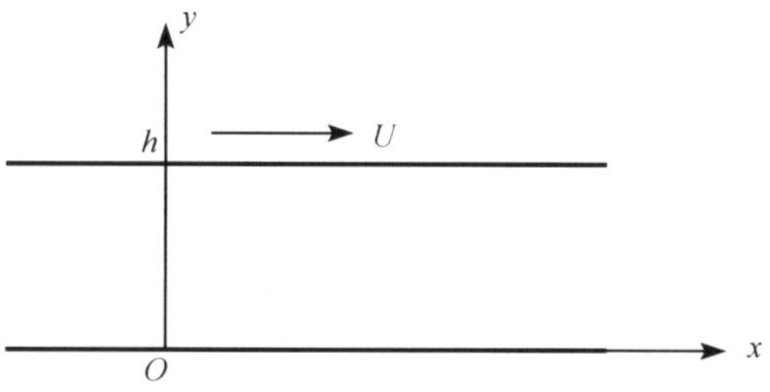

图 8.5 平行平板间的 Couette 流

式中，c_1 与 c_2 为积分常数，其值可由边界条件定。由式(8.3.2)定出 c_1 与 c_2 并代入式(8.3.4)后，得

$$\frac{u}{U}=\frac{y}{h}-\frac{h^2}{2\mu U}\frac{\mathrm{d}p}{\mathrm{d}x}\frac{y}{h}\left(1-\frac{y}{h}\right)\tag{8.3.5}$$

引入无量纲压力梯度 $\widetilde{P}$，其定义为

$$\widetilde{P}\equiv-\frac{h^2}{2\mu U}\frac{\mathrm{d}p}{\mathrm{d}x}\tag{8.3.6}$$

于是式(8.3.5)可简化为

$$\frac{u}{U}=\frac{y}{h}+\widetilde{P}\frac{y}{h}\left(1-\frac{y}{h}\right)\tag{8.3.7}$$

因此，这里作用在单位壁面上的摩擦力 τ_{w} 与摩阻系数 c_f 分别为

$$\tau_{\mathrm{w}}=\left(\mu\frac{\mathrm{d}u}{\mathrm{d}y}\right)\bigg|_{y=0}=\frac{\mu U}{h}(1+\widetilde{P})\tag{8.3.8}$$

$$c_f=\frac{\tau_{\mathrm{w}}}{\frac{1}{2}\rho U^2}=\frac{2}{Re}(1+\widetilde{P})\tag{8.3.9}$$

式中，Re 定义为

$$Re=\frac{\rho hU}{\mu}\tag{8.3.10}$$

2. 平面 Poiseuille 流

Poiseuille 流通常指固壁不动，流体在压力梯度作用下的流动。这时基本方程组仍由式(8.3.1)给出，如图 8.6 所示，其边界条件为

$$y=\pm h \text{ 处}, \quad u=0 \tag{8.3.11}$$

仿照式(8.3.5)的推导,可得到这里 u 分布的表达式为

$$u=-\frac{1}{2\mu}\frac{\mathrm{d}p}{\mathrm{d}x}(h^2-y^2) \tag{8.3.12}$$

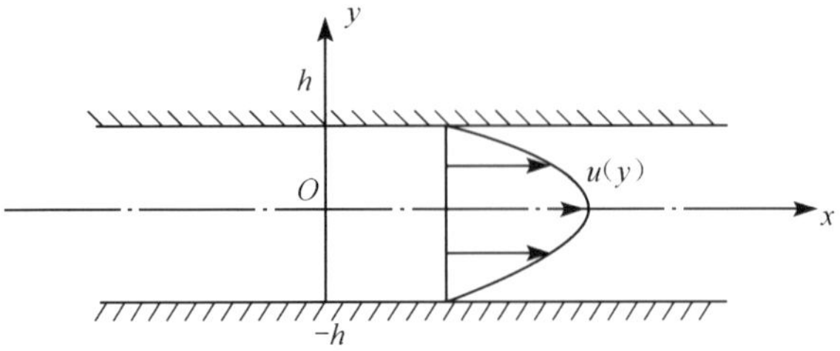

图 8.6　平面 Poiseuille 流

这里单位宽度流量 Q 为

$$Q=-\frac{2}{3}\frac{h^2}{\mu}\frac{\mathrm{d}p}{\mathrm{d}x} \tag{8.3.13}$$

平均流速 $\bar{V}$ 为

$$\bar{V}=\frac{Q}{2h}=-\frac{h^2}{3\mu}\frac{\mathrm{d}p}{\mathrm{d}x} \tag{8.3.14}$$

因此,作用在单位壁面上的摩擦力 τ_{w} 与摩阻系数 c_f 分别为

$$\tau_{\mathrm{w}}=\left.\left(\mu\frac{\mathrm{d}u}{\mathrm{d}y}\right)\right|_{y=-h}=-h\frac{\mathrm{d}p}{\mathrm{d}x} \tag{8.3.15}$$

$$c_f=\frac{6}{Re} \tag{8.3.16}$$

式中,Re 定义为

$$Re=\frac{\rho\bar{V}h}{\mu} \tag{8.3.17}$$

注意,得到了速度分布[式(8.3.12)],便可由能量方程去求温度分布。对于所讨论的平面 Poiseuille 流,其能量方程为

$$\rho c_v u\frac{\partial T}{\partial x}=\lambda\left(\frac{\partial^2 T}{\partial x^2}+\frac{\partial^2 T}{\partial y^2}\right)+\mu\left(\frac{\partial u}{\partial y}\right)^2 \tag{8.3.18}$$

假设在平板上温度都相同,那么便有$\frac{\partial T}{\partial x}=0$,于是式(8.3.18)便可简化为

$$\lambda\frac{\mathrm{d}^2 T}{\mathrm{d}y^2}=-\mu\left(\frac{\mathrm{d}u}{\mathrm{d}y}\right)^2 \tag{8.3.19}$$

而这里温度边界条件为

$$y=\pm h \text{ 处}, \quad T=T_0 \tag{8.3.20}$$

于是积分式(8.3.19)便得到

$$T=T_0+\frac{\mu U_{\max}^2}{3\lambda}\left[1-\left(\frac{y}{h}\right)^4\right] \tag{8.3.21}$$

显然,最高温度在轴线处为

$$T_{\max}=\frac{\mu U_{\max}^2}{3\lambda}+T_0 \tag{8.3.22}$$

8.3.2 非定常平行剪切流的 Stokes 第一与第二问题

1. Stokes 第一问题

在半无界平面内有静止的不可压缩黏性流体，下边界是无穷大的平板，在 $t=0$ 时刻平板突然从静止加速到匀速 U_0 而使流体产生非定常运动。在不考虑体积力的情况下，二维问题的基本方程组为

$$\begin{cases}\dfrac{\partial v}{\partial y}=0\\[2mm] \dfrac{\partial u}{\partial t}+v\dfrac{\partial u}{\partial y}=\dfrac{\mu}{\rho}\dfrac{\partial^2 u}{\partial y^2}\\[2mm] \dfrac{\partial v}{\partial t}+v\dfrac{\partial v}{\partial y}=-\dfrac{1}{\rho}\dfrac{\partial p}{\partial y}+\dfrac{\mu}{\rho}\dfrac{\partial^2 v}{\partial y^2}\end{cases} \tag{8.3.23}$$

初边值条件为

当 $t=0$ 时　　$u=0,\quad v=0$　　(8.3.24)

当 $t>0$ 时　　$y=0,\quad u=U_0,\quad v=0$　　(8.3.25)

当 $t>0$ 时　　$y\to\infty,\quad u=0,\quad v=0$　　(8.3.26)

由上述情况可判断出 $v\equiv 0$，代入式(8.3.23)中的第二式后，可得

$$\frac{\partial u}{\partial t}=\frac{\mu}{\rho}\frac{\partial^2 u}{\partial y^2} \tag{8.3.27}$$

引入无量纲自变量 η 与无量纲速度 u^*，其定义式分别为

$$\eta=\frac{y}{2\sqrt{\nu t}} \tag{8.3.28}$$

$$u^*=\frac{u}{U_0}\equiv f(\eta) \tag{8.3.29}$$

将式(8.3.28)和式(8.3.29)代入式(8.3.27)后，得

$$f''+2\eta f'=0 \tag{8.3.30}$$

其定解条件为

$$f(0)=1,\quad f(\infty)=0 \tag{8.3.31}$$

注意，在式(8.3.28)中 ν 为运动黏性系数；在式(8.3.30)中 f'' 与 f' 分别表示 $\dfrac{\mathrm{d}^2 f}{\mathrm{d}\eta^2}$ 与 $\dfrac{\mathrm{d}f}{\mathrm{d}\eta}$；在边界条件(8.3.31)下求解常微分方程(8.3.30)，可得

$$u^*=1-\mathrm{erf}(\eta) \tag{8.3.32}$$

这里 $\mathrm{erf}(\eta)$ 为关于 η 的 Gauss 误差函数。

2. Stokes 第二问题

Stokes 第二问题，又称 Rayleigh 问题，它是研究无限大平板在自身平面做简谐振动而引起的非定常流动问题，因此对于这类平行剪切流其控制方程与式(8.3.27)同，相应的边界条件为

当 $y=0$ 时　　$u=U_0\cos\omega t$　　(8.3.33)

当 $y\to\infty$ 时　　$u=0$　　(8.3.34)

该问题(图 8.7)可通过求复数解的方法来求解。令 $U(y,t)$ 表示满足方程(8.3.35)和边界

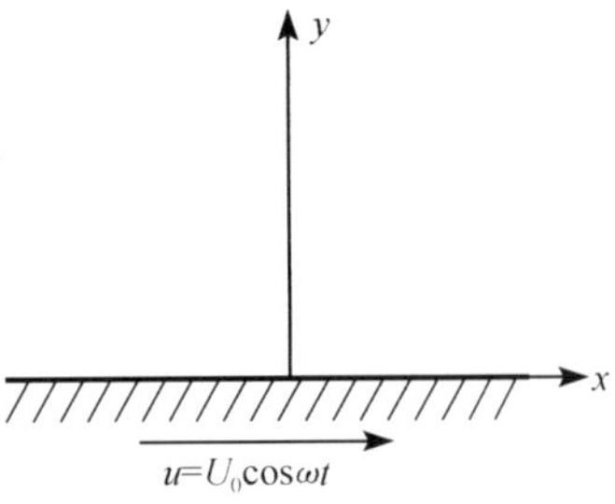

图 8.7　Stokes 第二问题

条件(8.3.36)、条件(8.3.37)的复数解,这里方程与边界条件为

$$\frac{\partial U}{\partial t}=\nu\frac{\partial^2 U}{\partial y^2} \tag{8.3.35}$$

当 $y=0$ 时　　$U=U_0e^{i\omega t}$　　(8.3.36)

当 $y\to\infty$ 时　　$U=0$　　(8.3.37)

考虑到解的周期性,可令

$$U(y,t)=Y(y)e^{i\omega t} \tag{8.3.38}$$

将它代入式(8.3.35),得到关于 $Y(y)$ 的常微分方程

$$Y''(y)-\alpha^2Y(y)=0 \tag{8.3.39}$$

式中

$$\alpha=\sqrt{\frac{i\omega}{\nu}} \tag{8.3.40}$$

式(8.3.39)的一般解为

$$Y(y)=c_1e^{\alpha y}+c_2e^{-\alpha y} \tag{8.3.41}$$

注意到边界条件(8.3.36)与条件(8.3.37),定出 $c_1=0,c_2=U_0$,代入式(8.3.41)以及式(8.3.38)后便可得到复数 $U(y,t)$ 的表达式,而其实部为

$$\begin{aligned}u(y,t)&=U_0e^{-\sqrt{\frac{\omega}{2\nu}}y}\cos\left(\omega t-\sqrt{\frac{\omega}{2\nu}}y\right)\\&=U_0\exp\left(-y\sqrt{\frac{\omega}{2\nu}}\right)\cos\left(\omega t-\sqrt{\frac{\omega}{2\nu}}y\right)\\&=U_0\exp(-\eta)\cos(\omega t-\eta)\end{aligned} \tag{8.3.42}$$

这里 η 的表达式为

$$\eta=y\sqrt{\frac{\omega}{2\nu}} \tag{8.3.43}$$

8.4　小 Reynolds 数流动的两种近似解法

不可压缩黏性流体的流动应满足 Navier-Stokes 方程,即

$$\frac{\partial\boldsymbol{V}}{\partial t}+(\boldsymbol{V}\cdot\nabla)\boldsymbol{V}=-\frac{1}{\rho}\nabla p+\frac{\mu}{\rho}\nabla^2\boldsymbol{V}+\boldsymbol{f} \tag{8.4.1}$$

$$\nabla\cdot\boldsymbol{V}=0 \tag{8.4.2}$$

式中,$\boldsymbol{f}$ 为作用在单位体积流体上的质量力(又称体积力)。将式(8.4.1)两边取旋度便得到涡量 $\boldsymbol{\omega}$ 所满足的式(5.1.23),即涡量输运方程。特别当 $\mu=$ 常数且流动为不可压缩时,则涡量输运方程退化为

$$\frac{d\boldsymbol{\omega}}{dt}-(\boldsymbol{\omega}\cdot\nabla)\boldsymbol{V}=\nabla\times\boldsymbol{f}+\frac{\mu}{\rho}\nabla^2\boldsymbol{\omega} \tag{8.4.3}$$

特别是,在二维平面运动情况下(当体积力 $\boldsymbol{f}$ 有势时),则有

$$\frac{d\boldsymbol{\omega}}{dt}=\frac{\mu}{\rho}\nabla^2\boldsymbol{\omega} \tag{8.4.4}$$

或者

$$\frac{\mathrm{d}\omega}{\mathrm{d}t} = \frac{\mu}{\rho}\nabla^2\omega \tag{8.4.5}$$

这里

$$\omega = |\boldsymbol{\omega}|$$

在二维不可压缩黏性流情况下，引进流函数 ψ，其定义为

$$u = \frac{\partial\psi}{\partial y}, \quad v = -\frac{\partial\psi}{\partial x} \tag{8.4.6}$$

注意到

$$\boldsymbol{V} = u\boldsymbol{i} + v\boldsymbol{j} = \nabla\times(\boldsymbol{k}\psi) \tag{8.4.7}$$

$$\boldsymbol{\omega} = \nabla\times\boldsymbol{V} = -\boldsymbol{k}\,\nabla^2\psi \tag{8.4.8}$$

于是将式(8.4.8)代入式(8.4.4)后，得

$$\frac{\partial(\nabla^2\psi)}{\partial t} + \frac{\partial(\nabla^2\psi,\psi)}{\partial(x,y)} = \frac{\mu}{\rho}\nabla^2(\nabla^2\psi) \tag{8.4.9}$$

式中，$\frac{\partial(*,*)}{\partial(x,y)}$代表关于两个独立变量 x,y 的 Jacobi 函数行列式。算子∇^2的定义为

$$\nabla^2 \equiv \nabla\cdot\nabla \tag{8.4.10}$$

令$\nabla^4=\nabla^2\nabla^2$，于是式(8.4.9)又可写为

$$\frac{\partial(\nabla^2\psi)}{\partial t} + \frac{\partial(\nabla^2\psi,\psi)}{\partial(x,y)} = \frac{\mu}{\rho}\nabla^4\psi \tag{8.4.11}$$

对于定常流动，则式(8.4.11)又可简化为

$$\frac{\partial(\nabla^2\psi,\psi)}{\partial(x,y)} = \frac{\mu}{\rho}\nabla^4\psi \tag{8.4.12}$$

如果略去式(8.4.12)左边的惯性项，则 ψ 可以看成是满足

$$\nabla^4\psi = 0 \tag{8.4.13}$$

的重调和函数。

8.4.1 小 Reynolds 数下绕流的 Stokes 近似

1. 圆球绕流的速度分布和压强分布

对于不可压缩流体，Navier-Stokes 方程的无量纲形式为

$$\begin{cases} \nabla\cdot\boldsymbol{V}^* = 0 \\ \dfrac{\mathrm{d}\boldsymbol{V}^*}{\mathrm{d}t^*} = -\nabla p^* + \dfrac{1}{Fr}\boldsymbol{g}^* + \dfrac{1}{Re}\nabla^2\boldsymbol{V}^* \end{cases} \tag{8.4.14}$$

式中，$\boldsymbol{V}^*$、p^*、t^* 和 $\boldsymbol{g}^*$ 分别表示无量纲的速度、压强、时间和单位质量上的质量力；Re 与 Fr 分别代表 Reynolds 数与 Froude 数，其表达式分别为

$$Re = \frac{\rho UL}{\mu}, \quad Fr = \frac{U^2}{gL} \tag{8.4.15}$$

式中，U 与 L 分别为流动的特征速度与特征长度；ρ 与 g 分别为密度与重力加速度，而特征时间取为$\frac{L}{U}$；显然，如果 $Re\ll 1$，则式(8.4.14)中的第二个方程里等号左边的惯性项$\frac{\mathrm{d}V^*}{\mathrm{d}t^*}$与其右边的黏性项 $Re^{-1}\nabla^2\boldsymbol{V}^*$ 相比可以略去。但在这个方程中压力梯度项$-\nabla p^*$不能忽略，这是由于这里 p^* 定义为

$$p^* = \frac{p}{\rho U^2} \tag{8.4.16}$$

而 $Re \ll 1$ 时 ρU^2 恰好是可以略去的量。略去惯性项后，方程(8.4.14)变为

$$\begin{cases} \nabla \mathbf{V}^* = 0 \\ \nabla p^* = \dfrac{1}{Re} \nabla^2 \mathbf{V}^* + \dfrac{1}{Fr} \boldsymbol{g}^* \end{cases} \tag{8.4.17}$$

或者有量的形式

$$\begin{cases} \nabla \mathbf{V} = 0 \\ \nabla p = \mu \nabla^2 \mathbf{V} + \rho \boldsymbol{g} \end{cases} \tag{8.4.18}$$

方程(8.4.17)或方程(8.4.18)常称为 Stokes 方程，并将低 Reynolds 数下服从 Stokes 方程的流动称为 Stokes 流动。

黏性流动的边界条件：①在固体壁面上速度应满足无滑移条件，即

$$\mathbf{V}_{\mathrm{f}} = \mathbf{V}_{\mathrm{s}} \tag{8.4.19}$$

这里下标 f 表示流体的物理量，下标 s 表示固体壁面的物理量。②通常，流体与固体壁面之间没有突跃温度，因此如果给定固体壁面的温度 T_{s}，则有

$$T_{\mathrm{f}} = T_{\mathrm{s}} \tag{8.4.20}$$

如果给定固体壁面传导给流体的热流密度 $\dot{q}_{\mathrm{w}}$，则有

$$-\lambda \frac{\partial T}{\partial n'} = \dot{q}_{\mathrm{w}} \tag{8.4.21}$$

式中，n' 代表流体界面的内法线单位矢量(即从固体壁面指向流体内部)。应当指出，通常约定固体向流体传导的热量为正。③对于物体在无界流体中运动的情况，在无穷远处应给定速度、密度与压力的值。④对于内流问题，要给定出口与入口截面上的 $\mathbf{V}$、p 与 T 值。考察 Stokes 方程(8.4.18)，可以发现 Reynolds 数很小时流动的两个重要性质：

(1) 密度 ρ 对流动的影响是通过质量力 $\rho \boldsymbol{g}$ 反映出来的；如果忽略了质量力，则密度 ρ 对流动是没有影响的。

(2) 在方程(8.4.18)中由于对时间的导数项消失了，因此这时的流动状态与历史无关，也就是说与初始条件无关。

作为典型例题，下面考虑黏性流体绕半径为 a 的圆球流动。假设无穷远处来流均匀(令其为 V_∞)，该问题流动的 Reynolds 数可取为

$$Re = \frac{2\rho a V_\infty}{\mu} \tag{8.4.22}$$

如果认为这里 V_∞ 很小，或者球的半径 a 很小，因此使得 Reynolds 数 Re 很小，即 $Re \ll 1$，也就是说这时绕半径为 a 圆球的流动为 Stokes 流动。取球坐标系 (r, θ, φ)，并取来流速度 $\mathbf{V}_\infty$ 平行于 Ox 轴。注意到流动相对于 Ox 轴为轴对称流动，于是有

$$\begin{cases} \dfrac{\partial}{\partial \varphi} = 0, u_\varphi = 0 \\ u_r = u_r(r, \theta) \\ u_\theta = u_\theta(r, \theta) \\ p = p(r, \theta) \end{cases} \tag{8.4.23}$$

另外，如将坐标系原点取在球心，选取柱坐标系 $(\tilde{r}, \varphi, x)$ 与球坐标系 (r, θ, φ)，于是两个坐标系间的变化关系为

$$x = r\cos\theta, \quad \tilde{r} = r\sin\theta \tag{8.4.24}$$

$$\begin{bmatrix} \dfrac{\partial}{\partial x} \\ \dfrac{\partial}{\partial \tilde{r}} \end{bmatrix} = \begin{bmatrix} \cos\theta, & -\sin\theta \\ \sin\theta, & \cos\theta \end{bmatrix} \begin{bmatrix} \dfrac{\partial}{\partial r} \\ \dfrac{\partial}{r\partial \theta} \end{bmatrix} \tag{8.4.25}$$

在球坐标系下，当忽略质量力后则式(8.4.18)可写为

$$\frac{\partial u_r}{\partial r} + \frac{\partial u_\theta}{r\partial \theta} + \frac{2u_r}{r} + \frac{u_\theta \cot\theta}{r} = 0 \tag{8.4.26a}$$

$$\frac{\partial p}{\partial r} = \mu\left(\frac{\partial^2 u_r}{\partial r^2} + \frac{\partial^2 u_r}{r^2 \partial \theta^2} + \frac{2\partial u_r}{r\partial r} + \frac{\cot\theta}{r^2}\frac{\partial u_r}{\partial \theta} - \frac{2}{r^2}\frac{\partial u_\theta}{\partial \theta} - \frac{2u_r}{r^2} - \frac{2\cot\theta}{r^2}u_\theta\right) \tag{8.4.26b}$$

$$\frac{1}{r}\frac{\partial p}{\partial \theta} = \mu\left(\frac{\partial^2 u_\theta}{\partial r^2} + \frac{\partial^2 u_\theta}{r^2 \partial \theta^2} + \frac{2\partial u_\theta}{r\partial r} + \frac{\cot\theta}{r^2}\frac{\partial u_\theta}{\partial \theta} + \frac{2}{r^2}\frac{\partial u_r}{\partial \theta} - \frac{u_\theta}{r^2 \sin\theta}\right) \tag{8.4.26c}$$

边界条件为：

(1) 在 $r=a$ 处时

$$u_r(a,\theta) = 0, \quad u_\theta(a,\theta) = 0 \tag{8.4.27a}$$

(2) 在无穷远处的边界条件应当有

当 $r \to \infty$ 时 $$u_r \to V_\infty \cos\theta, \quad u_\theta \to -V_\infty \sin\theta \tag{8.4.27b}$$

注意到式(8.4.27b)在无穷远处的边界条件形式，因此对于基本方程组(8.4.26a)～(8.4.26c)的解可取为如下形式

$$\begin{cases} u_r = f(r)\cos\theta \\ u_\theta = -h(r)\sin\theta \\ p = \mu q(r)\cos\theta + p_\infty \end{cases} \tag{8.4.28}$$

将式(8.4.28)代入主方程(8.4.26a)～(8.4.26c)后可得关于函数 $f(r)$、$h(r)$ 与 $q(r)$ 的三个常微分方程

$$\begin{cases} f' + \dfrac{2(f-h)}{r} = 0 \\ f'' + \dfrac{2}{r}f' - \dfrac{4(f-h)}{r^2} = q' \\ h'' + \dfrac{2}{r}h' + \dfrac{2(f-h)}{r^2} = \dfrac{q}{r} \end{cases} \tag{8.4.29}$$

式中，撇号“′”表示对 r 求导数。相应的该问题的边界条件为

当 $r = a$ 时 $$f(a) = 0, \quad h(a) = 0 \tag{8.4.30a}$$

当 $r \to \infty$ 时 $$f(\infty) = V_\infty, \quad h(\infty) = V_\infty \tag{8.4.30b}$$

由式(8.4.29)中的第一式可得

$$h = \frac{r}{2}f' + f \tag{8.4.31}$$

将式(8.4.31)求导后代入式(8.4.29)中的第三式可得到用 f 表示的 q 形式，即

$$q = \frac{1}{2}r^2 f''' + 2rf'' + 2f' \tag{8.4.32}$$

将式(8.4.31)与式(8.4.32)代入式(8.4.29)中的第二式可得到下面确定 f 的常微分方程式，即

$$r^3 f^{(4)} + 8r^2 f^{(3)} + 8rf'' - 8f' = 0 \tag{8.4.33}$$

式中，$f^{(4)}$ 与 $f^{(3)}$ 分别表示 f 对 r 的 4 次导数与 f 对 r 的 3 次导数。从常微分方程课程中可知，

式(8.4.33)属于 Euler 型常微分方程,它存在着下列形式的特解,即

$$f = r^k \tag{8.4.34}$$

将式(8.4.34)代入式(8.4.33)中可得到相应 4 次特征根方程

$$k(k-1)(k-2)(k-3) + 8k(k-1)(k-2) + 8k(k-1) - 8k = 0 \tag{8.4.35}$$

解得 $k=0$、2、-1、-3。于是常微分方程(8.4.33)的通解形式为

$$f = \frac{A_3}{r^3} + \frac{A_2}{r} + A_0 + A_1 r^2 \tag{8.4.36}$$

于是方程(8.4.31)与方程(8.4.32)也有相对应的形式,其表达式为

$$h = -\frac{A_3}{2r^3} + \frac{A_2}{2r} + A_0 + 2A_1 r^2 \tag{8.4.37}$$

$$q = \frac{A_2}{r^2} + 10A_1 r \tag{8.4.38}$$

由边界条件便可以确定出式(8.4.36)～式(8.4.38)中任意常数 A_0、A_1、A_2 和 A_3 为

$$\begin{cases} A_0 = V_\infty, \quad A_1 = 0 \\ A_2 = -\dfrac{3}{2}aV_\infty, \quad A_3 = \dfrac{1}{2}a^3 V_\infty \end{cases} \tag{8.4.39}$$

将式(8.4.39)代入式(8.4.36)～式(8.4.38)后便可得到 f、h 和 q 的表达式

$$\begin{cases} f = \dfrac{1}{2}\dfrac{a^3}{r^3}V_\infty - \dfrac{3}{2}V_\infty \dfrac{a}{r} + V_\infty \\ h = -\dfrac{1}{4}\dfrac{a^3}{r^3}V_\infty - \dfrac{3}{4}V_\infty \dfrac{a}{r} + V_\infty \\ q = -\dfrac{3}{2}\dfrac{a}{r^2}V_\infty \end{cases} \tag{8.4.40}$$

因此在低 Reynolds 数下黏性不可压缩流体绕过半径为 a 球的定常流动,其速度分布和压力分布的表达式为

$$\begin{cases} u_r(r,\theta) = V_\infty\left(1 - \dfrac{3}{2}\dfrac{a}{r} + \dfrac{1}{2}\dfrac{a^3}{r^3}\right)\cos\theta \\ u_\theta(r,\theta) = -V_\infty\left(1 - \dfrac{3}{4}\dfrac{a}{r} - \dfrac{1}{4}\dfrac{a^3}{r^3}\right)\sin\theta \\ p(r,\theta) = -\dfrac{3}{2}\mu\dfrac{aV_\infty}{r^2}\cos\theta + p_\infty \end{cases} \tag{8.4.41}$$

2. Stokes 阻力公式

下面计算圆球所受到的阻力。在球坐标系中,作用在圆球表面上的正应力 τ_{rr} 和切应力 $\tau_{r\theta}$、$\tau_{r\varphi}$ 分别为

$$\begin{cases} \tau_{rr} = -p + 2\mu\dfrac{\partial u_r}{\partial r} \\ \tau_{r\theta} = \mu\left(\dfrac{1}{r}\dfrac{\partial u_r}{\partial \theta} + \dfrac{\partial u_\theta}{\partial r} - \dfrac{u_\theta}{r}\right) \\ \tau_{r\varphi} = \mu\left(\dfrac{\partial u_\varphi}{\partial r} + \dfrac{1}{r\sin\theta}\dfrac{\partial u_r}{\partial \varphi} - \dfrac{u_\varphi}{r}\right) \end{cases} \tag{8.4.42}$$

在式(8.4.42)中,由于本问题绕流的对称性$\left(\text{即 } u_\varphi=0 \text{ 和} \dfrac{\partial}{\partial\varphi}=0\right)$,因此 $\tau_{r\varphi}=0$;由流体在壁面处

的黏附条件，因此在球面上则有 $u_r=0, u_\theta=0$，所以可推出球面上$\frac{\partial u_r}{\partial\theta}=0, \frac{\partial u_\theta}{\partial\theta}=0$，由连续方程便推知在球面上有$\frac{\partial u_r}{\partial r}=0$。将以上条件代入式(8.4.42)中，得

$$\begin{cases}\tau_{rr}=-p, \tau_{r\varphi}=0 \\ \tau_{r\theta}=\mu\dfrac{\partial u_\theta}{\partial r}\end{cases} \tag{8.4.43}$$

考虑到整个流动对于 x 轴是轴对称的，因此作用于圆球上的所有作用力均沿 x 轴方向，合力是圆球所受到的阻力 F，其表达式为

$$\begin{aligned}F&=\oiint_S(\tau_{rr}\cos\theta-\tau_{r\theta}\sin\theta)\mathrm{d}S \\ &=\int_0^\pi(\tau_{rr}\cos\theta-\tau_{r\theta}\sin\theta)2\pi a^2\sin\theta\mathrm{d}\theta \\ &=6\pi\mu aV_\infty\end{aligned} \tag{8.4.44}$$

式(8.4.44)就是著名的 Stokes 阻力公式。引入阻力系数 C_D 的定义

$$C_D=\frac{F}{\frac{1}{2}\rho V_\infty^2\pi a^2}=\frac{12\mu}{a\rho V_\infty}=\frac{24}{Re_\infty} \tag{8.4.45}$$

式中，Re_∞ 定义为 $Re_\infty=\frac{DV_\infty\rho}{\mu}$，这里 D 为圆球直径。

8.4.2 绕球流动的 Oseen 近似

在 Stokes 近似中，假设惯性力与黏性力相比很小，因此在 Stokes 近似中完全略去了非线性的对流惯性项。显然，对于绕圆球缓慢流动的 Stokes 解，它仅适合于圆球附近的区域，而在离圆球较远的区域则不再适用。为了说明这一点下面利用 Stokes 近似方法所得到的流场解去重新对惯性力与黏性力进行定性分析。由式(8.4.41)，$|\mathbf{V}|=V_\infty\left[1+ao\left(\frac{1}{r}\right)\right]$，并注意到

$$\begin{cases}|\nabla\mathbf{V}|=aV_\infty o\left(\dfrac{1}{r^2}\right) \\ |\nabla^2\mathbf{V}|=aV_\infty o\left(\dfrac{1}{r^3}\right)\end{cases} \tag{8.4.46}$$

于是

$$\frac{\text{惯性力}}{\text{黏性力}}=\frac{\rho|\mathbf{V}\cdot\nabla\mathbf{V}|}{\mu|\nabla^2\mathbf{V}|}\propto Re_\infty o\left(\frac{r}{a}\right) \tag{8.4.47}$$

由式(8.4.47)可以看出，在球面附近，当 $r\to a$ 时，则惯性力与黏性力的比值为 Re_∞ 量级，它是个小量，因此这时惯性力与黏性力相比可以忽略；而当 $r\to\infty$ 时，无论 Re_∞ 多么小，只要 Re_∞ 不为零，则惯性力总会随着 r 增大而增大到可以与黏性力相比的量级，并且会进而超过黏性力。这是由于在远离球面区域，速度梯度减小、黏性作用减弱，而另一方面流动速度却增大到接近来流速度，所以对流加速度项不再是小量。借助于上述分析，Oseen 对 Stokes 近似作了某些修正，对于 Navier-Stokes 方程惯性项中的速度，Oseen 既没有采用零速度，也没有采用局部速度，而是选用了均匀来流速度 V_∞，当来流沿 x 方向时，Navier-Stokes 方程的惯性项可近似取为

$$(\mathbf{V}\cdot\nabla)\mathbf{V}\approx V_\infty\frac{\partial\mathbf{V}}{\partial x}\tag{8.4.48}$$

因此绕流问题可由如下方程组描述(该方程组常称作 Oseen 方程组,而式(8.4.48)所引入的近似常称为 Oseen 流动近似),即

$$\begin{cases}\nabla\cdot\mathbf{V}=0\\ \dfrac{\partial\mathbf{V}}{\partial t}+V_\infty\dfrac{\partial\mathbf{V}}{\partial x}=-\dfrac{1}{\rho}\nabla p+\dfrac{\rho}{\mu}\nabla^2\mathbf{V}\end{cases}\tag{8.4.49}$$

Oseen 方程组与完全的 Navier-Stokes 方程组[式(8.4.41)]的重要区别在于前者为线性方程组而后者为非线性的;Oseen 方程组和 Stokes 方程组的区别在于:Oseen 方程组式通过$(\mathbf{V}_\infty\cdot\nabla)\mathbf{V}$这项保留了惯性项的主要部分,即在 r 较大的区域$(\mathbf{V}\cdot\nabla)\mathbf{V}$与$(\mathbf{V}_\infty\cdot\nabla)\mathbf{V}$相差很小,而在 r 较小的区域$|(\mathbf{V}_\infty\cdot\nabla)\mathbf{V}|$自动变得比黏性项小得多。对于绕圆球的缓慢流动,Oseen 采用了令

$$u_x=V_\infty+u'_x,\quad u_y=u'_y,\quad u_z=u'_z\tag{8.4.50}$$

于是利用式(8.4.50),对于定常流来讲则基本方程组变为

$$\begin{cases}\nabla\cdot\mathbf{V}'=0\\ \rho(\mathbf{V}_\infty\cdot\nabla)\mathbf{V}'=-\nabla\tilde{p}+\mu\nabla^2\mathbf{V}'\end{cases}\tag{8.4.51}$$

式中,$\mathbf{V}'$与 $\tilde{p}$ 分别称为扰动速度与剩余压强,其中 $\mathbf{V}'$与 $\tilde{p}$ 分别

$$\tilde{p}=p-p_\infty\tag{8.4.52}$$

$$\mathbf{V}'=u'_x\boldsymbol{i}+u'_y\boldsymbol{j}+u'_z\boldsymbol{k}\tag{8.4.53}$$

借助于方程(8.4.51)的解,可以得到圆球绕流的阻力系数 C_D 为

$$C_D=\frac{24}{Re_\infty}\left(1+\frac{3}{16}Re_\infty\right)\tag{8.4.54}$$

而实验得到的圆球低 Reynolds 绕流的拟合曲线为

$$C_D=\frac{24}{Re_\infty}+\frac{6}{1+\sqrt{Re_\infty}}+0.4\tag{8.4.55}$$

这里式(8.4.55)中的 $Re_\infty=\dfrac{2\rho aU}{\mu}$,它的取值范围是

$$0<Re_\infty<2\times10^5\tag{8.4.56}$$

实验曲线的拟合经验公式(8.4.55)的相对误差为±10%。图 8.8 给出了圆球阻力系数的理论解与实验结果的比较,很显然,只有当 Re_∞ 很低时 Stokes 阻力公式以及 Oseen 阻力公式才与实验数据较贴近。

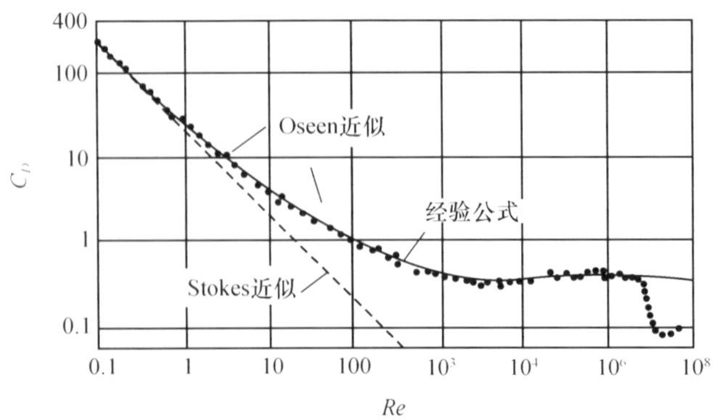

图 8.8　圆球阻力系数的两个理论解与实验结果的比较

8.5 Reynolds 数不很小时的流动以及大 Reynolds 数下物体绕流的特性

8.5.1 Reynolds 数不很小时的流动

Stokes 阻力公式(8.4.44)所给出的圆球阻力值，当 $Re_\infty=0.05$、0.1 和 0.2 时，相对误差分别为 2%、3%和 6%(比精确值偏低)，因此 Stokes 近似在原则上只能用于很低 Reynolds 数的范围，其主要原因是它完全忽略了流体的惯性，引起了流动图像的某些失真，如对于圆球绕流，采用 Stokes 近似所给出的流谱是前后对称的[图 8.9(a)]，这在 Reynolds 数很小时是符合事实的。但实验已证实，从 Reynolds 数约等于 8 开始，球的后方会出现定常涡[图 8.9(b)]，破坏了流线前后的对称性，而且随着 Reynolds 数的增大，涡的范围也会逐渐扩大，直到 Reynolds 数更高时球后的流动发生非定常振荡[图 8.9(c)]。另外，当 $Re_\infty=65$(对于球)或 15(对于圆柱)时，流动变成非定常，尾流的下游部分发生振荡。当 $Re_\infty=100$(对于球)或 20(对于圆柱)时，流动变成不规则，旋涡从物体后部分离。可以认为，这些流动图像的差别应归因于流体的惯性。为了考虑流体惯性项的影响，Oseen 采用了通过$(\boldsymbol{V}_\infty\cdot\nabla)\boldsymbol{V}$ 这项去保留惯性项的主要部分，获得了全场一致成立的圆球绕流解。但是需要指出的是由 Oseen 近似所导出的阻力公式的 Reynolds 数适用范围(通常要求 $Re_\infty<2$)依然是很低的。事实上，当 Re_∞ 处在 10 的数量级时，使用 Stokes 或者 Oseen 的近似解法所得到的计算结果与实验有相当大的差异。为了得到适用于更广泛 Reynolds 数范围的阻力公式，人们在 20 世纪 50～80 年代主要开展了三大类近似方法的研究：一类是以 Oseen 近似解作为出发点，用逐级近似的方法求得 N-S 方程组的高级近似解(文献[9]给出的阻力公式对于 $0\leqslant Re_\infty\leqslant 5$ 的范围都能给出与实验数据较贴近的结果)；另一类是低 Reynolds 数的匹配渐进展开法(这种方法把全流场分为内外两层，在含有奇点的外层进行适当的坐标变换，再在每一层中得到不同形式的渐进展开式，并使这两个展开式在两层重叠的区域相匹配)；第三类是奇点分布法，显然对于这些方法的详细讨论不是本书的研究范围，有兴趣的读者可参阅有关的文献。

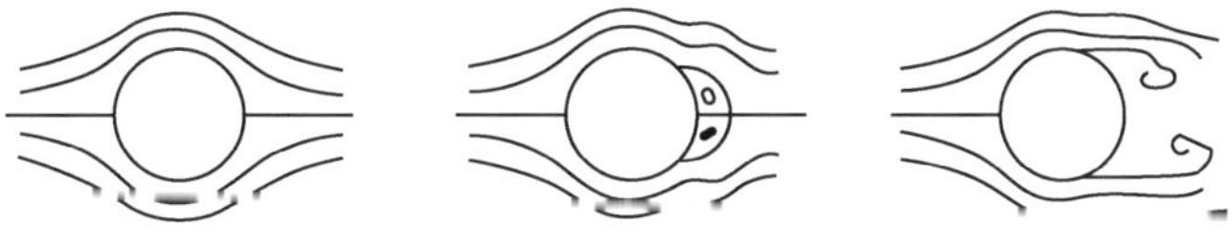

(a) 无涡　　(b) 定常涡　　(c) 非定常涡

图 8.9　低 Reynolds 数下圆球绕流的流谱

8.5.2 大 Reynolds 数下物体绕流的特性

大 Reynolds 数下，N-S 方程式可以进行简化，1904 年 Prandtl 首次提出了边界层流动的概念，他认为黏性的影响仅限于贴近物面的薄层中，在这一薄层以外，黏性影响可以忽略。Prandtl 把边界上受到黏性影响的这一薄层称边界层，并根据在大 Reynolds 数下边界层非常薄的前提对黏性流体运动方程进行了简化，得到了后人称之为 Prandtl 的边界层微分方程。如图 8.10 所示，整个流场可划分为边界层、尾迹流和外部势流三个区域。在边界层内，流速由壁面上的零值急剧地增加到与自由来流速度 V_∞ 同数量级的值，因此沿物面法线方向上的速度梯度很大。正是由于速度梯度很大，才使得通过边界层的流体有相当大的涡旋强度，在这个区域内流动是有旋的。

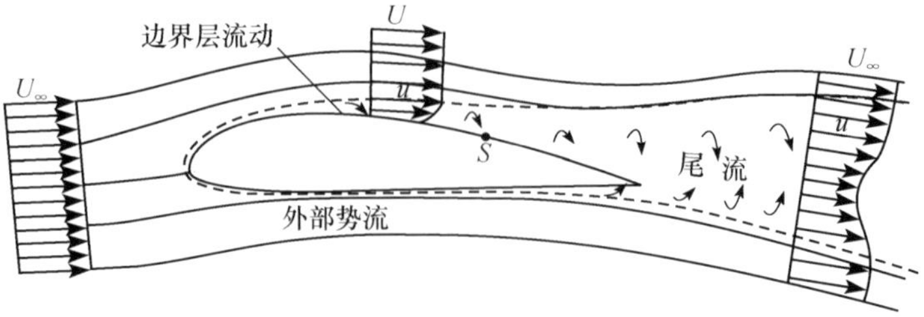

图 8.10　翼型绕流的流动图

当边界层内的黏性有旋流离开物体而流往下游时，在物体的后面形成尾迹流。在尾迹流中，初始阶段还带有一定强度的涡旋，速度梯度也还相当显著，但由于没有了固体壁面的阻滞作用，不能再产生新的涡旋，所以随着远离物体，原有的涡旋将会逐渐扩散与衰减，速度分布渐趋均匀，直至在远下游处尾迹完全消失。

在边界层和尾迹以外的区域，流动的速度梯度很小，即使黏性系数较大的流体，黏性力的影响也很小，可以把它忽略，流动可以看成是非黏性的与无旋的。总之，当黏性流体绕物体流动时，在边界层和尾迹区域内的流动是黏性流体的有旋流动，而在边界层和尾迹区域外的流动可视为无黏无旋流动。边界层与外部势流之间是通过边界层外边界或者称之为边界层外缘而联系起来的。边界层的厚度取决于惯性和黏性作用之间的关系，即取决于 Reynolds 数的大小，Reynolds 数越大，边界层就越薄；反之，边界层将会变厚。对于边界层的流动问题，本书第 9 章与第 10 章将会有较细致的研究。

8.6　滑动轴承内润滑油的流动

润滑问题在工程中是项很重要的课题之一。为防止干摩擦，轴与轴承之间填充润滑油，当轴在轴承中旋转时，由于轴的自重和负荷以及油膜的作用，轴与轴承不会处于同心位置(图 8.11)。轴与轴承之间的间隙 δ 沿旋转方向是变化的，考虑到间隙 δ 与轴的半径相比很小，作为一级近似，可以将轴与轴承表面用平面代替，所以润滑油在轴与轴承之间的流动可以近似为倾斜平板之间的流动问题(图 8.12)。

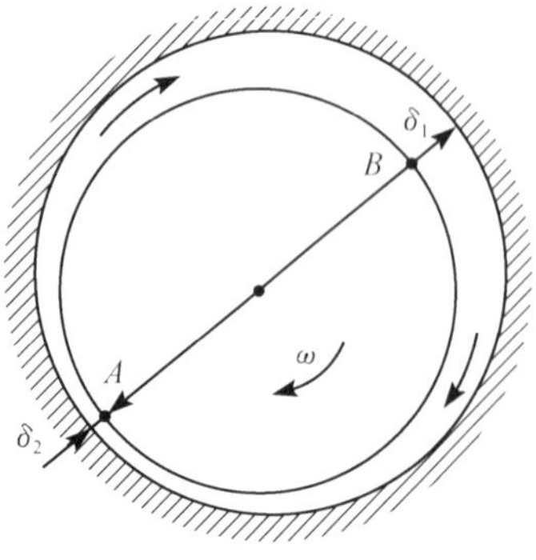

图 8.11　滑动轴承内的流动

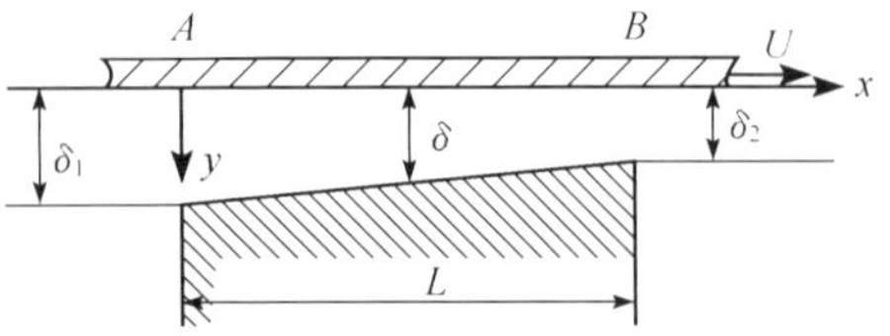

图 8.12　倾斜平板间的流动

设上平板以 U 做等速直线运动，倾斜板静止不动，其间充满润滑油。假定轴与轴承足够长，流动可以看做平面流动问题。取 xOy 坐标系如图 8.12 所示，由于间隙 δ 很小，而且两板的倾角 α 也很小，因此 $v \ll u$，$\frac{\partial}{\partial y} \gg \frac{\partial}{\partial x}$，这里 u、v 分别为润滑油沿 x 轴与 y 轴的分速度。为了比较惯性力与黏性力的大小，首先给出单位体积流体的惯性力与黏性力，它们分别为 $\rho u \frac{\partial u}{\partial x}$ 与 $\mu \frac{\partial^2 u}{\partial y^2}$，于是

$$\frac{\text{惯性力}}{\text{黏性力}} \sim \frac{\rho u \frac{\partial u}{\partial x}}{\mu \frac{\partial^2 u}{\partial y^2}} \propto \frac{\frac{\rho U^2}{L}}{\frac{\mu U}{\delta^2}} = \frac{\rho U L}{\mu}\left(\frac{\delta}{L}\right)^2 \tag{8.6.1}$$

在实际工程中，通常有 $\frac{\rho U L}{\mu}\left(\frac{\delta}{L}\right)^2 \ll 1$，因此惯性力与黏性力相比可略去。如果滑动轴承问题的相关量满足以上条件，则惯性力可以全部略去，在黏性项中仅保留速度对 y 的二阶导数项，略去速度对 x 的二阶导数项，于是该流动所服从的方程组被简化为

$$\begin{cases} \dfrac{\partial u}{\partial x} + \dfrac{\partial v}{\partial y} = 0 \\ 0 = -\dfrac{1}{\rho} \dfrac{\partial p}{\partial x} + \dfrac{\mu}{\rho} \dfrac{\partial^2 u}{\partial y^2} \\ 0 = -\dfrac{1}{\rho} \dfrac{\partial p}{\partial y} + \dfrac{\mu}{\rho} \dfrac{\partial^2 v}{\partial y^2} \end{cases} \tag{8.6.2}$$

又因为 $u \gg v$，所以 $\frac{\partial^2 u}{\partial y^2} \gg \frac{\partial^2 v}{\partial y^2}$，比较式(8.6.2)中 x 方向与 y 方向的运动方程，可知 $\frac{\partial p}{\partial x} \gg \frac{\partial p}{\partial y}$，进一步假定 $\frac{\partial p}{\partial y} = 0$，于是便有 $p = p(x)$，因此流动方程组(8.6.2)又可以进一步简化为

$$\frac{\partial u}{\partial x} + \frac{\partial v}{\partial y} = 0 \tag{8.6.3}$$

$$-\frac{1}{\rho} \frac{\mathrm{d}p}{\mathrm{d}x} + \frac{\mu}{\rho} \frac{\partial^2 u}{\partial y^2} = 0 \tag{8.6.4}$$

$$\frac{\partial^2 v}{\partial y^2} = 0 \tag{8.6.5}$$

边界条件为

当 $y=0$ 时 $\qquad u=U, v=0 \qquad$ (8.6.6)

当 $y=\delta$ 时 $\qquad u=0, v=0 \qquad$ (8.6.7)

将式(8.6.5)对 y 积分两次，得 $v = c_1 y + c_2$，利用边界条件可定出 $c_1 = 0$，$c_2 = 0$，故有 $v = 0$；将式(8.6.4)对 y 积分两次得

$$u = \frac{1}{2\mu} \frac{\mathrm{d}p}{\mathrm{d}x} y^2 + c_3 y + c_4$$

利用边界条件可定出 $c_4 = U$，$c_3 = -\frac{U}{\delta} - \frac{1}{2\mu} \frac{\mathrm{d}p}{\mathrm{d}x}\delta$，因此有

$$u = \frac{1}{2\mu} \frac{\mathrm{d}p}{\mathrm{d}x}(y^2 - y\delta) + \frac{U}{\delta}(\delta - y) \tag{8.6.8}$$

令轴承间隙 δ 内的平均流速为 u_{m}，于是 u_{m} 的表达式为

$$u_{\mathrm{m}} = \frac{1}{\delta}\int_0^{\delta} u \, \mathrm{d}y = -\frac{\delta^2}{12\mu} \frac{\mathrm{d}p}{\mathrm{d}x} + \frac{U}{2} \tag{8.6.9}$$

注意到 $v=0$,所以沿间隙通道的不可压缩流体的连续方程可写为

$$u_{\mathrm{m}}\delta = Q = \text{const} \tag{8.6.10}$$

令 $\tan\alpha=\dfrac{\delta_1-\delta_2}{L}$,于是间隙的宽度可以表示为

$$\delta = \delta_1 - x\tan\alpha$$

于是由式(8.6.9)可得到

$$\frac{\mathrm{d}p}{\mathrm{d}x} = \frac{6\mu U}{(\delta_1 - x\tan\alpha)^2} - \frac{12\mu Q}{(\delta_1 - x\tan\alpha)^3}$$

积分上式得

$$p = \frac{6\mu U}{\tan\alpha(\delta_1 - x\tan\alpha)} - \frac{6\mu Q}{\tan\alpha(\delta_1 - x\tan\alpha)^2} + c$$

式中,c 为积分常数;Q 为流量。设 $x=0$ 时,$p=p_0$,由此可定出积分常数 c 为

$$c = p_0 - \frac{6\mu U}{\delta_1\tan\alpha} + \frac{6\mu U}{\delta_1^2\tan\alpha}$$

所以有

$$p - p_0 = \frac{6\mu}{\tan\alpha}\left[U\left(\frac{1}{\delta_1 - x\tan\alpha} - \frac{1}{\delta_1}\right) - Q\left(\frac{1}{(\delta_1 - x\tan\alpha)^2} - \frac{1}{\delta_1^2}\right)\right] \tag{8.6.11}$$

假定图 8.11 中滑块完全处于润滑油之中,因此在两端 A 与 B 处的压强可近似相等,根据这一条件,于是当 $x=L$(或者 $\delta=\delta_2$)时,$p=p_0$,由式(8.6.11)可求出

$$Q = \frac{U\delta_1\delta_2}{\delta_1 + \delta_2} \tag{8.6.12}$$

于是式(8.6.11)又可变为

$$p - p_0 = 6\mu UL\,\frac{(\delta_1 - \delta)(\delta - \delta_2)}{\delta^2(\delta_1^2 - \delta_2^2)} \tag{8.6.13}$$

式(8.6.13)表示间隙流层中相对于点 A 或者点 B 处压强的相对值。显然,$(p-p_0)$在整个润滑层中同号。当 $\delta_1>\delta_2$ 时,$(p-p_0)$为正值,也就是说通过相对运动把润滑层从较厚的一端拖向较薄的一端时,润滑层将产生正的压力从而支持着垂直于该层的负荷。

另外,由速度公式(8.6.8)可求出运动平板壁上的切应力 τ_{yx},有

$$\tau_{yx}\big|_{y=0} = \mu\left(\frac{\partial u}{\partial y} + \frac{\partial v}{\partial x}\right)\bigg|_{y=0} = -\frac{4\mu U}{\delta} + \frac{6\mu Q}{\delta^2} \tag{8.6.14}$$

因此作用在单位宽度并且长为 L 的板面上的阻力 F_x 为

$$F_x = -\int_0^L \tau_{yx}\bigg|_{y=0}\mathrm{d}x = \frac{2\mu UL}{\delta_1 - \delta_2}\left[2\ln\frac{\delta_1}{\delta_2} - 3\,\frac{\delta_1 - \delta_2}{\delta_1 + \delta_2}\right] \tag{8.6.15}$$

在上面的推导中,假设润滑层是二维的,而且倾斜板是足够长的。实际轴承的长度都是有限长的,这就会使法向力较上述计算值显著减少;另外,由于摩擦的存在,润滑油的黏度也会随温度而变化,所以关于润滑问题较细致的分析已超出了本书研究的内容,这里就不多讨论了。

习　　题

8.1　试证明,在 $\mu=\text{const}$ 的 Stokes 流动中,压强 p 满足 Laplace 方程,即$\nabla^2 p=0$。

8.2　试证明,在 $\mu=\text{const}$ 的二维 Stokes 流动中,涡量 ω 与$\dfrac{p}{\mu}$分别构成一个解析复变函数的实部与虚部,这

里 p 为流体压强，μ 为黏性系数。

8.3　试求半径为 a 的球形小气泡在原来静止的均质不可压缩液体中做极慢等速直线运动时的阻力 F。设质量力可忽略不计，令流体黏度为 μ，气泡运动速度为 U。

8.4　一个半径为 a 的固体圆球在无界静止流体中以角速度 ω 做等速转动，已知流体的黏性系数为 μ，试求圆球周围的速度分布，这里假定 $\frac{\rho\omega a^2}{\mu}\ll 1$。

8.5　令两个非常接近的无限大平行平板之间的间隙为 δ，充满着黏性不可压缩流体如图 8.13 所示，假设忽略重力对流体的影响，并认为流动是定常的，试求流体在压强梯度作用下的速度分布，并证明压强函数此时满足 Laplace 方程。

8.6　有两块平行的半径为 R 的圆形板，其中一块置于另一块的上方，其间充满不可压缩的黏性流体，两板间距 h 很小，设板以速度 U 缓慢地相互靠拢，排挤着流体，试确定板所受到的阻力。

8.7　考虑两个相交平板间的流体辐射运动(图 8.14)，设两平板都是无穷大，交角 $2\varphi_0$ 很小，其间的不可压缩流体黏度很大。如果流体流动缓慢，并假定单位宽度截面上通过的流量 Q_v 等于常数，质量力作用忽略不计，试求流体流动的速度分布以及压强分布。

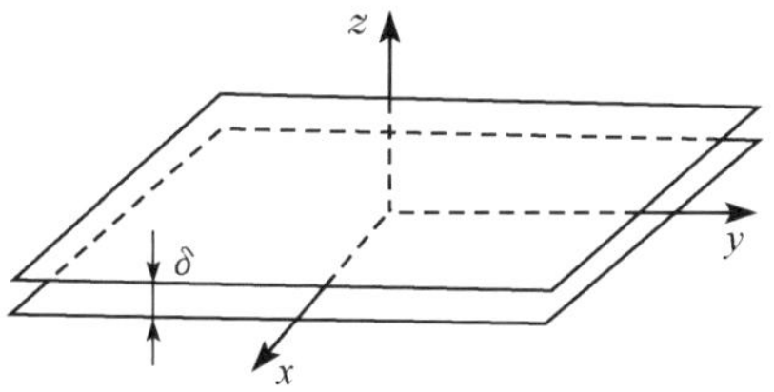

图 8.13　题 8.5 示意图

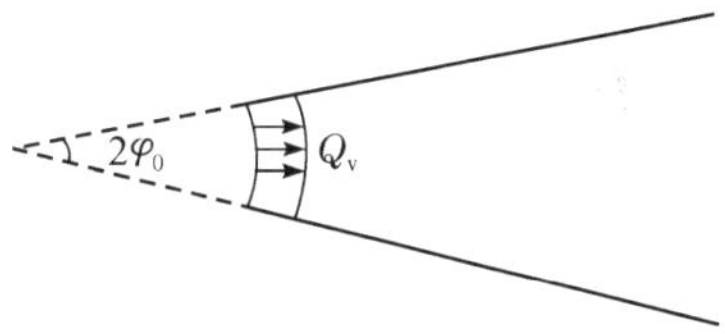

图 8.14　题 8.7 示意图

8.8　近 30 多年来，在生物医学工程、化工、环境、物理化学等领域的推动下，低 Reynolds 数的流动问题得到了迅速的发展并已成为流体力学中一个活跃的分支领域。继 Stokes 流动近似、Oseen 流动近似之后，低 Reynolds 数流动的逐级近似法、匹配渐进展开法、奇点分布法等纷纷涌现。下面分别给出采用三级近似法与采用匹配渐进展开法得到的圆球阻力公式，其表达式分别为

$$F = 6\pi\mu aU\left[1+\frac{3}{8}Re+\frac{9}{40}Re^2\ln Re+\frac{9}{40}\left(\gamma+\frac{5}{3}\ln 2-\frac{323}{360}\right)Re^2+\frac{27}{80}Re^3\ln Re+\cdots\right] \tag{*1}$$

$$F = 6\pi\mu aU\left[1+\frac{3}{8}Re+\frac{9}{40}Re^2\left(\ln Re+\gamma+\frac{5}{3}\ln 2-\frac{323}{360}\right)+\frac{27}{80}Re^3\ln Re+o(Re^3)\right] \tag{*2}$$

式中，$\gamma\approx 0.5772$，是 Euler 常数。在 $0\leqslant Re\leqslant 6$ 的范围内，利用式(*1)或者式(*2)计算出的圆球阻力与实验值符合得相当好。另外，Oseen 的阻力公式为

$$F = 6\pi\mu aU\left(1+\frac{3}{8}Re\right) \tag{*3}$$

式中

$$Re = \frac{\rho aU}{\mu} \tag{*4}$$

显然，式(*1)与式(*2)是对 Oseen 阻力公式的改进。当 Re 在 0～6 的范围内变化时请绘出由式(*1)、式(*2)和式(*3)所表达的圆球阻力系数 $\frac{F}{6\pi\mu aU}$ 与 Reynolds 数 Re 间的关系曲线。另外，在匹配渐近展开方面，著名流体力学家郭永怀先生作出过重大贡献。他是 PLK(即 Poincare，Lighthill，Kuo)方法的创始人之一，他发展的全区域一致有效的小参数展开渐进求解方法可以巧妙地用到需要对接的远场解与近场解的复杂情况。你可否用著名的 PLK 方法完成上述圆球阻力公式的推导呢？

第 9 章　层流边界层

边界层是流体绕流的特征 Reynolds 数很大时，物体表面附近存在着黏性强烈起作用的薄层，这个重要的概念是 1904 年在德国举行的第三届国际数学家大会上 Prandtl 首次提出的。Prandtl 把这一薄层称为边界层，并对黏性流体运动的微分方程进行了重大简化，得到了著名的 Prandtl 边界层微分方程。按照边界层理论，在边界层内涡量不为零，涡量在物体表面产生并通过边界层向外部扩散，同时涡量也被边界层内的流体携带到下游，边界层内的流体向物体尾部流动时会遇到逆压梯度，即沿着流动方向压强增大，这会导致流体在物面分离并在物体的下游形成尾迹（又称尾流），在边界层中产生的旋涡流入尾迹，因此尾迹是相当复杂的有旋流动。

本章着重分析黏性不可压缩层流边界层问题。首先从 N-S 方程出发建立边界层方程，并给出它的一些精确解，其中包括 Blasius 平板边界层解等；其次讨论动量积分方程的解法；最后介绍平板层流边界层的近似解法以及层流速度边界层与温度边界层间的非耦合解法。

9.1　边界层各种厚度的定义及其数量级

在边界层理论中，常用的有三种厚度，即名义边界层厚度 δ，位移厚度 δ^* 以及动量损失厚度 θ。

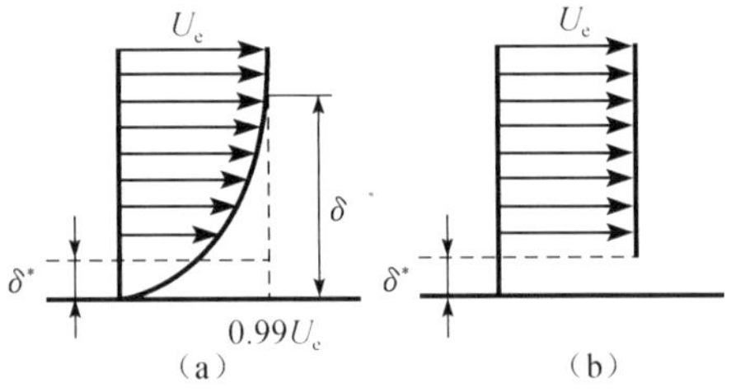

图 9.1　边界层厚度与位移厚度示意图

名义边界层厚度，简称边界层厚度，它通常定义为当地速度达到外流速度的 99%处至物面的距离[图 9.1(a)]，即

当 $y=\delta$ 时，则

$$u = 0.99U_e \tag{9.1.1}$$

式中，U_e 为边界层外缘处的速度。所谓位移厚度又称排挤厚度，它主要由于边界层中流体受到黏性阻滞，与无黏性流动相比就会少流过一定量的流量，它把未受到扰动的外流由物体边界向外移动了 δ^*，它所造成的质量流量亏损与实际边界层引起的流体质量减少应该相等[图 9.1(b)]。用数学描述便为

$$\rho\delta^* U_e = \int_0^\infty \rho(U_e - u)\,dy \tag{9.1.2}$$

或者

$$\rho\delta^* U_e = \int_0^\delta \rho(U_e - u)\,dy \tag{9.1.3}$$

也可以写为

$$\delta^* = \int_0^\infty \left(1 - \frac{u}{U_e}\right)dy \tag{9.1.4}$$

或者

$$\delta^* = \int_0^\delta \left(1 - \frac{u}{U_e}\right)dy \tag{9.1.5}$$

考虑到积分上限选取 δ 或者 ∞ 对计算结果影响很小，因此可以认为上面式(9.1.4)与式(9.1.5)是等价的，在实际计算时可任选其中一种。

动量损失厚度又简称动量厚度，其含义类似于位移厚度，它反映了由于黏性所引起的动量损失，其表达式为

$$\theta = \int_0^{\infty} \frac{u}{U_e}\left(1 - \frac{u}{U_e}\right)\mathrm{d}y \tag{9.1.6}$$

对于上面所定义的三个厚度 δ、δ^* 与 θ，一般来讲有 $\delta > \delta^* > \theta$ 的关系成立。

通常，边界层厚度 δ 的数量级可用如下关系式

$$\frac{\delta}{L} \sim \sqrt{\frac{\mu}{\rho L U_e}} = \frac{1}{\sqrt{Re}} \tag{9.1.7}$$

度量。式中，L 为物体的特征长度，U_e 为特征速度，μ 为流体的动力黏性系数。例如，考虑 20℃ 的水沿平板流动，取平板长度 $L = 100\text{cm}$，$\frac{\mu}{\rho} = 0.01\text{cm}^2/\text{s}$，设自由来流速度 $U_e = 100\text{cm/s}$，于是可得 $Re = \frac{\rho U_\infty L}{\mu} = 10^6$，如果边界层内保持为层流，则可算出 $\delta \sim \frac{L}{\sqrt{Re}} = 1\text{mm}$，即

$$\frac{\delta}{L} \sim \frac{1}{1000}$$

如果考虑标准大气条件下的空气沿平板的流动，板长仍取为 $L = 100\text{cm}$，此时 $\frac{\mu}{\rho} = 0.15\text{cm}^2/\text{s}$，设自由来流速度为 $U_e = 10\text{m/s}$，于是可得 $Re = 7\times10^5$，如果边界层内为层流，则可算出 $\delta \sim \frac{L}{\sqrt{Re}} = 1.2\text{mm}$，即

$$\frac{\delta}{L} \sim \frac{1}{800}$$

可见边界层厚度是很薄的。

9.2 边界层微分方程

9.2.1 沿平壁面流动时二维边界层微分方程

考虑二维、不可压缩 N-S 方程，忽略质量力，有

$$\frac{\partial u}{\partial x} + \frac{\partial v}{\partial y} = 0 \tag{9.2.1a}$$

$$\frac{\partial u}{\partial t} + u\frac{\partial u}{\partial x} + v\frac{\partial u}{\partial y} = -\frac{1}{\rho}\frac{\partial p}{\partial x} + \frac{\mu}{\rho}\left(\frac{\partial^2 u}{\partial x^2} + \frac{\partial^2 u}{\partial y^2}\right) \tag{9.2.1b}$$

$$\frac{\partial v}{\partial t} + u\frac{\partial v}{\partial x} + v\frac{\partial v}{\partial y} = -\frac{1}{\rho}\frac{\partial p}{\partial y} + \frac{\mu}{\rho}\left(\frac{\partial^2 v}{\partial x^2} + \frac{\partial^2 v}{\partial y^2}\right) \tag{9.2.1c}$$

引入无量纲量

$$\begin{cases} x^* = \dfrac{x}{L}, y^* = \dfrac{y}{\delta}, t^* = \dfrac{tU}{L} \\ u^* = \dfrac{u}{U}, v^* = \dfrac{v}{V}, p^* = \dfrac{p}{p_\infty} \end{cases} \tag{9.2.2}$$

式中，L 与 U 分别为 x 方向的特征长度与特征速度；δ 与 V 分别为 y 方向的特征长度与特征速度；可选用来流静压 p_∞ 作为压强的特征值，选用 L/U 作为特征时间。另外，对上述特征量加以适当选取，可使式(9.2.2)中的无量纲量皆具有1的数量级，将式(9.2.2)代入连续方程(9.2.1a)后得

$$\frac{U}{L}\frac{\partial u^*}{\partial x^*}+\frac{V}{\delta}\frac{\partial v^*}{\partial y^*}=0 \tag{9.2.3}$$

由于$\frac{\partial u^*}{\partial x^*}$和$\frac{\partial v^*}{\partial y^*}$皆具有1的数量级，故

$$\frac{U}{L}\sim\frac{V}{\delta}$$

并注意到式(9.1.7)，于是上式又可变为

$$\frac{V}{U}\sim\frac{\delta}{L}\sim\frac{1}{\sqrt{Re}} \tag{9.2.4}$$

再将式(9.2.2)代入到动量方程(9.2.1b)与方程(9.2.1c)，得

$$\frac{\partial u^*}{\partial t^*}+u^*\frac{\partial u^*}{\partial x^*}+\frac{V}{U}\frac{L}{\delta}v^*\frac{\partial u^*}{\partial y^*}=-\frac{p_\infty}{\rho U^2}\frac{\partial p^*}{\partial x^*}+\frac{1}{Re}\left(\frac{\partial^2 u^*}{\partial x^{*2}}+\frac{L^2}{\delta^2}\frac{\partial^2 u^*}{\partial y^*}\right) \tag{9.2.5}$$

$$1 \qquad 1 \qquad 1 \quad 1 \qquad\qquad\qquad \frac{1}{Re} \quad 1 \quad Re \quad 1$$

$$\frac{V}{U}\frac{\delta}{L}\frac{\partial v^*}{\partial t^*}+\frac{V}{U}\frac{\delta}{L}u^*\frac{\partial v^*}{\partial x^*}+\frac{V^2}{U^2}v^*\frac{\partial v^*}{\partial y^*}=-\frac{p_\infty}{\rho U^2}\frac{\partial p^*}{\partial y^*}+\frac{1}{Re}\left(\frac{V}{U}\frac{\delta}{L}\frac{\partial^2 v^*}{\partial x^{*2}}+\frac{V}{U}\frac{L}{\delta}\frac{\partial^2 v^*}{\partial y^{*2}}\right) \tag{9.2.6}$$

$$\frac{1}{Re} \quad 1 \qquad \frac{1}{Re} \quad 1 \qquad \frac{1}{Re} \quad 1 \qquad\qquad\qquad \frac{1}{Re} \quad \frac{1}{Re} \quad 1 \qquad 1 \quad 1$$

在方程(9.2.5)与方程(9.2.6)中，各项下面给出的是该项的数量级。Prandtl边界层简化的前提是

$$o(Re)\gg o(1) \tag{9.2.7}$$

借助于这个前提条件，并注意略去无量纲方程(9.2.3)、方程(9.2.5)和方程(9.2.6)中的高阶小量项，然后再返回到有量纲的形式，就得到

$$\frac{\partial u}{\partial x}+\frac{\partial v}{\partial y}=0 \tag{9.2.8a}$$

$$\frac{\partial u}{\partial t}+u\frac{\partial u}{\partial x}+v\frac{\partial u}{\partial y}=-\frac{1}{\rho}\frac{\partial p}{\partial x}+\frac{\mu}{\rho}\frac{\partial^2 u}{\partial y^2} \tag{9.2.8b}$$

$$\frac{\partial p}{\partial y}=0 \tag{9.2.8c}$$

这里应说明的是，压力梯度项在方程(9.2.5)与方程(9.2.6)中是一种被动的起调节作用的力，它的数量级应由方程中其他的力即惯性力与黏性力的数量级来决定。在边界层流动中，惯性力与黏性力是同数量级的，因此，由式(9.2.5)与式(9.2.6)可知有如下关系

$$\frac{p_\infty}{\rho U^2}\frac{\partial p^*}{\partial x^*}\sim o(1),\quad \frac{p_\infty}{\rho U^2}\frac{\partial p^*}{\partial y^*}\sim o\left(\frac{1}{Re}\right)$$

因此有

$$\frac{p_\infty}{\rho U^2}\frac{\partial p^*}{\partial y^*}\sim\frac{1}{Re}\frac{p_\infty}{\rho U^2}\frac{\partial p^*}{\partial x^*}$$

化回有量纲的形式，便为

$$\frac{\partial p}{\partial y} \sim \frac{1}{\sqrt{Re}} \frac{\partial p}{\partial x} \tag{9.2.9}$$

这说明在 $o(Re) \gg o(1)$ 时，$\frac{\partial p}{\partial y}$ 与 $\frac{\partial p}{\partial x}$ 相比是高阶小量。注意到 $\frac{\partial p}{\partial x}$ 是有限值，因此在一级近似范围内可以认为

$$\frac{\partial p}{\partial y} = 0$$

即在边界层内，压强沿 y 方向的梯度为零，这是边界层流动的重要特征。在二维情况下，压强便仅是 x 的函数，即 $p=p(x)$；正是由于边界层内的压强与 y 无关，所以边界层内的压强分布 $p(x)$ 应与对应位置处外流的压强相同。外流为势流，按照理想(即无黏)流体势流的运动方程，在边界层外缘处有

$$\frac{\partial U_e}{\partial t} + U_e \frac{\partial U_e}{\partial x} = -\frac{1}{\rho} \frac{\partial p_e}{\partial x} \approx -\frac{1}{\rho} \frac{\partial p}{\partial x} \tag{9.2.10}$$

将式(9.2.10)代入式(9.2.8b)，得到

$$\frac{\partial u}{\partial t} + u \frac{\partial u}{\partial x} + v \frac{\partial u}{\partial y} = \frac{\partial U_e}{\partial t} + U_e \frac{dU_e}{dx} + \frac{\mu}{\rho} \frac{\partial^2 u}{\partial y^2} \tag{9.2.11}$$

于是动量方程(9.2.11)与连续方程(9.2.8a)便构成了著名的 Prandtl 边界层方程组。该方程组的边界条件和初始条件如下。

(1) 边界条件：在物面满足无滑移条件，即当 $y=0$ 时

$$u = 0, \quad v = 0 \tag{9.2.12a}$$

在边界层外缘处，当 $y=\delta$ 时

$$u = U_e \tag{9.2.12b}$$

(2) 初始条件：在某一个初始截面上给定 u 的值，即

$$x = x_0 : u = u(x_0, y; t) \tag{9.2.12c}$$

当 $t=t_0$ 时

$$u = u(x, y; t_0), \quad v = v(x, y; t_0) \tag{9.2.12d}$$

9.2.2 沿曲壁面流动时二维边界层微分方程

对于沿曲面绕流的边界层问题，需要选用一种特别规定的正交曲线坐标系即边界层坐标系，它是以物面上的某一点 O(通常取为前驻点)为原点，沿着流动方向的物面轮廓线取作广义 x 轴，沿着物面的法线(自壁面算起的距离)取作 y 轴，构成了一个正交曲线坐标系(图 9.2)。令 ds 代表弧长微元，于是有

$$(ds)^2 = (h_1 dx)^2 + (h_2 dy)^2 \tag{9.2.13}$$

式中，h_1 与 h_2 为 Lame 系数，其表达式为

$$h_1 = \frac{R+y}{R}, \quad h_2 = 1 \tag{9.2.14}$$

这里 R 为物面的曲率半径，即 $R=R(x)$；令 u 与 v 分别表示边界层坐标系中沿广义 x 轴与 y 轴方向上的速度分量，于是可以得到不可压缩黏性流体在正交曲线坐标系中的 N-S 方程组。这里仅给出二维流动时连续方程，其

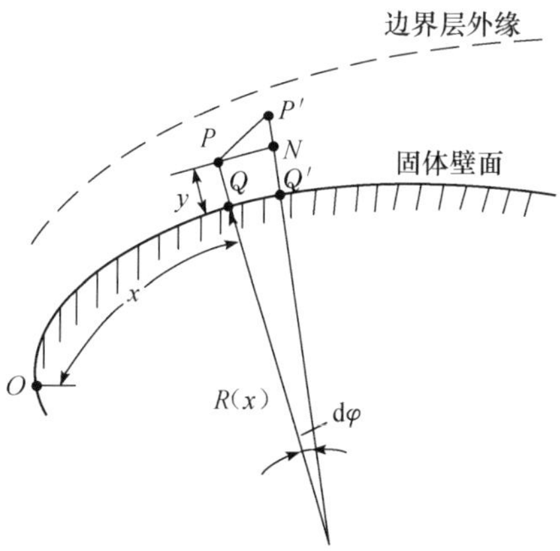

图 9.2 二维流动的边界层坐标系

表达式为

$$\frac{R}{R+y}\frac{\partial u}{\partial x}+\frac{\partial v}{\partial y}+\frac{v}{R+y}=0 \tag{9.2.15}$$

假设物面曲率半径 R 具有 L 的数量级，因此有

$$R\sim L,\quad \frac{y}{R}\sim\frac{\delta}{L}\sim\frac{1}{\sqrt{Re_L}} \tag{9.2.16}$$

式中，L 为物面的特征长度。仿照方程(9.2.8)的推导办法，先将正交曲线坐标系下不可压缩 N-S 方程组化成无量纲形式，然后分析各项的数量级，把数量级等于或小于 $o\left(\frac{1}{\sqrt{Re}}\right)$ 的各项略去，再将方程返回到有量纲的形式，就可得到

$$\frac{\partial u}{\partial x}+\frac{\partial v}{\partial y}=0 \tag{9.2.17a}$$

$$\frac{\partial u}{\partial t}+u\frac{\partial u}{\partial x}+v\frac{\partial u}{\partial y}=-\frac{1}{\rho}\frac{\partial p}{\partial x}+\frac{\mu}{\rho}\frac{\partial^2 u}{\partial y^2} \tag{9.2.17b}$$

$$-\frac{u^2}{R}=-\frac{1}{\rho}\frac{\partial p}{\partial y} \tag{9.2.17c}$$

这就是边界层正交曲线坐标系 Oxy 下边界层微分方程组。由式(9.2.17c)可以看出，为了与流体绕过弯曲壁面所产生的离心力相平衡，就必须要有 y 方向的压强梯度，这就是式(9.2.17)与式(9.2.8)之间唯一的差别。

下面估计一下 $\partial p/\partial y$ 项的数量级。不妨假定速度分布呈线性分布，即

$$u\approx U_e\frac{y}{\delta} \tag{9.2.18}$$

将式(9.2.18)代入式(9.2.17c)，积分后可得到

$$p(x,\delta;t)-p(x,0;t)=\rho U_e^2\frac{\delta}{3R}$$

因此有

$$\frac{\Delta p}{\rho U_e^2}=\frac{1}{3}\frac{\delta}{R} \tag{9.2.19}$$

所以在 $R\gg\delta$ 时，仍可认为压强沿 y 方向是常数。最后，对边界层流动的性质作一归纳，其主要结论是：

(1) 边界层厚度

$$\frac{\delta}{L}=o\left(\frac{1}{\sqrt{Re}}\right) \tag{9.2.20}$$

(2) 速度及其导数

$$\frac{u}{U_e}=o(1),\quad \frac{v}{U_e}=o\left(\frac{1}{\sqrt{Re}}\right) \tag{9.2.21}$$

$$\frac{\partial}{\partial y}\gg\frac{\partial}{\partial x} \tag{9.2.22}$$

(3) 压强以及其导数

$$p(x,y;t)=p_e(x;t) \tag{9.2.23}$$

$$\frac{\partial p}{\partial x}\gg\frac{\partial p}{\partial y} \tag{9.2.24}$$

9.3 层流边界层方程的相似解

9.3.1 Blasius 方程

本节讨论平板层流边界层的相似性解法(简称边界层的相似解),又称 Blasius 解。在无限大的空间中,均匀来流以零攻角流过半无限长无厚度的平板。假定流动是定常、不可压缩流体的边界层流动(图 9.3)。设 x 轴沿平板表面并与来流方向一致,坐标原点与平板前缘点重合,在边界层厚度很薄时,边界层不影响主流区的流速和压强变化,于是此时有

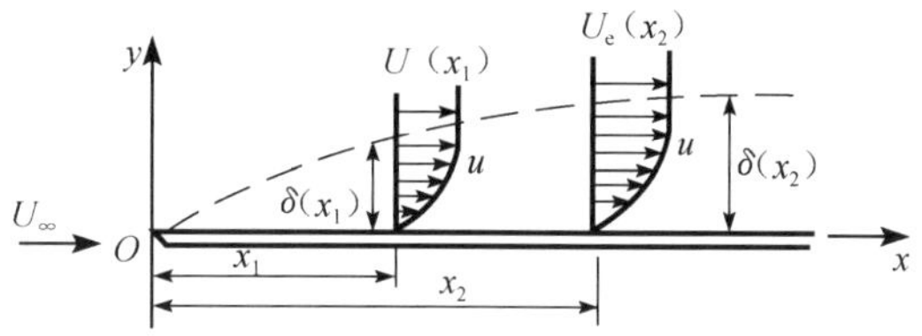

图 9.3 边界层速度剖面的相似性

$$U_e(x) = U_\infty = \text{const}$$

或者

$$\frac{dU_e}{dx} = 0$$

从式(9.2.11)与式(9.2.8a)出发,在定常、不可压缩流动的条件下,沿平板的边界层方程可变为

$$\begin{cases} \dfrac{\partial u}{\partial x} + \dfrac{\partial v}{\partial y} = 0 \\ u\dfrac{\partial u}{\partial x} + v\dfrac{\partial u}{\partial y} = \dfrac{\mu}{\rho}\dfrac{\partial^2 u}{\partial y^2} \\ \text{边界条件} \quad y = 0:\ u = 0,\ v = 0 \\ \qquad\qquad\quad y = \infty:\ u = U_\infty \end{cases} \tag{9.3.1}$$

由量纲分析,可引入无量纲量 η 以及无量纲流函数 $f(\eta)$,即

$$\eta = y\sqrt{\frac{\rho U_\infty}{2\mu x}} = \frac{y}{g(x)},\quad g(x) = \sqrt{\frac{2\mu x}{\rho U_\infty}} \tag{9.3.2}$$

$$f(\eta) = \frac{\psi\sqrt{\rho}}{\sqrt{2\mu U_\infty}\sqrt{x}} \tag{9.3.3}$$

并且 ψ 为流函数,它满足

$$u = \frac{\partial \psi}{\partial y},\quad v = -\frac{\partial \psi}{\partial x} \tag{9.3.4}$$

另外,由式(9.3.3)与式(9.3.4)还可以推出

$$\psi = \sqrt{\frac{2\mu U_\infty}{\rho}}\sqrt{x}f(\eta) \tag{9.3.5}$$

$$u = U_\infty f'(\eta) \tag{9.3.6}$$

$$\frac{\partial u}{\partial y} = U_\infty f''(\eta)\sqrt{\frac{\rho U_\infty}{2\mu x}} \tag{9.3.7}$$

$$\frac{\partial^2 u}{\partial y^2} = f'''(\eta)\frac{\rho U_\infty^2}{2\mu x} \tag{9.3.8}$$

$$-v = \frac{\partial \psi}{\partial x} = [f(\eta) - \eta f'(\eta)]\sqrt{\frac{\mu U_\infty}{2\rho x}} \tag{9.3.9}$$

$$\frac{\partial u}{\partial x}=-\frac{\eta U_{\infty}}{2x}f''(\eta) \tag{9.3.10}$$

式中,上标“′”表示对 η 求导。将上述结果代入式(9.3.1)中的第二式,有

$$f'''(\eta)+f(\eta)f''(\eta)=0 \tag{9.3.11}$$

相应的边界条件为

$\eta=0$: $$f'(0)=0,\quad f(0)=0 \tag{9.3.12a}$$

$\eta=\infty$: $$f'(\infty)=1 \tag{9.3.12b}$$

因此式(9.3.11)与边界条件(9.3.12)便称为著名的 Blasius 方程,它是一个关于 η 的三阶非线性常微分方程,该方程是 1908 年首先由 Blasius 推出的。方程(9.3.11)在形式上虽然很简单,但数学上仍然得不出解析解。最早 Blasius 给出了级数形式的解,表 9.1 给出了方程(9.3.11)的数值解,表中给出了 $f(\eta)$、$f'(\eta)$和 $f''(\eta)$的数值,可供计算时查用。

表 9.1 方程(9.3.11)的数值解

μ	f	f'	f''
0.0	0.0	0.0	0.469600
0.3	0.0211275	0.140806	0.468609
0.6	0.0843856	0.280575	0.461734
0.9	0.1891148	0.416718	0.443628
1.2	0.3336572	0.545246	0.410565
1.5	0.5150312	0.661473	0.361804
1.8	0.7288718	0.761057	0.300445
2.2	1.0549463	0.863303	0.210580
2.6	1.4148231	0.930601	0.128613
3.0	1.7955666	0.969054	0.067711
3.4	2.1874658	0.987970	0.030535
3.8	2.5844972	0.995944	0.011759
4.2	2.9835535	0.998818	0.003861
4.6	3.3832941	0.999703	0.001081
5.0	3.7832324	0.999936	0.000258
5.4	4.1832197	0.999988	0.000052
5.8	4.5832173	0.999998	0.000009
6.0	4.7832170	0.999999	0.000003

9.3.2 边界层内相关参数的计算

下面计算边界层内速度分布和边界层的各种厚度。速度 u 与 v 的分布可分别由式(9.3.6)与式(9.3.9)给出。边界层厚度 δ 是 $\frac{u}{U_{\infty}}=f'(\eta)=0.99$ 时的 y 值,由表 9.1 可知,当 $f'(\eta)=0.99$ 时,则 $\eta\approx3.5$,于是由式(9.3.2)可得到

$$\delta\approx5.0\frac{x}{\sqrt{Re_x}} \tag{9.3.13}$$

而排移厚度 δ^* 由式(9.1.4)以及式(9.3.6)给出,其表达式为

$$\delta^*=1.721\frac{x}{\sqrt{Re_x}} \tag{9.3.14}$$

动量损失厚度 θ 由式(9.1.6)以及式(9.3.6)给出，其表达式为

$$\theta = 0.664 \frac{x}{\sqrt{Re_x}} \tag{9.3.15}$$

9.3.3 壁面摩擦阻力

壁面切应力 τ_w 的表达式为

$$\tau_w = \mu\left(\frac{\partial u}{\partial y}\right)_{y=0} \tag{9.3.16}$$

再利用式(9.3.7)，于是式(9.3.16)可写为

$$\tau_w = 0.3332\rho U_\infty^2 \frac{1}{\sqrt{Re_x}} \tag{9.3.17}$$

壁面摩阻系数 C_f 为

$$C_f = \frac{2\tau_w}{\rho U_\infty^2} \tag{9.3.18}$$

再利用式(9.3.17)，于是壁面摩擦阻力系数 C_f 的表达式可写为

$$C_f = 0.664 \frac{1}{\sqrt{Re_x}} \tag{9.3.19}$$

因此，壁面平均摩阻系数 C_{Df} 为

$$C_{Df} = \frac{1}{L}\int_0^L C_f \mathrm{d}x = 2C_f(L) = 1.328 \frac{1}{\sqrt{Re_L}} \tag{9.3.20}$$

式中

$$Re_L = \frac{\rho L U_\infty}{\mu} \tag{9.3.21}$$

式中，L 为板长。

9.4 边界层方程的动量积分关系式解法

9.4.1 两种常用的边界层积分关系式

边界层积分关系式主要有两个，一个为动量积分关系式(又称 von Karman 动量积分关系式)，另一个为动能积分关系式。下面先推导动量积分关系式。

二维、定常、不可压缩层流边界层的微分方程为

$$\frac{\partial u}{\partial x} + \frac{\partial v}{\partial y} = 0 \tag{9.4.1a}$$

$$u\frac{\partial u}{\partial x} + v\frac{\partial u}{\partial y} = U_e\frac{\partial U_e}{\partial x} + \frac{\mu}{\rho}\frac{\partial^2 u}{\partial y^2} \tag{9.4.1b}$$

注意将 $u\dfrac{\partial u}{\partial x}$改写为

$$u\frac{\partial u}{\partial x} = \frac{\partial}{\partial x}(u^2) - u\frac{\partial u}{\partial x} = \frac{\partial}{\partial x}(u^2) + u\frac{\partial v}{\partial y} \tag{9.4.2}$$

显然，式(9.4.2)使用了连续方程(9.4.1a)。将式(9.4.2)代到式(9.4.1b)中可得

$$\frac{\partial}{\partial x}(u^2)+\frac{\partial}{\partial y}(uv)=U_e\frac{\mathrm{d}U_e}{\mathrm{d}x}+\frac{\mu}{\rho}\frac{\partial^2 u}{\partial y^2}$$

对上式沿 y 方向从 0 到 δ 积分,并利用边界条件

$$u(x,0)=0,\quad u(x,\delta)=U_e,\quad \mu\frac{\partial u(x,0)}{\partial y}=\tau_w,\quad \frac{\partial u(x,\delta)}{\partial y}=0$$

可得

$$\int_0^\delta \frac{\partial}{\partial x}(u^2)\mathrm{d}y+v(x,\delta)U_e=\frac{\mathrm{d}U_e}{\mathrm{d}x}\int_0^\delta U_e\mathrm{d}y-\frac{\tau_w}{\rho} \tag{9.4.3}$$

将连续方程对 y 积分,得

$$v(x,\delta)=-\int_0^\delta \frac{\partial u}{\partial x}\mathrm{d}y \tag{9.4.4}$$

将式(9.4.4)代到式(9.4.3),得

$$\int_0^\delta \frac{\partial}{\partial x}(u^2)\mathrm{d}y-U_e\int_0^\delta \frac{\partial u}{\partial x}\mathrm{d}y=\frac{\mathrm{d}U_e}{\mathrm{d}x}\int_0^\delta U_e\mathrm{d}y-\frac{\tau_w}{\rho} \tag{9.4.5}$$

今对任一函数 $f(x,y)$,使用 Leibniz 法则为

$$\int_{\alpha(x)}^{\beta(x)} \frac{\partial}{\partial x}f(x,y)\mathrm{d}y=\frac{\mathrm{d}}{\mathrm{d}x}\int_{\alpha(x)}^{\beta(x)} f(x,y)\mathrm{d}y-f(x,\beta)\frac{\mathrm{d}\beta}{\mathrm{d}x}+f(x,\alpha)\frac{\mathrm{d}\alpha}{\mathrm{d}x} \tag{9.4.6}$$

利用 Leibniz 法则,则式(9.4.5)又能整理为

$$\frac{\mathrm{d}}{\mathrm{d}x}\int_0^\delta u^2\mathrm{d}y-\frac{\mathrm{d}}{\mathrm{d}x}\int_0^\delta uU_e\mathrm{d}y+\frac{\mathrm{d}U_e}{\mathrm{d}x}\int_0^\delta u\mathrm{d}y=\frac{\mathrm{d}U_e}{\mathrm{d}x}\int_0^\delta U_e\mathrm{d}y-\frac{\tau_w}{\rho} \tag{9.4.7}$$

将式(9.4.7)相关项合并后,得

$$\frac{\mathrm{d}}{\mathrm{d}x}\int_0^\delta u(U_e-u)\mathrm{d}y+\frac{\mathrm{d}U_e}{\mathrm{d}x}\int_0^\delta (U_e-u)\mathrm{d}y=\frac{\tau_w}{\rho} \tag{9.4.8}$$

注意到式(9.4.8)两个积分的被积函数在 $y>\delta$ 的区间近似为零,故积分上限也可改写为∞,得

$$\frac{\mathrm{d}}{\mathrm{d}x}\left[U_e^2\int_0^\infty \frac{u}{U_e}\left(1-\frac{u}{U_e}\right)\mathrm{d}y\right]+\frac{\mathrm{d}U_e}{\mathrm{d}x}U_e\int_0^\infty\left(1-\frac{u}{U_e}\right)\mathrm{d}y=\frac{\tau_w}{\rho} \tag{9.4.9}$$

注意到式(9.1.4)与式(9.1.6),则式(9.4.9)又可改写为

$$\frac{\mathrm{d}}{\mathrm{d}x}(\theta U_e^2)+\delta^* U_e\frac{\mathrm{d}U_e}{\mathrm{d}x}=\frac{\tau_w}{\rho} \tag{9.4.10}$$

或者

$$\frac{\mathrm{d}\theta}{\mathrm{d}x}+(2\theta+\delta^*)\frac{1}{U_e}\frac{\mathrm{d}U_e}{\mathrm{d}x}=\frac{\tau_w}{\rho U_e^2} \tag{9.4.11}$$

注意引入壁面摩擦阻力系数 C_f 以及形状因子 H 的定义式,即

$$C_f=\frac{\tau_w}{\frac{1}{2}\rho U_e^2} \tag{9.4.12}$$

$$H=\frac{\delta^*}{\theta} \tag{9.4.13}$$

于是式(9.4.11)又可以改写为

$$\frac{\mathrm{d}\theta}{\mathrm{d}x}+(2+H)\frac{\theta}{U_e}\frac{\mathrm{d}U_e}{\mathrm{d}x}=\frac{C_f}{2} \tag{9.4.14}$$

这里式(9.4.14)便是著名的 von Karman 动量积分关系式，它是 1921 年首先由 Karman 推出的。

下面扼要推导二维、定常、不可压缩流动边界层的动能积分关系式。首先将$(U_e^2-u^2)$乘连续方程的两边，将 $2u$ 乘动量方程的两边，然后将它们相减，将所得的结果从 0 到∞对 y 积分并注意使用边界条件，最后得到

$$\frac{\partial}{\partial x}\int_0^\infty u(U_e^2-u^2)\mathrm{d}y=\frac{2}{\rho}\int_0^\infty \tau\frac{\partial u}{\partial y}\mathrm{d}y \tag{9.4.15}$$

在不可压缩黏性二维流动中，耗散函数 Φ 为

$$\Phi=\mu\left[2\left(\frac{\partial u}{\partial x}\right)^2+2\left(\frac{\partial v}{\partial y}\right)^2+\left(\frac{\partial u}{\partial y}+\frac{\partial v}{\partial x}\right)^2\right] \tag{9.4.16}$$

由边界层理论，则式(9.4.16)可简化为

$$\Phi\approx\mu\left(\frac{\partial u}{\partial y}\right)^2=\tau\frac{\partial u}{\partial y} \tag{9.4.17}$$

引入耗散积分 D 与耗散积分系数 C_D，其定义式分别为

$$D=\int_0^\infty\mu\left(\frac{\partial u}{\partial y}\right)^2\mathrm{d}y=\int_0^\infty\tau\frac{\partial u}{\partial y}\mathrm{d}y \tag{9.4.18}$$

$$C_D=\frac{D}{\frac{1}{2}\rho U_e^3} \tag{9.4.19}$$

另外，再引进一个新的参数 δ_3，其定义式为

$$\delta_3=\int_0^\infty\frac{u}{U_e}\left(1-\frac{u^2}{U_e^2}\right)\mathrm{d}y \tag{9.4.20}$$

式中，δ_3 称为动能损失厚度或者耗散厚度，借助于上述参数，于是式(9.4.15)可写为

$$\frac{1}{U_e^3}\frac{\mathrm{d}}{\mathrm{d}x}(U_e^3\delta_3)=C_D \tag{9.4.21}$$

这就是二维、定常、不可压缩流边界层的动能积分关系式。

9.4.2 绕平板流动时边界层的动量积分关系式解法

根据相似性解，选取速度剖面为

$$\frac{u}{U_e}=\varphi(\eta),\quad \eta=\frac{y}{\delta} \tag{9.4.22}$$

速度剖面在边界上应该满足

$$y=0:\quad u=0,\quad v=0 \tag{9.4.23a}$$

$$\frac{\partial u}{\partial y}=\frac{\tau_w}{\rho} \tag{9.4.23b}$$

$$\frac{\partial^2 u}{\partial y^2}=-\frac{\rho U_e U_e'}{\mu} \tag{9.4.23c}$$

$$\frac{\partial^3 u}{\partial y^3}=0 \tag{9.4.23d}$$

$$y=\infty:\quad u=U_e \tag{9.4.23e}$$

$$\frac{\partial^n u}{\partial y^n}=0,\quad n=1,2,3,\cdots \tag{9.4.23f}$$

对于绕平板的流动来讲，由于 $U_e = U_\infty = \text{const}$，所以式(9.4.14)简化为

$$\frac{\mathrm{d}\theta}{\mathrm{d}x} = \frac{C_f}{2} \tag{9.4.24}$$

根据式(9.4.22)所选取的速度剖面，边界层动量损失厚度 θ 与壁面切应力 τ_w 分别为

$$\theta = \delta\int_0^1 \varphi(1-\varphi)\mathrm{d}\eta = \alpha_1\delta \tag{9.4.25}$$

$$\tau_w = \frac{\mu U_\infty}{\delta}\varphi'(0) \tag{9.4.26}$$

式中，α_1 定义为

$$\alpha_1 = \int_0^1 \varphi(1-\varphi)\mathrm{d}\eta \tag{9.4.27}$$

将式(9.4.25)与式(9.4.26)代入式(9.4.24)，得

$$\delta\frac{\mathrm{d}\delta}{\mathrm{d}x} = \frac{\mu\varphi'(0)}{\alpha_1\rho U_\infty} \tag{9.4.28}$$

如果认为平板边界层是从前缘点开始的，于是当 $x=0$ 时，则 $\delta=0$。于是积分式(9.4.28)后得到

$$\delta(x) = \sqrt{\frac{2\varphi'(0)}{\alpha_1}}\sqrt{\frac{\mu x}{\rho U_\infty}} \tag{9.4.29}$$

因此一旦选取了 $\varphi(\eta)$，则由式(9.4.29)便能得到 $\delta(x)$ 的分布；一旦有了 $\delta(x)$ 的分布，则壁面切应力 τ_w、壁面摩阻系数 C_f 以及壁面平均摩阻系数 C_{Df} 值便很容易确定了。

9.5 层流温度边界层的非耦合求解

9.5.1 二维层流速度边界层与温度边界层

假设流体为不可压缩与均质的，做二维平面运动，并认为黏性系数 μ 与热传导系数 λ 均近似为常数。由基本方程组(注意这里在动量方程的右端项加上了由于温差所产生的浮升力)如下

$$\nabla\cdot\mathbf{V} = 0 \tag{9.5.1a}$$

$$\rho\frac{\mathrm{d}\mathbf{V}}{\mathrm{d}t} = -\nabla P + \mu\nabla^2\mathbf{V} - \rho\beta(T-T_0)\boldsymbol{g} \tag{9.5.1b}$$

$$\frac{\mathrm{d}T}{\mathrm{d}t} = \frac{\Phi}{\rho C_V} + \frac{\lambda}{\rho C_V}\nabla^2 T \tag{9.5.1c}$$

式中，β 为流体的膨胀系数；C_V 与 λ 分别表示定容比热与热传导系数；$\boldsymbol{g}$ 为矢量，它的模为重力加速度的值；Φ 为耗散函数。定义如下无量纲参数

$$\begin{cases} x^* = \dfrac{x}{L}, \quad y^* = \dfrac{y}{L}\sqrt{Re} \\ u^* = \dfrac{u}{U}, \quad v^* = \dfrac{v}{U}\sqrt{Re} \\ \Theta^* = \dfrac{T-T_0}{T_w-T_0}, \quad p^* = \dfrac{p}{\rho U^2} \end{cases} \tag{9.5.2}$$

式中，U、T_0、L 为相应变量的特征值；Re 为特征 Reynolds 数，其定义为

$$Re = \frac{\rho LU}{\mu} \tag{9.5.3}$$

在边界层的数量级比较中，可以把这些无量纲量看成具有 1 的数量级。仿照前面 9.2 节的数量级分析方法便可以得到二维定常流动时温度边界层无量纲形式的方程组

$$\frac{\partial u^*}{\partial x^*}+\frac{\partial v^*}{\partial y^*}=0 \tag{9.5.4a}$$

$$u^*\frac{\partial u^*}{\partial x^*}+v^*\frac{\partial u^*}{\partial y^*}=-\frac{\partial p^*}{\partial x^*}-\frac{Gr}{Re^2}\Theta^*\cos\alpha+\frac{\partial^2 u^*}{\partial y^{*2}} \tag{9.5.4b}$$

$$0=-\sqrt{Re}\frac{\partial p^*}{\partial y^*}-\frac{Gr}{Re^2}\Theta^*\cos\beta \tag{9.5.4c}$$

$$u^*\frac{\partial \Theta^*}{\partial x^*}+v^*\frac{\partial \Theta^*}{\partial y^*}=\frac{1}{Pr}\frac{\partial^2\Theta^*}{\partial y^{*2}}+Ec\left(\frac{\partial u^*}{\partial y^*}\right)^2 \tag{9.5.4d}$$

式中，角 α 以及 β 分别为矢量 $\boldsymbol{g}$ 与 $\boldsymbol{i}$ 以及 $\boldsymbol{g}$ 与 $\boldsymbol{j}$ 的夹角，$\boldsymbol{i}$、$\boldsymbol{j}$ 分别为沿 x，y 坐标方向上的单位矢量；Gr、Pr 与 Ec 分别表示 Grashof 数、Prandtl 数与 Eckert 数，它们的定义分别为

$$Gr=\frac{g\beta\rho^2L^3(T_w-T_0)}{\mu^2} \tag{9.5.5}$$

$$Pr=\frac{\mu C_p}{\lambda} \tag{9.5.6}$$

$$Ec=\frac{U^2}{C_p(T_w-T_0)} \tag{9.5.7}$$

这里应特别需说明的是，在温度边界层中，对流换热与导热是同数量级的，很容易得到温度边界层厚度 δ_T 的数量级为

$$\frac{\delta_T}{L}\sim\frac{1}{\sqrt{PrRe}} \tag{9.5.8}$$

而速度边界层 δ_u 的数量级为

$$\frac{\delta_u}{L}\sim\frac{1}{\sqrt{Re}} \tag{9.5.9}$$

因此还有

$$\frac{\delta_T}{\delta_u}\sim\frac{1}{\sqrt{Pr}} \tag{9.5.10}$$

所以 Prandtl 数是一个表征温度边界层与速度边界层厚度比的准则数，它表征了流体的热扩散率与黏性扩散率的比。显然，将式(9.5.4)再变回到有量纲的形式，便得到

$$\frac{\partial u}{\partial x}+\frac{\partial v}{\partial y}=0 \tag{9.5.11a}$$

$$u\frac{\partial u}{\partial x}+v\frac{\partial u}{\partial y}=-\frac{1}{\rho}\frac{\partial p}{\partial x}-g_x\beta(T-T_0)+\frac{\mu}{\rho}\frac{\partial^2 u}{\partial y^2} \tag{9.5.11b}$$

$$0=-\frac{1}{\rho}\frac{\partial p}{\partial y}-g_y\beta(T-T_0) \tag{9.5.11c}$$

$$\rho C_V\left(u\frac{\partial T}{\partial x}+v\frac{\partial T}{\partial y}\right)=\lambda\frac{\partial^2 T}{\partial y^2}+\mu\left(\frac{\partial u}{\partial y}\right)^2 \tag{9.5.11d}$$

上面的四个式子便构成了不可压缩流体二维、定常、层流温度边界层的微分方程组，对于强迫对流来讲，这时 $\frac{Gr}{Re^2}\ll 1$，因此方程(9.5.4b)与方程(9.5.4c)中的浮升力项可以略去，这样式(9.5.11)就变为

$$\frac{\partial u}{\partial x}+\frac{\partial v}{\partial y}=0 \tag{9.5.12a}$$

$$u\frac{\partial u}{\partial x}+v\frac{\partial u}{\partial y}=-\frac{1}{\rho}\frac{\partial p}{\partial x}+\frac{\mu}{\rho}\frac{\partial^2 u}{\partial y^2} \tag{9.5.12b}$$

$$0=-\frac{1}{\rho}\frac{\partial p}{\partial y} \tag{9.5.12c}$$

$$\rho C_V\left(u\frac{\partial T}{\partial x}+v\frac{\partial T}{\partial y}\right)=\lambda\frac{\partial^2 T}{\partial y^2}+\mu\left(\frac{\partial u}{\partial y}\right)^2 \tag{9.5.12d}$$

由此可以看出，对于可以忽略浮升力影响的强迫对流问题来讲，这时温度边界层方程组中的动量方程不受温度的影响，因此可以先由连续方程与动量方程解出 u 与 v，然后代入能量方程求解温度 T。层流温度边界层的边界条件如下。

(1) 边界层外缘处

$$y=\delta: \quad u=U_e, \quad T=T_e \tag{9.5.13a}$$

(2) 在物面上满足运动无滑移与温度无跳跃条件

$$y=0: \quad u=0, \quad v=0, \quad T=T_w \tag{9.5.13b}$$

另外对于物面上的温度边界层条件，还可以更具体地分如下 4 种情况进行讨论。

(1) 物体保持同一个温度值，即

$$y=0: \quad T=T_w=\text{const} \quad \text{(等温壁面)} \tag{9.5.14a}$$

(2) 物面上温度按一定规律 $T_w=T_w(x)$ 分布，即

$$y=0: \quad T=T_w(x) \quad \text{(给定物面温度分布)} \tag{9.5.14b}$$

(3) 认为物面与流体之间没有热交换，即

$$y=0: \quad \frac{\partial T}{\partial y}=0 \quad \text{(绝热壁面)} \tag{9.5.14c}$$

(4) 认为物面与物体之间以一定的热流量 q_w 进行热交换，即

$$y=0: \quad \frac{\partial T}{\partial y}=-\frac{1}{\lambda}q_w=-\frac{T_w-T_e}{L}Nu \tag{9.5.14d}$$

这里 Nu 代表 Nusselt 数，其定义为

$$Nu=\frac{q_w L}{\lambda(T_w-T_e)}=\frac{\alpha L}{\lambda} \tag{9.5.15}$$

式中，α 为放热系数。另外，壁面上 Stanton 数的分布在传热问题中也经常会遇到，它与 Re、Nu、Pr 有如下关系

$$St=\frac{Nu}{RePr} \tag{9.5.16}$$

式中，St 定义为

$$St=\frac{q_w}{\rho C_p U_e(T_w-T_e)} \tag{9.5.17}$$

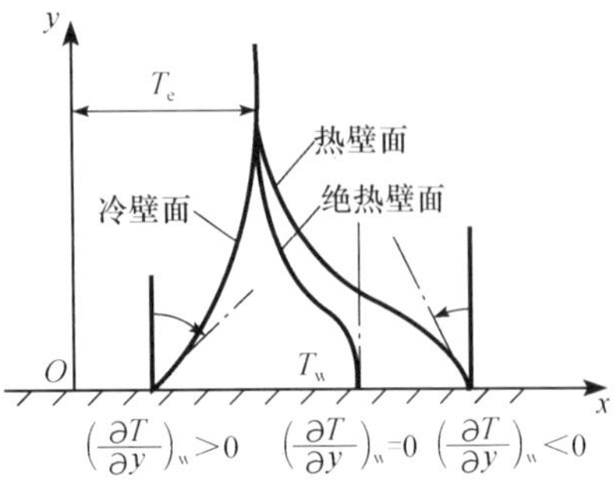

图 9.4 边界层中的温度分布

图 9.4 给出了通常边界层中温度分布的几种情况，根据流体与壁面之间热交换程度的不同，可将壁面分为 3 种情况：

(1) 绝热壁面 $\left(\frac{\partial T}{\partial y}\right)_w=0, \quad q_w=0$ (9.5.18)

(2) 冷壁面
$$\left(\frac{\partial T}{\partial y}\right)_{\mathrm{w}}>0,\quad q_{\mathrm{w}}<0 \tag{9.5.19}$$

(3) 热壁面
$$\left(\frac{\partial T}{\partial y}\right)_{\mathrm{w}}<0,\quad q_{\mathrm{w}}>0 \tag{9.5.20}$$

另外,根据 Newton 对流换热公式,便有

$$q_{\mathrm{w}} = \alpha(T_{\mathrm{w}} - T_{\mathrm{e}}) \tag{9.5.21}$$

式中,α 为放热系数。图 9.5 给出了不同 Pr 数下 δ_T 与 δ_u 大小的比较。对于一般气体来讲,通常有 $Pr\approx1$,因而边界层的 δ_T 与 δ_u 是同数量级的;对于一般液体,通常 $Pr\gg1$,因而 δ_T 比 δ_u 要小得多;对于液态金属(如水银),通常 $Pr\ll1$,因而 δ_T 比 δ_u 要大得多。最后,还需指出的是,在工程上所允许的精度范围内,对于许多气体允许将 $\frac{\lambda}{\mu}$ 近似地看做常数,即

$$\frac{\lambda}{\mu} = \frac{C_p}{Pr} \approx \mathrm{const} \tag{9.5.22}$$

在有些情况下,上述这个近似关系是十分有用的。

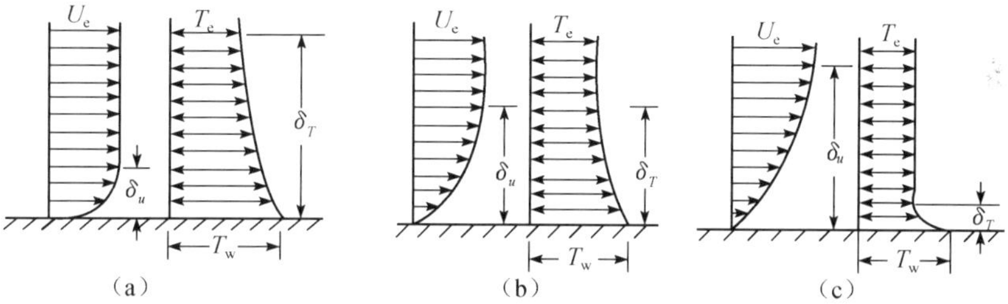

图 9.5　不同 Pr 数下 δ_T 与 δ_u 大小的比较

9.5.2　Falkner-Skan 变换

Falkner-Skan 变换简称为 F-S 变换,它是二维流动中一个著名的相似变换。借助于它,可以将各种物理量由(x,y)坐标系变换到(ξ,η)坐标系。令

$$\xi = \frac{x}{L},\quad \eta = \frac{y}{g(x)} \tag{9.5.23}$$

于是对于任　物理量$\Diamond$,则有

$$\begin{cases}\dfrac{\partial\Diamond}{\partial x} = \dfrac{1}{L}\dfrac{\partial\Diamond}{\partial\xi} - \dfrac{\eta g'}{g}\dfrac{\partial\Diamond}{\partial\eta}\\[2ex] \dfrac{\partial\Diamond}{\partial y} = \dfrac{1}{g}\dfrac{\partial\Diamond}{\partial\eta}\end{cases} \tag{9.5.24}$$

式中,g'表示 $g(x)$对 x 求导数;L 与 $g(x)$分别表示 x 与 y 坐标的尺度因子。作为特例,当选取

$$\xi = x,\quad \eta = y\sqrt{\frac{\rho U_{\mathrm{e}}}{2\mu x}} \tag{9.5.25}$$

时,这时变换便称为 F-S 变换,相应的这时式(9.5.24)变为

$$\begin{cases}\dfrac{\partial\Diamond}{\partial x} = \dfrac{\partial\Diamond}{\partial\xi} - \dfrac{\eta}{2x}\dfrac{\partial\Diamond}{\partial\eta}\\[2ex] \dfrac{\partial\Diamond}{\partial y} = \sqrt{\dfrac{\rho U_{\mathrm{e}}}{2\mu x}}\dfrac{\partial\Diamond}{\partial\eta}\end{cases} \tag{9.5.26}$$

9.5.3 绕平板流动时层流温度边界层的求解

选取边界层坐标系(x,y)，于是对于平板绕流问题式(9.5.12)可写为

$$\frac{\partial u}{\partial x}+\frac{\partial v}{\partial y}=0 \tag{9.5.27a}$$

$$u\frac{\partial u}{\partial x}+v\frac{\partial u}{\partial y}=\frac{\mu}{\rho}\frac{\partial^2 u}{\partial y^2} \tag{9.5.27b}$$

$$u\frac{\partial T}{\partial x}+v\frac{\partial T}{\partial y}=\frac{\mu}{\rho Pr}\frac{\partial^2 T}{\partial y^2}+\frac{\mu}{\rho C_V}\left(\frac{\partial u}{\partial y}\right)^2 \tag{9.5.27c}$$

边界条件是

$$\begin{cases} y=0: & u=0,\quad v=0,\quad T=T_{\mathrm{w}} \\ y=\infty: & u=U_\infty,\quad T=T_\infty \end{cases} \tag{9.5.28}$$

在能量方程(9.5.27c)中，右边第二项是黏性耗散项，它的宏观表现是反映在黏性摩擦热上。在通常的不可压缩流体强迫对流的温度边界层问题中，如果来流速度不是很大，并且传热温差不很小时，$Ec\ll1$，于是由方程(9.5.4d)可以看出，这时可以把能量方程中的黏性耗散项忽略掉。反之，如果来流速度较大，而传热温差很小，就必须考虑黏性耗散项的影响。因此，下面分两种情况讨论方程组(9.5.27)的求解：

(1) 忽略黏性耗散项。此时，方程(9.5.27c)变为

$$u\frac{\partial T}{\partial x}+v\frac{\partial T}{\partial y}=\frac{\mu}{\rho Pr}\frac{\partial^2 T}{\partial y^2} \tag{9.5.29}$$

显然，如果速度场的u与v已知，则由式(9.5.29)便可求出温度场T。温度场T一旦得到，则壁面热流q_{w}便立即求得。这里应该指出的是，一旦u与v求得后，式(9.5.29)原则上可以求解。对于某些简单的边界情况，这时还存在着相似性解，因此引入适当的相似变量后，方程(9.5.29)可以变为常微分方程。设相似性变量η以及相关的参数分别定义为

$$\eta=y\sqrt{\frac{\rho U_{\mathrm{e}}}{2\mu x}},\quad \psi=\sqrt{\frac{2\mu x U_{\mathrm{e}}}{\rho}}f(\eta) \tag{9.5.30a}$$

$$u=U_{\mathrm{e}}f'(\eta),\quad v=(\eta f'-f)\sqrt{\frac{\mu U_{\mathrm{e}}}{2\rho x}} \tag{9.5.30b}$$

代入式(9.5.27b)后，得

$$f'''+ff''=0 \tag{9.5.31}$$

假设温度T仅是η的函数，即令

$$\Theta^*=\frac{(T-T_\infty)}{(T_{\mathrm{w}}-T_\infty)}=\Theta^*(\eta) \tag{9.5.32}$$

将式(9.5.30b)与式(9.5.32)代入式(9.5.29)后，得

$$\Theta^{*''}+fPr\Theta^{*'}=0 \tag{9.5.33}$$

边界条件为

$$f(0)=0,\quad f'(0)=0,\quad f'(\infty)=1 \tag{9.5.34a}$$

$$\Theta^*(0)=1,\quad \Theta^*(\infty)=0 \tag{9.5.34b}$$

显然，能量方程(9.5.33)是线性齐次常微分方程，使用边界条件(9.5.34b)则很容易得到它的积分，其表达式为

$$\Theta^*(\eta)=\frac{\int_\eta^\infty [f''(\eta)]^{Pr}\,d\eta}{\int_0^\infty [f''(\eta)]^{Pr}\,d\eta} \tag{9.5.35}$$

这个解是 Pohlhausen 在 1921 年首先得到的。图 9.6 给出了当忽略黏性耗散项时，等温平板绕流问题中层流温度边界层内温度 $\Theta^*(\eta)$ 的分布曲线。

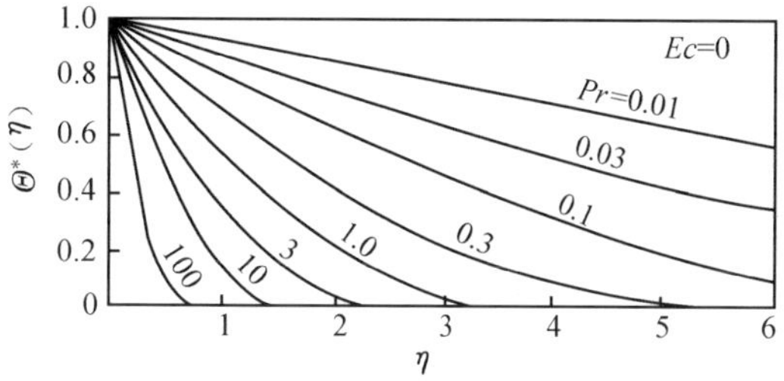

图 9.6　平板绕流中边界层内温度分布

(2) 考虑黏性耗散项。如果考虑黏性耗散项，仿前面的做法，则方程组(9.5.27)可变为

$$f'''+ff''=0 \tag{9.5.36a}$$

$$\Theta^{*''}+fPr\Theta^{*'}+PrEc(f'')^2=0 \tag{9.5.36b}$$

式中，Ec 为 Eckert 数，其表达式为

$$Ec=\frac{U_\infty^2}{C_p(T_w-T_\infty)} \tag{9.5.37}$$

其边界条件同式(9.5.34)。显然在速度场 u 与 v 的值得到后，由于这时式(9.5.36b)为线性常微分方程，因此也很容易得到 Θ^* 值，进而得到温度场的解析解表达式，这里因篇幅所限不再给出它的具体表达形式。

习　题

9.1　给定边界层的速度分布为

$$\frac{u}{U_\infty}=1-\exp\left(-\frac{ky}{\delta}\right)$$

式中，k 为常数；δ 为边界层厚度，试求 k、δ^*/δ 和 θ/δ 的值。

9.2　绕半无穷大平板的定常层流边界层流动，试用量纲分析法证明边界层厚度 δ 是 Reynolds 数 Re_x 的函数。

9.3　试用边界层的简化方法证明不可压缩黏性绕平壁的边界层流动问题，这时的耗散函数可简化为 $\Phi=\mu\left(\frac{\partial u}{\partial y}\right)^2$

9.4　今考虑零攻角绕半无限大平板的不可压缩、定常、层流边界层流动，试用动量积分关系式和假定速度剖面为 $\frac{u}{U_\infty}=\sin\left[\frac{\pi}{2}\frac{y}{\delta(x)}\right]$ 时计算平板上的局部摩阻系数 $\frac{\tau_w}{\rho U_\infty{}^2/2}=$？式中，$\delta(x)$ 为边界层厚度，U_∞ 为来流速度。

9.5　设绕平板流动时层流边界层速度剖面为 $\frac{u}{U}=a+b\frac{y}{\delta}$，试用动量积分关系式解法确定边界层的 δ、δ^*、θ 以及壁面切应力 τ_w。

9.6　设绕平板流动时层流边界层的速度剖面为 $\frac{u}{U}=a+b\frac{y}{\delta}+c\left(\frac{y}{\delta}\right)^2+d\left(\frac{y}{\delta}\right)^3$，试用动量积分关系式确定边界层的 δ、δ^*、θ 以及壁面切应力 τ_w。

9.7　令 δ_T 代表温度边界层厚度，试分析温度边界层厚度的数量级为 $\frac{\delta_T}{L}=o\left(\frac{1}{\sqrt{PrRe}}\right)$。

9.8　假定忽略了方程组(9.5.27c)中黏性耗散项的影响，试推导不可压缩绕流平板定常流动时层流温度边界层的能量方程可以化简为

$$\frac{\mathrm{d}^2 T}{\mathrm{d}\eta^2}+f(\eta)Pr\frac{\mathrm{d}T}{\mathrm{d}\eta}=0 \tag{*1}$$

式中，$\eta=\dfrac{y}{\delta}$。

9.9　如果考虑式(9.5.27c)中黏性耗散项的影响，试推导不可压缩流体绕平板定常流动时层流温度边界层的能量方程可以化简为

$$\frac{\mathrm{d}^2 T}{\mathrm{d}\eta^2}+f(\eta)Pr\frac{\mathrm{d}T}{\mathrm{d}\eta}+Pr\frac{U_\infty^2}{C_p}(f''(\eta))^2=0 \tag{*2}$$

式中，$\eta=\dfrac{y}{\delta}$。[提示：可参阅郭永怀先生与陆士嘉先生合译的力学名著《流体力学概论》(Prandtl 著)一书。陆士嘉先生是 Prandtl 的学生，她在边界层理论以及涡动力学方面取得了一些重要成果。]

第 10 章　湍流边界层

早在 20 世纪 40 年代周培源先生就对湍流方程、湍流模式以及湍流方程的封闭问题进行了细致的研究，并取得了重要成果，提出了著名的湍流 17 方程理论（即 Reynolds 应力方程 6 个，三个脉动速度乘积方程 10 个，涡量脉动平方平均值方程 1 个）。最近四十多年来，湍流边界层的研究仍备受人们关注，特别是对湍流边界层内的拟序结构进行了大量实验研究，取得了丰硕的成果，对近壁区内湍流生成的猝发过程有了新的认识。尽管如此，人们对湍流边界层的认识与层流边界层相比仍处在有待深入研究的阶段。湍流研究的实践逐步使人们相信 N-S 方程可以描述 Newton 型流体的湍流运动，即当流动 Reynolds 数逐渐增大时，流动由层流向湍流过渡的现象是 N-S 方程初边值问题解的性质在变化；层流是小 Reynolds 数下 N-S 方程初边值问题的唯一解；随着 Reynolds 数的增加，会出现过渡流动现象，它体现了 N-S 方程的分岔解；高 Reynolds 数的湍流则是 N-S 方程的渐近不规则解。总之，无论是层流还是湍流运动，它们都服从 N-S 方程组。

湍流边界层与层流边界层相比，两者在性质上有如下三点明显差别：

（1）在层流边界层中，涡旋沿壁面法线方向向外扩散的速度主要取决于流体的运动黏性系数 ν；而在湍流边界层中，除了与 ν 有关之外，更主要的是取决于湍流动量的输运性质。在通常情况下，湍流边界层的厚度要比层流的厚。

（2）在层流边界层中，流动呈层状的单一结构；但在湍流边界层中则呈现出多层结构的模式。

（3）壁面粗糙度对层流边界层并不起作用，但壁面粗糙度对由层流向湍流的过渡以及对湍流边界层本身都有明显的影响。研究发现：粗糙度的影响主要集中在边界层的内层，因此对壁面摩擦阻力系数影响较大而对边界层厚度影响较小。

另外，在层流边界层与湍流边界层计算方法的处理上两者也有所不同：它们都是在流动服从 N-S 方程组的大框架下采用数量级比较方法进行边界层问题简化的。但所不同的是，后者需要采用统计平均，进而得到了 Reynolds 方程、出现了 Reynolds 应力，导致了 Reynolds 方程的封闭问题和湍流模式的研究[10,11]。

本章着重分析不可压缩、二维、湍流边界层的流动问题。首先讨论湍流的统计理论并推导湍流边界层方程；其次讨论湍流速度边界层的一些解法；最后介绍湍流速度边界层、温度边界层方程的非耦合求解方法。

10.1　湍流的平均方法以及湍流运动的基本方程

10.1.1　湍流平均的三种方法

对于湍流瞬时物理量可有三种常用的平均方法。

1）时间平均法

任一物理量 $f(\boldsymbol{r},t)$ 的时均值定义为 $\overline{f}(\boldsymbol{r},t)$，则

$$\overline{f}^{(t)}(\boldsymbol{r},t)=\frac{1}{T}\int_{t-\frac{T}{2}}^{t+\frac{T}{2}}f(\boldsymbol{r},\tau)\mathrm{d}\tau \tag{10.1.1}$$

式中,T 为时均周期。

2）空间平均

在同一时刻,在空间某点 $\boldsymbol{x}_0$ 附近适当尺度体积上的平均定义为

$$\bar{f}^{(V)}(\boldsymbol{x}_0,t)=\frac{1}{V}\iiint_{\Omega}f(\boldsymbol{x}',t)\mathrm{d}\boldsymbol{x}' \tag{10.1.2}$$

式中,$\boldsymbol{x}_0\in\Omega$,$V$ 为空间域 Ω 的体积。

3）系综平均

系综平均又称整体平均,是指对同一系统在初边值条件不变的情况下进行多次测量,并将其测量的结果进行平均,即

$$\bar{f}^{(e)}(\boldsymbol{x},t)=\lim_{N\to\infty}\frac{1}{N}\sum_{n=1}^{N}f_n(\boldsymbol{x},t) \tag{10.1.3}$$

式中,$f_n(\boldsymbol{x},t)$是第 n 次的测量值,N 是总试验次数,通常 N 是个大数。

在各态历经的假设下,上面三种平均通量是等价的,即 $\bar{f}^{(t)}=\bar{f}^{(V)}=\bar{f}^{(e)}=\bar{f}$。

10.1.2 湍流的时间平均法则

设 A、B、C 为湍流中物理量的瞬时值,$\bar{A}$、$\bar{B}$、$\bar{C}$ 为平均值,A'、B'、C'为物理量的脉动值,下面给出相关的时均运算法则:

（1）线性物理量的平均

$$\begin{cases}\overline{A'}=0\\ \overline{A+B}=\bar{A}+\bar{B}\\ \overline{\dfrac{\partial A}{\partial x_i}}=\dfrac{\partial\bar{A}}{\partial x_i}\\ \overline{\dfrac{\partial^2 A}{\partial x_i^2}}=\dfrac{\partial^2\bar{A}}{\partial x_i^2}\\ \overline{\dfrac{\partial A}{\partial t}}=\dfrac{\partial\bar{A}}{\partial t}\end{cases} \tag{10.1.4a}$$

（2）非线性物理量的平均

$$\begin{cases}\overline{\bar{A}B'}=0\\ \overline{AB'}=\overline{A'B'}\\ \overline{\bar{A}B}=\bar{A}\bar{B}\\ \overline{B\dfrac{\partial A}{\partial x_i}}=\bar{B}\dfrac{\partial\bar{A}}{\partial x_i}+\overline{B'\dfrac{\partial A'}{\partial x_i}}\\ \dfrac{\mathrm{d}\bar{A}}{\mathrm{d}t}=\dfrac{\partial\bar{A}}{\partial t}+\bar{u}\dfrac{\partial\bar{A}}{\partial x}+\bar{v}\dfrac{\partial\bar{A}}{\partial y}+\bar{w}\dfrac{\partial\bar{A}}{\partial z}\\ \overline{\dfrac{\mathrm{d}A}{\mathrm{d}t}}=\dfrac{\mathrm{d}\bar{A}}{\mathrm{d}t}+\overline{u'\dfrac{\partial A'}{\partial x}}+\overline{v'\dfrac{\partial A'}{\partial y}}+\overline{w'\dfrac{\partial A'}{\partial z}}\\ \overline{ABC}=\bar{A}\bar{B}\bar{C}+\bar{A}\,\overline{B'C'}+\bar{B}\,\overline{A'C'}+\bar{C}\,\overline{A'B'}+\overline{A'B'C'}\\ \overline{ABC'}=\bar{A}\,\overline{B'C'}+\bar{B}\,\overline{A'C'}+\overline{A'B'C'}\end{cases} \tag{10.1.4b}$$

10.1.3 湍流运动的基本方程

为使这里的讨论不过于复杂,以下只考虑不可压缩流体的湍流运动问题。

1. 连续方程

将 $\boldsymbol{V}=\overline{\boldsymbol{V}}+\boldsymbol{V}'$代入到$\nabla\cdot\boldsymbol{V}=0$ 中,有

$$\nabla\cdot(\overline{\boldsymbol{V}}+\boldsymbol{V}')=0 \tag{10.1.5}$$

对式(10.1.5)取时间平均,根据平均法则,得

$$\nabla\cdot\overline{\boldsymbol{V}}=0,\quad \nabla\cdot\boldsymbol{V}'=0 \tag{10.1.6}$$

2. 运动方程(又称 Reynolds 方程)

用瞬时值表示的不可压缩黏流运动方程为

$$\frac{\partial\boldsymbol{V}}{\partial t}+(\boldsymbol{V}\cdot\nabla)\boldsymbol{V}=-\frac{1}{\rho}\nabla p+\frac{\mu}{\rho}\Delta\boldsymbol{V} \tag{10.1.7}$$

将 $\boldsymbol{V}=\overline{\boldsymbol{V}}+\boldsymbol{V}'$与 $p=\overline{p}+p'$代入式(10.1.7)后,得

$$\frac{\partial\overline{\boldsymbol{V}}}{\partial t}+(\overline{\boldsymbol{V}}\cdot\nabla)\overline{\boldsymbol{V}}+\overline{(\boldsymbol{V}'\cdot\nabla)\boldsymbol{V}'}=-\frac{1}{\rho}\nabla\overline{p}+\frac{\mu}{\rho}\Delta\overline{\boldsymbol{V}} \tag{10.1.8}$$

推导式(10.1.8)时利用了如下关系:

$$\overline{\boldsymbol{V}\cdot\nabla\boldsymbol{V}}=(\overline{\boldsymbol{V}}\cdot\nabla)\overline{\boldsymbol{V}}+\overline{(\boldsymbol{V}'\cdot\nabla)\boldsymbol{V}'} \tag{10.1.9}$$

利用脉动速度的连续方程$\nabla\cdot\boldsymbol{V}'=0$,于是式(10.1.8)左边脉动项又可变为

$$\overline{(\boldsymbol{V}'\cdot\nabla)\boldsymbol{V}'}=\nabla\cdot(\overline{\boldsymbol{V}'\boldsymbol{V}'})-\overline{\boldsymbol{V}'(\nabla\cdot\boldsymbol{V}')}=\nabla\cdot(\overline{\boldsymbol{V}'\boldsymbol{V}'}) \tag{10.1.10}$$

将式(10.1.10)代到式(10.1.8),并乘以 ρ 后,得

$$\rho\left[\frac{\partial\overline{\boldsymbol{V}}}{\partial t}+(\overline{\boldsymbol{V}}\cdot\nabla)\overline{\boldsymbol{V}}\right]=-\nabla\overline{p}+\mu\Delta\overline{\boldsymbol{V}}+\nabla\cdot(-\rho\overline{\boldsymbol{V}'\boldsymbol{V}'}) \tag{10.1.11}$$

或者

$$\rho\frac{\mathrm{d}\overline{\boldsymbol{V}}}{\mathrm{d}t}=-\nabla\overline{p}+\mu\Delta\overline{\boldsymbol{V}}+\nabla\cdot(-\rho\overline{\boldsymbol{V}'\boldsymbol{V}'}) \tag{10.1.12}$$

式中,$(-\rho\overline{\boldsymbol{V}'\boldsymbol{V}'})$称为 Reynolds 应力张量,显然它是个二阶对称张量。

3. 能量方程

不可压缩流体的能量方程为

$$\rho C_p\frac{\mathrm{d}T}{\mathrm{d}t}=\frac{\mathrm{d}p}{\mathrm{d}t}+\Phi+\nabla\cdot(\lambda\nabla T)+\rho q \tag{10.1.13}$$

式中,q 表示由于热辐射或其他原因在单位时间内传给单位质量流体的热量;Φ 为耗散函数。如果忽略式(10.1.13)中的压力功项,则式(10.1.13)可写为

$$\rho C_p\frac{\mathrm{d}T}{\mathrm{d}t}=\Phi+\nabla\cdot(\lambda\nabla T)+\rho q \tag{10.1.14}$$

对方程(10.1.14)取平均值并且将 ρ、C_p、λ 视为常量。根据时间平均法则,则方程可变为

$$\rho C_p\left(\frac{\partial\overline{T}}{\partial t}+\overline{\boldsymbol{V}}\cdot\nabla\overline{T}\right)+\rho C_p\overline{\boldsymbol{V}'\cdot\nabla T'}=\overline{\Phi}+\overline{\Phi'}+\nabla\cdot(\lambda\nabla\overline{T})+\rho\overline{q} \tag{10.1.15}$$

式中,$\overline{\Phi}$ 与$\overline{\Phi'}$分别代表

$$\overline{\Phi}=2\mu\overline{\varepsilon_{ij}}\,\overline{\varepsilon_{ij}},\quad \overline{\Phi'}=2\mu\overline{\varepsilon'_{ij}}\,\overline{\varepsilon'_{ij}} \tag{10.1.16}$$

式中,ε_{ij} 为变形率张量的分量。并注意到如下关系成立,即

$$\overline{\boldsymbol{V}'\cdot\nabla T'}=\nabla\cdot(\overline{\boldsymbol{V}'T'}) \tag{10.1.17}$$

将式(10.1.17)代入式(10.1.15)后，得

$$\rho C_p \frac{\mathrm{d}\bar{T}}{\mathrm{d}t} = \bar{\Phi} + \overline{\Phi'} + \nabla\cdot(\lambda \nabla\bar{T} - \rho C_p \overline{\boldsymbol{V}'T'}) + \rho\bar{q} \tag{10.1.18}$$

式(10.1.18)就是不可压缩流的湍流能量方程，而$(-\rho C_p \overline{\boldsymbol{V}'T'})$可用热流矢量 $\boldsymbol{q}_t$ 表示。显然，对于不可压缩流体的运动方程来讲，取时间平均后增加了 9 个 Reynolds 应力参变量，其中有 6 个是独立的；对于能量方程而言，取时间平均后增加了 3 个与导热相关的参变量和$\overline{\Phi'}$项，而$\overline{\Phi'}$项是由 12 个脉动相关量组成的脉动耗散项。

4. 湍流的平均动能方程

利用 Reynolds 方程，很容易得到湍流的平均动能方程，其表达式为

$$\begin{aligned}
&\underset{(\mathrm{I})}{\frac{\partial}{\partial t}\left(\frac{\bar{u}_i\bar{u}_i}{2}\right)} + \underset{(\mathrm{II})}{\frac{\partial}{\partial x_j}\left(\frac{\bar{u}_i\bar{u}_i}{2}\bar{u}_j\right)} + \underset{(\mathrm{III})}{\frac{\partial}{\partial x_j}\left(\frac{\bar{p}}{\rho}\bar{u}_j\right)} \\
&= \underset{(\mathrm{IV})}{\frac{\partial}{\partial x_j}\left(\frac{\mu}{\rho}\frac{\partial \bar{u}_i}{\partial x_j}\bar{u}_i\right)} + \underset{(\mathrm{V})}{\frac{\partial}{\partial x_j}[(-\overline{u'_iu'_j})\bar{u}_i]} \\
&\quad \underset{(\mathrm{VI})}{-\frac{\mu}{\rho}\frac{\partial \bar{u}_i}{\partial x_j}\frac{\partial \bar{u}_i}{\partial x_j}} - \underset{(\mathrm{VII})}{(-\overline{u'_iu'_j})\frac{\partial \bar{u}_i}{\partial x_j}}
\end{aligned} \tag{10.1.19}$$

利用连续方程，则式(10.1.19)中的(Ⅳ)与(Ⅵ)两项又可改写为

$$\underset{(\mathrm{IV})}{\frac{\partial}{\partial x_j}\left(\frac{\mu}{\rho}\frac{\partial \bar{u}_i}{\partial x_j}\bar{u}_i\right)} - \underset{(\mathrm{VI})}{\frac{\mu}{\rho}\frac{\partial \bar{u}_i}{\partial x_j}\frac{\partial \bar{u}_i}{\partial x_j}} = \underset{(\mathrm{IV})}{\frac{\partial}{\partial x_j}\left(\frac{\mu}{\rho}\left(\frac{\partial \bar{u}_i}{\partial x_j} + \frac{\partial \bar{u}_j}{\partial x_i}\right)\bar{u}_i\right)} - \underset{(\mathrm{VI})}{\frac{\mu}{\rho}\left(\frac{\partial \bar{u}_i}{\partial x_j} + \frac{\partial \bar{u}_j}{\partial x_i}\right)\frac{\partial \bar{u}_i}{\partial x_j}} \tag{10.1.20}$$

5. 湍流的脉动量方程

从瞬时量的 N-S 方程减去平均量的方程，便得到脉动量方程，即

$$\frac{\partial u'_i}{\partial t} + \bar{u}_j\frac{\partial u'_i}{\partial x_j} + u'_j\frac{\partial u'_i}{\partial x_j} + u'_j\frac{\partial \bar{u}_i}{\partial x_j} - \frac{\partial}{\partial x_j}\overline{u'_iu'_j} = -\frac{1}{\rho}\frac{\partial p'}{\partial x_i} + \frac{\mu}{\rho}\frac{\partial^2 u'_i}{\partial x_j\partial x_j} \tag{10.1.21}$$

6. Reynolds 应力输运方程

Reynolds 应力的微分方程(又称湍流的 Reynolds 应力输运方程，或简称 Reynolds 应力输运方程)是通过如下步骤[即首先将 u'_j 乘以脉动量方程(10.1.21)，然后将式(10.1.21)的下标 i 与 j 互换位置后再乘以 u'_i，最后将上面得到的两式相加后取时间平均]得到的，其表达式为

$$\frac{\partial}{\partial t}\overline{u'_iu'_j} + \bar{u}_\alpha\frac{\partial}{\partial x_\alpha}\overline{u'_iu'_j} = D_{ij} + \varphi_{ij} - \varepsilon_{ij} + P_{ij} \tag{10.1.22}$$

式中，D_{ij}、φ_{ij}、ε_{ij} 与 P_{ij} 分别称为扩散项、压力应变率项、耗散项与生成项，其表达式分别为

$$D_{ij} = -\frac{\partial}{\partial x_\alpha}\left[\overline{u'_iu'_ju'_\alpha} + \overline{\frac{p'}{\rho}(\delta_{j\alpha}u'_i + \delta_{i\alpha}u'_j)} - \frac{\mu}{\rho}\frac{\partial}{\partial x_\alpha}(\overline{u'_iu'_j})\right] \tag{10.1.23a}$$

$$\varphi_{ij} = \overline{\frac{p'}{\rho}\left(\frac{\partial u'_i}{\partial x_j} + \frac{\partial u'_j}{\partial x_i}\right)} \tag{10.1.23b}$$

$$\varepsilon_{ij} = 2\frac{\mu}{\rho}\overline{\frac{\partial u'_i}{\partial x_\alpha}\frac{\partial u'_j}{\partial x_\alpha}} \tag{10.1.23c}$$

$$P_{ij} = -\left(\overline{u'_i u'_\alpha} \frac{\partial \bar{u}_j}{\partial x_\alpha} + \overline{u'_j u'_\alpha} \frac{\partial \bar{u}_i}{\partial x_\alpha}\right) \tag{10.1.23d}$$

7. 湍流脉动动能方程

湍流脉动动能方程(简称湍动能方程)是通过令方程(10.1.22)中的下标 $i=j$ 并且重复下标约定求和后而得到的。如果令湍动能方程中

$$\frac{1}{2}\overline{u'_i u'_i} = k \tag{10.1.24}$$

则可得到湍动能方程(以下简称 k 方程)如下形式的表达式

$$\frac{\partial k}{\partial t} + \bar{u}_\alpha \frac{\partial k}{\partial x_\alpha} = D - \varepsilon + P \tag{10.1.25}$$

式中,D、ε 与 P 分别称为扩散项、耗散项与生成项,其表达式分别为

$$D = -\frac{\partial}{\partial x_\alpha}\left[\overline{u'_\alpha\left(\frac{1}{2}\overline{u'_i u'_i} + \frac{p'}{\rho}\right)} - \frac{\mu}{\rho}\frac{\partial k}{\partial x_\alpha}\right] \tag{10.1.26a}$$

$$\varepsilon = \frac{\mu}{\rho}\overline{\frac{\partial u'_i}{\partial x_\alpha}\frac{\partial u'_i}{\partial x_\alpha}} \tag{10.1.26b}$$

$$P = -\overline{u'_i u'_\alpha}\frac{\partial \bar{u}_i}{\partial x_\alpha} \tag{10.1.26c}$$

10.2 湍流涡黏模式以及二阶矩模式

10.2.1 湍流涡黏模式

在目前许多领域的工程计算中,涡黏模式是最常用的,以下分 5 个小问题对相关的部分进行讨论。

1. 代数涡黏模式

1877 年 Boussinesq 提出了涡黏假设,于是不可压缩湍流流动有如下形式的代数涡(eddy)黏模式

$$-\overline{u'_i u'_j} = \nu_t\left(\frac{\partial \bar{u}_i}{\partial x_j} + \frac{\partial \bar{u}_j}{\partial x_i}\right) - \frac{1}{3}\delta_{ij}\, \overline{u'_\beta u'_\beta} \tag{10.2.1}$$

对标量输运的封闭关系为

$$-\overline{u'_i T'} = \lambda_t \frac{\partial \bar{T}}{\partial x_i} \tag{10.2.2}$$

式中,ν_t 与 λ_t 分别称为涡黏系数与涡扩散系数。显然,这里 ν_t 与 λ_t 都不是物性系数,而是与湍流运动状态有关的系数。

2. 线性 k-ε 模式

k-ε 模式与代数涡黏模式的主要区别是,在 k-ε 模式中的涡黏系数包含了部分历史效应。具体来讲,它把涡黏系数 ν_t 与湍动能 k 以及湍动能耗散率 ε 联系在一起,并写成了如下形式

$$\nu_t = C_\mu \frac{k^2}{\varepsilon} \tag{10.2.3}$$

式中，C_μ 是无量纲系数。在 k-ε 模式中，k 与 ε 分别是通过求解它们各自的输运方程得到的。湍动能输运方程已由式(10.1.25)给出，式中，D、ε 与 P 分别代表扩散项、耗散项与生成项。生成项 P 没有引入新的未知量，因此将涡黏假设式(10.2.1)代入式(10.1.26a)后，可以整理成如下的形式

$$P = 2\nu_t \bar{s}_{ij} \frac{\partial \bar{u}_i}{\partial x_j} \tag{10.2.4}$$

引入单位质量脉动运动的动能(简称脉动动能)k^* 的概念，其定义式为

$$k^* \equiv \frac{1}{2} u_i' u_i' \tag{10.2.5}$$

于是扩散项 D 可写为

$$D = -\frac{\partial}{\partial x_\alpha}\left[\left(\frac{\overline{p' u_\alpha'}}{\rho} + \overline{k^* u_\alpha'}\right) - \frac{\mu}{\rho}\frac{\partial k}{\partial x_\alpha}\right] \tag{10.2.6}$$

对式(10.2.6)中等号右端第一项小括号内的两项采用梯度模型，于是这两项被模化为

$$-\left(\frac{\overline{p' u_\alpha'}}{\rho} + \overline{k^* u_\alpha'}\right) = \frac{\nu_t}{\sigma_k}\frac{\partial k}{\partial x_\alpha} \tag{10.2.7}$$

式中，σ_k 为经验常数。

对于湍动能耗散率 ε，它是通过求解 ε 所满足的输运方程进行封闭的。湍动能耗散率 ε 的输运方程理论上可以通过对湍流脉动方程的求导推导出来，但由于推导过程比较烦琐，故这里略去推导过程并略去了 ε 方程的具体形式。目前常用的 ε 模型方程是采用类比于 k 模型方程的形式得出的，其表达形式是

$$\frac{\mathrm{d}\varepsilon}{\mathrm{d}t} = \frac{\partial \varepsilon}{\partial t} + \bar{u}_j \frac{\partial \varepsilon}{\partial x_j} = \frac{\partial}{\partial x_j}\left[\left(\nu + \frac{\nu_t}{\sigma_\varepsilon}\right)\frac{\partial \varepsilon}{\partial x_j}\right] - C_{\varepsilon 1}\frac{\varepsilon}{k}\overline{u_i' u_j'}\frac{\partial \bar{u}_i}{\partial x_j} - C_{\varepsilon 2}\frac{\varepsilon^2}{k} \tag{10.2.8}$$

式中，σ_ε、$C_{\varepsilon 1}$ 与 $C_{\varepsilon 2}$ 为经验常数。相应地，模化后的 k 方程可以写为

$$\frac{\mathrm{d}k}{\mathrm{d}t} = \frac{\partial k}{\partial t} + \bar{u}_j \frac{\partial k}{\partial x_j} = \frac{\partial}{\partial x_j}\left[\left(\nu + \frac{\nu_t}{\sigma_k}\right)\frac{\partial k}{\partial x_j}\right] - \overline{u_i' u_j'}\frac{\partial \bar{u}_i}{\partial x_j} - \varepsilon \tag{10.2.9}$$

3. 非线性 k-ε 模式

线性 k-ε 模式又称标准 k-ε 模式，该模式存在的不足主要体现在：①假定了 Reynolds 应力与当时当地的平均切变率成正比；②线性 k-ε 模式是各向同性的，而 Reynolds 应力是各向异性，尤其是近壁湍流；③线性 k-ε 模式不能反映平均涡量的影响，然而平均涡量对 Reynolds 应力的分布有影响，尤其在湍流分离流中，这种影响还十分突出。在线性 k-ε 模式的基础上人们又发展了非线性 k-ε 模式，其中有代表性的是重整化群 k-ε 模式(即 RNG k-ε 模式)、Realizable k-ε 模式和 Speziale 基于理性力学方法导出的非线性 k-ε 模式。

以文献[12]为例，它应用理性力学中建立流体本构关系的方法，把 Reynolds 应力用平均速度梯度展开到二阶近似，根据张量函数的可表性与参照坐标不变性原则，并以 k 与 ε 参数化，最后得到了非线性 k-ε 模式。应该看到，非线性 k-ε 模式较线性的有了较大的改进，它考虑了涡黏系数的各向异性、考虑了沿流向的历史效应以及平均涡量的影响。线性 k-ε 模型只可以用于简单切变湍流的数值计算，而非线性 k-ε 模型所能计算的流场类型要比前者广泛些，而且有些情况下计算出的结果会更贴近实验的结果。但还应该指出：理论上 k-ε 模式都是以湍动能生成和耗散相平衡为基础的，然而在接近固壁处，那里分子黏性扩散将在湍动能平衡中起重要作用，所以在壁面附近($y^+ < 20$ 的区域)使用线性 k-ε 模式与非线性 k-ε 模式时都需要慎重考虑。此外，标

准 k-ε 模型和 RNG k-ε 模式等均是针对充分发展的湍流，这就是说它们均是高 Reynolds 数的湍流模型。对于近壁区内的流动，这里 Reynolds 数较低，湍流发展并不充分，湍流的脉动影响不如分子黏性的影响大，因此对于近壁区需要进行特殊的处理(在近壁区域可以采用壁面函数法或者低 Reynolds 数的 k-ε 模型法等)，关于这一点要格外注意。

4. 壁面律以及湍流边界层的多层结构模型

湍流边界层一般分为内层与外层。内层又分为三层：黏性底层、缓冲层(又称过渡层)和对数律层。黏性底层又称线性底层，在这层内，黏性应力占支配地位，而 Reynolds 应力相对较小；在对数律层内，黏性的影响小到可以忽略而 Reynolds 应力占支配地位，因此对数律层也常称为完全湍流层；在黏性底层与对数律层之间，存在着一个缓冲层，在这层内的黏性应力与 Reynolds 应力处在大体上相同的量级。内层(粗略地讲在 $0\leqslant y/\delta\leqslant 0.2$；$0\leqslant u/u_e\leqslant 0.7$ 的范围内)约占整个边界层厚度的 20%。为了分析湍流边界层的物理特征，引入了壁面摩擦速度(又称摩阻速度)u_τ 与摩擦 Reynolds 数 y^+ 的概念。u_τ 具有速度量纲，它是衡量湍流脉动速度的很合适的尺度，u_τ 的定义式为

$$u_\tau=\sqrt{\frac{\tau_w}{\rho}}\tag{10.2.10}$$

式中，τ_w 为壁面切应力；在壁面湍流的研究中，u_τ 作为特征速度。令 $\bar{u}$ 代表湍流运动的时均速度，于是 $\bar{u}^+$ 可定义为

$$\bar{u}^+\equiv\frac{\bar{u}}{u_\tau}\tag{10.2.11}$$

它是个无量纲数，常称为无量纲摩擦速度。在湍流研究中，人们常用上标“+”来表示以黏性尺度作为特征量进行无量纲化之后的物理量，这里黏性长度尺度 $\tilde{\delta}_\nu$ 与时间尺度 t_ν 的表达式分别为

$$\tilde{\delta}_\nu\equiv\frac{\nu}{u_\tau}\tag{10.2.12}$$

$$t_\nu\equiv\frac{\tilde{\delta}_\nu}{u_\tau}=\frac{\nu}{u_\tau^2}\tag{10.2.13}$$

式中，ν 为运动黏性系数；假定以 u_τ 为特征速度所定义的 Reynolds 数为 Re_τ，其表达式为

$$Re_\tau\equiv\frac{u_\tau\delta}{\nu}=\frac{\delta}{\tilde{\delta}_\nu}\tag{10.2.14}$$

令 y 代表离开壁面的距离，因此 y 与黏性长度尺度 $\tilde{\delta}_\nu$ 之比应记作 y^+，它是一个非常重要的无量纲特征量，其表达式为

$$y^+\equiv\frac{y}{\tilde{\delta}_\nu}=\frac{u_\tau y}{\nu}\tag{10.2.15}$$

显然，y^+ 的定义与 Reynolds 数很相似，因此常称为摩擦 Reynolds 数。在壁面湍流研究中，常把 y^+ 称为内尺度，而把

$$y^*=\frac{y}{\delta}\tag{10.2.16}$$

称为外尺度。根据湍流边界层外层的结构特性，通常又可分为两层：尾迹律层和黏性顶层。尾迹律层(粗略地认为在 $0.2\delta\leqslant y\leqslant 0.4\delta$ 的范围内)的流动仍然是完全湍流，但这里湍流强度已明显减弱，而且速度梯度已很小，黏性的影响也不太明显，因此这里边界层流动的特性也已明显减弱。尾迹律层与对数律层构成完全湍流层。由于黏性的作用，黏性底层外缘处的速度低于边界层外

缘的速度 U_e，形成了速度亏损 $U_e-\bar{u}$（这里 $\bar{u}$ 表示湍流速度 u 的时均值）；在外层的速度亏损区内，黏性切应力已小到可以忽略，而几乎完全由 Reynolds 应力来维持当地的时均速度梯度。正是由于外层范围内黏性可以忽略，所以在内层中用以衡量黏性作用的摩擦 Reynolds 数 y^+、特征速度 u_τ 以及黏性长度尺度 ν/u_τ 都已不再适用于外层。在外层，合理的尺度是以整个边界层厚度作为长度尺度，以外缘速度 U_e 作为特征速度。由量纲分析，外层的速度分布关系可表达为

$$\frac{U_e-\bar{u}}{u_\tau}=f_1(y^*) \tag{10.2.17}$$

式(10.2.17)称为速度亏损律(也称尾迹律)。相应的内层的速度分布关系为

$$\bar{u}^+=f_2(y^+) \tag{10.2.18}$$

称为壁面律。应该指出，速度亏损律式(10.2.17)不仅适用于外层，也适用于内层中的对数律层(粗略地讲在 $40v/u_\tau\leqslant y\leqslant0.2\delta$ 的范围内)，因为那里的黏性应力的直接影响可以忽略不计。显然，亏损律不适用于缓冲层(粗略地讲在 $5\leqslant y^+\leqslant40$ 的范围内)与黏性底层。另外，还要说明的是由于尾迹律层与对数律层构成了完全湍流层，在它们相互衔接的小重叠层里，内层壁面律式(10.2.18)和外层亏损律式(10.2.17)均能适用。常用的对数律层的速度分布表达式为

$$\bar{u}^+=\frac{1}{K_1}\ln y^++B \tag{10.2.19}$$

式中，K_1 为 von Karman 常数；B 为积分常数；通常 K_1 为 0.4～0.41，B 为 5.0～5.5。

速度亏损律的表达式常可以写为

$$\frac{U_e-\bar{u}}{u_\tau}=-\frac{1}{K_1}\ln y^*+A \tag{10.2.20}$$

式中，K_1 同式(10.2.19)，为 von Karman 常数；A 为积分常数。通常 K_1 为 0.4～0.41，A 为 2.37～2.5。对于黏性底层(粗略来讲在 $0\leqslant y^+\leqslant5$ 的范围内)，速度分布的表达式为

$$\bar{u}^+=y^+ \tag{10.2.21}$$

黏性顶层(粗略地讲在 $y\geqslant0.4\delta$ 的范围内)是从边界层湍流到外部势流的过渡层，一般认为在 $y\geqslant0.4\delta$ 的范围内时流动完成了从湍流到势流、从有旋到无旋的过渡，实现了边界层与外部势流的相互衔接。在该层中，由于湍流脉动引起外部势流卷入边界层而发生掺混，湍流的波峰与势流的波谷可能相互穿插，形成了湍流的间歇性现象，因此黏性顶层(在 $\delta\geqslant y\geqslant0.4\delta$ 的范围内)又常称间歇湍流层。

最后还必须要说明的是，上述讨论只适用于压力梯度为零的边界层流动。对于有压力梯度的情况，一般不能保持速度分布的相似性。考虑到压力梯度的影响主要在外层，因此这时应把速度分布亏损律式(10.2.17)修改为

$$\frac{U_e-\bar{u}}{u_\tau}=f_1\left(y^*,\frac{\delta}{\tau_w}\frac{\mathrm{d}p}{\mathrm{d}x}\right) \tag{10.2.22a}$$

注意到 δ/δ^* 值一般近似为常数(这里 δ^* 为边界层排移厚度)，因此式(10.2.22a)又可写为

$$\frac{U_e-\bar{u}}{u_\tau}=f_1(y^*,\beta) \tag{10.2.22b}$$

式中

$$\beta=\frac{\delta^*}{\tau_w}\frac{\mathrm{d}p}{\mathrm{d}x} \tag{10.2.23}$$

显然，当 β 为一常数时，速度分布式(10.2.22)仍然满足亏损律式(10.2.17)，具有相似性。文献[13,14]通过实验证实了上述分析的正确性。文献[13]中称 β 等于常数的边界层为平衡边界层，

否则为非平衡边界层，并且称 β 为压强梯度参数，它表征了某一边界层截面上的压强梯度与壁面切应力之比。因此，零压强梯度边界层是平衡边界层在 $\beta=0$ 时的特殊情形。对于有压强梯度的边界层，文献[15]给出了一个通用的速度分布公式（它适用于平衡边界层以及非平衡边界层的内层与外层），即

$$\bar{u}^{+}=\frac{1}{K_1}\ln y^{+}+B+\frac{\Pi}{K_1}W(y^{*}) \tag{10.2.24}$$

式中，K_1 与 B 的定义同式(10.2.19)，y^{+} 与 y^{*} 同式(10.2.15)与式(10.2.16)。式(10.2.24)常称为 Coles 通用速度分布，也称速度分布尾迹律。在式(10.2.24)中，$W(y^{*})$ 为尾迹函数，它可近似为

$$W(y^{*})\approx 2\sin^{2}\left(\frac{\pi}{2}y^{*}\right) \tag{10.2.25}$$

在式(10.2.24)中，Π 为尾迹参数，它与压强梯度有关。把式(10.2.24)应用到外边界上，可得

$$\frac{U_{\mathrm{e}}}{u_{\tau}}=\frac{1}{K_1}\ln\delta^{+}+B+\frac{2\Pi}{K_1} \tag{10.2.26}$$

或者写为

$$\Lambda=\frac{1}{K_1}\ln\frac{Re_{\delta}}{\Lambda}+B+\frac{2\Pi}{K_1} \tag{10.2.27}$$

式中

$$\begin{cases}\delta^{+}=\dfrac{\delta u_{\tau}}{\nu}, & Re_{\delta}=\dfrac{\delta U_{\mathrm{e}}}{\nu}\\[2ex] \Lambda=\dfrac{U_{\mathrm{e}}}{u_{\tau}}=\sqrt{\dfrac{2}{C_f}}, & C_f=\dfrac{2\tau_{\mathrm{w}}}{\rho U_{\mathrm{e}}}\end{cases} \tag{10.2.28}$$

式中，C_f 与 Re_{δ} 分别为壁面摩擦阻力系数与以 δ 为特征长度的 Reynolds 数。若将式(10.2.26)减去式(10.2.24)，则可得

$$\frac{U_{\mathrm{e}}-\bar{u}}{u_{\tau}}=-\frac{1}{K_1}\ln(y^{*})+\frac{\Pi}{K_1}[2-W(y^{*})] \tag{10.2.29}$$

显然，这就是著名的 Coles 亏损速度分布通用公式。对于零压强梯度的边界层流动，这时 $\Pi=\frac{K_1 A}{2}\approx 0.5$，这里 A 的定义同式(10.2.20)；对于平衡边界层流动，这时 Π 可以用下式近似给出

$$\Pi\approx 0.8(\beta+0.5)^{0.75} \tag{10.2.30}$$

最后，讨论一下不可压缩边界层内层速度分布表达式的统一问题。1961 年 Spalding 根据内层中动量平衡对涡黏性 ν_t 作了量级估计，将 ν_t/ν 展成如下关系

$$\frac{\nu_t}{\nu}=K_1\mathrm{e}^{-K_1 B}\left[\mathrm{e}^{K_1\bar{u}^{+}}-1-K_1\bar{u}^{+}-\frac{(K_1\bar{u}^{+})^{2}}{2}\right] \tag{10.2.31}$$

式中，K_1 与 B 为常数；另外，注意到内层区可认为是等切应力区，故有

$$\mu\frac{\partial\bar{u}}{\partial y}-\rho\overline{u'v'}\approx\tau_{\mathrm{w}} \tag{10.2.32a}$$

或者

$$\nu\frac{\partial\bar{u}}{\partial y}-\rho\overline{u'v'}\approx u_{\tau}^{2} \tag{10.2.32b}$$

并注意到在内层区 $u_{\tau}=\mathrm{const}$，$\rho=\mathrm{const}$（这里为不可压缩流），于是由式(10.2.32)便可得到在内层中下式成立

$$\left(1+\frac{\nu_t}{\nu}\right)\frac{\partial \bar{u}^+}{\partial y^+}=1 \tag{10.2.33}$$

将式(10.2.31)代入式(10.2.33)后积分，得

$$y^+=\bar{u}^+ + \mathrm{e}^{-K_1 B}\left[\mathrm{e}^{K_1\bar{u}^+}-1-K_1\bar{u}^+-\frac{(K_1\bar{u}^+)^2}{2}-\frac{(K_1\bar{u}^+)^3}{6}\right] \tag{10.2.34}$$

这就是内层通用的 Spalding 公式，它适用于湍流边界层整个内层。式中，常数 K_1 和 B 分别取 0.41 和 5.0～5.5。

在流场数值计算中，紧靠壁面边界的计算域第一层网格，经常设置在边界层的内层区（即等应力层）里，因此便有如下壁面律

$$\bar{u}^+=\frac{1}{K_1}\ln y^+ + B,\quad \frac{\partial k}{\partial y}=0,\quad \varepsilon=\frac{u_\tau^3}{K_1 y} \tag{10.2.35}$$

式中，k 与 ε 分别表示湍动能与湍动能耗散率。因此可以用式(10.2.35)的壁面律代替固壁无滑移条件。大量的计算实践表明：对于高 Reynolds 数的流动，使用壁面函数是一种既经济又有足够精度的有效方法。

5. 低 Reynolds 数修正模式

对于低 Reynolds 数的流动，采用低 Reynolds 数修正模式是必要的。通常的修正方法是引进阻尼系数 f_μ，将涡黏系数写为

$$\nu_t = C_\mu f_\mu u' l \tag{10.2.36}$$

式中，C_μ 的定义同式(10.2.3)；此外，在近壁区还必须选取合适的特征脉动速度 u' 与合适的特征长度 l，它们必须与边界层内层（又称等应力层）中的 k-ε 模式衔接。容易分析，可以选 u' 与 l 为如下形式

$$\begin{cases} u' = k^{1/2} \\ l = \dfrac{k^{1/2}\left[k+(\nu\varepsilon)^{1/2}\right]}{\varepsilon} \end{cases} \tag{10.2.37}$$

式中，k 与 ε 分别为湍动能与湍动能耗散率。利用湍流边界层统计特性，并借助于经验曲线拟合可得到阻尼系数 f_μ 的表达式为

$$f_\mu = 1-\exp\left[-(a_1 R + a_2 R^2 + a_3 R^3 + a_4 R^4 + a_5 R^5)\right] \tag{10.2.38}$$

式中，R 为

$$R=\frac{k^{1/2}\left[k+(\nu\varepsilon)^{1/2}\right]^{3/2}}{\nu\varepsilon} \tag{10.2.39}$$

另外，采用低 Reynolds 数 k-ε 修正模式后，湍动能和湍动能耗散率方程便可以一直积分到壁面，这时 k 与 ε 的壁面边界条件为

$$\begin{cases} \text{当 } y=0 \text{ 时}, \quad k=0 \\ \varepsilon = 2\nu\left(\dfrac{\partial\sqrt{k}}{\partial y}\right)^2 \end{cases} \tag{10.2.40}$$

10.2.2 二阶矩模式

今考虑 Reynolds 应力输运方程

$$\frac{\partial \overline{u_i' u_j'}}{\partial t}+\bar{u}_k\frac{\partial \overline{u_i' u_j'}}{\partial x_k}=-\overline{u_i' u_k'}\frac{\partial \bar{u}_j}{\partial x_k}-\overline{u_j' u_k'}\frac{\partial \bar{u}_i}{\partial x_k}+\overline{\frac{p'}{\rho}\left(\frac{\partial u_i'}{\partial x_j}+\frac{\partial u_j'}{\partial x_i}\right)}$$

$$-\frac{\partial}{\partial x_k}\left(\frac{\overline{p'u'_i}}{\rho}\delta_{jk}+\frac{\overline{p'u'_j}}{\rho}\delta_{ik}+\overline{u'_iu'_ju'_k}-\nu\frac{\partial\overline{u'_iu'_j}}{\partial x_k}\right)-2\nu\overline{\frac{\partial u'_i}{\partial x_k}\frac{\partial u'_j}{\partial x_k}} \tag{10.2.41}$$

今将式(10.2.41)简写为如下形式

$$\frac{\mathrm{d}\,\overline{u'_iu'_j}}{\mathrm{d}t}=P_{ij}+D_{ij}+\Phi_{ij}-\varepsilon_{ij} \tag{10.2.42}$$

式中

$$\frac{\mathrm{d}\,\overline{u'_iu'_j}}{\mathrm{d}t}=\frac{\partial\,\overline{u'_iu'_j}}{\partial t}+\bar{u}_k\frac{\partial\,\overline{u'_iu'_j}}{\partial x_k} \tag{10.2.43a}$$

$$P_{ij}=-\overline{u'_ju'_k}\frac{\partial\bar{u}_i}{\partial x_k}-\overline{u'_iu'_k}\frac{\partial\bar{u}_j}{\partial x_k} \tag{10.2.43b}$$

$$D_{ij}=\frac{\partial}{\partial x_k}\left(-\frac{\overline{p'u'_i}}{\rho}\delta_{jk}-\frac{\overline{p'u'_j}}{\rho}\delta_{ik}+\nu\frac{\partial\,\overline{u'_iu'_j}}{\partial x_k}-\overline{u'_iu'_ju'_k}\right) \tag{10.2.43c}$$

$$\Phi_{ij}=\frac{1}{\rho}\overline{p'\left(\frac{\partial u'_i}{\partial x_j}+\frac{\partial u'_j}{\partial x_i}\right)} \tag{10.2.43d}$$

$$\varepsilon_{ij}=2\nu\overline{\frac{\partial u'_i}{\partial x_k}\frac{\partial u'_j}{\partial x_k}} \tag{10.2.43e}$$

上述方程中需要封闭的项有扩散项 D_{ij}、耗散项 ε_{ij} 以及再分配项 Φ_{ij}；而生成项 P_{ij} 不含有新增加的未知量，因此对它不需要封闭。注意这里 D_{ij}、ε_{ij} 以及 Φ_{ij} 是待封闭的量，下面对它们进行封闭：

(1) 对于扩散项 D_{ij} 常采用梯度形式的模式进行封闭，即认为扩散项应 D_{ij} 应与 Reynolds 应力的梯度成正比

$$D_{ij}=C_s\frac{k^2}{\varepsilon}\frac{\partial\,\overline{u'_iu'_j}}{\partial x_k} \tag{10.2.44}$$

(2) 对于耗散项 ε_{ij} 的封闭。在湍流统计方程的封闭模型中，耗散项的模拟是最困难的，因 Reynolds 应力耗散的输运过程包含了许多未知因素，对它们进行模式近似缺乏必要的理论依据，因此目前仍采用各向同性的近似模型，即

$$\varepsilon_{ij}=\frac{2}{3}\varepsilon\delta_{ij} \tag{10.2.45}$$

式中，ε 满足湍动能耗散率的输运方程，即

$$\frac{\partial\varepsilon}{\partial t}+\bar{u}_j\frac{\partial\varepsilon}{\partial x_j}=2\nu_tC_{\varepsilon1}\frac{\varepsilon}{k}(\bar{S}_{ij})^2+\frac{\partial}{\partial x_j}\left[\left(\nu+\frac{\nu_t}{\sigma_\varepsilon}\right)\frac{\partial\varepsilon}{\partial x_j}\right]-C_{\varepsilon2}\frac{\varepsilon^2}{k} \tag{10.2.46}$$

式中，$C_{\varepsilon1}$、$C_{\varepsilon2}$ 与 σ_ε 为经验常数；$\bar{S}_{ij}$ 定义为

$$\bar{S}_{ij}=\frac{1}{2}\left(\frac{\partial\bar{u}_i}{\partial x_j}+\frac{\partial\bar{u}_j}{\partial x_i}\right) \tag{10.2.47}$$

(3) 对再分配项进行封闭。对 Reynolds 应力不同分量间的再分配是 Reynolds 应力输运的一个极重要的过程，是对再分配项进行模拟的关键。考虑到脉动压强 p' 满足的方程是线性的，因此将 p' 分解为三项之和，即

$$p'=p^{(\mathrm{r})}+p^{(\mathrm{s})}+p^{(\mathrm{h})} \tag{10.2.48}$$

式中，$p^{(\mathrm{r})}$ 与 $p^{(\mathrm{s})}$ 分别代表快速压强项与慢速压强项；$p^{(\mathrm{h})}$ 满足 Laplace 方程，即

$$\frac{\partial^2p^{(h)}}{\partial x_i\partial x_i}=0 \tag{10.2.49}$$

注意式(10.2.49)的边界条件要结合 $p^{(\mathrm{r})}$ 与 $p^{(\mathrm{s})}$ 给出，以使得 p' 最终能满足给定的边界条件。另外，这里 $p^{(\mathrm{r})}$ 与 $p^{(\mathrm{s})}$ 分别满足

$$\frac{1}{\rho}\frac{\partial^2 p^{(r)}}{\partial x_i\partial x_i}=-2\frac{\partial\bar{u}_j}{\partial x_i}\frac{\partial u'_i}{\partial x_j} \tag{10.2.50}$$

$$\frac{1}{\rho}\frac{\partial^2 p^{(s)}}{\partial x_i\partial x_i}=-\frac{\partial^2}{\partial x_i\partial x_j}(u'_iu'_j-\overline{u'_iu'_j}) \tag{10.2.51}$$

而脉动压力 p' 所满足的 Poisson 方程为

$$\frac{1}{\rho}\frac{\partial^2 p'}{\partial x_i\partial x_i}=-2\frac{\partial\bar{u}_j}{\partial x_i}\frac{\partial u'_i}{\partial x_j}-\frac{\partial^2}{\partial x_i\partial x_j}(u'_iu'_j-\overline{u'_iu'_j}) \tag{10.2.52}$$

令 $\Phi_{ij}^{(r)}$ 与 $\Phi_{ij}^{(s)}$ 分别代表压强-变形的快速项与压强-变形的慢速项；$\Phi_{ij}^{(r)}$ 与 $\Phi_{ij}^{(s)}$ 的表达式分别为

$$\Phi_{ij}^{(r)}=\frac{1}{\rho}\overline{p^{(r)}\left(\frac{\partial u'_i}{\partial x_j}+\frac{\partial u'_j}{\partial x_i}\right)} \tag{10.2.53}$$

$$\Phi_{ij}^{(s)}=\frac{1}{\rho}\overline{p^{(s)}\left(\frac{\partial u'_i}{\partial x_j}+\frac{\partial u'_j}{\partial x_i}\right)} \tag{10.2.54}$$

并且令 $\Phi_{ij}^{(h)}$ 为

$$\Phi_{ij}^{(h)}=\frac{1}{\rho}\overline{p^{(h)}\left(\frac{\partial u'_i}{\partial x_j}+\frac{\partial u'_j}{\partial x_i}\right)} \tag{10.2.55}$$

显然，此时再分配项 Φ_{ij} 便可由 $\Phi_{ij}^{(r)}$、$\Phi_{ij}^{(s)}$ 与 $\Phi_{ij}^{(h)}$ 表出，其表达式为

$$\Phi_{ij}=\Phi_{ij}^{(r)}+\Phi_{ij}^{(s)}+\Phi_{ij}^{(h)} \tag{10.2.56}$$

值得注意的是，通常 $\Phi_{ij}^{(h)}$ 都很小，故常被忽略(但在壁面附近，由于壁面的影响，这时还是要考虑 $\Phi_{ij}^{(h)}$ 的影响)，现在对 $\Phi_{ij}^{(r)}$ 与 $\Phi_{ij}^{(s)}$ 项进行封闭。快速项 $\Phi_{ij}^{(r)}$ 常采用 IP(isotropization of production)模式，而慢速项 $\Phi_{ij}^{(s)}$ 常采用 Rotta 模式，它们的具体表达式为

$$\Phi_{ij}^{(r)}=-C_2\left(P_{ij}-\frac{1}{3}P_{kk}\delta_{ij}\right) \tag{10.2.57}$$

$$\Phi_{ij}^{(s)}=-C_R\frac{\varepsilon}{k}\left(\overline{u'_iu'_j}-\frac{2}{3}k\delta_{ij}\right) \tag{10.2.58}$$

式中，C_2 与 C_R 为模式常数；另外，式中 $P_{kk}=2P_k$，这里 P_k 是湍动能生成项。显然，将以上模式代入 Reynolds 应力输运方程(10.2.42)后，再连同关于 ε 输运的式(10.2.46)一起便得到了 Reynolds 应力输运方程的封闭方程组。

10.3 湍流速度与温度边界层方程组及其封闭模式

10.3.1 二维、湍流速度与温度边界层方程组

在流动平面内取边界层坐标系 xOy，并在物面上取一点为原点，沿物面的流动方向与物面的外法线方向分别取为 x 轴与 y 轴。在这个坐标系中相应的时均速度分量分别为 $\bar{u}$ 与 $\bar{v}$，于是在二维情况下，湍流时均量所满足的 Reynolds 方程组为

$$\frac{\partial\bar{u}}{\partial x}+\frac{\partial\bar{v}}{\partial y}=0 \tag{10.3.1a}$$

$$\frac{\partial\bar{u}}{\partial t}+\bar{u}\frac{\partial\bar{u}}{\partial x}+\bar{v}\frac{\partial\bar{u}}{\partial y}=-\frac{1}{\rho}\frac{\partial\bar{p}}{\partial x}+\frac{\partial}{\partial x}\left(\frac{\bar{\tau}_{xx}}{\rho}-\overline{u'u'}\right)+\frac{\partial}{\partial y}\left(\frac{\bar{\tau}_{xy}}{\rho}-\overline{u'v'}\right) \tag{10.3.1b}$$

$$\frac{\partial\bar{v}}{\partial t}+\bar{u}\frac{\partial\bar{v}}{\partial x}+\bar{v}\frac{\partial\bar{v}}{\partial y}=-\frac{1}{\rho}\frac{\partial\bar{p}}{\partial y}+\frac{\partial}{\partial x}\left(\frac{\bar{\tau}_{xy}}{\rho}-\overline{u'v'}\right)+\frac{\partial}{\partial y}\left(\frac{\bar{\tau}_{yy}}{\rho}-\overline{v'v'}\right) \tag{10.3.1c}$$

$$\frac{\partial\bar{T}}{\partial t}+\bar{u}\frac{\partial\bar{T}}{\partial x}+\bar{v}\frac{\partial\bar{T}}{\partial y}=\frac{1}{\rho c}\frac{\partial}{\partial x}\left(\lambda\frac{\partial\bar{T}}{\partial x}-\rho c\,\overline{u'T'}\right)+\frac{1}{\rho c}\frac{\partial}{\partial y}\left(\lambda\frac{\partial\bar{T}}{\partial y}-\rho c\,\overline{v'T'}\right)+\frac{1}{\rho c}\bar{\Phi} \tag{10.3.1d}$$

式中，c 与 λ 分别代表比热与热传导系数。

$$\bar{\tau}_{xx}=2\mu\frac{\partial\bar{u}}{\partial x},\quad \bar{\tau}_{yy}=2\mu\frac{\partial\bar{v}}{\partial y} \tag{10.3.2a}$$

$$\bar{\tau}_{xy}=\mu\left(\frac{\partial\bar{u}}{\partial y}+\frac{\partial\bar{v}}{\partial x}\right) \tag{10.3.2b}$$

$$\bar{\Phi}=2\mu\left[\left(\frac{\partial\bar{u}}{\partial x}\right)^2+\left(\frac{\partial\bar{v}}{\partial y}\right)^2\right]+\mu\left(\frac{\partial\bar{v}}{\partial x}+\frac{\partial\bar{u}}{\partial y}\right)^2 \tag{10.3.2c}$$

引入如下无量纲参数

$$x^*=\frac{x}{L},\quad y^*=\frac{y}{L},\quad \delta_v^*=\frac{\delta_v}{L},\quad \delta_t^*=\frac{\delta_t}{L} \tag{10.3.3a}$$

$$t^*=\frac{t}{t_c},\quad \bar{u}^*=\frac{\bar{u}}{v_\infty},\quad \bar{v}^*=\frac{\bar{v}}{v_\infty},\quad \bar{p}^*=\frac{\bar{p}}{\rho v_\infty^2} \tag{10.3.3b}$$

$$\bar{T}^*=\frac{\bar{T}-T_\infty}{T_w-T_\infty},\quad \overline{u'v'}^*=\frac{\overline{u'v'}}{v_\infty^2} \tag{10.3.3c}$$

$$(\overline{u'T'})^*=\frac{\overline{u'T'}}{v_\infty(T_w-T_\infty)} \tag{10.3.3d}$$

这里长度 L、时间 t_c、速度 v_∞ 与温度 T_∞ 均为特征量；δ_v 与 δ_t 分别代表速度型边界层厚度与温度型边界层厚度；T_w 为壁面温度。在进行数量级分析与比较时，一般认为 $(\overline{u'u'})^*$，$(\overline{u'v'})^*$，$(\overline{u'T'})^*$，…的量级最高为 δ_v^* 或者 δ_t^*。利用式(10.3.3)将方程组(10.3.1)进行无量纲化后，然后进行数量级的比较，仅保留量级为 1 的项，并将其有量纲化，于是方程组(10.3.1)便被简化为

$$\frac{\partial\bar{u}}{\partial x}+\frac{\partial\bar{v}}{\partial y}=0 \tag{10.3.4a}$$

$$\frac{\partial\bar{u}}{\partial t}+\bar{u}\frac{\partial\bar{u}}{\partial x}+\bar{v}\frac{\partial\bar{u}}{\partial y}=-\frac{1}{\rho}\frac{\partial\bar{p}}{\partial x}+\frac{1}{\rho}\frac{\partial}{\partial y}\left[\mu\frac{\partial\bar{u}}{\partial y}-\rho\overline{u'v'}\right] \tag{10.3.4b$'$}$$

$$0=-\frac{1}{\rho}\frac{\partial\bar{p}}{\partial y}-\frac{\partial}{\partial y}\overline{v'v'} \tag{10.3.4c}$$

$$\frac{\partial\bar{T}}{\partial t}+\bar{u}\frac{\partial\bar{T}}{\partial x}+\bar{v}\frac{\partial\bar{T}}{\partial y}=\frac{1}{\rho c}\frac{\partial}{\partial y}\left(\lambda\frac{\partial\bar{T}}{\partial y}-\rho c\,\overline{v'T'}\right)+\frac{1}{\rho c}\left[\mu\frac{\partial\bar{u}}{\partial y}-\rho\overline{u'v'}\right]\frac{\partial\bar{u}}{\partial y} \tag{10.3.4d$'$}$$

令 $\tilde{\tau}$ 与 $\tilde{q}$ 分别定义为

$$\tilde{\tau}\equiv\mu\frac{\partial\bar{u}}{\partial y}-\rho\overline{u'v'} \tag{10.3.5}$$

$$\tilde{q}\equiv\lambda\frac{\partial\bar{T}}{\partial x}-\rho c\,\overline{v'T'} \tag{10.3.6}$$

于是式(10.3.4d)′又可写为

$$\frac{\partial\bar{T}}{\partial t}+\bar{u}\frac{\partial\bar{T}}{\partial x}+\bar{v}\frac{\partial\bar{T}}{\partial y}=\frac{1}{\rho c}\left[\frac{\partial\tilde{q}}{\partial y}+\tilde{\tau}\frac{\partial\bar{u}}{\partial y}\right] \tag{10.3.4d}$$

如果从边界层内任意一点沿 y 方向对式(10.3.4c)积分至边界层的外缘点(不妨令该外缘点处的时均压强为 $\bar{p}_e$)，于是得

$$\bar{p}=\bar{p}_e-\rho\overline{(v')^2} \tag{10.3.7}$$

对式(10.3.7)的 x 求导数，得到

$$\frac{\partial\bar{p}}{\partial x}=\frac{d\bar{p}_e}{dx}-\rho\frac{\partial}{\partial x}\overline{(v')^2}=-\rho v_e\frac{dv_e}{dx}-\rho\frac{\partial}{\partial x}\overline{(u')^2} \tag{10.3.8}$$

式中，v_e 为外部势流速度。注意到$\frac{\partial}{\partial x}\overline{(v')^2}$与$\frac{\partial}{\partial x}\overline{(u')^2}$具有相同的数量级，故式(10.3.8)等号右边的第二项可以略去，于是便得

$$-\frac{1}{\rho}\frac{\partial \bar{p}}{\partial x}=v_e\frac{\mathrm{d}v_e}{\mathrm{d}x} \tag{10.3.9}$$

将式(10.3.9)以及式(10.3.5)代到式(10.3.4d)′，得

$$\frac{\partial \bar{u}}{\partial t}+\bar{u}\frac{\partial \bar{u}}{\partial x}+\bar{v}\frac{\partial \bar{u}}{\partial y}=v_e\frac{\mathrm{d}v_e}{\mathrm{d}x}+\frac{1}{\rho}\frac{\partial \bar{\tau}}{\partial y} \tag{10.3.4b}$$

因此式(10.3.4a)、式(10.3.4b)与式(10.3.4d)便构成了二维、湍流速度与温度边界层方程组。该方程组的边界条件为

$$\left.\begin{aligned}y=0:\quad &\bar{u}(x,0)=0,\bar{v}(x,0)=0\\ &\bar{T}(x,0)=T_w,\overline{u'v'}=0,\overline{v'T'}=0\end{aligned}\right\} \tag{10.3.10a}$$

$$\left.\begin{aligned}y=\delta_v:\quad &\bar{u}=v_e,\overline{u'v'}=0\\ y=\delta_t:\quad &\bar{T}=T_e,\overline{v'T'}=0\end{aligned}\right\} \tag{10.3.10b}$$

10.3.2 方程组的封闭性问题

由于在上述二维、不可压缩、湍流速度与温度边界层方程组中含 $\bar{u}$，$\bar{v}$，$\bar{T}$，$\overline{u'v'}$，$\overline{v'T'}$这 5 个未知量，而方程组只有三个方程，要使方程组封闭，就必须采用湍流模式理论，对未知项$\overline{u'v'}$与$\overline{v'T'}$补充相应的模型方程。

对 Reynolds 应力，引入涡黏性系数 ν_t，则

$$-\rho\overline{u'v'}=\rho\nu_t\frac{\partial \bar{u}}{\partial y} \tag{10.3.11}$$

对于一般三维流动，则有

$$-\overline{u'_iu'_j}=2\nu_t\bar{s}_{ij}-\frac{2}{3}k\delta_{ij} \tag{10.3.12}$$

这里 k 为单位质量所具有的湍流脉动动能(即湍动能)；δ_{ij} 为 Kronecker 符号；$\bar{s}_{ij}$ 为速度取时均值时的应变率张量，即

$$\bar{s}_{ij}=\frac{1}{2}\left(\frac{\partial \bar{u}_i}{\partial x_j}+\frac{\partial \bar{u}_j}{\partial x_i}\right) \tag{10.3.13}$$

对湍流热流中的$\overline{v'T'}$项，引入能量扩散系数(又称涡热扩散系数)α_t，即

$$-\rho c\,\overline{v'T'}=\rho c\alpha_t\frac{\partial \bar{T}}{\partial y} \tag{10.3.14}$$

借助于上面定义的 ν_t 与 α_t，于是式(10.3.5)与式(10.3.6)便可写为

$$\bar{\tau}=\rho(\nu+\nu_t)\frac{\partial \bar{u}}{\partial y} \tag{10.3.15}$$

$$\bar{q}=\rho c(\alpha+\alpha_t)\frac{\partial \bar{T}}{\partial y} \tag{10.3.16}$$

于是这时方程组(10.3.4)连同边界条件(10.3.10)便构成了二维、不可压缩、湍流速度与温度边界层问题所服从的完整方程组。

10.4 基于实验结果的平面湍流速度边界层一般特征

基于大量的实验数据并进行了归纳与整理之后，这里给出平面湍流速度边界层内湍流流动

的一般特性，其中包括湍流度、Reynolds 应力、涡的扩散性等，它们直接关系到流体的各种输运性质。以下分 5 点作扼要讨论。

10.4.1 相对湍流度变化的三维性

相对湍流度是一个代表湍流相对强弱的量，在 x、y、z 方向上分别用 $\frac{u_1'}{v_\infty}$、$\frac{u_2'}{v_\infty}$、$\frac{u_3'}{v_\infty}$ 来代表，式中，$u_i'=[\overline{(u_i')^2}]^{1/2}(i=1、2、3)$。图 10.1 给出了在不可压缩流动下，沿零压强梯度光滑壁的边界层内相对湍流度的分布曲线。图 10.1(a)为放大图，它给出了靠近壁面区域的流动结果。

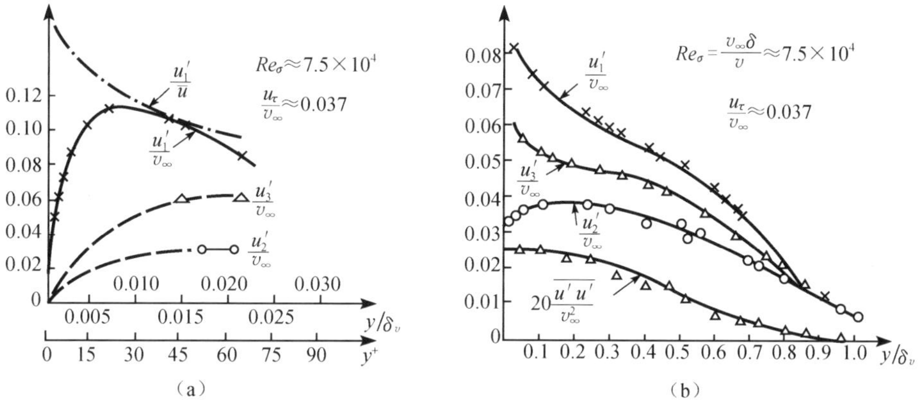

图 10.1 沿光滑平板湍流边界层内相对湍流度的变化

由图 10.1(a)与图 10.1(b)可以看出：

(1) 尽管时均速度为二维，但涨落速度却在三个方向上都存在，这就说明了湍流的三维性。

(2) 三个方向的湍流度分量是不相同的，并且越靠近壁面差别越大，这表明边界层内的湍流是各向异性的。

(3) 对于平面湍流速度边界层，从数量上讲，$\frac{u_1'}{v_\infty}$ 最大，$\frac{u_3'}{v_\infty}$ 次之，$\frac{u_2'}{v_\infty}$ 最小，这是因为时均速度主要是沿着 x 方向。

(4) 湍流度分量 $\frac{u_1'}{v_\infty}$、$\frac{u_3'}{v_\infty}$ 与 $\frac{u_2'}{v_\infty}$ 分别在 $y^+=15$、60 与 450 处达到最大值，这是因为由时均速度梯度所产生的涡在邻近固壁的黏性底层与缓冲层内具有较强的二维性，所以使得 $\frac{u_1'}{v_\infty}$ 值在这区域内迅速增加；而在涡旋进入完全湍流区以后，它的运动自由度增加并成为三维涡，这就使得三个湍流分量可能会同时增加。

10.4.2 Reynolds 应力的变化以及等切应力层

图 10.2(a)与(b)给出了 Reynolds 应力 $\frac{-\overline{u_1'u_2'}}{v_\infty^2}$ 随 y/δ_v 或者 y^+ 的变化曲线，从这些紧靠光滑壁附近区域的实验结果图中可以看到：

(1) Reynolds 应力 $\frac{-\overline{u_1'u_2'}}{v_\infty^2}$ 在 $y^+=20$ 以前呈线性上升的趋势，之后便缓慢增加，直至 $y^+=40$ 左右。在 $40<y^+<300$，Reynolds 应力几乎保持为常值，这就是边界层内层中完全湍流层的

区域。内层也称为等切应力层区域,等切应力层的存在说明了在这一层内每一点从时均运动所得来的动能与那里所消耗的动能相等,以至于可以维持一个平衡状态。实验测量[16]也证明了这一点。当 y^+ 大于 300 以后,Reynolds 应力随 y^+ 的变化曲线开始下降,直至边界层外缘附近它的值才趋于零。

(2) 为了将 Reynolds 应力与黏性剪应力 $\frac{\mu}{\rho v_\infty^2}\frac{\partial u}{\partial y}$ 相比较,实验测量已表明在黏性底层区域(即 $y^+<5$)内,黏性剪应力占主导地位,而当 $y^+>30$ 以后,则 Reynolds 应力占主导地位;在缓冲区($5\leqslant y^+\leqslant 40$)则黏性剪应力与 Reynolds 应力占同等重要地位。在湍流边界层内这一流动特点十分重要。

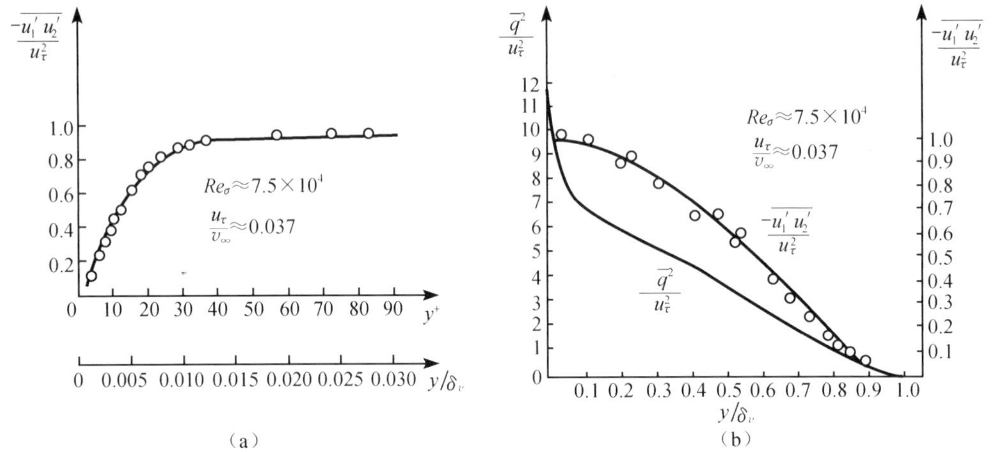

图 10.2 湍流边界层内 Reynolds 应力的分布曲线

10.4.3 涡黏性系数 ν_t 的变化曲线

在不可压缩湍流边界层内,图 10.3 给出了涡黏性系数 ν_t 随 y^+ 或者 y/δ_v 间的变化曲线,这里 δ_v 为速度型边界层的厚度。从图 10.3 可以看出:

(1) 在 $y^+<40$ 的范围内,如果将 $\frac{\nu_t}{\bar{u}^+\delta_v}$ 记为 $\tilde{f}$,则 $\tilde{f}$ 基本上随 y^+ 呈二次曲线变化;

(2) 在 $40<y^+<450$ 的范围内,$\tilde{f}$ 随 y^+ 的增大呈线性增加,增加到一定程度后则变化变缓慢,到 $y^+=900$ 附近时达到最大值 $\tilde{f}=0.066$,此后便开始逐渐下降,至边界层外缘处附近接近于零。

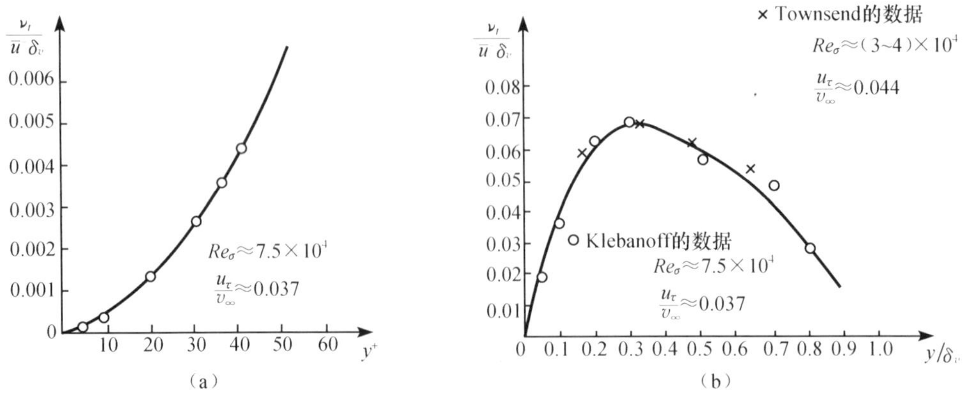

图 10.3 湍流边界层中涡黏性系数 ν_t 的分布

10.4.4 间歇因子的变化规律

在湍流边界层中，间歇现象普遍存在，这里用 γ 表示间歇因子。图 10.4 给出了间歇因子 γ 随 y/δ_v 的变化曲线。Klebanoff 的试验发现，边界层外缘界面瞬时位置的概率密度 $P(y/\delta_v)$ 符合如下的 Gauss 分布

$$P\left(\frac{y}{\delta_v}\right)=\frac{1}{\sigma\sqrt{2\pi}}\exp\left[-\left(\frac{y}{\delta_v}-0.78\right)^2\Big/2\sigma^2\right] \tag{10.4.1}$$

式中，σ 为标准偏差，约等于 $\sqrt{2}/10$；概率平均位置为 $y/\delta_v\approx 0.78$。由此便可知间歇因子 γ 的表达式为

$$\gamma=\frac{1}{2}[1-\mathrm{erf}(z)] \tag{10.4.2}$$

式中，$\mathrm{erf}(z)$ 为误差函数，其表达式为

$$\mathrm{erf}(z)=\frac{2}{\sqrt{\pi}}\int_0^z \mathrm{e}^{-\xi^2}\,\mathrm{d}\xi \tag{10.4.3}$$

$$z=5\left[\left(\frac{y}{\delta_v}\right)-0.78\right] \tag{10.4.4}$$

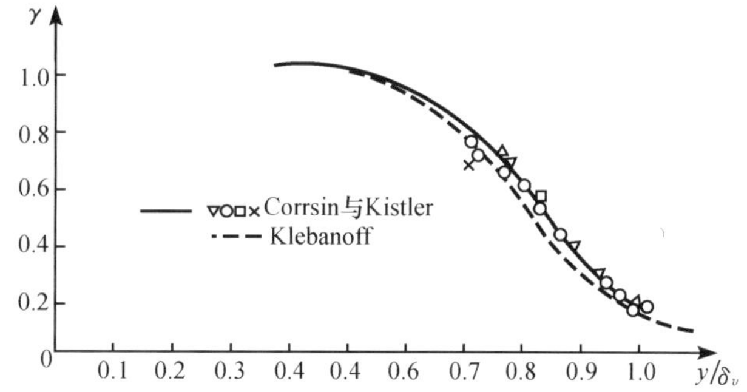

图 10.4　湍流边界层内间歇因子 γ 的分布曲线

从图 10.4 可以看出：在 $0<\dfrac{y}{\delta_v}<0.45$ 的范围内，γ 基本上保持为 1 左右；当 $\dfrac{y}{\delta_v}>1.1$ 以后，γ 趋近于零；在 $0.45<\dfrac{y}{\delta_v}<1.1$ 的范围内变化时，间歇因子 γ 逐渐从 1 变到 0，并且可以近似地用 Gauss 误差函数描述。

10.4.5 湍流的拟序结构

近四十多年来，在湍流研究中拟序结构(coherent structure)的发现最引人关注。1967 年 Kline 在 Stanford 大学用氢气泡技术显示了湍流边界层内层的拟序运动。氢泡线是由同一个时间发送的流体质点所组成，因此在流体力学上它应称为脉线(streak line)。理论上借助于相邻两条氢泡线的距离除以试验装置所施加电压的脉冲时间，是可以估算出当地的流向速度的。如果相邻氢泡线间的距离是均匀的，则表示当地流体速度是相等的；如果氢泡线间的距离变宽，则表示当地流体速度大于平均速度，这里称为高速区；如果氢泡线间的距离变窄，则表示当地流体速度小于平均速度，这里称为低速区。由湍流边界层中流动结构的氢泡线显示图可以知道：在线性

底层 $y^+=2.7$ 处有狭长的低速带状氢气泡积聚，形成有横向准周期性的条带（又称流条），这里称其为条带结构。这些条带可能是由底层的流向涡引起的。条带与外层流动相互作用而周期性地相继出现以下几个阶段：①在低速流条中，氢气泡缓慢地向下游漂移并慢慢升起，离开壁面。当达到 $y^+=8\sim12$ 时开始振荡，这些振荡不断增长，约在 $10<y^+<30$ 的区域内气泡线突然碎裂，被扭曲、拉伸后向外喷出。上述过程的基本特征是低速流条（即 $u'<0$）的上升或喷射（ejection）（$v'>0$），所以 $-\overline{u'v'}>0$。据估计，约 70% 的 Reynolds 应力是由这个喷射过程产生的。②与上述过程相对应的，也出现高速流条（即 $u'>0$）由外向壁面的扫掠（又称下刮，sweep）过程。这时 $v'<0$，所以 $-\overline{u'v'}>0$，也产生 Reynolds 应力。在整个黏性次层内，低速流体间歇地、局部地和猛烈地向外向上喷射，而上方的高速流体则间歇地和迅速地以小倾角直接入涌壁面并伴以几乎与壁面平行的扫掠运动（图 10.5），这些近壁活动使边界层的大部分湍流在缓冲区内生成。所谓湍流猝发现象（burst）是由一喷射猝发与一入涌猝发所构成的一个循环周期所组成，而且前者远比后者强烈。实验结果表明：在 $y^+\approx12$ 以外的区域内，喷射运动是 $-\overline{u'v'}$ 的主要贡献者，而壁面附近的扫掠运动则支配着 Reynolds 应力。另外，在生成湍流的过程中，缓冲区内也生成许多涡，这些涡对于本区低速流条的形成起着重要作用，但与黏性底层的低速流条相比，它们要小一个数量级。总之，这里可归纳一下上面所描述的在内层经常发生的拟序结构。

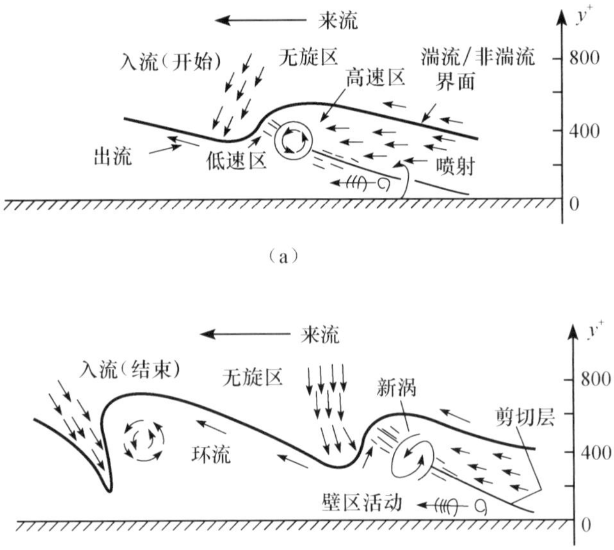

图 10.5　湍流边界层的拟序结构与运动

（1）高低速条带（又称流条）：是由彼此反向旋转的流向涡系所形成，一对流向涡的横向尺度约为 $100y^+$，长约为 $1000y^+$；

（2）扫掠（sweep）：从对数层来的高速流体朝向壁面运动，进入缓冲区；

（3）喷射（ejection）：低速流体突然离开缓冲区，朝外运动进入对数律区；

（4）猝发（burst）：慢速条带抬升到缓冲区，经历明显振荡后，以破碎成许多小尺度旋涡而告终，这些小涡组成的破碎区继续向外运动，整个过程称为猝发。

显然，内层的这些运动形式对 Reynolds 应力生成有着重要贡献，同时也是湍流能量的主要来源。湍流边界层外层的主要特征是存在大尺度运动和尺度约为边界层厚度量级的展向大涡。

在这些大尺度结构中黏性作用很小，可以看成是无黏非定常有旋的运动，造成边界层表面很不规则（图 10.6）。流动显示可以看到边界层外缘有许多“凸块”，这是由于湍流与非湍流流体交界面的交错所致。“凸块”波浪式地向下游漂移，非湍流流体逐渐被湍流“污染”，这个过程称之为“卷吸”（entrainment）。展向大涡不但对掺混起着重要的作用，而且对猝发过程也起着重要作用。

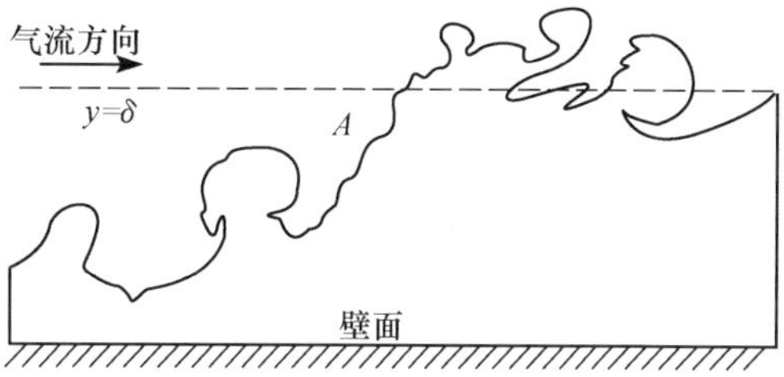

图 10.6　边界层中湍流和非湍流之间瞬时界面示意图

10.5　绕平板湍流流动时速度与温度边界层的求解

这里讨论平面湍流边界层的动量与能量积分关系式求解方法，它是一种简单但又实用的工程方法。对于定常、不可压缩平面流动，湍流边界层的基本方程组为

$$\frac{\partial \bar{u}}{\partial x}+\frac{\partial \bar{v}}{\partial y}=0 \tag{10.5.1a}$$

$$\bar{u}\frac{\partial \bar{u}}{\partial x}+\bar{v}\frac{\partial \bar{u}}{\partial y}=v_{\mathrm{e}}\frac{\mathrm{d}v_{\mathrm{e}}}{\mathrm{d}x}+\frac{1}{\rho}\frac{\partial \tilde{\tau}}{\partial y} \tag{10.5.1b}$$

$$\bar{u}\frac{\partial \bar{T}}{\partial x}+\bar{v}\frac{\partial \bar{T}}{\partial y}=\frac{1}{c\rho}\left[\frac{\partial \tilde{q}}{\partial y}+\tilde{\tau}\frac{\partial \bar{u}}{\partial y}\right] \tag{10.5.1c}$$

式中，$\tilde{\tau}$ 与 $\tilde{q}$ 已由式(10.3.15)与式(10.3.16)定义；c 为流体的比热。方程组的边界条件同式(10.3.10)。对于层流边界层来讲，动量积分关系式(9.4.14)与能量积分关系式分别为

$$\frac{\mathrm{d}\theta}{\mathrm{d}x}+(2+H)\frac{\theta}{v_{\mathrm{e}}}\frac{\mathrm{d}v_{\mathrm{e}}}{\mathrm{d}x}=\frac{C_f}{2} \tag{10.5.2}$$

$$\frac{\mathrm{d}}{\mathrm{d}x}\int_0^{\infty} u(T-T_{\infty})\mathrm{d}y=\frac{q_{\mathrm{w}}}{c\rho}+\frac{D_i}{c\rho} \tag{10.5.3}$$

式中，θ、C_f 的含义同式(9.4.14)；这里 q_{w} 为壁面处单位面积上的热流量；D_i 为耗散积分，其表达式为

$$D_i=\int_0^{\infty}\mu\left(\frac{\partial u}{\partial y}\right)^2\mathrm{d}y \tag{10.5.4}$$

如果壁面温度 T_{w} 为常数，于是用 $v_{\infty}(T_{\mathrm{w}}-T_{\infty})$ 除式(10.5.3)后，得

$$\frac{\mathrm{d}\delta_h}{\mathrm{d}x}=\frac{Nu}{PrRe_x}+\widetilde{D}_i=St+\widetilde{D}_i \tag{10.5.5}$$

式中，$\widetilde{D}_i$ 为耗散项；St 为 Stanton 数；Pr 为 Prandtl 数；Re_x 为局部 Reynolds 数；δ_h 为边界层焓厚度，其表达式为

$$\delta_h=\int_0^{\infty}\frac{u}{v_{\infty}}\left(\frac{T-T_{\infty}}{T_{\mathrm{w}}-T_{\infty}}\right)\mathrm{d}y=\int_0^{\infty}\frac{u}{v_{\infty}}\left(1-\frac{T_{\mathrm{w}}-T}{T_{\mathrm{w}}-T_{\infty}}\right)\mathrm{d}y \tag{10.5.6}$$

或者

$$\delta_h=\int_0^{\delta_t}\frac{u}{v_{\infty}}\left(\frac{T-T_{\infty}}{T_{\mathrm{w}}-T_{\infty}}\right)\mathrm{d}y=\int_0^{\delta_t}\frac{u}{v_{\infty}}\left(1-\frac{T_{\mathrm{w}}-T}{T_{\mathrm{w}}-T_{\infty}}\right)\mathrm{d}y \tag{10.5.7}$$

而 $\widetilde{D}_i$ 的表达式为

$$\widetilde{D}_i = \frac{D_i}{c\rho v_\infty (T_w - T_\infty)} \tag{10.5.8}$$

St 的表达式为

$$St = \frac{Nu}{PrRe_x} = \frac{q_w}{\rho c v_\infty (T_w - T_\infty)} \tag{10.5.9}$$

以 x 为特征长度的 Nu 与 Re_x 分别定义为

$$Nu = \frac{q_w x}{\lambda (T_w - T_\infty)} \tag{10.5.10}$$

$$Re_x = \frac{v_\infty x}{\mu/\rho} \tag{10.5.11}$$

显然,如果忽略耗散项 $\widetilde{D}_i$,则式(10.5.5)又可变为

$$\frac{d\delta_h}{dx} = St \tag{10.5.12}$$

对于湍流边界层来讲,相应的动量积分关系式与能量积分关系式分别为

$$\frac{d\bar{\theta}}{dx} + (2 + \bar{H})\frac{\bar{\theta}}{v_e}\frac{dv_e}{dx} = \frac{C_f}{2} \tag{10.5.13}$$

$$\frac{d\bar{\delta}_h}{dx} = St + \overline{\widetilde{D}_i} \tag{10.5.14}$$

式中,$\bar{\theta}$、$\bar{\delta}_h$ 与($\overline{\widetilde{D}_i}$)的定义分别为

$$\bar{\theta} = \int_0^{\delta_v} \frac{\bar{u}}{v_e}\left[1 - \frac{\bar{u}}{v_e}\right] dy \tag{10.5.15}$$

$$\bar{\delta}_h = \int_0^{\delta_t} \frac{\bar{u}}{v_e}\left[1 - \frac{T_w - \bar{T}}{T_w - T_e}\right] dy \tag{10.5.16a}$$

或者

$$\bar{\delta}_h = \int_0^{\infty} \frac{\bar{u}}{v_\infty}\left[1 - \frac{T_w - \bar{T}}{T_w - T_\infty}\right] dy \tag{10.5.16b}$$

$$\overline{\widetilde{D}_i} = \frac{1}{c\rho v_\infty (T_w - T_\infty)} \int_0^{\infty} \mu \left(\frac{\partial \bar{u}}{\partial y}\right)^2 dy \tag{10.5.17}$$

上式子中 $\bar{u}$ 与 $\bar{T}$ 分别表示速度的时均值与温度的时均值。

10.5.1 湍流速度边界层的求解

对于定常、平面、无压强梯度的湍流边界层流动,则式(10.5.13)变为

$$\frac{d\bar{\theta}}{dx} = \frac{C_f}{2} \tag{10.5.18}$$

首先假定这里的边界层为沿平板的湍流边界层流动,并假定该边界层的时均速度分布为

$$\bar{u} = a + by^{\frac{1}{n}} \tag{10.5.19}$$

利用边界条件

$y=0$:　　$\bar{u}=0$,得 $a=0$

$y=\delta_v$:　　$\bar{u}=v_\infty$,得 $b=\dfrac{v_\infty}{\delta_v^{\frac{1}{n}}}$

于是有

$$\frac{\bar{u}}{v_\infty} = \left(\frac{y}{\delta_v}\right)^{\frac{1}{n}} \tag{10.5.20}$$

由 C_f 的定义以及式(10.5.20)，很容易得到如下关系式

$$\frac{1}{2}C_f = C_1 Re_{\delta_v}^{\frac{-2}{1+n}} \tag{10.5.21}$$

式中，Re_{δ_v} 以及 C_1 分别定义为

$$Re_{\delta_v} = \frac{v_\infty \delta_v}{\nu} \tag{10.5.22}$$

$$C_1 = \left(\frac{v_\infty}{u_\tau}\right)^{\frac{-2n}{1+n}} \tag{10.5.23}$$

式中，u_τ 为摩擦速度，其定义由式(10.2.10)给出。另外，将式(10.5.20)代入到动量厚度 θ 与位移厚度 δ^* 的定义式并进行积分后，有

$$\frac{\bar{\theta}}{\delta_v} = \frac{n}{(n+1)(n+2)} \tag{10.5.24}$$

$$\frac{\bar{\delta}^*}{\delta_v} = \frac{1}{1+n} \tag{10.5.25}$$

将式(10.5.24)与式(10.5.21)代入式(10.5.18)，并对其积分后，可得

$$\frac{\delta_v}{x} = C_2 Re_x^{\frac{-2}{n+3}} \tag{10.5.26}$$

式中，C_2 为常数，并且还有

$$C_2 = \left[\frac{(n+2)(n+3)}{C_1}\right]^{\frac{n+1}{n+3}} \tag{10.5.27}$$

式(10.5.26)就是沿半无限长平板湍流边界层厚度 δ_v 在 x 方向的变化规律。容易得到：当 $n=7$ 时，则 $C_2=0.37$。利用这时的 n 与 C_2 的值，于是式(10.5.26)变为

$$\frac{\delta_v}{x} = 0.37 Re_x^{-\frac{1}{5}} \tag{10.5.28}$$

相应的这时 C_f 变为

$$C_f = 0.0577 Re_x^{-\frac{1}{5}} \tag{10.5.29}$$

10.5.2 湍流温度边界层的求解

如果认为温度边界层与速度边界层类似，也具有相似性解并且认为它的温度剖面与速度剖面都具有相似性，则对应于式(10.5.20)，可假定温度分布为

$$\frac{\bar{T}-T_\infty}{T_w - T_\infty} = 1 - \left(\frac{y}{\delta_t}\right)^{\frac{1}{n}} \tag{10.5.30}$$

将式(10.5.20)与式(10.5.30)代入式(10.5.16)进行积分，得

$$\frac{\bar{\delta}_h}{\delta_t} = \left(\frac{\delta_t}{\delta_v}\right)^{\frac{1}{n}} \frac{\theta}{\delta_v} \tag{10.5.31}$$

注意到动量与热量之间的 Reynolds 类比关系，对于沿平板的层流温度边界层，当 Pr 数在 0.6～10 范围变化时，有下式成立

$$Nu = \frac{1}{2}C_f Re_x Pr^{\frac{1}{3}} \tag{10.5.32}$$

并认为式(10.5.32)对湍流边界层也成立。于是将式(10.5.21)与式(10.5.32)代入式(10.5.14)并注意忽略$(\overline{\widetilde{D}_i})$项后，得到

$$\frac{\mathrm{d}}{\mathrm{d}x}\left(\frac{\bar{\delta}_h}{\delta_t}\delta_t\right) = C_1 Re_x^{\frac{-2}{1+n}} Pr^{-\frac{2}{3}}\left(\frac{x}{\delta_v}\right)^{\frac{2}{1+n}} \tag{10.5.33}$$

考虑到$\dfrac{\bar{\delta}_h}{\delta_t}$为一常数，这时式(10.5.33)是关于 δ_t 的一阶常微分方程，于是积分式(10.5.33)后，可以得到

$$\frac{\delta_t}{\delta_v} = Pr^{-\frac{2n}{3(n+1)}} \tag{10.5.34}$$

如果取 $n=7$ 并利用式(10.5.31)，便可以得到

$$\bar{\delta}_h = 0.361 Re_x^{\frac{-1}{5}} Pr^{-\frac{2}{3}} \tag{10.5.35}$$

另外，当 $n=7$ 时还容易求得

$$\frac{\delta_t}{\delta_v} = Pr^{-\frac{7}{12}} \tag{10.5.36}$$

$$\frac{\delta_t}{x} = 0.37 Re_x^{-\frac{1}{5}} Pr^{-\frac{7}{12}} \tag{10.5.37}$$

习　　题

10.1　对于下列瞬时速度，试求速度的时均值 $\bar{u}$，脉动速度 u' 以及$\overline{(u')^2}$：

(1) $\bar{u}+u'=a+b\sin(\omega t)$；

(2) $\bar{u}+u'=a+b\sin^2(\omega t)$；

(3) $\bar{u}+u'=at+b\sin(\omega t)$。

10.2　在均质不可压缩流体的湍流流动中，试证明有下列关系式成立

$$\nabla^2\frac{p'}{\rho} = -\frac{\partial^2}{\partial x_i \partial x_j}(u'_i u'_j - \overline{u'_i u'_j}) + 2\frac{\partial \bar{u}_i}{\partial x_j}\frac{\partial u'_j}{\partial x_i} \tag{*1}$$

10.3　从涡量方程

$$\frac{\partial \boldsymbol{\Omega}}{\partial t} + (\boldsymbol{u}\cdot\nabla)\boldsymbol{\Omega} = (\boldsymbol{\Omega}\cdot\nabla)\boldsymbol{u} + \nu\nabla^2\boldsymbol{\Omega} \tag{*2}$$

出发，令 $\boldsymbol{\Omega}=\omega_i \boldsymbol{e}_i$，这里 $\boldsymbol{e}_i$ 为直角笛卡儿坐标系下的单位基矢量；如果 $\omega_i=\bar{\omega}_i+\omega'_i$，并且令 $\bar{\omega}_i=0$，试证明涡量方程(*2)可以简化为

$$\frac{\partial \omega'_i}{\partial t} + u'_j\frac{\partial \omega'_i}{\partial x_j} - \omega'_j\frac{\partial u'_i}{\partial x_j} = \nu\nabla^2\omega'_i$$

10.4　在三维直角坐标系下，写出湍动能耗散率 $\varepsilon=\nu\overline{\dfrac{\partial u'_i}{\partial x_j}\dfrac{\partial u'_i}{\partial x_j}}$的展开表达式。

10.5　在低速风洞栅网后的主流区，可近似认为这里的时均速度场是均匀分布的，试分析该流场湍动能的变化关系式。

10.6　假定在近壁内层区总切应力为常数，并且湍流涡黏性系数 μ_t 可表示成如下指数形式

$$\mu_t = \mu k_1 e^{-k_1 B}\left[e^{k_1 \bar{u}^+} - 1 - k_1 \bar{u}^+ - \frac{(k\bar{u}^+)^2}{2}\right] \tag{*3}$$

试导出内层壁面律公式

$$y^+ = \bar{u}^+ + e^{-k_1 B}\left[e^{k_1 \bar{u}^+} - 1 - k_1 \bar{u}^+ - \frac{(k\bar{u}^+)^2}{2} - \frac{(k\bar{u}^+)^3}{6}\right] \tag{*4}$$

10.7　用 Coles 公式(10.2.29)计算平板湍流边界层$\frac{u_e \delta^*}{\nu}=15000$处的表面摩擦系数 C_f。

10.8　对于不可压缩流体绕平壁的湍流边界层流动，当 $Re_\delta=\frac{u_e \delta}{\nu}<10^5$，边界层速度剖面可以表示为$\frac{\bar{u}}{u_e}=\left(\frac{y}{\delta}\right)^n$，此时壁面摩擦系数 $C_f=CRe_x^{-m}$，这里 $m=\frac{2n}{n+1}$，试完成：

(1) 试证明$\frac{\theta}{\delta}=\frac{n}{(n+1)(2n+1)}$；

(2) 利用动量积分关系式$\frac{d\theta}{dt}=\frac{1}{2}C_f$，试证明

$$\theta(x) = \frac{nx}{(n+1)(2n+1)}\left[\frac{C(2n+1)(3n+1)}{2n}\right]^{\frac{n+1}{3n+1}} Re_x^{\frac{-2n}{3n+1}}$$

式中，$Re_x=\frac{xu_e}{\nu}$。

(3) 取 $n=\frac{1}{7}$，$C=0.045$ 时，试证明：

$$\theta(x) = 0.036xRe_x^{-1/5}$$
$$\delta(x) = 0.37xRe_x^{-1/5}$$

10.9　热力学主要有两大分支，即：①平衡态热力学（文献[17]，这是一部由王竹溪先生著写的非常重要的书籍，它以写平衡态为主）；②非平衡态热力学（文献[18]，这是一部不朽著作，书中包括非平衡态输运理论以及量子统计等内容）。此外，Prigogine 的耗散结构理论是对非平衡态热力学的一个重大发展。一些学者从耗散结构理论入手研究湍流的发生以及湍流中的拟序结构，并取得了一些重要成果，你能否在这方面举例说明？

参考文献

[1] 王保国,刘淑艳,王新泉等. 传热学. 北京:机械工业出版社,2009.

[2] Tannehill J C, Anderson D A, Pletcher R H. Computational Fluid Mechanics and Heat Transfer. Washington D C: Taylor & Francis, 1997.

[3] 王保国,黄虹宾. 叶轮机械跨声速及亚声速流场的计算方法. 北京:国防工业出版社,2000.

[4] 庄礼贤,尹协远,马晖扬. 流体力学. 2版. 合肥:中国科学技术大学出版社,2009.

[5] 吴介之,马晖扬,周明德. 涡动力学引论. 北京:高等教育出版社,1993.

[6] 王保国,刘淑艳,黄伟光. 气体动力学. 北京:国防科工委5校(北京理工大学、北京航空航天大学、西北工业大学、哈尔滨工程大学、哈尔滨工业大学)出版社,2005.

[7] 王保国,刘淑艳,刘艳明等. 空气动力学基础. 北京:国防工业出版社,2009.

[8] 陈懋章. 黏性流体动力学基础. 北京:高等教育出版社,2002.

[9] Chen J Y. Slow viscous flow past a circular cylinder. Proceedings of the Second Asian Congress of Fluid Mechanics, 1983: 723-731.

[10] 郭永怀. 边界层理论讲义. 北京:中国科学技术大学出版社,1963.

[11] 卞荫贵. 边界层理论(上、下册). 合肥:中国科学技术大学出版社,1979.

[12] Speziale C G. Analytical methods for the development of Reynolds-Stress closures in turbulence. Annual Review of Fluid Mechanics, 1991, 23: 107.

[13] Clauser F H. The turbulent boundary layer. Advances in Applied Mechanics, 1956, 4: 1-51.

[14] Clauser F H. Turbulent boundary in adverse pressure gradients. Journal of the Aeronautical Sciences, 1954, 21: 91-108.

[15] Coles D. The law of the wake in the turbulent boundary layer. Journal of Fluid Mechanics, 1956, 1: 191-226.

[16] Klebanoff P S. Characteristics of Turbulence in a Boundary Layer with Zero Pressure Gradient. NACA TN 3178, 1954.

[17] 王竹溪. 热力学. 北京:人民教育出版社,1960.

[18] 王竹溪. 统计物理学导论. 北京:人民教育出版社,1956.

第三篇　可压缩无黏流体的流动

在可压缩流动中，密度的变化与压强、温度有关，这时热力学中的一些关系式必然要引入流体力学中，与连续方程、动量方程以及能量方程一起组成封闭的方程组。在可压缩流动中，由于密度是变化的，所以连续方程也是一个非线性方程。此外，在可压缩流动中，运动学与动力学问题已不能分开处理，Navier-Stokes 方程组所包含的连续方程、动量方程以及能量方程等需要联立求解。

本篇仅包含两章，第 11 章以研究一维定常与非定常流动为主，其中包括绝热流、变截面等熵流以及非定常流、运动激波与驻激波等；第 12 章以讲述二维流动为主，其中包括速度图法、超声速 Prandtl-Meyer 流动以及广义二维流动等。另外，在第 12 章中还特别讲述了吴仲华教授在国际上开创的 S_1 与 S_2 这两类流面上的流动计算问题[1~3]，扼要介绍了钱学森先生与 von Karman 教授在高亚声速速度图方法中所作出的重大贡献[4,5]。

第 11 章　可压缩无黏流体的一维流动

11.1　可压缩、无黏、非定常流动基本方程组的数学结构以及一维流动

11.1.1　可压缩、无黏、完全气体非定常流动基本组的数学结构

首先将可压缩、无黏气体基本方程组写成一阶拟线性对称双曲型方程组的形式[6]。为此，先讨论无黏流体的动量方程

$$\frac{\partial}{\partial t}(\rho \boldsymbol{V}) + \nabla\cdot(\rho \boldsymbol{V}\boldsymbol{V} + p\boldsymbol{I}) = \rho \boldsymbol{f} \tag{11.1.1}$$

式中，$\boldsymbol{VV}$ 是并矢张量（又称速度矢量的张量积）；$\rho \boldsymbol{f}$ 表示单位体积上的质量力（又称彻体力）；$\boldsymbol{I}$ 为单位度量张量，在笛卡儿直角坐标系(x_1, x_2, x_3)中式(11.1.1)可写为

$$\frac{\partial}{\partial t}(\rho v_i) + \frac{\partial}{\partial x_k}(\rho v_k v_i + p\delta_{ki}) = \rho f_i, \quad i,k = 1,2,3 \tag{11.1.2}$$

这里采用了 Einstein 求和约定。式中，δ_{ki} 为 Kronecker 记号。由连续方程

$$\frac{\partial \rho}{\partial t} + \nabla\cdot(\rho \boldsymbol{V}) = 0 \tag{11.1.3}$$

则式(11.1.2)可变为

$$\frac{\mathrm{d}\boldsymbol{V}}{\mathrm{d}t} + \frac{1}{\rho}\nabla p = \boldsymbol{f} \tag{11.1.4}$$

方程(11.1.4)常称为 Euler 方程。能量方程

$$\frac{\partial}{\partial t}\left(\rho e + \frac{1}{2}\rho V^2\right) + \nabla\cdot\left[\left(\rho e + \frac{1}{2}\rho V^2 + p\right)\boldsymbol{V}\right] = \rho \boldsymbol{f}\cdot\boldsymbol{V} \tag{11.1.5}$$

式中，e 为单位质量流体所具有的热力学狭义内能，因此 $\rho e + \frac{1}{2}\rho V^2$ 表示单位体积中流体所具有

的广义内能；借助于连续方程则式(11.1.5)可变为

$$\rho \frac{\partial}{\partial t}\left(e+\frac{V^2}{2}\right)+\rho \boldsymbol{V} \cdot \nabla\left(e+\frac{V^2}{2}\right)+\nabla \cdot (p\boldsymbol{V}) = \rho \boldsymbol{f} \cdot \boldsymbol{V} \tag{11.1.6}$$

或者

$$\rho \frac{\mathrm{d}}{\mathrm{d}t}\left(e+\frac{V^2}{2}\right)+\nabla \cdot (p\boldsymbol{V}) = \rho \boldsymbol{f} \cdot \boldsymbol{V} \tag{11.1.7}$$

注意到$\frac{\mathrm{d}}{\mathrm{d}t}\left(\frac{V^2}{2}\right)=\boldsymbol{V} \cdot \frac{\mathrm{d}\boldsymbol{V}}{\mathrm{d}t}$，并使用式(11.1.4)，则式(11.1.7)可改写为

$$\rho \frac{\mathrm{d}e}{\mathrm{d}t}+p\, \nabla \cdot \boldsymbol{V} = 0 \tag{11.1.8}$$

又利用连续方程消去式(11.1.8)的$\nabla \cdot \boldsymbol{V}$项便得到

$$\frac{\mathrm{d}e}{\mathrm{d}t}-\frac{p}{\rho^2}\frac{\mathrm{d}\rho}{\mathrm{d}t} = 0 \tag{11.1.9}$$

或者

$$\frac{\mathrm{d}e}{\mathrm{d}t}+p\frac{\mathrm{d}\frac{1}{\rho}}{\mathrm{d}t} = 0 \tag{11.1.10}$$

再利用 Gibbs 方程即

$$\mathrm{d}S = \frac{1}{T}\left(\mathrm{d}e+p\mathrm{d}\frac{1}{\rho}\right) \tag{11.1.11}$$

则式(11.1.10)变为

$$\frac{\mathrm{d}S}{\mathrm{d}t} = 0 \tag{11.1.12}$$

式中，S是单位质量流体所具有的熵；式(11.1.12)又可写为

$$\frac{\partial S}{\partial t}+\boldsymbol{V} \cdot \nabla S = 0 \tag{11.1.13}$$

或者

$$\frac{\partial S}{\partial t}+v_k\frac{\partial S}{\partial x_k} = 0,\quad k=1,2,3 \tag{11.1.14}$$

特别是对于多方气体(polytropic gas)，其状态方程具有如下形式

$$p = f(\rho, S) = B(S)\rho^{\gamma} \tag{11.1.15}$$

式中

$$B(S) = (\gamma-1)\exp\left(\frac{S-S_0}{C_V}\right) \tag{11.1.16}$$

式中，S_0是一个适当的常数；γ为比热比(又称绝热指数)；$B(S)$只是熵S的函数。对于多方气体，式(11.1.13)可以写为

$$\frac{\partial}{\partial t}\left(\frac{p}{\rho^{\gamma}}\right)+\boldsymbol{V} \cdot \nabla\left(\frac{p}{\rho^{\gamma}}\right) = 0 \tag{11.1.17}$$

对于正压气体，这时密度仅仅是压强的函数而与其他的热力学变量无关，这时的状态方程可以变得十分简单。在通常情况下，压强是密度与熵的函数，即$p=p(\rho,S)$。于是借助于它以及式(11.1.12)与式(11.1.14)可得到

$$\left(\frac{\partial p}{\partial \rho}\right)_S\left(\frac{\partial \rho}{\partial t}+v_k\frac{\partial \rho}{\partial x_k}+\rho\frac{\partial v_k}{\partial x_k}\right)+\left(\frac{\partial p}{\partial S}\right)_{\rho}\left(\frac{\partial S}{\partial t}+v_k\frac{\partial S}{\partial x_k}\right) = 0$$

即

$$\frac{\partial p}{\partial t}+v_k\frac{\partial p}{\partial x_k}+\rho a^2\frac{\partial v_k}{\partial x_k}=0$$

或者

$$\frac{1}{\rho a^2}\frac{\partial p}{\partial t}+\frac{\partial v_k}{\partial x_k}+\frac{v_k}{\rho a^2}\frac{\partial p}{\partial x_k}=0 \tag{11.1.18}$$

于是将方程(11.1.18)按照运动方程(11.1.4)、连续方程(11.1.18)及能量方程(11.1.14)的次序排列,便得到如下矩阵形式

$$\boldsymbol{A}_0\cdot\frac{\partial \boldsymbol{U}}{\partial t}+\boldsymbol{A}_i\cdot\frac{\partial \boldsymbol{U}}{\partial x_i}=\boldsymbol{C},\quad i=1,2,3 \tag{11.1.19}$$

式中

$$\begin{aligned}&\boldsymbol{U}=[v_1,v_2,v_3,p,S]^{\mathrm{T}}\\&\boldsymbol{C}=[\rho f_1,\rho f_2,\rho f_3,0,0]^{\mathrm{T}}\\&\boldsymbol{A}_0=\begin{bmatrix}\rho&0&0&0&0\\0&\rho&0&0&0\\0&0&\rho&0&0\\0&0&0&\dfrac{1}{\rho a^2}&0\\0&0&0&0&1\end{bmatrix}\end{aligned} \tag{11.1.20}$$

显然,$\boldsymbol{A}_0$ 为正定矩阵,可以证明 $\boldsymbol{A}_1$、$\boldsymbol{A}_2$、$\boldsymbol{A}_3$ 均为对称阵,因此方程组(11.1.19)是一个一阶拟线性对称双曲型偏微分方程组。对于一维可压缩无黏流动,则由式(11.1.3)、式(11.1.2)和式(11.1.5)组成的方程组可简化为

$$\begin{cases}\dfrac{\partial\rho}{\partial t}+\dfrac{\partial}{\partial x}(\rho u)=0\\[2mm]\dfrac{\partial}{\partial t}(\rho u)+\dfrac{\partial}{\partial x}(\rho u^2+p)=\rho f\\[2mm]\dfrac{\partial}{\partial t}\left(\rho e+\dfrac{1}{2}\rho u^2\right)+\dfrac{\partial}{\partial x}\left[\left(\rho e+\dfrac{1}{2}\rho u^2+p\right)u\right]=u\rho f\end{cases} \tag{11.1.21}$$

或者由式(11.1.3)、式(11.1.4)和式(11.1.13)组成的方程组在一维可压缩无黏流动时被简化为

$$\begin{cases}\dfrac{\partial\rho}{\partial t}+\dfrac{\partial}{\partial x}(\rho u)=0\\[2mm]\dfrac{\partial u}{\partial t}+u\dfrac{\partial u}{\partial x}+\dfrac{1}{\rho}\dfrac{\partial p}{\partial x}=f\\[2mm]\dfrac{\partial S}{\partial t}+u\dfrac{\partial S}{\partial x}=0\end{cases} \tag{11.1.22}$$

由于方程组(11.1.21)和方程组(11.1.22)都不是一阶对称双曲型方程组,所以为了说明它们的双曲性,在这里有必要介绍一下一个空间变量的一阶拟线性双曲型方程组的定义以及有关特性。

11.1.2 一维非定常无黏流基本方程组特征值与特征方程

1. 一个空间变量的一阶拟线性双曲型方程组

考察如下的一阶拟线性偏微分方程组

$$\boldsymbol{A}(t,x,\boldsymbol{U})\cdot\frac{\partial \boldsymbol{U}}{\partial t}+\boldsymbol{B}(t,x,\boldsymbol{U})\cdot\frac{\partial \boldsymbol{U}}{\partial x}=\boldsymbol{\phi}(t,x,\boldsymbol{U}) \tag{11.1.23}$$

式中,$\boldsymbol{A}$,$\boldsymbol{B}$ 均为 $n\times n$ 的矩阵;$\boldsymbol{U}=[u_1,u_2,\cdots,u_n]^{\mathrm{T}}$ 为未知函数组成的列向量;$\boldsymbol{\phi}=[\phi_1,\phi_2,\cdots,\phi_n]^{\mathrm{T}}$ 也为列向量。如果在所考察的区域内

$$\det \boldsymbol{A}\neq 0 \tag{11.1.24}$$

并且特征方程

$$\det(\boldsymbol{B}-\lambda\boldsymbol{A})=0 \tag{11.1.25}$$

有 n 个实根即 $\lambda_1,\lambda_2,\cdots,\lambda_n$;设 $\boldsymbol{l}_i$ 为对应于 λ_i 的左特征行向量,则

$$\boldsymbol{l}_i\cdot\boldsymbol{B}=\lambda_i\boldsymbol{l}_i\cdot\boldsymbol{A}\quad(\text{这里不对 } i \text{ 求和}) \tag{11.1.26}$$

如果 $\boldsymbol{l}_i(i=1,2,\cdots,n)$构成完全组即这些特征向量是完备的线性无关的,并且

$$\det\begin{bmatrix}\boldsymbol{l}_1\\ \boldsymbol{l}_2\\ \vdots\\ \boldsymbol{l}_n\end{bmatrix}\neq 0 \tag{11.1.27}$$

此时称方程组(11.1.23)为双曲型方程组。若特征方程(11.1.25)具有 n 个相异的实根,不妨令

$$\lambda_1<\lambda_2<\cdots<\lambda_n \tag{11.1.28}$$

则称方程组(11.1.23)为严格双曲型方程组。

2. 方程组(11.1.22)的特征

这时 $\boldsymbol{U}=[\rho,u,S]^{\mathrm{T}}$ 为未知函数的列向量,此时 $p=p(\rho,S)$;如果将式(11.1.22)整理为式(11.1.23)的形式,则此时

$$\boldsymbol{A}=\boldsymbol{I} \tag{11.1.29}$$

$$\boldsymbol{B}=\begin{bmatrix}u & \rho & 0\\ \dfrac{a^2}{\rho} & u & \dfrac{1}{\rho}\left(\dfrac{\partial p}{\partial S_\rho}\right)\\ 0 & 0 & u\end{bmatrix} \tag{11.1.30}$$

式中,$\boldsymbol{I}$ 为单位阵,$a^2=\left(\dfrac{\partial p}{\partial \rho}\right)_S$,于是

$$\det(\boldsymbol{B}-\lambda\boldsymbol{A})=(u-\lambda)[(u-\lambda)^2-a^2]$$

所以方程组(11.1.22)的特征方程为

$$(u-\lambda)[(u-\lambda)^2-a^2]=0 \tag{11.1.31}$$

其根为

$$\lambda_1=u-a,\quad \lambda_2=u,\quad \lambda_3=u+a \tag{11.1.32}$$

因此一维方程组(11.1.22)是严格双曲型的,它的三族特征曲线分别为

$$\frac{\mathrm{d}x}{\mathrm{d}t}=u-a,\quad \frac{\mathrm{d}x}{\mathrm{d}t}=u,\quad \frac{\mathrm{d}x}{\mathrm{d}t}=u+a \tag{11.1.33}$$

3. 一维非定常 Euler 方程组初、边值问题的提法

可压缩、无黏、完全气体、一维非定常流动的 Euler 方程组

$$
\begin{cases}
\dfrac{\partial \rho}{\partial t}+\dfrac{\partial(\rho u)}{\partial x}=0 \\
\dfrac{\partial u}{\partial t}+u\dfrac{\partial u}{\partial x}+\dfrac{1}{\rho}\dfrac{\partial p}{\partial x}=0 \\
\dfrac{\partial p}{\partial t}+u\dfrac{\partial p}{\partial x}+\rho a^2\dfrac{\partial u}{\partial x}=0
\end{cases}
\tag{11.1.34}
$$

该方程组有三条特征线,它们分别是

$$
\begin{cases}
C^{\pm}:\dfrac{\mathrm{d}x}{\mathrm{d}t}=u\pm a \\
C^{0}:\dfrac{\mathrm{d}x}{\mathrm{d}t}=u
\end{cases}
\tag{11.1.35}
$$

现在讨论方程组(11.1.34)在(x,t)平面上区域R的定解条件。这里R为$0\leqslant x\leqslant l,0\leqslant t\leqslant t_0$的矩形区域,如图11.1所示。为了便于讨论,先假定$u>0$。

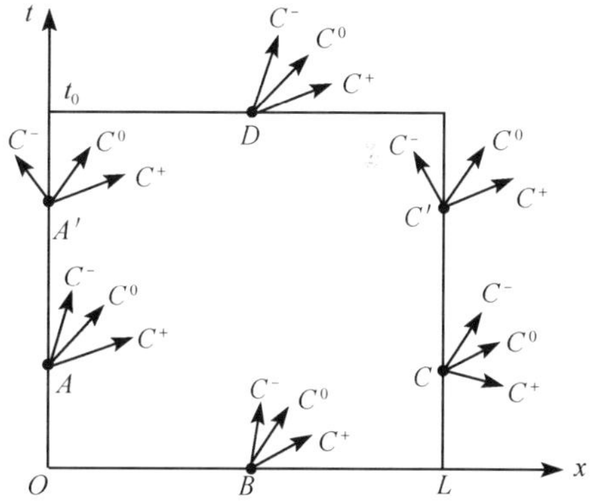

图 11.1 一维 Euler 流初边值问题的提法

(1) 在$x=0$边界上某点A处,若流动是超声速的,即$u_A>a$,则其上的三条特征线C^+、C^-、C^0都指向求解域的内部,因此在A点要规定三个边界条件。如果在$x=0$边界上某点A'处流动是亚声速的,则这时有两条特征线C^0与C^+是指向求解域内部的,而另一条C^-指向求解域的外部,因此在A'点处只能规定两个边界条件。

(2) 在$t=0$的任一点B处,无论流动是超声速还是亚声速,其上的三条特征线都指向求解域内部,所以在B点要规定三个初始条件。

(3) 在$x=l$的某点C处,若该点流动是超声速,其上三条特征线都指向求解域的外部,因此在C点处不能规定任何边界条件。如果在$x=l$上的某点C'处流动是亚声速,这时两条特征线C^0与C^+指向求解域外部,而有一条特征线C^-指向求解域内部,因此在C'点要规定一个边界条件。

(4) 在$t=t_0$的任一点D处,无论流动是亚声速还是超声速,在其上的三条特征线都指向区域的外部,因此在D点处不能规定任何定解条件。

总之,对于双曲型方程组,可以根据特征线的走向决定求解域边界上任一点处定解条件的数目。

11.2 声速与 Mach 数

11.2.1 声速

声速是指微弱扰动波在流体介质中的传播速度,它对于描述可压缩流的特性和规律起着非常重要的作用。下面举例说明微弱扰动传播的概念并推导声速的计算公式。

如图11.2(a)所示,有一根半无限长的直圆管,管内充满静止的气体,其压强、密度和温度分别为p、ρ和T,管的左端由活塞封住。将活塞向右突然而轻微地推动一下,使活塞速度由零增加

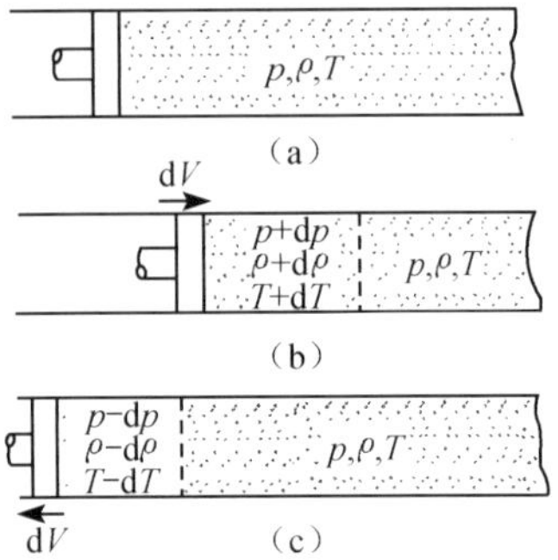

图 11.2　说明声波传播用图

到 dV,而后保持恒速 dV 向右运动,如图 11.2(b)所示。活塞的突然向右运动将首先压缩紧靠活塞的那一层气体,使这层气体的压强、密度和温度略有增大。这层被压缩后以速度 dV 运动的气体,对于第二层气体来说,就像活塞一样又压缩第二层气体,使其压强、密度和温度也略有增大,并迫使第二层气体也以 dV 的速度运动。这样,压缩作用一层一层传下去,便在圆管中形成一道向右传播的微弱扰动。必须指出,扰动传播速度和气体质点的速度是性质不同的两回事,前者是扰动信号在介质中的传播速度;后者则是质点本身的运动速度。它们分别属于两种不同的运动形态——波动及质点的机械运动。

在微弱扰动的传播过程中,受到扰动和尚未受到扰动的气体之间有一个分界面,如图 11.2(b)中虚线所示,这个分界面叫做微弱扰动波。在分界面的两边,气体参数的数值略有不同。如果气体中的微弱扰动是由气体被压缩而产生的,则称为微弱扰动压缩波,如图 11.2(b)所示;如果气体中的微弱扰动是由气体膨胀而产生的,称为微弱扰动膨胀波。如图 11.2(c)所示,此时活塞不是向右而是向左突然而轻微的运动。无论是微弱扰动压缩波还是膨胀波,其扰动在气体中的传播情况是相似的,并且都是向着远离扰动源的方向传播。这里不同的是,在压缩波所过之处,气体的压强、密度和温度都略微增大;而在膨胀波所过之处,这些参数都略微减小。

可以认为声音是由微弱扰动压缩波和膨胀波交替组成的微弱扰动波。如果使活塞左右振动,则气体的微弱扰动将是交替地以膨胀波和压缩波的形式进行传播,这就是声波传播的重要特征。

理论上能够证明:无论哪一种微弱扰动波,其传播的速度都一样,并统称为声速。必须指出,在气体动力学中,声速不仅仅指声音的传播速度,而是指所有微弱扰动波的传播速度。

下面以微弱扰动压缩波在直圆管中的传播为例去推导声速公式。选用与微弱扰动波一起运动的相对坐标系来分析管内的流动,如图 11.3 所示。

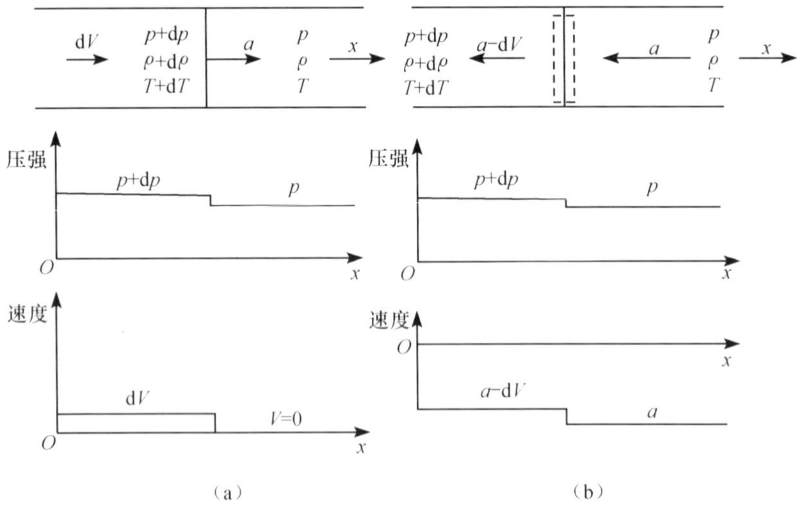

图 11.3　推导声速用图

在图 11.3(a)中,设微弱扰动波在半无限长圆管中的传播速度(即声速)为 a;波扫过的流体的压强、密度和温度都有一个微小增量,依次为 $p+\mathrm{d}p$、$\rho+\mathrm{d}\rho$ 和 $T+\mathrm{d}T$,并以微小速度 dV 向右运动。波前方流体未受扰动，依然静止不动，其压强、密度和温度分别为 p、ρ 和 T。显然，对一个静止的观察者来说，上述流动属于一个非定常的一维流动问题。

为使分析简单起见，选用与扰动波一起运动的相对坐标系。于是，在相对坐标系中，上述流动便转化为定常问题。此时，如图 11.3(b)所示，扰动波静止不动，而压强为 p、密度为 ρ、温度为 T 的气体以声速 a 向扰动波流来。当气体经过扰动波后，速度降为 $a-\mathrm{d}V$，而压强、密度和温度分别增大到 $p+\mathrm{d}p$、$\rho+\mathrm{d}\rho$ 和 $T+\mathrm{d}T$。取控制体如图 11.3(b)中的虚线所示，则由连续方程

$$\rho a A = (\rho + \mathrm{d}\rho)(a - \mathrm{d}V)A$$

式中，A 为直圆管的横截面积，略去二阶小量，得

$$a\mathrm{d}\rho = \rho \mathrm{d}V \tag{11.2.1}$$

在 x 方向施用动量方程。忽略控制面上的黏性力，有

$$-pA + (p + \mathrm{d}p)A = \rho A a[-(a - \mathrm{d}V) - (-a)]$$

整理后可得到

$$\mathrm{d}p = \rho a \mathrm{d}V \tag{11.2.2}$$

将式(11.2.1)代入式(11.2.2)，解出声速 a，即

$$a^2 = \frac{\mathrm{d}p}{\mathrm{d}\rho}$$

或

$$a = \sqrt{\frac{\mathrm{d}p}{\mathrm{d}\rho}} \tag{11.2.3}$$

由式(11.2.3)可见，声速是流体可压缩性的重要标志。需指出，按式(11.2.3)计算气体的声速之前，还必须知道在微弱扰动的传播过程中压强 p 和密度 ρ 之间的函数关系。由于在微弱扰动的传播过程中，气流的压强、密度和温度的变化都是无限小量，若忽略黏性作用，整个过程接近于可逆过程，而且过程进行得相当迅速，来不及与外界进行热交换，故该过程又接近于绝热过程。因而微弱扰动的传播可以被认为是一个可逆的绝热过程，即等熵过程。于是，声速公式(11.2.3)可以写为

$$a^2 = \left(\frac{\partial p}{\partial \rho}\right)_S$$

或

$$a = \sqrt{\left(\frac{\partial p}{\partial \rho}\right)_S} \tag{11.2.4}$$

式中，下标 S 表示等熵过程。

对于完全气体来说，在等熵过程中压强 p 与密度 ρ 之间的关系为

$$\frac{p}{\rho^\gamma} = 常数$$

因而

$$\frac{\mathrm{d}p}{p} = \gamma \frac{\mathrm{d}\rho}{\rho}$$

或写为

$$\left(\frac{\partial p}{\partial \rho}\right)_S = \gamma \frac{p}{\rho} = \gamma RT \tag{11.2.5}$$

对于空气，$\gamma=1.4$，$R=287.06\text{J}/(\text{kg}\cdot\text{K})$，则

$$a = 20.05\sqrt{T} \tag{11.2.6}$$

在海平面上，空气的温度为 288.2K，相应声速值为 340.3m/s；在 $H=11000\sim24000\text{m}$ 的同温层，空气温度保持 216.7K，则声速值为 295.1m/s。国际标准大气表上的声速数值按式(11.2.6)计算即得。

应当指出，式(11.2.3)、式(11.2.4)和式(11.2.6)均是根据圆管中平面微弱扰动压缩波的传播推导出来的。但是对于微弱扰动膨胀波的传播，或对于直线扰源传播出去的柱面波或者由点扰源传播出去的球面波，都可得到同样的结果。

从声速公式(11.2.3)可见，声速的大小和扰动过程中压强变化与密度变化的比值，即流体的压缩性有关。流体的可压缩性越大，相应的声速就越小；反之，流体的可压缩性越小，相应的声速越大。对于不可压缩流体，$\mathrm{d}\rho/\mathrm{d}p=0$，声速 $a=\sqrt{\mathrm{d}p/\mathrm{d}\rho}=\infty$。因此，这时任何一个微弱的扰动，都会立即传遍全流场。实际上，没有哪一种流体是真正不可压缩的。

声速与介质的性质有关，不同介质中的声速不同；即使在同一种气体中，由式(11.2.6)可见，声速随着气体温度的升高而增大，与气体的绝对温度 T 的平方根成正比。因此声速是一个点函数，换句话说声速是指某时某点的声速，即当地声速。

11.2.2 Mach 数

对于流动的气体，不能仅仅由声速的大小表征气流的可压缩性程度，这时还需要引入气流 Mach 数的概念。

流场中某点处的气体流速 V 与当地声速 a 之比称为该点处气流的 Mach 数，用 M 表示

$$M = \frac{V}{a} \tag{11.2.7}$$

对于完全气体

$$M^2 = \frac{V^2}{a^2} = \frac{V^2}{\gamma RT} \tag{11.2.8}$$

Mach 数是一个无量纲数，其物理意义可从式(11.2.8)看出

$$M^2 = \frac{V^2}{\gamma RT} = \frac{2}{\gamma(\gamma-1)}\frac{\dfrac{V^2}{2}}{\dfrac{1}{\gamma-1}RT} = \frac{2}{\gamma(\gamma-1)}\frac{\dfrac{V^2}{2}}{c_v T}$$

所以，Mach 数表示气体宏观运动的动能与气体内部分子无规则运动的能量之比。Mach 数 M 是气流可压缩性的度量，下面就来证明这个问题。

由一维定常 Euler 运动微分方程

$$\mathrm{d}p + \rho V\mathrm{d}V = 0$$

可得

$$-V\mathrm{d}V = \frac{\mathrm{d}\rho}{\rho}\frac{\mathrm{d}p}{\mathrm{d}\rho} \tag{11.2.9}$$

对完全气体的等熵过程，有 $\mathrm{d}p/\mathrm{d}\rho=a^2$，将此式代入式(11.2.9)，得

$$-\frac{V^2}{a^2}\frac{\mathrm{d}V}{V} = \frac{\mathrm{d}\rho}{\rho}$$

或

$$M^2 = -\frac{\mathrm{d}\rho}{\rho} \Big/ \frac{\mathrm{d}V}{V} \tag{11.2.10}$$

式(11.2.10)表明,在绝能等熵过程中,气流速度的相对变化量所引起的密度相对变化量与 M^2 成正比,而变化趋势正相反,即速度增加必然使得密度减小;速度减小又必然使得密度增大。由此可见,气流的压缩性与 Mach 数的大小有着密切的关系。表 11.1 中给出 M 数在 0.1～1.0 的范围内,气流密度相对变化量与气流速度相对变化量的比值。

表 11.1　不同 Mach 数下气体的可压缩性

M	0.1	0.2	0.3	0.4	0.5	0.6	0.7	0.8	0.9	1.0
$\frac{\mathrm{d}\rho}{\rho} \Big/ \frac{\mathrm{d}V}{V}$	−0.01	−0.04	−0.09	−0.16	−0.25	−0.36	−0.49	−0.64	−0.81	−1.00

从表 11.1 可见,当 $M \leqslant 0.3$ 时,$|(\mathrm{d}\rho/\rho)/(\mathrm{d}V/V)| \leqslant 9\%$,一般可以忽略密度的变化,把气流视为不可压缩时会使问题简化。当 $M>0.3$ 时,就必须考虑气流压缩性的影响,否则就会导致误差很大甚至与事实不相符合。因此可以说,Mach 数 M 是研究高速流动的重要参数,是划分高速流动类型的标准。当 $M<1$,即气流速度小于当地声速时,称为亚声速气流;当 $M>1$,即气流速度大于当地声速时,称为超声速气流。当 $M=1$ 时,气流速度等于当地声速。另外,还将 $M=0.8$～1.2 的气流称为跨声速气流,而将 $M>5$ 的流动称为高超声速流。以后将会看到,超声速流动和亚声速流动所遵循的规律有本质的差别;而跨声速流动则兼有亚声速和超声速流动的某些特点,而高超声速流动就更加复杂了,有时还要考虑化学反应非平衡、热力学非平衡过程所带来的影响。

11.3　一维无黏流中常用的方程

流体力学诸方程已在本书第 4 章作了全面讲述,这里仅针对无黏流动问题略作回顾。

11.3.1　完全气体、状态方程、内能和焓

1. 状态方程

完全气体的状态方程为

$$p = \rho R T \tag{11.3.1}$$

方程(11.3.1)又称为 Clapeyron 方程。只要气体的温度不太高,压强不太大时,R 基本上是个常量,即 287.053N・m/(kg・K),称为气体常数。另外,能够用式(11.3.1)表示 p、ρ、T 间关系的气体还称为热完全气体。

2. 内能

对完全气体,分子间无作用力,因此单位质量(1kg)气体所具有的内能 u 仅是温度的函数,即

$$u = u(T) \tag{11.3.2}$$

既然内能 u 只取决于温度 T,那么它是一个与变化过程无关的状态参数。

3. 焓值

在热力学,特别是气体动力学中,还常常引入另外一个代表热量的参数即焓,其定义式为

$$h = u + \frac{p}{\rho} \tag{11.3.3}$$

因为 p/ρ 代表单位质量气体的压力能，故 h 表示单位质量气体的内能和压力能的总和。对完全气体，焓只取决于温度，故也是一个状态参数。

4. 热力学第一定律

热力学第一定律可表为

$$\delta q = \mathrm{d}u + p\mathrm{d}\left(\frac{1}{\rho}\right) \tag{11.3.4}$$

式中，δq 是外界传给 1kg 质量气体的热量；$\mathrm{d}u$ 是 1kg 质量气体内能的增量；$1/\rho$ 是单位质量气体所占的体积，叫比容，故 $p\mathrm{d}(1/\rho)$ 是 1kg 质量的气体压强所做的机械功。在国际单位制中，式(11.3.4)各项的单位均为 J/kg。

5. 热力学的几个典型过程

热力学第一定律中的 δq 和 $p\mathrm{d}(1/\rho)$ 与微小变化的过程有关。下面扼要说明此定律在几种过程中的应用

1) 等容过程

此时 $\mathrm{d}(1/\rho)=0$，按式(11.3.4)，外加热量都用来增加气体的内能，即

$$\delta q = \mathrm{d}u = C_V \mathrm{d}T \tag{11.3.5}$$

式中，$C_V=\left(\frac{\delta q}{\mathrm{d}T}\right)_{V=C}$，称为定容比热容，是单位质量气体在等容过程中温度每升高一摄氏度所需的热量，单位是 J/(kg · K)。一般取 $C_V=717.6$J/(kg · K)。由式(11.3.5)，并取 $T=0$ 时 $u=0$，则

$$u = \int_0^T C_V \mathrm{d}T = C_V T \tag{11.3.6a}$$

或

$$u_2 - u_1 = C_V(T_2 - T_1) \tag{11.3.6b}$$

2) 等压过程

此时 $\mathrm{d}p=0$，由式(11.3.3)和式(11.3.4)可得

$$\delta q = \mathrm{d}u + p\mathrm{d}\left(\frac{1}{\rho}\right) = \mathrm{d}u + \mathrm{d}\left(\frac{p}{\rho}\right) = \mathrm{d}h$$

令

$$\delta q = C_p \mathrm{d}T$$

其中 $C_p=\left(\frac{\delta q}{\mathrm{d}T}\right)_{p=C}$，称为定压比热容，是单位质量气体在等压过程中温度每升高一摄氏度需加的热量。在气体力学中近似取 $C_p=1004.7$J/(kg · K)。取 $T=0$ 时 $h=0$，则有

$$h = C_p T = (C_V + R)T \tag{11.3.7}$$

因此，h 又可视为在等压条件下气体温度从零升到 T 所需加的热量。

若引入比热比 $\gamma=C_p/C_V$，则 h 可写为

$$h = \frac{\gamma}{\gamma - 1}\frac{p}{\rho} \tag{11.3.8}$$

3）绝热过程

此时 $\delta q=0$，由式(11.3.4)可得

$$C_V \mathrm{d}T + p\mathrm{d}\left(\frac{1}{\rho}\right) = 0$$

而将 $\frac{p}{\rho}=RT$ 微分又得

$$p\mathrm{d}\left(\frac{1}{\rho}\right) + \frac{1}{\rho}\mathrm{d}p = R\mathrm{d}T$$

由以上两式可得

$$C_p p\,\mathrm{d}\left(\frac{1}{\rho}\right) + C_V\left(\frac{1}{\rho}\right)\mathrm{d}p = 0$$

积分得

$$\frac{p}{\rho^{\gamma}} = C \tag{11.3.9}$$

式中，$\gamma=\frac{C_p}{C_V}$ 在热力学上又称为绝热指数，对完全气体 $\gamma=1.4$。

6. 热力学第二定律

热力学第二定律有许多表述方法，这里用熵这个状态参数在不可逆过程中的变化来叙述热力学第二定律。

定义单位质量气体的熵为

$$\mathrm{d}S = \frac{\delta q}{T} \tag{11.3.10}$$

而 $\frac{\delta q}{T}$ 与 δq 不同，它可表示为一个全微分，即

$$\frac{\delta q}{T} = \frac{1}{T}\left[\mathrm{d}u + p\mathrm{d}\left(\frac{1}{\rho}\right)\right] = \mathrm{d}\left[C_V \ln T + R\ln\left(\frac{1}{\rho}\right)\right] = \mathrm{d}S \tag{11.3.11}$$

也就是说熵 S 也是一个状态参数。

对于熵来讲，更有意义的是熵的增量，即从初始状态 1 变到状态 2 的 ΔS 值，即

$$\Delta S = S_2 - S_1 = \int_1^2 \mathrm{d}S = C_V \ln\frac{T_0}{T_1} + R\ln\frac{\rho_1}{\rho_2}$$

再利用 $R=C_p-C_V$，$p=\rho RT$，上式可改写为

$$\Delta S = C_V \ln\left[\frac{T_2}{T_1}\left(\frac{\rho_1}{\rho_2}\right)^{\gamma-1}\right] \tag{11.3.12}$$

或

$$\Delta S = C_V \ln\left[\frac{p_2}{p_1}\left(\frac{\rho_1}{\rho_2}\right)^{\gamma}\right] \tag{11.3.13}$$

热力学第二定律指出，在绝热变化过程的孤立系统中，如果过程可逆则熵值保持不变，$\Delta S=0$，称为等熵过程；如果过程不可逆，则熵值必增加，$\Delta S>0$。因此，热力学第二定律也可称为熵增原理。熵这个参数的引入提供了判断过程是否可逆的标准和衡量不可逆程度的尺度，关于这点非常重要。

在高速气体流动过程中的不可逆现象是由于气体的黏性内摩擦、激波的出现以及因温度梯度存在而引起的热传导所导致的。一般说，在绕流流场的大部分区域中速度梯度和温度梯度不

大，这时流动可近似视为绝热可逆的，熵增 $\Delta S=0$，称为等熵流。一条流线上熵值不变叫沿流线等熵，全流场熵值相同时则称为均熵流。但对于高超声速飞行器的再入飞行问题，因壁面附近温度梯度很大，如引入等熵流的假设会导致较大的误差，换句话说再入飞行问题不可假定为等熵流动。

对于等熵流动，由式(11.3.13)可得

$$\frac{p_2}{\rho_2^{\gamma}}=\frac{p_1}{\rho_1^{\gamma}} \tag{11.3.14}$$

式(11.3.14)表示气体在等熵流动过程中 p 与 ρ 的关系式，并且称为等熵关系式，而 γ 称为等熵指数。

当考虑物表面边界层及其后尾迹流区、或者考虑穿过激波的流动过程，这时气体的黏性和热传导不可忽略，因此流动是熵增的不可逆过程。非等熵过程的参数变化不符合式(11.3.14)，这时熵增量 ΔS 变化可按式(11.3.12)或式(11.3.13)计算。

7. 连续方程的微分与积分形式

1）连续方程的积分形式

连续方程的积分形式为

$$\iiint_{\tau}\frac{\partial\rho}{\partial t}\mathrm{d}\tau=-\oiint_{A}\rho\boldsymbol{V}\cdot\mathrm{d}\boldsymbol{A} \tag{11.3.15}$$

式(11.3.15)说明控制体内流体质量的增加率等于通过控制面 A 进出控制体的流体净流入率。注意，这里的三重积分是针对控制体的体积进行的。另外，还有 $\mathrm{d}\boldsymbol{A}=\boldsymbol{n}\mathrm{d}A$。

对于定常流，由于 $\partial\rho/\partial t=0$，于是连续方程变为

$$\oiint_{A}\rho\boldsymbol{V}\cdot\mathrm{d}\boldsymbol{A}=0 \tag{11.3.16a}$$

或

$$-\iint_{A_{进}}\rho\boldsymbol{V}\cdot\mathrm{d}\boldsymbol{A}=\iint_{A_{出}}\rho\boldsymbol{V}\cdot\mathrm{d}\boldsymbol{A} \tag{11.3.16b}$$

式(11.3.16b)表明，当不存在内部源汇时，对于定常流动，经过控制面流入控制体的流量必然等于流出控制体的流量。

对于一维定常流动，式(11.3.16a)可写为

$$\rho_1V_1A_1=\rho_2V_2A_2 \tag{11.3.17a}$$

式中，V_1、V_2 分别与截面 A_1、A_2 相垂直。

式(11.3.17a)还可以改写为

$$\rho VA=常数 \tag{11.3.17b}$$

2）连续方程的微分形式

连续方程的微分形式为

$$\frac{\partial\rho}{\partial t}+\nabla\cdot(\rho\boldsymbol{V})=0 \tag{11.3.18}$$

或者

$$\frac{\mathrm{D}\rho}{\mathrm{D}t}+\rho\,\nabla\cdot(\boldsymbol{V})=0 \tag{11.3.19}$$

对于可压缩流体的定常流动，微分形式的连续方程为

$$\nabla\cdot(\rho\boldsymbol{V})=0 \tag{11.3.20}$$

对于不可压缩流体，因为 $D\rho/Dt=0$，于是有连续方程

$$\nabla\cdot\boldsymbol{V}=0 \tag{11.3.21}$$

这说明不可压缩流体在流动过程中速度 $\boldsymbol{V}$ 的散度处处为零。

8. 动量方程的微分与积分形式

1）动量方程的积分形式

对于无黏流，动量方程的积分形式为

$$\iiint_\tau \frac{\partial(\rho\boldsymbol{V})}{\partial t}\mathrm{d}\tau+\oiint_A \rho\boldsymbol{V}(\boldsymbol{V}\cdot\mathrm{d}\boldsymbol{A})=\iiint_\tau \rho\boldsymbol{R}\,\mathrm{d}\tau-\oiint_A p\,\mathrm{d}\boldsymbol{A} \tag{11.3.22a}$$

式中，$\boldsymbol{R}$ 为作用在单位质量流体上的质量力。对上述方程，通常采用直角坐标系，其三个分量形式为

$$\begin{cases}\displaystyle\iiint_\tau \frac{\partial(\rho V_x)}{\partial t}\mathrm{d}\tau+\oiint_A \rho V_n V_x\,\mathrm{d}A=-\oiint_A p\cos(\boldsymbol{n},\boldsymbol{i})\,\mathrm{d}A+\iiint_\tau X\rho\,\mathrm{d}\tau\\ \displaystyle\iiint_\tau \frac{\partial(\rho V_y)}{\partial t}\mathrm{d}\tau+\oiint_A \rho V_n V_y\,\mathrm{d}A=-\oiint_A p\cos(\boldsymbol{n},\boldsymbol{j})\,\mathrm{d}A+\iiint_\tau Y\rho\,\mathrm{d}\tau\\ \displaystyle\iiint_\tau \frac{\partial(\rho V_z)}{\partial t}\mathrm{d}\tau+\oiint_A \rho V_n V_z\,\mathrm{d}A=-\oiint_A p\cos(\boldsymbol{n},\boldsymbol{k})\,\mathrm{d}A+\iiint_\tau Z\rho\,\mathrm{d}\tau\end{cases} \tag{11.3.22b}$$

对于定常流，式(11.3.22a)变为

$$\oiint_A \rho\boldsymbol{V}(\boldsymbol{V}\cdot\mathrm{d}\boldsymbol{A})=\iiint_\tau \rho\boldsymbol{R}\,\mathrm{d}\tau-\oiint_A p\,\mathrm{d}\boldsymbol{A} \tag{11.3.23}$$

值得注意的是，在使用积分形式的动量方程时，控制面 A 必须是封闭的。

2）动量方程的微分形式

动量方程的微分形式为

$$\frac{\partial\boldsymbol{V}}{\partial t}+\boldsymbol{V}\cdot\nabla\boldsymbol{V}=\boldsymbol{R}-\frac{1}{\rho}\nabla p \tag{11.3.24a}$$

或

$$\frac{\mathrm{D}\boldsymbol{V}}{\mathrm{D}t}=\boldsymbol{R}-\frac{1}{\rho}\nabla p \tag{11.3.24b}$$

这就是著名的 Euler 运动微分方程。

对于无黏气体，可以忽略质量力，$\boldsymbol{R}=0$，于是有

$$\frac{\mathrm{D}\boldsymbol{V}}{\mathrm{D}t}=-\frac{1}{\rho}\nabla p \tag{11.3.24c}$$

对于定常流动，从式(11.3.24a)，则有

$$\boldsymbol{V}\cdot\nabla\boldsymbol{V}=\boldsymbol{R}-\frac{1}{\rho}\nabla p \tag{11.3.24d}$$

9. 能量方程的微分与积分形式

1）能量方程的积分形式

对于无黏流，能量方程的积分形式为

$$\dot{Q}=\iiint_\tau \frac{\partial}{\partial t}\left[\rho\left(u+\frac{V^2}{2}-U\right)\right]\mathrm{d}\tau+\oiint_A\left(u+\frac{p}{\rho}+\frac{V^2}{2}-U\right)(\rho\boldsymbol{V}\cdot\boldsymbol{n})\,\mathrm{d}A \tag{11.3.25a}$$

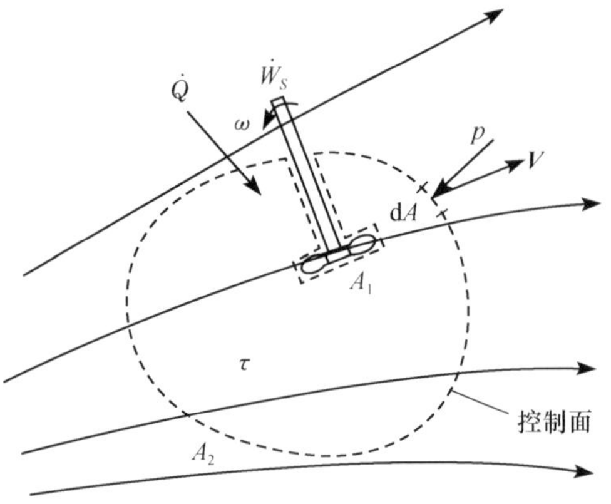

图 11.4　控制体积分形式能量方程式的用图

方程式中面积分项的积分面积 A 是指整个控制表面，如图 11.4 所示，$A=A_1+A_2$，其中，A_1 是由物体表面所组成。当物体为旋转机械时，旋转机械与流体之间的功能交换应包括在上述能量方程中的 $\oint\!\!\oint_A \frac{p}{\rho}(\rho\boldsymbol{V}\cdot\boldsymbol{n})\mathrm{d}A$ 项内，这时 $\oint\!\!\oint_A \frac{p}{\rho}(\rho\boldsymbol{V}\cdot\boldsymbol{n})\mathrm{d}A$ 可以写成

$$\oint\!\!\oint_A \frac{p}{\rho}(\rho\boldsymbol{V}\cdot\boldsymbol{n})\mathrm{d}A=\iint_{A_1}\frac{p}{\rho}(\rho\boldsymbol{V}\cdot\boldsymbol{n})\mathrm{d}A+\iint_{A_2}\frac{p}{\rho}(\rho\boldsymbol{V}\cdot\boldsymbol{n})\mathrm{d}A$$

等式右边第一项代表旋转机械与流体的能量交换，为方便起见，以 $\dot{W}_S$ 表示。等式右边第二项表示控制体内的流体流动克服控制体外的流体作用于控制面上的压强所做的流动功。因此，可以把式(11.3.25a)改写成

$$\dot{Q}=\iiint_\tau \frac{\partial}{\partial t}\left[\rho\left(u+\frac{V^2}{2}-U\right)\right]\mathrm{d}\tau+\oint\!\!\oint_A\left(u+\frac{V^2}{2}-U\right)(\rho\boldsymbol{V}\cdot\boldsymbol{n})\mathrm{d}A+\iint_{A_2}\frac{p}{\rho}(\rho\boldsymbol{V}\cdot\boldsymbol{n})\mathrm{d}A+\dot{W}_S$$

考虑到固体表面上不会产生流体的流进和流出，所以可以把上式写成

$$\dot{Q}=\iiint_\tau \frac{\partial}{\partial t}\left[\rho\left(u+\frac{V^2}{2}-U\right)\right]\mathrm{d}\tau+\iint_{A_{出}}\left(u+\frac{V^2}{2}+\frac{p}{\rho}-U\right)(\rho\boldsymbol{V}\cdot\boldsymbol{n})\mathrm{d}A$$
$$-\iint_{A_{进}}\left(u+\frac{V^2}{2}+\frac{p}{\rho}-U\right)(\rho\boldsymbol{V}\cdot\boldsymbol{n})\mathrm{d}A+\dot{W}_S \tag{11.3.26a}$$

这是积分形式能量方程式的又一种形式，在研究流体通过叶轮机械内流道的流动时经常要用到。它说明，单位时间内外界向控制体内流体的加热量，应等于流体通过旋转机械对外界的做功率与通过控制面流体所净带走的总能量以及控制体内流体所具有的能量变化率三者之和。

注意到式(11.3.25a)和式(11.3.26a)的面积分项中总是同时出现比内能 u 和流动功 p/ρ，因此，可以用比焓(h)来表示它们之和。这样式(11.3.25a)和式(11.3.26a)就变成

$$\dot{Q}=\iiint_\tau \frac{\partial}{\partial t}\left[\rho\left(u+\frac{V^2}{2}-U\right)\right]\mathrm{d}\tau+\oint\!\!\oint_A\left(h+\frac{V^2}{2}-U\right)(\rho\boldsymbol{V}\cdot\boldsymbol{n})\mathrm{d}A \tag{11.3.25b}$$

$$\dot{Q}=\iiint_\tau \frac{\partial}{\partial t}\left[\rho\left(u+\frac{V^2}{2}-U\right)\right]\mathrm{d}\tau+\iint_{A_{出}}\left(h+\frac{V^2}{2}-U\right)(\rho\boldsymbol{V}\cdot\boldsymbol{n})\mathrm{d}A$$
$$-\iint_{A_{进}}\left(h+\frac{V^2}{2}-U\right)(\rho\boldsymbol{V}\cdot\boldsymbol{n})\mathrm{d}A+\dot{W}_S \tag{11.3.26b}$$

注意，式(11.3.25b)和式(11.3.26b)中只是面积分项含有比焓，而体积分项中却仍然为比内能，这是由于体积分项是表示控制体内流体所具有的能量随时间的变化率，因而不包含流动功。

如果质量力是重力，质量力势函数可以表示成 $U=-gz$，它表示单位质量流体所具有的势能。因此式(11.3.25b)和式(11.3.26b)可以写成

$$\dot{Q}=\iiint_\tau \frac{\partial}{\partial t}\left[\rho\left(u+\frac{V^2}{2}+gz\right)\right]\mathrm{d}\tau+\oint\!\!\oint_A\left(h+\frac{V^2}{2}+gz\right)(\rho\boldsymbol{V}\cdot\boldsymbol{n})\mathrm{d}A \tag{11.3.25c}$$

$$\dot{Q}=\iiint_{\tau}\frac{\partial}{\partial t}\left[\rho\left(u+\frac{V^2}{2}+gz\right)\right]\mathrm{d}\tau+\iint_{A_{出}}\left(h+\frac{V^2}{2}+gz\right)(\rho\boldsymbol{V}\cdot\boldsymbol{n})\mathrm{d}A$$
$$-\iint_{A_{进}}\left(h+\frac{V^2}{2}+gz\right)(\rho\boldsymbol{V}\cdot\boldsymbol{n})\mathrm{d}A+\dot{W}_S \tag{11.3.26c}$$

2）能量方程的微分形式

对于无黏流，能量方程的微分形式为

$$\rho\dot{q}-\frac{\partial}{\partial t}\left[\rho\left(u+\frac{V^2}{2}-U\right)\right]-\nabla\cdot\left[\left(h+\frac{V^2}{2}-U\right)\rho V\right]=0 \tag{11.3.27}$$

由于

$$\frac{\partial}{\partial t}\left[\rho\left(u+\frac{V^2}{2}-U\right)\right]=\frac{\partial}{\partial t}\left[\rho\left(h+\frac{V^2}{2}-U\right)\right]-\frac{\partial p}{\partial t}$$
$$=\rho\frac{\partial}{\partial t}\left(h+\frac{V^2}{2}-U\right)+\left(h+\frac{V^2}{2}-U\right)\frac{\partial\rho}{\partial t}-\frac{\partial p}{\partial t}$$

$$\nabla\cdot\left[\left(h+\frac{V^2}{2}-U\right)\rho\boldsymbol{V}\right]=\left(h+\frac{V^2}{2}-U\right)\nabla\cdot(\rho\boldsymbol{V})+\rho\boldsymbol{V}\cdot\nabla\left(h+\frac{V^2}{2}-U\right)$$

把这两个关系式代入式(11.3.27)，整理后得到

$$\dot{q}=\frac{1}{\rho}\left(h+\frac{V^2}{2}-U\right)\left[\frac{\partial\rho}{\partial t}+\nabla\cdot(\rho\boldsymbol{V})\right]+\frac{\partial}{\partial t}\left(h+\frac{V^2}{2}-U\right)+\boldsymbol{V}\cdot\nabla\left(h+\frac{V^2}{2}-U\right)-\frac{1}{\rho}\frac{\partial p}{\partial t}$$

注意到连续方程为

$$\frac{\partial\rho}{\partial t}+\nabla\cdot(\rho\boldsymbol{V})=0$$

以及随流导数的表达式

$$\frac{\mathrm{D}(\quad)}{\mathrm{D}t}=\frac{\partial}{\partial t}(\quad)+\boldsymbol{V}\cdot\nabla(\quad)$$

最后便可得到

$$\dot{q}=\frac{\mathrm{D}}{\mathrm{D}t}\left(h+\frac{V^2}{2}-U\right)-\frac{1}{\rho}\frac{\partial p}{\partial t} \tag{11.3.28}$$

这就是微分形式能量方程的常用形式。

如果质量力是重力，方程(11.3.28)可变成

$$\dot{q}=\frac{\mathrm{D}}{\mathrm{D}t}\left(h+\frac{V^2}{2}+gz\right)-\frac{1}{\rho}\frac{\partial p}{\partial t} \tag{11.3.29}$$

当流体流动过程与外界既无热量交换又无机械功输入输出时，并且流动为定常流，于是式(11.3.29)简化为

$$\frac{\mathrm{D}}{\mathrm{D}t}\left(h+\frac{V^2}{2}+gz\right)=0 \tag{11.3.30}$$

根据随体导数的物理意义，式(11.3.30)表明在绝能定常流动过程中，单位质量流体所包含的焓值、动能与势能之和总能量保持不变，即

$$h+\frac{V^2}{2}+gz=C\quad(沿流线) \tag{11.3.31}$$

这个关系式表明，在多维定常绝能流动中流体所具有的总能量沿迹线保持不变，由于定常流迹线与流线重合，所以沿流线流体总能量也保持不变。这里应该指出，一般情况下，不同流线的流体

所具有的总能量是不相同的，只有起始点边界线上流体所具有的总能量相等，那么在整个流场上流体所具有的总能量才处处相等，这种流动称为均能流。

如果流动是非定常流，从式(11.3.29)可以看出，即使在流动过程中流体与外界无热量和机械功的交换，流体总能量仍然要发生变化，并且总能量的随体导数取决于压强的当地变化率。

3）一维定常流的能量方程

对于无黏流，一维定常流的能量方程，特别是对于积分形式一维定常流的能量方程，由式(11.3.26c)可得

$$\dot{Q}-\dot{W}_S=\dot{m}\left[\frac{1}{2}(V_2^2-V_1^2)+g(z_2-z_1)+(h_2-h_1)\right] \tag{11.3.32}$$

如果用 $\dot{m}$(它表示通过管道的质量流量)通除式(11.3.32)，对于单位质量流体，则有

$$q-w_S=\frac{1}{2}(V_2^2-V_1^2)+g(z_2-z_1)+(h_2-h_1) \tag{11.3.33}$$

式中，q 与 w_S 分别表示单位质量流体所吸收的热量与对外做的机械功。

对于气体来说，当高度变化不大时可以略去重力势能的变化，即略去 $g(z_2-z_1)$。这样，式(11.3.33)可写成下列形式：

$$q-w_S=\frac{1}{2}(V_2^2-V_1^2)+(h_2-h_1) \tag{11.3.34}$$

对于绝能流动过程，因为 $q=0, w_S=0$，能量方程(11.3.34)可简化为

$$h_1+\frac{V_1^2}{2}=h_2+\frac{V_2^2}{2}=\text{常数} \tag{11.3.35a}$$

或

$$h+\frac{V^2}{2}=\text{常数} \tag{11.3.35b}$$

微分形式为

$$\mathrm{d}h+V\mathrm{d}V=0 \tag{11.3.36}$$

式(11.3.35)表明，在绝能流动中，管道各截面上气流的焓和动能之和保持不变，但两者之间却可以互相转换。如果气体的焓减小(表现为温度的降低)则气体的动能增大(表现为速度的增大)；反之，如果气体的动能减小(表现为速度的减小)，则气体的焓增大(表现为温度的升高)，这种物理过程的变化现象值得注意。

在航空飞行器动力装置中，常常将气体在进气道、尾喷管、压气机(或涡轮)静子通道内的流动近似地认为是绝能流动，这种工程近似常常是允许的。但在航天工程的高超声速再入飞行过程中，由于这时高温气体传入飞行器表面的热流密度很大，足以使飞行器的表面防热材料熔解、蒸发或升华而变为气体，这些气体进入边界层后不但改变了边界层的气动结构(如边界层厚度、边界层温度、速度和浓度分布等)，而且还会进一步与来流气体发生化学反应；再加上航天飞行中的热辐射，因此对于这种复杂的流动，若引入绝能假设则会导致较大误差。

11.4 几种典型的定常一维流动

本节主要讨论一维无黏流，着重研究其中的绝热流、等熵流以及变截面一维等熵流。

所谓一维定常流动是指气流的物理量仅是某一个坐标的函数。例如，气体在变截面管道中的流动可以简化为准一维运动，只要管道截面积变化缓慢，而且管道的曲率半径比管道的水力半径

大得多，这时气流的物理量沿管轴方向的变化要比在其他方向上的变化大得多，而且在每个截面上可采用物理量的平均值。因此，研究一维流动或者是准一维流动对工程计算都是很有价值的。

研究气体一维定常流动的重要性还在于：在某些条件下，一维流动可以给出解析解或者是半解析半数值的结果，这对于了解可压缩流体的流动规律是非常重要的。

对于许多工程流体力学问题，长期以来，人们一直把求一维流动解作为处理很多内部流动问题的主要手段，对这种流动中实际存在的三维效应则采用经验系数的办法进行修正。

当然，一维流动假设具有很大的局限性。例如，仅讨论一维流动是无法分析旋涡运动的物理现象的。

在工程上常见的制约管道中气体流动变化的主要因素有：

(1) 管道截面积变化。例如，拉瓦尔喷管是由收缩段和扩张段组合而成的变截面管道，在一定的压比条件下能使气流加速到超声速。

(2) 管壁的摩阻作用。例如，当气体在长管中流动时，管壁对气流的摩阻是不容忽略的。

(3) 对气流的加热作用。例如，冲压发动机内气流经燃烧室而受到加热以及通过管壁对气流大面积加热或冷却等。

(4) 对气流的添质作用。例如，固体火箭发动机中在药柱内腔的壁上燃烧释放的气体不断加入到主流中去，从分支管道中流出的气体注入主管道的主流中等。

本节因篇幅所限仅着重讨论前两种因素的影响。在讨论这些主要制约因素对定常一维流动问题的影响时，尽可能给出解析解或半解析半数值解，找出流动规律，以便指导工程计算。

11.4.1 绝热流和等熵流

这里先从一维定常绝热流的能量方程出发，讨论绝热流和等熵流的概念，并相应地给出各流动参数沿流线的变化关系。

1. 能量方程及其特征常数

一维定常绝热流的能量方程由下式给出

$$h_1+\frac{V_1^2}{2}=h_2+\frac{V_2^2}{2}=h+\frac{V^2}{2}=\text{常数} \tag{11.4.1}$$

另外，由动量方程导出的 Bernoulli 积分，有

$$h+\frac{V^2}{2}=\text{常数} \tag{11.4.2}$$

式(11.4.2)适用于沿流线的等熵流动。

这两个方程在形式上一致，但在适用范围上有区别。能量方程(11.4.1)适用于绝热流动，允许在任何两个截面之间存在激波间断、管壁摩擦阻力这一类不可逆过程。也就是说，能量方程既适用于等熵的可逆过程，也适用于绝热非等熵的不可逆过程。而 Bernoulli 积分只适用于沿流线等熵的可逆过程。总之，能量方程比 Bernoulli 积分的适用范围要广些，但对无黏连续流场而言，这两个方程又是等价的。

能量方程[式(11.4.1)]可以写成多种形式。对于完全气体，有

$$h=C_pT=\frac{a^2}{\gamma-1}=\frac{\gamma}{\gamma-1}\frac{p}{\rho}=\frac{\gamma}{\gamma-1}RT \tag{11.4.3}$$

式中，γ 代表比热比；于是可得到能量方程的以下各种形式

$$C_pT+\frac{V^2}{2}=\text{常数} \tag{11.4.4a}$$

$$\frac{a^2}{\gamma-1}+\frac{V^2}{2}=\text{常数} \tag{11.4.4b}$$

$$\frac{\gamma}{\gamma-1}\frac{p}{\rho}+\frac{V^2}{2}=\text{常数} \tag{11.4.4c}$$

$$\frac{\gamma}{\gamma-1}RT+\frac{V^2}{2}=\text{常数} \tag{11.4.4d}$$

上面能量方程(11.4.4)右边的常数多用某个参考状态的物理量来表示，这个常数称为特征常数。常用的参考状态有三种：①速度为零的滞止状态(参数的下标以“0”表示)；②温度达到零度(K)时的最大速度(V_{max})状态；③流速等于当地声速时的临界参数状态(参数的上标以“*”表示)。气体一维定常流动的任何一个状态都可以通过假想的等熵过程转变为对应的参考状态，用这些特征常数来表示该状态下气流的流动，而不管实际流动过程是否等熵。下面分别讨论几个特征参数。

1）驻点参数

设想将气流的速度滞止到零，这时气流的参数称为驻点参数(又称滞止参数)，用下标“0”表示。引入驻点参数后则能量方程为

$$h+\frac{V^2}{2}=h_0=C_pT_0=\frac{\gamma}{\gamma-1}\frac{p_0}{\rho_0}=\frac{1}{\gamma-1}a_0^2 \tag{11.4.5}$$

式中，h_0、T_0、p_0 分别称为总焓、总温和总压。h、T、p 分别为静焓、静温和静压。这里“静”的含意是站在与流体质点一起运动的坐标系上，相对于气体来讲观察者是静止的。另外，ρ_0 和 a_0 分别称为驻点密度和驻点声速。由式(11.4.5)可知，h_0、T_0、p_0/ρ_0、a_0 的大小均与气流总能量的大小有关。

2）最大速度 V_{max}

设想气流膨胀到极限情况(即真空状态)，这时 $h=0$，$T=0$，速度可达最大值，即

$$\frac{\gamma}{\gamma-1}\frac{p}{\rho}+\frac{V^2}{2}=\frac{V_{max}^2}{2} \tag{11.4.6}$$

其实 V_{max} 实际上是不存在的。比较式(11.4.5)和式(11.4.6)，可以找到 V_{max} 与驻点参数间的关系

$$V_{max}=\sqrt{2h_0}=\sqrt{2C_pT_0}=\sqrt{\frac{2\gamma}{\gamma-1}RT_0}=\sqrt{\frac{2}{\gamma-1}}a_0 \tag{11.4.7}$$

对于空气，$\gamma=1.4$。设 $p_0=1\text{atm}$，$t=15℃$，则可算出

$$V_{max}=757\text{m/s}$$

3）临界参数

当气流速度与其温度所对应的声速相等时，则这时的速度称为临界速度(用 V^* 表示)，这时声速称为临界声速(用 a^* 表示)，当然，这时有 $V^*=a^*$；其他相应的参数统称为临界参数，如压强、温度等便可用 p^*、T^* 等表示。这样，能量方程的常数值可用临界参数表示如下

$$\frac{V^2}{2}+\frac{a^2}{\gamma-1}=\frac{a^{*2}}{2}+\frac{a^{*2}}{\gamma-1}=\frac{\gamma+1}{\gamma-1}\frac{a^{*2}}{2} \tag{11.4.8}$$

4）绝热不可逆(非等熵)过程中的特征常数

一维定常绝热流的能量方程(11.4.4)可以用于不可逆过程，即截面 1 和截面 2 之间允许发生摩擦损失。因而能量方程在截面 1 处的特征常数必等于截面 2 处的特征常数，即

$$h_{01}=h_{02},\quad T_{01}=T_{02},\quad a_{01}=a_{02},\quad a_1^*=a_2^*,\quad V_{max1}=V_{max2} \tag{11.4.9}$$

另外，还有

$$\frac{p_{01}}{\rho_{01}} = \frac{p_{02}}{\rho_{02}} \tag{11.4.10}$$

值得注意的是，在发生摩擦损失前后，由式(11.4.10)参数间的关系，虽然这时总压与驻点密度之比值相等，但两处的总压却是不等的。对此可以利用热力学的熵增原理来说明。因为

$$S = C_p \ln T - R\ln p + \text{常数}$$

故

$$S_2 - S_1 = S_{02} - S_{01} = C_p \ln\frac{T_{02}}{T_{01}} + R\ln\frac{p_{01}}{p_{02}}$$

注意这里把截面 1 和截面 2 分别等熵地转化为相应的驻点状态，即

$$S_1 = S_{01}, \quad S_2 = S_{02}$$

对于绝热不可逆过程，必定 $S_2 - S_1 > 0$，而 $T_{01} = T_{02}$，那么必然是 $p_{01} > p_{02}$，随之便有 $\rho_{01} > \rho_{02}$，可见，在绝热不可逆过程中，熵的增加和总压下降是联系在一起的。这说明，通过摩擦损失，有部分机械能转换为热能，机械能的可利用率降低了。因此总压之比可以作为描述机械能可利用率的一个指标，在工程上称为总压恢复系数，即 $\sigma_p = p_{02}/p_{01}$，这是一个非常重要的系数。

2. 无量纲速度——λ

这里引入另外一个无量纲速度

$$\lambda = \frac{V}{a^*} \tag{11.4.11}$$

现在来建立 λ 与 M 的关系，并加以比较。把能量方程(11.4.8)改写为

$$\frac{a^2}{a^{*2}} = \frac{\gamma+1}{2} - \frac{\gamma-1}{2}\lambda^2$$

因为

$$M^2 = \frac{V^2}{a^2} = \frac{V^2}{a^{*2}} \cdot \frac{a^{*2}}{a^2}$$

于是便有

$$M^2 = \frac{\lambda^2}{1 - \frac{\gamma-1}{2}(\lambda^2 - 1)} = \frac{\frac{2}{\gamma+1}\lambda^2}{1 - \frac{\gamma-1}{\gamma+1}\lambda^2} \tag{11.4.12}$$

或

$$\lambda^2 = \frac{M^2}{1 + \frac{\gamma-1}{\gamma+1}(M^2 - 1)} \tag{11.4.13}$$

根据式(11.4.12)和式(11.4.13)，M 和 λ 有如表 11.2 所示的关系。

表 11.2

M	<1	1	>1	0	∞
λ	<1	1	>1	0	$\sqrt{\frac{\gamma+1}{\gamma-1}}$

还有，在亚声速区，$M<\lambda<1$；在超声速区，$M>\lambda>1$。

除了无量纲速度 M 和 λ 外，在有些文献中还采用其他无量纲速度

$$\zeta=\frac{V}{V_{\max}},\quad \mu=\frac{V}{a_0}$$

这些无量纲数与 M(或 λ)的关系,这里不再给出。

3. 沿流线的等熵关系式

这里采用一维定常绝热流的能量方程、完全气体状态方程和等熵关系推导沿流线的各参数与当地 M(或 λ)的关系。

先利用能量方程(11.4.4),再代入完全气体状态方程,可得到

$$\frac{V^2}{2}+\frac{\gamma}{\gamma-1}RT=\frac{\gamma}{\gamma-1}RT_0$$

再变为

$$\frac{T_0}{T}=1+\frac{\gamma-1}{2}\frac{V^2}{\gamma RT}=1+\frac{\gamma-1}{2}M^2$$

再运用式(11.4.12),引入 $\tau(\lambda)$,得

$$\tau(\lambda)\equiv\frac{T}{T_0}=\frac{1}{1+\frac{\gamma-1}{2}M^2}=1-\frac{\gamma-1}{\gamma+1}\lambda^2 \tag{11.4.14}$$

注意到

$$\frac{a^2}{a_0^2}=\frac{\gamma RT}{\gamma RT_0}=\frac{T}{T_0}$$

故

$$\frac{a}{a_0}=\frac{1}{\left(1+\frac{\gamma-1}{2}M^2\right)^{\frac{1}{2}}}=\left(1-\frac{\gamma-1}{\gamma+1}\lambda^2\right)^{\frac{1}{2}} \tag{11.4.15}$$

这里式(11.4.14)和式(11.4.15)适用的条件是完全气体的定常绝热流,它们不需要引入等熵条件。但是其他参数的关系式却必须利用等熵关系

$$\pi(\lambda)\equiv\frac{p}{p_0}=\left(\frac{\rho}{\rho_0}\right)^{\gamma}=\left(\frac{T}{T_0}\right)^{\frac{\gamma}{\gamma-1}} \tag{11.4.16}$$

由此可得

$$\frac{p}{p_0}=\frac{1}{\left(1+\frac{\gamma-1}{2}M^2\right)^{\frac{\gamma}{\gamma-1}}}=\left(1-\frac{\gamma-1}{\gamma+1}\lambda^2\right)^{\frac{\gamma}{\gamma-1}} \tag{11.4.17}$$

$$\varepsilon(\lambda)\equiv\frac{\rho}{\rho_0}=\frac{1}{\left(1+\frac{\gamma-1}{2}M^2\right)^{\frac{1}{\gamma-1}}}=\left(1-\frac{\gamma-1}{\gamma+1}\lambda^2\right)^{\frac{1}{\gamma-1}} \tag{11.4.18}$$

显然,式(11.4.14)、式(11.4.16)和式(11.4.18)分别给出了气体动力学函数 $\tau(\lambda)$、$\pi(\lambda)$ 与 $\varepsilon(\lambda)$ 的定义式。这些气动函数在气体动力学的计算中会经常遇到。

在前面讨论的几个式子中,令 $M=1$(或 $\lambda=1$),就可以求出临界参数与驻点参数的比值,即

$$\begin{cases}\dfrac{T^*}{T_0}=\dfrac{2}{\gamma+1},\quad \dfrac{a^*}{a_0}=\left(\dfrac{2}{\gamma+1}\right)^{\frac{1}{2}}\\[2ex]\dfrac{p^*}{p_0}=\left(\dfrac{2}{\gamma+1}\right)^{\frac{\gamma}{\gamma-1}},\quad \dfrac{\rho^*}{\rho_0}=\left(\dfrac{2}{\gamma+1}\right)^{\frac{1}{\gamma-1}}\end{cases} \tag{11.4.19}$$

对于空气，$\gamma=1.4$，则

$$\frac{T^*}{T_0}=0.8333,\quad \frac{p^*}{p_0}=0.5283,\quad \frac{\rho^*}{\rho_0}=0.6339$$

显然，对于一定的气流来说（即 p_0、ρ_0、T_0 一定时），确定临界参数是很方便的。

现在讨论两个截面参数间的关系，即

$$\frac{T_2}{T_1}=\frac{a_2^2}{a_1^2}=\frac{1+\frac{\gamma-1}{2}M_1^2}{1+\frac{\gamma-1}{2}M_2^2}=\frac{1-\frac{\gamma-1}{\gamma+1}\lambda_2^2}{1-\frac{\gamma-1}{\gamma+1}\lambda_1^2} \tag{11.4.20}$$

$$\frac{p_2}{p_1}=\left(\frac{1+\frac{\gamma-1}{2}M_1^2}{1+\frac{\gamma-1}{2}M_2^2}\right)^{\frac{\gamma}{\gamma-1}}=\left(\frac{1-\frac{\gamma-1}{\gamma+1}\lambda_2^2}{1-\frac{\gamma-1}{\gamma+1}\lambda_1^2}\right)^{\frac{\gamma}{\gamma-1}} \tag{11.4.21}$$

$$\frac{\rho_2}{\rho_1}=\left(\frac{1+\frac{\gamma-1}{2}M_1^2}{1+\frac{\gamma-1}{2}M_2^2}\right)^{\frac{1}{\gamma-1}}=\left(\frac{1-\frac{\gamma-1}{\gamma+1}\lambda_2^2}{1-\frac{\gamma-1}{\gamma+1}\lambda_1^2}\right)^{\frac{1}{\gamma-1}} \tag{11.4.22}$$

4. 比流量与流量

下面将导出比流量与当地 λ（或 M）的关系式，并利用它在给定 p_0、T_0 和 λ 条件下来计算质量流量 $\dot{m}$。

首先把连续性方程改写为下列形式

$$\frac{\dot{m}}{A}=\rho V=m_s \tag{11.4.23}$$

这里，ρV 称为比流量或密流，表示单位时间内通过单位面积的质量流量。现讨论 ρV 随 λ 的变化规律。为此，再定义 $\rho V/\rho^* V^*$ 为无量纲比流量，用符号 q 表示。q 是 λ（或 M）的函数，即

$$q(\lambda)=\frac{\rho V}{\rho^* V^*}=\frac{\rho/\rho_0}{\rho^*/\rho_0}\lambda=\left(\frac{\gamma+1}{2}\right)^{\frac{1}{\gamma-1}}\lambda\left(1-\frac{\gamma-1}{\gamma+1}\lambda^2\right)^{\frac{1}{\gamma-1}} \tag{11.4.24a}$$

或

$$q(M)=\frac{\rho V}{\rho^* V^*}=M\left[\frac{2}{\gamma+1}\left(1+\frac{\gamma-1}{2}M^2\right)\right]^{-\frac{\gamma+1}{2(\gamma-1)}} \tag{11.4.24b}$$

$q(\lambda)$ 随 λ 数的变化如图 11.5 所示。由图 11.5 可见：

(1) 当 $\lambda<1$，在亚声速流中，比流量 ρV 随着 λ 的增大而增加。此时速度的增加率大于密度的减小率。当 $\lambda>1$，在超声速流中，情况刚好相反，ρV 随着 λ 的增大而减小。

(2) 特别有意义的是，当 $\lambda=1$，即流速达声速时，$q(1)=q_{max}=1$，即比流量达最大值。而 $\lambda=1$ 的截面就是临界截面。也就是说，在临界截面上，比流量 ρV 值最大，即气体通过单位面积的流量最大。

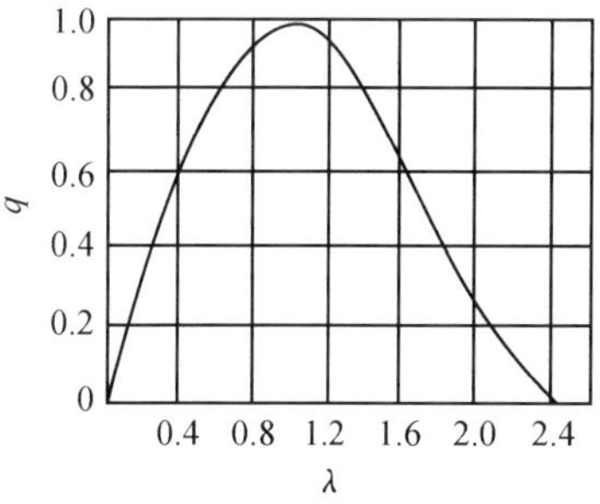

图 11.5　q 与 λ 的关系曲线

在等熵流中，利用 $q(\lambda)$，根据驻点参数 p_0、T_0 及 λ（或 M）可以方便的计算出流量。注意到

$$\dot{m}=\rho VA=\frac{\rho V}{\rho^* V^*}(\rho^* V^*)A=q(\lambda)(\rho^* a^*)A$$

而后将由式(11.4.19)求出的 ρ^*、a^* 代入上式,整理后得

$$\dot{m} = K \frac{p_0}{\sqrt{T_0}} q(\lambda) A \tag{11.4.25a}$$

或

$$\dot{m} = K \frac{p_0}{\sqrt{T_0}} q(M) A \tag{11.4.25b}$$

式中

$$K = \left(\frac{\gamma}{R}\right)^{\frac{1}{2}} \left(\frac{2}{\gamma+1}\right)^{\frac{\gamma+1}{2(\gamma-1)}} \tag{11.4.26}$$

对于空气,$\gamma=1.4$,$R=287\text{J/kg}$,则 $K=0.04042$。

若给定的不是总压 p_0,而是静压 p,则由式(11.4.25)和式(11.4.17),同样可以导出质量流量 $\dot{m}$ 的表达式,这里不再给出。

例题 11.1 讨论气体的不可压缩性假定的误差。

解 设气体以低 Mach 数(M 是小量)做定常等熵流动,那么利用式(11.4.18)和式(11.4.17)可以得到下列 Taylor 级数展开式

$$\frac{\rho}{\rho_0} = \left(1 + \frac{\gamma-1}{2}M^2\right)^{-\frac{1}{\gamma-1}} = 1 - \frac{M^2}{2} + \cdots \tag{a}$$

$$\begin{aligned}\frac{p_0 - p}{\frac{1}{2}\rho V^2} &= \frac{p}{\frac{1}{2}\rho V^2}\left(\frac{p_0}{p} - 1\right) = \frac{p}{\frac{1}{2}\rho V^2}\left[\left(1 + \frac{\gamma-1}{2}M^2\right)^{\frac{\gamma}{\gamma-1}} - 1\right] \\ &= \frac{2\gamma \frac{p}{\rho}}{\gamma V^2}\left[\left(1 + \frac{\gamma M^2}{2} + \frac{\gamma}{8}M^4 + \cdots\right) - 1\right] = 1 + \frac{1}{4}M^2 + \cdots\end{aligned} \tag{b}$$

从式(a)和式(b)即可算出低 Mach 数气流在作不可压缩流体的假定后引起的密度和压力的误差(表 11.3)。

表 11.3 不同 Mach 数下不可压假设的误差

	$M \leqslant 0.14$	$M \leqslant 0.3$	$M \leqslant 0.4$
$\frac{\rho_0 - \rho}{\rho_0} = \frac{1}{2}M^2 + \cdots$	$\leqslant 1\%$	$\leqslant 4\%$	$\leqslant 8\%$
$\frac{\left(\frac{p_0-p}{\frac{1}{2}\rho V^2}\right) - \left(\frac{p_0-p}{\frac{1}{2}\rho V^2}\right)_{不}}{\left(\frac{p_0-p}{\frac{1}{2}\rho V^2}\right)_{不}} = \frac{1}{4}M^2 + \cdots$	$\leqslant 0.5\%$	$\leqslant 2\%$	$\leqslant 4\%$

在飞行器的外部流动问题中,压强分布直接影响气动力,是最重要的参数。从表 11.3 可知,当 $M \leqslant 0.3$ 时,压强的误差为 2%左右,这在工程上是允许的。因此在气体动力学中通常假定 $M \leqslant 0.3$ 的定常气流为不可压缩气流。

11.4.2 变截面一维等熵流动

这里主要讨论管道截面积变化对气体流动的影响。假设在流动中气体与外界没有热量和功

的交换，没有流量的加入或引出，也不计气体与管壁的摩擦作用。所讨论的气体是定比热的完全气体，流动是一维定常的。航空航天动力装置的喷管、飞机进气道以及试验风洞中的流动等都可以近似地看做这样的流动。

首先讨论截面积变化对气流参数的影响。

1. 变截面管中一维流动的基本方程

一维定常流的连续方程的微分形式为

$$\frac{d\rho}{\rho}+\frac{dA}{A}+\frac{dV}{V}=0 \tag{11.4.27}$$

一维定常无黏流动的动量方程的微分形式为 $dp=-\rho VdV$，注意到 $M^2=\frac{V^2}{a^2}=\frac{\rho V^2}{\gamma p}$，将式(11.4.27)改写为

$$\frac{dp}{p}+\gamma M^2\frac{dV}{V}=0 \tag{11.4.28}$$

绝能流动能量方程的微分形式为

$$C_p dT+d\left(\frac{V^2}{2}\right)=0$$

或

$$\frac{dT}{T}+\frac{VdV}{C_pT}=0$$

又可化为

$$\frac{dT}{T}+(\gamma-1)M^2\frac{dV}{V}=0 \tag{11.4.29}$$

由状态方程 $p=\rho RT$ 取对数后并进行微分可得

$$\frac{dp}{p}-\frac{d\rho}{\rho}-\frac{dT}{T}=0 \tag{11.4.30}$$

根据 M 的定义 $M=V/a=V/\sqrt{\gamma RT}$，有

$$\frac{dM}{M}-\frac{dV}{V}+\frac{dT}{2T}=0 \tag{11.4.31}$$

在从式(11.4.27)到式(11.4.31)的5个方程中，包含6个变量 dp/p、$d\rho/\rho$、dT/T、dV/V、dM/M 和 dA/A。若将 dA/A 看做独立变量，则可从上述方程中解出其余5个变量与 dA/A 的关系，于是有

$$\frac{dp}{p}=\frac{\gamma M^2}{1-M^2}\frac{dA}{A} \tag{11.4.32}$$

$$\frac{d\rho}{\rho}=\frac{M^2}{1-M^2}\frac{dA}{A} \tag{11.4.33}$$

$$\frac{dT}{T}=\frac{(\gamma-1)M^2}{1-M^2}\frac{dA}{A} \tag{11.4.34}$$

$$\frac{dV}{V}=-\frac{1}{1-M^2}\frac{dA}{A} \tag{11.4.35}$$

$$\frac{dM}{M}=-\frac{1+\frac{\gamma-1}{2}M^2}{1-M^2}\frac{dA}{A} \tag{11.4.36}$$

上述方程反映了面积变化对气流参数的影响关系式，其变化趋势见表 11.4。

表 11.4　面积变化对气流参数的影响

气流参数比	dA<0		dA>0	
	$M<1$	$M>1$	$M<1$	$M>1$
dV/V	增大	减小	减小	增大
dM/M	增大	减小	减小	增大
dp/p	减小	增大	增大	减小
$d\rho/\rho$	减小	增大	增大	减小
dT/T	减小	增大	增大	减小

2. 截面积变化对气流参数的影响

表 11.4 清楚地表明了截面积变化对气流参数的影响：

(1) 亚声速流($M<1$)。当 $1-M^2>0$ 时，dV 与 dA 异号，其物理意义是速度变化与面积变化的方向相反。

在收缩形管道内($dA<0$)，亚声速气流是加速的($dV>0$)；在扩张形管道内($dA>0$)，亚声速气流是减速的($dV<0$)。

因此，亚声速气流在变截面管道中流动时，气流速度与管道截面积之间的关系仍保持不可压流的那种规律。

(2) 超声速流($M>1$)。当 $1-M^2<0^2$ 时，dV 与 dA 同号，即 dV 与 dA 的变化方向相同。因此，超声速气流在变截面管道中流动时，气流速度与截面积之间的关系刚好和亚声速流的情况相反。

在收缩形管道内($dA<0$)，气流是减速的($dV<0$)；在扩张形管道内($dA>0$)，气流是加速的($dV>0$)。

(3) 声速气流($M=1$)。当 $M=1$ 时，$dA=0$，该截面为临界截面。通常临界截面一定是管道的最小截面。这就是说，气流速度只能在管道的最小截面处达到当地声速。应该强调的是，不应将最小截面和临界截面相混淆，气流在变截面管道中流动时，最小截面是对管道的几何形状而言的，在最小截面处气流速度不一定达到当地声速，所以最小截面不一定是临界截面。以后将会看到，在最小截面处气流是否达到当地声速要由管道进出口的压强比来决定。另外，在工程中通常将使气流加速的管道称为喷管，将使气流减速的管道称为扩压器。图 11.6 给出了几种流动类型的示意图。

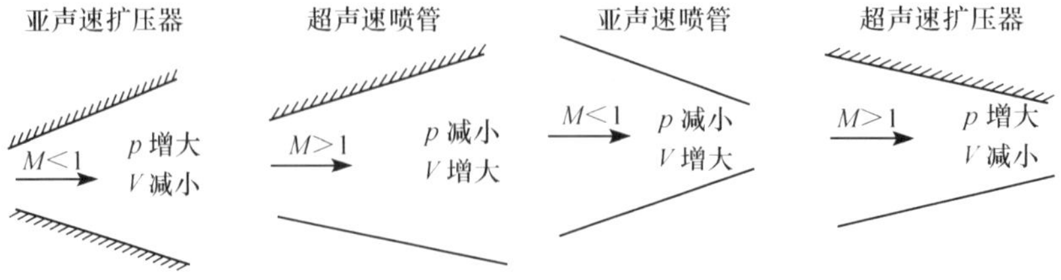

图 11.6　几种变截面的流动类型

通过上面的讨论，可以清楚地看到，管道截面积的变化，对亚声速气流和超声速气流有相反的影响。这种相反影响的物理原因是在不同 Mach 数时气流的压缩性不同。由表 11.4 可知：无论是亚声速气流，还是超声速气流，密度 ρ 的变化和速度 V 的变化方向总是相反的。气流加速时，密度减小；气流减速时，密度增大。但是，对于不同 Mach 数的气流，两者变比的大小是不同的。表 11.5 列出了按式(11.4.35)和式(11.4.33)计算的一些数值，这是速度增大 1%时，不同 Mach 数的气流相应地其密度变化和面积变化百分数的值。

表 11.5　不同 Mach 数下气流参数的变化

M	0.2	0.4	0.8	1.0	1.2	1.4	1.6
dV/V	1%	1%	1%	1%	1%	1%	1%
$d\rho/\rho$	−0.04%	−0.16%	−0.64%	−1.0%	−1.44%	−1.96%	−2.56%
dA/A	−0.96%	−0.84%	−0.36%	0	0.44%	0.96%	1.56%

从表 11.5 中可以看出，对于 $M<0.2$ 的气流，速度变化 1%时，密度变化还不到 0.04%，所以在 M 较小时(一般是 $M<0.3$)，可当作不可压流来处理；M 数较大时，密度变化也较大，这表明气流压缩性随 M 数增大而增大。但是在亚声速气流中，密度变化总是小于速度变化；对于超声速气流($M>1$)，密度变化则比速度变化大。因此，在密度与速度之积 ρV 中，在亚声速气流的情况下，速度变化起着主要的作用，而在超声速气流的情况下，则是密度变化起着主要的作用。例如，对于 $M=0.8$ 的亚声速气流，若流速增大 1%，相应地密度只减小 0.64%，为了保持流量不变，面积就应减小 0.36%。而对于 $M=1.4$ 的超声速气流，若流速增大 1%，这时密度将减小 1.96%，从而面积应增大 0.96%。

由于气流压缩性的影响，要使亚音速气流加速，管道截面积应该逐渐收缩；要使超音速气流加速，管道截面积应该逐渐扩张。因此，要使气流从亚声速加速到超声速，管道形状就应该是先收缩后扩张的，如图 11.7 所示。亚声速气流先在收缩段中加速．在最小截面处达到声速，然后在扩张段中继续加速成超声速气流。通常把最小截面叫做喉部。这种收缩-扩张形喷管是 19 世纪末瑞典工程师拉瓦尔(Laval)发明的，故这种喷管又叫拉瓦尔喷管。

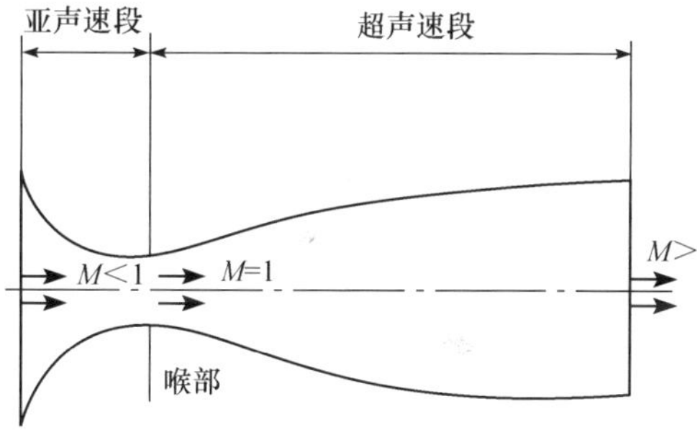

图 11.7　拉瓦尔喷管

如果要使超声速气流等熵地减速成亚声速气流，那么按照前面的讨论，也应该采用先收缩后扩张的管道。超声速气流先在收缩段减速，到最小截面变成声速流，然后在扩张段继续减速成为亚声速气流。这是按照一维等熵流得出的结论，但在实际流动中，由于摩擦的存在以及超声速气流在减速过程中还会出现激波，所以如何有效地组织超声速气流的减速过程绝对不是一件容易的事。

11.5　非定常一维均熵流动与分析

一维非定常均熵流动模型是流体力学中使用最广泛、理论分析较完美的内容之一。首先讨论一下容易混淆但又常用的几个概念。

1) 均熵流与等熵流

这是两个完全不同的概念。均熵流是指流场处处熵值相等的流动，也就是说，对于均熵流场存在着$\nabla S=0$的关系。等熵流是指沿流线熵值保持不变的流动。沿不同的流线可以有不同的熵值,因此等熵流动时随体导数$\mathrm{D}S/\mathrm{D}t=0$。例如,对于完全气体的流动,采用 Crocco 形式表达式时,则运动方程

$$\frac{\partial \boldsymbol{V}}{\partial t}+(\nabla\times\boldsymbol{V})\times\boldsymbol{V}=T\,\nabla S-\nabla H+\frac{1}{\rho}\,\nabla\cdot\boldsymbol{\Pi} \tag{11.5.1}$$

对于无黏流,又可化简为

$$\frac{\partial \boldsymbol{V}}{\partial t}+(\nabla\times\boldsymbol{V})\times\boldsymbol{V}=T\,\nabla S-\nabla H \tag{11.5.2}$$

对于均熵流,则式(11.5.2)可进一步化简为

$$\frac{\partial \boldsymbol{V}}{\partial t}+(\nabla\times\boldsymbol{V})\times\boldsymbol{V}=-\nabla H \tag{11.5.3}$$

2) 均能流与绝能流

这也是两个完全不同的概念。定常均能流是指整个流场滞止焓均匀分布,并且不随时间变化的流动。也就是说,流场中的每一个质点都具有相同的滞止焓值,故有$\nabla H=\mathbf{0}$;绝能流是指沿流线流体质点所具有的总能量保持不变的流动。当然,沿不同的流线流体所具有的总能量可以是不同的,因此绝能流只存在着随体导数$\mathrm{D}H/\mathrm{D}t=0$的关系。对于定常流动,这时迹线与流线重合,因此定常绝能流动中流体沿迹线也保持总能量不变。还应该指出:气体做绝能流动时,不论过程是否可逆,总焓和总温都保持不变。另外,绝能并不一定等熵;具有摩擦等损失的不可逆绝能流动,熵是增加的;只有可逆绝能流动才是绝能等熵流;在绝能等熵流动中,气流的所有总参数都保持不变。

下面讨论一维非定常均熵流动问题,是在均熵流动的前提下进行的。

11.5.1 均熵流动下的 Riemann 不变量

为了充分利用均熵的假设条件,这里先扼要推导均熵流的特征方程及 Riemann 不变量。在直角坐标系下讨论等截面、无添质流的一维非定常均熵流动,这时连续方程式可变为

$$\frac{\partial \rho}{\partial t}+V\,\frac{\partial \rho}{\partial x}+\rho\,\frac{\partial V}{\partial x}=0 \tag{11.5.4}$$

在均熵的假定下,这时只有一个独立的热力学变量,取p为独立变量,则

$$\rho=\rho(p),\quad \mathrm{d}\rho=\left(\frac{\partial \rho}{\partial p}\right)_s\mathrm{d}p=\frac{1}{a^2}\mathrm{d}p$$

借助于上式,于是式(11.5.4)变为

$$\frac{1}{\rho a}\,\frac{\mathrm{d}p}{\mathrm{d}t}+a\,\frac{\partial V}{\partial x}=0 \tag{11.5.5}$$

另外,将动量方程式可变为

$$\frac{\mathrm{d}V}{\mathrm{d}t}+\frac{1}{\rho}\,\frac{\partial p}{\partial x}=0 \tag{11.5.6}$$

引入两个导数算子$\dfrac{\mathrm{D}^+}{\mathrm{D}t}$与$\dfrac{\mathrm{D}^-}{\mathrm{D}t}$,其定义为

$$\frac{\mathrm{D}^+}{\mathrm{D}t}\equiv\frac{\partial}{\partial t}+(V+a)\,\frac{\partial}{\partial x} \tag{11.5.7}$$

$$\frac{\mathrm{D}^-}{\mathrm{D}t}\equiv\frac{\partial}{\partial t}+(V-a)\,\frac{\partial}{\partial x} \tag{11.5.8}$$

式中，$\frac{D^+}{Dt}$表示相对于以速度 $V+a$（即随着特征线 C^+）移动的观察者而言的时间变化率；$\frac{D^-}{Dt}$表示相对于以速度 $V-a$（即随着特征线 C^-）移动的观察者而言的时间变化率；引入一个新的热力学函数，$F=F(p,S)$，在等熵的条件下有

$$F \equiv \int_{p_0}^{p} \frac{dp}{\rho a} \tag{11.5.9}$$

显然

$$\begin{cases} \dfrac{\partial F}{\partial t} = \dfrac{1}{\rho a}\dfrac{\partial p}{\partial t} \\ \dfrac{\partial F}{\partial x} = \dfrac{1}{\rho a}\dfrac{\partial p}{\partial x} \end{cases} \tag{11.5.10}$$

于是将式(11.5.6)与式(11.5.5)相加，得

$$\frac{D^+}{Dt}(V+F) = 0 \tag{11.5.11}$$

将式(11.5.6)减去式(11.5.5)得

$$\frac{D^-}{Dt}(V-F) = 0 \tag{11.5.12}$$

由式(11.5.11)和式(11.5.12)可知：$V+F$ 和 $V-F$ 沿着它们各自的特征线不变，这里将这些不变量记为 J^+ 与 J^-，即

$$\begin{cases} J^+ \equiv V+F \\ J^- \equiv V-F \end{cases} \tag{11.5.13}$$

式中，J^+ 与 J^- 常称为 Riemann 不变量。另外，将式(11.5.9)微分，得

$$dF = \frac{dp}{\rho a} \tag{11.5.14}$$

在熵不变的情况下，$dp=a^2 d\rho$。注意到这时 dp 又可表示为

$$dp = \frac{\rho a}{\Gamma - 1} da \tag{11.5.15}$$

式中 $\Gamma=(\gamma+1)/2$，于是 dF 可以表示为

$$dF = \frac{dp}{\rho a} = a\frac{d\rho}{\rho} = \frac{da}{\Gamma - 1} \tag{11.5.16}$$

因此与之对应的积分形式为

$$F = \int_{p_0}^{p} \frac{dp}{\rho a} = \int_{\rho_0}^{\rho} a\frac{d\rho}{\rho} = \int_{a_0}^{a} \frac{da}{\Gamma - 1} \tag{11.5.17}$$

式中，p_0、ρ_0、a_0 指的是同一个参考状态下的参数。对于完全气体，因为 $\Gamma=(\gamma+1)/2$，由式(11.5.17)，则

$$F = \frac{2}{\gamma - 1}(a - a_0)$$

为方便起见，许多书中将参考状态的 a_0 取为零，于是这时的 F 可写为

$$F = \frac{2a}{\gamma - 1} \tag{11.5.18}$$

因此对于完全气体，则 Riemann 不变量为

$$
\begin{cases}
J^{+}=V+\dfrac{2}{\gamma-1}a \\
J^{-}=V-\dfrac{2}{\gamma-1}a
\end{cases}
\tag{11.5.19}
$$

在 x-t 物理平面上，定义 J^{+} 所对应的特征线为第Ⅰ族特征线，记为 C^{+}；J^{-} 所对应的为第Ⅱ族特征线，记为 C^{-}，于是

沿第Ⅰ族 C^{+}：

$$
\begin{cases}
\dfrac{\mathrm{d}t}{\mathrm{d}x}=\dfrac{1}{V+a} & (11.5.20\mathrm{a}) \\
V+\dfrac{2}{\gamma-1}a=C_1=J^{+} & (11.5.20\mathrm{b})
\end{cases}
$$

沿第Ⅱ族 C^{-}：

$$
\begin{cases}
\dfrac{\mathrm{d}t}{\mathrm{d}x}=\dfrac{1}{V-a} & (11.5.21\mathrm{a}) \\
V-\dfrac{2}{\gamma-1}a=C_2=J^{-} & (11.5.21\mathrm{b})
\end{cases}
$$

式中，常数 C_1 和 C_2 就是对应的 Riemann 不变量 J^{+} 与 J^{-} 的取值。显然，它们沿着同一条特征线是常数，而沿不同的特征线其常数值一般说是不同的。另外，式(11.5.20b)与式(11.5.21b)为沿着 C^{+} 与 C^{-} 特征线的相容性关系。

11.5.2 初值问题的依赖域与影响区

首先考虑式(11.5.11)与式(11.5.12)所表示的平面波。对于均熵流动，假定在 $t=0$ 时 ab 线上速度 $V(x)$ 与压强 $p(x)$ 的分布已给出，如图 11.8(a)所示，于是点 d 上的 V 与 p 值便可完全确定了。从式(11.5.11)与式(11.5.12)可知，$J_d^{+}=J_a^{+}$，$J_d^{-}=J_b^{-}$，即

$$V_d+F_d=J_a^{+},\quad V_d-F_d=J_b^{-}$$

式中，J_a^{+}、J_b^{-} 为已知的初值，于是 V_d 与 F_d 便可由下式得到

$$V_d=\frac{1}{2}(J_a^{+}+J_b^{-}),\quad F_d=\frac{1}{2}(J_a^{+}-J_b^{-}) \tag{11.5.22}$$

由于如图 11.8(a)所示的三角形 abd 内任意一点的状态都可以由 ab 线上的原始状态来决定，因此 ab 线段称为 d 点的依赖域。如图 11.8(b)所示，自 Q 点沿气流方向引出两条 Mach 线表示了该点的微弱扰动传播区域的边界，也就是说该点的信息只能影响如图 11.8(b)所示的下游阴影区域，因此该区域称为点 Q 的影响区。

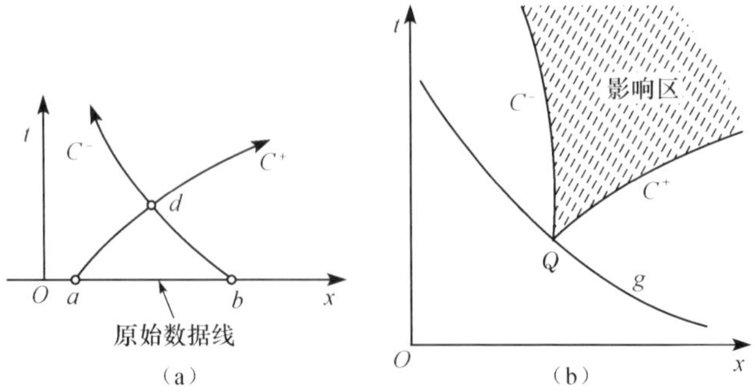

图 11.8　初值问题的依赖域与影响区

11.6 运动正激波与驻激波

11.6.1 运动正激波的基本方程

现将坐标系固定在激波面上，考察相对运动中各流动参量的变化规律。采用如图 11.9 所示的符号，即速度方向以与激波传播方向一致为正，下注脚 1 表示激波前的参数，注脚 2 表示激波后的参数，取平行于激波面的两个侧面并且假定这两个侧面非常接近（这里以 CS 表示控制体的整个控制面），于是对控制体建立的连续方程、动量方程和能量方程为

$$\oiint_{CS} \rho(\boldsymbol{V}_r \cdot d\boldsymbol{s}) = 0 \tag{11.6.1}$$

$$\oiint_{CS} \rho \boldsymbol{V}_r(\boldsymbol{V}_r \cdot d\boldsymbol{s}) = \oiint_{CS} \boldsymbol{p}_n \cdot d\boldsymbol{s} \tag{11.6.2}$$

$$\oiint_{CS} \rho\left(e + \frac{\boldsymbol{V}_r \cdot \boldsymbol{V}_r}{2}\right)(\boldsymbol{V}_r \cdot d\boldsymbol{s}) = \oiint_{CS} (\boldsymbol{p}_n \cdot \boldsymbol{V}_r) ds \tag{11.6.3}$$

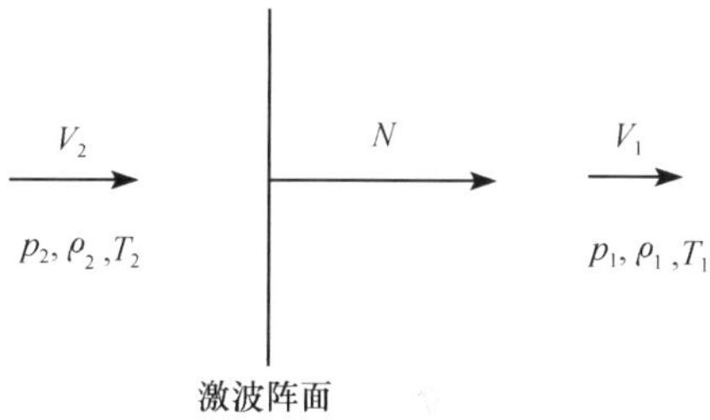

图 11.9 正激波及激波前后气流参量

式中，$\boldsymbol{p}_n$ 表示应力，即 $\boldsymbol{p}_n = -p\boldsymbol{n}$；$\boldsymbol{V}_r$ 为相对速度。于是对运动正激波，有

$$\begin{cases} \rho_2(V_2 - N) = \rho_1(V_1 - N) \\ p_2 + \rho_2(V_2 - N)^2 = p_1 + \rho_1(V_1 - N)^2 \\ h_2 + \dfrac{1}{2}(V_2 - N)^2 = h_1 + \dfrac{1}{2}(V_1 - N)^2 \end{cases} \tag{11.6.4}$$

或者

$$\begin{cases} \rho_2(V_2 - N) = \rho_1(V_1 - N) \\ \rho_2 V_2(V_2 - N) + p_2 = p_1 + \rho_1 V_1(V_1 - N) \\ \rho_2\left(e_2 + \dfrac{V_2^2}{2}\right)(V_2 - N) + p_2 V_2 = \rho_1\left(e_1 + \dfrac{V_1^2}{2}\right)(V_1 - N) + p_1 V_1 \end{cases} \tag{11.6.5}$$

可以证明方程组(11.6.4)与方程组(11.6.5)等价。

下面分两种情况讨论，一种是波前气体静止，另一种是 $V_1 \neq 0$ 的情况。

1. 当 $N \neq 0$ 且 $V_1 = 0$ 时

这时方程组(11.6.5)简化为

$$\begin{cases} \rho_2(V_2 - N) = -\rho_1 N \\ p_2 - p_1 = -\rho_2 V_2(V_2 - N) = \rho_1 V_2 N \\ \rho_1 N\left(e_2 + \dfrac{V_2^2}{2}\right) - p_2 V_2 = \rho_1 e_1 N \end{cases} \tag{11.6.6}$$

而方程组(11.6.4)简化为

$$\begin{cases} \rho_1 N = \rho_2(N - V_2) \\ p_1 + \rho_1 N^2 = p_2 + \rho_1 N(N - V_2) \\ h_1 + \dfrac{1}{2}N^2 = h_2 + \dfrac{1}{2}(N - V_2)^2 \end{cases} \tag{11.6.7}$$

于是仿照驻激波的推导过程可得到

$$\frac{p_2}{p_1}=\frac{2\gamma}{\gamma+1}\left(\frac{N}{a_1}\right)^2-\frac{\gamma-1}{\gamma+1} \tag{11.6.8}$$

$$\frac{\rho_2}{\rho_1}=\frac{(\gamma+1)(N/a_1)^2}{2+(\gamma-1)(N/a_1)^2} \tag{11.6.9}$$

由式(11.6.7)中第一式并注意用式(11.6.9)消去 ρ_2/ρ_1 项,得

$$V_2=\frac{2N}{\gamma+1}\left[1-\left(\frac{a_1}{N}\right)^2\right] \tag{11.6.10}$$

或者

$$N=\frac{\gamma+1}{4}V_2+\sqrt{\left(\frac{\gamma+1}{4}V_2\right)^2+a_1^2}=a_1\sqrt{\frac{\gamma+1}{2\gamma}\frac{p_2}{p_1}+\frac{\gamma-1}{2\gamma}} \tag{11.6.11}$$

式中,V_2 为激波的伴随速度。

显然,激波强度越大(即 N 越大),则 V_2 也越大。V_2 既可以为亚声速,也可以为超声速。当波前气体静止时,波后伴随速度的方向总指向激波运动的方向。另外还需说明的是:式(11.6.11)右边那两个表达式可分别由式(11.6.8)与式(11.6.10)推出。

2. 当 $N\neq0$ 且 $V_1\neq0$ 时

这里假设 V_1、p_1、ρ_1 及 N 为已知量,以计算 V_2、p_2、ρ_2。为此把参考系固连在激波前的气流上,在这个新的参考系内 $\widetilde{V}_1=0$,$\widetilde{V}_2=V_2-V_1$,激波速度变为 $\widetilde{N}=N-V_1$,对于这个新的参考系,借助于式(11.6.8)~式(11.6.11)便得到如下几个表达式

$$\widetilde{V}_2=V_2-V_1=\frac{2(N-V_1)}{\gamma+1}\left[1-\left(\frac{a_1}{N-V_1}\right)^2\right] \tag{11.6.12}$$

$$\frac{p_2}{p_1}=\frac{2\gamma}{\gamma+1}\left(\frac{N-V_1}{a_1}\right)^2-\frac{\gamma-1}{\gamma+1} \tag{11.6.13}$$

$$\frac{\rho_2}{\rho_1}=\frac{(\gamma+1)\left(\frac{N-V_1}{a_1}\right)^2}{2+(\gamma-1)\left(\frac{N-V_1}{a_1}\right)^2} \tag{11.6.14}$$

$$\widetilde{N}=N-V_1=a_1\sqrt{\frac{\gamma+1}{2\gamma}\frac{p_2}{p_1}+\frac{\gamma-1}{2\gamma}} \tag{11.6.15}$$

11.6.2 运动正激波在固体壁面处的反射

如图 11.10(a)与图 11.10(d)所示,运动正激波在静止的气体中传播并假设静止气体中有一个固定的刚性平壁。当激波波阵面到达壁面的瞬间,气体受到壁面的压缩,将产生一道正激波(即反射波)向左传播,因此原来初始波的波后气体现在变成为反射波的波前气体。反射波所到之处,波后气体速度 $V_3=0$,状态为 p_3、ρ_3,如图 11.10(b)与图 11.10(d)所示。显然,反射激波的波前气体速度不为零,为此把新参考系固连在反射波的波前气体上,如图 11.10(c)所示,在此坐标系下,波前速度 $\widetilde{V}_2=0$,激波速度为 N_2+V_2,其方向向左,波后速度为 $\widetilde{V}_3=V_2$。于是借助于式(11.6.11)得到

$$N_2+V_2=\frac{\gamma+1}{4}\widetilde{V}_3+\sqrt{\left(\frac{\gamma+1}{4}\widetilde{V}_3\right)^2+a_2^2}=\frac{\gamma+1}{4}V_2+\sqrt{\left(\frac{\gamma+1}{4}V_2\right)^2+a_2^2} \tag{11.6.16}$$

式中，a_2 可借助于 Rankine-Hugoniot 关系（简称 R-H 关系）得到，即

$$\left(\frac{a_2}{a_1}\right)^2 = \frac{p_2}{p_1}\frac{\rho_1}{\rho_2} = \frac{\dfrac{\gamma+1}{\gamma-1} - \dfrac{\rho_1}{\rho_2}}{\dfrac{\gamma+1}{\gamma-1} - \dfrac{\rho_2}{\rho_1}} \tag{11.6.17}$$

另外，借助于式(11.6.8)可得到 p_3/p_2 的表达式

$$\frac{p_3}{p_2} = \frac{2\gamma}{\gamma+1}\left(\frac{N_2+V_2}{a_2}\right)^2 - \frac{\gamma-1}{\gamma+1} \tag{11.6.18}$$

利用 Rankine-Hugoniot 关系可以证明下式成立

$$\frac{p_3}{p_2} = \frac{(3\gamma-1)p_2 - (\gamma-1)p_1}{(\gamma-1)p_2 + (\gamma+1)p_1} \tag{11.6.19}$$

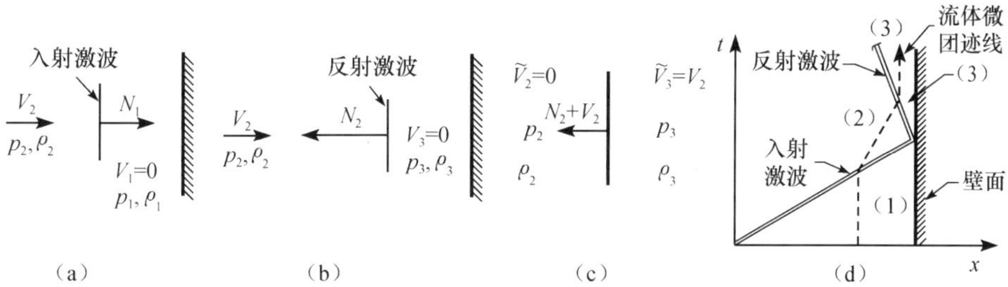

图 11.10　运动正激波遇固壁后的反射

11.6.3　静止正激波

对于固定正激波（又称驻激波），则式(11.6.4)便可写成如下形式

$$\rho_1 V_1 = \rho_2 V_2 \tag{11.6.20}$$

$$\rho_1 V_1^2 + p_1 = \rho_2 V_2^2 + p_2 \tag{11.6.21}$$

$$h_1 + \frac{V_1^2}{2} = h_2 + \frac{V_2^2}{2} \tag{11.6.22}$$

另外，还可以方便地得到 p_2/p_1、V_2/V_1、ρ_2/ρ_1 以及 M_2 的表达式，即

$$\frac{p_2}{p_1} = \frac{2\gamma}{\gamma+1}M_1^2 - \frac{\gamma-1}{\gamma+1} \tag{11.6.23}$$

$$\frac{V_2}{V_1} = \frac{2+(\gamma-1)M_1^2}{(\gamma+1)M_1^2} \tag{11.6.24}$$

$$\frac{\rho_2}{\rho_1} = \frac{(\gamma+1)M_1^2}{2+(\gamma-1)M_1^2} \tag{11.6.25}$$

$$M_2^2 = \frac{M_1^2 + \dfrac{2}{\gamma-1}}{\dfrac{2\gamma}{\gamma-1}M_1^2 - 1} \tag{11.6.26}$$

对于正激波，则有 $M_1 \equiv V_1/a_1$，$M_2 \equiv V_2/a_2$。另外，由气体的状态方程 $p=\rho RT$，以及式(11.6.23)、式(11.6.25)则很容易得到温度比 T_2/T_1 的表达式，即

$$\frac{T_2}{T_1} = \frac{p_2}{p_1}\frac{\rho_1}{\rho_2} = \frac{\left(1+\dfrac{\gamma-1}{2}M_1^2\right)\left(\dfrac{2\gamma}{\gamma-1}M_1^2 - 1\right)}{\dfrac{(\gamma+1)^2}{2(\gamma-1)}M_1^2} \tag{11.6.27}$$

如果引入速度系数 λ[式(11.4.11)],并注意到式(11.4.13),于是式(11.6.26)又可变为

$$\lambda_1\lambda_2 = 1 \tag{11.6.28}$$

这就是著名的 Prandtl 方程,又称 Prandtl 关系式。它又可写为

$$V_1V_2 = a_*^2 \tag{11.6.29}$$

式中,a_* 为临界声速。

习　　题

11.1　若假定声速的传播过程是等温过程,试推导出该过程时完全气体声速 a_T 的公式,并把它与正确的声速公式进行比较。

11.2　无黏、可压缩流体做一维定常流动,如果流动是等温过程,试证明:

$$\frac{\rho_0}{\rho} = \exp\left(\frac{\gamma}{2}M^2\right)$$

11.3　导出气体等熵流动时,以 Mach 数 M 表示的压强系数 C_p 的表达式,并分别求出 $M=0,1,2$ 时的 C_p 值。

11.4　对于无黏、可压缩流体的定常等熵流动,试证明有如下关系式

$$\frac{\mathrm{d}p}{p} = \gamma\frac{\mathrm{d}\rho}{\rho} = \frac{\gamma}{\gamma-1}\frac{\mathrm{d}T}{T} = \frac{-\gamma M}{1+\dfrac{\gamma-1}{2}M^2}\frac{\mathrm{d}M}{M}$$

成立。式中 γ 为比热比,M 为 Mach 数。

11.5　试导出下列以压强比 p/p_0 为参数的等熵关系式:

(1) $v^2=\dfrac{2\gamma}{\gamma-1}RT_0\left[1-\left(\dfrac{p}{p_0}\right)^{\frac{\gamma-1}{\gamma}}\right]$;

(2) $M^2=\dfrac{2}{\gamma-1}\left[\left(\dfrac{p}{p_0}\right)^{\frac{\gamma-1}{\gamma}}-1\right]$。

11.6　空气在拉瓦尔喷管内流动,进口气流滞止压强与背压之比 $p_0/p_b=1.5$,喉道面积与出口端面积之比 $A_t/A_e=0.2857$,这里 A_t 与 A_e 分别表示喉道面积与出口端面面积,p_b 表示背压。问喷管中有无激波存在呢?如果有,求出其位置(A_s/A_t)。

11.7　强度为 $\Delta p/p_1=3$ 的正激波在 $p_1=10^5\,\mathrm{N/m^2}$、$T_1=288\mathrm{K}$ 的静止空气中传播,求:

(1) 激波后的伴随速度;

(2) 该激波突然遇到固壁后反射,求反射激波的传播速度。

11.8　通过激波的熵增 ΔS 计算公式为

$$\frac{\Delta S}{C_V} = \ln\left[\frac{p_2}{p_1}\left(\frac{\rho_1}{\rho_2}\right)^\gamma\right]$$

利用激波关系式将 $\Delta S/C_V$ 表示成 M_1 和 γ 的函数。令 $\beta=M_1^2-1$,试证明当 β 很小时,则 $\Delta S/C_V\sim\beta^3$。

11.9　正激波是一种最简单的激波现象,试证明静止正激波的 Prandtl 关系式。令激波 $\Delta T=T_2-T_1$(这里 T_1 与 T_2 为激波前与后的静温),M_1 为激波前 Mach 数,试证明 $\dfrac{\Delta T}{T_1}=\dfrac{2(\gamma-1)}{(\gamma+1)^2}\dfrac{1}{M_1^2}(M_1^2-1)(\gamma M_1^2+1)$。式中 γ 为比热比[注:推导可参阅吴望一. 流体力学(下册). 北京:北京大学出版社,1983:第 10.6 节]。

第 12 章　可压缩无黏流体的二维流动

本章遵循着先讲势函数(即无旋流),再讲流函数(流场可以是有旋的);先讨论亚声速流动再讨论跨声速、超声速流动的顺序介绍了可压缩、无黏流体的二维以及广义二维流动问题,其中包括势函数法、小扰动线化理论、流函数法、亚声速速度图法、膨胀波与激波、Prandtl-Meyer 流动以及超声速有旋流动的特征线方法等。在这章中还特别介绍了吴仲华教授在国际上开创的 S_1 与 S_2 两类流面理论和吴仲华方程,这些章节很好地丰富了广义二维可压缩流动的内容。另外,还扼要介绍了 von Karman-钱学森近似方法,介绍了钱学森先生在速度图方法中所作出的重大贡献。最后,这里还必须要对本章使用的特殊符号作以说明:因本章大量出现 Mach 数与声速同时出现的现象,为避免读者学习中造成的误会,因此仍采用符号 a 与 M 分别表示声速与 Mach 数。

12.1　二维定常与非定常速度势方程

首先推导等熵、定常、无黏流动的两个基本方程。在定常、无黏情况下,运动方程为

$$(\mathbf{V}\cdot\nabla)\mathbf{V}=-\frac{1}{\rho}\nabla p \tag{12.1.1}$$

在定常、绝热情况下沿流线的能量方程为

$$h+\frac{V^2}{2}=h_\infty+\frac{{V_\infty}^2}{2} \tag{12.1.2}$$

另外,在等熵流动中,声速的关系式为

$$\left(\frac{\partial p}{\partial\rho}\right)_s=\frac{\mathrm{d}p}{\mathrm{d}\rho}=a^2\quad(\text{沿流线}) \tag{12.1.3}$$

从式(12.1.1)和式(12.1.3),得

$$(\mathbf{V}\cdot\nabla)\mathbf{V}=-\frac{1}{\rho}\left(\frac{\mathrm{d}p}{\mathrm{d}\rho}\right)\nabla\rho=-\frac{a^2}{\rho}\nabla\rho$$

将上式两边点乘 $\mathbf{V}$,得

$$\mathbf{V}\cdot[(\mathbf{V}\cdot\nabla)\mathbf{V}]=-\frac{a^2}{\rho}(\mathbf{V}\cdot\nabla)\rho \tag{12.1.4}$$

注意到

$$\mathbf{V}\cdot[(\mathbf{V}\cdot\nabla)\mathbf{V}]=\mathbf{V}\cdot\left[\nabla\left(\frac{V^2}{2}\right)-\mathbf{V}\times(\nabla\times\mathbf{V})\right]=(\mathbf{V}\cdot\nabla)\left(\frac{V^2}{2}\right)$$

于是式(12.1.4)变为

$$(\mathbf{V}\cdot\nabla)\left(\frac{V^2}{2}\right)=-\frac{a^2}{\rho}(\mathbf{V}\cdot\nabla)\rho \tag{12.1.5}$$

由连续方程式可变为

$$\nabla\cdot\mathbf{V}=-\frac{1}{\rho}(\mathbf{V}\cdot\nabla)\rho \tag{12.1.6}$$

于是从式(12.1.5)和式(12.1.6)中消去 $\frac{1}{\rho}(\mathbf{V}\cdot\nabla)\rho$,即得到定常、无黏、等熵流动下的基本方程

(也可认为是连续方程的另一种表达形式)

$$(\mathbf{V}\cdot\nabla)\left(\frac{V^2}{2}\right)=a^2\ \nabla\cdot\mathbf{V} \tag{12.1.7}$$

式中,a 为当地声速。这里应指出:这个方程常称为基本方程的第一种表达形式。

这个方程适用于完全气体,它具有很大的通用性。基本方程的第二种表达形式可由能量方程(12.1.2)在完全气体的条件下得到,即

$$a^2=a_\infty^2+\frac{\gamma-1}{2}(V_\infty^2-V^2) \tag{12.1.8}$$

这个方程也可以认为是能量方程的另一种表达形式。在直角坐标系下,令 $V^2=u^2+v^2+w^2$,则式(12.1.7)可写为

$$\left(1-\frac{u^2}{a^2}\right)\frac{\partial u}{\partial x}+\left(1-\frac{v^2}{a^2}\right)\frac{\partial v}{\partial y}+\left(1-\frac{w^2}{a^2}\right)\frac{\partial w}{\partial z}-\frac{uv}{a^2}\left(\frac{\partial v}{\partial x}+\frac{\partial u}{\partial y}\right)$$
$$-\frac{vw}{a^2}\left(\frac{\partial w}{\partial y}+\frac{\partial v}{\partial z}\right)-\frac{wu}{a^2}\left(\frac{\partial w}{\partial x}+\frac{\partial u}{\partial z}\right)=0 \tag{12.1.9}$$

12.1.1 定常流动的速度势主方程

如果气体做无旋运动,则引入势函数 φ,使其满足

$$\mathbf{V}=\nabla\varphi \tag{12.1.10}$$

于是式(12.1.8)与式(12.1.9)可改写为

$$\left(1-\frac{\varphi_x^2}{a^2}\right)\varphi_{xx}+\left(1-\frac{\varphi_y^2}{a^2}\right)\varphi_{yy}+\left(1-\frac{\varphi_z^2}{a^2}\right)\varphi_{zz}-2\left(\frac{\varphi_x\varphi_y}{a^2}\varphi_{xy}+\frac{\varphi_y\varphi_z}{a^2}\varphi_{yz}+\frac{\varphi_z\varphi_x}{a^2}\varphi_{zx}\right)=0 \tag{12.1.11}$$

$$a^2=a_\infty^2+\frac{\gamma-1}{2}[V_\infty^2-(\varphi_x^2+\varphi_y^2+\varphi_z^2)] \tag{12.1.12}$$

显然,式(12.1.11)是关于全速度势 φ 的二阶非线性偏微分方程。

12.1.2 非定常流动的速度势主方程

对于无黏、绝热的等熵势流,存在着 Bernoulli 积分(当略去重力时),即

$$\frac{\partial\varphi}{\partial t}+\frac{1}{2}(\mathbf{V}\cdot\mathbf{V})+\frac{\gamma}{\gamma-1}\frac{p}{\rho}=f(t) \tag{12.1.13}$$

在等熵、定比热情况下,引入压强与密度间的关系(又称绝热关系)

$$p=C\rho^\gamma \tag{12.1.14}$$

于是

$$\widetilde{p}\equiv\int\frac{\mathrm{d}p}{\rho}=\frac{\gamma}{\gamma-1}\frac{p}{\rho}=\frac{a^2}{\gamma-1} \tag{12.1.15}$$

将连续方程中的$\nabla\cdot\mathbf{V}$ 项用速度势表示后为

$$\frac{\mathrm{d}\rho}{\mathrm{d}t}+\rho\,\nabla^2\varphi=0 \tag{12.1.16}$$

引入 $\widetilde{p}$ 消去式(12.1.16)中的密度项,得

$$\frac{\mathrm{d}\widetilde{p}}{\mathrm{d}t}+(\gamma-1)\widetilde{p}\,\nabla^2\varphi=0 \tag{12.1.17}$$

式中,$\nabla^2\equiv\nabla\cdot\nabla$为 Laplace 算子。

在 $f(t)=\text{const}$ 的假定下，由式(12.1.13)与式(12.1.17)中消去 $\tilde{p}$ 并将得到的方程整理为波动方程的形式

$$\nabla^2\varphi-\frac{1}{a^2}\frac{\partial^2\varphi}{\partial t^2}=\frac{1}{a^2}\left\{\frac{\partial}{\partial t}[(\nabla\varphi)\cdot(\nabla\varphi)]+\frac{1}{2}(\nabla\varphi)\cdot\nabla[(\nabla\varphi)\cdot(\nabla\varphi)]\right\} \tag{12.1.18}$$

又借助于式(12.1.15)，则式(12.1.13)可改写为

$$\frac{\partial\varphi}{\partial t}+\frac{1}{2}(\nabla\varphi)\cdot(\nabla\varphi)+\frac{a^2}{\gamma-1}=f(t) \tag{12.1.19}$$

于是由式(12.1.18)和式(12.1.19)消去声速 a 便可以得到仅含有速度势 φ 的偏微分方程。另外，考虑到远前方均匀来流条件，则式(12.1.13)可改写为

$$\frac{\partial\varphi}{\partial t}+\frac{1}{2}(\nabla\varphi)\cdot(\nabla\varphi)+\frac{\gamma}{\gamma-1}\frac{p}{\rho}=\frac{\gamma}{\gamma-1}\frac{p_\infty}{\rho_\infty}+\frac{1}{2}V_\infty^2 \tag{12.1.20}$$

借助于式(12.1.14)，式(12.1.20)又可整理为

$$1-\frac{V^2}{V_\infty^2}-\frac{2}{V_\infty^2}\frac{\partial\varphi}{\partial t}=\frac{2}{\gamma-1}\frac{1}{M_\infty^2}\left[\left(\frac{p}{p_\infty}\right)^{\frac{\gamma-1}{\gamma}}-1\right] \tag{12.1.21}$$

由压强系数(又称压力系数)C_p 的定义

$$C_p\equiv\frac{p-p_\infty}{\frac{1}{2}\rho_\infty V_\infty^2}=\frac{2(p-p_\infty)}{\gamma p_\infty M_\infty^2} \tag{12.1.22}$$

将式(12.1.21)代入到式(12.1.22)以便消去 p 项，得

$$C_p=\frac{2}{\gamma M_\infty^2}\left\{\left[1+\frac{\gamma-1}{2}M_\infty^2\left(1-\left(\frac{V}{V_\infty}\right)^2-\frac{2}{V_\infty^2}\frac{\partial\varphi}{\partial t}\right)\right]^{\frac{\gamma}{\gamma-1}}-1\right\} \tag{12.1.23}$$

由式(12.1.21)还可以得到压强 p 的表达式，即

$$p=p_\infty\left[1+\frac{\gamma-1}{2}M_\infty^2\left(1-\left(\frac{V}{V_\infty}\right)^2-\frac{2}{V_\infty^2}\frac{\partial\varphi}{\partial t}\right)\right]^{\frac{\gamma}{\gamma-1}} \tag{12.1.24}$$

与此同时，在定常流动下式(12.1.23)与式(12.1.24)分别被简化为

$$C_p=\frac{2}{\gamma M_\infty^2}\left\{\left[1+\frac{\gamma-1}{2}M_\infty^2\left(1-\left(\frac{V}{V_\infty}\right)^2\right)\right]^{\frac{\gamma}{\gamma-1}}-1\right\} \tag{12.1.25}$$

$$p=p_\infty\left[1+\frac{\gamma-1}{2}M_\infty^2\left(1-\left(\frac{V}{V_\infty}\right)^2\right)\right]^{\frac{\gamma}{\gamma-1}} \tag{12.1.26}$$

以上所推导出的关系式是在势流条件下的精确关系式。

12.2 小扰动线化理论

12.2.1 亚声速、跨声速、超声速流动的小扰动方程

设有均匀来流绕过一个细长物体的流动。可以选择这样的直角坐标系，使 x 轴与 V_∞ 方向一致，于是流场的速度在 x、y 两个方向的分速为

$$u=V_\infty+u',\quad v=v' \tag{12.2.1}$$

式中，u'、v' 称为扰动速度分量。令 $\boldsymbol{V}\equiv u\boldsymbol{i}+v\boldsymbol{j}$，$\boldsymbol{V}'=u'\boldsymbol{i}+v'\boldsymbol{j}$，于是

$$\boldsymbol{V}=V_\infty\boldsymbol{i}+\boldsymbol{V}' \tag{12.2.2}$$

将式(12.2.2)代入到式(12.1.8)与式(12.1.9)，得

$$[(V_\infty \boldsymbol{i}+\boldsymbol{V}')\cdot\nabla]\left(\frac{\boldsymbol{V}\cdot\boldsymbol{V}}{2}\right)=a^2\,\nabla\cdot(V_\infty\boldsymbol{i}+\boldsymbol{V}') \tag{12.2.3}$$

$$a^2=a_\infty^2-\frac{\gamma-1}{2}[2V_\infty u'+(u')^2+(v')^2] \tag{12.2.4}$$

对于一般的亚声速或者 $M_\infty\leqslant 3$ 的超声速流动，如果取 M_∞ 是 1 的数量级，而且 $|1-M_\infty^2|$ 不作小量对待时，则

$$\frac{|\boldsymbol{V}'|}{V_\infty}\ll 1,\quad \frac{|\boldsymbol{V}'|}{a}\ll 1,\quad \frac{u'}{V_\infty}\ll 1,\cdots \tag{12.2.5a}$$

并且

$$\left|\frac{\partial u'}{\partial x}\right|,\quad \left|\frac{\partial v'}{\partial x}\right|,\quad \cdots,\quad \ll\frac{V_\infty}{L} \tag{12.2.5b}$$

于是可将式(12.2.3)整理为下列形式

$$\nabla\cdot\boldsymbol{V}'-M_\infty^2\frac{\partial u'}{\partial x}=M_\infty^2(\text{二阶或二阶以上的非线性小量项}) \tag{12.2.6}$$

若略去式(12.2.6)中的二阶以上小量的话，则其简化为

$$\nabla\cdot\boldsymbol{V}'-M_\infty^2\frac{\partial u'}{\partial x}=0\ \text{或}(1-M_\infty^2)\frac{\partial u'}{\partial x}+\frac{\partial v'}{\partial y}=0 \tag{12.2.7}$$

对于无旋流动，存在着速度势 ϕ，同时可以定义扰动势 φ，它们之间的关系为

$$\phi=V_\infty x+\varphi \tag{12.2.8}$$

式中

$$\boldsymbol{V}'=\nabla\varphi,\quad u'=\frac{\partial\varphi}{\partial x},\quad v'=\frac{\partial\varphi}{\partial y} \tag{12.2.9}$$

将它们代入式(12.2.7)，得到扰动势 φ 所满足的方程，即

$$\nabla^2\varphi-M_\infty^2\frac{\partial^2\varphi}{\partial x^2}=0\ \text{或}(1-M_\infty^2)\frac{\partial^2\varphi}{\partial x^2}+\frac{\partial^2\varphi}{\partial y^2}=0 \tag{12.2.10}$$

对于亚声速流，$M_\infty<1$，令 $\beta^2=1-M_\infty^2$，则式(12.2.10)可写为

$$\beta^2\frac{\partial^2\varphi}{\partial x^2}+\frac{\partial^2\varphi}{\partial y^2}=0 \tag{12.2.11}$$

显然，该方程是一个线性的二阶椭圆型偏微分方程。对于一般超声速($1.3<M_\infty\leqslant 3$)的流动，令 $B^2=M_\infty^2-1$，则式(12.2.10)变为

$$B^2\frac{\partial^2\varphi}{\partial x^2}-\frac{\partial^2\varphi}{\partial y^2}=0 \tag{12.2.12}$$

这是双曲型的线性二阶偏微分方程。现在讨论跨声速流动的小扰动简化问题。所谓跨声速流动是指流场中既存在亚声速区又存在超声速区的流动，相应的方程类型是混合型的，即在亚声速区属椭圆型，而在超声速区属于双曲型。对于跨声速流动问题，在薄物体小攻角绕流的条件下，$|1-M_\infty^2|$ 可认为是小量，可以证明，$|1-M_\infty^2|$ 与 $|(\gamma+1)M_\infty^2 u'/V_\infty|$ 的量级相当。为此，考察($1-M^2$)这个量(这里 M 是流场中任一点的 Mach 数)，借助于式(12.2.2)与式(12.2.4)，有

$$1-M^2=1-\frac{V^2}{a^2}=1-\frac{V_\infty^2+2u'V_\infty+(u')^2+(v')^2}{a_\infty^2-\frac{\gamma-1}{2}[2u'V_\infty+(u')^2+(v')^2]}$$

$$=1-M_\infty^2-(\gamma+1)M_\infty^2\frac{u'}{V_\infty}+\cdots$$

当省略二阶以上小量时，则有

$$1-M^2 \approx 1-M_\infty^2-(\gamma+1)M_\infty^2\frac{u'}{V_\infty} \tag{12.2.13}$$

由于跨声速流动时，在亚声速区 $1-M^2>0$ 而超声速区 $1-M^2<0$，于是相应的式(12.2.13)右端项可以是正的，也可以为负，这说明$|1-M_\infty^2|$与$(\gamma+1)M_\infty^2 u'/V_\infty$的量级相当。因此，可以借助于小扰动条件，重新将式(12.2.3)整理，并省略高阶小量，得

$$\left[1-M_\infty^2-(\gamma+1)M_\infty^2\frac{u'}{V_\infty}\right]\frac{\partial u'}{\partial x}+\left[1-(\gamma-1)M_\infty^2\frac{u'}{V_\infty}\right]\frac{\partial v'}{\partial y}=M_\infty^2\left[\frac{v'}{V_\infty}\left(\frac{\partial u'}{\partial y}+\frac{\partial v'}{\partial x}\right)\right] \tag{12.2.14}$$

注意到式(12.2.14)中的$(\gamma-1)M_\infty^2 u'/V_\infty$项以及式(12.2.14)右端项均可省略，这样式(12.2.14)经省略简化后变成

$$(1-M_\infty^2)\frac{\partial u'}{\partial x}+\frac{\partial v'}{\partial y}=(\gamma+1)\frac{M_\infty^2}{V_\infty}u'\frac{\partial u'}{\partial x} \tag{12.2.15}$$

对于无旋流动，则小扰动跨声速流动的扰动势方程为

$$\left(1-M_\infty^2-\frac{\gamma+1}{V_\infty}M_\infty^2\frac{\partial\varphi}{\partial x}\right)\frac{\partial^2\varphi}{\partial x^2}+\frac{\partial^2\varphi}{\partial y^2}=0 \tag{12.2.16}$$

可以看出，小扰动跨声速流的扰动势方程仍然是非线性的。

12.2.2 沿波形壁流动的二维精确解

下面分两种情况讨论：

1) 亚声速流动时

设波形壁的形状为

$$y=\varepsilon\cos\left(\frac{2\pi x}{l}\right) \tag{12.2.17}$$

式中，ε 为波形壁波幅；l 为波长并且 $\varepsilon \ll l$(图 12.1)。

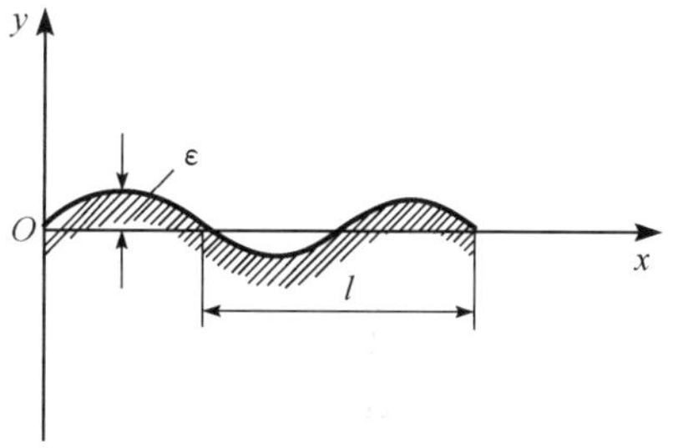

图 12.1　波形壁的几何形状

由于$\varepsilon \ll l$，故壁面对气流的扰动是很小的，可以按小扰动处理。假设流动是无旋的、无黏的亚声速流动，由方程(12.2.11)、物面条件式和远场条件，因此可以写出如下的定解问题

$$\begin{cases}\beta^0\dfrac{\partial^2\varphi}{\partial x^2}+\dfrac{\partial^2\varphi}{\partial y^2}-0\\[2ex] \left.\dfrac{\partial\varphi}{\partial y}\right|_{y=0}=V_\infty\left(\dfrac{\mathrm{d}y}{\mathrm{d}x}\right)=-\dfrac{2\pi\varepsilon V_\infty}{l}\sin\left(\dfrac{2\pi x}{l}\right)\\[2ex] \left.\dfrac{\partial\varphi}{\partial x}\right|_{y\to\infty}=0,\quad \left.\dfrac{\partial\varphi}{\partial y}\right|_{y\to\infty}=0\end{cases} \tag{12.2.18}$$

式(12.2.18)可采用分离变量法进行求解。设解 $\varphi(x,y)$为

$$\varphi(x,y)=F(x)G(y) \tag{12.2.19}$$

代入式(12.2.18)得

$$\frac{F''}{F}=-\frac{G''}{\beta G}=-k^2 \tag{12.2.20}$$

由式(12.2.20)可得到两个常微分方程，即

$$\frac{F''(x)}{F(x)}=-k^2=\mathrm{const} \tag{12.2.21a}$$

$$\frac{G''(y)}{\beta^2 G(y)} = k^2 = \text{const} \tag{12.2.21b}$$

它们的通解分别为

$$F(x) = A_1 \sin kx + A_2 \cos kx$$

$$G(y) = B_1 \mathrm{e}^{-\beta k y} + B_2 \mathrm{e}^{\beta k y}$$

于是由式(12.2.19)得到通解为

$$\varphi(x,y) = (A_1 \sin kx + A_2 \cos kx)(B_1 \mathrm{e}^{-\beta k y} + B_2 \mathrm{e}^{\beta k y})$$

由远场边界条件,定出 $B_2=0$,将上式对 y 求导数,得到

$$\left.\frac{\partial \varphi}{\partial y}\right|_{y=0} = v'(x,0) = (A_1 \sin kx + A_2 \cos kx)(-B_1 \beta k)$$

将此式与式(12.2.18)中的物面条件比较,定出 $A_2=0$,$k=2\pi/l$,$A_1 B_1 \beta = \varepsilon V_\infty$,因而式(12.2.18)的解为

$$\varphi(x,y) = \frac{\varepsilon V_\infty}{\beta} \exp\left(-\frac{2\pi\beta}{l} y\right) \sin\left(\frac{2\pi}{l} x\right) \tag{12.2.22}$$

于是扰动分速度、压强系数均可得到。下面讨论流线形状。根据流线的定义,有

$$\frac{\mathrm{d}y}{\mathrm{d}x} = \frac{v'}{V_\infty + u'} = \frac{v'}{V_\infty + (1-M_\infty^2)u' + M_\infty^2 u'}$$

在小扰动的假设下,如果不讨论高亚声速流动,则上式分母的第三项远小于第二项,故分母的第三项可略去。因此,可将上式进行级数展开,并略去二阶小量,可得

$$\mathrm{d}y = \varepsilon \mathrm{d}\left[\exp\left(-\frac{2\pi\beta}{l} y\right) \cos\left(\frac{2\pi x}{l}\right)\right]$$

将上式积分,并用 $y \to 0$ 时的流线与壁面方程相比较,定出积分常数为零。因此,流线方程为

$$y = \varepsilon\left[\exp\left(-\frac{2\pi\beta}{l} y\right) \cos\left(\frac{2\pi x}{l}\right)\right] \tag{12.2.23}$$

式(12.2.23)表明:流线的形状与壁面波形的相位相同,流线的波幅随着离壁面的距离增大而呈指数衰减。当 $y \to \infty$ 时,流线趋于与 x 轴平行。

2) 超声速流动时

这时的定解方程组可由式(12.2.12)及边界条件组成,即

$$B^2 \frac{\partial^2 \varphi}{\partial x^2} - \frac{\partial^2 \varphi}{\partial y^2} = 0 \tag{12.2.24}$$

$$\left.\frac{\partial \varphi}{\partial y}\right|_{y=0} = -\frac{2\pi\varepsilon V_\infty}{l} \sin\left(\frac{2\pi x}{l}\right) \tag{12.2.25a}$$

$$\left.\frac{\partial \varphi}{\partial x}\right|_{y\to\infty} = \text{有限值}, \quad \left.\frac{\partial \varphi}{\partial y}\right|_{y\to\infty} = \text{有限值} \tag{12.2.25b}$$

对于波动方程,其通解为

$$\varphi(x,y) = f(x - By) + g(x + By) \tag{12.2.26}$$

式中,f 和 g 的具体形式应由边界条件确定。为便于叙述,先假定 $g=0$,于是

$$v' = \frac{\partial \varphi}{\partial y} = -Bf'(x - By) \tag{12.2.27}$$

式中,f' 表示函数 f 对变量 $x-By$ 求导数;将式(12.2.27)与边界条件式(12.2.25a)对比,可得 $f'(\theta)$ 为 θ 的正弦函数,于是积分便得

$$f(\theta) = -\frac{\varepsilon V_{\infty}}{B}\cos\left(\frac{2\pi\theta}{l}\right) + \text{const}$$

将 θ 换成 $x-By$ 便得到扰动速度势 φ 的表达式

$$\varphi(x,y) = f(x-By) = -\frac{\varepsilon V_{\infty}}{B}\cos\left[\frac{2\pi}{l}(x-By)\right] + \text{const} \tag{12.2.28}$$

有了扰动速度势 φ 的值，则 u'、v' 和压强系数 C_p 值均可得到了。这里仅给出流线的斜率，即

$$\frac{\mathrm{d}y}{\mathrm{d}x} = -\frac{\frac{2\pi\varepsilon}{l}\cos\left[\frac{2\pi}{l}(x-By)\right]}{1+\frac{1}{B}\cos\left[\frac{2\pi}{l}(x-By)\right]} \tag{12.2.29}$$

显然，沿着 $x-By=\text{const}$ 的直线，流线的斜率相同，也就是说波形壁的壁面扰动在超声速流动下是以不变的形式沿着这族直线传播出去进入流场的，这个结果也满足无穷远处的条件。另外，根据超声速流动的特点，壁面引起的扰动只能沿着 Mach 线向下游传播。因此，对于从左向右沿波形壁的超声速流动，则扰动速度势可表达为 $\varphi=f(x-By)$；而对于从右向左的超声速流动，则为 $\varphi=g(x+By)$。

12.3 定常、有旋、非等熵流动的流函数方法

12.3.1 有黏、有旋、非等熵、二维定常流动的流函数方程

现在推导完全气体的二维、定常、有旋、非等熵、有黏时的流函数方程。取直角笛卡儿坐标系，u 与 v 分别为速度矢量 $\mathbf{V}$ 沿 x 与 y 方向的分速度。引入流函数 ψ，使其满足

$$\frac{\partial\psi}{\partial y} = \rho u, \quad \frac{\partial\psi}{\partial x} = -\rho v \tag{12.3.1}$$

由运动方程式，即

$$\frac{\partial\mathbf{V}}{\partial t} - \mathbf{V}\times(\nabla\times\mathbf{V}) = T\,\nabla S - \nabla H + \frac{1}{\rho}\,\nabla\cdot\boldsymbol{\Pi} \tag{12.3.2}$$

式中，S、H 与 $\boldsymbol{\Pi}$ 分别表示单位质量气体所具有的熵、总焓与黏性应力张量。对于二维、定常、完全气体的二维流动，则式(12.3.2)变为

$$\begin{aligned}&\left[v\left(\frac{\partial u}{\partial y}-\frac{\partial v}{\partial x}\right)\right]\boldsymbol{i}+\left[u\left(\frac{\partial v}{\partial x}-\frac{\partial u}{\partial y}\right)\right]\boldsymbol{j}\\ &=\boldsymbol{i}\left(T\frac{\partial S}{\partial x}-\frac{\partial H}{\partial x}+\frac{1}{\rho}\frac{\partial\tau_{k1}}{\partial x_k}\right)+\boldsymbol{j}\left(T\frac{\partial S}{\partial y}-\frac{\partial H}{\partial y}+\frac{1}{\rho}\frac{\partial\tau_{k2}}{\partial x_k}\right),\quad k=1,2\end{aligned} \tag{12.3.3}$$

式中，τ_{ij} 为黏性应力张量 $\boldsymbol{\Pi}$ 的(协变)分量。于是，$\boldsymbol{j}$ 方向的运动方程为

$$\frac{\partial v}{\partial x}-\frac{\partial u}{\partial y}=\frac{1}{u}\left(T\frac{\partial S}{\partial y}-\frac{\partial H}{\partial y}+\frac{1}{\rho}\frac{\partial\tau_{k2}}{\partial x_k}\right)\quad(\text{注意对 } k \text{ 求和}, k=1,2) \tag{12.3.4}$$

将式(12.3.4)的右端项记为 b_3，于是式(12.3.4)可写为

$$\frac{\partial v}{\partial x}-\frac{\partial u}{\partial y}=b_3 \tag{12.3.5}$$

对于完全气体，还可以有

$$\frac{\partial\ln\rho}{\partial x^i}=\frac{1}{a^2}\frac{\partial h}{\partial x^i}-\frac{\partial\left(\frac{S}{R}\right)}{\partial x^i} \tag{12.3.6}$$

注意到 $h=H-\frac{1}{2}V^2$，并注意使用式(12.3.1)，可得到

$$h = H - \frac{1}{2\rho^2}\left[\left(\frac{\partial\psi}{\partial x}\right)^2 + \left(\frac{\partial\psi}{\partial y}\right)^2\right] \tag{12.3.7}$$

将式(12.3.7)对 x^i 求偏导，并注意使用式(12.3.6)，于是得到

$$\frac{\partial h}{\partial x^i} = \frac{a^2}{a^2 - V^2}\left\{\frac{1}{\rho}\left(v\frac{\partial^2\psi}{\partial x^i\partial x} - u\frac{\partial^2\psi}{\partial x^i\partial y}\right) + \left[\frac{\partial H}{\partial x^i} - V^2\frac{\partial\left(\frac{S}{R}\right)}{\partial x^i}\right]\right\} \tag{12.3.8}$$

由式(12.3.1)求出 u，然后将 u 对 y 求偏导并注意使用式(12.3.6)与式(12.3.8)，得

$$\frac{\partial u}{\partial y} = \frac{a^2 - v^2}{\rho(a^2 - V^2)}\frac{\partial^2\psi}{\partial y^2} - \frac{uv}{\rho(a^2 - V^2)}\frac{\partial^2\psi}{\partial x\partial y} - b_1 \tag{12.3.9}$$

由式(12.3.1)求出 v，然后将 v 对 x 求偏导并注意使用式(12.3.6)与式(12.3.8)，得

$$\frac{\partial v}{\partial x} = \frac{uv}{\rho(a^2 - V^2)}\frac{\partial^2\psi}{\partial x\partial y} - \frac{a^2 - u^2}{\rho(a^2 - V^2)}\frac{\partial^2\psi}{\partial x^2} - b_2 \tag{12.3.10}$$

这里式(12.3.9)与式(12.3.10)中的 b_1 与 b_2 定义为

$$\begin{cases} b_i = (-1)^i\left\{u_i\dfrac{\partial\left(\frac{S}{R}\right)}{\partial x^i} - \dfrac{u_i}{a^2 - V^2}\left[\dfrac{\partial H}{\partial x^i} - V^2\dfrac{\partial\left(\frac{S}{R}\right)}{\partial x^i}\right]\right\} \quad (\text{注意这里不对 } i \text{ 求和}) \\ u_1 = u \\ u_2 = v \end{cases} \tag{12.3.11}$$

于是，将式(12.3.9)与式(12.3.10)代入式(12.3.5)便得到

$$(a^2 - u^2)\frac{\partial^2\psi}{\partial x^2} - 2uv\frac{\partial^2\psi}{\partial x\partial y} + (a^2 - v^2)\frac{\partial^2\psi}{\partial y^2} = -\rho(a^2 - V^2)(b_1 + b_2 + b_3) \tag{12.3.12}$$

式中，a 为当地声速。于是式(12.3.12)的判别式为

$$B^2 - 4AC = 4a^2(V^2 - a^2) \tag{12.3.13}$$

当亚声速流动时，判别式 $B^2-4AC<0$，表明方程(12.3.12)属于二阶拟线性椭圆型偏微分方程。另外，由式(12.3.1)及 $V^2=u^2+v^2$，于是便可得到密流 ρV 的表达式为

$$\rho V = \sqrt{(\nabla\psi)\cdot(\nabla\psi)} \tag{12.3.14}$$

式中，$\nabla\psi$ 代表流函数 ψ 的梯度。

下面讨论非等熵流动的情况下，在迭代过程中，当全流场的流函数 ψ 得到后如何决定密度场与速度场的问题。对于完全气体，还有

$$\frac{\rho}{\rho_1} = \left(\frac{h}{h_1}\right)^{\frac{1}{\gamma-1}} e^{-\left(\frac{S-S_1}{R}\right)} \tag{12.3.15}$$

式中，下注脚 1 代表任意参考点上的参数。注意到 $h=H-\frac{1}{2}V^2$，并且令 Σ 与 ϕ 分别为

$$\begin{cases} \Sigma \equiv \left[\left(\dfrac{h_1}{H}\right)^{\frac{1}{\gamma-1}} e^{\left(\frac{S-S_1}{R}\right)}\right]\dfrac{\rho}{\rho_1} \\ \phi \equiv \left[\dfrac{1}{2h_1\rho_1^2}\left(\dfrac{h_1}{H}\right)^{\frac{\gamma+1}{\gamma-1}} e^{2\left(\frac{S-S_1}{R}\right)}\right](\nabla\psi)\cdot(\nabla\psi) \end{cases} \tag{12.3.16}$$

于是，式(12.3.15)可整理为

$$\Sigma=\left(1-\frac{\phi}{\Sigma^2}\right)^{\frac{1}{\gamma-1}} \tag{12.3.17}$$

或者

$$\Sigma^{\gamma+1}-\Sigma^2+\phi=0 \tag{12.3.18}$$

显然，任给定一个 ϕ 值，由式(12.3.18)可以得到两个 Σ 值，其中一个对应于亚声速流动，另一个对应于超声速流动，这就是所谓流函数方法中出现密度的双值问题。图 12.2 给出了 Σ 与 ϕ 间的关系曲线，文献[2]提出并最早使用这种方法用于亚声速流场的计算。大量的计算实践表明[7~12]：在亚声速与跨声速流场的计算中，使用它十分方便。

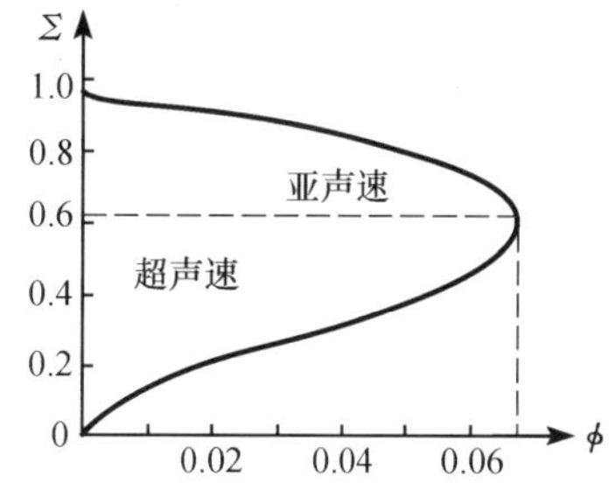

图 12.2 Σ-ϕ 曲线

12.3.2 无黏、有旋、定常、二维流动的流函数方程

引入流函数后，连续方程可自动满足。对平面定常运动，旋度 $\boldsymbol{\omega}\equiv\nabla\times\boldsymbol{V}$ 只有一个分量即 $\omega_z=\partial v/\partial x-\partial u/\partial y$；同时，即使流动是非均熵的，在无黏条件下沿着每条流线的熵值不变(即流动沿流线等熵)，因此熵 S 只是 ψ 的函数，$S=S(\psi)$。于是，可以把 Crocco 方程两边的向量沿流线的垂直方向投影，并仅考虑均总焓流动(即 $\nabla H=0$)的情形，则

$$\boldsymbol{n}\cdot[\boldsymbol{V}\times(\nabla\times\boldsymbol{V})]=-\boldsymbol{n}\cdot(T\,\nabla S) \tag{12.3.19}$$

式中，$\boldsymbol{n}$ 是流线的单位法向量。

对于平面流动，式(12.3.19)可写为

$$V\omega_z=T\frac{\mathrm{d}s}{\mathrm{d}n} \tag{12.3.20}$$

注意到流函数的定义

$$\mathrm{d}\psi=\rho V\mathrm{d}n,\quad \frac{\mathrm{d}\psi}{\mathrm{d}n}=\rho V \tag{12.3.21}$$

因此

$$\omega=\omega_z=\rho T\frac{\mathrm{d}S}{\mathrm{d}\psi} \tag{12.3.22}$$

另一方面

$$\begin{aligned}\rho\omega&=\rho\frac{\partial v}{\partial x}-\rho\frac{\partial u}{\partial y}=\frac{\partial(\rho v)}{\partial x}-\frac{\partial(\rho u)}{\partial y}-\left(v\frac{\partial\rho}{\partial x}-u\frac{\partial\rho}{\partial y}\right)\\&=-\psi_{xx}-\psi_{yy}-\left(v\frac{\partial\rho}{\partial x}-u\frac{\partial\rho}{\partial y}\right)\end{aligned} \tag{12.3.23}$$

对于非均熵的有旋流动，$\rho=\rho(p,S)$，于是

$$\frac{\partial\rho}{\partial x}=\left(\frac{\partial\rho}{\partial P}\right)_S\frac{\partial p}{\partial x}+\left(\frac{\partial\rho}{\partial S}\right)_P\frac{\mathrm{d}S}{\mathrm{d}\psi}\frac{\partial\psi}{\partial x}$$

$$\frac{\partial\rho}{\partial y}=\left(\frac{\partial\rho}{\partial P}\right)_S\frac{\partial p}{\partial y}+\left(\frac{\partial\rho}{\partial S}\right)_P\frac{\mathrm{d}S}{\mathrm{d}\psi}\frac{\partial\psi}{\partial y}$$

而由运动方程

$$\frac{\partial p}{\partial x}=-\rho\left(u\frac{\partial u}{\partial x}+v\frac{\partial u}{\partial y}\right)$$

$$\frac{\partial p}{\partial y}=-\rho\left(u\frac{\partial v}{\partial x}+v\frac{\partial v}{\partial y}\right)$$

因此式(12.3.23)可变为

$$\begin{aligned}\rho\omega_z=&-\psi_{xx}-\psi_{yy}+\left[\frac{u^2}{a^2}\psi_{xx}+\frac{v^2}{a^2}\psi_{yy}+\frac{2uv}{a^2}\psi_{xy}\right]\\&+\frac{1}{\rho}\left(\frac{\partial\rho}{\partial S}\right)_p\frac{\mathrm{d}S}{\mathrm{d}\psi}(\psi_x^2+\psi_y^2)\end{aligned}\tag{12.3.24}$$

或者

$$\left(1-\frac{u^2}{a^2}\right)\frac{\partial^2\psi}{\partial x^2}+\left(1-\frac{v^2}{a^2}\right)\frac{\partial^2\psi}{\partial y^2}-\frac{2uv}{a^2}\frac{\partial^2\psi}{\partial x\partial y}=-\frac{\mathrm{d}S}{\mathrm{d}\psi}\left[\rho^2T-\frac{1}{\rho}\left(\frac{\partial\rho}{\partial S}\right)_p(\psi_x^2+\psi_y^2)\right]\tag{12.3.25}$$

对于完全气体,有

$$\left(\frac{\partial\rho}{\partial S}\right)_p=-\frac{\rho}{C_p}\tag{12.3.26}$$

所以对完全气体有

$$\left(1-\frac{u^2}{a^2}\right)\frac{\partial^2\psi}{\partial x^2}+\left(1-\frac{v^2}{a^2}\right)\frac{\partial^2\psi}{\partial y^2}-\frac{2uv}{a^2}\frac{\partial^2\psi}{\partial x\partial y}=-\frac{\mathrm{d}S}{\mathrm{d}\psi}\left[\frac{1}{C_p}(\psi_x^2+\psi_y^2)+T\rho^2\right]\tag{12.3.27}$$

这就是完全气体、平面、定常、无黏、有旋运动的流函数主方程。需要特别指出的是:该方程右边含有熵的梯度项,而熵的梯度值对于亚声速流来讲取决于边界条件(进口边界上熵的分布等);对于跨声速和超声速流动,熵的梯度除了与边界条件有关外,还与激波强间断的形状有关。

12.3.3 S_1 与 S_2 流面上的流函数主方程

为了求解三维流动问题,早在 20 世纪 50 年代初期吴仲华先生就提出了将三维问题简化为沿 S_1 和 S_2 两类流面(图 12.3)的广义二维流动问题进行求解的思想[2]。他的这一求解方法得到了国内外学术界的采纳与高度认可。本节仅讨论这些流面中最简单的一种,即假定流面是任意回转的 S_1 流面并且假设流片厚度为 1 的特殊情况。假设流动是定常、绝热、无黏的,气体为完全气体服从 Clapeyron 方程,于是基本方程组为

连续方程
$$\nabla\cdot(\rho\boldsymbol{V})=0\tag{12.3.28}$$

运动方程
$$\boldsymbol{V}\times(\nabla\times\boldsymbol{V})=\nabla H-T\,\nabla S\tag{12.3.29}$$

能量方程
$$\boldsymbol{V}\cdot\nabla H=0\tag{12.3.30}$$

设回转面母线的参数方程为

$$r=r(m),\quad z=z(m)\tag{12.3.31}$$

式中,m 为母线的弧长。在这个流面上,选取半测地坐标系(x^1,x^2,x^3),其中 x^1 与 x^2 张在该流面上。在这个坐标系下,连续方程(12.3.28)变为

$$\frac{\partial}{\partial x^1}(\sqrt{a}\rho\tau v^1)+\frac{\partial}{\partial x^2}(\sqrt{a}\rho\tau v^2)=0\tag{12.3.32}$$

式中,τ 为流片厚度;a 为由度量张量所组成的 Jacobi 行列式;v^1 与 v^2 为速度矢量 $\boldsymbol{V}$ 的逆变分速度。运动方程(12.3.29)变为

$$\boldsymbol{e}^1v^2\left(\frac{\partial v_2}{\partial x^1}-\frac{\partial v_1}{\partial x^2}\right)-\boldsymbol{e}^2v^1\left(\frac{\partial v_2}{\partial x^1}-\frac{\partial v_1}{\partial x^2}\right)=\boldsymbol{e}^1\left(\frac{\partial H}{\partial x^1}-T\frac{\partial S}{\partial x^1}\right)+\boldsymbol{e}^2\left(\frac{\partial H}{\partial x^2}-T\frac{\partial S}{\partial x^2}\right)\tag{12.3.33}$$

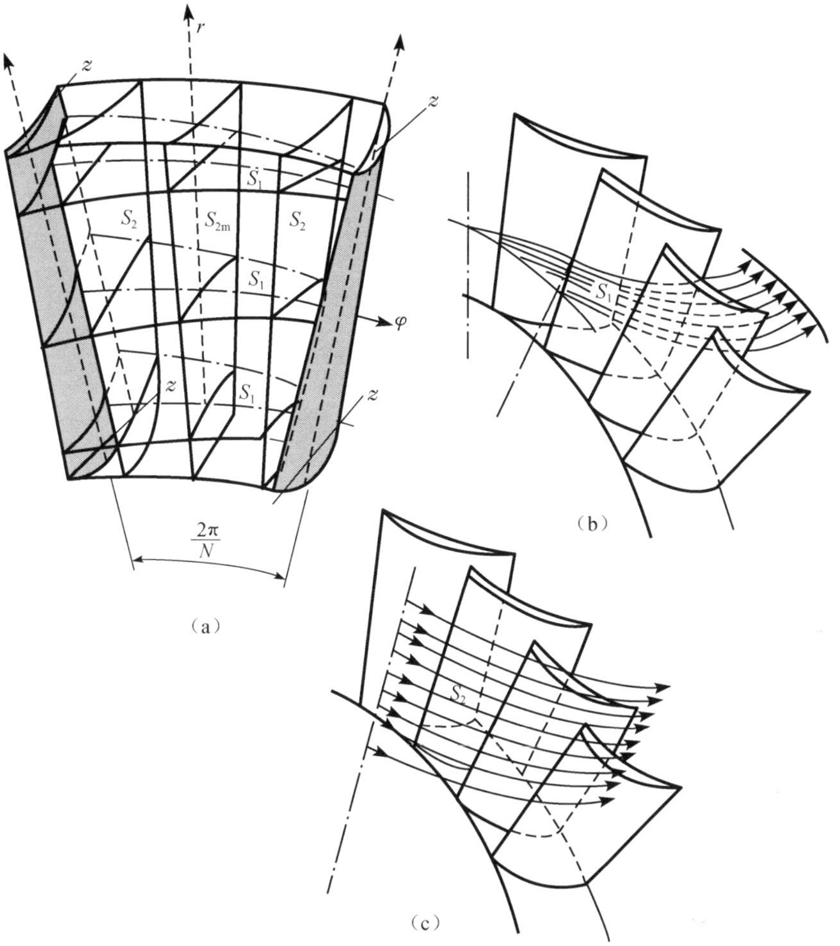

图 12.3　S_1 与 S_2 流面

注意式中 v_1 与 v_2 为速度矢量的协变分量，将式(12.3.33)两边点乘 $\boldsymbol{e}_2$ 便得到

$$\frac{\partial v_1}{\partial x^2}-\frac{\partial v_2}{\partial x^1}=\frac{1}{v^1}\left(\frac{\partial H}{\partial x^2}-T\frac{\partial S}{\partial x^2}\right) \tag{12.3.34}$$

注意到

$$\begin{cases} v_1=v^1a_{11}+v^2a_{12} \\ v_2=v^1a_{12}+v^2a_{22} \end{cases} \tag{12.3.35}$$

这里 v^1 与 v^2 为速度矢量的逆变分量；于是式(12.3.34)变为

$$\frac{\partial(v^1a_{11}+v^2a_{12})}{\partial x^2}-\frac{\partial(v^1a_{12}+v^2a_{22})}{\partial x^1}=b^* \tag{12.3.36}$$

式中，b^* 代表式(12.3.34)右端项。由式(12.3.32)引入流函数 ψ，使其满足

$$\frac{\partial\psi}{\partial x^2}=\sqrt{a}\rho\tau v^1,\quad \frac{\partial\psi}{\partial x^1}=-\sqrt{a}\rho\tau v^2 \tag{12.3.37}$$

将式(12.3.37)代到式(12.3.36)后，得

$$\frac{\partial}{\partial x^2}\left[\frac{a_{11}}{\rho\tau\sqrt{a}}\frac{\partial\psi}{\partial x^2}-\frac{a_{12}}{\rho\tau\sqrt{a}}\frac{\partial\psi}{\partial x^1}\right]-\frac{\partial}{\partial x^1}\left[\frac{a_{12}}{\rho\tau\sqrt{a}}\frac{\partial\psi}{\partial x^2}-\frac{a_{22}}{\rho\tau\sqrt{a}}\frac{\partial\psi}{\partial x^1}\right]=b^* \tag{12.3.38}$$

这就是定常、无黏、坐标系取在流面上的流函数主方程，国际上常称它为吴仲华方程[1]，它是一个

二阶的偏微分方程。作为特例，这里讨论坐标系 $x^1=m, x^2=\varphi$ 时，式(12.3.38)的具体表达式。由张量分析基础知识可知，a_{ij} 可由下式确定

$$a_{\alpha\beta}=\frac{\partial r}{\partial x^\alpha}\frac{\partial r}{\partial x^\beta}+r^2\frac{\partial \varphi}{\partial x^\alpha}\frac{\partial \varphi}{\partial x^\beta}+\frac{\partial z}{\partial x^\alpha}\frac{\partial z}{\partial x^\beta} \tag{12.3.39}$$

式中，(r,φ,z) 为圆柱坐标系，注意到

$$\begin{cases}\dfrac{\partial r}{\partial x^1}=\dfrac{\mathrm{d}r}{\mathrm{d}m}, \quad \dfrac{\partial \varphi}{\partial x^1}=0, \quad \dfrac{\partial z}{\partial x^1}=\dfrac{\mathrm{d}z}{\mathrm{d}m} \\ \dfrac{\partial r}{\partial x^2}=0, \quad \dfrac{\partial \varphi}{\partial x^2}=1, \quad \dfrac{\partial z}{\partial x^2}=0\end{cases} \tag{12.3.40}$$

于是，由式(12.3.39)得到

$$\begin{cases}a_{11}=1, \quad a_{12}=0, \quad a_{21}=0, \quad a_{22}=r^2 \\ a=a_{11}a_{22}-a_{12}^2=r^2\end{cases} \tag{12.3.41}$$

将式(12.3.41)代入到式(12.3.38)，便有

$$\frac{\partial}{\partial m}\left(\frac{r}{\rho\tau}\frac{\partial \psi}{\partial m}\right)+\frac{\partial}{\partial \varphi}\left(\frac{1}{\rho\tau r}\frac{\partial \psi}{\partial \varphi}\right)=b^* \tag{12.3.42}$$

这正是文献[2]在 20 世纪 50 年代所得到的结果。

12.4 跨声速 Tricomi 方程

首先，这里用另一种方式扼要地推出速度面上的流函数主方程，然后再导出 Tricomi 方程。在二维平面位势流中，引入速度势 ϕ 和流函数 ψ，则

$$\frac{\partial \phi}{\partial x}=u, \quad \frac{\partial \phi}{\partial y}=v \tag{12.4.1}$$

$$\frac{\partial \psi}{\partial x}=-\frac{\rho}{\rho^*}v, \quad \frac{\partial \psi}{\partial y}=\frac{\rho}{\rho^*}u \tag{12.4.2}$$

式中，u 与 v 分别为流速在 x 与 y 坐标方向上的分量；ρ 为流体的密度；ρ^* 为临界状态下的密度。设物理复平面的坐标为 $z=x+\mathrm{i}y$，令复速度为 $u+\mathrm{i}v=V\mathrm{e}^{\mathrm{i}\theta}$，这里 V 为复速度的模，θ 为相位角。于是容易推出

$$\mathrm{d}z=V^{-1}\mathrm{e}^{\mathrm{i}\theta}\left(\mathrm{d}\phi+\mathrm{i}\frac{\rho^*}{\rho}\mathrm{d}\psi\right) \tag{12.4.3}$$

或

$$V\mathrm{e}^{-\mathrm{i}\theta}\mathrm{d}z=\mathrm{d}\phi+\mathrm{i}\left(\frac{\rho^*}{\rho}\right)\mathrm{d}\psi \tag{12.4.4}$$

注意到 $z=z(V,\theta)$，$\phi=\phi(V,\theta)$，$\psi=\psi(V,\theta)$，所以应用微分关系及式(12.4.3)便可推出

$$\frac{\partial z}{\partial V}=V^{-1}\mathrm{e}^{\mathrm{i}\theta}\left(\frac{\partial \varphi}{\partial V}+\mathrm{i}\frac{\rho^*}{\rho}\frac{\partial \psi}{\partial V}\right) \tag{12.4.5}$$

$$\frac{\partial z}{\partial \theta}=V^{-1}\mathrm{e}^{\mathrm{i}\theta}\left(\frac{\partial \varphi}{\partial \theta}+\mathrm{i}\frac{\rho^*}{\rho}\frac{\partial \psi}{\partial \theta}\right) \tag{12.4.6}$$

将式(12.4.5)与式(12.4.6)分别对 θ 与 V 求导数，并注意到$\dfrac{\partial^2 z}{\partial V\partial\theta}=\dfrac{\partial^2 z}{\partial\theta\partial V}$，于是便得到

$$\frac{\partial \phi}{\partial V}\mathrm{i}-\left(\frac{\rho^*}{\rho}\right)\frac{\partial \psi}{\partial V}=-V^{-1}\frac{\partial \phi}{\partial \theta}+\mathrm{i}V\left[\frac{\mathrm{d}\left(\frac{\rho^*}{\rho V}\right)}{\mathrm{d}V}\right]\frac{\partial \psi}{\partial \theta} \tag{12.4.7}$$

令式(12.4.7)两边的实部与虚部分别相等,便得到

$$\frac{\partial \phi}{\partial \theta}=V\frac{\rho^*}{\rho}\frac{\partial \psi}{\partial V} \tag{12.4.8}$$

$$\frac{\partial \phi}{\partial V}=V\left[\frac{\mathrm{d}\left(\frac{\rho^*}{\rho V}\right)}{\mathrm{d}V}\right]\frac{\partial \psi}{\partial \theta} \tag{12.4.9}$$

应用无黏流的动力学方程 $V\mathrm{d}V=-\mathrm{d}p/\rho$ 以及声速关系 $a^2=\mathrm{d}p/\mathrm{d}\rho$ 便有

$$\frac{\mathrm{d}\left(\frac{\rho^*}{\rho V}\right)}{\mathrm{d}V}=-\frac{\rho^*}{\rho V^2}(1-M^2) \tag{12.4.10}$$

式中,$M=V/a$。将式(12.4.10)代入式(12.4.9),有

$$\frac{\partial \phi}{\partial V}=-\frac{(1-M^2)}{V}\frac{\rho^*}{\rho}\frac{\partial \psi}{\partial \theta} \tag{12.4.11}$$

若将式(12.4.8)与式(12.4.11)分别对 V 与 θ 求导,并应用$\frac{\partial^2 \phi}{\partial \theta \partial V}=\frac{\partial^2 \phi}{\partial V \partial \theta}$的关系去消去速度势 ϕ,便得到速度面上的流函数主方程

$$V^2\frac{\partial^2 \psi}{\partial V^2}+V(1+M^2)\frac{\partial \psi}{\partial V}+(1-M^2)\frac{\partial^2 \psi}{\partial \theta^2}=0 \tag{12.4.12}$$

在速度面上,方程(12.4.12)虽已实现了线性化,但其方程的形式仍然不够简洁,为此,引入一个新的速度变量 σ,并定义为

$$\sigma=\int_\lambda^1\frac{\rho}{\rho^*}\frac{\mathrm{d}\lambda}{\lambda} \tag{12.4.13}$$

式中,$\lambda=\frac{V}{a^*}$称为速度系数。

如果令 $\psi=\psi(\lambda,\theta)$,并注意到 $\psi=\psi(\sigma,\theta)$,于是将 ψ 微分后便可推出

$$\frac{\partial \psi}{\partial \lambda}\mathrm{d}\lambda=\frac{\partial \psi}{\partial \sigma}\mathrm{d}\sigma \tag{12.4.14}$$

由式(12.4.13)与式(12.4.14)便得到

$$\frac{\partial \psi}{\partial \lambda}=\left(\frac{-\rho}{\rho^*\lambda}\right)\frac{\partial \psi}{\partial \sigma} \tag{12.4.15}$$

将这个关系式代入到式(12.4.8)与式(12.4.9),便得到

$$\frac{\partial \phi}{\partial \theta}=-\frac{\partial \psi}{\partial \sigma} \tag{12.4.16}$$

$$\frac{\partial \phi}{\partial \sigma}=K(\sigma)\frac{\partial \psi}{\partial \theta} \tag{12.4.17}$$

式中,$K(\sigma)\equiv\left(\frac{\rho^*}{\rho}\right)^2(1-M^2)$,称为压缩性函数。将式(12.4.16)与式(12.4.17)分别对 σ 与 θ 求

导数并应用$\frac{\partial^2\phi}{\partial\theta\partial\sigma}=\frac{\partial^2\phi}{\partial\sigma\partial\theta}$可得

$$\frac{\partial^2\psi}{\partial\sigma^2}+K(\sigma)\frac{\partial^2\psi}{\partial\theta^2}=0 \tag{12.4.18}$$

这是以 σ 与 θ 为自变量的流函数方程，是一个典型的二阶偏微分方程。在工程应用中，压缩性函数 $K(\sigma)$可有多种近似，常用的有：

(1) Tricomi 近似：$K(\sigma)\approx(\gamma+1)\sigma$； (12.4.19)

(2) 广义 Tricomi 近似：$K(\sigma)\approx\frac{2.40\sigma}{(1+0.780\sigma)^5}$； (12.4.20)

(3) Tomotika-Tamada 近似：$K(\sigma)\approx 0.40188(1-e^{-5.97197\sigma})$。 (12.4.21)

事实上，由 $K(\sigma)$的定义，即

$$K(\sigma)=\left(\frac{\rho^*}{\rho}\right)^2(1-M^2)=\frac{\varepsilon(1)}{\varepsilon(\lambda)}(1-M^2) \tag{12.4.22}$$

式中，$\varepsilon(\lambda)$为气动函数。因此，按照式(12.4.22)可以作 $K(\sigma)$对 σ 的曲线(图 12.4)。在跨声速流场中，$M\sim1,\sigma\sim0$，从这条曲线上看，在 $\sigma=0$ 附近时 $K(\sigma)=\sigma$ 是个很好的近似关系。所以对于跨声速流，方程(12.4.18)可以近似为

$$\frac{\partial^2\psi}{\partial\sigma^2}+\sigma\frac{\partial^2\psi}{\partial\theta^2}=0 \tag{12.4.23}$$

式(12.4.23)就是著名的 Tricomi 方程。显然，当亚声速即 $\sigma>0$ 时，方程是椭圆型的；当超声速即 $\sigma<0$ 时，方程是双曲型的；在跨声速范围内，方程为混合型的。

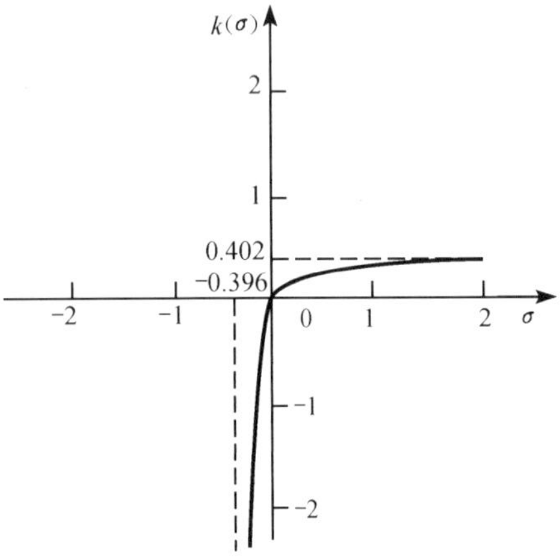

图 12.4 压缩性函数 $K(\sigma)$的变化曲线

*12.5 跨声速流函数方法及人工可压缩性

12.5.1 三维空间中的两族等值面

对于无黏流，由 Crocco 方程，即

$$\mathbf{V}\times(\nabla\times\mathbf{V})=\nabla H-T\nabla S+\frac{\partial\mathbf{V}}{\partial t} \tag{12.5.1}$$

式中，$H=h+\frac{V^2}{2}$称为总焓；T 和 S 分别为温度和熵；令 $\mathbf{V}$ 为速度，它可表示为 $\mathbf{V}=u\boldsymbol{i}+v\boldsymbol{j}+w\boldsymbol{k}$。于是式(12.5.1)可表示为

$$\begin{vmatrix} \boldsymbol{i} & \boldsymbol{j} & \boldsymbol{k} \\ u & v & w \\ \frac{\partial w}{\partial y}-\frac{\partial v}{\partial z} & \frac{\partial u}{\partial z}-\frac{\partial w}{\partial x} & \frac{\partial v}{\partial x}-\frac{\partial u}{\partial y} \end{vmatrix}=\nabla H-T\nabla S+\frac{\partial\mathbf{V}}{\partial t} \tag{12.5.2}$$

在三维流动中需要引入两个流函数，即 ψ_1 与 ψ_2，它们均为 x、y、z 的函数，并且有下式成立

$$\rho\mathbf{V}=(\nabla\psi_1)\times(\nabla\psi_2) \tag{12.5.3}$$

于是容易推出

$$\begin{cases}\rho u = \dfrac{\partial(\psi_1,\psi_2)}{\partial(y,z)}\\ \rho v = \dfrac{\partial(\psi_1,\psi_2)}{\partial(z,x)}\\ \rho w = \dfrac{\partial(\psi_1,\psi_2)}{\partial(x,y)}\end{cases} \tag{12.5.4}$$

这里 $\partial(\psi_1,\psi_2)/\partial(y,z)$等均为函数行列式。因此,$\psi_1=\text{const}$ 和 $\psi_2=\text{const}$ 的两族流面便构成了三维空间中的两类流面族,显然,两个不同族流面的交线就是流线。作为特例,仅考虑 $\psi_1=\psi_1(x,y,z)$,$\psi_2=\psi_2(z)$,$\dfrac{\partial\psi_2}{\partial z}=1$ 且 $w=0$ 的情形,于是式(12.5.3)简化为

$$\rho(u\boldsymbol{i}+v\boldsymbol{j})=\left(\frac{\partial\psi_1}{\partial y}\boldsymbol{i}-\frac{\partial\psi_1}{\partial x}\boldsymbol{j}\right) \tag{12.5.5}$$

注意省略式(12.5.5)中 ψ_1 的下脚标 1 后便有

$$\rho u=\frac{\partial\psi}{\partial y},\quad \rho v=-\frac{\partial\psi}{\partial x} \tag{12.5.6}$$

显然,这时的 ψ 就是通常二维流动中的流函数。

12.5.2 二维空间中的弱守恒型流函数方程及人工密度

对于定常二维有旋流动,运动方程(12.5.2)在 $\boldsymbol{j}$ 方向上的表达式可简化为

$$\frac{\partial v}{\partial x}-\frac{\partial u}{\partial y}=\left(T\frac{\partial S}{\partial y}-\frac{\partial H}{\partial y}\right)\Big/u \tag{12.5.7}$$

将式(12.5.6)代入式(12.5.7),便有

$$\frac{\partial}{\partial x}\left(\frac{1}{\rho}\frac{\partial\psi}{\partial x}\right)+\frac{\partial}{\partial y}\left(\frac{1}{\rho}\frac{\partial\psi}{\partial y}\right)=\left(\frac{\partial H}{\partial y}-T\frac{\partial S}{\partial y}\right)\Big/u \tag{12.5.8}$$

这就是这里要讨论的弱守恒型流函数主方程。如果引入 Hafez 的人工密度 $\tilde{\rho}$ 去代替式(12.5.8)中的 ρ 值,则式(12.5.8)此时变为

$$\frac{\partial}{\partial x}\left(\frac{1}{\tilde{\rho}}\frac{\partial\psi}{\partial x}\right)+\frac{\partial}{\partial y}\left(\frac{1}{\tilde{\rho}}\frac{\partial\psi}{\partial y}\right)=\left(\frac{\partial H}{\partial y}-T\frac{\partial S}{\partial y}\right)\Big/u \tag{12.5.9}$$

式(12.5.9)便为典型的基于人工密度的弱守恒型跨声速流函数主方程,式中

$$\tilde{\rho}=\rho-\beta\left(\frac{u}{V}\Delta x\delta_x^-\rho+\frac{v}{V}\Delta y\tilde{\delta}_y\rho\right) \tag{12.5.10a}$$

$$\beta=\max\left\{0,C_0\left(1-\frac{1}{(V/a)^2}\right)\right\} \tag{12.5.10b}$$

$$\Delta x\delta_x^-\rho=\rho_{i,j}-\rho_{i-1,j} \tag{12.5.10c}$$

$$\Delta y\tilde{\delta}_y\rho=\begin{cases}\rho_{i,j}-\rho_{i,j-1}, & v_{i,j}>0\ \text{时}\\ \rho_{i,j+1}-\rho_{i,j}, & v_{i,j}<0\ \text{时}\end{cases} \tag{12.5.10d}$$

式中,常数 C_0 通常是在 0～2 的范围内取值。

在跨声速流函数场与密度场的迭代中,如何确定密度场是该计算的关键之一。这里建议密度场利用文献[10]的处理办法,即:

(1) 在计算出$\{\psi\}$场后,便可计算出全场 u/v 的分布,即

$$\frac{u}{v}=-\frac{\partial\psi}{\partial y}\bigg/\frac{\partial\psi}{\partial x} \tag{12.5.11}$$

（2）利用式(12.5.6)消去式(12.5.7)中的 v，从而得到了关于 u 的方程

$$\frac{\partial u}{\partial y}=-\frac{\partial}{\partial x}\left(\frac{1}{\rho}\frac{\partial\psi}{\partial x}\right)-\left(T\frac{\partial S}{\partial y}-\frac{\partial H}{\partial y}\right)\bigg/u \tag{12.5.12}$$

并由此得到全场 u 的分布。

（3）最后由能量方程 $H=h+\frac{V^2}{2}=\text{const}$，即

$$\frac{C_1}{\rho}+\frac{1}{2}(u^2+v^2)=\text{const} \tag{12.5.13}$$

解出密度值。式中，$C_1=\frac{p}{\gamma-1}$，这里 p 为流体的压强。大量的数值计算表明：对于攻角不太大的叶栅绕流跨声速的流场，采用上述方法确定密度场是非常行之有效的。

12.6 二维跨声速势函数方程的数值解

12.6.1 全位势主方程的两种形式

在无黏、定常、均熵假设下，基本方程组在直角坐标系(x,y)中可简写为

连续方程
$$\nabla\cdot(\rho\mathbf{V})=0 \tag{12.6.1}$$

运动方程
$$(\mathbf{V}\cdot\nabla)\mathbf{V}=-\frac{\nabla p}{\rho} \tag{12.6.2}$$

等熵关系
$$\frac{p}{\rho^\gamma}=\frac{p_0}{\rho_0^\gamma} \tag{12.6.3}$$

声速关系
$$a^2=\frac{\mathrm{d}p}{\mathrm{d}\rho} \tag{12.6.4}$$

将式(12.6.3)、式(12.6.4)用于式(12.6.1)和式(12.6.2)，消除 p 和 ρ 后便得到

$$\mathbf{V}\cdot\nabla\left(\frac{\mathbf{V}\cdot\mathbf{V}}{2}\right)-a^2\,\nabla\cdot\mathbf{V}=0 \tag{12.6.5}$$

式(12.6.5)可认为是定常运动时连续方程的另一种表达式。如果将式(12.6.5)用速度分量的形式写出，经整理后便得

$$(a^2-u^2)\frac{\partial u}{\partial x}+(a^2-v^2)\frac{\partial v}{\partial y}-uv\left(\frac{\partial u}{\partial y}+\frac{\partial v}{\partial x}\right)=0 \tag{12.6.6}$$

由于流动是无旋的，所以一定存在着势函数 Φ，使得

$$\frac{\partial\Phi}{\partial x}=u,\quad \frac{\partial\Phi}{\partial y}=v \tag{12.6.7}$$

式中，u、v 为速度 $\mathbf{V}$ 沿 x、y 方向上的分速度。将式(12.6.7)代入式(12.6.6)后便得到第一种形式的全位势主方程，即

$$(a^2-u^2)\Phi_{xx}+(a^2-v^2)\Phi_{yy}-2uv\Phi_{xy}=0 \tag{12.6.8}$$

另外，由能量方程 $h+\frac{V^2}{2}=\text{const}$，又可改写为

$$\frac{V^2}{2}+\frac{a^2}{\gamma-1}=\text{const}=\frac{\gamma+1}{\gamma-1}\frac{a_*^2}{2}=\frac{V_\infty^2}{2}+\frac{a_\infty^2}{\gamma-1} \tag{12.6.9}$$

式中，a_* 为临界声速；V_∞ 与 a_∞ 为来流速度与来流声速。

显然，式(12.6.8)中的 u,v 可由式(12.6.7)决定，而式(12.6.8)中的声速 a 由式(12.6.9)给出，因此式(12.6.8)为典型的非线性二阶偏微分方程。另一种强守恒形式的全位势方程可以直接由连续方程(12.6.1)出发，并注意到式(12.6.7)，则得到

$$\frac{\partial}{\partial x}\left(\rho\frac{\partial \Phi}{\partial x}\right)+\frac{\partial}{\partial y}\left(\rho\frac{\partial \Phi}{\partial y}\right)=0 \tag{12.6.10}$$

$$\frac{\rho}{\rho_\infty}=\left[1+\frac{\gamma-1}{2}M_\infty^2\left(1-\frac{u^2+v^2}{u_\infty^2+v_\infty^2}\right)\right]^{\frac{1}{\gamma-1}} \tag{12.6.11}$$

由一般形式下直角笛卡儿坐标系(t,x,y)与贴体曲线坐标系(τ,ξ,η)之间相应速度的变换关系

$$\begin{bmatrix}U\\V\end{bmatrix}=\begin{bmatrix}\xi_t & \xi_x & \xi_y\\ \eta_t & \eta_x & \eta_y\end{bmatrix}\begin{bmatrix}1\\u\\v\end{bmatrix} \tag{12.6.12}$$

式中

$$\begin{cases}\tau=t\\ \xi=\xi(t,x,y)\\ \eta=\eta(t,x,y)\end{cases} \tag{12.6.13}$$

对于定常无旋流，则式(12.6.12)简化

$$\begin{bmatrix}U\\V\end{bmatrix}=\begin{bmatrix}\xi_x & \xi_y\\ \eta_x & \eta_y\end{bmatrix}\begin{bmatrix}\xi_x & \eta_x\\ \xi_y & \eta_y\end{bmatrix}\begin{bmatrix}\Phi_\xi\\ \Phi_\eta\end{bmatrix} \tag{12.6.14}$$

于是式(12.6.10)变为

$$\frac{\partial}{\partial \xi}\left(\frac{\rho}{J}U\right)+\frac{\partial}{\partial \eta}\left(\frac{\rho}{J}V\right)=0 \tag{12.6.15}$$

而式(12.6.15)中密度 ρ 为

$$\frac{\rho}{\rho_\infty}=\left[1+\frac{\gamma-1}{2}M_\infty^2\left(1-\frac{\Phi_x^2+\Phi_y^2}{q_\infty^2}\right)\right]^{\frac{1}{\gamma-1}},\quad q_\infty^2=u_\infty^2+v_\infty^2 \tag{12.6.16}$$

$$\begin{bmatrix}\Phi_x\\ \Phi_y\end{bmatrix}=\begin{bmatrix}\xi_x & \eta_x\\ \xi_y & \eta_y\end{bmatrix}\begin{bmatrix}\Phi_\xi\\ \Phi_\eta\end{bmatrix} \tag{12.6.17}$$

在式(12.6.15)中 J 的定义为

$$J=\frac{\partial(\xi,\eta)}{\partial(x,y)} \tag{12.6.18}$$

因此，式(12.6.15)便是第二种形式的全位势主方程，在跨声速计算中经常使用它。两种位势方程最大的区别是方程类型是否为守恒形式，显然，式(12.6.15)为守恒型方程。

12.6.2 人工密度以及 AF2 因式分解法

下面十分扼要地讨论在采用人工密度的情况下，求解跨声速全位势主方程的一种快速、高效算法——AF2 因式分解法。对于二维、无黏、定常、无旋流场，则全位势方程组为

$$\frac{\partial}{\partial \xi}\left(\frac{\rho}{J}U\right)+\frac{\partial}{\partial \eta}\left(\frac{\rho}{J}V\right)=0 \tag{12.6.19}$$

$$\frac{\rho}{\rho_\infty}=\left[1+\frac{\gamma-1}{2}M_\infty^2\left(1-\frac{\Phi_x^2+\Phi_y^2}{q_\infty^2}\right)\right]^{\frac{1}{\gamma-1}},\quad q_\infty^2=u_\infty^2+v_\infty^2 \tag{12.6.20}$$

如果令

$$A_1=\frac{1}{J}(\xi_x^2+\xi_y^2),\quad A_2=\frac{1}{J}(\xi_x\eta_x+\xi_y\eta_y),\quad A_3=\frac{1}{J}(\eta_x^2+\eta_y^2) \tag{12.6.21}$$

$$J=\xi_x\eta_y-\xi_y\eta_x$$

则式(12.6.19)可改写为

$$\frac{\partial}{\partial\xi}\left(\rho A_1\frac{\partial\Phi}{\partial\xi}+\rho A_2\frac{\partial\Phi}{\partial\eta}\right)+\frac{\partial}{\partial\eta}\left(\rho A_2\frac{\partial\Phi}{\partial\xi}+\rho A_3\frac{\partial\Phi}{\partial\eta}\right)=0 \tag{12.6.22}$$

这是个强守恒型方程。对式(12.6.19)引入人工密度 $\tilde{\rho}$,得到

$$\frac{\partial}{\partial\xi}\left(\frac{\tilde{\rho}U}{J}\right)+\frac{\partial}{\partial\eta}\left(\frac{\tilde{\rho}V}{J}\right)=0 \tag{12.6.23}$$

将式(12.6.23)建立差分方程,即

$$\delta_\xi^-\left(\frac{\tilde{\rho}U}{J}\right)_{i+\frac{1}{2},j}+\delta_\eta^-\left(\frac{\tilde{\rho}V}{J}\right)_{i,j+\frac{1}{2}}=0 \tag{12.6.24}$$

此式的 AF2 格式为

$$[\alpha-\delta_\eta^-(\tilde{\rho}A_3)_{i,j+\frac{1}{2}}][\alpha\delta_\eta^+-\delta_\xi^-(\tilde{\rho}A_1)_{i+\frac{1}{2},j}\delta_\xi^+]C_{i,j}^n=\alpha\omega L\Phi_{i,j}^n \tag{12.6.25}$$

式中,δ^- 与 δ^+ 分别为单侧后差与单侧前差算子。例如

$$\begin{cases}\delta_\xi^-\lozenge_{i,j}=\lozenge_{i,j}-\lozenge_{i-1,j}, & \delta_\xi^+\lozenge_{i,j}=\lozenge_{i+1,j}-\lozenge_{i,j}\\ \delta_\eta^-\lozenge_{i,j}=\lozenge_{i,j}-\lozenge_{i,j-1}, & \delta_\eta^+\lozenge_{i,j}=\lozenge_{i,j+1}-\lozenge_{i,j}\end{cases} \tag{12.6.26}$$

式中,$\lozenge$代表任意物理量;α 是迭代加速参数;ω 是松弛因子;$L\Phi_{i,j}^n$ 代表第 n 次迭代时差分方程(12.6.24)的残差。另外,式中人工密度 $\tilde{\rho}$ 的定义为

$$\begin{cases}\tilde{\rho}_{i+\frac{1}{2},j}=\rho_{i+\frac{1}{2},j}-\mu_{i+\frac{1}{2},j}(\rho_{i+\frac{1}{2},j}-\rho_{i+r+\frac{1}{2},j})\\ \tilde{\rho}_{i,j+\frac{1}{2}}=\rho_{i,j+\frac{1}{2}}-\mu_{i,j+\frac{1}{2}}(\rho_{i,j+\frac{1}{2}}-\rho_{i,j+s+\frac{1}{2}})\end{cases} \tag{12.6.27}$$

式中,$\mu_{i,j}$、r、s 的定义是

$$r=\begin{cases}-1(\text{当 } u_{i+\frac{1}{2},j}>0\text{ 时})\\ +1(\text{当 } u_{i+\frac{1}{2},j}<0\text{ 时})\end{cases},\quad s=\begin{cases}-1(\text{当 } v_{i,j+\frac{1}{2}}>0\text{ 时})\\ +1(\text{当 } v_{i,j+\frac{1}{2}}<0\text{ 时})\end{cases} \tag{12.6.28}$$

$$\mu_{i,j}=\max\left[0,\left(1-\frac{1}{M_{i,j}^2}\right)\right] \tag{12.6.29}$$

式(12.6.23)的计算可分两步进行:第一步求解

$$[\alpha-\delta_\eta^-(\tilde{\rho}A_3)_{i,j+\frac{1}{2}}]f_{i,j}^n=\alpha\omega L\Phi_{i,j}^n \tag{12.6.30}$$

也就是说,沿着 η 方向解二对角矩阵,求出中间变量 $f_{i,j}^n$ 的值。第二步求解

$$[\alpha\delta_\eta^+-\delta_\xi^-(\tilde{\rho}A_1)_{i+\frac{1}{2},j}\delta_\xi^+]C_{i,j}^n=f_{i,j}^n \tag{12.6.31}$$

也就是说,沿着 ξ 方向解三对角矩阵方程,求出 $C_{i,j}^n$。注意到

$$\Phi_{i,j}^{n+1}=\Phi_{i,j}^n+C_{i,j}^n \tag{12.6.32}$$

于是 $\Phi_{i,j}^{n+1}$ 值便得到了。如此进行迭代,直到前后两轮迭代 $\Phi_{i,j}^{n+1}$ 值之差满足一定允差为止。大量的数值实验表明:采用人工密度的修正以及 AF2 因式分解法能够快速高效率地获得跨声速流场的数值解[13]。

12.7 亚声速定常、无旋、均熵流动的速度图法

1901 年 С. А. Чаплыгин(恰普雷金,Chaplygin)用严格的数学变换将物理平面上的定常、无

旋、等熵、无黏气体的非线性偏微分方程变换为速度平面上的线性偏微分方程，并用这种方法研究了气体的射流问题，现在讨论这种方法。

12.7.1 自然坐标系

平面、无旋、定常、均熵无黏运动的基本方程组为

连续方程
$$\frac{\partial(\rho u)}{\partial x}+\frac{\partial(\rho v)}{\partial y}=0 \tag{12.7.1}$$

无旋方程
$$\frac{\partial v}{\partial x}-\frac{\partial u}{\partial y}=0 \tag{12.7.2}$$

等熵关系
$$\frac{p}{\rho^{\gamma}}=C \tag{12.7.3}$$

能量方程
$$\frac{u^2+v^2}{2}+\frac{\gamma}{\gamma-1}\frac{p}{\rho}=\frac{\gamma}{\gamma-1}\frac{p_0}{\rho_0} \tag{12.7.4}$$

取自然坐标系(S,n)，这里S为流线的弧长，n为与流线垂直的法线，S与n构成右手系如图12.5所示，并用q与θ分别代表速度矢量$\boldsymbol{V}$的模与方向角，于是在这个坐标中式(12.7.1)与式(12.7.2)分别变为

$$\frac{\partial[\ln(\rho q)]}{\partial S}+\frac{\partial\theta}{\partial n}=0 \tag{12.7.5}$$

$$\frac{\partial(\ln q)}{\partial n}-\frac{\partial\theta}{\partial S}=0 \tag{12.7.6}$$

注意到$M=q/a$，则式(12.7.5)可变为

$$\frac{\partial q}{\partial S}=\frac{q}{M^2-1}\frac{\partial\theta}{\partial n} \tag{12.7.7}$$

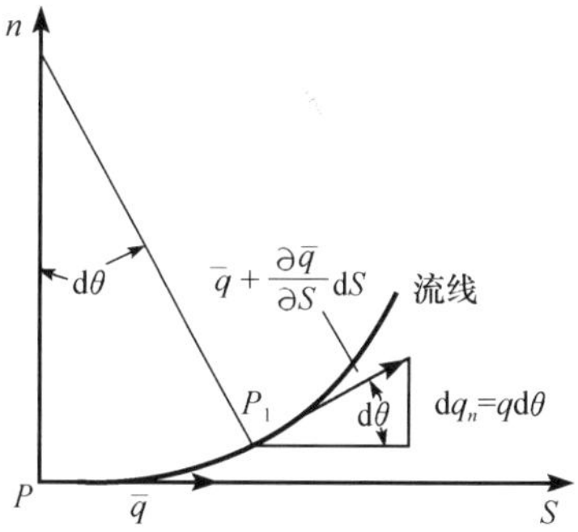

图12.5 流线坐标系(S,n)

另外，对于定常、无黏、无旋流来讲流场中的所有流线都具有相同的Bernoulli常数值，即

$$\int\frac{\mathrm{d}p}{\rho}+\frac{q^2}{2}=\text{常数}\quad\text{（适用于整个流场）} \tag{12.7.8}$$

注意到式(12.7.3)，则式(12.7.8)变为

$$\frac{q^2}{2}+\frac{a^2}{\gamma-1}=\frac{a_0^2}{\gamma-1} \tag{12.7.9}$$

或者利用Mach数的定义，将式(12.7.9)改写为

$$M^2=\frac{q^2}{a^2}=\frac{q^2}{a_0^2-\dfrac{\gamma-1}{2}q^2} \tag{12.7.10}$$

引入速度势φ，其定义为

$$\boldsymbol{q}=\nabla\varphi \tag{12.7.11}$$

于是借助于式(12.7.3)，$\nabla\cdot\boldsymbol{q}$可表示为

$$\nabla^2\varphi=\nabla\cdot\boldsymbol{q}=\frac{\partial q}{\partial S}+q\frac{\partial\theta}{\partial n}=M^2\frac{\partial q}{\partial S}=M^2\frac{\partial^2\varphi}{\partial S^2} \tag{12.7.12}$$

将$\nabla^2\varphi$在(S,n)坐标系中展开，于是式(12.7.12)又可改写为

$$(M^2-1)\frac{\partial^2\varphi}{\partial S^2}=\frac{\partial^2\varphi}{\partial n^2} \tag{12.7.13}$$

引入流函数 ψ，即

$$\rho u \equiv \rho q_x = \frac{\partial \psi}{\partial y}, \quad \rho v \equiv \rho q_y = -\frac{\partial \psi}{\partial x} \tag{12.7.14}$$

注意到速度势 φ 的存在，于是式(12.7.14)可改写为

$$\frac{\partial \varphi}{\partial x} = \frac{1}{\rho}\frac{\partial \psi}{\partial y}, \quad \frac{\partial \varphi}{\partial y} = -\frac{1}{\rho}\frac{\partial \psi}{\partial x} \tag{12.7.15}$$

在自然坐标系中，与式(12.7.15)相对应地有

$$\frac{\partial \varphi}{\partial S} = \frac{1}{\rho}\frac{\partial \psi}{\partial n}, \quad \frac{\partial \varphi}{\partial n} = -\frac{1}{\rho}\frac{\partial \psi}{\partial S} \tag{12.7.16}$$

利用速度势 φ 与流函数 ψ 的定义与特点，在(S,n)坐标系中还有

$$\frac{\partial \varphi}{\partial S} = q, \quad \frac{\partial \varphi}{\partial n} = 0 \tag{12.7.17}$$

$$\frac{\partial \psi}{\partial S} = 0, \quad \frac{\partial \psi}{\partial n} = \rho q \tag{12.7.18}$$

借助于式(12.7.16)，计算 $\partial^2\psi/\partial S^2$，可得

$$\frac{\partial^2 \psi}{\partial S^2} = -\frac{\partial}{\partial S}(\rho q_n) = -\rho\frac{\partial q_n}{\partial S} \tag{12.7.19}$$

这里已注意到如下关系式

$$\frac{\partial q_n}{\partial S} = q\frac{\partial \theta}{\partial S}, \quad \frac{\partial q_n}{\partial n} = q\frac{\partial \theta}{\partial n} \tag{12.7.20}$$

由 $\boldsymbol{n}$ 方向上的运动方程并利用等熵条件便有

$$\frac{\partial^2 \psi}{\partial S^2} = \frac{1}{q}\frac{\partial p}{\partial n} = \frac{a^2}{q}\frac{\partial \rho}{\partial n} \tag{12.7.21}$$

由无旋条件(12.7.6)，即

$$\frac{\partial q}{\partial n} = \frac{\partial q_n}{\partial S} \tag{12.7.22}$$

应用式(12.7.19)到式(12.7.22)中，便有

$$-\frac{\partial^2 \psi}{\partial S^2} = \rho\frac{\partial q}{\partial n}$$

注意到式(12.7.21)，于是上式又可改写为

$$(M^2-1)\frac{\partial^2 \psi}{\partial S^2} = q\frac{\partial \rho}{\partial n} + \rho\frac{\partial q}{\partial n} = \frac{\partial(\rho q)}{\partial n} = \frac{\partial^2 \psi}{\partial n^2}$$

因此，定常、无旋、均熵流在(S,n)坐标系的流函数主方程为

$$(M^2-1)\frac{\partial^2 \psi}{\partial S^2} = \frac{\partial^2 \psi}{\partial n^2} \tag{12.7.23}$$

12.7.2 Chaplygin 方程

在速度平面上，取(q,θ)坐标系，于是式(12.7.17)与式(12.7.18)可改写为如下关系式

$$q = \frac{\partial \varphi}{\partial q}\frac{\partial q}{\partial S} + \frac{\partial \varphi}{\partial \theta}\frac{\partial \theta}{\partial S}, \quad 0 = \frac{\partial \varphi}{\partial q}\frac{\partial q}{\partial n} + \frac{\partial \varphi}{\partial \theta}\frac{\partial \theta}{\partial n} \tag{12.7.24}$$

$$0=\frac{\partial\psi}{\partial q}\frac{\partial q}{\partial S}+\frac{\partial\psi}{\partial\theta}\frac{\partial\theta}{\partial S},\quad \rho q=\frac{\partial\psi}{\partial q}\frac{\partial q}{\partial n}+\frac{\partial\psi}{\partial\theta}\frac{\partial\theta}{\partial n}\tag{12.7.25}$$

于是由式(12.7.24)和式(12.7.25)可直接求得

$$\frac{\partial q}{\partial S}=\frac{q}{D}\frac{\partial\psi}{\partial\theta},\quad \frac{\partial\theta}{\partial S}=-\frac{q}{D}\frac{\partial\psi}{\partial q}\tag{12.7.26}$$

$$\frac{\partial q}{\partial n}=-\frac{\rho q}{D}\frac{\partial\varphi}{\partial\theta},\quad \frac{\partial\theta}{\partial n}=\frac{\rho q}{D}\frac{\partial\varphi}{\partial q}\tag{12.7.27}$$

式中

$$D\equiv\frac{\partial(\varphi,\psi)}{\partial(q,\theta)}\tag{12.7.28}$$

这里 $\partial(\varphi,\psi)/\partial(q,\theta)$ 为 Jacobi 函数行列式。注意到式(12.7.26)与式(12.7.27),则式(12.7.7)又可改写为

$$\frac{\partial\varphi}{\partial q}=\frac{M^2-1}{\rho q}\frac{\partial\psi}{\partial\theta}\tag{12.7.29}$$

仿照式(12.7.29)的推导过程,式(12.7.6)又可改写为

$$\frac{\partial\phi}{\partial\theta}=\frac{q}{\rho}\frac{\partial\psi}{\partial q}\tag{12.7.30}$$

由式(12.7.29)与式(12.7.30)中消去 φ 项后可得

$$\frac{\partial}{\partial q}\left(\frac{q}{\rho}\frac{\partial\psi}{\partial q}\right)=\frac{M^2-1}{\rho q}\frac{\partial^2\psi}{\partial\theta^2}\tag{12.7.31}$$

同样地,由式(12.7.29)与式(12.7.30)中消去 ψ 项后可得

$$\frac{\partial}{\partial q}\left(\frac{\rho q}{M^2-1}\frac{\partial\varphi}{\partial q}\right)=\frac{\rho}{q}\frac{\partial^2\varphi}{\partial\theta^2}\tag{12.7.32}$$

另外,由 Bernoulli 方程(12.7.8)并注意应用式(12.7.3)后,可以得到

$$q+\frac{a^2}{\rho}\frac{\mathrm{d}\rho}{\mathrm{d}q}=0\tag{12.7.33}$$

将式(12.7.33)用于式(12.7.31)消去密度项后便得到著名的 Chaplygin 方程,即

$$\frac{\partial^2\psi}{\partial q^2}+\frac{1-M^2}{q^2}\frac{\partial^2\psi}{\partial\theta^2}+\frac{1}{q}(1+M^2)\frac{\partial\psi}{\partial q}=0\tag{12.7.34}$$

显然,它是线性的偏微分方程,这个流函数方程是 Chaplygin 首先推出的,并用它求解了射流问题。如果用式(12.7.10)代入式(12.7.34)便得到

$$q^2\left(1-\frac{\gamma-1}{2}\frac{q^2}{a_0^2}\right)\frac{\partial^2\psi}{\partial q^2}+\left(1-\frac{\gamma+1}{2}\frac{q^2}{a_0^2}\right)\frac{\partial^2\psi}{\partial\theta^2}+q\left(1-\frac{\gamma-3}{2}\frac{q^2}{a_0^2}\right)\frac{\partial\psi}{\partial q}=0\tag{12.7.35}$$

显然,在(q,θ)坐标系中,式(12.7.35)是关于 ψ 的二阶线性偏微分方程。为了便于将可压缩流动与不可压缩流进行比拟,下面引入一组新变量(σ,θ),这里变量 σ 定义为

$$\sigma\equiv\int_q^{q^*}\frac{\rho\mathrm{d}q}{q},\quad \frac{\mathrm{d}\sigma}{\mathrm{d}q}=-\frac{\rho}{q}\tag{12.7.36}$$

式中,q^* 定义为

$$q^*\equiv a_0\sqrt{\frac{2}{\gamma+1}}\tag{12.7.37}$$

于是,式(12.7.29)与式(12.7.30)变为

$$\frac{\partial\varphi}{\partial\sigma}=K\frac{\partial\psi}{\partial\theta},\quad \frac{\partial\varphi}{\partial\theta}=-\frac{\partial\psi}{\partial\sigma} \tag{12.7.38}$$

这里 K 定义为

$$K\equiv\frac{1-M^2}{\rho^2} \tag{12.7.39}$$

因此，由式(12.7.38)中消去 φ 便得到

$$\frac{\partial^2\psi}{\partial\sigma^2}+\frac{\partial}{\partial\theta}\left(K\frac{\partial\psi}{\partial\theta}\right)=0 \tag{12.7.40}$$

当然，也可以重新定义流函数 $\bar{\psi}$，即

$$u=\frac{\rho_0}{\rho}\frac{\partial\bar{\psi}}{\partial y},\quad v=-\frac{\rho_0}{\rho}\frac{\partial\bar{\psi}}{\partial x} \tag{12.7.41}$$

对于均熵流场，$\rho_0=\text{const}$，因此关于 $\bar{\psi}$ 的 Chaplygin 方程为

$$\frac{\partial^2\bar{\psi}}{\partial q^2}+\frac{1-M^2}{q^2}\frac{\partial^2\bar{\psi}}{\partial\theta^2}+\frac{1}{q}(1+M^2)\frac{\partial\bar{\psi}}{\partial q}=0 \tag{12.7.42}$$

相应地 $\bar{\psi}$ 与 φ 间的关系为

$$\frac{\partial\varphi}{\partial\sigma}=\bar{K}\frac{\partial\bar{\psi}}{\partial\theta},\quad \frac{\partial\varphi}{\partial\theta}=-\rho_0\frac{\partial\bar{\psi}}{\partial\sigma} \tag{12.7.43}$$

式中，$\bar{K}$ 定义为

$$\bar{K}\equiv\frac{\rho_0}{\rho^2}(1-M^2) \tag{12.7.44}$$

另外，对于定常、无黏、均熵流，由运动方程得

$$-\rho q\,\mathrm{d}q=\mathrm{d}p \tag{12.7.45}$$

注意到 ρ 与 θ 无关，于是借助于式(12.7.45)便有

$$\frac{\mathrm{d}\rho}{\mathrm{d}q}=\frac{\mathrm{d}\rho}{\mathrm{d}p}\frac{\mathrm{d}p}{\mathrm{d}q}=\frac{-\rho q}{a^2}=-\frac{\rho}{q}M^2 \tag{12.7.46}$$

所以对于均熵流，注意到 ρ_0 为常数便可推出

$$\frac{\mathrm{d}}{\mathrm{d}q}\left(\frac{\rho_0}{\rho q}\right)=-\frac{\rho_0}{\rho q^2}(1-M^2) \tag{12.7.47}$$

或者

$$\frac{\mathrm{d}}{\mathrm{d}q}\left(\frac{1}{\rho q}\right)=\frac{1}{\rho q^2}(M^2-1) \tag{12.7.48}$$

在推导式(12.7.47)时，那里使用了式(12.7.46)。类似于上面的推导，还可推出下式成立

$$\frac{\mathrm{d}}{\mathrm{d}q}\left(\frac{\rho_0}{\rho}\right)=-\frac{\rho_0}{\rho^2}\frac{\mathrm{d}\rho}{\mathrm{d}p}\frac{\mathrm{d}p}{\mathrm{d}q}=\frac{\rho_0}{\rho}\frac{q}{a^2} \tag{12.7.49}$$

此外，如果将式(12.7.43)中的 φ 消去，便得到

$$\frac{\partial^2\bar{\psi}}{\partial\sigma^2}+\frac{\partial}{\partial\theta}\left(K\frac{\partial\bar{\psi}}{\partial\theta}\right)=0 \tag{12.7.50}$$

式中，K 的定义同式(12.7.39)。

从数学的角度来看，方程(12.7.40)与方程(12.7.50)具有相同的数学性质，换句话说，无论是按式(12.7.14)定义流函数，还是按式(12.7.41)定义，虽然两种定义所得到的流函数值不同，

但它们所遵循的流函数主方程却具有相同的数学结构，因此不会影响所讨论问题的数学本质。

12.7.3 von Karman-钱学森的近似办法

对于均熵流动的完全气体，则

$$\begin{aligned}\frac{\rho_0}{\rho}(1-M^2)^{\frac{1}{2}} &= \left(1+\frac{\gamma-1}{2}M^2\right)^{\frac{1}{\gamma-1}}(1-M^2)^{\frac{1}{2}} \\ &= \left[1+\frac{M^2}{2}+(2-\gamma)\frac{M^4}{8}+\cdots\right]\left(1-\frac{M^2}{2}-\frac{M^4}{8}-\cdots\right) \\ &= 1-\frac{\gamma+1}{8}M^4+O(M^6)\end{aligned} \tag{12.7.51}$$

例如，$\gamma=1.4$ 时，式(12.7.51)变为

$$\frac{\rho_0}{\rho}(1-M^2)^{\frac{1}{2}} = 1-0.3M^4+\cdots \tag{12.7.52}$$

例如，$M=0.61$ 时，式(12.7.52)变为

$$\frac{\rho_0}{\rho}(1-M^2)^{\frac{1}{2}} = 1-0.3\times 0.137+\cdots = 1-0.041+\cdots$$

因此，在亚声速的很大范围内$\frac{\rho_0}{\rho}(1-M^2)^{\frac{1}{2}}$的值接近于1，换句话说，在亚声速的很大范围内有如下近似关系

$$\frac{\rho_0}{\rho}(1-M^2)^{\frac{1}{2}} \approx 1 \tag{12.7.53}$$

对于均熵流，ρ_0 全场为常数并注意到式(12.7.39)，则式(12.7.53)变为

$$\rho_0\sqrt{K}\approx 1 \text{ 或者 } K\approx \text{const} \tag{12.7.54}$$

显然，若 $K=\text{const}$，则式(12.7.40)便可写为

$$\frac{\partial^2\psi}{\partial\sigma^2}+K\frac{\partial^2\psi}{\partial\theta^2}=0 \tag{12.7.55}$$

于是就可以很方便地将可压缩流动与不可压缩流动之间建立起比拟关系。另外，分析图12.6所示的气体绝热等熵过程曲线。设曲线上 A 点代表流场上游无穷远处的气体状态，通过这点作绝热等熵曲线的切线，以此切线来近似地代替绝热曲线，这就是von Karman-钱学森的切线气体假定[4,14,15]。von Karman 教授凭着他对物理问题的洞察力，建议当时他的博士生钱学森先生在求解变换后的线性方程时，不用驻点处的切线而改用来流状态点处的切线去代替等熵关系曲线。钱学森先生采用了来流状态点的切线近似并得到了翼面压强系数分布的更为精确结果。这里切线的斜率 C_1 为

$$C_1=\frac{\mathrm{d}p}{\mathrm{d}\left(\frac{1}{\rho}\right)}=-\rho^2\frac{\mathrm{d}p}{\mathrm{d}\rho}=-\rho^2a^2=-\rho_\infty^2a_\infty^2=\text{const} \tag{12.7.56}$$

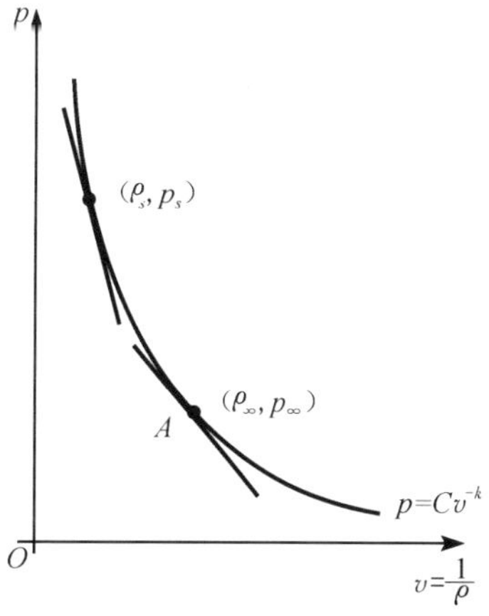

图 12.6 绝热等熵过程曲线与切线气体假定

值得注意的是，如果用 p 与 $\frac{1}{\rho}$ 的线性关系式去代替完全气体的绝热等熵方程 $p/\rho^{\gamma}=\text{const}$ 的话，这相当于引入了某个假定，在这个假定下便会有

$$\frac{\rho_0}{\rho}(1-M^2)^{\frac{1}{2}}=1 \tag{12.7.57}$$

这时，K 的值全场恒等于常数，并且式(12.7.55)严格成立。最后还需要指出的是，对于许多实际的流动，流场中任一点的状态(p,ρ)和远前方来流状态(p_∞,ρ_∞)相差不算太大，这就使得在高亚声速流动时选取$\left(p_\infty,\frac{1}{\rho_\infty}\right)$点处的切线去代替绝热曲线具有足够的精度。工程应用的大量实践表明：Chaplygin 以滞止点$\left(p_0,\frac{1}{\rho_0}\right)$处的切线去代替绝热曲线的处理办法，仅适于射流流场的研究。而 von Karman-钱学森以$\left(p_\infty,\frac{1}{\rho_\infty}\right)$点处的切线代替绝热曲线的做法，适用于研究高亚声速机翼的绕流问题。

12.8 绕流问题边界条件的概述

这里对边界条件数学处理的一般情况作一个概述。边界条件的提法及其数学处理在流体力学和计算流体力学中的确是一个十分重要而且需要进一步完善的课题，它对工程应用和理论研究都具有极为重要的意义。另外，机翼与叶栅绕流时的尾缘条件也是一个既现实但又十分难处理的问题，在航空、航天和工程热物理的许多研究领域中，进行叶栅与机翼的数值计算与理论分析时必然会遇到它[16~24]。随后将在第 15 章中扼要讨论对尾缘条件的处理。

12.8.1 无黏流与黏性流动边界条件的数学处理概述

首先，适当的边界条件提法及其数学处理是保证流场数值计算过程稳定的必要条件。边界处理的具体方法可能会影响到流场参数的计算精度(特别是热流、摩擦阻力等参数值的分布)，甚至还会影响流场的内部结构。因此，边界条件的提法及其数学处理是流体力学及计算流体力学中不可忽视的十分重要的问题。这里所谓边界处理包括边界条件的提法和边界条件的履行办法。而边界条件的提法又可分为：①各类边界上所需规定的边界条件的数目；②各类边界上具体的边界条件的提法。它们是不能随意规定的，在数学上应满足适定性的要求，在物理上应具有较明显的意义。在流体力学问题的数值计算中，可能遇到两类不同的边界：一类称为实际边界。例如，外流问题中的固壁表面，内流问题中的进、出口边界及物面边界等。显然，它们是由物理问题的性质所决定的，因而也是确定的。另一类是人工边界(又称开边界)。例如，在外流计算中，尽管理论讲边界在无限远处，但实际计算时只能取有限远的地方，因此人工边界的选取带有任意性和经验性。另外，为了保证无黏流的 Euler 基本方程组和有黏流 Navier-Stokes 基本方程组的初边值问题适定，需要规定边界条件，这些条件常称作物理边界条件，这些条件的数目往往是确定的，如对于三维流动问题，对于 Euler 方程组：超声速入流、亚声速入流、超声速出流和亚声速出流分别要求 5、4、0 与 1 个物理边界条件；对于 Navier-Stokes 方程组也对应于上述同样的流动时，则分别要求 5、5、4 与 4 个物理边界条件。显然，当物理边界条件的数目少于支配方程中独立变量的数目时，在数值计算过程中就有必要补充“数值边界条件”。

12.8.2 Euler 基本方程组的边界条件

对双曲型偏微分方程提出了“时间相关边界条件”的处理办法，其基本思想是：它以双曲型偏微分方程所描述的波传播现象为出发点，在边界处有一些波是从边界外传向求解域内的，而另一些波则是从求解域内传向边界的。前者称进入波，由于它们的行为完全由边界外的状况所决定，所以就需要适当规定边界条件来确定它们的行为；而后者称流出波，由于它们完全由求解域内的解所决定，所以对这些波就不应提任何边界条件。按照上述思想，对应于这些特征波的相应特征变量可决定如下：当特征波指向求解域外部时，相应特征变量中的导数用单侧差分逼近；当特征波指向求解域内部时，则应由边界条件来确定出相应的特征变量。下面以三维 Euler 流动为背景，分别对各类边界结合特征分析方法简述一下数学处理的要点。

1. 入流边界条件

(1) 对超声速入流边界，由特征分析这时 5 个特征波都是进入波，于是进口边界处要给 5 个物理边界条件，如可给 p、ρ、u、v 和 w 的分布；

(2) 对亚声速入流边界，这时有 4 个特征波是进入计算域的，有 1 个是离开计算域，因此进口边界处要给 4 个物理边界条件，如可给 ρ、u、v 和 w 或者给 u、v、w 和 T 的分布。

2. 出流边界条件

(1) 对超声速出流边界，此时 5 个特征波是流出波，所以在出口边界处不需要规定任何边界条件；

(2) 对亚声速出流边界，此时 4 个特征波离开计算域，1 个特征波是进入计算域的，因此在出口边界处应规定 1 个物理边界条件，如可给定静压 p 的分布。

3. 物面边界条件

由普通物理学可知，对于无黏流，流体沿着物面可以滑动。在进行特征分析时，只有一个特征波是离开计算域的，因此与这个特征波相对应的特征变量的导数要用单侧差分逼近。而其他的四个特征变量可这样确定：令其中的三个为零，另一个由局部一维无黏关系式及壁面滑移边界条件来确定。在物面上应给的那个物理边界条件可以规定沿物面法向速度为零。

4. 远场边界条件

这时所规定物理边界条件的数目应该由当地局部特征值正与负的个数自动决定。也就是说，对应于每一个进入特征波，都应该规定一个物理边界条件。

12.8.3 Navier-Stokes 基本方程组的边界条件

Navier-Stokes 方程组并不是双曲型的，所以这里所谓对 N-S 方程作特征边界条件分析是指忽略了扩散过程之后进行的，因此在 N-S 方程的分析中，其特征波仅与 N-S 方程中的双曲型部分有关联。当然，N-S 方程所规定的边界条件的数目应该等于对 N-S 方程初边值的适定性分析所得到的边界条件的数目，这是讨论本问题最基本的出发点。因此，对 N-S 方程所提的具体边界条件应包括无黏边界条件，再加上与黏性有关的边界条件。从 N-S 方程边界条件所采用的数学处理方法也与 Euler 方程相类似。首先，将 N-S 方程中的双曲型部分(即无黏部分)进行特征分析，确定特征波所对应的特征变量。这里所遵循的总原则仍然是：对应于流出波的特征变量的导数用单侧差分逼近；而对应于进入波的特征变量则由无黏边界条件及局部一维无黏关系式来确定。下面以三维黏性流为例，分别对各类边界略作概述。

1. 入流边界条件

(1) 对超声速入流边界，由特征分析这时5个特征波都是进入波，于是进口边界处要给5个物理边界条件。

(2) 对亚声速入流边界，这时有4个特征波是进入波，1个是流出波，于是在入流边界处应规定4个无黏物理边界条件(例如，规定u、v、w和T这4个量的分布)。而根据N-S方程初边值问题的适定性，该处要求规定5个边界条件，于是要补充一个与黏性有关的条件。

2. 出流边界条件

(1) 对超声速出流边界，这时5个特征波均是流出波，因此在出口边界处不需要规定任何无黏边界条件；而根据N-S方程初边值问题的适定性，该处要求规定4个边界条件，因此，需要规定4个与黏性有关的边界条件。

(2) 对亚声速出流边界，这时4个特征波是流出波，只有1个特征波是进入波，因此在出口边界处应规定1个无黏边界条件。而按照N-S方程初边值问题的适定性，要求规定4个边界条件，因此需要补充3个与黏性有关的边界条件。

3. 物面边界条件

(1) 等温无滑移壁面：在进行特征分析时，只有1个特征波是流出波，因此与这个波相对应的特征变量的导数用单侧差分逼近。而其他的4个特征变量应由边界条件及局部一维无黏关系式来确定。通常规定4个条件，如规定$u=0$，$v=0$，$w=0$并且给定壁温T_W值的分布规律。这恰好与N-S方程初边值问题适定性所要求的数目一致。

(2) 无滑移绝热壁：在进行特征分析时，只有1个特征波是流出波。此时要规定4个条件，如规定$u=0$，$v=0$，$w=0$并规定温度沿壁面法向的变化率$\partial T/\partial n=0$，它正好与N-S方程初边值问题适定性所要求的数目相符。

(3) 对于高超声速流动问题，壁面条件的处理十分复杂。在表面处，高温气体边界层与表面材料之间发生相互作用，必然遵循质量守恒和能量守恒，换句话说根据守恒原理给出表面质量(或组元浓度)和能量(或热流)的相容关系，也就是说除了速度与温度需要提边界条件之外，还需要对气体组分提边界条件。显然，对于完全催化壁面与部分催化壁面来讲，气体组分的边界条件是不同的。另外，除了考虑高温气体与壁面之间的化学反应以及对流、导热之外，还应该考虑高温气流对壁面间的辐射作用，尤其是高超声速飞行器再入飞行时高温气体的温度达到上万度，这时辐射传热量也不容忽略。显然如何正确处理在边界处的导热、对流和辐射的耦合传热是需要进一步研究的问题之一。

4. 远场边界条件

这时应规定的物理边界条件的数目也应该取决于该处局部特征值正与负的个数。

12.9 膨胀波、压缩波的形成以及Prandtl-Meyer流动

膨胀波和激波是超声速气流特有的重要物理现象。超声速气流在加速时要产生膨胀波，减

速时一般会出现激波。尤其是当超声速气流绕过光滑的外凸曲壁面时,壁面上每一点都发出一道膨胀波,气流经过每一道这样的膨胀波后,参数发生了一些微小变化、气流折转了一个微小角度,于是气流通过由无数多道膨胀波所组成的膨胀波区后,参数发生有限的变化,并且气流折转了一个有限的角度;显然,在不考虑气体黏性和与外界的热交换时,气流穿过膨胀波束的流动过程为绝能等熵的膨胀过程。另外,当超声速气流绕过光滑的凹曲壁面时,壁面上每一点都发出一道 Mach 波,当凹曲面的曲率半径较大时这些波为微弱压缩波。显然,当这些波处于分散而各自独立存在时,气流穿过它们时仍可按等熵流来处理,但一旦它们汇集在一起时就形成强压缩波即激波,对强压缩波而言等熵理论就不适用了。激波现象是气体高速运动过程中最重要的现象之一,它是气体经受强烈压缩后产生的非线性传播波。由于气体通过激波波阵面时状态参数在极短的瞬间发生极大的变化,所以这种变化中的每一状态是热力学非平衡状态,必然要发生不可逆的耗散过程,因此即使在流动绝热的条件下,熵增也是不容忽略的,也就是说激波损失即由于激波而导致的可用能量减小的影响应当考虑。应该特别指出的是,随着航天飞行器[25~28]、通用航空器(CAV)以及发动机性能的提高,飞船返回舱的大钝头气动外形、超声速进气道、超声速压气机、超声速涡轮、超声速喷管等已被广泛采用[29~30]。另外,超声速燃烧理论的研究也促进了国际上超声速燃烧冲压发动机的研究进程以及传热学、高超声速气动热力学与燃烧学研究内容的拓展[31~37],促进了新型数值方法的研究[38]。显然,进行这些部件的气动设计和流场分析时首先要遇到膨胀波和激波问题。本章将着重分析这两种波的产生条件、性质、运动规律、相互间的作用以及有关理论计算等。为了揭示问题的本质,在讨论中假定流体是无黏、定常、绝能的完全气体。

12.9.1 膨胀波与微弱压缩波的形成

气体的扰动都是以波的形式向流场各处传播的。特别是在超声速流场中,在某处使气体膨胀或者压缩的任何扰动都是通过等熵波(连续波)或者激波(间断波)传播到流场一定范围内。在扰动波中,声波或 Mach 波是一种微弱扰动波,气流参数如压强、密度、温度、速度等穿过这种波时只发生非常微小的变化。在这种情况下,气流通过这种波的流动过程仍可按等熵流动来处理。但对于强波而言,等熵理论就不适用了。

当超声速气流流过凸曲面或凸折面时,如图 12.7 所示,由于通道面积加大,气流要进行膨胀。假设超声速直匀流沿外凸壁面流动,在点 O_1 处向外折转一个微小的角度 $d\theta_1$,这里 $d\theta_1$ 代表流线方向角度的变化(即气流折转角)并规定逆时针方向折转角为正,顺时针方向折转角为负。由于壁面的微小折转,所以在壁的折转处(即扰动源)[图 12.7(a)的 O_1 处]就必然会产生一道

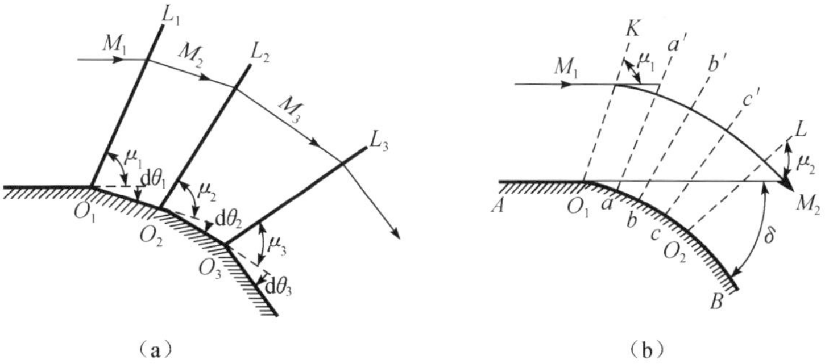

图 12.7　超声速气流流经凸折面与凸曲面时形成的膨胀波

(a) 凸折面;(b) 凸曲面

Mach 波 O_1L_1，它与来流方向夹角为 $\mu_1=\arcsin(1/M_1)$，同样的在 O_2、O_3 等一系列点处，继续外折一系列微小的角度 $d\theta_2$，$d\theta_3$，…。在壁面的每一个折转处，都产生一道膨胀波 O_1L_1，O_2L_2，O_3L_3，…，各膨胀波与该波前气流方向的夹角为 μ_1，μ_2，μ_3…，并且有

$$\mu_1=\arcsin\left(\frac{1}{M_1}\right),\quad \mu_2=\arcsin\left(\frac{1}{M_2}\right),\quad \mu_3=\arcsin\left(\frac{1}{M_3}\right),\cdots$$

因为气流每经过一道膨胀波，Mach 数都有所增加，即 $M_1<M_2<M_3<\cdots$，故有 $\mu_1>\mu_2>\mu_3>\cdots$。

由极限的概念，曲线是由无数段微元折线组成的。因此，超声速气流绕外凸曲壁的流动与绕凸折面的流动在本质上是相同的，只是这时曲壁上每一点都相当于一个折点，自每一点都发出一道膨胀波，气流每经一道这样的膨胀波，参数都会发生一个微小的变化，折转一个微小的角度 $d\theta$。因此气流通过由无数多道膨胀波所组成的膨胀波区后，参数便发生了一个有限值的变化，并且气流折转了一个有限的角度 δ[图 12.7(b)]。通常将平面、定常、超声速理想可压缩气流绕光滑凸壁、凹壁(在形成间断之前)及绕有限凸角的均熵流动称作 Prandtl-Meyer 流动，简称 P-M 流动。超声速气流绕外钝角流动具有下列特点：

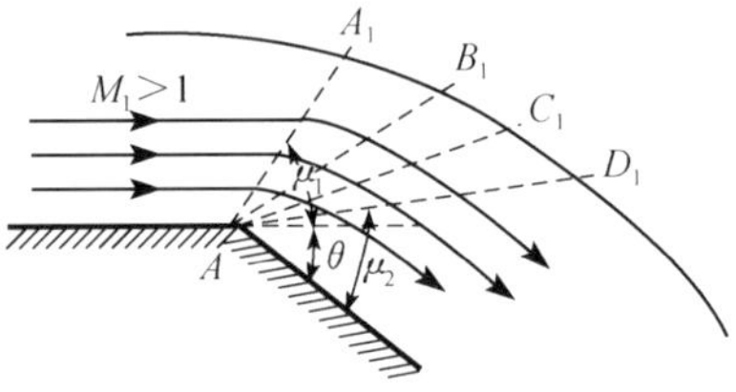

图 12.8　超声速气流流经外钝角时形成的膨胀波束

(1) 当超声速来流为平行于壁面的定常直匀流时，在壁面转折处必定产生一扇形膨胀波束(图 12.8)，此扇形波速是由无限多的 Mach 波所组成。

(2) 气流每经过一道 Mach 波，参数只有微小的变化，因而经过膨胀波束时，气流的参数是连续变化的(即速度连续变大，压强、温度、密度相应地连续变小)。显然，在不考虑气体黏性与外界的热交换时，气体穿过膨胀波束的流动过程为绝能等熵的膨胀过程。

(3) 沿膨胀波束中的任意一条 Mach 线，扰动参数不变，并且这些 Mach 线都是直线。

(4) 对于给定的起始条件，膨胀波束中任意一点处的速度大小仅与该点的气流方向有关。

类似地，超声速气流流经凹壁面时，由于通道面积缩小，气流要经受压缩，所以产生一系列 Mach 波，当凹曲面的曲率半径较大时，这些波为微弱压缩波(图 12.9)。当它们处于分散状态而各自独立存在时，气流穿过它们仍可按等熵流来处理，但当它们一旦汇集在一起时就会形成强压缩波即激波。

另外，超声速气流如果流经凹折面或者楔形物时，这时气流在折点处形不成分散的微弱压缩波(Mach 波)，而会直接被突跃压缩形成一道强压缩波即激波，如图 12.10(a)、图 12.10(b)所示。

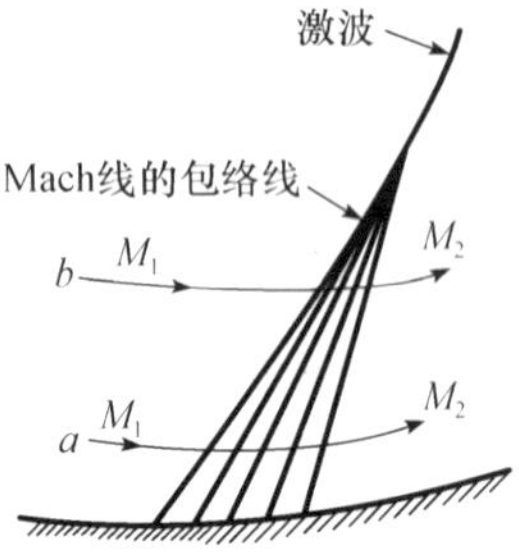

图 12.9　气流流经凹面时形成的微弱压缩波

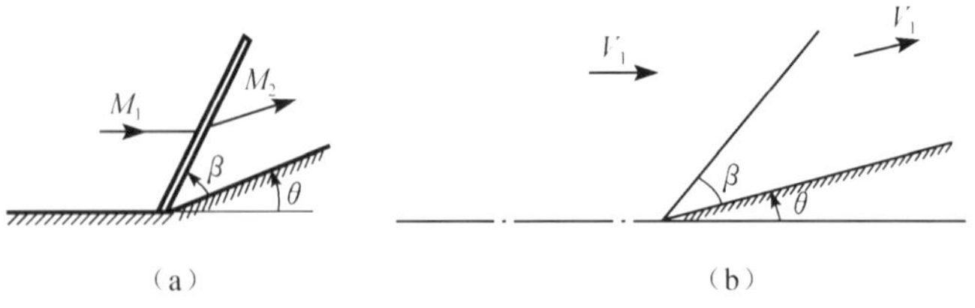

图 12.10　超声速气流流经凹折面与楔形物体时形成的激波

(a) 凹折面；(b) 楔形面

12.9.2 P-M 流动时的微分关系

现在来推导 P-M 流动时速度大小与气流折转角间的关系，如图 12.11 所示，图中 $|\Delta\theta|\ll 1$，角 θ 以逆时针方向为正；线 OA 为气流的扰动线(即 Mach 波)，与来流方向成 Mach 角 μ；气流流过扰动线，受膨胀(凸角)或压缩(凹壁面)，速度变为 $V+\Delta V$(对膨胀过程，$\Delta V>0$；对压缩过程，$\Delta V<0$)，而气流方向与偏转后的壁面平行。这里首先用几何方法建立起扰动线前后气流参数的变化与 $\Delta\theta$ 间的关系，然后再按本节所规定的角度正负去考虑 $\Delta\theta$ 的正负值。为便于叙述，以下以膨胀加速为例。

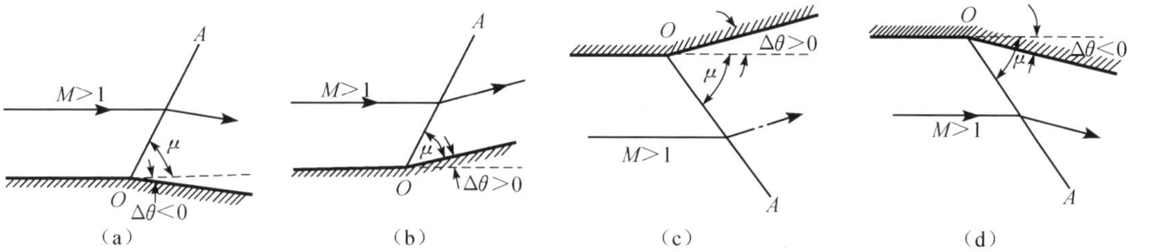

图 12.11　在不同边界条件下 P-M 流动的膨胀或压缩波

现在用几何方法建立扰动线前后的气流速度变化与 $\Delta\theta$ 间的关系。如图 12.12 所示，令来流的速度为 V，穿过 Mach 波后，速度变为 $V+\mathrm{d}V$，则速度方向顺时针折转了 $\mathrm{d}\theta$ 角。考虑到超声速气流穿过膨胀波后，平行于波面的速度分量保持不变(这是由于沿波面方向作控制体时由动量守恒定律所决定)，也就是说波前后气流的速度在 Mach 线上的投影必定相等，因此由正弦定理有(图 12.12)

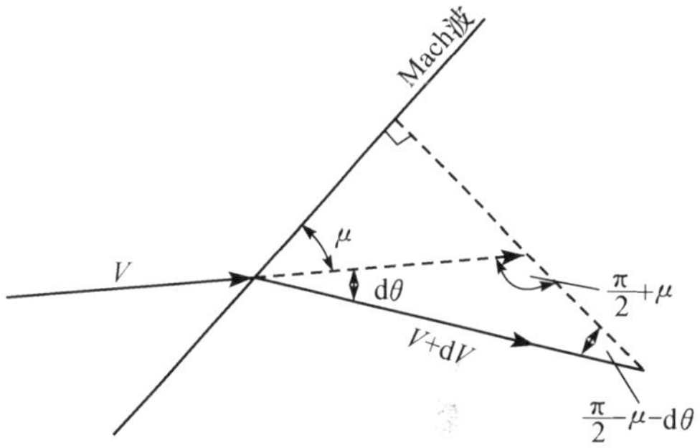

图 12.12　Mach 波前后的速度关系

$$\frac{V+\mathrm{d}V}{V}=\frac{\sin\left(\frac{\pi}{2}+\mu\right)}{\sin\left(\frac{\pi}{2}-\mu-\mathrm{d}\theta\right)}$$

注意到 $\sin(\mathrm{d}\theta)\approx\mathrm{d}\theta$，$\cos(\mathrm{d}\theta)\approx 1$，于是上式变为

$$1+\frac{\mathrm{d}V}{V}=\frac{1}{1-(\mathrm{d}\theta)\tan\mu} \tag{12.9.1}$$

利用级数展开，当 $x<1$ 时有

$$\frac{1}{1-x}=1+x+x^2+x^3+\cdots$$

于是式(12.9.1)右边可用上式 Taylor 级数展开并略去二次以上小量之后得

$$\mathrm{d}\theta=\frac{1}{\tan\mu}\frac{\mathrm{d}V}{V} \tag{12.9.2}$$

将 $\tan\mu=1/\sqrt{M^2-1}$ 代入式(12.9.2)并注意到 $\mathrm{d}\theta$ 沿顺时针方向为负的约定，则式(12.9.2)变为

$$-\mathrm{d}\theta=\sqrt{M^2-1}\,\frac{\mathrm{d}V}{V} \tag{12.9.3}$$

注意，通常约定：由气流方向逆时针转过 μ 角所形成的扰动线或 Mach 线称为左伸 Mach 线，在

有限强度弱波法中也称为左伸波或第一族波。显然，这里式(12.9.3)给出了超声速气流穿过左伸波(或左伸 Mach 线)时的微分关系式。当 $d\theta<0$ 时，则 $dV>0$，于是气流膨胀加速；而当 $d\theta>0$ 时，则 $dV<0$，于是气流受压缩而减速[图 12.11(a)与图 12.11(b)]。

类似地，气流绕图 12.11(c)与图 12.11(d)所示的凸角或凹角流动所产生的扰动线或 Mach 波称为右伸 Mach 线，在有限强度弱波法中称作右伸波或第二族波。仿上述推导过程，很容易得到右伸波前后流动参数改变量与气流折转角之间的微分关系为

$$d\theta = \sqrt{M^2 - 1}\,\frac{dV}{V} \tag{12.9.4}$$

显然，当 $d\theta>0$ 时，则 $dV>0$ 即气体膨胀加速；当 $d\theta<0$ 时，则 $dV<0$ 即气体受压缩而减速。应该指出：式(12.9.3)和式(12.9.4)适用于任何气体，其中包括非完全气体。

下面推导积分关系式，为此要对式(12.9.3)进行积分。为了使计算有通用性，假定膨胀过程的起点定在 $\theta=0, M=1$ 处，因此积分式可写为

$$-\int_0^\theta d\theta = \int_1^M \sqrt{M^2 - 1}\,\frac{dV}{V} \tag{12.9.5}$$

式(12.9.5)右边的$\dfrac{dV}{V}$可用 M 表示，因

$$V = M \cdot a$$

两边取对数再微分，得

$$\frac{dV}{V} = \frac{dM}{M} + \frac{da}{a} \tag{12.9.6}$$

对于量热完全气体，在定常绝热条件下，则有

$$a = a_0\left(1 + \frac{\gamma-1}{2}M^2\right)^{-\frac{1}{2}}$$

两边取对数，再微分之后代入式(12.9.6)得

$$\frac{dV}{V} = \frac{1}{\left(1 + \frac{\gamma-1}{2}M^2\right)}\frac{dM}{M} \tag{12.9.7}$$

再代到式(12.9.5)中，得

$$-\theta = \int_1^M \frac{\sqrt{M^2-1}}{\left(1 + \frac{\gamma-1}{2}M^2\right)}\frac{dM}{M} \tag{12.9.8}$$

经过积分，即得 P-M 流动的微分关系式(对于左伸膨胀波)

$$-\theta = \nu(M) \tag{12.9.9}$$

而

$$\nu(M) = \sqrt{\frac{\gamma+1}{\gamma-1}}\arctan\sqrt{\frac{\gamma-1}{\gamma+1}(M^2-1)} - \arctan\sqrt{M^2-1} \tag{12.9.10}$$

这里要指出的是，式(12.9.10)成立的条件是：①规定膨胀或压缩过程的起点在 $\theta=0, M=1$ 处，并且式(12.9.10)中还用到了当 $M=1$ 时取 $\nu(1)=0$ 的约定；②只适用于量热完全气体。

$\nu(M)$一般称为 Prandtl-Meyer 函数，它具有角度量纲(度或弧度)，它仅为比热比 γ 与 Mach 数 M 的函数。而 Mach 角 μ 与 Mach 数 M 的关系式为

$$\mu = \arcsin\frac{1}{M} = \arctan\frac{1}{\sqrt{M^2-1}} \tag{12.9.11}$$

对于任意两个 Mach 数 M_1 和 M_2 的左伸膨胀波，则 P-M 流动关系式可表达为

$$\Delta\theta = \theta_2 - \theta_1 = \nu(M_1) - \nu(M_2) \tag{12.9.12}$$

同样，对右伸膨胀波则式(12.9.12)变为

$$\Delta\theta = \theta_2 - \theta_1 = \nu(M_2) - \nu(M_1) \tag{12.9.13}$$

值得注意的是式(12.9.12)与式(12.9.13)也可用于左伸弱压缩波与右伸弱压缩波。两个式子的差别仅在于 $\theta_2 - \theta_1$ 前的正负号相反，为避免运算中混淆，通常采用流动偏转角的绝对值而不论壁面的弯折方向，因此对压缩偏转和膨胀偏转分别有

$$\nu(M_2) = \nu(M_1) + |\theta_2 - \theta_1| \quad (\text{膨胀过程}) \tag{12.9.14a}$$

$$\nu(M_2) = \nu(M_1) - |\theta_2 - \theta_1| \quad (\text{压缩过程}) \tag{12.9.14b}$$

上面式(12.9.14a)和式(12.9.14b)很好地反映了在压缩偏转中 $\nu(M)$ 值逐渐减小，而在膨胀偏转中 $\nu(M)$ 值逐渐增大这一物理事实，并且在这两种情况下，$\nu(M)$ 的变化量都等于流动偏转角。在通常的计算中，一旦 $\Delta\theta$、M_1、T_1、p_1、ρ_1 给定，则利用式(12.9.12)或式(12.9.13)便可确定出 M_2；再利用等熵关系式便可求出 T_2、p_2、ρ_2 值。作为特例，可以计算出如下这种特殊状况下的气流折转角，今考虑膨胀到真空状态($P=0, T=0$)，这时 $M\to\infty$，气流折转角达最大值，从式(12.9.10)可求出

$$\nu(M)_{\max} = \frac{\pi}{2}\left[\sqrt{\frac{\gamma+1}{\gamma-1}} - 1\right] \tag{12.9.15}$$

当 $\gamma=1.4$ 时，$\nu(M)_{\max}=130.45°$，应当指出，这个值仅是理论上的极限值，实际上是达不到的。

例题 12.1 设有 $M_1=2$ 的均匀气流绕外凸壁膨胀，气流的最终方向相对于其最初方向转折了 $-10°$(顺时针方向转折)，即 $\Delta\theta=-10°$，试求气流膨胀后的 M_2 值。

解 设气流为空气，$\gamma=1.4$，因为是左伸膨胀波，故用式(12.9.12)计算。由 P-M 函数关系式可得出 $M_1=2$ 时 $\theta_1=-\nu(M_1)=-26.3795°$(它是气流从 $M_0=1, \theta_0=0$ 膨胀到 $M_1=2$ 所折转的角度)。在这个角度上气流再继续顺时针折转 10°，也就是说 $\theta_2=\theta_1-10°=-36.3795°$，于是 $\nu(M_2)=\nu(M_1)-(\theta_2-\theta_1)=36.3795°$，按这个角度又可得到相应的 $M_2=2.385$。

例题 12.2 假设气流以 $M_1=2$ 的 Mach 数沿二维壁面流动，绕过气流折转角 $|\Delta\theta|$ 为 20°的尖凸角，如图 12.13 所示。试求出扇形膨胀波束区的 $\Delta\phi$ 角以及下游 Mach 数 M_2 值、p_2/p_2 值与 T_2/T_1 的值。

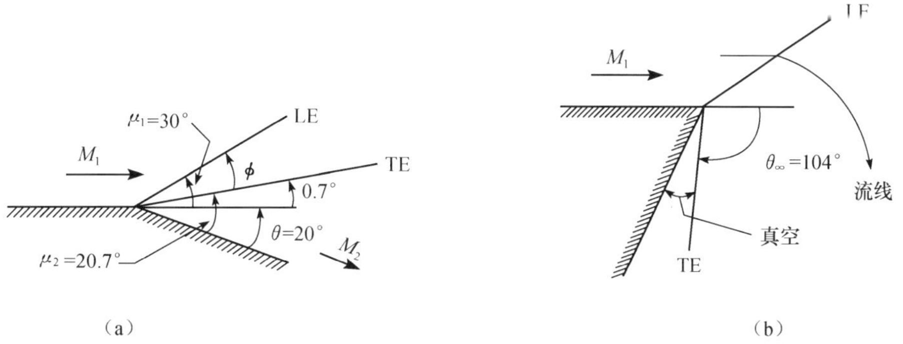

图 12.13 超声速气流沿壁面的流动

解 这是超声速气流穿过左伸膨胀波问题，应使用式(12.9.12)进行求解。由 $M_1=2$，故 $\nu(M_1)=26.4°$，$\mu_1=\mu(M_1)=30°$，$\theta_1=-\nu(M_1)=-26.4°$。在后缘处，由式(12.9.12)，并注意到

$\Delta\theta=-20°$，于是 $\nu(M_2)=\nu(M_1)-\Delta\theta=46.4°$，因而 $M_2=2.83$，$\mu_2=\mu(M_2)=20.7°$。按照规定：Mach 波极角 ϕ 即气流从声速开始膨胀到某一个 Mach 数 M 时膨胀波束的扇形区所张的角度。扇形区前缘的 Mach 角 $\mu_0=90°$，后缘的 Mach 角为 $\mu=\arcsin\left(\frac{1}{M}\right)$；当气流由声速流膨胀到 M 时，气流所折转的角度 $\theta=-\nu(M)$（对于左伸波），由几何关系则有 $\phi+\mu+\theta=90°$，即

$$\phi = 90° - \mu + \nu(M) \tag{a}$$

显然，式(a)对左伸波和右伸波均成立。由式(a)可知，当气体性质一定时角 ϕ 仅仅与 Mach 数有关。对于超声速气流绕外钝角的流动，设膨胀波束前的 Mach 数为 M_1，膨胀波束后的 Mach 数为 M_2，则由式(a)便可算出 ϕ_1 与 ϕ_2 值。设膨胀波束扇形区所张的角度为 $\Delta\phi$，则

$$\Delta\phi = \phi_2 - \phi_1 = \mu_1 - \mu_2 + \nu(M_2) - \nu(M_1) \tag{b}$$

于是将本题有关数据代入式(b)便得到 $\Delta\phi=30°-20.7°+46.4°-26.4°=29.3°$。最后，由等熵关系式可算出压比与温度比为

$$\frac{p_1}{p_2} = \frac{p_2/p_0}{p_1/p_0} = \frac{0.03467}{0.1278} = 0.271$$

$$\frac{T_2}{T_1} = \frac{T_2/T_0}{T_1/T_0} = \frac{0.3827}{0.5556} = 0.689$$

12.10 定常、无黏、无旋、等熵超声速流的特征线法

定常、无黏、等熵、无旋流动的基本方程已由式(12.1.9)与式(12.7.2)给出。在超声速二维流动下，它们变为

$$(u^2-a^2)\frac{\partial u}{\partial x}+2uv\frac{\partial u}{\partial y}+(v^2-a^2)\frac{\partial v}{\partial y}=0 \tag{12.10.1}$$

$$\frac{\partial u}{\partial y}-\frac{\partial v}{\partial x}=0 \tag{12.10.2}$$

考虑到轴对称流动，则式(12.10.1)可修改为

$$(u^2-a^2)\frac{\partial u}{\partial x}+2uv\frac{\partial u}{\partial y}+(v^2-a^2)\frac{\partial v}{\partial y}-\delta\frac{a^2}{y}v=0 \tag{12.10.3}$$

其中对于平面流动，$\delta=0$；对于轴对称流动，$\delta=1$，并且这时 y 代表柱坐标系中的 r 坐标；而声速 a 由式(12.1.8)定义即

$$a^2=a_\infty^2+\frac{\gamma-1}{2}[V_\infty^2-(u^2+v^2)] \tag{12.10.4}$$

另外，补充两个全微分关系，即

$$\mathrm{d}u=\frac{\partial u}{\partial x}\mathrm{d}x+\frac{\partial u}{\partial y}\mathrm{d}y \tag{12.10.5}$$

$$\mathrm{d}v=\frac{\partial v}{\partial x}\mathrm{d}x+\frac{\partial v}{\partial y}\mathrm{d}y \tag{12.10.6}$$

于是式(12.10.3)、式(12.10.2)、式(12.10.5)与式(12.10.6)便构成了以 $\partial u/\partial x$，$\partial u/\partial y$，$\partial v/\partial x$ 与 $\partial v/\partial y$ 为未知量的代数方程组，即

$$\begin{cases} L_1 \equiv (u^2-a^2)\dfrac{\partial u}{\partial x}+2uv\dfrac{\partial u}{\partial y}+(v^2-a^2)\dfrac{\partial v}{\partial y}-\delta\dfrac{a^2}{y}v=0 \\ L_2 \equiv \dfrac{\partial u}{\partial y}-\dfrac{\partial v}{\partial x}=0 \\ (\mathrm{d}x)\dfrac{\partial u}{\partial x}+(\mathrm{d}y)\dfrac{\partial u}{\partial y}=\mathrm{d}u \\ (\mathrm{d}x)\dfrac{\partial v}{\partial x}+(\mathrm{d}y)\dfrac{\partial v}{\partial y}=\mathrm{d}v \end{cases} \tag{12.10.7}$$

显然,未知量 $\partial u/\partial x$,$\partial u/\partial y$,$\partial v/\partial x$ 与 $\partial v/\partial y$ 不确定的条件是式(12.10.7)的系数行列式 Δ 为零,由此可获得特征线方程。这里使 $\Delta=0$,即

$$\Delta=\begin{vmatrix} u^2-a^2 & 2uv & 0 & v^2-a^2 \\ 0 & 1 & -1 & 0 \\ \mathrm{d}x & \mathrm{d}y & 0 & 0 \\ 0 & 0 & \mathrm{d}x & \mathrm{d}y \end{vmatrix}=0 \tag{12.10.8}$$

将式(12.10.8)展开便得

$$(u^2-a^2)(\mathrm{d}y)^2-2uv\,\mathrm{d}x\mathrm{d}y+(v^2-a^2)(\mathrm{d}x)^2=0$$

令 $\mathrm{d}y/\mathrm{d}x=\lambda$,则上式变为

$$(u^2-a^2)\lambda^2-2uv\lambda+(v^2-a^2)=0$$

由此解得

$$\lambda_{\pm}=\left(\frac{\mathrm{d}y}{\mathrm{d}x}\right)_{\pm}=\frac{uv\pm a^2\sqrt{M^2-1}}{u^2-a^2}\quad（特征线） \tag{12.10.9}$$

式中下脚标“±”分别代表第Ⅰ族和第Ⅱ族特征线。考虑到式(12.10.7)是关于 $\partial u/\partial x$,$\partial u/\partial y$,$\partial v/\partial x$ 与 $\partial v/\partial y$ 为未知量的代数方程组,该方程组的解可由相应的分子与分母行列式得到,因此如果令方程组(12.10.7)的某一个分子行列式等于零,便可得到沿特征线上变量 u 和 v 之间所应满足的相容性方程。这样做有时会遇到高阶行列式的运算,为避开这点这里采用下面的办法:考虑如下形式的线性组合[39,40]

$$L=\sigma_1 L_1+\sigma_2 L_2 \tag{12.10.10}$$

式中,σ_1 和 σ_2 不同时为零,即有

$$\sigma_1(u^2-a^2)\left[\frac{\partial u}{\partial x}+\frac{\sigma_1(2uv)+\sigma_2}{\sigma_1(u^2-a^2)}\frac{\partial u}{\partial y}\right]-\sigma_2\left[\frac{\partial v}{\partial x}+\frac{\sigma_1(v^2-a^2)}{-\sigma^2}\frac{\partial v}{\partial y}\right]-\frac{\sigma_1\delta a^2}{y}v=0 \tag{12.10.11}$$

要使方程(12.10.11)沿某一曲线简化为常微分方程,只要使式(12.10.11)中第一个方括号与第二个方括号内的表达式分别写成 $\mathrm{d}u/\mathrm{d}x$ 和 $\mathrm{d}v/\mathrm{d}x$,并且令 $\mathrm{d}y/\mathrm{d}x=\lambda$,即

$$\begin{cases} \dfrac{\mathrm{d}u}{\mathrm{d}x}=\dfrac{\partial u}{\partial x}+\lambda\dfrac{\partial u}{\partial y}=\dfrac{\partial u}{\partial x}+\dfrac{(2\sigma_1 uv+\sigma_2)}{\sigma_1(u^2-a^2)}\dfrac{\partial u}{\partial y} \\ \dfrac{\mathrm{d}v}{\mathrm{d}x}=\dfrac{\partial v}{\partial x}+\lambda\dfrac{\partial v}{\partial y}=\dfrac{\partial v}{\partial x}-\dfrac{\sigma_1}{\sigma_2}(v^2-a^2)\dfrac{\partial v}{\partial y} \end{cases} \tag{12.10.12}$$

式中,λ 就是特征线斜率,故有

$$\lambda = \frac{2\sigma_1 uv + \sigma_2}{\sigma_1(u^2 - a^2)} \text{ 与 } \lambda = -\frac{\sigma_1}{\sigma_2}(v^2 - a^2) \quad (\text{特征线}) \tag{12.10.13}$$

沿着由式(12.10.13)所表示的特征线，方程(12.10.11)简化为

$$\sigma_1(u^2 - a^2)\mathrm{d}u - \sigma_2 \mathrm{d}v - \sigma_1 \delta \frac{a^2 v}{y}\mathrm{d}x = 0 \quad (\text{相容关系}) \tag{12.10.14}$$

换句话说，式(12.10.14)在式(12.10.13)所给定的 λ 值下才能成立。下面来求出 λ 值的具体表达式，将式(12.10.13)改写为下列形式

$$\begin{cases} \sigma_1[(u^2 - a^2)\lambda - 2uv] - \sigma_2 = 0 \\ \sigma_1[(v^2 - a^2) + \sigma_2\lambda] = 0 \end{cases} \tag{12.10.15}$$

因为 σ_1 与 σ_2 不能同时为零，所以上述方程组有非零解。其有非零解的条件是系数行列式为零，即

$$\begin{vmatrix} [(u^2 - a^2)\lambda - 2uv] & -1 \\ (v^2 - a^2) & \lambda \end{vmatrix} = 0$$

展开后得到

$$(u^2 - a^2)\lambda^2 - 2uv\lambda + (v^2 - a^2) = 0 \tag{12.10.16}$$

于是得到的特征线斜率就是式(12.10.9)。为了得到相容性方程(12.10.14)，可由式(12.10.15)中的第一个方程中求出 σ_2，即

$$\sigma_2 = \sigma_1[(u^2 - a^2)\lambda - 2uv]$$

将上式代入式(12.10.14)便有

$$(u^2 - a^2)\mathrm{d}u + [2uv - (u^2 - a^2)\lambda]\mathrm{d}v - \left(\delta \frac{a^2 v}{y}\right)\mathrm{d}x = 0 \tag{12.10.17}$$

因为式(12.10.17)是沿特征线才成立的，所以将式(12.10.9)所规定的 $\lambda_\pm$ 值代入到式(12.10.17)便得到沿第Ⅰ族与沿第Ⅱ族特征线上的相容性关系，即

$$(u^2 - a^2)(\mathrm{d}u)_\pm + [2uv - (u^2 - a^2)\lambda_\pm](\mathrm{d}v)_\pm - \left(\delta \frac{a^2 v}{y}\right)(\mathrm{d}x)_\pm = 0 \tag{12.10.18}$$

式中，下标"+"与"−"代表沿着第Ⅰ族与第Ⅱ族特征线时 $\mathrm{d}u$、$\mathrm{d}v$ 和 $\mathrm{d}x$ 之间的关系式。不难证明，式(12.10.18)还有如下等价形式

$$(\mathrm{d}u)_\pm + (\lambda_\mp)(\mathrm{d}v)_\pm - \left[\delta \frac{a^2 v}{y(u^2 - a^2)}\right](\mathrm{d}x)_\pm = 0 \tag{12.10.19}$$

为便于下面的研究，引入速度矢量 $\mathbf{V}$ 的模 V 和速度矢量与 x 轴的夹角 θ，并引入 Mach 角 μ，于是

$$\begin{cases} u = V\cos\theta, \quad v = V\sin\theta, \quad \theta = \arctan\left(\dfrac{v}{u}\right) \\ \mu = \arcsin\left(\dfrac{1}{M}\right), \quad \cot\mu = \sqrt{M^2 - 1}, \quad a^2 = V^2\sin^2\mu \end{cases} \tag{12.10.20}$$

将式(12.10.20)代入式(12.10.9)得

$$\lambda_\pm = \left(\frac{\mathrm{d}y}{\mathrm{d}x}\right)_\pm = \tan(\theta \pm \mu) \tag{12.10.21}$$

式(12.10.21)说明：特征线上各点的切线与该点流速方向的夹角为 Mach 角 μ(图 12.14)。另外，按照观察者的目光顺着流速方向规定：特征线 C_+ 为左伸特征线(又称第Ⅰ族特征线)；特征线 C_- 为右伸特征线(又称第Ⅱ族特征线)。类似地，可将相容性关系(12.10.19)用 V 与 θ 表示为

$$\frac{(\mathrm{d}V)_{\pm}}{V} \mp \tan\mu(\mathrm{d}\theta)_{\pm} - \delta \frac{\sin\theta\sin^2\mu}{\cos\mu\cos(\theta\pm\mu)}\frac{(\mathrm{d}x)_{\pm}}{y} = 0 \tag{12.10.22}$$

对于特征线 C_+，式(12.10.22)中的正负号均取上面的一个；对于特征线 C_-，则取下面的一个。

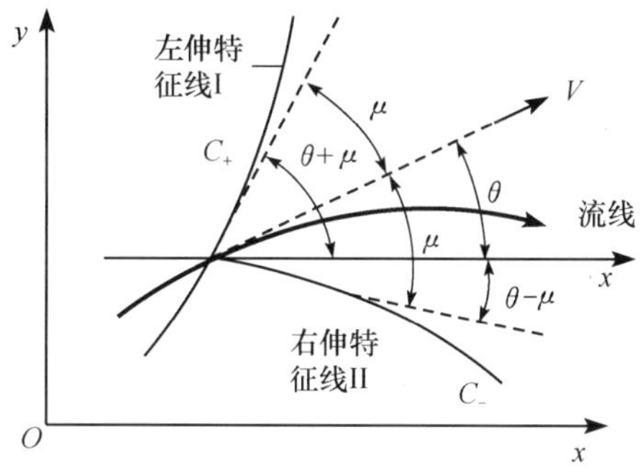

图 12.14　定常二维无旋超声速流动的特征线

对于平面二维、无黏、无旋定常流动，则式(12.10.22)还可以进一步化简为

$$\pm\,\mathrm{d}\theta = (\cot\mu)\,\frac{\mathrm{d}V}{V} = \left(\sqrt{M^2-1}\right)\frac{\mathrm{d}V}{V} \tag{12.10.23}$$

所以，对于平面无旋流，相容关系式在速度平面上具有确定的关系，它不随物理平面上具体的流动情况而变化。另外，对于完全气体，则式(12.10.23)很易于积分。为此，利用 Mach 数的定义式，可得

$$V^2 = M^2a^2 = \frac{M^2a_0^2}{1+\dfrac{\gamma-1}{2}M^2}$$

对上式取对数再微分得

$$\frac{\mathrm{d}V}{V} = \frac{1}{1+\dfrac{\gamma-1}{2}M^2}\frac{\mathrm{d}M}{M} \tag{12.10.24}$$

代入到式(12.10.23)并积分便得到了相容性关系式的积分形式，即

$$\pm\,\theta = \sqrt{\frac{\gamma+1}{\gamma-1}}\arctan\sqrt{\frac{\gamma-1}{\gamma+1}(M^2-1)} - \arctan\sqrt{M^2-1} + \mathrm{const} \tag{12.10.25}$$

注意，式(12.10.15)在速度平面上表示一族外摆线，它的每条线对应着一个常数值。此外，对于平面流动，式(12.10.19)可简化为

$$\left(\frac{\mathrm{d}v}{\mathrm{d}u}\right)_{\pm} = \frac{uv \pm a^2\sqrt{M^2-1}}{a^2-v^2} \tag{12.10.26}$$

于是由式(12.10.9)与式(12.10.26)容易证明

$$\left(\frac{\mathrm{d}y}{\mathrm{d}x}\right)_{\pm}\left(\frac{\mathrm{d}v}{\mathrm{d}u}\right)_{\mp} = -1,\quad \left(\frac{\mathrm{d}y}{\mathrm{d}x}\right)_{\mp}\left(\frac{\mathrm{d}v}{\mathrm{d}u}\right)_{\pm} = -1 \tag{12.10.27}$$

式(12.10.27)表明，物理面上的某族特征线的斜率与速度面上相应的另一族特征线的斜率互为负的倒数(图 12.15)，也就是说这两族特征线正交。

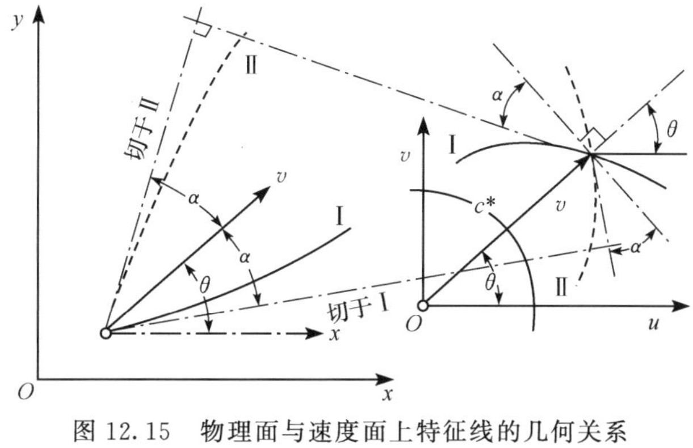

图 12.15　物理面与速度面上特征线的几何关系

12.11 定常、无黏、等熵、有旋超声速流的特征线法

二维、定常、等熵、有旋超声速流动的基本方程由式(12.3.28)、式(12.1.1)、式(12.1.3)组成，即

$$L_1 \equiv \rho(\nabla\cdot \boldsymbol{V}) + \boldsymbol{V}\cdot\nabla\rho + \delta\frac{\rho v}{y} = 0 \tag{12.11.1}$$

$$L_2 \equiv \rho\boldsymbol{V}\cdot\nabla u + \frac{\partial p}{\partial x} = 0 \tag{12.11.2}$$

$$L_3 \equiv \rho\boldsymbol{V}\cdot\nabla v + \frac{\partial p}{\partial y} = 0 \tag{12.11.3}$$

$$L_4 = \boldsymbol{V}\cdot\nabla p - a^2\boldsymbol{V}\cdot\nabla\rho = 0 \tag{12.11.4}$$

式中，对平面流动，$\delta=0$；对轴对称流动，$\delta=1$；另外，还应注意到声速 a 也是 p 与 ρ 的函数，即 $a=a(p,\rho)$，因此上述 4 个方程，含 u、v、p、ρ 这四个因变量，组成一个封闭的方程组。为了推导这个方程组的特征线与相容关系，引入线性组合 L，注意这里 σ_1、σ_2、σ_3 和 σ_4 不同时为零，L 的表达式为

$$L \equiv \sigma_1 L_1 + \sigma_2 L_2 + \sigma_3 L_3 + \sigma_4 L_4 \tag{12.11.5}$$

并按照关于 u、v、p 和 ρ 的导数进行分项整理，得到

$$\begin{aligned}&(\sigma_1\rho + \sigma_2\rho u)\left[\frac{\partial u}{\partial x} + \frac{\sigma_2 v}{(\sigma_1+\sigma_2 u)}\frac{\partial u}{\partial y}\right] + \sigma_3\rho u\left[\frac{\partial v}{\partial x} + \frac{(\sigma_1+\sigma_3 v)}{\sigma_3 u}\frac{\partial v}{\partial y}\right]\\&+(\sigma_2+\sigma_4 u)\left[\frac{\partial p}{\partial x} + \frac{(\sigma_3+\sigma_4 v)}{(\sigma_2+\sigma_4 u)}\frac{\partial p}{\partial y}\right] + (\sigma_1 u - \sigma_4 a^2 u)\left[\frac{\partial \rho}{\partial x} + \frac{(\sigma_1 v - \sigma_4 a^2 v)}{(\sigma_1 u - \sigma_4 a^2 u)}\frac{\partial \rho}{\partial y}\right]\\&+\delta\frac{\sigma_1\rho v}{y} = 0\end{aligned} \tag{12.11.6}$$

令 q 代表 u、v、p 与 ρ 这 4 个因变量中的任意一个，并假定 q 是关于 x、y 的连续函数，于是有

$$\frac{\mathrm{d}q}{\mathrm{d}x} = \frac{\partial q}{\partial x} + \lambda\frac{\partial q}{\partial y}$$

其中 $\lambda=\mathrm{d}y/\mathrm{d}x$ 表示特征线的斜率。令

$$\lambda = \frac{\sigma_2 v}{\sigma_1+\sigma_2 u} = \frac{\sigma_1+\sigma_3 v}{\sigma_3 u} = \frac{\sigma_3+\sigma_4 v}{\sigma_2+\sigma_4 u} = \frac{\sigma_1 v - \sigma_4 a^2 v}{\sigma_1 u - \sigma_4 a^2 u} \tag{12.11.7}$$

于是式(12.11.6)改写成全微分形式为

$$\rho(\sigma_1+\sigma_2 u)\mathrm{d}u + \sigma_3\rho u\,\mathrm{d}v + (\sigma_2+\sigma_4 u)\mathrm{d}p + u(\sigma_1-\sigma_4 a^2)\mathrm{d}\rho + \delta\frac{\sigma_1\rho}{y}v\,\mathrm{d}x = 0 \tag{12.11.8}$$

注意式(12.11.8)仅在给定的 λ 特征线上成立。将式(12.11.7)写成

$$\begin{cases}\lambda\sigma_1 + (u\lambda - v)\sigma_2 = 0\\ -\sigma_1 + (u\lambda - v)\sigma_3 = 0\\ \lambda\sigma_2 - \sigma_3 + (u\lambda - v)\sigma_4 = 0\\ (u\lambda - v)\sigma_1 - a^2(u\lambda - v)\sigma_4 = 0\end{cases} \tag{12.11.9}$$

因为 σ_1、σ_2、σ_3 与 σ_4 不同时为零，所以式(12.11.9)有非平凡解，也就是说式(12.11.9)的系数行列式必须为零，即

$$\begin{vmatrix} \lambda & B & 0 & 0 \\ -1 & 0 & B & 0 \\ 0 & \lambda & -1 & B \\ B & 0 & 0 & -a^2B \end{vmatrix} = 0 \tag{12.11.10}$$

式中，$B=u\lambda-v$。将式(12.11.10)展开，可得

$$B^2[B^2-a^2(1+\lambda^2)]=0 \tag{12.11.11}$$

显然，式(12.11.11)这个代数方程有 4 个根。令式中第一个因子为零，得 $B=0$，即

$$\frac{dy}{dx}=\lambda_0=\frac{v}{u} \quad (\text{特征线 } C_0) \tag{12.11.12}$$

这是流线方程。再令式(12.11.11)中第二个因子为零，并将 $B=u\lambda-v$ 代入，得到

$$(u^2-a^2)\lambda^2-2uv\lambda+(v^2-a^2)=0 \tag{12.11.13}$$

式(12.11.13)与前面无旋流动问题中所得到的式(12.10.16)相同，因此有

$$\frac{dy}{dx}=\lambda_{\pm}=\tan(\theta\pm\mu) \quad (\text{特征线 } C_{\pm}) \tag{12.11.14}$$

因此在二维有旋流动中有三族特征线即 C_0、C_+ 与 C_-，下面推导沿着特征线的相容关系。

12.11.1 沿流线

将 $\lambda=\dfrac{v}{u}$ 代到式(12.11.9)中，可解出 $\sigma_1=0$，$\sigma_3=\lambda\sigma_2$，σ_2 与 σ_4 可取任意值。将上述结果代到式(12.11.8)，并注意按 σ_2 和 σ_4 合并同类项，整理为

$$\sigma_2(\rho u\,du+\rho v\,dv+dp)+\sigma_4(u\,dp-a^2u\,d\rho)=0 \tag{12.11.15}$$

因为 σ_2 与 σ_4 值可任意取值，所以式(12.11.15)两个括号内的项必须同时为零，即

$$\rho u\,du+\rho v\,dv+dp=0 \quad (\text{沿 } C_0 \text{ 线}) \tag{12.11.16}$$

$$dp-a^2d\rho=0 \quad (\text{沿 } C_0 \text{ 线}) \tag{12.11.17}$$

注意到 $VdV=udu+vdv$，于是式(12.11.16)可变为

$$\rho V dV+dp=0 \quad (\text{沿 } C_0 \text{ 线}) \tag{12.11.18}$$

这就是沿流线的 Bernoulli 方程。因此式(12.11.18)与式(12.11.17)给出了沿着特征线 C_0 的两个相容关系式，这里 C_0 线就是流线。

12.11.2 沿特征线 $C_{\pm}$

因为式(12.11.11)的第二个因子为零，即

$$\frac{1+\lambda^2}{B}=\frac{B}{a^2}$$

于是将式(12.11.9)写为

$$\begin{cases} \lambda\sigma_1=-B\sigma_2 \\ \sigma_1=B\sigma_3 \\ B\sigma_4=\sigma_3-\lambda\sigma_2 \\ a^2B\sigma_4=B\sigma_1 \end{cases}$$

解得

$$\sigma_1=-\frac{B}{\lambda}\sigma_2, \quad \sigma_3=\frac{\sigma_1}{B}=-\frac{1}{\lambda}\sigma_2, \quad \sigma_4=\frac{1}{a^2}\sigma_1=-\frac{B}{a^2\lambda}\sigma_2$$

把这些结果代入到式(12.11.8)后得到

$$\rho v \mathrm{d}u - \rho u \mathrm{d}v + [\lambda - u(u\lambda - v)/a^2]\mathrm{d}p - \delta\frac{\rho v}{y}(u\lambda - v)\mathrm{d}x = 0 \tag{12.11.19}$$

注意到 λ 可取为 λ_+ 与 λ_-，因此式(12.11.19)中的 $\mathrm{d}u$、$\mathrm{d}v$、$\mathrm{d}p$ 与 $\mathrm{d}x$ 也相应地有"+"与"−"，也就是说有如下表达式

$$\rho v\ (\mathrm{d}u)_\pm - \rho u\ (\mathrm{d}v)_\pm + [\lambda_\pm - u(u\lambda_\pm - v)/a^2](\mathrm{d}p)_\pm - \delta\frac{\rho v}{y}(u\lambda_\pm - v)(\mathrm{d}x)_\pm = 0 \tag{12.11.20}$$

注意，式(12.11.20)中下标±分别表示沿着左行特征线 C_+ 与沿着右行特征线 C_-。利用式(12.10.20)与式(12.11.14)，则式(12.11.20)又可用 V、θ、μ 和 M 表示为

$$\frac{\sqrt{M^2-1}}{\rho V^2}\mathrm{d}p + \mathrm{d}\theta + \delta\frac{\sin\theta}{M\cos(\theta+\mu)}\frac{\mathrm{d}x}{y} = 0 \quad (\text{沿 } C_+ \text{ 线}) \tag{12.11.21a}$$

$$\frac{\sqrt{M^2-1}}{\rho V^2}\mathrm{d}p - \mathrm{d}\theta + \delta\frac{\sin\theta}{M\cos(\theta-\mu)}\frac{\mathrm{d}x}{y} = 0 \quad (\text{沿 } C_- \text{ 线}) \tag{12.11.21b}$$

综上所述，对于二维超声速无黏有旋定常流动，有 3 族特征线(即 C_0、C_+、C_-)和沿特征线有 4 个相容关系，即式(12.11.18)、式(12.11.17)、式(12.11.21a)与式(12.11.21b)。

12.12 斜 激 波

12.12.1 斜激波与正激波间的关系

图 12.16 给出了斜激波常用的一些符号以及与正激波间的关系。在斜激波中，角 β 定义为激波角，它表示来流与激波面的夹角；角 θ 定义为气流偏转角，它是 $\boldsymbol{V}_1$ 与 $\boldsymbol{V}_2$ 间的夹角。正如以前所讲过的，任何一个激波经过变换后都可以看做正激波，斜激波与正激波在本质上是一样的，只是站在不同的惯性参考系上观察流动而引起的差异。因此，很容易从正激波的关系式去导出斜激波的关系式，对于斜激波来讲，连续方程为

$$\rho_1 V_{1n} = \rho_2 V_{2n} \tag{12.12.1}$$

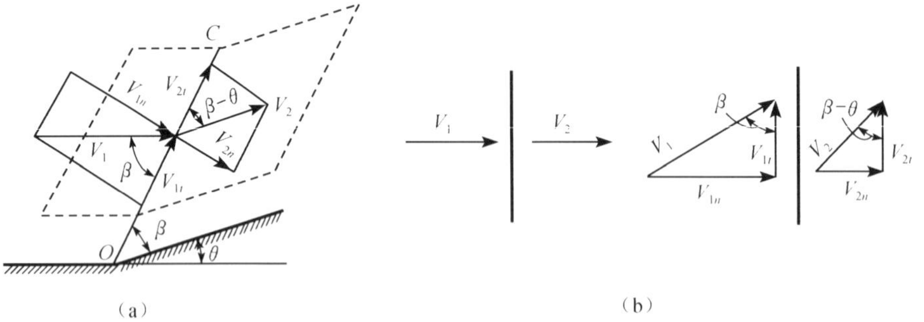

图 12.16 斜激波所取的控制面及常用的一些符号

动量方程沿法线方向为

$$\rho_1 V_{1n}^2 + p_1 = \rho_2 V_{2n}^2 + p_2 \tag{12.12.2}$$

能量方程为

$$h_1 + \frac{1}{2}V_1^2 = h_2 + \frac{1}{2}V_2^2 \tag{12.12.3}$$

或者

$$h_1+\frac{1}{2}V_{1n}^2=h_2+\frac{1}{2}V_{2n}^2 \tag{12.12.4}$$

式中

$$V^2=V_t^2+V_n^2 \tag{12.12.5}$$

并注意到

$$V_{1n}=V_1\sin\beta,\quad V_{2n}=V_2\sin(\beta-\theta) \tag{12.12.6}$$

或

$$M_{1n}=M_1\sin\beta,\quad M_{2n}=M_2\sin(\beta-\theta) \tag{12.12.7}$$

同样的,在斜激波中存在着气体穿过激波时切向分速度保持不变的结论,即

$$V_{1t}=V_{2t}=V_t \tag{12.12.8}$$

由图 12.16(b)可得

$$V_t=V_{1n}\cot\beta=V_{2n}\cot(\beta-\theta) \tag{12.12.9}$$

注意到 $V_{1n}>V_{2n}$,因此 $\beta>\beta-\theta$,即 $\theta>0$,这表明:气流通过斜激波后,向着贴近激波面的一边偏转。

12.12.2 斜激波的基本关系式

仿照正激波的推导过程,下面给出斜激波的基本关系式。

1. Rankine-Hugoniot 关系(简称为 R-H 关系)

$$\frac{\rho_2}{\rho_1}=\frac{\dfrac{\gamma+1}{\gamma-1}\dfrac{p_2}{p_1}+1}{\dfrac{\gamma+1}{\gamma-1}+\dfrac{p_2}{p_1}} \tag{12.12.10}$$

$$\frac{p_2}{p_1}=\frac{\dfrac{\gamma+1}{\gamma-1}\dfrac{\rho_2}{\rho_1}-1}{\dfrac{\gamma+1}{\gamma-1}-\dfrac{\rho_2}{\rho_1}} \tag{12.12.11}$$

2. Prandtl 关系式

$$V_{1n}V_{2n}=a_*^2-\frac{\gamma-1}{\gamma+1}V_t^2=\frac{2}{\gamma+1}a_1^2+\frac{\gamma-1}{\gamma+1}V_{1n}^2 \tag{12.12.12}$$

$$\lambda_{1n}\lambda_{2n}=1-\frac{\gamma-1}{\gamma+1}\left(\frac{V_t}{a_*}\right)^2 \tag{12.12.13}$$

从式(12.12.13)可以看出,因 $\lambda_{1n}>1$,则 λ_{2n}必然小于 1 即 $V_{2n}<a_*$,但 V_2 并不一定小于 a_2,这就是说斜激波后的气流可以是超声速,也可以是亚声速的。

3. 密度比、压强比、温度比、速度比、熵增值以及与 $M_1\sin\beta$ 间的关系

$$\frac{\rho_2}{\rho_1}=\frac{\dfrac{\gamma+1}{2}M_1^2\sin^2\beta}{1+\dfrac{\gamma-1}{2}M_1^2\sin^2\beta}=\frac{(\gamma+1)M_1^2\sin^2\beta}{2+(\gamma-1)M_1^2\sin^2\beta} \tag{12.12.14}$$

$$\frac{p_2}{p_1} = 1 + \frac{2\gamma}{\gamma+1}(M_1^2 \sin^2\beta - 1) \tag{12.12.15}$$

压强系数

$$C_p = \frac{p_2 - p_1}{\frac{1}{2}\rho_1 V_1^2} = \frac{4}{\gamma+1}\left(\sin^2\beta - \frac{1}{M_1^2}\right) \tag{12.12.16}$$

$$\frac{T_2}{T_1} = \frac{[2\gamma M_1^2 \sin^2\beta - (\gamma-1)][(\gamma-1)M_1^2\sin^2\beta + 2]}{(\gamma+1)^2 M_1^2 \sin^2\beta} \tag{12.12.17}$$

$$\begin{aligned}\frac{S_2 - S_1}{R} &= -\ln\frac{p_{02}}{p_{01}} \\ &= \ln\left\{\left[1 + \frac{2\gamma}{\gamma+1}(M_1^2\sin^2\beta - 1)\right]^{\frac{1}{\gamma-1}} \cdot \left[\frac{(\gamma+1)M_1^2\sin^2\beta}{(\gamma-1)M_1^2\sin^2\beta + 2}\right]^{-\frac{\gamma}{\gamma-1}}\right\}\end{aligned} \tag{12.12.18}$$

4. 激波角 β 与偏转角 θ 的关系

由图 12.16(b)可知

$$\tan\beta = \frac{V_{1n}}{V_{1t}}, \quad \tan(\beta - \theta) = \frac{V_{2n}}{V_{2t}}$$

但 $V_{1t} = V_{2t} = V_t$，又利用连续方程和(12.12.14)，则得

$$\frac{\tan\beta}{\tan(\beta-\theta)} = \frac{V_{1n}}{V_{2n}} = \frac{\rho_2}{\rho_1} = \frac{(\gamma+1)M_1^2\sin^2\beta}{2 + (\gamma-1)M_1^2\sin^2\beta} \tag{12.12.19}$$

注意到

$$\tan(\beta - \theta) = \frac{\tan\beta - \tan\theta}{1 + \tan\beta\tan\theta}$$

经过整理后得

$$\tan\theta = 2\cot\beta\,\frac{M_1^2\sin^2\beta - 1}{M_1^2(\gamma + \cos 2\beta) + 2} \tag{12.12.20}$$

由式(12.12.14)～式(12.12.18)可知，在 M_1 取定值的情况下，激波角 β 越大，则激波越强。当 $\beta = 90°$ 或 $\beta = \arcsin\left(\frac{1}{M_1}\right)$ 时，$\theta = 0$，即在正激波的情况下以及当激波弱化为 Mach 波时，则气流偏转角为零。当 β 从 Mach 角 μ 变到 $\frac{\pi}{2}$ 时，角 θ 总是正值，那么在这个范围内，θ 角必有一极大值 $\theta_{\max}$。当 θ 大于 $\theta_{\max}$ 时，就不再有附体的斜激波解，而出现脱体激波。这里最大值 $\theta_{\max}$ 和相应的 β_{m} 值可通过对式(12.12.20)微分得出，即

$$\sin^2\beta_{\mathrm{m}} = \frac{1}{\gamma M_1^2}\left[\frac{\gamma+1}{4}M_1^2 - 1 + \sqrt{(1+\gamma)\left(1 + \frac{\gamma-1}{2}M_1^2 + \frac{\gamma+1}{16}M_1^4\right)}\right] \tag{12.12.21}$$

$$\tan\theta_{\max} = \frac{2[(M_1^2 - 1)\tan^2\beta_{\mathrm{m}} - 1]}{\tan\beta_{\mathrm{m}}[(\gamma M_1^2 + 2)(1 + \tan^2\beta_{\mathrm{m}}) + M_1(1 - \tan^2\beta_{\mathrm{m}})]} \tag{12.12.22}$$

由式(12.12.21)，显然，当 $M_1 = 1$ 时，则 $\beta_{\mathrm{m}} = 90°$；当 $M_1 = \infty$ 时，则有[41]

$$\beta_{\mathrm{m}} = \arcsin\sqrt{\frac{\gamma+1}{2\gamma}} \tag{12.12.23}$$

另外，为了直观起见，将式(12.12.20)做成曲线，便如图 12.17 所示。

应该指出，在绘制上述曲线时将要遇到给定一个确定的 M_1 和 θ 值时对应的 β 有多值的现象。事实上首先将式(12.12.20)改写为如下形式的三次方程

$$\tan^3\beta + A\tan^2\beta + B\tan\beta + C = 0 \tag{12.12.24}$$

式中

$$\begin{cases} A = \dfrac{1-M_1^2}{\tan\theta\left(1+\dfrac{\gamma-1}{2}M_1^2\right)} \\ B = \dfrac{1+\dfrac{\gamma+1}{2}M_1^2}{1+\dfrac{\gamma-1}{2}M_1^2} \\ C = \dfrac{1}{\tan\theta\left(1+\dfrac{\gamma-1}{2}M_1^2\right)} \end{cases} \tag{12.12.25}$$

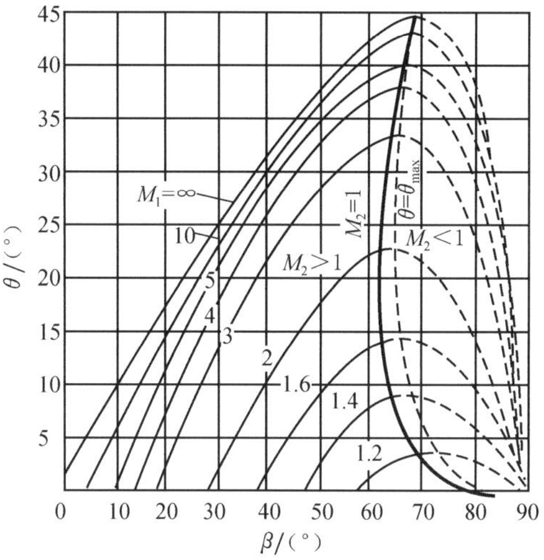

图 12.17　斜激波的 θ 与 β 关系曲线

它有三个根，一个已被证实无意义；另外两个根中，一个较小的 β，它对应于 $M_2>1$，这时 β 所对应的激波为弱斜激波；另一个较大的 β，它所对应的 $M_2<1$，这时 β 所对应的激波为强斜激波(图12.17中用虚线表示)。也就是说对任一给定的偏转角 θ，存在两个性质不同的解，一个为强解 s，一个为弱解 w。在具体问题中到底是取强激波解还是取弱激波解，应取决于产生激波的具体条件，即气流的来流 Mach 数和边界条件。通常，在超声速气流中产生激波有下面几种情况：

(1) 对于气流的偏转角所规定的激波。经无数的实验观察，可以得出如下结论：凡是由气流偏转角 θ 规定的激波强度，只要是附体激波，通常都取弱激波解。

(2) 对于压强条件所决定的激波。这涉及具有自由边界的一类问题，如超声速气流从喷管射出时，如果气流的出口压强 p_e 低于背压 p_B，那么超声速气流会产生斜激波以提高压强，这时激波的强度由压比 p_B/p_e 来决定，这就是自由边界上的压强条件。总之，求解这类问题，要根据压比 p_B/p_e 值及波前 Mach 数 M_1 的值来决定激波的强度，并且解是唯一的。

(3) 对于壅塞所决定的激波。尤其是在管道流动中可能发生某种壅塞现象的情况下，这时会迫使超声速的上游气流在某处产生激波，以便使气流作某种调整。这种激波的强度既不是由气流方向所规定，也不由环境压强所规定，而是由最大流量的极限条件所决定，这时解也是唯一的。

5. M_2 与 M_1 的关系

借助于式(11.6.26)，可得到斜激波下 M_1 与 M_2 间的关系，即

$$M_2^2 = \frac{M_1^2 + \dfrac{2}{\gamma-1}}{\dfrac{2\gamma}{\gamma-1}M_1^2\sin^2\beta - 1} + \frac{M_1^2\cos^2\beta}{\dfrac{\gamma-1}{2}M_1^2\sin^2\beta + 1} \tag{12.12.26}$$

从式(12.12.26)可以看出：对于一定的 M_1 来讲，如果 β 增大，M_2 就降低。β 取较小值时，$M_2>1$；当 β 大过一定值时，便会有 $M_2<1$ 出现。如果令 β^* 和 θ^* 分别表示 $M_2=1$ 时的 β 和 θ 值，从图12.17的曲线可以看出，θ^* 和 θ_{max}、β^* 和 β_m 都是很接近的，这里 β_m 表示当 θ 取最大值时所对应的 β 值。

习　题

12.1　利用小扰动理论给出的压强系数的表达式为 $C_p=\frac{-2u'}{U}$，试推导 C_p 包含二阶无穷小量时的表达式。

12.2　如果定义函数 ψ 为

$$\rho u=\rho_0\frac{\partial\psi}{\partial y},\quad \rho v=-\rho_0\frac{\partial\psi}{\partial x}$$

式中，ρ_0 是一个参考密度值，并且为常数。试证明上面定义的函数 ψ 满足可压缩流体定常二维流动的连续方程。

12.3　通常流函数 ψ 定义为

$$\frac{\partial\psi}{\partial y}=\rho u,\quad \frac{\partial\psi}{\partial x}=-\rho v$$

如果将 ψ 变为速度矢量的模 q 与辐角 θ 的函数，这里 $|\boldsymbol{V}|=q,\theta=\arctan\left(\frac{v}{u}\right)$，$\boldsymbol{V}=u\boldsymbol{i}+v\boldsymbol{j}$，试推导 ψ 满足的微分方程（要求用 q,θ 以及声速 a 表示 ψ 满足的方程）。

12.4　试证明：可压缩理想气体定常、均能、位势流动时，在小扰动的假设下压强系数的近似公式为

$$C_p\approx-\frac{2}{V_\infty}\frac{\partial\varphi}{\partial x}$$

式中，φ 为扰动速度势。

12.5　从式(12.9.10)出发，试推导微分方程（＊1）或者式（＊2）成立，即

$$\mathrm{d}\theta=\frac{\mathrm{d}\lambda}{\lambda}\sqrt{\frac{\lambda^2-1}{1-\frac{\gamma-1}{\gamma+1}\lambda^2}}=\frac{\mathrm{d}\lambda}{\lambda}\sqrt{M^2-1}\tag{＊1}$$

或者

$$\frac{\mathrm{d}\lambda}{\lambda}=\tan\mu\mathrm{d}\theta\tag{＊2}$$

12.6　已知 $M=2.0$ 的均匀超声速气流绕过 $\delta=7.9°$[图 12.7(b)]的二维凸形物面，求绕过该物面后的 Mach 数 M_2。

12.7　1939 年钱学森先生在 von Karman 教授的指导下，获得了利用不可压缩流中的结果表示可压缩流压强系数的公式，即

$$C_p=\frac{C_{pi}}{\sqrt{1-M_\infty^2}+\frac{1}{2}C_{pi}\left(1-\sqrt{1-M_\infty^2}\right)}\tag{＊3}$$

式中，C_p 为压强系数，下注脚 i 对应于不可压缩流动时的值，这就是著名的 von Karman-钱学森压缩性修正公式。它给出了(x,y)平面可压缩绕流与相对应的(x_i,y_i)不可压缩绕流之间的关系。今以 NACA 4412 翼型为例，取相对厚度 $\tau=0.12$，来流攻角 $\alpha=-2°$，已知距翼前缘点 0.3 倍弦长处的 $C_{pi}=-0.60$，试用 von Karman-钱学森公式计算来流 $M_\infty=0.6$ 时翼剖面上在该点处的压强系数。

12.8　设来流 Mach 数为 3 的超声速空气流过尖楔，它的半顶角为 10°，来流压强 $p_1=100\mathrm{kN/m^2}$，温度 $T_1=300\mathrm{K}$，试计算楔面上的气流速度、压强和温度。

12.9　(1) 利用斜激波关系(图 12.16)，即$\frac{V_{2n}}{V_{1n}}=\frac{\tan(\beta-\theta)}{\tan\beta}$，试证明下式成立：

$$\tan\beta=\frac{(\xi-1)\pm\sqrt{(\xi-1)^2-4\xi\tan^2\theta}}{2\tan\theta}$$

式中，$\xi=\frac{\rho_2}{\rho_1}$表示激波两边的密度比值。

(2) 利用上面的关系，试证明在 θ 很小时，对弱激波有

$$\tan\beta = \frac{\xi}{\xi - 1}\theta$$

12.10　试举例说明一个具体的导热、对流、热辐射系统，并分析三者在量级上的相对关系，分析并给出在该系统中固壁边界条件的提法。

12.11　刘高联院士是我国著名流体力学与工程热物理学家，他在叶轮机械气动热力学方面做了大量工作（参见文献[＊1]、文献[＊2]），其中对于任意旋成面叶栅气动计算中的尾缘条件，即 Kutta-Joukowski 条件（简称广义 K-J 条件）就是他在 1966 年得到的研究成果："对于以等角速度旋转着的、叶型后缘为圆角形的任意旋成面叶栅，当无显著分离时（即除后缘区外，叶型上并无分离区），叶栅出气角应当按照后缘两侧局部分离点 a 和 b 处流速相等的条件确定（即唯一定解条件）；而当流动为超空气泡绕流时，则唯一定解条件应当改为 a 与 b 点的静压相等"，这是任意旋成面叶栅在无黏 S_1 流面计算时非常重要的定解条件。利用广义 K-J 条件试完成一个平面、二维、钝尾缘叶栅的无黏绕流计算算例。（文献[＊1]刘高联．刘高联文选．上、下卷．上海：上海大学出版社，2010．文献[＊2]刘高联，王甲升．叶轮机械气体动力学基础．北京：机械工业出版社，1980．）

参考文献

[1] 《吴仲华论文选集》编辑委员会．吴仲华论文选集．北京：机械工业出版社，2002.

[2] Wu C H. A general theory of three dimensional flow in subsonic and supersonic turbomachines of axial，radial and mixed flow types. NACA TN 2604，1952.

[3] Wu C H. Three dimensional turbomachine flow equations expressed with respect to non-orthogonal curvilinear coordinates and methods of solution. Proceeding of the 3rd International Symposium on Air-Breating Engines，1976：233-252.

[4] Tsien H S. Two dimensional subsonic flow of compressible fluids. Journal of the Aeronautical Sciences，1939，6(10)：399-407.

[5] 钱学森．气体动力学基本原理(A 辑)：气体动力学诸方程．徐华舫译．北京：科学出版社，1966.

[6] 王保国，刘淑艳，黄伟光．气体动力学．北京：国防科工委 5 校(北京理工大学，北京航空航天大学，西北工业大学、哈尔滨工程大学，哈尔滨工业大学)出版社，2005.

[7] 刘高联，王甲升．叶轮机械气体动力学基础．北京：机械工业出版社，1980.

[8] Chen N X. Aerothermodynamics of Turbomachinery：Analysis and Design. Singapore：John Wiley &Sons，2010.

[9] Wu C H，Wang B G. Matrix solution of compressible flow on S_1 surface through a turbomachine blade row with splitter vanes or tandem blades. Transactions of the ASME，Journal of Engineering for Gas Turbines and Power，1984，106：449-454.

[10] Wang B G. An iterative algorithm between stream function and density for transonic cascade flow. AIAA Journal of Propulsion and Power，1986，2(3)：259-265.

[11] Wang B G，Chen N X. An improved SIP scheme for numerical solutions of transonic stream function equation. International Journal for Numerical Methods in Fluids，1990，10(5)：591-602.

[12] 王仲奇．透平机械三元流动计算及其数学和气动力学基础．北京：机械工业出版社，1983.

[13] 王保国，黄虹宾．叶轮机械跨声速及亚声速流场的计算方法．北京：国防工业出版社，2000.

[14] 卞荫贵．理想气体动力学．上册、中册．北京：中国科学技术大学出版社，1966.

[15] Sears W R. General Theory of High Speed Aerodynamics. New Jersey：Princeton University Press，1954.

[16] 吴江航，韩庆书．计算流体力学的理论、方法及应用．北京：科学出版社，1988.

[17] 沈孟育，周盛，林保真．叶轮机械中的跨音速流动．北京：科学出版社，1988.

[18] 童秉纲，孔祥言，邓国华．气体动力学．北京：高等教育出版社，1990.

[19] 潘锦珊．气体动力学基础．修订版．北京：国防工业出版社，1989.

[20] 陈懋章．黏性流体动力学基础．北京：高等教育出版社，2002.

[21] 庄礼贤，尹协远，马晖扬．流体力学．2 版．合肥：中国科学技术大学出版社，2009.

[22] 张鸣远，景思睿，李国君．高等工程流体力学．西安：西安交通大学出版社，2006.

[23] 李根深，陈乃兴，强国芳．船用燃气轮机轴流式叶轮机械气动热力学．上、下册．北京：国防工业出版社，1980.

[24] 忻孝康，刘儒勋，蒋伯诚．计算流体动力学．长沙：国防科技大学出版社，1989.

[25] 王保国，李翔，黄伟光．激波后高温高速流场中的传热特性研究．航空动力学报，2010，25(5)：963-980.

[26] 王保国，李学东，刘淑艳．高温高速稀薄流的 DSMC 算法与流场传热分析．航空动力学报，2010，25(6)：1203-1220.

[27] 王保国、李翔．多工况下高超声速飞行器再入流场的计算．西安交通大学学报，2010，44(1)：71-76.

[28] 王保国，李耀华，钱耕．四种飞行器绕流的三维 DSMC 计算与传热分析．航空动力学报，2011，26(1)：1-20.

[29] 陈懋章．风扇/压气机技术发展和对今后工作的建议．航空动力学报，2002，17(1)：1～15.

[30] 蒋洪德.倾斜透平静叶栅的全三元流场分析.工程热物理学报,1989,10(1):32-35.
[31] 宁晃,高歌.燃烧室气动力学.2版.北京:科学出版社,1987.
[32] 陶文铨.传热学.西安:国防科工委5校(西北工业大学、北京航空航天大学、北京理工大学、哈尔滨工程大学、哈尔滨工业大学)出版社,2006.
[33] 曹玉璋,陶智,徐国强等.航发动机传热学.北京:北京航空航天大学出版社,2005.
[34] 王保国,刘淑艳,王新泉等.传热学.北京:机械工业出版社,2009.
[35] 周力行.燃烧理论和化学流体力学.北京:科学出版社,1986.
[36] 严传俊,范玮.燃烧学.西安:西北工业大学出版社,2005.
[37] 王保国,黄伟光,钱耕等.再入飞行中DSMC与Navier-Stokes两种模型的计算与分析.航空动力学报,2011,26(5):961-976.
[38] 王保国,吴俊宏,朱俊强.基于小波奇异分析的流场计算方法及应用.航空动力学报,2010,25(12):2728-2747.
[39] Courant R,Friedrichs K O. Supersonic Flow and Shock Waves. New York:Interscience Publishers,1948.
[40] 王保国,刘淑艳,刘艳明等.空气动力学基础.北京:国防工业出版社,2009.
[41] 吴仲华.工程流体动力学.北京:清华大学出版社,1980.

部分习题参考答案

第 1 章

1.3 可以。

1.4 不能。

1.5 $\tau=98.07\text{Pa}$。

1.6 $M=39.58\text{N}\cdot\text{m}$。

1.7 $\mu=1.389\times10^{-3}\text{Pa}\cdot\text{s}$。

1.8 ① $\boldsymbol{P}_n=\left[4,-\dfrac{10}{3},0\right]$； ② $\theta\approx20°$。

1.9 提示：注意引入熵的关系式 $\mathrm{d}S=\dfrac{\delta q}{T}$。

1.10 $\Delta S=|\delta q|\left(\dfrac{1}{T_B}-\dfrac{1}{T_A}\right)$。

第 2 章

2.2 $a_\alpha b_\beta \boldsymbol{i}_\alpha \boldsymbol{i}_\beta$。

2.3 $\boldsymbol{e}_1=\dfrac{1}{2}(\boldsymbol{i}_1+\boldsymbol{i}_2),\boldsymbol{e}_2=\dfrac{1}{2}(\boldsymbol{i}_1-\boldsymbol{i}_2),\boldsymbol{e}_3=\dfrac{1}{2}\boldsymbol{i}_3$。

2.5 $\nabla\cdot\nabla\boldsymbol{r}=0$。

2.6 38.7 次/min。

2.7 (1) 否； (2) 是。

2.8 45806N。

2.9 0.816N，竖直向下，通过圆锥轴线。

2.10 $a=1.633\text{m/s}^2$。

2.11 $\omega=5.9179\text{rad/s}$。

第 3 章

3.1 $V_x=0,V_y=z,V_z=y$。

3.2 ① $a_x=0,a_y=\dfrac{2y}{(1+t)^2},a_z=\dfrac{6z}{(1+t)^2}$；② $\boldsymbol{r}(a,b,c,t)=\boldsymbol{i}(1+t)a+\boldsymbol{j}(1+t)^2b+\boldsymbol{k}(1+t)^3c$；$\boldsymbol{a}=2b\boldsymbol{j}+6(1+t)c\boldsymbol{k}$；③ $y=c_1x^2,z=c_2x^3$；④ $x=c_1(1+t),y=c_2(1+t)^2$。

3.3 ① $V_r=\dfrac{c}{r},V_\theta=0,V_z=0$；② 流线与迹线相同：$\theta=c_1,z=c_2$。

3.4 ① $xy=1$；② $x+y=-2$；③ $u=(a+1)\mathrm{e}^t-1,v=-(b+1)\mathrm{e}^{-t}+1$。

3.5 $\omega_x=0,\omega_y=0,\omega_z=0$。

3.6 ① $\omega_x=\omega_y=\omega_z=\dfrac{1}{2}$； ② $\varepsilon_x=\varepsilon_y=\varepsilon_z=\dfrac{1}{2}$； ③ $y=x+c_1,z=x+c_2$。

3.7 ① $xyz=c_1,x^2+y^2+z^2=c_2$； ② $\boldsymbol{\omega}=x(z^2-y^2)\boldsymbol{i}+y(x^2-z^2)\boldsymbol{j}+z(y^2-x^2)\boldsymbol{k}$。

3.8 ① 涡量 $\boldsymbol{\omega}=\boldsymbol{i}+\boldsymbol{j}+\boldsymbol{k}$；涡线方程：$\begin{cases}x-y=\text{const}\\z-y=\text{const}\end{cases}$； ② 涡通量为 $1\times10^{-4}\text{m}^2/\text{s}$。

3.9 $\boldsymbol{V}=\dfrac{\Gamma}{2}\dfrac{a^2}{(a^2+z^2)^{\frac{3}{2}}}\boldsymbol{k}$,式中,$\boldsymbol{k}$ 为 z 方向的单位矢量。

3.10 $2\pi k$。

3.11 ① $\omega=0.5\text{rad/s}$； ② $\Gamma=2\text{m}^2/\text{s}$。

第 4 章

4.1 (1) $\boldsymbol{n}\cdot\boldsymbol{V}\text{d}A$； (2) $-\oint\!\!\!\oint_A \rho\boldsymbol{V}\cdot\boldsymbol{n}\text{d}A\Delta t$。

4.2 (1) $\dfrac{\partial\rho}{\partial t}+\dfrac{1}{r}\dfrac{\partial(\rho rV_r)}{\partial r}+\dfrac{\partial(\rho V_\theta)}{r\partial\theta}+\dfrac{\partial(\rho V_z)}{\partial z}=0$；

(2) $\dfrac{\partial\rho}{\partial t}+\dfrac{1}{r^2}\dfrac{\partial(\rho r^2V_r)}{\partial r}+\dfrac{1}{r\sin\theta}\dfrac{\partial(\rho V_\theta\sin\theta)}{\partial\theta}+\dfrac{1}{r\sin\theta}\dfrac{\partial(\rho V_\beta)}{\partial\beta}=0$。

4.3 (1) $\dfrac{\partial\rho}{\partial t}+\dfrac{1}{r}\dfrac{\partial}{\partial r}(\rho rV_r)=0$,这里 $V_\theta=0$ 并且 $V_z=0$。

(2) $\dfrac{\partial\rho}{\partial t}+\dfrac{1}{r^2}\dfrac{\partial}{\partial r}(\rho r^2V_r)=0$,这里 $V_\theta=0$ 并且 $V_\beta=0$。

(3) $\dfrac{\partial\rho}{\partial t}+\dfrac{1}{r\sin\theta}\dfrac{\partial(\rho V_\theta\sin\theta)}{\partial\theta}+\dfrac{1}{r\sin\theta}\dfrac{\partial(\rho V_\beta)}{\partial\beta}=0$,这里 $V_r=0$。

(4) $\dfrac{\partial\rho}{\partial t}+\dfrac{1}{r}\dfrac{\partial(\rho V_\theta)}{\partial\theta}+\dfrac{\partial(\rho V_z)}{\partial z}=0$,这里 $V_r=0$。

(5) $\dfrac{\partial\rho}{\partial t}+\dfrac{\partial(\rho r^2V_r)}{r^2\partial r}+\dfrac{1}{r\sin\theta}\dfrac{\partial(\rho V_\beta)}{\partial\beta}=0$,这里 $V_\theta=0$。

4.4 $\Psi=\dfrac{x^2y^2}{2}+\dfrac{y^3}{3}-\dfrac{x^3}{3}+c$。

4.5 $v=\dfrac{\partial\eta}{\partial t}+u\dfrac{\partial\eta}{\partial x}+w\dfrac{\partial\eta}{\partial z}$。

4.6 $R=-(g+b)\left[M_0-2\rho Ae\left(V_0t-\dfrac{bt^2}{2}\right)\right]+2\rho Ae(V_0-bt)^2-gM_s$。

4.7 $R=mV_e+(p_e-p_a)A_e$,这里 $m=\rho_eV_eA_e$。

4.8 $R=\sqrt{R_x^2+R_y^2}$,式中,$\begin{cases}R_x=\rho A_1(V_1-U)^2(\cos\theta-1)\\R_y=\rho A_1(V_1-U)^2\sin\theta\end{cases}$。

4.9 $(u-U)(u-Ut)+vy+wz=0$,式中,u,v,w 为球面边界上流体质点沿 x,y,z 方向上的分速度。

4.10 $\dfrac{3}{16}\rho AV^3$。

4.11 $\nabla\cdot\boldsymbol{\pi}=\dfrac{\partial\boldsymbol{P}_x}{\partial x}+\dfrac{\partial\boldsymbol{P}_y}{\partial y}+\dfrac{\partial\boldsymbol{P}_z}{\partial z}$。

4.12 $\iiint_\tau\rho\boldsymbol{r}\times\dfrac{\text{d}V}{\text{d}t}\text{d}\tau=\iiint_\tau\rho\boldsymbol{r}\times\boldsymbol{f}\text{d}\tau+\iiint_\tau\left[\dfrac{\partial}{\partial x}(\boldsymbol{r}\times\boldsymbol{P}_x)+\dfrac{\partial}{\partial y}(\boldsymbol{r}\times\boldsymbol{P}_y)+\dfrac{\partial}{\partial z}(\boldsymbol{r}\times\boldsymbol{P}_z)\right]\text{d}\tau$

或者

$$\iiint_\tau\rho\boldsymbol{r}\times\frac{\text{d}\boldsymbol{V}}{\text{d}t}\text{d}\tau=\iiint_\tau\rho\boldsymbol{r}\times\boldsymbol{f}\text{d}\tau+\oint\!\!\!\oint_\sigma[r\times(n_x\boldsymbol{P}_x+n_y\boldsymbol{P}_y+n_z\boldsymbol{P}_z)\text{d}\sigma]$$

4.13 $M=\dfrac{l}{4}\rho\dfrac{Q_0^2}{A_2}\cos\theta$。

第 5 章

5.1 ① 无旋(除原点外)； ② $\Gamma=2\pi C$。

5.2 $\omega=\frac{v}{R}-\frac{\partial v}{\partial n}$,式中 R 是流线的曲率半径,$\frac{\partial}{\partial n}$表示沿着流线的法向求偏导数。

5.5 不一定;一定。

5.8 $\omega=\frac{2kV}{[c^2-2k^2(x^2+y^2)]^{\frac{1}{2}}}$。

5.10 $V_2=38.3\text{m/s}, \rho_2=1.23\text{kg/m}^3, p_2=9.58\times10^4\text{N/m}^2, T_2=271\text{K}$。

5.14 $\boldsymbol{\omega}=\frac{\boldsymbol{\omega}\cdot\mathbf{V}}{\mathbf{V}\cdot\mathbf{V}}\mathbf{V}+\frac{\mathbf{V}\times(\boldsymbol{\omega}\times\mathbf{V})}{\mathbf{V}\cdot\mathbf{V}}$。

第 6 章

6.1 $Q_V=k\frac{D^4}{\mu}\frac{\Delta p}{L}$。

6.2 $d=Df(\mu/\rho VD, \sigma/\rho V^2 D)$。

6.3 $F_D=f(\mathrm{Re})\frac{\pi D^2}{4}\frac{\rho V^2}{2}$。

6.4 $\widetilde{f}=\frac{V}{D}f(\mu/\rho VD)$。

6.5 $F/\rho V^2 l^2=f(\mu/\rho Vl, gl/V^2, \Delta p/\rho V^2, \omega l/V)$。

6.6 $p_e=\frac{\rho C_p VL}{\lambda}$,式中,$V$ 与 L 分别为流速与长度。

6.7 模型高 1.0m;

6.8 165m/s;

6.9 $\widetilde{P}=f(D/b, \rho nD^2/\mu, nD/\sqrt{gH})\rho n^3 D^5$。

6.10 450m/s,820kN/m^2。

6.11 $V_1/V_2=\frac{1}{3}$。

第 7 章

7.1 $\varphi=k\ln r+c\theta$。

7.2 (1) $\Psi=2x^2y-y^3$; (2) $\Psi=-\frac{y}{x^2+y^2}$。

7.3 $\nabla^2\Psi=\frac{U_0}{H}$, $Q_V=\frac{U_0 H}{2}$。

7.4 主方程$\nabla^2\psi=0$;

来流条件$\left.\frac{\partial\psi}{\partial y}\right|_\infty=u_\infty=0$, $\left.\frac{\partial\psi}{\partial x}\right|_\infty=-V_\infty=0$;

物面条件 $\psi|_L=U_0(t)y-\frac{1}{2}\Omega(x^2+y^2)$,式中,$L$ 为$\frac{x^2}{a^2}+\frac{y^2}{b^2}=1$ 的边界;

环量条件 $\Gamma_L=\int_L[\nabla\times(\psi\boldsymbol{k})]\cdot d\boldsymbol{l}$。

7.5 (1) $W=2i\ln z$; (2) $W=-U_0\left(ze^{i\beta}-\frac{a^2}{z}e^{-i\beta}\right)$。

7.6 (1) $\frac{x^2}{k^2\operatorname{ch}^2\psi}+\frac{y^2}{k^2\operatorname{sh}^2\psi}=1$; (2) $\frac{x^2}{k^2\cos^2\varphi}-\frac{y^2}{k^2\sin^2\varphi}=1$。

7.7 (1) $\frac{x^2}{k^2\cos^2\psi}-\frac{y^2}{k^2\sin^2\psi}=1$; (2) $\frac{x^2}{k^2\operatorname{ch}^2\varphi}+\frac{y^2}{k^2\operatorname{sh}^2\varphi}=1$。

7.8 $p|_x=p_\infty-\frac{1}{2}\rho\frac{Q_s}{\pi x}\left(V_\infty+\frac{Q_s}{4\pi x}\right)$。

7.9　驻点 $\begin{cases} x_s = \pm\sqrt{a^2 + \dfrac{aQ}{\pi V_\infty}} \\ y_s = 0 \end{cases}$，过驻点的流线为 $V_\infty y - \dfrac{Q_s}{2\pi}\arctan\dfrac{2ay}{x^2+y^2-a^2} = 0$。

7.10　$W = V_\infty\left(z + \dfrac{a^2}{z}\right) + \dfrac{\Gamma}{2\pi i}\ln\dfrac{(z-\bar{z}_0)(a^2 - z\bar{z}_0)}{(z-z_0)(a^2-zz_0)}$。

7.11　(1) $W(z) = \dfrac{Q}{2\pi}\ln\left(\dfrac{z^2+a^2}{z^2-a^2}\right)$；

(2) $\mathrm{Im}\left[\dfrac{Q}{2\pi}\ln\left(\dfrac{z^2+a^2}{z^2-a^2}\right)\right]\Bigg|_{|z|=a} = \pm\dfrac{Q}{4}$ = 常数，因此 $|z| = a$ 是流线（注意流线在一、三象限为顺时针方向；在二、四象限为逆时针方向）。

7.12　$F_x - \mathrm{i}F_y = 0$；　$M_0 = -\dfrac{\rho}{2}V_\infty^2\pi(a^2-b^2)\sin 2\alpha$。

第　8　章

8.3　$F = -4\pi\mu U$。

8.4　$u = \dfrac{\omega a^3}{r^2}\sin\theta$。

8.5　$u = \dfrac{1}{2\mu}\dfrac{\partial p}{\partial x}\left(z^2 - \dfrac{\delta^2}{4}\right), v = \dfrac{1}{2\mu}\dfrac{\partial p}{\partial y}\left(z^2 - \dfrac{\delta^2}{4}\right)$。

8.6　$F = \dfrac{3\pi\mu U R^4}{2h^3}$。

8.7　$V_r = \dfrac{Q_V}{r}\dfrac{\cos 2\varphi - \cos 2\varphi_0}{\sin 2\varphi_0 - 2\varphi_0\cos 2\varphi_0}, p = \dfrac{2\mu Q_V}{r^2}\dfrac{\cos 2\varphi}{\sin 2\varphi_0 - 2\varphi_0\cos 2\varphi_0} + C$。

第　9　章

9.1　当 $u = 0.99U_\infty$ 时，$k = 4.61$，$\delta^*/\delta = 0.217$，$\theta/\delta = 0.108$。

9.4　$0.655/\sqrt{Re}$。

9.5　$\delta/x = 3.464/\sqrt{Re}$，$\delta^*/x = 1.732/\sqrt{Re}$，$\theta/x = 0.577/\sqrt{Re}$，$\tau_w/\rho U^2/2 = 0.577/\sqrt{Re}$。

9.6　$\delta/x = 4.641/\sqrt{Re}$，$\delta^*/x = 1.740/\sqrt{Re}$，$\theta/x = 0.646/\sqrt{Re}$，$\tau_w/\rho U^2/2 = 0.646/\sqrt{Re}$。

第　10　章

10.1　(1) $\bar{u} = a, u' = b\sin(\omega t), \overline{(u')^2} = \dfrac{b^2}{2}$；

(2) $\bar{u} = a + \dfrac{b}{2}, u' = b\sin^2(\omega t) - \dfrac{b}{2}, \overline{(u')^2} = \dfrac{b^2}{8}$；

(3) $\bar{u} = \dfrac{aT}{2}, u' = at + b\sin(\omega t) - \dfrac{aT}{2}, \overline{(u')^2} = \dfrac{1}{12}a^2T^2 + \dfrac{b^2}{2} - \dfrac{2ab}{\omega}(\omega T)$。

10.4

$$\varepsilon = \nu\left[\overline{\left(\frac{\partial u'}{\partial x}\right)^2} + \overline{\left(\frac{\partial v'}{\partial y}\right)^2} + \overline{\left(\frac{\partial w'}{\partial z}\right)^2} + \overline{\left(\frac{\partial u'}{\partial y}\right)^2} + \overline{\left(\frac{\partial u'}{\partial z}\right)^2} + \overline{\left(\frac{\partial v'}{\partial x}\right)^2} + \overline{\left(\frac{\partial v'}{\partial z}\right)^2} + \overline{\left(\frac{\partial w'}{\partial x}\right)^2} + \overline{\left(\frac{\partial w'}{\partial y}\right)^2}\right]。$$

10.5　$\bar{u}\dfrac{\partial}{\partial x}\left(\dfrac{1}{2}\overline{u'_i u'_i}\right) = -\varepsilon$。

10.7　$C_f = 0.00257$。

第　11　章

11.1　$a_T = \sqrt{R_b T}$，$a_T < a$。

11.3 $C_p=\frac{2}{\gamma M^2}\left[\left(1+\frac{\gamma-1}{2}M^2\right)^{\frac{\gamma}{\gamma-1}}-1\right]$，$C_p(0)=0$，$C_p(1)=1.28$，$C_p(2)=2.44$。

11.6 $A_s/A_t=1.7$。

11.7 (1) 385.7m/s；(2) 336.3m/s。

11.8 $\Delta S/C_V=2/3[\gamma(\gamma^2-1)]/(\gamma+1)^3\beta^3-\cdots$。

第 12 章

12.1 $C_p=-2\frac{u'}{U}+\left(\frac{u'}{U}\right)^2M_\infty^2$。

12.3 $q^2\frac{\partial^2\psi}{\partial q^2}+(1-M^2)\frac{\partial^2\psi}{\partial\theta^2}+q(1+M^2)\frac{\partial\psi}{\partial q}=0$，$M=q/a$。

12.6 $M_2=2.3$。

12.7 $C_p=-0.811$。

12.8 $p_2=206\text{kN/m}^2$，$u_2=966\text{m/s}$，$T_2=372\text{K}$。